“十二五”普通高等教育本科国家级规划教材
普通高等学校测控技术与仪器专业规划教材
北京市优质本科教材

传感器原理及检测技术

（第三版）

Sensors Principle and Detection Technology

主　编　王晓飞　梁福平
副主编　吴海滨　蔡利民　李恒灿　李志华　刘波峰
　　　　牛春晖
参　编　宋春华　于　双　于春雨　刘国忠　林晓钢
　　　　张双彪　何赟泽　刘桂涛　谷明信　莫文琴
主　审　孔　力

华中科技大学出版社
中国·武汉

内容简介

本书系统地介绍了传感器检测技术，包括传感器及其相关基本概念、技术性能指标及改善途径、技术发展现状及趋势、基本特性及标定与选用方法等；对各种经典传感器（电阻式传感器、电感式传感器、电容式传感器、磁电式传感器、压电式传感器、光电式传感器、光纤传感器、温度传感器和数字式传感器）的分类、工作原理、组成结构、转换电路、特性及其在生产生活中的典型应用作了较系统的阐述；对新型传感器和现代检测技术作了简要介绍，包括波式及射线式传感器、半导体传感器、MEMS传感器、智能传感器、物联网与传感器、人体生理参数的传感与检测等。同时，介绍了传感器检测系统的基本结构与设计方法、常用信号调理电路与接口技术、虚拟仪器的特点与开发平台等。每章末均附有一定数量的思考题与习题。

本书可作为高等院校测控技术与仪器、智能感知工程、光电信息科学与工程、物联网工程、电子信息工程、自动化、机械电子工程、机械设计制造及其自动化、通信工程、电子科学与技术、生物医学工程等专业的教材，建议课时为48～64学时；也可作为仪器科学与技术或相近学科硕士研究生，以及上述相关领域的科研人员和工程技术人员的学习参考书。

本书配有慕课和数字化资源（可利用手机扫描书中二维码获取）及思考题与习题解答，有需要的老师可与华中科技大学出版社联系（电话：027-81339688 转 2535；电子邮箱：171447782@qq.com）。

中国大学 MOOC 网址 https://www.icourse163.org/course/BISTU-1206414813

图书在版编目(CIP)数据

传感器原理及检测技术/王晓飞，梁福平主编. —3版. —武汉：华中科技大学出版社，2020.12(2024.1重印)
ISBN 978-7-5680-6224-4

Ⅰ.①传… Ⅱ.①王… ②梁… Ⅲ.①传感器-高等学校-教材 Ⅳ.①TP212

中国版本图书馆 CIP 数据核字(2020)第 238312 号

传感器原理及检测技术(第三版) 王晓飞 梁福平 主编
Chuanganqi Yuanli ji Jiance Jishu(Di-san Ban)

策划编辑：万亚军
责任编辑：刘 飞
封面设计：原色设计
责任监印：周治超
出版发行：华中科技大学出版社（中国·武汉） 电话：(027)81321913
武汉市东湖新技术开发区华工科技园 邮编：430223
录 排：华中科技大学惠友文印中心
印 刷：武汉市洪林印务有限公司
开 本：787mm×1092mm 1/16
印 张：24.5
字 数：641千字
版 次：2024年1月第3版第3次印刷
定 价：58.00元

"传感器原理及精测技术"是现代测控技术与仪器、自动化、信息工程和机电仪一体化不可或缺的重要环节，是近代物理与高科技集成的结合，不仅用于民用工业，而对宇航、军工等国防工业尤为重要。

沈烈初

原机械工业部副部长、原国务院机电产品出口办公室主任、工学博士沈烈初教授给本书的题词

序

在现代科学技术的推动下，仪器科学与技术学科，也紧跟国际发展的步伐，在实现微型化、数字化、智能化、集成化和网络化等方面取得了显著的进展。测控技术与仪器专业属于仪器科学与技术学科领域，它研究信息的获取和预处理，同时对相关要素进行控制，是将电子、光学、精密机械、计算机技术和信息技术等多学科互相渗透融合而形成的一门高新技术密集型综合学科。目前设有该专业的高校已经超过250所，是当前发展较快的本科专业之一。在教育部高等学校仪器科学与技术教学指导委员会的指导下，华中科技大学出版社组织具有丰富教学经验的专家编写了这套“普通高等学校测控技术与仪器专业规划教材”，这对促进我国仪器科学与技术的人才培养是一件大好事。《传感器原理及检测技术》就是这套规划教材中的一本。

传感技术完成对信息的获取、传输和处理，是现代信息技术和物联网技术的源头，在信息技术中起着相当重要的作用。因此，“传感器原理及检测技术”是本科教学中的主干专业课，目前几乎所有有工科研究背景的院校都开设了相关的课程。本教材由多所院校多位教师编写，他们既有在工厂和研究所工作的实际经验，又有在高校教学的丰富经验。在编写过程中，能遵循简明、系统、实用、新颖的原则，力求理论联系实际，使教材具有一定的实用和参考价值。我相信，本教材的出版发行，一定会使更多的同学热爱传感器技术，学好传感器技术，应用好检测技术，一定会对仪器科学与技术学科人才的培养起到积极的推进作用。

中国工程院院士

叶声华

第三版前言

我国“两弹一星”元勋、“航天之父”、著名科学家钱学森明确指出：“发展高新技术，信息技术是关键。信息技术包括测量技术、计算机技术和通信技术。其中，测量技术是关键和基础。”作为测量和测试技术集中体现的仪器科学与技术学科，在当今我国国民经济和科学技术发展中的作用日益明显。正如著名科学家、两院资深院士王大珩先生所指出的：仪器仪表是工业生产的“倍增器”，科学研究的“先行官”，军事上的“战斗力”，国民活动中的“物化法官”。

仪器是对物质世界的信息进行测量与控制的基础手段和设备，是我们认识世界的工具。而传感器技术则是我们认识世界的“先行官”，它和通信技术及计算机技术一起，完成对信息的获取、传输和处理，形成了信息技术系统的“感官”“神经”和“大脑”三大组成部分，构成了3C技术（Collection，Communication，Computer）。其中“感官”则是信息的先行官，因此传感器是信息获取系统的首要部件，是现代信息技术和物联网技术的源头。

传感器技术涉及传感器的机理研究与分析、设计与研制、材料与工艺、性能评估与应用等综合性技术，是一门以传感器为核心，与测量学、物理学、微电子学、光学与光电子学、机械学、材料学、计算机科学等多门学科和多种技术相互交叉、互相渗透和结合的现代科学技术。

检测技术是多门学科和多种技术的综合应用技术，它涉及信息论、数理统计、电子学、光学、精密机械，以及传感技术、计量测试技术、自动化技术、微电子技术和计算机应用技术等学科知识和近代技术。

随着现代测量技术、控制技术、自动化技术，以及物联网技术的飞速发展，传感器技术越来越受到人们的重视，传感器检测技术在国民经济各领域和宇航、军工等国防建设中的应用也越来越广泛。因此，全国相关的理工科院校几乎都开设了传感器检测技术或传感技术的课程，由此可见本课程在信息技术中的重要地位。

本书自2010年出版发行后，得到众多院校师生的厚爱，并荣幸地被评选为“十二五”普通高等教育本科国家级规划教材。为了适应新技术的飞速发展，推进感知世界、引领未来，我们对本书第二版的内容作了适当的调整与修改，增加了新型传感器和现代检测技术的内容，旨在及时普及传感器新技术及研究热点，推进传感器技术的应用和产业发展。第三版获北京市优质本科教材。

本书遵循简明、实用、新颖的编写原则，力求理论联系实际，简要论述了传感器的基本概论。根据我国最新发布的国家标准《传感器通用术语》（GB/T 7665—2005）来介绍传感器的定义、命名方法及代码和图用图形符号；介绍了传感器的基本特性及标定与选用方法；对各种经典传感器和新型传感器的工作原理、结构、特性作了系统而简明的阐述，同时对各种传感器的应用等也作了较详细的介绍；对传感器检测系统作了概要介绍。为方便读者巩固所学知识，每章末均附有一定数量的思考题与习题。

本书可作为高等院校测控技术与仪器、智能感知工程、光电信息科学与工程、物联网工程、电子信息工程、自动化、机械电子工程、机械设计制造及其自动化、通信工程、电子科学与技术、生物医学工程等专业的教材，建议课时为48～64学时；也可作为仪器科学与技术或相近学科硕士研究生，以及上述相关领域的科研人员和工程技术人员的学习参考书。

全书共分18章，由11所院校的18位老师编写，王晓飞教授、梁福平教授任主编。第1章由湖南大学何赟泽副教授编写；第2章1～2节由北京信息科技大学王晓飞教授编写、第3节由北京信息科技大学梁福平教授编写；第3章由西华大学宋春华副教授编写；第4、6章由哈尔滨理工大学吴海滨教授编写；第5、12章由华北水利水电大学李恒灿副教授编写；第7章和第18章第6节由中国地质大学(武汉)李志华副教授和莫文琴副教授编写；第8章由北京信息科技大学牛春晖教授编写；第9章由青岛理工大学于春雨副教授编写；第10章由湖南大学刘波峰副教授编写；第11章由江汉大学蔡利民教授编写；第13章由哈尔滨理工大学于双讲师编写；第14章由重庆大学林晓钢教授编写；第15章由重庆文理学院谷明信讲师编写；第16章由北京信息科技大学张双彪讲师编写；第17章由北京信息科技大学刘国忠教授编写；第18章第1～5节由烟台大学刘桂涛讲师编写。全书由王晓飞教授负责统稿，并由华中科技大学孔力教授主审。

在本书的编写过程中，各位作者结合教学与科研的实践经验，同时查阅和参考了大量文献。特别荣幸的是，本书得到了原信息产业部吴基传部长和原机械工业部副部长、原国务院机电产品出口办公室主任、工学博士沈烈初教授的大力支持和有益教诲；沈烈初教授仔细审查了编写提纲，并提出了一些有益建议，还特地为本书题词。中国工程院叶声华院士应邀为本书精心作序。此外，本书还得到了中国仪器仪表行业协会传感器分会副理事长王文襄教授、沈阳仪表科学研究院、现代测控技术教育部重点实验室、浙江高联检测技术有限公司、北京信息科技大学的苏中和李擎教授以及参编的各单位领导、兄弟院校许多老师的大力支持，在此一并表示诚挚的谢意！

由于编者水平所限，书中可能会有疏漏、欠妥之处，恭请读者不吝赐教。

编　者

2020年12月

目　　录

第 1 章　传感器检测技术概论

第 1 章
拓展资源

著名俄国化学家德·伊·门捷列夫说过，科学是从测量开始的。我国“两弹一星”元勋、“航天之父”、著名科学家钱学森明确指出：“发展高新技术，信息技术是关键，信息技术包括测量技术、计算机技术和通信技术，测量技术是关键和基础。”作为测量和测试技术集中体现的仪器科学与技术学科，在当今国民经济和科学技术发展中的作用日益明显。正如著名科学家、两院资深院士王大珩先生所指出的：仪器仪表是工业生产的“倍增器”，科学研究的“先行官”，军事上的“战斗力”，国民活动中的“物化法官”。

在现代科学技术和生产力的推动下，仪器科学与技术学科体系越发完整。它作为一个工程性学科，承担着各类仪器的研究、开发、制造和应用的任务，包括新仪器的设计、制造，各类仪器运行、应用的基础理论研究，新技术、新器件、新材料、新工艺的开发研究及相关传感器、元器件和材料等领域的研究工作。

仪器是对物质世界的信息进行测量与控制的基础手段和设备，是我们认识世界的工具。而传感器是仪器的重要组成，俗称“电五官”。它和通信技术及计算机技术一起，构成了 3C(Collection，Communication，Computer)技术，完成对信息的获取、传输和处理，形成了信息技术系统的“感官”“神经”和“大脑”。

由中国科学技术协会主编、中国仪器仪表学会编写的《仪器科学与技术学科发展报告》指出：传感技术不仅是检测的基础，也是控制的基础。这不仅是因为控制必须以检测输入的信息为基础，并且是由于控制达到的精度和状态，必须感知，否则不明确控制效果的控制仍然是盲目的。在《2011—2012 仪器科学与技术学科发展报告》中更明确指出：传感器是信息获取的源头，是信息采集的关键基础元器件。在信息科学与技术进入‘智慧地球’概念的物联网时代，传感网和传感器，特别是智能传感器的不断完善和进步，是实现物联网的基础和关键所在。报告中还指出：信息获取、传感技术是仪器科学与技术学科的基础技术，新型传感器是发展高水平测量控制仪器仪表的基础。传感技术已成为制约测量控制仪器仪表发展的瓶颈。新型传感器及信息获取、传感技术主要是对客观世界有用信息的检测，它包括有用被测量敏感技术，涉及各学科相关原理、遥感遥测、新材料等技术、信息融合技术、传感器制造技术等。信息融合技术涉及传感器分布、微弱信号提取(增强)、传感信息融合、成像等技术；传感器制造技术涉及微加工、生产芯片、新工艺等技术。

传感器制造技术是涉及传感器机理研究与分析、设计与研制、材料与工艺、性能评估与应用等的综合性技术，是一门以传感器为核心逐渐外延，与测量学、物理学、微电子学、光学与光电子学、机械学、材料学、计算机科学等多门学科和多种技术相互交叉、互相渗透和结合的现代科学技术。随着现代测量技术、控制技术、自动化技术和物联网技术的发展，传感器技术越来越受到重视，在国民经济各领域和宇航、军工等国防建设中的应用越来越广泛。

检测技术是多门学科和多种技术的综合应用，涉及信息论、数理统计、电子学、光学、精密机械、传感技术、计量测试技术、自动化技术、微电子技术和计算机应用技术等学科知识。检测技术也称测试技术，包括测量和检测(试验)两部分。测量是将被测对象中的某种信息测出来并加以度量；检测(试验)是利用各种物理效应及化学效应，将生产、科研及日常生活诸方面的检测系统中所存在的某种信息,通过某种合适的方法与装置,人为地激发出来,并加以检查与测量,给出定性或定量的结果。

总之,"传感器原理及检测技术"是一门涉及传感器技术、电工电子技术、光电检测技术、控制技术、计算机技术、数据处理技术、精密机械设计技术等众多基础理论和技术的综合性技术。集光、机、电、算、控于一体,软硬件相结合,是一门理论性和实践性都很强的课程。要求学生在理论学习的同时,通过一系列实验和实践来熟练掌握各类典型传感器的基本原理及其应用,达到理论与实践高度统一,突出能力的培养。

1.1 传感器概述

1.1.1 传感器的定义

国际电工委员会(IEC,International Electrotechnical Committee)将传感器定义为:"传感器是测量系统中的一种首要部件(primary element),它将输入变量转换成可供测量的信号。"

根据我国 2005 年 7 月 29 日发布的国家标准《传感器通用术语》(GB/T 7665—2005),传感器(transducer/sensor)的定义为:能感受被测量并按照一定的规律转换成可用输出信号的器件或装置,通常由敏感元件和转换元件组成。该标准中,同时附有如下三条注释。

注(1):敏感元件(sensing element)是指传感器中能直接感受或响应被测量的部分。

注(2):转换元件(transducing element)是指传感器中能将敏感元件感受或响应的被测量转换成适于传输或测量的电信号部分。

注(3):当输出为规定的标准信号时,则称为变送器(transmitter)。

根据这一定义和注释,可获得关于传感器以下方面的信息:①传感器是一种"器件或装置",它能完成检测任务。②它的输入量是某一"被测量",可能是物理量,也可能是化学量、生物量等。③它的输出量是"可用"的信号,便于传输、转换、处理和显示等,这种信号是易于处理的电物理量,如电压、电流、频率等。④输出输入之间的对应关系应具有"一定的规律",且应有一定的精确程度,可以用确定的数学模型来描述。⑤将传感器和变送器的概念明确区分开来,当传感器(transducer/sensor)的输出为"规定的标准信号"时,称之为变送器(transmitter)。国家标准规定的标准信号,若以电流形式输出,为 4~20 mA;若以电压形式输出,为 1~5 V。

由传感器的定义可知,传感器的基本功能是感受被测量并实现信号的转换。因此,传感器总是处于仪器或检测系统的源头,主要功能是获取有用信息,对仪器或整个检测系统至关重要。

1.1.2 传感器的组成

根据传感器的定义,传感器的基本组成包括敏感元件和转换元件,分别完成检测和转换两个基本功能;根据注释(2),传感器的输出为电信号。通常又将传感器的基本组成进一步拆分为三个部分:敏感元件、转换元件(输出为电阻、电感、电容等电路参数)和转换电路(输出为电压、电流等电量)。由于传感器输出信号通常较弱,后续还需要信号调理电路,其作用是:①将输出信号进行放大和转换,使其更适合做进一步传输和处理;②转换成传感器的标准输出信号;③进行信号处理,如滤波、调制和解调、衰减、运算、数字化等。因此,传感器的组成部分可由图 1-1 所示。

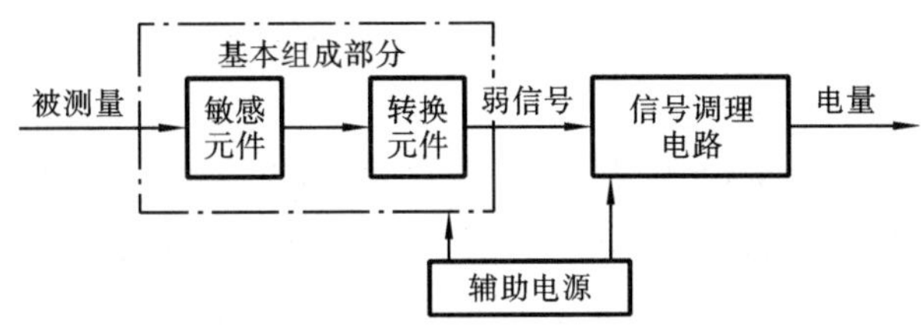

图 1-1　传感器的组成部分

1.1.3　传感器的基础定律

传感器的共性就是利用物理定律或物质的物理、化学、生物特性，将非电量（如力、位移、速度、加速度等）信号输入转换成电量（如电压、电流等）信号输出。传感器之所以能正确地感知、转换和传递信息，是因为它遵循并利用了自然规律中的各种定律、法则和效应。

1. 守恒定律

守恒定律是自然科学中最重要的也是最基本的定律。某一种物理量，既不会自行产生，也不会自行消失，其总量守恒不变。守恒定律包括：能量守恒定律、动量守恒定律、电荷守恒定律、质量守恒定律、角动量守恒定律和信息守恒定律等。

1）能量守恒定律

能量守恒定律可表述为：在自然界里任何与周围隔绝的物质系统（孤立系统）中，不论发生什么变化或过程，能量的形态虽然可以发生转换，但能量的总和恒保持不变。非孤立系统由于与外界可以通过做功或传递热量等方式发生能量交换，它的能量会有所改变，但增加或减少的能量值一定等于外界减少或增加的能量值。所以整体看来，能量之和仍然是不变的。能量守恒定律反映了能量不能创生或消灭，只能在各部分物质之间进行传递，或者从一种形态转换为另一种形态。

这一定律包括定性和定量两个方面，在性质上它确定了能量形式的可变性，在数值上肯定了自然界能量总和的守恒性。一种能量的减少，总是伴随某种能量的增加，一减一增，其数值相等。由于各种不同形式的运动（机械运动、热运动、电磁运动等）都具有相应的能量，因而这一定律是人类对自然现象长期观察和研究的经验总结。

2）动量守恒定律

动量守恒定律可表述为：任何物质系统（包括质点）在不受外力作用或所受外力之和为零时，它的总动量保持不变。若所受外力之和不为零，但在某一方向上的分力之和为零时，则总动量在该方向的分量保持不变。

3）电荷守恒定律

电荷守恒定律可表述为：在一个与外界不发生电荷交换的孤立系统中，所有正负电荷的代数和保持不变。也可表述为：电荷既不能被创造，也不能被消灭，只能从一个物体转移到另一个物体，或者从物体的一部分转移到另一部分，即在任何物理过程中电荷的代数和是守恒的。例如，两个中性物体互相摩擦，当一个物体带正电时，另一个物体必然带等量的负电。又如，一个电子与一个正电子在适当条件下相遇时，会发生湮灭而转化为两个光子，电子与正电子所带的电荷等量而异号，光子则不带电，所以在湮灭过程中，正负电荷的代数和依然不变。

利用守恒定律可以构成传感器，例如利用差压原理进行流量测量的传感器，其基本测量原理就是以能量守恒定律、伯努利方程和流量连续性方程为基础的。

2. 统计定律

统计定律是对大量偶然事件整体起作用的定律，表现了这些事物整体的本质和必然的联系。传感器的可靠度、失效率、故障率和寿命等指标都遵循统计定律。

3. 场的定律

所谓物理场，即相互作用场，是物质存在的两个基本形态之一，是指某一空间范围及其各种事物分布状况的总称。电场、磁场、引力场、光电磁场、声场、热场等都是物理场，而物理场是空间中存在的一种物理作用或效应，分布在引起它的场源体周围。实物之间的相互作用就是依靠有关的场来实现的。

场的定律，是关于物质作用的客观规律，结构型传感器主要遵循物理学中场的定律，如电磁场感应定律、光电磁场干涉现象、动力场的运动定律等，揭示了物体在空间排列和分布状态与某一时刻的作用有关。这些规律一般可用物理方程给出，即传感器工作的数学模型。传感器性能由定律决定而与所使用的材料无关。

例如，差动变压器式传感器是基于电磁感应定律工作的。铁芯可使用坡莫合金或铁氧体制成，绕组可使用铜线或其他导线制成；而传感器的形状、尺寸等参数决定了传感器的量程、灵敏度等性能。即传感器的工作原理是以传感器中元件相对位置的变化而引起场的变化为基础，而不是以材料的特性变化为基础。这种结构型传感器具有设计自由度较大、选择材料限制较小等优点，但一般体积较大不易集成。

4. 物质定律和传感器的基础效应

物质定律是表现各种物质本身内在性质的定律、法则、规律等，通常以物质所固有的物理常数或化学、生物特性加以描述，并决定着传感器的主要性能。物性型传感器是利用某些物质(如半导体、压电晶体、金属等)的性质随外界被测量的作用而发生变化的原理制成的，利用了诸多效应(包括物理效应、化学效应和生物效应)和现象，如利用材料的压阻、压电、湿敏、热敏、光敏、磁敏、气敏等效应，将位移、力、湿度、温度、光强、磁场、气体浓度等被测量转换成电量。

利用各种物质定律制成的物性型传感器，其性能随材料的不同而不同。具有构造简单、体积小、无可动部件、反应快、灵敏度高、稳定性好和易集成等特点，是当代传感技术领域中具有广阔发展前景的传感器。而新原理、新效应的发现和利用，新型材料的开发和应用，使传感器得到很大发展，并逐步成为传感器发展的主流。因此，了解传感器所基于的各种效应，对传感器的深入理解、开发和使用是非常必要的。主要物性型传感器所基于的效应及所使用的材料如表 1-1 所示。

表 1-1　主要物性型传感器所基于的效应及所使用的材料

检测对象	类　型	所基于的效应	输出信号	传感器或敏感元件举例	主 要 材 料
光	量子型	光导效应	电阻	光敏电阻	可见光：CdS，CdSe，α-Si：H
					红外：PbS，InSb
		光生伏特效应	电流、电压	光敏二极管，光敏三极管，光电池	Si，Ge，InSb(红外)
				肖特基光敏二极管	Pt-Si
		光电子发射效应	电流	光电管，光电倍增管	Ag-O-Cs，Cs-Sb
		约瑟夫逊效应	电压	红外传感器	超导体
	热型	热释电效应	电荷	红外传感器，红外摄像管	$BaTiO_3$

续表

检测对象	类型	所基于的效应	输出信号	传感器或敏感元件举例	主要材料
机械量	电阻式	电阻应变效应	电阻	金属应变片	康铜，卡玛合金
		压阻效应		半导体应变片	Si，Ge，GaP，InSb
	压电式	正压电效应	电压	压电元件	石英，压电陶瓷，PVDF
		正、逆压电效应	频率	声表面波传感器	石英，ZnO/Si
	压磁式	磁致伸缩效应	感抗	压磁元件，力、扭矩、转矩传感器	硅钢片，铁氧体，坡莫合金
		压磁效应	电压		
	磁电式	霍尔效应	电压	霍尔元件，力、压力、位移传感器	Si，Ge，GaAs，InAs
		光电效应	电流、电压		
	光电式	光弹性效应	折射率	各种光电器件，位移、振动、转速传感器	Si，CdS
				压力、振动传感器	硝化纤维塑料，斑纹玻璃
温度	热电式	塞贝克效应	电压	热电偶	$Pt\text{-}PtRh_{10}$，NiCr-NiCu，Fe-NiCu
		约瑟夫逊效应	噪声电压	绝对温度计	超导体
		热释电效应	电荷	驻极体温敏元件	$PbTiO_3$，PVF_2，TGS，$LiTO_3$
	压电式	正、逆压电效应	电压、频率	声表面波温度传感器	石英
	热型	热磁效应	电场	Nernst 红外探测器	热敏铁氧体，磁钢
磁	磁电式	霍尔效应	电压	霍尔元件	Si，Ge，GaAs，InAs
				霍尔 IC，MOS 霍尔	Si
		磁阻效应	电阻	磁阻元件	Ni-Co 合金，InSb，lnAs
			电流	PIN 二极管，磁敏晶体管	Ge
		约瑟夫逊效应	噪声电压	SQUID 超导量子干涉器件	Pb，Sn，Nb-Ti
	光电式	磁光法拉第效应	偏振光偏转角	光纤传感器	YAG，EuO，MnBi
		磁光克尔效应			MnBi
放射线	光电式	放射性效应	光强、电流	光纤射线传感器	加钛石英
	量子型	PN 结光生伏特效应	电脉冲	射线敏二极管，PIN 二极管	Si，Ge，掺 Li 的 Ge、Si
		肖特基效应	电流	肖特基二极管	Au-Si
湿度	电阻型	吸附效应	电阻、电导率	金属氧化物湿敏传感器	LiCl，$MgCr_2O_4\text{-}TiO_2$
	电容型		电容、电压	有机高分子湿敏传感器	醋酸丁酸，聚苯乙烯，聚酰亚胺

表 1-1 中的这些基础效应的基本原理大多数将在后续的相关章节中做较详细的介绍。读者还可通过查阅一些专著对这些效应做进一步的深入了解，并对表 1-1 的内容做进一步的补充。

1.1.4 传感器的分类

传感器种类繁多，一种被测量可以采用不同类型的传感器进行测量，而同一原理的传感器通常又可以测量多种被测量。传感器的分类方法目前尚没有统一标准，常见分类如表 1-2 所示。

表 1-2 传感器的典型分类

分类方法	传感器的类型	说明
按基本效应分类	物理型、化学型、生物型	分别以效应命名为物理、化学、生物传感器
按构成原理分类	结构型 物性型	以转换元件结构参数变化实现信号转换 以转换元件物理特性变化实现信号转换
按工作原理分类	应变式、电容式、压电式、热电式等	以传感器对信号转换的工作原理命名
按能量关系(传感器的能源)分类	能量转换型(自源型/无源传感器) 能量控制型(外源型/有源传感器)	传感器输出量直接由被测量能量转换而来 传感器输出量由外源供给但受被测量控制
按输入量分类	位移、压力、温度、流速、振动、温度、湿度、黏度等	以输入量或被测量命名
按应用对象分类	脉搏、液位等	以应用对象或应用范围命名
按敏感材料分类	半导体、光纤、陶瓷、高分子材料、复合材料等	以使用的敏感材料命名
按输出信号形式分类	模拟式 数字式	输出量为模拟信号 输出量为数字信号
按与被测对象是否接触分类	接触式传感器 非接触式传感器	传感器与被测对象之间没有空隙 传感器与被测对象之间有一定的空间距离
按与某种高新技术结合分类	集成、智能、机器人、仿生等	按所基于的高新技术命名

1. 按照传感器的基本效应分类

按照传感器基于的基本效应，可将传感器分成三大类：基于物理效应(如光、电、声、磁、热效应等)的物理传感器；基于化学效应(如化学吸附、离子化学效应等)的化学传感器；基于生物效应(利用生物活性材料如酶、微生物、抗体、DNA、蛋白质、激素等分子作用和识别功能)的生物传感器。本书涉及的传感器主要是物理传感器。

2. 按照传感器的构成原理分类

按照构成原理，物理传感器可分为结构型传感器和物性型传感器两大类。

结构型传感器遵循物理学中场的定律，其工作原理是以传感器中元件相对位置变化引起场的变化为基础，而不是以材料特性变化为基础。如电容传感器是利用静电场定律制成的结构型传感器，其极板形状、距离等的变化均能改变电容传感器的性能。

物性型传感器遵循物质定律，其工作原理是以传感器中敏感材料的特性随被测量变化为基础。如压阻式压力传感器就是利用半导体材料的压阻效应制成的物性型传感器，即使是同一种半导体，如果掺杂的材料不同或掺杂的浓度不同，其压阻效应也不同。

3. 按照传感器的工作原理分类

按照传感器对信号转换的工作原理可将传感器分为以下几种。

①电路参量式传感器：包括电阻式、电感式、电容式三种基本形式，以及由此衍生出来的应变式、压阻式、电涡流式、压磁式、感应同步器式等。

②压电式传感器。

③磁电式传感器：包括磁电感应式、霍尔式、磁栅式等。

④光电式传感器：包括一般光电式、光栅式、光电码盘式、光纤式、激光式、红外式等。

⑤热电式传感器。

⑥波式传感器：包括超声波式、微波式等。

⑦射线式传感器。

⑧半导体式传感器。

⑨其他原理的传感器。

按照工作原理分类更有利于理解传感器的工作机理。本书传感器主要按照工作原理来分类。

4. 按照传感器的能量转换情况分类

按照能量转换情况，传感器可分为能量转换型传感器和能量控制型传感器。

能量转换型传感器又称发电型传感器，能将非电功率转换为电功率，传感器输入量的变化可直接引起能量的变化。如热电效应中的热电偶，当温度变化时，直接引起输出电动势的变化。能量转换型传感器由于输出能量是从被测对象上获取的，一般不需外部电源或外部电源只起辅助作用，所以又称自源型传感器，或称无源传感器。其后续信号调理电路通常是信号放大器。

能量控制型传感器在信息变化过程中，其变换的能量需要由外部电源供给，而外界的变化（即传感器输入量的变化）只起到控制的作用，所以又称外源型传感器，或有源传感器。例如，电桥中热敏电阻阻值的变化受外界温度变化的控制，而要使电桥的输出发生变化，必须有供电电源。有源传感器的信号转换电路通常是电桥或谐振电路。

5. 按照传感器的输入量（或被测量）分类

按照输入量，物理传感器可分为机械量、热学、电学、光学、声学、磁学、核辐射传感器等；化学传感器可分为气体、离子、湿度传感器等；生物传感器可分为生物、微生物、酶、组织、免疫传感器等。机械量传感器还可以继续细分为位移、速度、加速度、力、振动等传感器。

传感器按照输入量来分类，有利于用户有针对性地选择传感器，也便于表现传感器的功能。

6. 按照传感器的应用对象（或应用范围）分类

按照传感器应用对象或应用范围加以分类直接体现了传感器的用途，如脉搏传感器、液位传感器、振动传感器等。

7. 按照传感器的敏感材料分类

按照传感器敏感元件所使用的材料，传感器可分为半导体传感器、光纤传感器、陶瓷传感器、高分子材料传感器、复合材料传感器、智能材料传感器等。

8. 按照传感器的输出信号形式分类

按照传感器输出信号的形式,传感器可分为模拟量传感器和数字量(开关量)传感器。

9. 按照传感器与被测对象是否接触分类

根据传感器与被测对象之间是否接触(即有没有空间间隙),传感器可分为接触式传感器和非接触式传感器。

10. 按照传感器与某种新技术结合的情况分类

根据传感器与某种新技术相结合的情况,可用新技术命名传感器。如集成传感器、智能传感器、机器人传感器、仿生传感器、纳米传感器、传感器网络等。

上述分类尽管有较大的概括性,但由于传感器是知识密集、技术密集的产品,传感器技术是与许多学科交叉的现代科学技术,种类繁多,各种分类方法都具有相对的合理性。从学习的角度来看,按传感器的工作原理分类,对理解传感器的工作机理很有利;而从使用的角度来看,按被测量分类,为正确选择传感器提供了方便。

1.1.5 传感器的命名方法、代号及图形符号

我国 2005 年 7 月 29 日发布的国家标准《传感器命名法及代码》(GB/T 7666—2005),对传感器的命名方法及代码(代号)作了如下规定。

1. 传感器命名方法

1) 命名法的构成

一种传感器产品的名称,应由主题词加四级修饰语构成:

①主题词——传感器。

②第一级修饰语——被测量,包括修饰被测量的定语。

③第二级修饰语——转换原理,一般可后续以"式"字。

④第三级修饰语——特征描述,指必须强调的传感器结构、性能、材料特征、敏感元件及其他必要的性能特征,一般可后续以"型"字。

⑤第四级修饰语——主要技术指标(如量程、测量范围、精度、灵敏度等)。

2) 命名法范例

(1) 标题中的用法。本命名法在有关传感器的统计表格、图书索引、检索及计算机汉字处理等特殊场合,应采用上述命名法的构成所规定的顺序。

示例 1:传感器,位移,应变[计]式,100 mm。

注:[ ]内的词,在不引起混淆时,可省略(下同)。

示例 2:传感器,压力,压阻式,[单晶]硅,600 kPa。

(2) 正文中的用法。在技术文件、产品样本、学术论文、教材及书刊的陈述语句中,作为产品名称应采用与上述命名法的构成相反的顺序。

示例 1:100 mm 应变式位移传感器。

示例 2:600 kPa[单晶]硅压阻式压力传感器。

(3) 修饰语的省略。当对传感器的产品名称命名时,除第一级修饰语外,其他各级修饰语可视产品的具体情况任选或省略。

示例 1:业已购进 150 只各种测量范围的半导体压力传感器。

示例 2:加速度传感器可用作汽车安全气囊。

2. 传感器代号标记方法

标准规定用大写汉语拼音字母(或国际通用标志)和阿拉伯数字构成传感器完整的代号。

1）传感器代号的构成

传感器的完整代号应包括以下四部分:主称(传感器);被测量;转换原理;序号。

四部分代号表述格式如图 1-2(a)所示:在被测量、转换原理、序号三部分代号之间必须通过连字符"-"连接。

2）各部分代号的意义

第一部分:主称(传感器),用汉语拼音字母"C"标记。

第二部分:被测量,用其一个或两个汉字汉语拼音的第一个大写字母标记。如压力可用一个大写字母 Y 表示,但当这组代号与该部分的另一个代号重复时,则可用两个大写字母标记,如应力用 YL 表示,硬度用 YD 表示,依此类推。当被测量有国际通用标志时,应采用国际通用标志,当被测量为离子、粒子或气体时,可用其元素符号、粒子符号或分子式加圆括号"(　)"表示。如(α)粒子、(β)射线。标准还对常用的被测量代号作了相应的规定。

第三部分:转换原理,用其一个或两个汉字汉语拼音的第一个大写字母标记。同上,可用一个大写字母作代号,但当这组代号与该部分的另一个代号重复时,可用两个大写字母作代号。如电容用 DR 表示、差压用 CY 表示,依此类推。标准对常用的转换原理代号也作了相应的规定。

第四部分:序号,用阿拉伯数字标记。序号可表征产品设计特征、性能参数、产品系列等。如果传感器产品的主要性能参数不改变,仅在局部有改进或改动时,其序号可在原序号后面顺序地加注大写汉语拼音字母 A、B、C……(其中 I、O 两个字母不使用)。序号及其内涵可由传感器生产厂家自行决定。

3）传感器代号标记示例

"压阻式压力传感器"标记示例如图 1-2(b)所示。

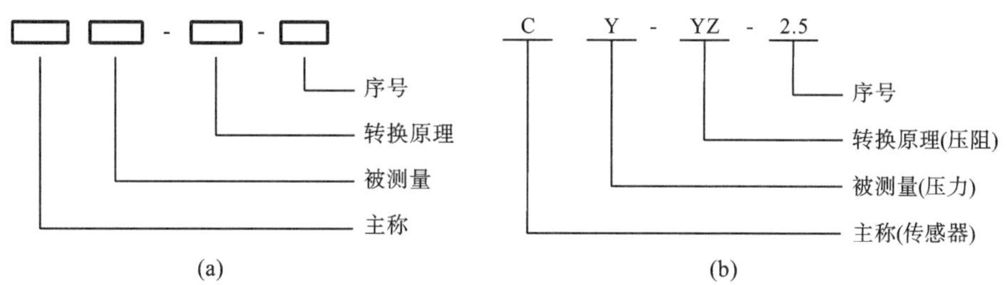

图 1-2　传感器代号的构成

3. 传感器的图用图形符号

根据我国 1993 年 6 月 27 日发布的国家标准《传感器图用图形符号》(GB/T 14479—1993)规定,传感器一般符号如图 1-3(a)所示,正方形轮廓符号表示转换元件,三角形轮廓符号表示敏感元件。在轮廓符号内填上或加入适当的限定符号或代号,用以表示传感器的功能。

1）传感器图形符号的组合

(1) 组图原则。传感器图形符号组图应做到:①尽可能简单、形象和易于辨认;②除特殊规定外,图形符号应尽可能给出传感器的基本特征,又称传感器二要素,即被测量和转换原理。

(2) 传感器一般符号的正方形内应写入表示转换原理的限定符号;三角形内应写入表示被测量的限定符号,如图 1-3(b)所示。图中“x”表示应写入的被测量符号;“ * ”表示应写入的转换原理。

(3) 在无须强调具体的转换原理时,传感器图形符号的组合也可用简化形式,如图 1-3(c)所示。图中对角线(即斜线分隔符号)表示内在能量转换功能;(A)、(B)分别表示输入、输出信号。

(4) 传感器图形符号组成部分的尺寸、位置应彼此协调,比例适宜。根据设计图样的布局需要,图形符号可以放大或缩小,但各组成部分的比例不变。

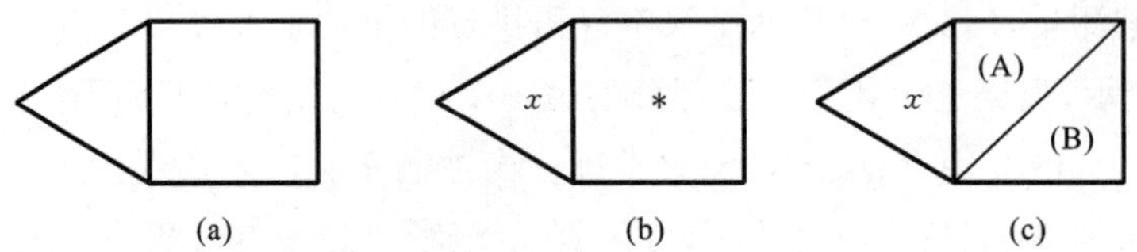

图 1-3　传感器的图形符号

2) 传感器图形符号表示规则

(1) 限定符号的选定:①被测量符号应根据现行 GB 3102《量和单位》的规定选择;②转换原理图形符号应根据现行 GB 4728《电气图用图形符号》的规定选择。

(2) 图形符号的绘制:表示被测量的符号应写入三角形顶部,并常用斜体字母书写;转换原理的符号应写进正方形中心部位。例如:表示电容式压力传感器和压电式加速度传感器的图形符号分别如图 1-4(a)和(b)所示。

(3) 对于某些难以用图形符号简单、形象表达的转换原理,也可以用文字符号表示。例如,表示离子选择电极式钠离子传感器,可用图 1-4(c)的形式表示。

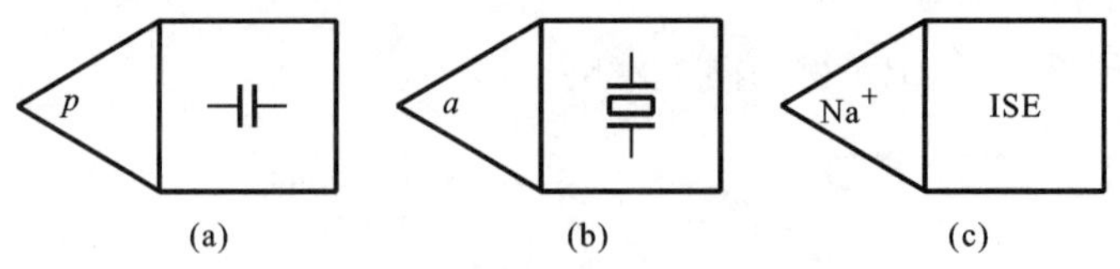

图 1-4　传感器的图形符号示例

(a) 电容式压力传感器;(b) 压电式加速度传感器;(c) 离子选择电极式钠离子传感器

1.2　传感器技术性能指标及改善途径

1.2.1　传感器技术性能指标

由于传感器的应用范围十分广泛,原理与结构类型繁多,使用要求又千差万别,所以欲列出用来全面衡量传感器质量的统一指标是很困难的。表 1-3 列出了传感器的基本参数、环境参数、可靠性和其他四个方面的技术性能指标,其中,若干基本参数指标和比较重要的环境参数指标经常作为检验、使用和评价传感器的依据。

表 1-3　传感器的技术性能指标

1. 基本参数指标	(1) 量程指标：测量范围，过载能力等
	(2) 灵敏度指标：灵敏度，分辨力，分辨率，满量程输出等
	(3) 精度有关指标：精度(误差)，重复性，线性，滞后，灵敏度误差，阈值，稳定性，漂移等
	(4) 动态性能指标：固有频率，阻尼系数，时间常数，频响范围，频率特性，临界频率，临界速度，稳定时间等
2. 环境参数指标	(1) 温度指标：工作温度范围，温度误差，温度漂移，温度系数，热滞后等
	(2) 抗冲击振动指标：容许抗各向冲击振动的频率、振幅、加速度，冲击振动引入的误差等
	(3) 其他环境参数：抗潮湿、抗介质腐蚀能力，抗电磁干扰能力(电磁兼容性 EMC)等
3. 可靠性指标	工作寿命，平均无故障时间，失效率，保险期，疲劳性能，绝缘电阻，耐压，抗飞弧性能等
4. 其他指标	(1) 使用方面：供电方式(如直流，交流，频率及波形等)，电压幅度与稳定性，功耗，输入/输出阻抗，各项分布参数等
	(2) 结构方面：外形尺寸，重量，壳体材质，结构特点等
	(3) 安装连接方面：安装方式，馈线，电缆等

应该指出，对于某种具体的传感器而言，并不是全部指标都是必需的。要根据实际需要，保证传感器的主要指标，其余指标满足基本要求即可。

1.2.2　改善传感器性能的技术途径

为改善传感器的性能，可采取下列技术途径。

1. 差动技术

差动技术是传感器普遍采用的技术，可显著减小温度变化、电源波动和外界干扰等对传感器精度的影响，可抵消共模误差、减小非线性误差、消除零位误差、提高灵敏度等。其原理如下。

设有一传感器，其输出 y 与输入 x 的对应关系为

$$y_1 = a_0 + a_1 x + a_2 x^2 + a_3 x^3 + a_4 x^4 + \cdots \tag{1-1}$$

式中：a_0 为零点输出；a_1 为灵敏度；a_2、a_3、a_4……为非线性项系数。

用另一只相同的传感器，但使其输入量符号相反(例如位移传感器使之反向移动)，则输出为

$$y_2 = a_0 - a_1 x + a_2 x^2 - a_3 x^3 + a_4 x^4 - \cdots \tag{1-2}$$

两者相减，即

$$\Delta y = y_1 - y_2 = 2(a_1 x + a_3 x^3 + \cdots) \tag{1-3}$$

比较式(1-3)和式(1-1)可见：①灵敏度由 a_1 变为 $2a_1$，提高到两倍；②消除了零位输出 a_0，使曲线过原点；③消除了偶次非线性项，得到了对称于原点的相当宽的近似线性范围；④可以减小温度、电源、干扰等引起的共模误差。

2. 平均技术

利用平均技术可以减小测量时的随机误差。常用的平均技术有误差平均效应和数据平均处理。

(1) 误差平均效应。利用 n 个传感器单元同时感受被测量,总输出为这些单元的输出之和。假如将每一个单元可能带来的误差 δ_0 均看作随机误差,根据误差理论,总的误差 Δ 将减小为

$$\Delta = \pm \delta_0 / \sqrt{n} \tag{1-4}$$

例如,当 $n=10$ 时,误差 Δ 可减小为 δ_0 的 31.6%;若 $n=500$,误差减小为 δ_0 的 4.5%。

误差平均效应在光栅、感应同步器、磁栅、容栅等传感器中都取得了明显的效果。在其他一些传感器中,误差平均效应对某些工艺性缺陷造成的误差同样能起到弥补作用。

(2) 数据平均处理。如果将相同条件下的测量重复 n 次或进行 n 次采样,然后进行数据平均处理,随机误差也将减小$\sqrt{n}$倍。对允许进行重复测量(或采样)的被测对象,都可以采用数据平均处理的方法减小随机误差。对于带有微机芯片的智能化传感器,实现起来尤为方便。

误差平均效应与数据平均处理的原理在设计和应用传感器时均可采纳。应用时,应将整个测量系统视作对象。常用的多点测量方案与多次采样平均的方法,可减小随机误差,增加灵敏度,提高测量精度。

3. 零示法和微差法

利用零示法或微差法可以消除或减小系统误差。

(1) 零示法可消除指示仪表不准而造成的误差。采用该方法时,被测量对指示仪表的作用与已知标准量对它的作用相互平衡,使指示仪表示零,这时被测量就等于已知的标准量。机械天平是零示法的典型例子;平衡电桥是零示法在传感器技术中的应用。

(2) 微差法是在零示法的基础上发展起来的,零示法要求被测量与标准量完全相等,所以要求标准量能连续可变,这往往不易做到,但如果标准量与被测量的差值减小到一定程度,那么由于它们相互抵消的作用,就能使指示仪表的误差影响大大削弱,这就是微差法的原理。

设被测量为 x,与它相近的标准量为 B,被测量与标准量的微差为 A,A 的数值可由指示仪表读出,则 $x=B+A$。由于 $A \ll B$,则

$$\frac{\Delta x}{x} = \frac{\Delta B}{x} + \frac{\Delta A}{x} = \frac{\Delta B}{A+B} + \frac{A}{x} \cdot \frac{\Delta A}{A} \approx \frac{\Delta B}{B} + \frac{A}{x}\frac{\Delta A}{A} \tag{1-5}$$

由此可见,采用微差法测量时,测量误差由标准量的相对误差 $\Delta B/B$ 和指示仪表的相对误差 $\Delta A/A$ 与相对微量 A/x 之积组成。由于 $A/x \ll 1$,指示仪表误差的影响将被大大削弱;而 $\Delta B/B$ 一般很小,所以测量的相对误差可大为减小。这种方法不需要标准量连续可调,还有可能在指示仪表上直接读出被测量的数值,因此得到广泛的应用。

4. 闭环技术

科技和生产的发展对传感器提出了更高要求:宽频响,大动态范围,高的灵敏度、分辨力和精度,高的稳定性、重复性和可靠性。开环传感器很难满足上述要求,如图 1-5 所示,利用反馈技术和传感器组成闭环反馈测量系统,将能满足上述要求,传感器和伺服放大电路是闭环系统的前向环节,反向传感器是反馈环节。图 1-6 所示为闭环传感器原理框图。闭环反馈测量系统的传递函数为

$$H(s) = \frac{A(s)}{1+\beta A(s)} \tag{1-6}$$

式中：$A(s)$为前向环节的总传递函数；β为反馈环节的反馈系数。

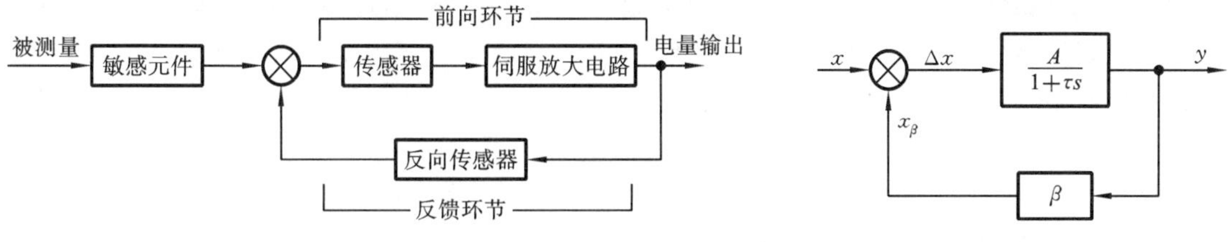

图 1-5　反馈测量系统原理框图　　图 1-6　闭环传感器原理框图

假设前向环节总的传递函数为

$$A(s) = \frac{A}{1+\tau s} \tag{1-7}$$

式中：A为静态传递函数；τ为时间常数。

则闭环系统的传递函数为

$$H(s) = \frac{A(s)}{1+\beta \cdot A(s)} = \frac{\dfrac{A}{1+A\beta}}{1+s \cdot \dfrac{\tau}{1+A\beta}} = \frac{A'}{1+\tau' s} \tag{1-8}$$

式中：A'为闭环静态函数，$A'=A/(1+A\beta)$；τ'为闭环时间常数，$\tau'=\tau/(1+A\beta)$。

由此可见，闭环传感器具有以下特点：

(1) 精度高、稳定性好。当前向环节为高增益，保证$A\beta \gg 1$时，则闭环静态传递函数(即静态灵敏度)$A' \approx 1/\beta$，与前向环节无关。因此，前向环节增益的波动对闭环传感器的测量精度和稳定性影响很小，传感器的精度和稳定性主要取决于反向传感器的精度和稳定性。

(2) 灵敏度高。闭环传感器工作于平衡状态，相对于初始平衡位置的偏离很小，外界干扰因素少，所以闭环传感器比一般传感器具有更低的阈值。

(3) 线性好、量程大。由于相对初始位置的偏离很小，故反向传感器的非线性影响也很小，因此闭环传感器比一般传感器具有更宽的工作量程。

(4) 动态性能好。闭环传感器时间常数τ'比开环时间常数τ减小了$(1+A\beta)$倍，即$\tau' \ll \tau$，因此大大改善了闭环传感器的动态特性。

5. 屏蔽、隔离与干扰抑制

传感器大多安装在现场，而现场的条件往往较差，有时甚至极其恶劣。各种外界因素都会影响传感器的精度和性能。为了减小测量误差保证其原有性能，应设法削弱或消除外界因素对传感器的影响。其方法归纳起来有二：一是减小传感器对影响因素的灵敏度；二是降低外界因素对传感器的实际作用程度。

对于电磁干扰，可采用屏蔽(如电场屏蔽、电磁屏蔽和磁屏蔽等)和隔离措施，也可用滤波等方法抑制。对于温度、湿度、机械振动、气压、声压、辐射甚至气流等，可采用相应的隔离措施，如隔热、密封、隔振等，或者在变换成电量后通过对干扰信号的分离或抑制来减小其影响。在电路上还可采用滤波、加去耦电容和正确接地等措施。

6. 补偿与修正技术

补偿与修正技术的运用主要针对两种情况：

①针对传感器本身的特性。对于传感器特性，可以找出误差的变化规律，或者测出其大小和方向，采用适当的方法加以补偿或修正。

②针对传感器的工作条件或外界环境。针对传感器工作条件或外界环境进行误差补偿也是提高传感器精度的有力技术措施。不少传感器对温度敏感,由温度变化引起的误差十分明显。为了解决这个问题,必要时可以控制温度,但控制温度的费用太高或现场不允许,而在传感器内引入温度误差补偿往往是可行的,这时应找出温度对测量值影响的规律,然后引入温度补偿措施。

补偿与修正可以利用电子线路(硬件)来解决,也可以采用微机通过软件来实现。

7. 稳定性处理

传感器作为长期测量或反复使用的器件,其稳定性显得特别重要,其重要性甚至胜过精度指标,尤其是对那些很难或无法定期检定的场合。造成传感器性能不稳定的原因主要是:随着时间的推移和环境条件的变化,构成传感器的各种材料与元器件性能会发生变化。

为了提高传感器性能的稳定性,应对材料、元器件或传感器整体进行必要的稳定性处理。如对结构材料进行时效处理、冰冷处理;永磁材料的时间老化、温度老化、机械老化及交流稳磁处理;电气元件的老化筛选等。在使用传感器时,若测量要求较高,必要时也应对附加的调整元件、后续电路的关键器件进行老化处理。

1.3 传感器技术发展现状及趋势

1.3.1 传感器技术发展现状

我国传感器技术的发展起始于20世纪50年代初期,当时以仿苏联的机械式或机电式传感器为主。60年代先后研制出应变元件、霍尔元件、离子电极等。70年代初研制生产出一批新型敏感元件及传感器。1978年研制成功扩散硅力敏传感器,之后,砷化镓霍尔元件、碳化硅热敏电阻等相继研制成功。80年代"敏感元件与传感器"列入国家攻关计划,研制出一批包括集成温度传感器、集成磁敏传感器、薄膜和厚膜铂电阻、电涡流故障诊断等集成传感器。1987年,国家科委制定了《传感器技术发展政策》白皮书。1991年《中共中央关于制定国民经济和社会发展十年规划和"八五"计划建议》中明确要求"大力加强传感器的开发和在国民经济中普遍应用"。"九五"期间,通过科技攻关,我国传感器水平得到较大提高。攻关所取得的主要成果有:①工程化课题共计建成中试生产线11条,使18个品种75个规格的新产品形成一定规模的生产;②新产品开发有力敏、磁敏、温度、湿度、气敏传感器等新产品共51个品种86个规格,90%开始小批量生产并供应市场,初步建立了敏感元件与传感器产业;③在共性关键技术课题自主开发方面,攻克了一批共性新工艺技术和批量生产技术,传感器的CAD技术、关键工艺技术、微机械加工技术、可靠性技术在生产中得到应用,使传感器的成品率普遍提高10%,可靠性水平提高1～2个等级。"十五"期间,国家自然科学基金委员会和科技部均部署了与传感技术相关的研究课题。经过"八五""九五""十五"的发展,建立了"传感技术国家重点实验室""国家传感技术工程中心"等研究开发基地。"十一五""十二五"以来,传感器技术得到了国家更大的重视,特别在国家"863"计划的十大领域中(如资源环境技术、海洋技术等领域)安排了许多传感器技术方面的项目。在光纤、CMOS图像、纳米磁、压力、声表面波、电容型微加工、超声、耐高温等传感器及传感器网络研究等方面取得了较大进展。工业和信息化部于2012年2月发布的《物联网"十二五"规划》中的重点工程内容也提到发展微型和智能传感器、无线传感器网络等。在《国家中长期科学和技术发展规划纲要(2006—2020年)》及《装备制造业调整和振兴规划》中均明确了传感器的主要作用和关键地位。随着物联网的发展，国内从政府到整个行业都对物联网及传感器给予了高度重视。温家宝在无锡考察时就提出要尽快建立中国的“传感信息中心和感知中国中心”，李克强在 2016 年专门给在江苏无锡举办的世界物联网博览会发了贺信，并多次强调要进一步推进“互联网＋”行动。2018 年首届世界传感器大会在郑州国际展览中心举行，大会提出“感知世界、智赢未来”的主题，会议期间还举行了世界传感器科技高峰论坛和智能传感器技术专题论坛、智能气体传感器技术中德双边研讨会、智能机器人传感系统与技术论坛等。2019 年第二届世界传感器大会暨博览会仍在郑州举行，旨在打造技术先进、产业链完善、营商环境优越的传感器产业生态发展系统。

在教学方面，围绕传感器工作机理、设计及市场化等，设置了多个相关学科和专业并开设了诸多课程，受益范围包括研究生、本科生、专科生及相关职业技术人员。国内具有工科研究背景的大学都开设了传感技术相关课程，并且配备了传感器实验设备，以增强学生的感性认识、动手能力及传感器的应用能力。在研究生教学方面，围绕传感器的相关技术、相关学科包括仪器科学与技术、控制工程、电子科学与技术等，为国家培养了大批传感技术方面的人才，大大促进了该行业的发展。2020 年，天津大学、哈尔滨工业大学、东南大学和北京信息科技大学 4 所高校率先增设了“智能感知工程”专业。由于市场上尚没有相关实验设备，北京信息科技大学传感器课程教学团队与公司合作定制了“智能传感器实验平台”。

在学术交流方面，2011 年 6 月我国首次在北京举办了第 16 届国际传感技术领域中规模最大、层次最高的 Transducers’11 学术会议，本届 Transducers 会议历史上首次在发展中国家举办，会议主题是“感知世界，引领未来”。2018 年 11 月 12 日，首届世界传感器大会在郑州开幕，来自 35 个国家和地区的传感器产学研相关机构代表约 1500 人参会，大会相关论坛对于传感技术进行了深入的学术探讨，可谓百家争鸣。上百家国内外知名企业展示了新型传感器、智能传感器的最新科技成果及系统集成应用，为此次大会增添了浓墨重彩的一笔。2019 年 11 月 9 日，第二届世界传感器大会开幕，来自 21 个国家和地区的专家学者、企业代表齐聚郑州，交流全球传感器科技、产业和应用的最新成果，共同打造全球传感器领域品牌的生态盛会。

我国传感器技术发展态势良好，已取得了长足进步，并形成了一定的产业基础和发展规模。但与发达国家相比，在产品应用、自主创新与规模生产等方面还有较大差距。据我国专家估计，目前我国传感器技术落后国际水平 5～10 年，而规模化生产技术落后 10～15 年。传感器技术落后严重阻碍了我国国防、航空航天、工业等行业的发展，限制了这些行业产品技术含量的提高，使相关产品缺乏国际竞争力。因此，加强国家顶层规划，注重传感器产品的自主研发能力，打破国外公司的垄断和封锁，对提高我国科技水平、促进国民经济发展、保障国家安全、维护世界和平都具有深远意义。

1.3.2　传感器技术发展趋势

大规模集成电路、微纳加工、网络等技术的发展，为传感技术的发展奠定了基础。微电子、光电子、生物化学、信息处理等各学科、各种新技术的互相渗透和综合利用，可望研制出一批新颖、先进的传感器。预计到 2030 年，全球应用的传感器数量将突破 100 万亿个，人与自然环境将通过传感器紧密相连。通过在智能家居、智能医疗、智能交通、智能物流、智能环保、智能安防等物联网应用领域大显身手，传感器将为人们缔造真正的智能生活。技术推动和需求牵引共同决定了未来传感器技术的发展趋势，突出表现在以下几个方面。

1. 开发新材料

材料是传感器(特别是物性型传感器)的重要基础。随着传感技术的发展,半导体材料、陶瓷材料、光导纤维、纳米材料、超导材料、智能材料等相继问世。随着研究的不断深入,未来将会开发出更多更新的传感器材料。这是传感技术发展的关键。

2. 发现新效应

传感器的工作原理基于各种效应和定律,由此启发人们进一步探索具有新效应的敏感功能材料,或发现已有材料的新现象,并以此研制具有新原理的新型传感器。这是传感技术发展的基础。

3. 发展微细加工技术

加工技术的微精细化在传感器的生产中占有越来越重要的地位。微机械加工技术是近年来随着集成电路工艺发展起来的加工技术,目前已越来越多地用于传感器制造工艺,如溅射、蒸镀、等离子体刻蚀、化学气相淀积、外延生长、扩散、光刻等中。利用各向异性腐蚀、牺牲层技术和 LIGA(三维微细加工)工艺,可以制造出层与层之间有很大差别的三维微结构,包括可活动的膜片、悬臂梁、桥、凹槽、孔隙和锥体等。这些微结构与特殊用途的薄膜和高性能的集成电路相结合,已成功地用于制造各种微型传感器。越来越多的生产厂家将传感器作为一个工艺品来精雕细琢。这是发展高性能、多功能、低成本、小型化和微型化传感器的重要途径。

4. 提高性能指标

随着自动化生产程度的不断提高,要求传感器具有灵敏度高、精确度高、响应速度快、互换性好,以确保生产自动化的可靠性。目前,能生产万分之一以上精度传感器的厂家为数很少,其产量也远远不能满足要求。另外,研制高可靠性传感器有利于提高电子设备的抗干扰能力。而提高温度范围历来是大课题,大部分传感器的工作温度为-20 ℃～70 ℃;军用系统要求工作温度为-40 ℃～85 ℃;汽车、锅炉系统要求工作温度为-20 ℃～120 ℃;航天飞机和空间机器人等场合对传感器的温度要求更高。因此,宽温度范围传感器将很有前途。

5. 向微功耗及无源化发展

传感器一般都是由非电量向电量转化,工作时离不开电源,在野外现场或远离电网的地方,通常采用电池供电或太阳能供电。因此,开发微功耗或无源传感器是必然的发展方向,既可以节省能源,又可以提高系统寿命。

6. 集成化技术

集成化技术包括传感器与 IC 集成制造技术、多参量传感器集成制造技术,缩小了传感器体积,提高了抗干扰能力。采用敏感结构和检测电路的单芯片集成技术,能够避免多芯片组装时管脚引线引入的寄生效应,改善了器件性能。单芯片集成技术在改善器件性能的同时,还可以充分发挥 IC 技术可批量化、低成本生产的优势,成为传感器技术研究的主流方向之一。

7. 多传感器融合技术

由于单传感器不可避免地存在不确定性或偶然不确定性,缺乏全面性和鲁棒性,偶然的故障就会导致系统失效,多传感器集成与融合技术正是解决这一问题的良方。多个传感器不仅可以描述同一环境特征的多个冗余信息,而且可以描述不同的环境特征,具有冗余性、互补性、及时性和低成本性等特点。多传感器融合技术已经成为智能机器与系统领域的一个重要研究方向,它涉及信息科学的多个领域,是新一代智能信息技术的核心基础之一。从 20 世纪 80 年代初以军事领域的研究为开端,多传感器的集成与融合技术迅速扩展到各应用领域,如自动目标识别,自主车辆导航、遥感,生产过程监控,机器人,医疗应用等。

8. 智能化传感器

智能化传感器将传感器获取信息的基本功能与专用微处理器的信息分析、处理功能紧密结合在一起，并具有诊断、数字双向通信等功能。由于微处理器具有强大的计算和逻辑判断功能，故可方便地对数据进行滤波、变换、校正补偿、存储记忆、输出标准化等；同时实现必要的自诊断、自检测、自校验及通信与控制等功能。智能化传感器由多个模块组成，包括微传感器、微处理器、微执行器和接口电路等，它们构成一个闭环微系统，通过数字接口与更高一级的计算机相连，利用专家系统的算法为传感器提供更好的校正与补偿。随着技术的不断发展，智能化传感器功能会更多，精度和可靠性会更高，优点会更突出，应用会更广泛。

9. 实现无线网络化

无线传感器网络是由大量无处不在的、具备无线通信与计算能力的微小传感器节点构成的自组织分布式网络系统，能根据环境自主完成指定任务的智能系统。它是涉及微传感器与微机械、通信、自动控制、人工智能等多学科的综合技术。大量的传感器通过网络构成分布式、智能化信息处理系统，以协同方式工作，能够从多个视角，以多种感知模式，对事件、现象和环境进行观察和分析，获得丰富的、高分辨率的信息，极大地增强了传感器的探测能力，是近几年传感器新的发展方向。无线传感器的应用已由军事领域扩展到反恐、防爆、环境监测、医疗保健、家居、商业、工业等众多领域，有广泛的应用前景。

10. 发展新型生物医学传感器

发展生物传感器、仿生传感器、柔性可穿戴传感器等新型生物医学传感器。

①生物传感器(biosensor)是一种对生物物质敏感并将其浓度转换为电信号进行检测的仪器，能够选择性地分辨特定的物质。在设计生物传感器时，选择适合于测定对象的识别功能物质，是极为重要的前提。这些识别功能物质通过识别过程可与被测目标结合成复合物，如抗体和抗原的结合，酶与基质的结合等。考虑所产生的复合物的特性，根据分子识别功能物质制备的敏感元件所引起的化学变化或物理变化去选择换能器，是研制高质量生物传感器的另一重要环节。生物传感器在食品工业、环境监测、发酵工业、基础医学和临床医学等方面得到了高度重视和广泛应用。

②仿生传感器是生物医学和电子学、工程学相互渗透而发展起来的一种新型传感器。按照使用的介质可以分为：酶传感器、微生物传感器、细胞传感器和组织传感器等。仿生传感器是生物学理论发展的直接成果。虽然已经研制成功了许多仿生传感器，但其稳定性、再现性和可批量生产性明显不足，所以仿生传感器技术尚处于幼年期。不久的将来，模拟生物的嗅觉、味觉、听觉、触觉的仿生传感器将出现，有可能超过人类五官的功能，完善机器人的视觉、味觉、触觉和对目标进行操作的能力。

③柔性可穿戴传感器的研制，有望用于医疗诊断、人机交互与虚拟现实。

思考题与习题

1-1　什么是传感器？它由哪几部分组成？各部分的作用是什么？

1-2　传感器的基础定律有哪些？

1-3　什么是 3C 技术？

1-4　传感器有哪几种分类方式？

1-5　说明什么是结构型传感器和物性型传感器。

1-6　说明什么是能量控制型传感器和能量转换型传感器。

1-7　说明“100 mm 应变式位移传感器”的输入量、工作原理以及量程。

1-8　为了改善传感器的性能,可采用哪些技术途径?

1-9　简述传感器技术的发展趋势。

1-10　什么是检测技术?

第 2 章　传感器特性及标定

第 2 章
拓展资源

传感器的基本特性也称传感器的一般特性，是指传感器输出与输入的对应关系。它是传感器内部结构参数作用关系的外部特性表现。研究和了解传感器的基本特性，有助于用理论指导传感器的设计、制造、校准和使用等。

传感器的输入量（即被测量）有两种形式：稳态量和动态量。稳态量是指传感器的输入信号是不随时间变化的常量（即静态量）或随时间缓慢变化的量（即准静态量）。动态量是指传感器的输入信号是随时间变化而变化的量，主要包括周期变量和瞬态变量。当传感器的输入量为稳态量时，传感器输出与输入的对应关系称为静态特性；当传感器的输入量为动态量时，传感器输出与输入的对应关系称为动态特性。所以，传感器的基本特性可以用静态特性和动态特性来描述。无论是稳态量输入还是动态量输入，传感器的输出量都必须无失真地重现被测量的变化，这就取决于传感器的基本特性。

一般而言，传感器的基本特性，即传感器的输出-输入关系，可用微分方程来表达。理论上，若微分方程中的一阶及一阶以上的微分项为零，即静态特性。因此，传感器的静态特性只是动态特性的一个特例。实际上，传感器的静态特性还包括非线性和随机性等因素，如果将这些因素都引入微分方程，会使问题复杂化。为避免这种情况，通常将传感器的静态特性和动态特性分开考虑。

2.1　传感器的静态特性

传感器的静态特性是指传感器在被测量处于稳定状态下的输出输入关系。理想传感器的输出-输入呈唯一线性对应关系，但由于内、外因素的影响，很难保证这种理想的对应关系。主要影响因素如图 2-1 所示，包括外在的影响因素和内在的误差因素。

外界影响诸如冲击、振动、环境温度的变化、电磁场的干扰、供电电源的波动等，这些因素都不可忽视，影响程度取决于传感器本身。可通过对传感器本身的改善来加以抑制，也可以对外界条件加以限制。内在影响因素包括线性度、迟滞、重复性、灵敏度、漂移、分辨率等诸多指标，这些影响测量精度的内在因素即代表了传感器的静态特性。

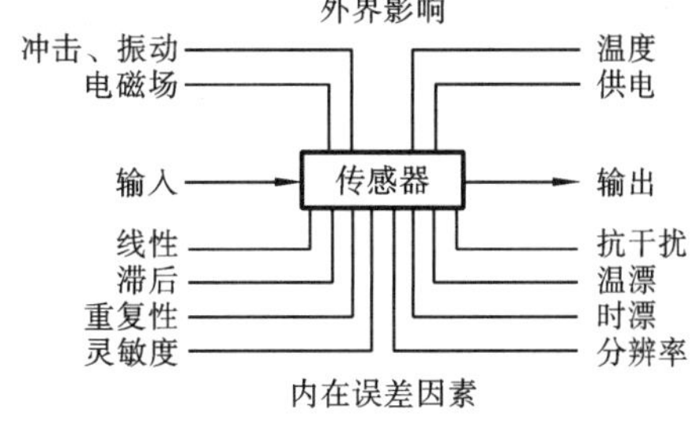

图 2-1　传感器输出-输入关系的影响因素

1. 线性度

线性度又称非线性误差，它是对传感器输出和输入是否保持理想比例关系的一种度量。理想传感器输出 y 与输入 x 呈唯一线性对应关系

$$y = a_0 + a_1 x \tag{2-1}$$

式中：a_1 为理论灵敏度，即直线的斜率；a_0 为零点输出，即传感器输入为零时对应的输出值。

该值也可为零,代表传感器零点输出为零,即传感器输出-输入直线通过零点。

而实际传感器的输出-输入关系或多或少都存在非线性问题,在不考虑迟滞、蠕变、不稳定性等因素的情况下,其静态特性可用下列方程表示

$$y = a_0 + a_1 x + a_2 x^2 + \cdots + a_n x^n \tag{2-2}$$

式中:$a_2, a_3, \cdots, a_n$ 为非线性项系数。各项系数不同,传感器输出-输入特性曲线的具体形式不同。

传感器输出-输入特性曲线可通过实际测试获得。在获得特性曲线后,为了后续标定和数据处理的方便,可采用多种方法(其中包括计算机硬件或软件补偿)进行线性化处理。一般来说,这些方法都比较复杂。在非线性误差不太大的情况下,可以采用直线拟合的方法来进行线性化处理。

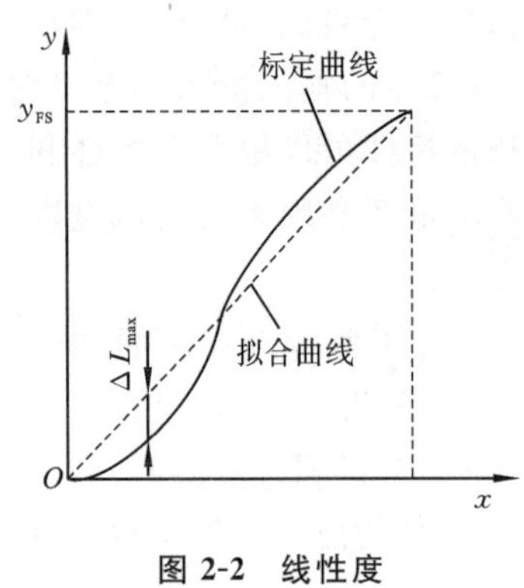

图 2-2　线性度

如图 2-2 所示,在采用直线拟合线性化时,输出-输入标定曲线(即实测曲线)与其拟合直线之间的最大偏差,称为非线性误差或线性度。

非线性误差有绝对误差和相对误差两种表示方法。绝对误差为$\pm\Delta L_{max}$,相对误差 γ_L 为

$$\gamma_L = \pm \frac{\Delta L_{max}}{y_{FS}} \times 100\% \tag{2-3}$$

式中:ΔL_{max}为最大非线性偏差;y_{FS}为满量程输出。

由此可见,非线性误差的大小是以一定的拟合直线为基准直线而得出来的。拟合直线不同,非线性误差也不同。所以,选择拟合直线的主要出发点,应是获得最小的非线性误差。另外,还应考虑使用和计算是否简便。常用的直线拟合方法有:①理论拟合;②过零旋转拟合;③端点拟合;④端点平移拟合;⑤最小二乘法拟合。前四种方法如图 2-3 所示,实线为实际输出的标定曲线;虚线为拟合直线。

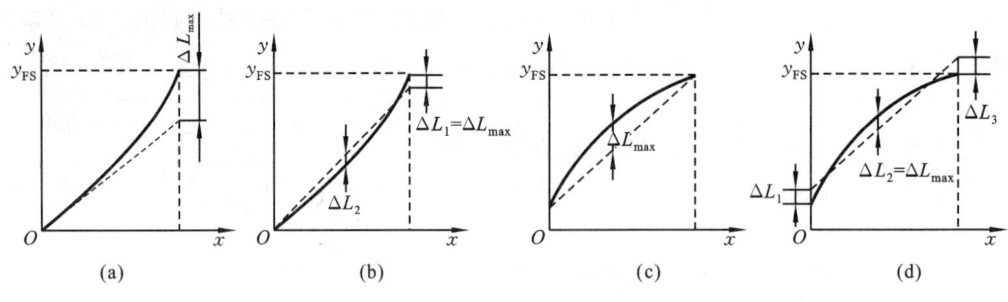

图 2-3　四种直线拟合方法

(a) 理论拟合;(b) 过零旋转拟合;(c)端点连线拟合;(d) 端点平移拟合

图 2-3(a)所示为理论拟合。拟合直线为传感器的理论特性曲线,与实际测试值无关。该方法的优点是简单方便,缺点是非线性误差一般会比较大。图 2-3(b)所示为过零旋转拟合,是在图(a)的基础上将拟合直线以原点为圆心进行旋转,并且使最大正偏差等于最大负偏差,即$|\Delta L_1| = |\Delta L_2| = |\Delta L_{max}|$。与图(a)相比,非线性误差减小了一半。理论拟合和过零旋转拟合两种方法常用于标定曲线过零的传感器。

图 2-3(c)所示为端点连线拟合,是将传感器输出-输入标定曲线两端点(即零点输出值和满量程输出值)的连线作为拟合直线。这种方法也很简单方便,缺点是非线性误差比较大。图

2-3(d)所示为端点平移拟合,是在图(c)的基础上将拟合直线平移,并且使最大正偏差等于最大负偏差,即$|\Delta L_1|=|\Delta L_2|=|\Delta L_3|=|\Delta L_{max}|$。与图(c)相比,非线性误差减小了一半。端点连线拟合和端点平移拟合两种方法常用于标定曲线不过零的传感器。

采用最小二乘法拟合,就是要拟合出一条基准直线,设该直线方程为

$$y = kx + b \tag{2-4}$$

若标定曲线实际测试点有 n 个,对应于第 i 个输入量 x_i 的输出量为 y_i,与拟合直线上相应值之间的残差为

$$\Delta_i = y_i - (kx_i + b) \tag{2-5}$$

最小二乘法拟合直线的原理是使拟合直线与传感器的实际特性曲线所对应残差的平方和 $\sum_{i=1}^{n}\Delta_i^2$ 为最小,也就是使 $\sum_{i=1}^{n}\Delta_i^2$ 对 k 和 b 的一阶偏导数为零,即

$$\frac{\partial}{\partial k}\sum\Delta_i^2 = 2\sum(y_i - kx_i - b)(-x_i) = 0 \tag{2-6}$$

$$\frac{\partial}{\partial b}\sum\Delta_i^2 = 2\sum(y_i - kx_i - b)(-1) = 0 \tag{2-7}$$

从而求出 k 和 b 的表达式为

$$k = \frac{n\sum x_i y_i - \sum x_i \sum y_i}{n\sum x_i^2 - \left(\sum x_i\right)^2} \tag{2-8}$$

$$b = \frac{\sum x_i^2 \sum y_i - \sum x_i \sum x_i y_i}{n\sum x_i^2 - \left(\sum x_i\right)^2} \tag{2-9}$$

将 k 和 b 代入式(2-4)即可得到拟合直线,然后按式(2-5)求出残差的最大值 $\Delta_{i\max}$ 作为非线性误差。

2. 迟滞

传感器在正(输入量逐渐增大)、反(输入量逐渐减小)行程中输出-输入曲线不重合的现象称为迟滞。而用迟滞误差(又称回程误差)来反映这种不重合的程度。

迟滞特性如图 2-4 所示,可通过实验测得。选择一些测试点,在所选择的每一个输入信号中,传感器正行程及反行程中输出信号差值的最大者即迟滞误差。迟滞误差有绝对误差和相对误差两种表示方法。绝对误差为$\pm\Delta H_{max}$,相对误差 γ_H 以 ΔH_{max}与满量程输出之比的百分数表示,即

$$\gamma_H = \pm\frac{\Delta H_{max}}{y_{FS}} \times 100\% \tag{2-10}$$

式中:ΔH_{max}为正反行程间输出的最大偏差值;y_{FS}为满量程输出。

形成迟滞误差的因素包括传感器机械结构中存在的间隙、结构材料的形变及磁滞等。

3. 重复性

重复性是指传感器输入量按同一方向作全量程多次测试时所得输出-输入特性曲线不一致的现象。而用重复性误差来反映这种不一致的程度。

图 2-5 所示为实际标定曲线的重复特性。正行程的最大重复性偏差为 ΔR_{max2},反行程的最大重复性偏差为 ΔR_{max1},取这两个偏差中的较大者为 ΔR_{max}。重复性误差有绝对误差和相对误差两种。绝对误差记为$\pm\Delta R_{max}$,相对误差则用 ΔR_{max}与满量程输出 y_{FS}之比的百分数表示,即

$$\gamma_R = \pm \frac{\Delta R_{max}}{y_{FS}} \times 100\% \tag{2-11}$$

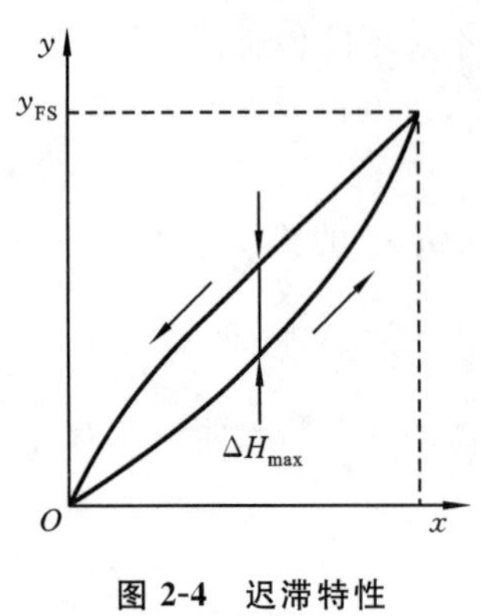

图 2-4 迟滞特性

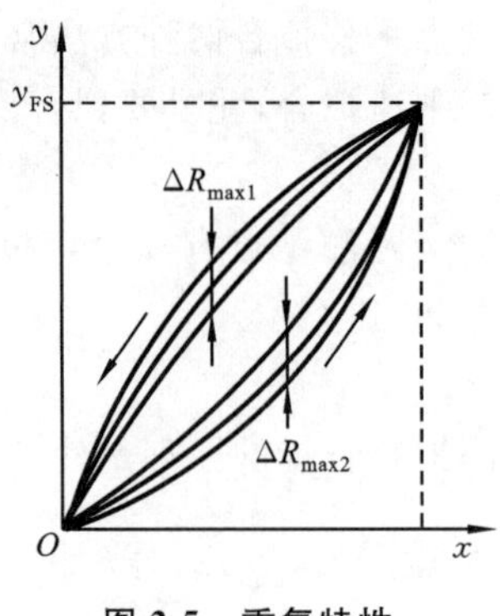

图 2-5 重复特性

4. 灵敏度

灵敏度(这里指传感器的静态灵敏度)是传感器输出的变化量 Δy 与引起该变化量的输入变化量 Δx 之比,即

$$k = \Delta y / \Delta x \tag{2-12}$$

可见,灵敏度就是传感器输出-输入曲线的斜率。当传感器具有线性特性时,灵敏度为常数;当传感器具有非线性特性时,灵敏度不为常数。以拟合直线作为其特性的传感器,也认为其灵敏度为常数,与输入量的大小无关。由于某种原因,会引起灵敏度变化,产生灵敏度误差。灵敏度误差同样有绝对误差和相对误差两种表示方法。绝对误差记为 $\pm\Delta k$,则相对误差 γ_S 表示为

$$\gamma_S = \pm \frac{\Delta k}{k} \times 100\% \tag{2-13}$$

通常情况下希望测试系统的灵敏度高,而且在满量程范围内是恒定的。因为灵敏度高,同样的输入会获得较大的输出。但灵敏度并不是越高越好,灵敏度过高会减小量程范围,同时也会使读数的稳定性变差,所以应根据实际情况合理选择。

5. 分辨力

当传感器的输入从非零的任意值缓慢增加时,只有在超过某一输入增量时,输出才发生可观测的变化。这个能检测到的最小的输入增量,称为传感器的分辨力。有些传感器,当输入量连续变化时,输出量只作阶跃变化,则分辨力就是输出量的每个阶跃高度所代表的输入量的大小。数字式传感器的分辨力,则是指能引起数字输出的末位数发生改变所对应的输入增量。分辨力用绝对值表示。而用绝对值与满量程的百分数表示时,称为分辨率。

阈值是传感器零点附近的分辨力。阈值还可称为灵敏度界限(灵敏限)或门槛灵敏度、灵敏阈、失灵区、死区等。有的传感器在零点附近有严重的非线性,形成所谓"死区",则将死区的大小作为阈值。在更多的情况下,阈值主要取决于传感器的噪声大小,因此,有的传感器只给出噪声电平。

6. 稳定性

稳定性是指传感器在相当长的工作时间内保持其性能的能力,因此稳定性又称长期稳定性。稳定性误差是指传感器在长时间工作情况下输出量发生的变化。稳定性误差可以通过实验的方法获得:将传感器输出调至零或某一特定点,在室温下,经过规定的时间间隔,比如 8 小

时、24 小时等，再读取输出值，两次输出值之差即稳定性误差的绝对误差表示方法，再除以满量程输出的百分数，即相对误差表示方法。

7. 漂移

漂移是指在一定时间间隔内，传感器的输出存在着与被测输入量无关的、不需要的变化。如图 2-6 所示，漂移又包括时间漂移和温度漂移，简称时漂和温漂。时漂包括零点时漂和灵敏度时漂，温漂包括零点温漂和灵敏度温漂。时漂是指在规定的条件下，零点或灵敏度随时间有缓慢的变化；温漂是指由周围温度变化所引起的零点或灵敏度的变化。其中，零点时漂实际上就是长期稳定性。

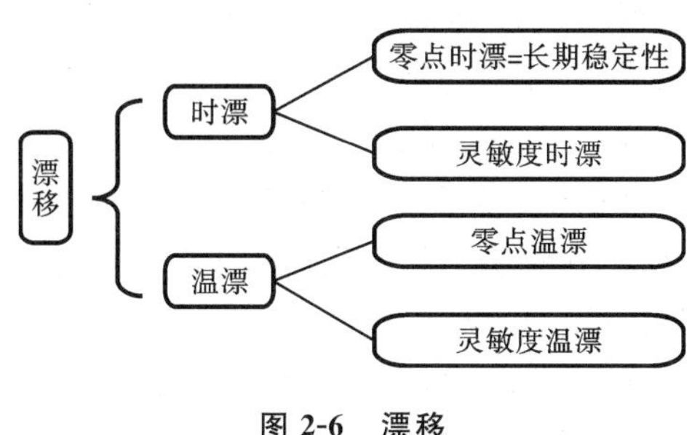

图 2-6　漂移

漂移可通过实验方法测得，以测试某传感器零点温漂为例，将传感器置于一定温度（如 20 ℃）下，将输出调至零或某一特定点，使温度上升或下降一定的度数（比如上调 5 ℃），稳定后读取传感器输出值，前后两次输出值之差即零点温漂。

8. 抗干扰稳定性

抗干扰稳定性是指传感器对各种外界干扰的抵抗能力。如抗冲击和振动的能力、抗潮湿的能力、抗电磁干扰的能力等。评价这些能力比较复杂，一般不易给出数量概念，需要具体问题具体分析。

9. 静态误差

静态误差（亦称精度），是指传感器在其全量程内任一点的输出值与其理论值的偏离（或逼近）程度。静态误差是评价传感器静态特性的综合指标，它包括了上述的非线性误差、迟滞误差、重复性误差、灵敏度误差等，如果这几项误差是随机的、独立的、正态分布的，则静态误差可以表示为

$$\gamma = \pm\sqrt{\gamma_L^2 + \gamma_H^2 + \gamma_R^2 + \gamma_S^2} \tag{2-14}$$

如果灵敏度误差可以忽略，则可表示为

$$\gamma = \pm\sqrt{\gamma_L^2 + \gamma_H^2 + \gamma_R^2} \tag{2-15}$$

静态误差的通用求取方法为：将全部输出数据与拟合直线上对应值的残差，看成是随机分布，求出其标准偏差 σ，即

$$\sigma = \sqrt{\frac{1}{n-1}\sum_{i=1}^{n}(\Delta y_i)^2} \tag{2-16}$$

式中：Δy_i 为各测试点的残差；n 为测试点数。

取 2σ 或 3σ 值作为传感器的绝对静态误差

$$\Delta\gamma = \pm(2 \sim 3)\sigma \tag{2-17}$$

再除以满量程输出值的百分数作为传感器的相对静态误差

$$\gamma = \pm \frac{(2 \sim 3)\sigma}{y_{\mathrm{FS}}} \times 100\% \tag{2-18}$$

2.2 传感器的动态特性

传感器的动态特性是指当传感器的输入量随时间动态变化时,其输出也随之变化的响应特性。很多传感器需要在动态条件下检测,被测量随时间变化的形式多种多样,只要输入量是时间的函数,则输出量也是时间的函数,其间的关系用动态特性来表征。在设计、使用传感器时,要根据动态性能要求与使用条件,选择合理的方案并确定合适的参数;确定合适的使用方法,同时对给定条件下的传感器的动态误差作出估计。

采用传感器测试动态量时,希望传感器输出量随时间的变化关系与输入量随时间的变化关系是一致的,不一致就说明存在动态误差。动态误差又分为稳态动态误差和暂态动态误差。稳态动态误差是指传感器输出量达到稳定状态后与理想输出量之间的差别。暂态动态误差是指当传感器输入量发生跃变时,输出量由一个稳态到另一个稳态过渡状态中的误差。

为了分析传感器的动态特性,首先要写出传感器的数学模型,求得其传递函数。大多数传感器在其工作点附近一定范围内,数学模型可用线性常数微分方程来表示

$$a_n \frac{\mathrm{d}^n y}{\mathrm{d}t^n} + a_{n-1} \frac{\mathrm{d}^{n-1} y}{\mathrm{d}t^{n-1}} + \cdots + a_1 \frac{\mathrm{d}y}{\mathrm{d}t} + a_0 y = b_m \frac{\mathrm{d}^m x}{\mathrm{d}t^m} + b_{m-1} \frac{\mathrm{d}^{m-1} x}{\mathrm{d}t^{m-1}} + \cdots + b_1 \frac{\mathrm{d}x}{\mathrm{d}t} + b_0 x \tag{2-19}$$

式中:各系数是由传感器结构参数决定的。

从时域变换到频域可获得传感器的传递函数

$$\frac{y(\mathrm{j}\omega)}{x(\mathrm{j}\omega)} = \frac{b_m(\mathrm{j}\omega)^m + b_{m-1}(\mathrm{j}\omega)^{m-1} + \cdots + b_1(\mathrm{j}\omega) + b_0}{a_n(\mathrm{j}\omega)^n + a_{n-1}(\mathrm{j}\omega)^{n-1} + \cdots + a_1(\mathrm{j}\omega) + a_0} \tag{2-20}$$

式中:$m \leqslant n$(由物理条件决定)。$n=0$ 为 0 阶;$n=1$ 为 1 阶;$n=2$ 为 2 阶;$n \geqslant 3$ 为高阶。实际传感器以零阶、一阶、二阶居多,或由它们组合而成。

在研究传感器动态特性时,首先需要为传感器输入动态变量,由于传感器实际测试时的输入量是千变万化的,而且往往事先并不知道是何种信号。为研究简单起见,通常只根据规律性变化的输入来考察传感器的响应。复杂的周期输入信号可以分解为各种谐波,可用正弦周期输入信号来代替;瞬变输入可看作若干阶跃输入,可用阶跃输入代表。所以工程上通常采用输入"标准"信号函数的方法进行分析,并据此确立评定动态特性的指标。常用的"标准"信号函数是正弦函数与阶跃函数。

2.2.1 传感器的频率响应特性

将各种频率不同而幅值相等的正弦信号输入传感器,其输出正弦信号的幅值、相位与频率之间的关系称为频率响应特性。频率响应特性又分为幅频特性和相频特性。

设传感器的输入为正弦信号 $x = A\sin(\omega t + \varphi_0)$,则传感器的输出也为正弦信号 $y = B\sin(\omega t + \varphi_1)$。而这两个正弦信号之间符合传感器的转换关系,即输出正弦信号等于输入正弦信号乘以传递函数

$$B\sin(\omega t + \varphi_1) = H(\omega) \cdot A\sin(\omega t + \varphi_0) = k(\omega) \cdot A\sin[\omega t + \varphi_0 + \varphi(\omega)] \tag{2-21}$$

式(2-21)说明:相对于正弦输入信号而言,传感器输出的正弦信号,幅值放大了 $k(\omega)$倍,

相位相差了 $\varphi(\omega)$。$k(\omega)=\dfrac{B}{A}$ 表示了输出量幅值与输入量幅值之比，与静态灵敏度对应，称为动态灵敏度。它是 ω 的函数，称为幅-频特性。$\varphi(\omega)=\varphi_1-\varphi_0$ 表示输出量的相位超前输入量的角度，也是 ω 的函数，称为相-频特性。如果 $k(\omega)=$常量 K、$\varphi(\omega)=$常量 φ，表明输出波形与输入波形精确地一致，只是幅值放大了 K 倍、相位相差了 φ。$k(\omega)\neq$常量会引起幅值失真；$\varphi(\omega)$与 ω 之间的非线性会引起相位失真。

如果测试的目的是精确地测出输入波形，那么 $k(\omega)=$常量 K，$\varphi(\omega)=$常量 φ 这个条件完全可以满足要求；但如果测试的结果用来作为反馈信号，则该条件尚不充分。因为输出对输入时间的滞后可能破坏系统的稳定性，$\varphi(\omega)=0$ 才是理想的，即没有延迟的实时信号才可以用于反馈。

由于实际传感器以零阶、一阶、二阶居多，或由它们组合而成，所以下面重点分析零阶、一阶、二阶传感器的频率响应特性。

1. 零阶传感器的频率响应特性

零阶传感器的微分方程和传递函数分别如式(2-22)和式(2-23)所示。式中，K 为静态灵敏度。

$$y=\frac{b_0}{a_0}x=Kx \tag{2-22}$$

$$\frac{y(s)}{x(s)}=\frac{b_0}{a_0}=K \tag{2-23}$$

其幅频特性和相频特性分别为 $k(\omega)=K$，$\varphi(\omega)=0$；特性曲线如图 2-7 所示。

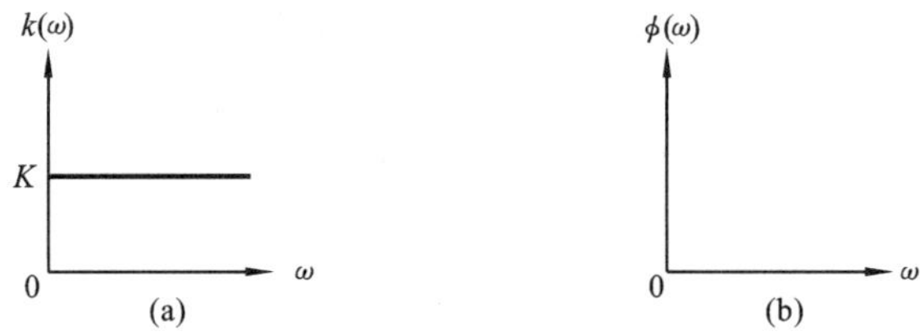

图 2-7　零阶传感器频率响应特性曲线

(a) 幅频特性；(b) 相频特性

可见，零阶传感器的输入量无论随时间怎么变化，输出量的幅值总与输入量成确定的比例关系，在时间上也无滞后。它是一种与频率无关的环节，又称比例环节或无惯性环节。在实际应用中，许多高阶系统在变化缓慢、频率不高的情况下，都可以近似看作零阶环节。零阶传感器不仅可以精确地用于测量，还可以将测量信号用于反馈控制。

2. 一阶传感器的频率响应特性

一阶传感器的微分方程为

$$a_1\frac{\mathrm{d}y}{\mathrm{d}t}+a_0y=b_0x \tag{2-24}$$

令时间常数 $\tau=a_1/a_0$，静态灵敏度 $K=b_0/a_0$，则传递函数和频率响应分别为

$$\frac{y(s)}{x(s)}=\frac{K}{\tau s+1} \tag{2-25}$$

$$\frac{y(\mathrm{j}\omega)}{x(\mathrm{j}\omega)}=\frac{K}{\mathrm{j}\omega\tau+1} \tag{2-26}$$

幅频特性和相频特性分别为

$$k(\omega)=K/\sqrt{(\omega\tau)^2+1} \tag{2-27}$$

$$\varphi(\omega)=\arctan(-\omega\tau) \tag{2-28}$$

幅频特性和相频特性曲线如图 2-8 所示。

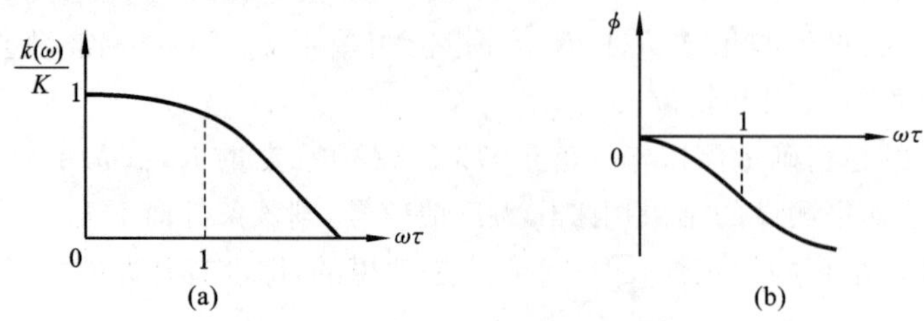

图 2-8　一阶传感器频率响应特性曲线

(a) 幅频特性；(b) 相频特性

当 $\omega\tau\ll 1$ 时，式(2-27)和式(2-28)变为：$k(\omega)\approx K$；$\phi(\omega)\approx-\omega\tau$，即 $\phi(\omega)/\omega\approx-\tau$。表明：输出波形与输入波形精确一致，只是幅值放大了 K 倍；输出量相对于输入量的滞后与 ω 无关。所以，一阶传感器满足 $\omega\tau\ll 1$ 条件后可用于测量，但不能将测量信号用于反馈。

3. 二阶传感器的频率响应特性

二阶传感器的微分方程为

$$a_2\frac{\mathrm{d}^2y}{\mathrm{d}t^2}+a_1\frac{\mathrm{d}y}{\mathrm{d}t}+a_0y=b_0x \tag{2-29}$$

令 $K=b_0/a_0$ 为静态灵敏度；$\omega_n=\sqrt{a_0/a_2}$ 为固有频率(也称自振角频率)；$\tau=\sqrt{a_2/a_0}$ 为时间常数(也是固有频率的倒数)；$\xi=a_1/(2\sqrt{a_0a_2})$ 为阻尼比，则传递函数和频率响应分别为

$$\frac{y(s)}{x(s)}=\frac{K}{\dfrac{s^2}{\omega_n^2}+\dfrac{2\xi}{\omega_n}s+1} \tag{2-30}$$

$$\frac{y(\mathrm{j}\omega)}{x(\mathrm{j}\omega)}=\frac{K}{1-\left(\dfrac{\omega}{\omega_n}\right)^2+2\mathrm{j}\xi\dfrac{\omega}{\omega_n}} \tag{2-31}$$

幅频特性和相频特性分别为

$$A(\omega)=\frac{K}{\sqrt{\left[1-\left(\dfrac{\omega}{\omega_n}\right)^2\right]^2+\left[2\xi\dfrac{\omega}{\omega_n}\right]^2}}=\frac{K}{\sqrt{[1-(\omega\tau)^2]^2+(2\xi\omega\tau)^2}} \tag{2-32}$$

$$\varphi(\omega)=-\arctan\frac{2\xi\omega/\omega_n}{1-(\omega/\omega_n)^2}=-\arctan\frac{2\xi\omega\tau}{1-(\omega\tau)^2} \tag{2-33}$$

幅频特性和相频特性曲线如图 2-9 所示。

当 $\omega\tau=1$(即 $\omega=\omega_n$)时，输入信号频率和传感器本身的固有频率相等。此时由图 2-9(a)可见：当阻尼比 ξ 趋于 0 时，$k(\omega)$ 趋于无穷大，出现谐振现象。为了避免发生谐振，需要增加 ξ 值。随着 ξ 的增大，谐振现象逐渐不明显，当 $\xi\geqslant 0.707$ 时，不再出现谐振。而且当 $\xi=0.707$ 时，由图 2-9 可见：幅频特性的平坦段最宽，这个平坦段代表 $k(\omega)=K$ 为常量；相频特性接近一条斜直线，即 $\phi(\omega)/\omega$ 为常量。所以将 $\xi=0.707$ 称为最佳阻尼系数。因此，二阶传感器满足 $\xi=0.707$ 条件后用于测量，保证有较宽的频响范围，而且幅值失真和相位失真都比较小，但不能将测量信号用于反馈。

描述频率特性的主要指标有如下几种。

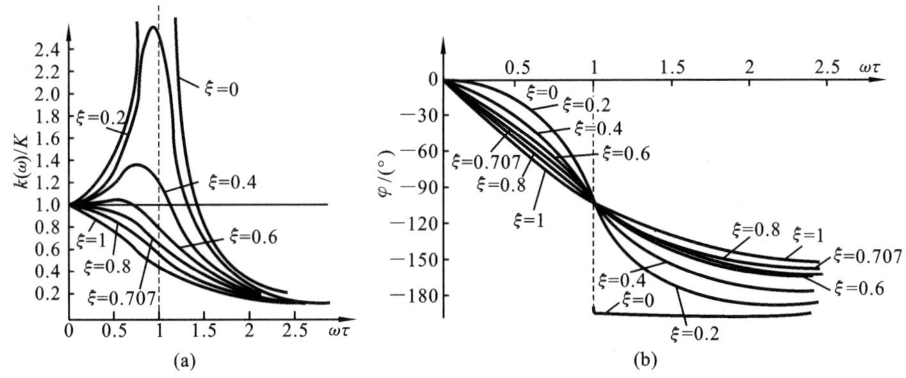

图 2-9　二阶传感器频率响应特性曲线

(a) 幅频特性；(b) 相频特性

(1) 截止频率、通频带和工作频带。幅频特性曲线超出确定的公差带所对应的频率，分别称为下限截止频率和上限截止频率。相应的频率区间称为传感器的通频带(或称带宽)。通常将对数幅频特性曲线上幅值衰减 3 dB 时所对应的频率范围作为通频带。对传感器而言，一般称幅值误差为±(2～5)%(或其他值)时所对应的频率范围为工作频带。

(2) 固有频率和谐振频率。固有频率 ω_n 是在无阻尼时，传感器的自由振荡频率。幅频特性曲线在某一频率处有峰值，该工作频率即谐振频率 ω_r，表征了瞬态响应速度，其值越大响应速度越快。

(3) 幅值频率误差和相位频率误差。当传感器对随时间变化的周期信号进行测量时，必须求出传感器所能测量周期信号的最高频率 ω_p，以保证在 ω_p 范围内，幅值频率误差不超过给定数值 δ；相位频率误差不超过给定数值 φ。

2.2.2　传感器的阶跃响应特性

当给静止的传感器输入一个单位阶跃信号时，其输出信号称为阶跃响应特性。下面同样重点分析零阶、一阶、二阶传感器的阶跃响应特性。

1. 零阶传感器的阶跃响应特性

给静止的传感器输入一个单位阶跃信号 $u(t)$

$$u(t)=\begin{cases}0 & t\leqslant 0\\1 & t>0\end{cases} \tag{2-34}$$

零阶传感器由于没有时间延迟，输入阶跃信号，输出 $y(t)$ 仍是阶跃信号，只是幅值放大了 K 倍

$$y(t)=\begin{cases}0 & t\leqslant 0\\K & t>0\end{cases} \tag{2-35}$$

零阶传感器阶跃响应特性曲线如图 2-10 所示。

2. 一阶传感器的阶跃响应特性

当给一阶传感器输入一个单位阶跃信号时，其输出函数为

$$y=K(1-\mathrm{e}^{-t/\tau}) \tag{2-36}$$

阶跃响应特性曲线如图 2-11 所示。

动态误差为

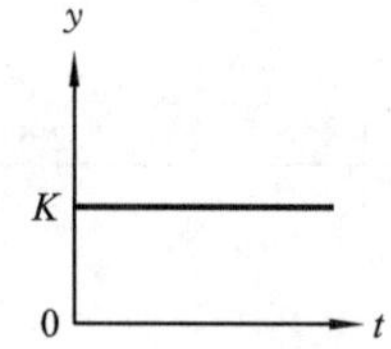

图 2-10　零阶传感器阶跃响应特性曲线

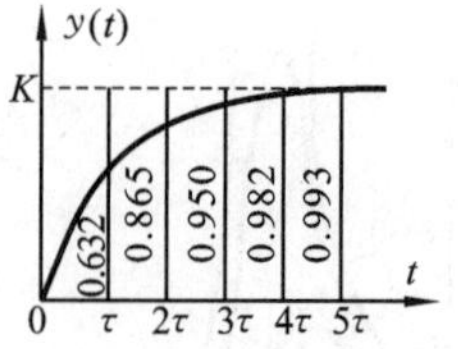

图 2-11　一阶传感器阶跃响应特性曲线

$$\gamma = \frac{K(1-\mathrm{e}^{\frac{-t}{\tau}})-K}{K} = -\mathrm{e}^{\frac{-t}{\tau}} \tag{2-37}$$

τ 是指传感器输出值上升到稳态值 63.2%所需要的时间。由图 2-11 可以看出:$t=5\tau$ 时测量精度为 99.3%,动态误差 γ 为-0.7%。所以给一阶传感器输入阶跃信号后,若在 $t>5\tau$ 之后采样,可以认为输出已接近稳态,测量误差可忽略不计。反过来,也可以根据给定的允许稳态误差值,计算出所需的响应时间

$$t_{\mathrm{w}} = -\tau\ln|\gamma| \tag{2-38}$$

t_{w} 后读取传感器输出值,即可满足给定的测量精度要求。

综上所述,一阶环节的动态响应特性主要取决于时间常数 τ。τ 越小,阶跃响应越迅速。τ 的大小表示惯性的大小,故一阶环节又称为惯性环节。

3. 二阶传感器的阶跃响应特性

若对二阶传感器输入一单位阶跃信号,则式(2-31)变为

$$\left(\frac{1}{\omega_{\mathrm{n}}^2}s^2+\frac{2\xi}{\omega_{\mathrm{n}}}s+1\right)y = K \tag{2-39}$$

特征方程为

$$\frac{1}{\omega_{\mathrm{n}}^2}s^2+\frac{2\xi}{\omega_{\mathrm{n}}}s+1 = 0 \tag{2-40}$$

两根分别为

$$\begin{cases} r_1 = (-\xi+\sqrt{\xi^2-1})\omega_{\mathrm{n}} \\ r_2 = (-\xi-\sqrt{\xi^2-1})\omega_{\mathrm{n}} \end{cases} \tag{2-41}$$

当 $\xi>1$(过阻尼)时,完全没有过冲,也不产生振荡

$$y = K\left[1-\frac{(\xi+\sqrt{\xi^2-1})}{2\sqrt{\xi^2-1}}\mathrm{e}^{(-\xi+\sqrt{\xi^2-1})\omega_{\mathrm{n}}t}+\frac{(\xi-\sqrt{\xi^2-1})}{2\sqrt{\xi^2-1}}\mathrm{e}^{(-\xi-\sqrt{\xi^2-1})\omega_{\mathrm{n}}t}\right] \tag{2-42}$$

当 $\xi=1$(临界阻尼)时,即将起振

$$y = K[1-(1+\omega_{\mathrm{n}}t)\mathrm{e}^{-\omega_{\mathrm{n}}t}] \tag{2-43}$$

当 $0<\xi<1$(欠阻尼)时,产生衰减振荡

$$y = K\left[1-\frac{\mathrm{e}^{-\xi\omega_{\mathrm{n}}t}}{\sqrt{1-\xi^2}}\sin(\sqrt{1-\xi^2}\,\omega_{\mathrm{n}}t+\varphi)\right] \tag{2-44}$$

当 $\xi=0$(无阻尼)时,输出等幅振荡,此时振荡频率等于传感器的固有频率 ω_{n}

$$y = K[1-\sin(\omega_{\mathrm{n}}+\varphi)] \tag{2-45}$$

$\varphi=\arcsin\sqrt{1-\xi^2}$ 为衰减振荡相位差。

将上述四种情况绘成曲线,可得图 2-12(a)所示二阶传感器的阶跃响应曲线簇,其输出曲线形式与 ξ 有关。二阶传感器通常将 ξ 设计成最佳阻尼比,此时传感器的阶跃响应特性为衰减振荡,如图 2-12(b)所示。

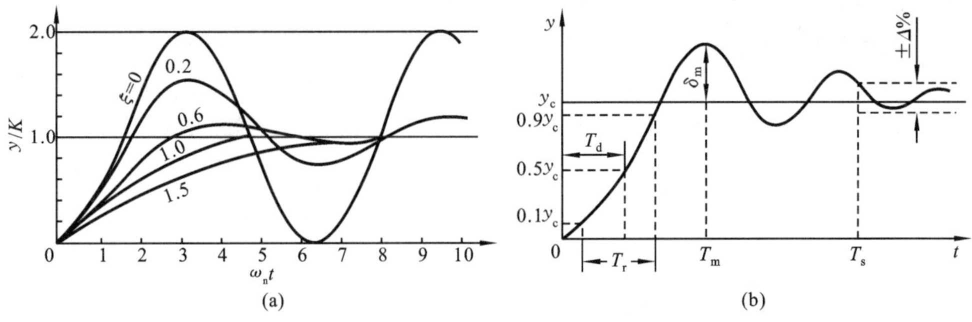

图 2-12　二阶环节的阶跃响应特性曲线

(a) 与 ξ 有关；(b) $0<\xi<1$

衡量二阶传感器阶跃响应特性，除了阻尼比 ξ 和固有频率 ω_n 这两个主要指标外，还包括下述一些指标：①上升时间 T_r。传感器输出值由稳态值的 10%上升到 90%所需的时间，有时也规定其他百分数。②延滞时间 T_d。传感器输出值达到稳态值的 50%所需的时间。③响应时间 T_s。传感器输出值达到允许误差±Δ%（如±2%或±5%）所经历的时间，或明确为“百分之 Δ 响应时间”。④峰值时间 T_m。传感器输出值超过稳态值，达到第一个峰值所需的时间。⑤超调量 δ_m。传感器输出值第一次超过稳态值之峰高，即 $\delta_m = y_{max} - y_c$，或用相对值 $\delta = [(y_{max} - y_c)/y_c] \times 100\%$ 表示。⑥衰减率 ψ。传感器输出值相邻两个波峰（或波谷）高度下降的百分数，$\psi = [(a_n - a_{n+2})/a_n] \times 100\%$。⑦稳态误差 e_{ss}。无限长时间后传感器的稳态输出值与目标值之间偏差 δ_{ss} 的相对值，$e_{ss} = \pm(\delta_{ss}/y_c) \times 100\%$。

上述时间参数均用于描述传感器输出值接近稳态所需要的时间，时间值越小，传感器越快接近稳态。对于二阶传感器而言，阶跃响应输出值应在 T_s 后采样，以满足测量精度的要求。

必须指出：实际传感器往往比上述简化的数学模型复杂得多。在这种情况下，通常不能直接给出其微分方程，但可以通过实验方法获得响应曲线上的特征值来表示其动态响应。对于近年来得到广泛重视和迅速发展的数字式传感器，其基本要求是不丢数，因此输入量变化的临界速度就成为衡量其动态响应特性的关键指标。故应从分析模拟环节的频率特性、细分电路的响应能力、逻辑电路的响应时间以及采样频率等方面着手，从中找出限制动态性能的薄弱环节来研究并改善其动态特性。

2.3　传感器的标定与选用

2.3.1　传感器的标定与校准

《传感器通用术语》(GB/T 7665—2005)对校准（标定）(calibration)的术语规定如下：在规定的条件下，通过一定的试验方法记录相应的输入/输出数据，以确定传感器性能的过程。

传感器与所有的检测仪表一样，在设计、制造、装配后，都必须按照设计指标进行严格的一系列试验，以确定其实际性能指标。经过维修或使用一段时间后（我国计量法规定一般为 1 年），也必须对其主要技术指标进行校准试验，以检验它是否达到原设计指标，并最后确定其基本性能是否达到使用要求。通常，在明确输入输出对应关系的前提下，利用某种标准或标准器具对传感器进行标度的过程称为标定；而将传感器在使用过程中或储存后进行性能复测的过程称为校准。标定与校准的内容和方法基本上是相同的。

标定(校准)的基本方法是:利用标准设备产生已知的非电量(如标准力、压力、位移等)作为输入量,输入给待标定(校准)的传感器,建立传感器输出量与输入量之间的对应关系,然后将传感器的输出量与输入的标准量作比较,由此获得一系列标定(校准)数据或曲线,同时确定出不同使用条件下的误差关系。有时输入的标准量是利用另一标准传感器检测而得,这时的标定(校准)实质上是待标定(校准)传感器与标准传感器之间的比较,从而确定所标定传感器的误差范围以及性能是否合格。工程测量中的传感器标定(校准),应在与其使用条件相似的环境下进行。为获得高的标定(校准)精度,应将传感器(如压电式、电容式传感器等)及其配用的电缆、放大器等构成的测试系统一起标定(校准)。

对标定(校准)设备的要求如下:为了保证标定(校准)的精度,产生输入量的标准设备(或标准传感器)的精度应比待标定(校准)的传感器高一个数量级(至少要高 1/3 以上),并符合国家计量量值传递的规定。同时,量程范围应与被标定(校准)传感器的量程相当。性能稳定可靠,使用方便,能适应多种环境。

传感器标定(校准)系统的输入有静态输入和动态输入两种,因此,传感器的标定(校准)可分为静态标定(校准)和动态标定(校准)两种。由于各种传感器的原理、结构不相同,所以标定(校准)的方法也有一些差异。

2.3.2 传感器的静态标定

静态标定的目的是在静态标准条件下,即在没有加速度、振动、冲击(除非这些参数本身就是被测量),环境温度一般为(20±5) ℃,相对湿度不大于 85%RH,气压为(101308±7988)Pa 等条件下,确定传感器(或传感系统)的静态特性指标,如线性度、灵敏度、迟滞和重复性等。

1. 静态标定系统的组成

传感器静态标定系统一般由三部分组成:①被测物理量标准发生器。如测力机、活塞压力计、恒温源等。②被测物理量标准测试系统。如标准力传感器、压力传感器、量块、标准热电偶等。③待标定传感器所配接的信号调理器、显示器和记录仪等。所配接仪器的精度应是已知的。

2. 静态特性标定的步骤

静态特性标定步骤为:①将传感器和测试仪器连接好,将传感器的全量程(测量范围)分成若干个等间距点,一般以传感器全量程的 10%为间隔。②根据传感器量程分点的情况,由小到大、逐点递增地输入标准量值,并记录与各点输入值相对应的输出值。③将输入量值由大到小、逐点递减,同时记录与各点输入值相对应的输出值。④按②、③所述过程,对传感器进行正、反行程往复循环多次测试,将得到的输出/输入测试数据用表格的形式列出或画成曲线。⑤对测试数据进行必要的处理。根据处理结果确定传感器相关的静态特性指标。

3. 力传感器的静态标定

1) 所用的标定设备

(1) 测力砝码。各种测力砝码是最简单的力标定设备。我国的基准测力装置是固定式基准测力机,是由一组在重力场中体现基准力值的直接加荷砝码(静重砝码)组成。图 2-13 所示为一种杠杆式砝码测力标定装置,这是一种直接用砝码通过杠杆对待标定的传感器加力的标定装置。图 2-14 所示为一种液压式测力机工作原理图。其中,砝码经油路将力作用在被检测的力传感器上。这种结构的测力计量程很大,有 200~600 kN 和 1.5~5 MN 等规格。

(2) 拉压式(环形)测力计。用环形测力计作为标准的推力标定装置如图 2-15 所示。它

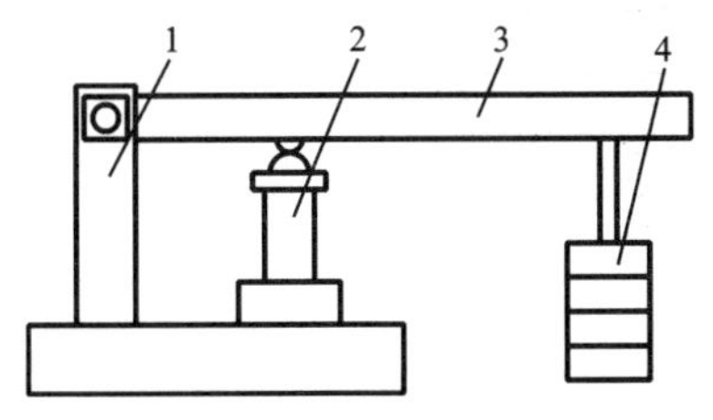

图 2-13　杠杆式砝码测力标定装置

1—支架；2—待标定传感器；3—杠杆；4—砝码

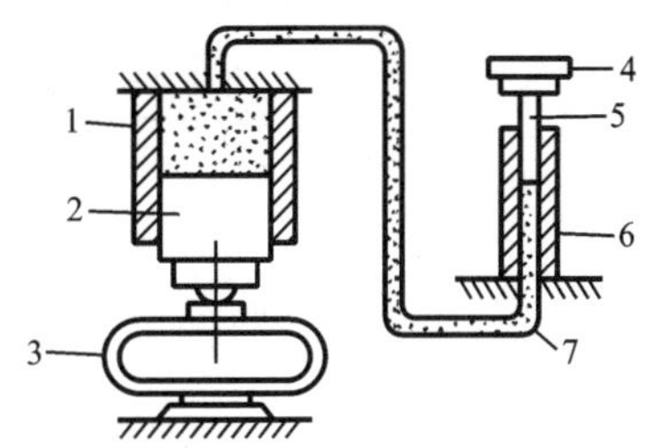

图 2-14　液压式测力机工作原理图

1—活塞缸；2—工作活塞；3—被测定的力传感器；4—砝码；5—加力活塞；6—测力气压缸；7—导管

由液压缸产生测力，测力计的弹性敏感元件为椭圆形钢环，环体受力后的变形量与作用力呈线性关系，用它或标准力传感器读取所施加的力值，有较高的精度。图 2-16 显示了一只带杠杆放大机构和百分表的测力计结构示意图。承压座受力后，测力环变形，顶杆推动杠杆向上移动，经杠杆放大后，由百分表读出测力环的变形量。此外，还有用光学显微镜读取测力环变形量的标准测力计。如果以光学干涉来测量标准测力环的变形，并用微机处理测量结果，则精度可更高。

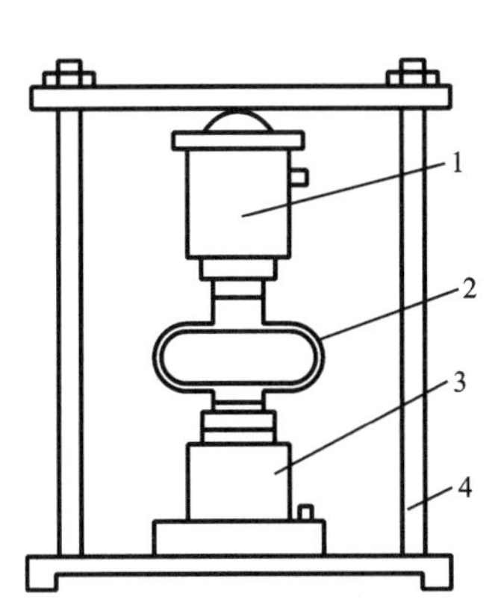

图 2-15　用环形测力计的推力标定装置

1—待标定的传感器；2—测力计；3—液压活塞；4—支架

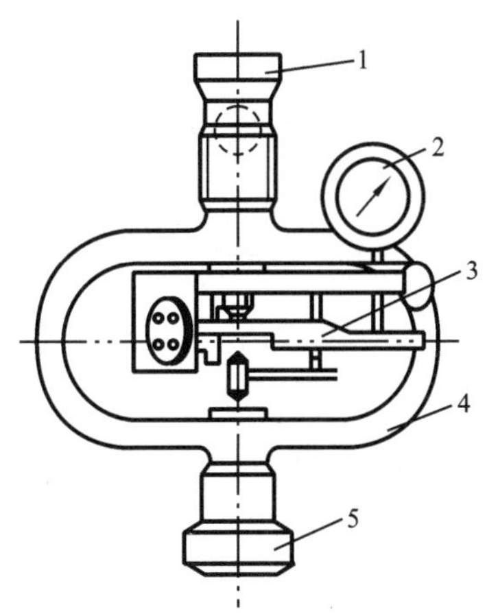

图 2-16　带杠杆放大机构和百分表的测力计

1,5—承压座；2—百分表；3—杠杆放大机构；4—测力环

2）力传感器的静态标定方法

以应变式测力传感器的标定为例，图 2-17 所示为其静态标定系统图。标准力由测力机产生，高精度稳压源经精密电阻箱衰减后为传感器提供稳定的供电电压，其值由数字电压表 2 读取，传感器的输出电压由另一数字电压表 1 指示。

静态标定系统的关键在于被测非电量的标准发生器及标准测试系统。它由杠杆式砝码标定装置、液压式测力机或基准测力机产生标准力。标定时，将力传感器安放在标准测力设备上加载（见图 2-16），将被标定传感器接入标准测量装置后，先超负荷加载 20 次以上，超载量为传感器额定负荷的 120％～150％，然后按额定负荷的 10％为间隔分成若干个等间距点，对传感器正行程加载和反行程卸载进行测试。这样，多次试验经微机处理，即可求得该传感器的全部静态特性，如线性度、灵敏度、迟滞和重复性等。

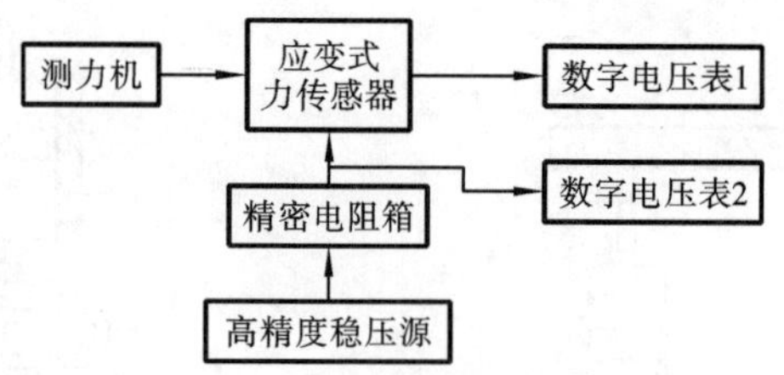

图 2-17 应变式测力传感器静态标定系统图

在无负荷条件下对传感器缓慢加温或降温一定的度数,则可测得传感器的温度稳定性和温度误差系数。对传感器或试验设备加上恒温罩,则可测得零点漂移。如施加额定负荷,当温度缓慢变化时,可测得灵敏度的温度系数。在温度恒定的条件下,加载若干小时,则可测得传感器的时间稳定性。

3) 实例

有一普通压力传感器的测量范围为 0～1.6 MPa,精度等级为 1.5 级,测试结果如表 2-1 所示,判断该传感器是否合格。

表 2-1 压力传感器的测试数据及其数据处理结果

被标定传感器读数/MPa	0.0	0.4	0.8	1.2	1.6	最大误差
标准表上行程读数/MPa	0.000	0.386	0.790	1.210	1.596	—
标准表下行程读数/MPa	0.000	0.406	0.809	1.215	1.596	—
标准表上、下行程读数回程误差/MPa	0.000	0 020	0.019	0.005	0.000	0.020
标准表上、下行程读数平均值/MPa	0.000	0.396	0.800	1.212	1.595	—
绝对误差 Δ/MPa	0.000	0.005	0.000	−0.012	0.004	−0.012

被标定传感器的最大引用误差(从绝对误差和上下行程读数误差中选取绝对值最大者作为 $\Delta_{\max}$,来求传感器的最大引用误差)为

$$\delta_{\max}=\pm\frac{\Delta_{\max}}{p_{FS}}\times 100\%=\pm\frac{0.020}{1.6}\times 100\%=\pm 1.25\%$$

式中:p_{FS}为压力表的量程。所以,该压力传感器满足 1.5 级精度等级的合格要求。

4. 温度传感器的静态标定

以工业热电偶的分度检定为例,按照热电偶的国家计量检定规程的规定介绍以下内容。

1) 所用的标定设备

(1) 检定炉及配套的控温设备。在检定 300 ℃～1600 ℃温度范围的工业热电偶时,使用卧式检定炉和立式检定炉作为主要检定设备,如图 2-18 和图 2-19 所示。控温设备应满足检定要求。

检定 300 ℃以下工业热电偶时,使用恒温油槽、恒温水槽和低温恒温槽作为检定设备。检定时的油槽温度变化不超过±0.1 ℃。

(2) 多点转换开关。采用比较法检定工业用热电偶时,常常需要同时检定几支热电偶,因此需要在测量回路中连接多点转换开关。检定贵金属热电偶的多点转换开关寄生电势应不大于 0.5 μV,检定廉金属热电偶的多点转换开关寄生电势应不大于 1 μV。

使用多点转换开关时应当注意以下事项:①连接转换开关的导线应用单芯屏蔽线,以减小寄生电势,并要求从同一卷导线上截取。每对导线应从一根导线中间剪断,并将此端与热电偶

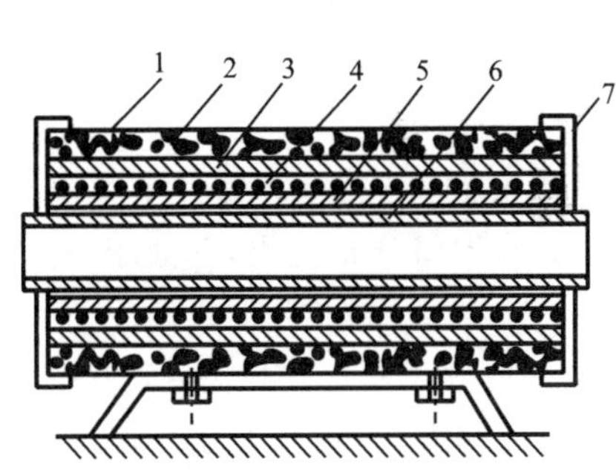

图 2-18　卧式检定炉结构

1—外壳;2—保温层;3—外瓷管;4—加热丝;
5—加热丝瓷管;6—内瓷管;7—盖板

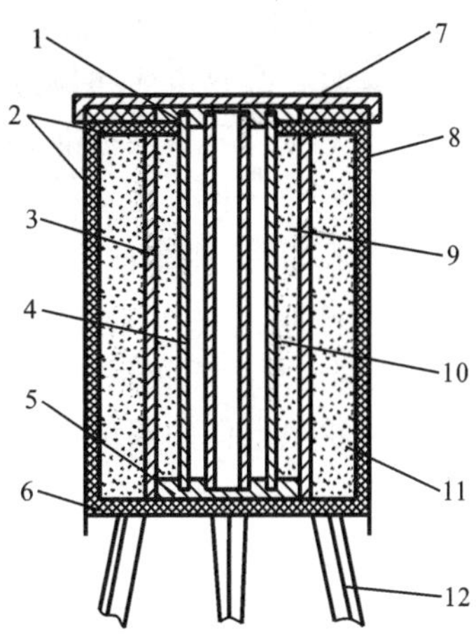

图 2-19　立式检定炉结构

1—上盖;2,6—石棉板;3—外管;4—内管;
5—下盖;7—炉盖;8—炉壳;9—电阻丝;
10—绕丝管;11—保温层;12—支架

连接。②多点转换开关的电刷与接点应浸入变压器油中，以保持温度恒定均匀。③多点转换开关安装或使用一段时间后，应逐点测量寄生电势，确定是否符合要求。

(3) 电测仪表。检定工业用热电偶常用的电测仪表有直流电位差计和直流数字电压表。其最小分辨力不超过 1 μV，测量误差不超过±0.02%。

如果选择直流电位差计，其准确度应不低于 0.02 级，最小步进值不大于 1 μV。根据被检热电偶热电动势的大小来选择电位差计，所选电位差计既要保证能测量被检热电偶产生的最大热电动势，又要使电位差计的测量第Ⅰ盘得到利用。

如果选择直流数字电压表，需根据该数字电压表的允许误差计算公式计算出热电偶测量上限的绝对误差，与手动直流电位差计在同样测量值情况下的绝对误差进行比较。若数字电压表计算所得的绝对误差小于或等于电位差计的绝对误差，则该数字电压表可以代替直流电位差计作为热电偶的热电动势测量仪器；若算得的数字电压表的绝对误差大于直流电位差计的绝对误差，则不能使用该数字电压表。

(4) 其他设备。热电偶焊接装置、退火炉和通电退火装置，最小分度值为 0.1 ℃的 0 ℃～50 ℃水银温度计等。

2) 所用的标准器

检定 300 ℃～1600 ℃温度范围的工业热电偶，主要的标准器有：一等、二等标准铂铑 10-铂热电偶；一等、二等标准铂铑 13-铂热电偶；一等、二等标准铂铑 30-铂铑 6 热电偶等。检定Ⅰ级热电偶时，必须采用一等标准铂铑 10-铂热电偶。

检定 300 ℃以下热电偶可采用的标准器有：－30 ℃～＋300 ℃二等标准水银温度计、二等标准铂电阻温度计、二等标准铜-康铜热电偶或同等精度的测温仪表。

3) 温度传感器的静态标定方法

以热电偶的分度为例，采用比较法标定，即利用高一级标准热电偶和被检热电偶放在同一温场中直接比较的一种检定方法。这种方法所用设备简单、操作方便，一次可以检定多支热电偶，而且能在任意温度下检定，是应用最广泛的一种检定方法。比较法标定又有双极法、同名极法和微差法几种检定方法。现以双极法为例加以说明。

(1) 双极法检定原理及注意事项。

双极法是将标准热电偶和被检热电偶捆扎成束后,置于检定炉内同一温度下,用电测设备在各个检定点上分别测量出标准热电偶和被检热电偶的热电动势,并进行比较,计算出相应热电动势值或误差的一种方法。

热电偶捆扎时,应注意将标准热电偶套上高铝保护管,与套好高铝绝缘瓷珠的被检热电偶的测量端对齐,用直径为 0.1~0.3 mm 的铂丝捆扎。若被检热电偶为廉金属热电偶,标准铂铑 10-铂热电偶应放入石英保护管内,可用细镍铬丝捆扎成圆形一束,其直径不大于 20 mm。捆扎时应将被检热电偶的测量端围绕标准热电偶的测量端均匀分布一周,并处于垂直标准热电偶同一截面上。

将捆扎成束的热电偶放入检定炉内,热电偶的测量端应处于检定炉最高温区中心,标准热电偶应与检定炉轴线位置一致。有时为了改善检定炉的径向温场,可在炉子中心处放置一耐高温的恒温块(如镍块或不锈钢块)。按图 2-20 接线,用电测设备分别直接测量标准热电偶和被检热电偶的热电动势值,并计算被检热电偶的热电动势值和与分度表的误差。

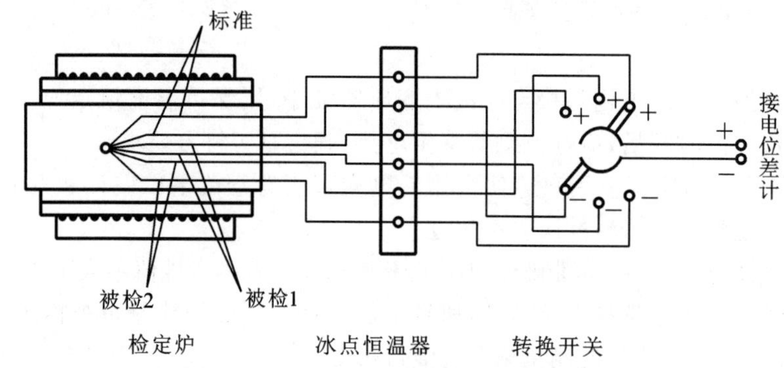

图 2-20 双极法检定原理示意图

热电偶的示值检定点温度,按照热电偶丝材及电极的直径粗细决定,如 K 型热电偶的电极直径为 0.5 mm、0.8 mm 或 1.0 mm,检定点温度则有 400 ℃、600 ℃和 800 ℃三个点;直径为 1.2 mm、1.6 mm、2.0 mm 或 2.5 mm,检定点温度则有 400 ℃、600 ℃、800 ℃和 1000 ℃四个点。

检定顺序,由低温向高温逐点升温检定。炉温偏离检定点温度不应超过±5 ℃。当炉温升到检定点温度,炉温变化小于 0.2 ℃/min 时,自标准热电偶开始,依次测量各被检热电偶的热电动势。

测量顺序如下:标准→被检 1→被检 2→……→被检 n→被检 n→……被检 2→被检 1→标准。读数应迅速准确,时间间隔应相近,测量读数不应少于 4 次。测量时检定炉的温度变化应在±0.25 ℃范围内。测量时将所有的测量数据填写在检定记录表上,以便于计算。

(2) 计算方法。

①被检热电偶的热电动势 $E_{被}$。

$$E_{被} = \overline{E}_{被测} + \frac{E_{标证} - \overline{E}_{标测}}{S_{标}} \cdot S_{被} \tag{2-46}$$

式中:$\overline{E}_{被测}$ 为被检热电偶在某检定点附近温度下(参考端温度为 0 ℃时)测得的热电动势平均值;$\overline{E}_{标测}$ 为标准热电偶在某检定点附近温度下(参考端温度为 0 ℃时)测得的热电动势平均值;$E_{标证}$ 为标准热电偶证书上某检定点温度的热电动势值;$S_{标}$、$S_{被}$ 分别表示标准热电偶、被检热电偶在某检定点温度的微分热电动势。

如果被检热电偶与标准热电偶是同分度号的热电偶，则 $S_{标}=S_{被}$，式(2-46)可写为

$$E_{被}=E_{标证}+(\overline{E}_{被测}-\overline{E}_{标测})=E_{标证}+\Delta E \tag{2-47}$$

②被检热电偶的热电动势误差 $\Delta E'$。

$$\Delta E'=E_{被}-E_{分}=\overline{E}_{被测}+\frac{E_{标证}-\overline{E}_{标测}}{S_{标}}\cdot S_{被}-E_{分} \tag{2-48}$$

式中：$E_{分}$ 为在分度表上查得的某检定点温度的热电动势值。

③被检热电偶的示值误差 Δt。

$$\Delta t=\Delta E'/S_{被} \tag{2-49}$$

需要注意的是：检定时，如果热电偶参考端温度不处于标准的 0 ℃，则测量所得的数据必须经中间温度定律修正到 0 ℃后才能代入式(2-46)、式(2-48)和式(2-49)中计算。

(3) 双极法检定热电偶的特点。

①标准热电偶与被检热电偶可以是不同分度号，只要检定点相同，均可混合检定。

②热电偶工作端可以不捆扎在一起，但必须保证它们处于相同均匀温场中。

③如果标准热电偶与被检热电偶分度号相同，则可减少测量装置产生的误差。

④方法简单、操作方便、计算简单。

⑤炉温控制严格，对 S 型、R 型热电偶检定时，炉温偏离检定点的温度不得超过±10 ℃；对于 B 型和廉金属热电偶，炉温偏离检定点的温度不得超过±5 ℃，否则会带来较大误差。

⑥若标准热电偶与被检热电偶为不同分度号，热电动势差异较大，操作时需特别注意，否则易在转换中打坏检流计。

4) 实例

用二等标准铂铑 10-铂热电偶检定Ⅱ级镍铬-镍硅热电偶，检定点为 800 ℃，测得 S 型热电偶的热电动势平均值为 7.170 mV，K 型热电偶的热电动势平均值为 32.064 mV，用水银温度计测得热电偶参考端温度为 30 ℃，在标准热电偶证书中查得 800 ℃的热电动势为 7.308 mV，求被检热电偶在 800 ℃时的热电动势值和误差。

解　已知 $\overline{E}_{标(800,30)}=7.170$ mV，$\overline{E}_{被(800,30)}=32.064$ mV，$E_{标证}=7.308$ mV，从 S 型(铂铑 10-铂)和 K 型(镍铬-镍硅)热电偶分度表中分别查得 30 ℃时的热电动势为 $E_{标(30,0)}=0.173$ mV，$E_{被(30,0)}=1.203$ mV。因为参考端温度为 30 ℃，由中间温度定律得

$$\overline{E}_{标测}=E_{标(800,0)}=E_{标(800,30)}+E_{标(30,0)}=(7.170+0.173)\text{mV}=7.343\ \text{mV}$$

$$\overline{E}_{被测}=E_{被(800,0)}=E_{被(800,30)}+E_{被(30,0)}=(32.064+1.203)\text{mV}=33.267\ \text{mV}$$

再从热电偶微分热电动势表中分别查得 800 ℃时，标准热电偶与被检热电偶的微分热电动势为 $S_{标}=10.87\ \mu$V/℃，$S_{被}=41.00\ \mu$V/℃，从 K 型分度表中查得 800 ℃的热电动势 $E_{分}=33.275$ mV。

将以上数据代入式(2-46)中，则可计算出被检热电偶在检定点为 800 ℃处的热电动势为

$$\begin{aligned}E_{被}&=\overline{E}_{被测}+\frac{E_{标证}-\overline{E}_{标测}}{S_{标}}\cdot S_{被}\\&=\left(33.267+\frac{7.308-7.343}{10.87}\times 41.00\right)\text{mV}\\&=33.135\ \text{mV}\end{aligned}$$

由式(2-48)得被检定的热电偶在检定点为 800 ℃处的热电动势误差为

$$\Delta E' = E_{被} - E_{分} = (33.144 - 33.275)\text{mV} = -0.131\ \text{mV}$$

由式(2-49)得被检定的热电偶在检定点为 800 ℃处的示值误差为

$$\Delta t = \frac{\Delta E'}{S_{被}} = \frac{-0.131}{41.00\times 10^{-3}}℃ \approx -3.2\ ℃$$

2.3.3 传感器的动态标定

一些传感器除了静态特性必须满足要求外，动态特性也需要满足要求。因此，在完成静态标定和校准后还需要进行动态标定，以便确定传感器(或传感系统)的动态特性指标，如频率响应、时间常数、固有频率和阻尼比等。

传感器的动态特性标定，实质上就是向传感器输入一个“标准”动态信号，再根据传感器输出的响应信号，经分析计算、数据处理，确定其动态性能指标的具体数值。如一阶传感器只有一个参数，即时间常数 τ；二阶传感器则有两个参数，固有频率 ω_0 和阻尼比 ξ。

试验方法常常因传感器形式(电的，光的，机械的等)的不同而不同，但从原理上通常可分为阶跃信号响应法，正弦信号响应法，随机信号响应法和脉冲信号响应法等。为了便于比较和评价，对传感器进行动态标定时，常用的“标准”信号有两类：一是周期函数，如正弦波等；另一类是瞬变函数，如阶跃波等。

必须指出，标定系统中所用的标准设备的时间常数应比待标定传感器小得多，而固有频率则应高得多。这样，标准设备的动态误差才可以忽略不计。

1. 阶跃信号响应法

1）确定一阶传感器时间常数 τ

一阶传感器输出 y 与被测量 x 之间的关系为 $a_1\dfrac{\mathrm{d}y}{\mathrm{d}x} + a_0 y = b_0 x$，当输入 x 是幅值为 A 的阶跃函数时，可以解得

$$y(t) = kA\left[1 - \mathrm{e}^{-\frac{t}{\tau}}\right] \tag{2-50}$$

式中：τ 为时间常数，$\tau = a_1/a_2$；k 为静态灵敏度，$k = b_0/a_0$。

对于一阶传感器，在测得的阶跃响应曲线上，通常取输出值达到其稳态值 63.2%处所经过的时间作为其时间常数 τ。但这样确定的 τ 值实际上没有涉及响应的全过程，测量结果的可靠性仅仅取决于某些个别的瞬时值。而采用下述方法，可获得较为可靠的 τ 值。根据式(2-50)得

$$1 - y(t)/(kA) = \mathrm{e}^{-\frac{t}{\tau}}$$

令 $Z = -t/\tau$，可见 Z 与 t 呈线性关系，而且

$$Z = \ln[1 - y(t)/(kA)] \tag{2-51}$$

根据测得的输出信号 $y(t)$ 作出 $Z-t$ 曲线，则 $\tau = -\Delta t/\Delta Z$(见图 2-21)。这种方法考虑了瞬态响应的全过程，并可以根据 $Z-t$ 曲线与直线的拟合程度来判断传感器与一阶系统的符合程度。

2）确定二阶传感器阻尼比 ξ 和固有频率 ω_n

二阶传感器一般都设计成 $\xi = 0.7 \sim 0.8$ 的典型欠阻尼系统，则测得传感器的单位阶跃响应输出曲线如图 2-22 所示。在其上可以获得曲线振荡频率 ω_d、稳态值 $y(\infty)$、最大过冲量 δ_m 及其发生的时间 T_m。而

$$\xi = \sqrt{\frac{1}{1+[\pi/\ln(\delta_{\mathrm{m}}/y(\infty))]^2}} \tag{2-52}$$

$$\omega_{\mathrm{n}} = \frac{\omega_{\mathrm{d}}}{\sqrt{1-\xi^2}} = \frac{\pi}{T_{\mathrm{m}}\sqrt{1-\xi^2}} \tag{2-53}$$

由上面两式可确定出 ξ 和 ω_{n}。

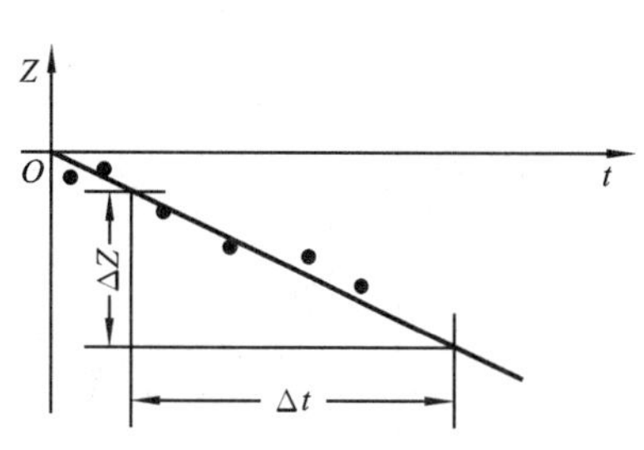

图 2-21　由 Z-t 曲线求一阶传感器时间常数

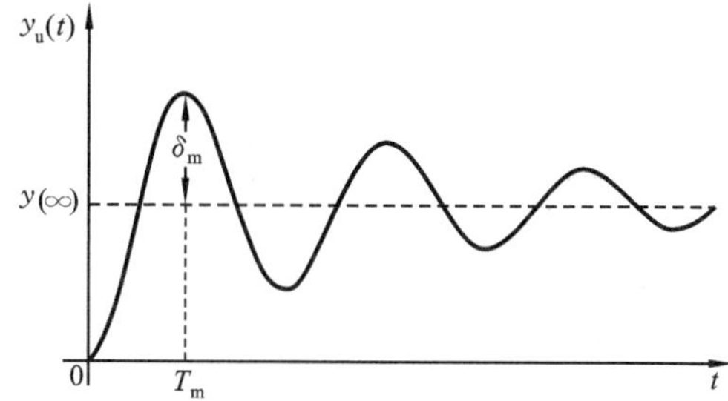

图 2-22　二阶传感器阶跃响应曲线($\xi<1$)

也可以利用任意两个过冲量来确定 ξ。设 n 为第 i 个过冲量 δ_{mi} 和第($i+n$)个过冲量 $\delta_{m(i+n)}$ 之间相隔的周期数(整数),它们分别对应的时间是 t_i 和 t_{i+n},则 $t_{i+n}=t_i+(2\pi n)/\omega_{\mathrm{d}}$。

令 $\delta_n=\ln(\delta_{mi}/\delta_{m(i+n)})$,此时

$$\xi = \sqrt{\frac{1}{1+4\pi^2 n^2/[\ln(\delta_{mi}/\delta_{m(i+n)})]^2}} \tag{2-54}$$

那么,从传感器阶跃响应曲线上,测取相隔 n 个周期的任意两个过冲量 δ_{mi} 和 $\delta_{m(i+n)}$,然后代入式(2-54)便可确定 ξ 值。

由于该方法采用比值 $\delta_{mi}/\delta_{m(i+n)}$,因而消除了信号幅值不理想的影响。若传感器是精确的二阶系统,则取任何正整数 n 求得的 ξ 值都相同;反之,若 n 取不同值而获得不同的 ξ 值,就表明传感器不是线性二阶系统。所以,该方法还能判断传感器与二阶系统的符合程度。

2. 正弦信号响应法

测量传感器正弦稳态响应的幅值和相角,然后得到稳态正弦输入/输出的幅值比和相位差。逐渐改变输入正弦信号的频率,重复前述过程,即可得到幅频和相频特性曲线。

1) 确定一阶传感器时间常数 τ

如图 2-23 所示,将一阶传感器的频率特性曲线绘成伯德图,则其对数幅频曲线下降 3 dB 处所测取的角频率 $\omega=1/\tau$,由此可确定一阶传感器的时间常数 $\tau=1/\omega$。

2) 确定二阶传感器阻尼比 ξ 和固有频率 ω_{n}

二阶传感器的频率特性曲线如图 2-24 所示。在欠阻尼情况下,从幅频特性曲线上可以测得三个特征量,即零频增益 k_0、共振频率增益 k_{r} 和共振角频率 ω_{r}。由式(2-55)和式(2-56)即可确定 ξ 和 ω_{n}。

$$\frac{k_{\mathrm{r}}}{k_0} = \frac{1}{2\xi\sqrt{1-\xi^2}} \tag{2-55}$$

$$\omega_{\mathrm{n}} = \frac{\omega_{\mathrm{r}}}{\sqrt{1-2\xi^2}} \tag{2-56}$$

虽然从理论上来讲,也可通过传感器相频特性曲线确定 ξ 和 ω_{n},但是一般来说准确的相角测试比较困难,所以很少使用相频特性曲线。

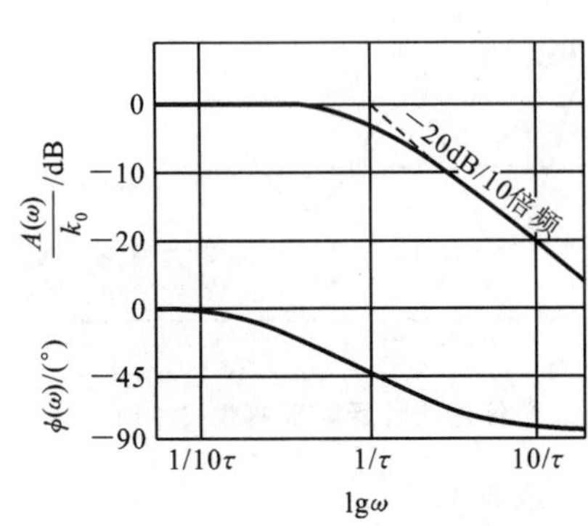

图 2-23　一阶环节的伯德图

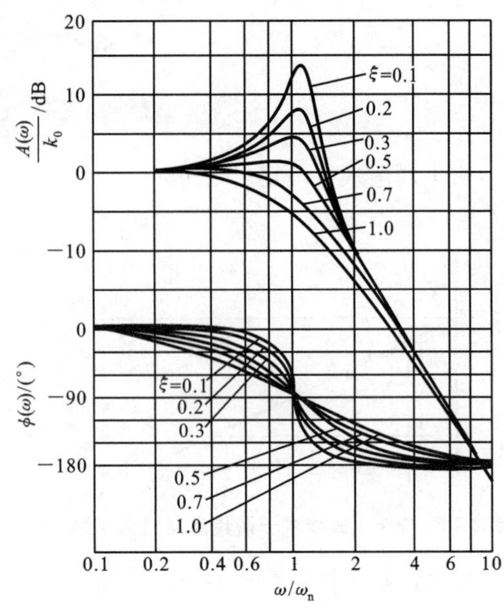

图 2-24　二阶传感器的频率特性曲线

3. 其他信号响应法

如果用功率密度为常数 C 的随机白噪声作为待标定传感器的标准输入量，则传感器输出信号功率谱密度为 $Y(\omega)=C|H(\omega)|^2$。所以传感器的幅频特性 $k(\omega)$ 为

$$k(\omega)=\frac{1}{\sqrt{C}}\sqrt{Y(\omega)} \tag{2-57}$$

由此得到传感器频率响应的方法称为随机信号校验法，它可消除干扰信号对标定结果的影响。

如果用冲击信号作为传感器的输入量，则传感器系统的传递函数为其输出信号的拉氏变换。

如果传感器属三阶以上的系统，则需分别求出传感器输入和输出的拉氏变换，或通过其他方法确定传感器的传递函数，或直接通过正弦响应法确定传感器的频率特性；再进行因式分解将传感器等效成多个一阶和二阶环节的串并联，进而分别确定它们的动态特性，最后以其中最差的作为传感器的动态特性标定结果。

4. 实例

现以振动传感器的标定和校准为例加以说明。对振动传感器（或测振仪）性能的全面标定只在制造单位或研究部门进行，而在一般使用单位或使用场合，主要是标定其灵敏度、频率特性和动态线性范围。标定时，通常采用振动台作为正弦激励的信号源。振动台有机械的、电磁的、液压的等多种，常用的是电磁振动台。标定和校准振动传感器的方法很多，按照计算标准和传递角度可以分为两类：一是复现振动量值最高基准的绝对法；二是将绝对法标定的标准测振仪作为二等标准，用比较法标定或校准工作测振仪（振动传感器测量系统）。按照标定所用输入量种类又可分为正弦振动法、重力加速度法、冲击法和随机振动法等。

1）绝对标定法

目前我国振动计量的最高基准是采用激光光波长度作为振幅量值的绝对基准。由于激光干涉基准系统复杂昂贵，而且一经安装调试后就不能移动，因此需要有作为二等标准的测振仪作为传递基准用。

对压电式加速度计进行绝对标定时，先将被标定的压电式加速度计安装在标准振动台的台面上，再驱动振动台，用激光干涉测振装置测定台面的振幅 X_m(m)，用精密数字频率计测出振动台台面的振动频率 f(单位：1/s)，同时用精密数字电压表读出被标定的传感器通过与其匹配的前置放大器输出的电压值(一般为有效值)E_{rms}(mV)，则可求出被标定测振传感器的加速度灵敏度 S_a 为

$$S_a = \frac{\sqrt{2}E_{rms}}{(2\pi f)^2 X_m}\left(\frac{\text{mV} \cdot \text{s}^2}{\text{m}}\right) \tag{2-58}$$

利用自动控制振动台面振级和振动频率的扫频仪或其他设备，便可求得被标定测振传感器的幅频特性曲线和动态线性范围，标定误差为±1%。

2) 比较标定法

这是一种最常用的标定方法，即将被标定的测振传感器与标准测振传感器相比较。标定时，将被标定测振传感器与标准测振传感器一起安装在标准振动台上。为了使它们尽可能地靠近安装以保证感受的振动量相同，常采用背靠背的安装方法。标准振动传感器端面上常有螺孔用来直接安装被标定的测振传感器或用图 2-25 所示的刚性支架安装。设标准测振传感器与被标定测振传感器在受到同一振动量时的输出分别为 U_0 和 U，已知标准测振传感器的加速度灵敏度为 S_{a0}，则被标定测振传感器的加速度灵敏度 S_a 为

$$S_a = \frac{U}{U_0} S_{a0} \tag{2-59}$$

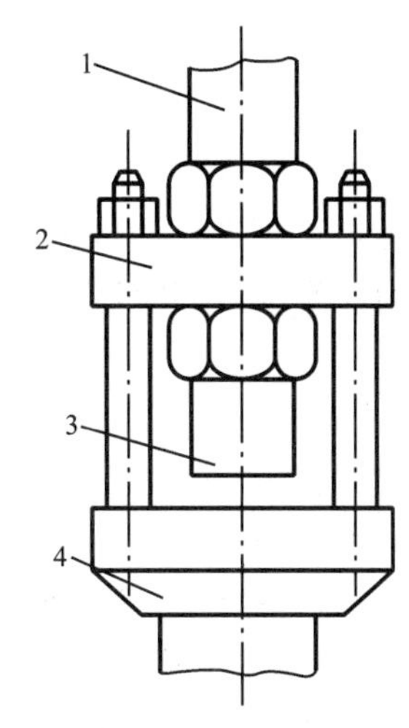

图 2-25　振动传感器比较标定系统

1—被标定测振传感器；2—支架；3—标准测振传感器；4—标准振动面

在振幅恒定的条件下，改变振动台的振动频率，所得到的输出电压与振动频率的对应关系，即传感器的幅频响应。幅频响应的标定至少要做七点以上，并应注意有无局部谐振现象的存在，这可用频率扫描法来检查。比较待标定测振传感器与标准测振传感器输出信号间的相位差，就可以得到传感器的相频特性。相位差可以用相位计读出。

需要指出的是，上面仅通过几种典型传感器介绍了静态标定与动态标定的基本概念和方法。传感器种类繁多，标定设备与方法各不相同。各种传感器的标定项目也远不止上述几项。此外，随着科学技术的不断进步，不仅标准发生器与标准测试系统在不断改进，利用计算机进行数据处理、自动绘制特性曲线以及自动控制标定过程的系统也已在各种传感器的标定中出现。

2.3.4　传感器的选用

由于传感器技术的研制和发展非常迅速，各种各样的传感器应运而生。传感器的类型繁多、品种齐全、规格多样、性能各异，选用的灵活性很大。在应用时要恰当选用，选用传感器时一般应遵循以下原则。

1. 按使用要求选用

首先要根据被测物理量选用合适的传感器类型。测量同一种物理量有多种原理的传感器

可供选用。例如测量压力,在第3章中介绍的三种电阻式传感器都可选用。那么具体选用哪种更为适宜,还需考虑被测量的特点和传感器的使用条件等因素,包括:①量程。例如测量位移,若量程小,可以选用应变式、电感式、电容式、压电式或霍尔式传感器等;若量程大,则可选用感应同步器、磁栅、光栅、容栅传感器等。②被测位置对传感器的体积要求。③测量方式。通常分为接触式测量和非接触式测量。④传感器来源。通常分为国产和进口传感器。⑤成本要求等。

2. 按性能指标要求选用

(1) 量程的选用。

选用的传感器量程一般应以被测量参数经常处于满量程的80%~90%为宜,并且最大工作状态点不要超过满量程。这样,既能保证传感器处于安全工作区,又能使传感器的输出达到最大、精度达到最佳、分辨率较高,且具有较强的抗干扰能力。一般传感器的标定都是采用端点法,所以很多传感器的最大误差点在满量程的40%~60%处。

(2) 满量程输出。

在相同的供电状态及其他参数不受影响的情况下,传感器的输出应尽可能地大。这样便于提高抗干扰能力,有利于信号处理,但不能只顾提高量程而降低其他参数特性,特别是过载能力。

(3) 精度。

精度是传感器的一个重要性能指标,是包括线性度、重复性、迟滞等指标的综合参数,它关系到整个测量系统的测量精度。在选用传感器时,应尽量选用重复性好、迟滞较小的传感器。而对于非线性的补偿,只要重复性好、迟滞较小,采用现今的电路技术和计算机技术已很容易处理。所以,在考虑精度时,应以重复性和迟滞为主。

如果用于定性分析,可选用重复精度高的传感器,不必选用绝对量值精度高的传感器。如果为了定量分析,则需选用精度等级高,能满足要求的传感器。由于传感器的精度越高价格越昂贵,因此传感器的精度只要能满足整个测量系统的要求就可以了,不必盲目追求过高精度。这样,就可选用同类传感器中价格低廉、功能简单的传感器了。

其他要考虑的指标还有稳定度、响应特性、输出信号的性质(模拟量还是数字量)等。

3. 按使用环境要求选用

使用环境包括安装现场条件、环境条件(温度、湿度、振动、辐射等)、信号传输距离、所需现场提供的功率容量等。若测量压力,还要考虑被测介质的情况。如果介质有腐蚀性,则需要选用壳体和隔离膜片都能防腐蚀的材料。如果介质没有腐蚀性,还要考虑是否让介质接触硅芯片。如果需要与硅芯片隔离,则要选用带隔离膜片的传感器。如果在常温且干燥的条件下,使用时间又较短,可让介质直接接触硅膜片,因为这种传感器封装简单,响应时间短,适合测量瞬时脉冲压力等参数。如果介质是液体,一般就需要选用带隔离膜片型的传感器。

4. 按测量对象要求选用

测量对象除了按使用要求选用外,有时还有进一步的具体要求。比如,同样是测量压力,有的测表压(传感器的一端与大气接触,而另一端与测量介质相通),有的测差压(传感器的两端都感受被测压力),有的测绝压(测量介质相对真空的压差),这时就需要根据测量对象的具体要求选用不同的传感器。又如,同样是测量液位,有的是测量水位,有的是测量油位、化学溶液的液位,有的是测量开口罐的液位、密封罐的液位,所选用的传感器也就各不相同。

5. 按其他要求选用

选用传感器时还要根据其他要求考虑，如价格、供货渠道、零配件的贮备、售后服务与维修周期、保修制度及时间、交货时间等。

必须指出，企图使某一传感器的各个指标都优良，不仅设计制造困难，实际上也没有必要。因此，千万不要追求选用“万能”的传感器去适应不同的场合。恰恰相反，应该根据实际使用的需要，保证传感器主要参数的性能指标，而其余参数只要能满足基本要求即可。例如，长期连续使用的传感器，应注重它的稳定性；而用于机械加工或化学反应等短时间过程监测的传感器，就要偏重于灵敏度和动态特性。即使是主要参数，也不必盲目追求单项指标的全面优异，而应注重其稳定性和变化规律性，从而可在电路上或使用计算机进行补偿与修正。这样既可保证传感器的低成本又可保证传感器的高精度。

在某些特殊场合，有时也会无法选到合适的传感器，这时就需要根据使用要求，自行设计制造专用的传感器。

思考题与习题

2-1　什么是传感器的静态特性和动态特性？都有哪些性能指标？

2-2　传感器用拟合直线来代替实际标定曲线进行测量，是否引入了测量误差？为什么？

2-3　如何通过实验获得传感器的重复性误差？

2-4　通过理想传感器的输入-输出特性曲线来分析其静态灵敏度是否越高越好？

2-5　有一温度传感器，其特性可用一阶微分方程 $60\mathrm{d}y/\mathrm{d}t+4y=0.3x$ 来表示，其中 y 为输出电压(mV)，x 为输入温度(℃)，试求该温度传感器的时间常数和静态灵敏度。

2-6　有一力传感器，可简化为质量-弹簧-阻尼二阶系统，已知该传感器的固有频率 $f_n=1\ \mathrm{kHz}$，阻尼比为 0.65，试求用它测量频率为 600 Hz 的正弦交变力时，振幅的相对误差和相位误差分别是多少？若要求传感器的输出幅值误差为 ±5%，则该传感器的工作频率范围是多少？

2-7　什么是传感器标定与校准？它们有什么区别？

2-8　传感器标定的基本方法是什么？

2-9　传感器的静态标定系统由哪几部分组成？静态特性的标定步骤有哪些？

2-10　什么是传感器的动态标定？传感器的动态特性指标有哪些？

第 3 章
拓展资源

第 3 章　电阻式传感器

电阻式传感器的工作原理是将被测非电量(如力、压力、位移、应变、速度、加速度、温度、气体的成分及浓度等)的变化转换成与之有一定关系的电阻值的变化,再通过相应的转换电路变成一定的电量输出。

由于构成电阻的材料种类很多,引起电阻变化的物理原因也不相同,就构成了各种各样的电阻式传感元件及由这些元件构成的电阻式传感器。本章按照构成电阻的材料的不同分别介绍(金属)应变式传感器、(半导体)压阻式传感器和电位器(计)式传感器。

3.1　应变式传感器

可以测量力、应变、位移、速度、加速度等多种参数的应变式传感器是目前应用最为广泛的传感器之一。这种测试技术具有结构简单,尺寸小,性能稳定可靠,精度高,转换电路简单,易于实现测试过程自动化和多点同步测量、远距离测量及遥控等独特的优点,在航空航天、机械、电力、化工、建筑、医学、汽车工业等很多领域有着十分重要而广泛的应用。

3.1.1　应变式传感器的工作原理

电阻定律是物理学中的一条基础定律。导体和半导体的电阻都遵循电阻定律,即在温度不变时,电阻值 R 与长度 l 成正比,与横截面积 S 成反比,与电阻率 ρ 成正比。即

$$R=\rho\frac{l}{S} \tag{3-1}$$

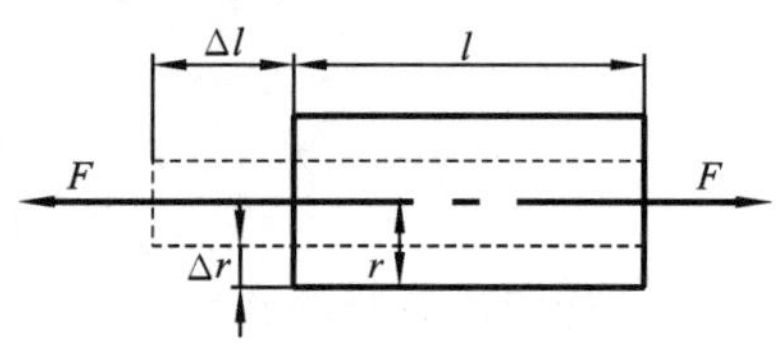

图 3-1　电阻应变效应

导体或半导体在外力作用下会产生机械变形,从而导致其电阻值发生变化。如图 3-1 所示,假设丝状材料受到轴向拉力的作用,则会引起轴向拉伸变形和径向压缩变形,同时电阻率也有所改变,最终导致其电阻的变化,这便是电阻应变效应。

电阻的变化量 ΔR 可对式(3-1)全微分得到,即

$$\Delta R=\frac{\rho}{S}\mathrm{d}l-\frac{\rho l}{S^2}\mathrm{d}S+\frac{l}{S}\mathrm{d}\rho \tag{3-2}$$

则电阻的相对变化量为

$$\frac{\Delta R}{R}=\frac{\mathrm{d}l}{l}-\frac{\mathrm{d}S}{S}+\frac{\mathrm{d}\rho}{\rho} \tag{3-3}$$

轴向应变(或称纵向应变)用 ε 表示,代表电阻材料长度的相对变化量

$$\varepsilon=\mathrm{d}l/l \tag{3-4}$$

径向应变(或称横向应变)用 ε_r 表示,代表电阻材料半径的相对变化量

$$\varepsilon_r=\mathrm{d}r/r \tag{3-5}$$

泊松比(或称横向变形系数)用 μ 表示,代表轴向伸长和径向收缩之间的比例关系

$$\mu = -\frac{\mathrm{d}r/r}{\mathrm{d}l/l} \tag{3-6}$$

横截面积的相对变化量 $\mathrm{d}S/S$ 与径向应变 $\mathrm{d}r/r$ 有关。径向应变也会引起电阻的相对变化，即

$$\frac{\mathrm{d}S}{S} = \frac{\mathrm{d}(\pi r^2)}{\pi r^2} = 2\frac{\mathrm{d}r}{r} = -2\mu\varepsilon \tag{3-7}$$

所以，式(3-3)又可写成

$$\begin{aligned}\frac{\Delta R}{R} &= \frac{\mathrm{d}l}{l}(1+2\mu) + \frac{\mathrm{d}\rho}{\rho} = \left(1+2\mu+\frac{\mathrm{d}\rho/\rho}{\mathrm{d}l/l}\right)\frac{\mathrm{d}l}{l} \\ &= \left(1+2\mu+\frac{\mathrm{d}\rho/\rho}{\varepsilon}\right)\varepsilon = k\varepsilon\end{aligned} \tag{3-8}$$

式中：$k=[1+2\mu+(\mathrm{d}\rho/\rho)/\varepsilon]$ 称为电阻的灵敏度系数，其物理意义为单位应变所引起的电阻相对变化。

由式(3-8)可见，电阻的灵敏度系数 k 受两个因素影响：一个是$(1+2\mu)$，它是由材料的几何尺寸变化引起的；另一个是$(\mathrm{d}\rho/\rho)/\varepsilon$，它是由材料的电阻率 ρ 随应变变化引起的。

对于金属导体而言，电阻的相对变化量在 $\frac{\mathrm{d}l}{l}(1+2\mu)$（即长度和横截面积）上表现的比较明显，相对而言，电阻率的变化 $\frac{\mathrm{d}\rho}{\rho}$ 可以忽略不计，即

$$\frac{\Delta R}{R} \approx \frac{\mathrm{d}l}{l}(1+2\mu) = (1+2\mu)\varepsilon = k\varepsilon \tag{3-9}$$

由于一般金属丝的泊松比 $\mu\approx0.3\sim0.5$，所以金属材料电阻的灵敏度系数 $k\approx1+2\mu\approx1.6\sim2.0$。

电阻应变效应是指金属导体的电阻值随其几何尺寸变化而发生相应变化的现象。应变式传感器是基于金属导体的电阻应变效应而工作的。

3.1.2 应变式传感器的构成

应变式传感器主要由弹性元件、(电阻)应变计(片)和转换电路三部分构成，此外还有紧固件和外壳等辅助部件。被测物理量作用在弹性元件上，弹性元件作为敏感元件，感知外界物理量(如力、压力、力矩等)并产生相应的应变，然后传递给与之相连的应变计，应变计作为转换元件将弹性元件的应变转换为电阻值的变化，再通过转换电路变成可用的电量输出。所以，在应变式传感器中，应变计是核心，弹性元件是基础。

1. 应变计

1) 应变计的结构

应变计主要由基底、敏感栅和覆盖层等组成。图3-2(a)所示为金属丝绕制的应变计的基本结构，1是由直径为 ϕ0.01～0.05 mm 的合金金属丝绕成的形如栅栏的敏感栅；2是由绝缘材料制成的基底，敏感栅用胶黏剂粘贴在基底上；3是粘贴在敏感栅上有保护作用的覆盖层，覆盖层既对敏感栅起防磨、防潮、防腐蚀的作用，又使应变计成为整体；4为敏感栅金属丝的外引线。所用金属丝的电阻率较高使敏感栅有一定的电阻值。为了准确地传递试件上的应变，基底必须很薄，一般为0.03～0.06 mm。基底材料为纸、胶膜、浸胶玻璃纤维等。覆盖层一般为纸或胶。外引线一般为 ϕ0.1～0.2 mm 的低阻镀锡铜丝。敏感栅丝栅长度 l 称为应变计的基长或标距；敏感栅宽度 b 称为基宽；$l\times b$ 称为应变计的使用面积。

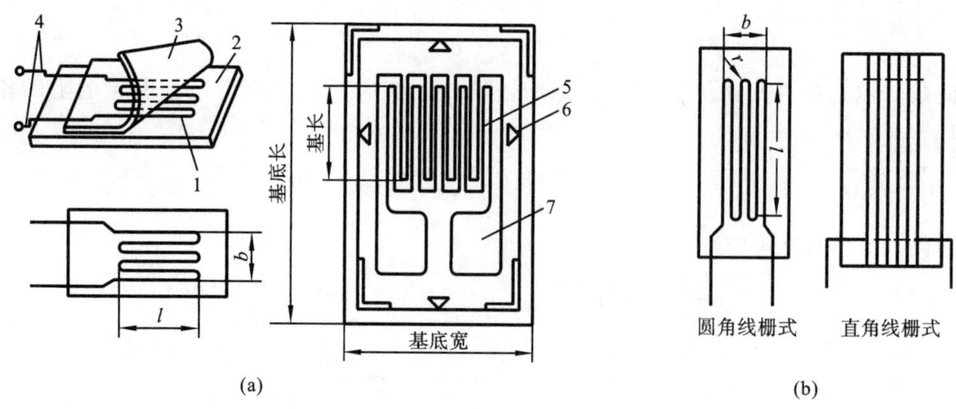

图 3-2 金属丝式应变计

(a) 结构;(b) 形状

1—电阻丝;2—基底;3—覆盖层;4—外引线;5—敏感栅;6—定位标;7—焊接端

2) 应变计的规格

应变计的规格通常以使用面积和电阻值来表示,例如 3 mm×10 mm,120 Ω。目前,关于应变计的规格尚无统一标准。使用面积规范不一,电阻值也不相同,有 60 Ω、120 Ω、200 Ω、320 Ω、350 Ω、500 Ω、1000 Ω 等电阻值,其中以 120 Ω 和 350 Ω 最为常用。

3) 应变计的类型

按照应变计的制造方法、工作温度及用途,可对应变计进行不同的分类。根据制作方法的不同,可以将应变计分为丝式、箔式和薄膜式三类。

(1) 金属丝式应变计。

金属丝式应变计是由金属丝绕制而成的应变计。如图 3-2(b)所示,根据绕制的形状,可分为圆角线栅式和直角线栅式(又称短接式)两种。研究表明,敏感栅的纵向栅越窄、越长,横向栅越宽、越短,横向效应的影响就越小。为了克服横向效应,可以采用直角线栅式或将圆角线栅式的弯曲部分绕成 V 字形。直角线栅式是将电阻丝平行放置,在两端用直径比栅丝直径粗 5～10 倍的镀银紫铜丝焊接而成回路,由于焊接点多,在动应力的作用下易在焊点处出现疲劳损坏,所以不适宜在长期动应力测量的场合下使用。另外,它的制造工艺要求高,所以使用较少。

由于制作应变计敏感栅的材料性能直接影响传感器的性能,因此要求它:①有较高的灵敏度系数,并且在较大的应变范围内保持不变;②有高且稳定的电阻率;③电阻温度系数小,线性和重复性好,并有足够的热稳定性;④机械强度高,加工性能和焊接性能良好,易于拉丝或碾薄,与其他引线材料的接触电势小;⑤抗氧化、抗腐蚀性能强。

制作敏感栅的常用材料有:铜镍合金(俗称康铜)、镍铬合金及镍铬改良性合金、铁铬铝合金、镍铬铁合金、铂及铂合金。

(2) 金属箔式应变计。

金属箔式应变计是以金属箔作为敏感栅的应变计,将合金先轧制成厚度为 0.002～0.01 mm 的箔材,经热处理后在一面涂刷 0.03～0.05 mm 厚的树脂胶,再经聚合固化形成基底;在另一面,经照相制版、光刻、腐蚀等工艺制成敏感栅,焊上外引线,并涂上与基底相同的树脂胶作为覆盖层。箔材一般为康铜或改性镍铬(如卡玛合金、镍铬锰硅合金等),最薄可达 0.35 μm。基底材料可用环氧树脂、缩醛、酚醛树脂、酚醛环氧、聚酰亚胺等,较好的基底是玻璃纤维增强基底。基底必须绝缘。

箔式应变计在多项技术性能方面均优于丝式应变计，具有如下特点：①工艺上能保证敏感栅尺寸准确，线条均匀；②横截面为矩形，表面积大，散热性好；③比丝式应变计薄，因此具有较好的可绕性，有利于传递变形；④蠕变小，疲劳寿命长；⑤敏感栅的横向部分可以制成比较宽的栅条，所以横向效应小；⑥由于箔式应变计的特殊工艺，便于批量生产，而且生产效率高。

为适应不同场合下的应变测量要求，箔式应变计的敏感栅可以制成不同的形状。为了便于测量，常将几片应变计按一定方位组合在一起，制成应变花，如图 3-3 所示。其中，图(h)是由三片元件组合而成，用于测量三个方向的应变计。

随着科技的进步，箔式应变计的性能和品种也随之提高和增加。图 3-4 所示为一种特殊结构的箔式应变计。这种结构的应变计，其电阻值和灵敏度系数均能进行调整。调节 A 区，可使电阻改变，灵敏度系数下降；调节 B 区，可使电阻改变，灵敏度系数保持不变。

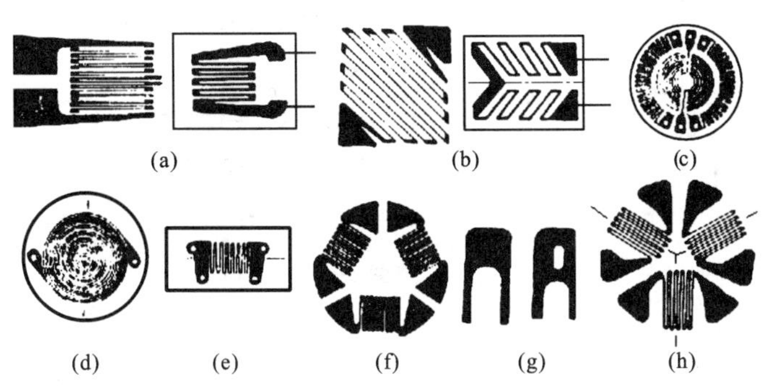

图 3-3　金属箔式应变计

(a) 单轴普通型；(b) 测量扭矩型；(c) 测量应力型；
(d) 锰铜螺线型；(e) 锰铜丝型；(f) 多轴型；
(g) 箔栅端部型；(h) 三元件 60°平面箔式应变计

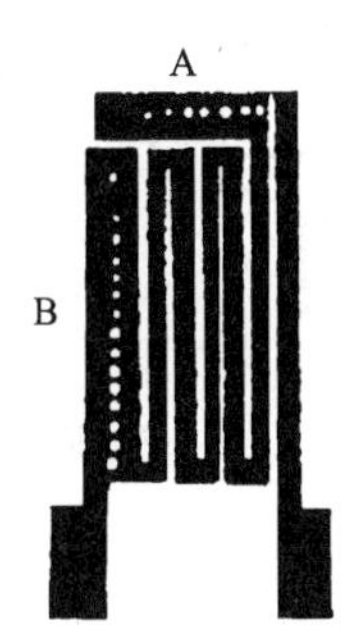

图 3-4　特殊结构的箔式应变计

高阻值箔式应变计是当前的发展新动向。这种新型箔式应变计的有效丝栅面积为 1.5 mm×1.5 mm，阻值达 5000 Ω，箔材厚度仅为 1～2 μm，丝栅宽度小于普通箔式应变计的 1/4，敏感栅被基底胶包围，附着力大大增加，灵敏度显著提高。

从发展趋势来看，箔式应变计终将取代丝式应变计。

(3) 金属薄膜式应变计。

所谓薄膜，是指厚度在 0.1 μm 以下的膜。金属薄膜式应变计采用真空蒸镀、沉积或溅射的方法，通过按规定的图形制成的掩膜版，在绝缘基底材料上溅射或沉积一层电阻材料薄膜而形成敏感栅，最后再加上保护层而制成。它的优点是灵敏度系数高、允许电流密度大、工作范围广、易于实现工业化生产，是一种很有前途的新型应变计。主要问题是目前尚难控制其电阻与温度及时间的变化关系。因为薄膜应变计无须像箔式应变计那样要经过腐蚀工艺才能制成敏感栅，所以它可以采用一些高温材料制成工作在高温条件下的应变计。例如，采用铂或铬等材料沉积在蓝宝石薄片上或覆有陶瓷绝缘层的钼条上，工作温度可达 600 ℃～800 ℃。

2. 弹性元件

常用的弹性元件有柱式、梁式、环式和轮辐式等，并构成相应的测力传感器。

1) 柱式

圆柱式力传感器的弹性元件为柱式，有实心和空心两种形式，如图 3-5 所示。实心圆柱可承受较大的负荷。应变计粘贴在弹性体外壁应力均匀的中间部分，并均匀对称地粘贴多片。

设定 H 为圆柱体高度，D 为圆柱外径，d 为空心圆柱内径，l 为应变计基长。因为弹性元件的高度对传感器的精度和动态特性有影响，所以在设计时，对于实心圆柱一般取 $H\geqslant 2D+l$；对于空心圆柱一般取 $H\geqslant D-d+l$。应变计在圆柱面上的展开位置及其在桥路中的连接如图 3-6 所示，其特点是纵向贴片 R_1、R_3 串联，R_2、R_4 串联并置于相对位置的桥臂上，以减小弯矩的影响；横向贴片 $R_5\sim R_8$ 作温度补偿用，I 为恒流源。产生的应变为 $\varepsilon=F/(ES)$。其中 E 为弹性模量，S 为横截面积。

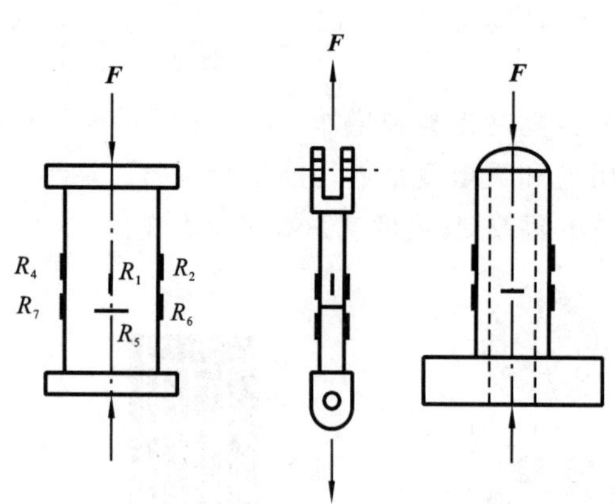

图 3-5　圆柱式力传感器

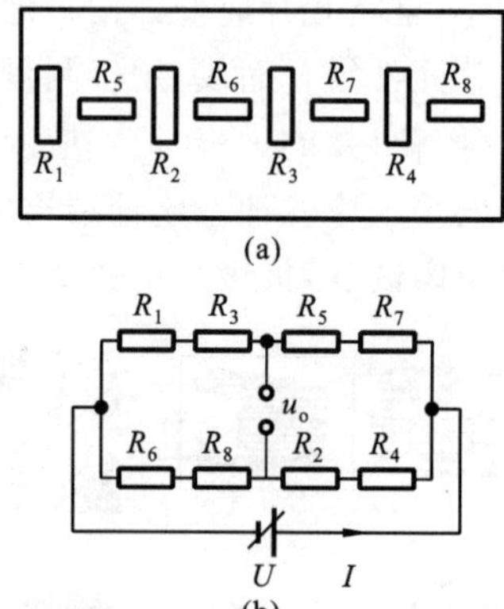

图 3-6　圆柱面展开及电桥

(a) 圆柱面展开图；(b) 电桥连接图

假设应变计 $R_1\sim R_8$ 的初始值均为 R，电阻灵敏度系数均为 k，则作用力 $\boldsymbol{F}$ 所产生的轴向拉力在各应变计上所产生的应变分别为

$$\varepsilon_1=\varepsilon_2=\varepsilon_3=\varepsilon_4=\varepsilon+\varepsilon_t \tag{3-10}$$

$$\varepsilon_5=\varepsilon_6=\varepsilon_7=\varepsilon_8=-\mu\varepsilon+\varepsilon_t \tag{3-11}$$

式中：μ 为柱体材料的泊松比；ε 为柱体在 $\boldsymbol{F}$ 作用下的轴向应变；ε_t 为温度 t 引起的附加应变。

$R_1\sim R_4$ 的纵向效应 $\dfrac{\Delta R_1}{R_1}=k\varepsilon$，$R_5\sim R_8$ 的横向效应 $\dfrac{\Delta R_5}{R_5}=-k\mu\varepsilon$，则电桥的输出电压为

$$\begin{aligned}U_0&=\frac{I}{2}[(R_1+R_3)-(R_6+R_8)]\\&=\frac{I}{2}[2(R_1+\Delta R_1+\Delta R_t)-2(R_5+\Delta R_5+\Delta R_t)]\\&=I(\Delta R_1-\Delta R_5)=(1+\mu)IRk\varepsilon=(1+\mu)IRk\frac{F}{ES}\end{aligned} \tag{3-12}$$

从而得到被测力为

$$F=\frac{ESU_0}{(1+\mu)IRk} \tag{3-13}$$

柱式力传感器结构简单，可以测量大的拉、压力，最大可达 10^7 N。在测量 $10^3\sim10^5$ N 的力时，为了提高灵敏度和抗横向效应，一般采用空心圆柱式结构。

2) 梁式

梁式力传感器中的弹性元件有多种形式。如图 3-7 所示，图(a)为等强度梁，力 $\boldsymbol{F}$ 作用于梁端三角形顶点上，梁内各断面产生的应力相等，表面应变也相等，为 $\varepsilon=6lF/(Ebh^2)$。所以对在 l 方向上粘贴应变计的位置要求不严，设计时应根据最大载荷 $\boldsymbol{F}$ 和材料的许用应力选择梁的尺寸。图(b)为等截面梁，其特点是结构简单、易加工、灵敏度高。测量时，在距离固定端

较近、距离载荷点为 l_0 的上下表面，顺着 l 的方向分别粘贴应变计 R_1、R_2，在其反面则对应粘贴应变计 R_3、R_4，如此可将这四个应变计组成差动全桥的形式，以获取高的灵敏度。这种结构适合测量 5000 N 以下的载荷，也可以测量小的压力。由于表面沿 l 方向各点应力的分布不等，所以要求四个（或两个）贴片的位置要对称。图(c)为双孔梁，多用于小量程，如工业电子秤和商业电子秤。图(d)为"S"形弹性元件，适用于较小载荷，如握力的测量。

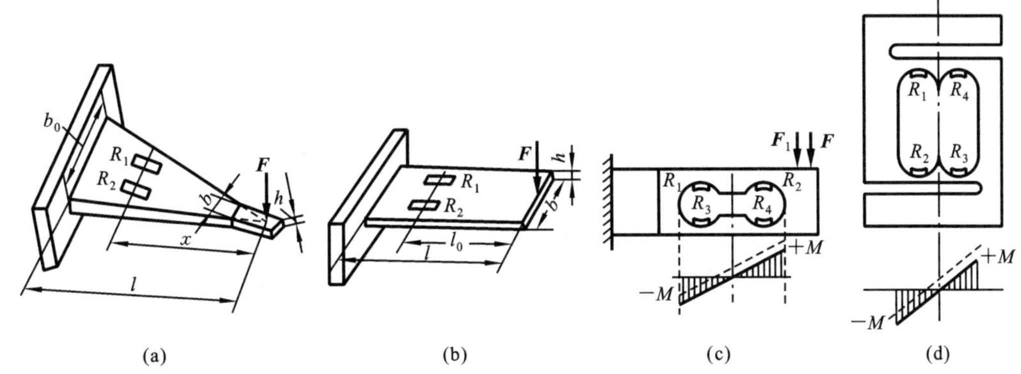

图 3-7　梁式力传感器中的弹性元件

(a) 等强度梁；(b) 等截面梁；(c) 双孔梁；(d) "S"形弹性元件

3) 环式

薄壁圆环式力传感器中的圆环式弹性元件结构也比较简单，如图 3-8(a)所示，它的特点是在外力的作用下，各点的应力差别较大。环上的弯矩分布如图 3-8(b)所示。薄壁的厚度为 h，外径为 r，对于 $r/h>5$ 的曲率圆环，在载荷 $\boldsymbol{F}$ 的作用下，A、B 两点处的应变可用下式计算

$$\varepsilon_A=-1.09Fr/(bh^2E) \tag{3-14}$$

$$\varepsilon_B=-1.91Fr/(bh^2E) \tag{3-15}$$

式中：b 为薄壁圆环的长度，E 为弹性模量。

粘贴应变计时可采用图 3-8(a)所示的方式，R_1 与 R_2 互成 50.5°，其非线性误差可达 ±0.2%。测量时，上下受力点必须是线接触。

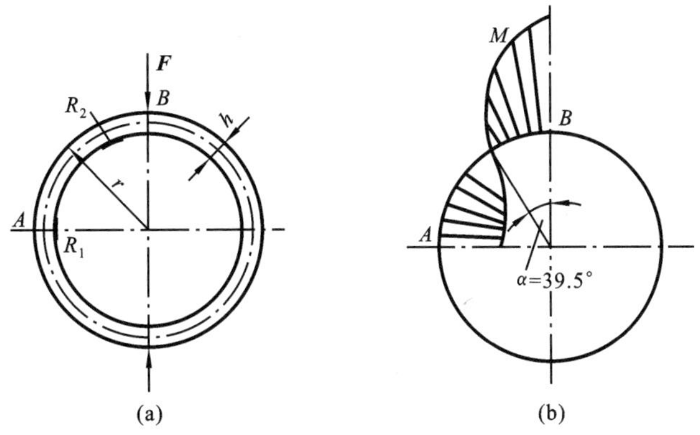

图 3-8　薄壁圆环式力传感器弹性元件及弯矩分布

4) 轮辐式

轮辐式力传感器结构原理图如图 3-9 所示。外加载荷作用在轮的顶部和轮圈底部，轮辐

上受到纯剪切力。每条轮辐上的剪切力和外力都成正比。当外力作用点发生偏移时,一面的剪切力减小,另一面的增加,其绝对值之和仍然是不变的常数。采用图示应变计(8 片)的粘贴位置和连接电桥,可以消除载荷偏心和侧向力对输出的影响。这是一种较新型的力传感器,优点是精度高、滞后小、重复性及线性度好、抗偏载能力强、尺寸小、重量轻。

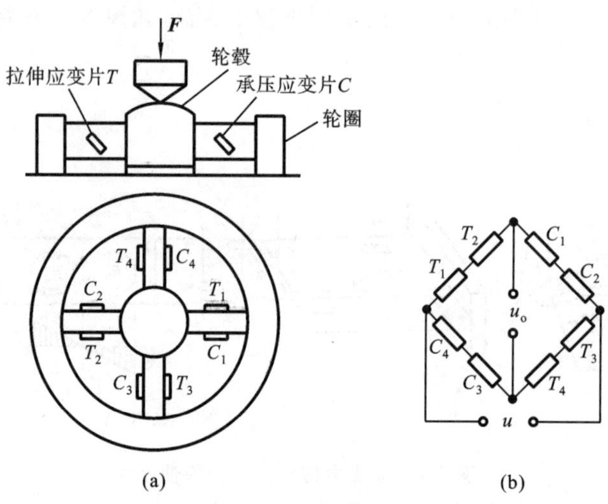

图 3-9　轮辐式力传感器结构原理图

3. 转换电路

应变计将应变的变化转换成电阻的相对变化 $\Delta R/R$,还需将这种变化转换为电压或电流的变化,才能用电测仪表进行测量。通常采用惠斯通电桥实现微小阻值变化的转换。根据激励电源的不同,分为直流电桥和交流电桥。

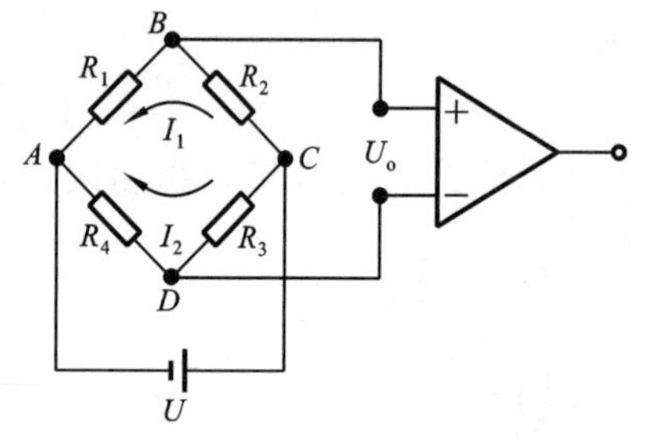

图 3-10　直流电桥电路

1) 直流电桥

直流电桥的基本形式如图 3-10 所示,由连接成环形的四个桥臂组成,每个桥臂上是一个电阻,在电阻的两个相对连接点 A 与 C 上接入直流电源激励 U,在另两个连接点 B 与 D 上接外引线作为电桥的输出端,后续可以接差动放大器等。设桥臂的电阻分别为 R_1、R_2、R_3 和 R_4,它们可以全部或部分是应变计。由于其中一个(或两个或三个或四个)桥臂的应变计电阻受外界物理量的影响而发生微小变化 ΔR,将引起直流电桥的输出电压 U_o 发生变化,所以由此可以测量被测的物理量。

假设激励电压 U 为恒压源,电桥的输出电压 $U_o = U_B - U_D = U_{BA} - U_{DA}$,即

$$U_o = \frac{R_1}{R_1 + R_2}U - \frac{R_4}{R_3 + R_4}U = \frac{R_1R_3 - R_2R_4}{(R_1 + R_2)(R_3 + R_4)}U \tag{3-16}$$

式(3-16)即直流电桥的特性公式。

由式(3-16)可见,若 $R_1R_3 = R_2R_4$,即相邻两桥臂阻值之比相等,$R_1/R_2 = R_4/R_3 = n$(n 称为桥臂电阻比,简称桥臂比),则输出电压 $U_o = 0$,此时电桥处于平衡状态。$R_1R_3 = R_2R_4$ 称为直流电桥的平衡条件。四个桥臂中任意一个(或两个或三个或四个)的电阻发生变化,只要是破坏了电桥的平衡条件,都会使输出电压 $U_o \neq 0$。此时的输出电压 U_o 就反映了桥臂的电阻变化。

下面分几种情况讨论输出电压 U_o 与桥臂电阻变化的关系。

(1) 单臂电桥。当只有一个桥臂接入应变计(假设为 R_1),其余三个电阻(R_2、R_3、R_4)为固定阻值的配电阻时,则被测量变化只会引起应变计阻值的改变,假设变化量为 ΔR,代入式(3-16),电桥输出电压为

$$U_o=\left(\frac{R_1+\Delta R}{R_1+\Delta R+R_2}-\frac{R_4}{R_3+R_4}\right)U \tag{3-17}$$

在实际使用中,一般采用等臂电桥,即 $R_1=R_2=R_3=R_4=R$,则式(3-17)可写为

$$U_o=\frac{\Delta R}{2(2R+\Delta R)}U \tag{3-18}$$

若电桥用于微电阻变化的测量,即 $\Delta R \ll R$,可以略去式(3-18)分母中的 ΔR 项,则有

$$U_o \approx \frac{\Delta R}{4R}U \tag{3-19}$$

(2) 双臂电桥。两个相邻桥臂各接入一个应变计(假设分别为 R_1 和 R_2),其余两个电阻(R_3、R_4)为固定阻值的配电阻。被测量变化时会引起 R_1 和 R_2 的变化,变化量分别为 ΔR_1 和 ΔR_2。通常使 $R_1=R_2=R_3=R_4=R$,并且在被测量的作用下,两个应变计一个受拉电阻增加、一个受压电阻减小。如果两者阻值变化量大小相等,方向相反,即 $\Delta R_1=-\Delta R_2=\Delta R$,代入式(3-16),则电桥输出电压为

$$U_o=\left(\frac{R_1+\Delta R}{R_1+\Delta R_1+R_2+\Delta R_2}-\frac{R_4}{R_3+R_4}\right)U=\left(\frac{R+\Delta R}{2R}-\frac{R}{2R}\right)U=\frac{\Delta R}{2R}U \tag{3-20}$$

这种电桥称为半桥双臂工作电桥。由于两个相邻的应变计一个受拉、另一个受压,构成的电桥又称为差动电桥。

(3) 全桥。将四个应变计分别接入电桥的四个桥臂中构成全桥。如图 3-11 所示,在测量某一悬臂梁的变形时,梁的上表面粘贴两个应变计,受拉应力电阻增大,变化量为 $+\Delta R$;下表面对称位置同样粘贴两个应变计,受压应力电阻减小,变化量为 $-\Delta R$,即 $\Delta R_1=\Delta R_3=-\Delta R_2=-\Delta R_4=\Delta R$,将四个应变计按图 3-12 所示接入电桥(这种电桥也称为全桥差动电路),此时电桥输出电压为

$$\begin{aligned}U_o&=\left(\frac{R_1+\Delta R_1}{R_1+\Delta R_1+R_2+\Delta R_2}-\frac{R_4+\Delta R_4}{R_3+\Delta R_3+R_4+\Delta R_4}\right)U\\&=\left(\frac{R+\Delta R}{2R}-\frac{R-\Delta R}{2R}\right)U=\frac{\Delta R}{R}U\end{aligned} \tag{3-21}$$

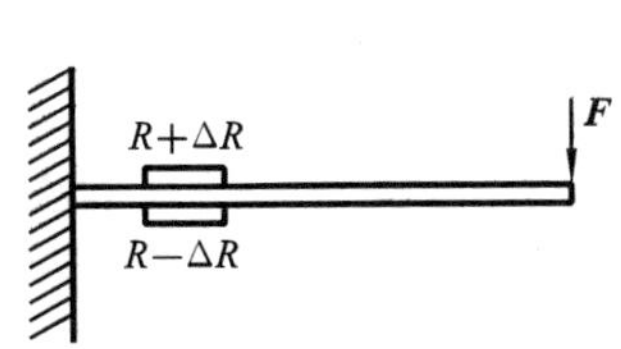

图 3-11　悬臂梁的受力变形

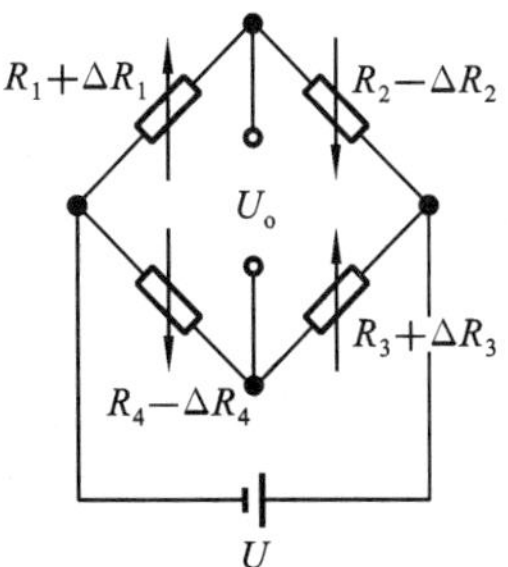

图 3-12　全桥差动电路

比较式(3-19)、式(3-20)和式(3-21)可见:全桥差动电路的灵敏度最高,是单臂电桥的 4 倍;双臂差动电桥次之,是单臂电桥的 2 倍;单臂电桥的灵敏度最低。而且从输入-输出特性关

系上看,单臂电桥是近似线性,双臂差动电桥和全桥差动电路是线性的。

直流电桥的优点是:①所需要的高稳定度直流电源易于获得;②在测量静态或准静态物理量时,可用直流电表直接测量输出的直流量,精度较高;③电桥调节平衡电路简单,只需对纯电阻加以调整即可;④对传感器及测量电路的连接导线要求低,分布参数影响小。其缺点是:①容易引入工频干扰;②后续电路需要采用直流放大器,容易产生零点漂移,线路也较复杂;③不适合作动态测量。因此,需要采用交流电桥作为测量转换电路。

2) 交流电桥

交流电桥采用交流(大多采用正弦波)电源激励,一般形式如图 3-13 所示。其结构形式与直流电桥基本相同。但在具体实现时与直流电桥有如下不同点:一是激励电源,交流电桥采用高频交流电压源或高频交流电流源,电源频率一般是被测信号频率的 10 倍以上;二是交流电桥的桥臂可以是纯电阻,也可以是包含有电感、电容的交流阻抗。

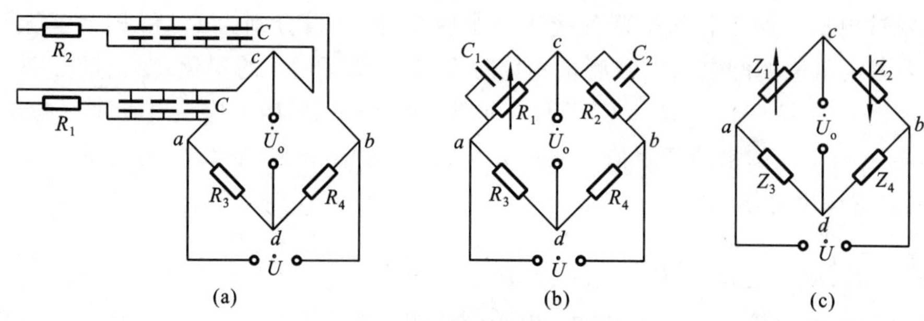

图 3-13　交流电桥的一般形式

交流电桥的平衡条件、输出电压公式与直流电桥的在形式上类似,其推导过程也与直流电桥的基本相同,只是直流电桥中的纯电阻参数需要由交流阻抗替代,即以复阻抗 Z_1、Z_2、Z_3 和 Z_4 代替 R_1、R_2、R_3 和 R_4,以复数 $\dot{U}$ 和 $\dot{U}_o$ 代替 U 和 U_o,不再重复推导和阐述了。

由图 3-13(c)可以推导出交流电桥的平衡条件为

$$Z_1 Z_4 = Z_2 Z_3 \tag{3-22}$$

因为各桥臂的复阻抗 $Z_i = z_i e^{j\varphi_i}$,其中,z_i 为复阻抗的模,φ_i 为复阻抗的阻抗角,$i=1,2,3,4$。所以,交流电桥的平衡条件也可以表示为

$$z_1 e^{j\varphi_1} z_4 e^{j\varphi_4} = z_2 e^{j\varphi_2} z_3 e^{j\varphi_3} \tag{3-23}$$

要使式(3-23)成立,必须满足下面两个条件

$$\begin{cases} z_1 z_4 = z_2 z_3 \\ \varphi_1 + \varphi_4 = \varphi_2 + \varphi_3 \end{cases} \tag{3-24}$$

其物理意义是交流电桥要达到平衡必须满足电桥的四个臂中的对边阻抗模的乘积相等,及对边阻抗角的和相等。由此可见,交流电桥的平衡要比直流电桥复杂一些。对交流电桥作初始平衡调节时,一般既有电阻预调平衡,也有电容预调平衡。

常用交流电桥的平衡调节电路如图 3-14 所示。图(a)为串联电阻调平法,R_5 为串联电阻;图(b)为并联电阻调平法,R_5 和 R_6 通常取相同阻值;图(c)为差动电容调平法,C_3、C_4 为差动电容;图(d)为阻容调平法,R_5 和 C 组成“T”形电路,可通过对电阻、电容的交替调节使电桥达到平衡。

3.1.3　应变计的温度误差及补偿

使用应变计测量时,由于环境温度变化所引起的附加电阻变化与试件受应变所造成的电

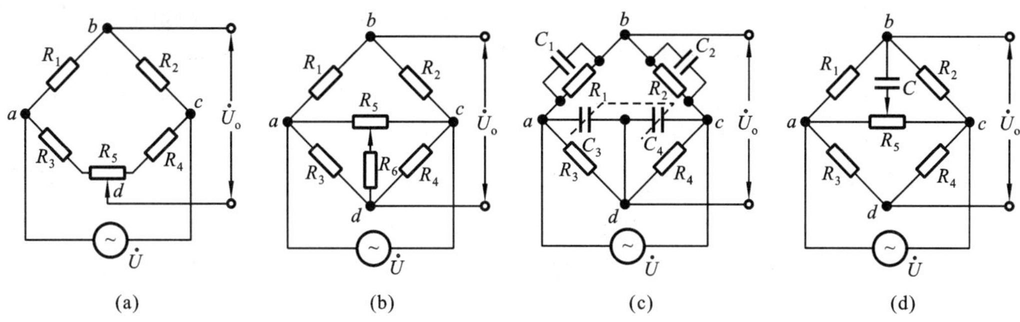

图 3-14　交流电桥的平衡调节电路

(a) 串联电阻调平；(b) 并联电阻调平；(c) 差动电容调平；(d) 阻容调平

阻变化几乎在相同的数量级上，从而产生很大的测量误差，称为应变计的温度误差。如果不采取必要的补偿措施克服温度的影响，测量精度将无法保证。

1. 应变计的温度误差

产生温度误差的主要原因有以下两个：①电阻温度系数的影响，它是由敏感栅材料具有 α_t 的温度系数引起的；②试件材料的线膨胀系数 β_g 和电阻丝材料的线膨胀系数 β_s 的影响。温度变化形成总电阻的相对变化为以上两者之和，即

$$\frac{\Delta R_t}{R} = \alpha_t \Delta t + k(\beta_g - \beta_s)\Delta t \tag{3-25}$$

而相应的总附加虚假应变量或热输出为

$$\varepsilon_t = \left(\frac{\Delta R_t}{R}\right)/k = \frac{\alpha_t}{k}\Delta t + (\beta_g - \beta_s)\Delta t \tag{3-26}$$

式中：k 代表应变计的灵敏度系数。

2. 应变计的温度补偿

为消除温度误差，可采用自补偿法和线路补偿法进行温度补偿。

1) 自补偿法

自补偿法有单丝自补偿法和组合式自补偿法两种。

(1) 单丝自补偿法。由式(3-26)可知，为使热输出 $\varepsilon_t=0$，必须满足条件

$$\alpha_t = -k(\beta_g - \beta_s) \tag{3-27}$$

对于给定的试件(β_g 给定)，可以适当选择敏感栅的材料，使其温度系数 α_t 及膨胀系数 β_s 与试件材料的膨胀系数 β_g 相匹配，便可以在一定温度范围内进行补偿。为了使这种自补偿应变计能适应不同材料的试件(β_g 不同)，通常选用康铜或镍铬铝等合金作为栅丝材料，并通过改变合金成分，或以不同的热处理规范来调整栅丝的温度系数 α_t，以满足补偿条件。例如，试件为不锈钢，其膨胀系数 $\beta_g=14\times10^{-6}$；敏感栅选用康铜丝材料，其膨胀系数 $\beta_s=15\times10^{-6}$；应变计的灵敏度系数 $k=2$，按式(3-27)可求得 $\alpha_t=2\times10^{-6}$，则康铜丝应在 380 ℃的温度下作退火处理。

这种补偿方法的最大优点是结构简单，制造、使用方便，成本低。缺点是只适用于特定的试件材料，温度补偿范围也较窄。

(2) 组合式自补偿法。应变计的敏感栅是由两种不同温度系数的金属丝串接组成的，具有两种组合方式。

①两者具有不同符号的电阻温度系数，其结构如图 3-15 所示。应变计电阻由 R_a 和 R_b 两

部分组成,它们的电阻温度系数一个为正,另一个为负。通过实验与计算,调整 R_a 和 R_b 的比例(调节长度),使温度变化时产生的电阻变化满足 $(\Delta R_a)_t=-(\Delta R_b)_t$,就可在一定温度范围内和一定试件材料上达到温度误差自补偿的目的。栅丝可用康铜,也可用康铜-镍铬、康铜-镍串联制成。这种方法的补偿效果要比单丝自补偿好。

②两者具有相同符号的电阻温度系数,其结构如图 3-16(a)所示。R_1 和 R_2 是两种具有相同符号电阻温度系数的栅丝,它们串接在一起,但在串接处焊接一引线 2。R_1 作为电桥的一个桥臂,而 R_2 与一个温度系数很小的附加电阻 R_B 串联接入相邻桥臂,如图 3-16(b)所示。适当调节 R_1 和 R_2 的长度比和外接电阻 R_B 的值,使之满足条件 $(\Delta R_1)_t/R_1=(\Delta R_2)_t/(R_2+R_B)$,就可实现温度自补偿。

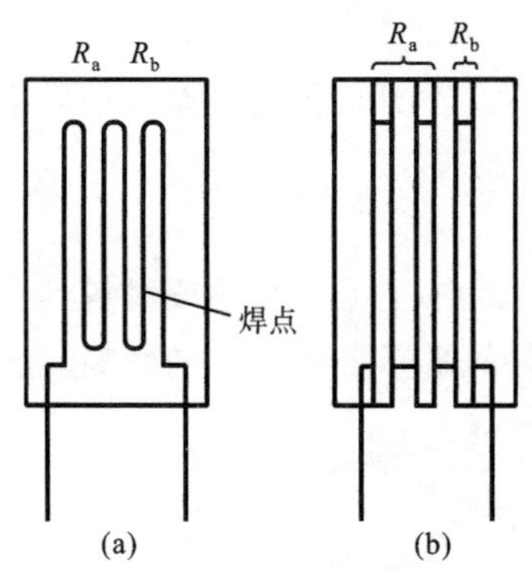

图 3-15　不同符号温度系数组合式自补偿应变计
(a) 丝绕式;(b) 短接式

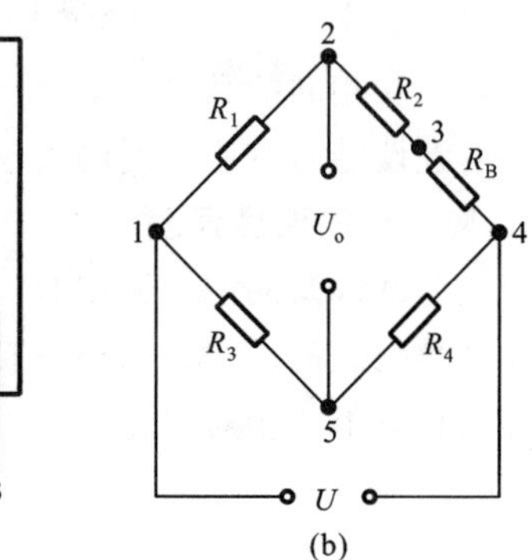

图 3-16　相同符号温度系数组合式自补偿应变计

由电桥原理可知,如此连接的电路,由温度变化引起的电桥相邻两臂(1 至 2 与 2 至 3 至 4)的电阻变化相等或很接近,所以附加的输出电压几乎为零。这种补偿可达到 $\pm0.1\ \mu\varepsilon/℃$ 的高精度。缺点是只适用于特定的试件材料。此外,虽然补偿电阻 R_2 比 R_1 小得多,但在桥路中与工作敏感栅 R_1 的应变起抵消作用,从而降低了应变计的灵敏度。

2) 线路补偿法

线路补偿法有电桥补偿法、热敏电阻补偿法和串联二极管补偿法。

(1) 电桥补偿法。它是应用较广的补偿方法。一般采用四片参数相同的应变计构成等臂、等应变(两个受拉电阻增加、两个受压电阻减小,变化量相同)的全桥差动电路,并采用恒流源供电。既可使输出电压增加到单片(单臂电桥)时的 4 倍,又可达到温度补偿的作用。补偿电路及原理详见本章 3.2.3 节。

电桥补偿法的优点是简单、方便,使用普通应变计可对各种试件材料在较大的温度范围内进行补偿,特别是在常温下效果较好,因而最为常用。其缺点是在温度变化梯度较大的情况下,很难做到工作片与补偿片处于温度完全一致的条件下,因而会影响补偿效果。

(2) 热敏电阻补偿法。热敏电阻是利用半导体的电阻值随温度显著变化这一特性制成的一种热敏元件,其特征是电阻率随温度显著变化。热敏电阻补偿原理如图 3-17 所示,热敏电阻 R_t 与应变计 R_1 处于相同的温度条件下,当应变计的灵敏度系数随温度升高而下降时,热敏电阻 R_t 的阻值也随之下降,从而使电桥的输入电压随温度的升高而增加。这样,便提高了电桥的输出电压,补偿了因应变计温度变化引起的输出电压下降。适当地选择分流电阻 R_5 的阻值，可以得到良好的补偿效果。

(3) 串联二极管补偿法。在电桥供电回路中串接二极管，也可以实现对应变计的温度补偿，其补偿原理如图 3-18 所示。因为二极管的温度特性呈负特性，温度每升高 1 ℃时，正向压降减小 1.9～2.4 mV。若将适当数量的二极管串联在电桥的供电回路中，供电电源采用恒压源，那么，当温度升高时，应变计的灵敏度下降，使电桥的输出减小，但二极管的正向压降却随着温度的升高而减小，于是供给电桥的电压 U_{AC} 增大，使电桥输出也增大，补偿了因应变计温度变化引起的输出下降。反之，温度降低时，应变计的灵敏度增大，电桥的输出也增大，但二极管的正向压降却随着温度的降低而增大，于是供给电桥的电压 U_{AC} 降低，使电桥输出也减小，补偿了应变计的温度误差。只要根据温度变化的情况精心计算所需二极管的个数，将它们串入电源回路，就能实现补偿功能。

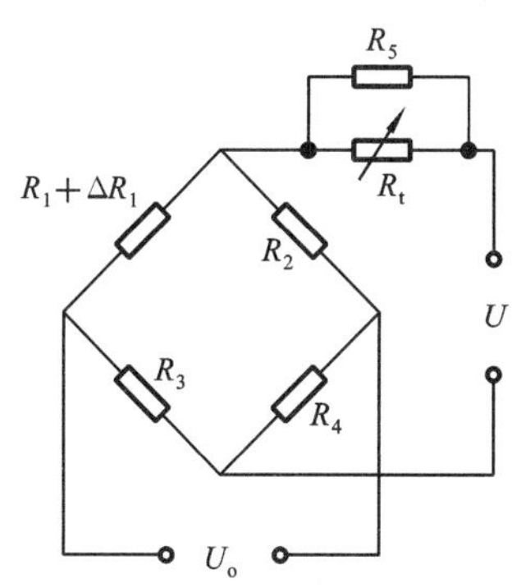

图 3-17　热敏电阻补偿法

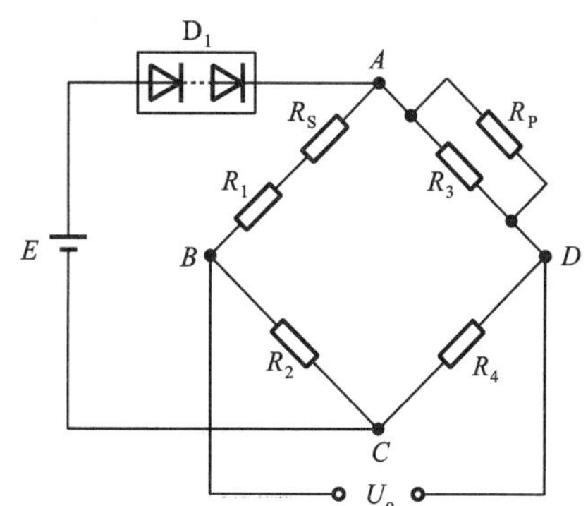

图 3-18　串联二极管补偿法

3.1.4　应变式传感器的应用

应变计常与某种形式的弹性元件相配合，制成各种应变式传感器，用来测量压力、扭矩、位移和加速度等物理量。此外，应变计可以直接粘贴在试件上并接入电桥，后续将电桥输出的微小变化进一步放大、处理并显示，从而构成电阻应变仪，以测量机械、工程结构等的应力、应变。按照测量应变变化的频率划分，电阻应变仪分为静态、动静态、动态、超动态和遥测电阻应变仪等类型。

1. 应变式测力与称重传感器

应变式测力与称重传感器统称为应变式力传感器。无论在数量上，还是在应用领域方面，它与其他类型的力与称重传感器相比仍然处于主导地位。传感器的量程从几克到几百吨，主要作为电子天平、电子秤、吊钩秤、地下衡、轨道衡、材料试验机、轧钢机的测量元件，用于发动机的推力测试，水坝坝体承载状况的监测和锚索荷载的监测等。

下面介绍测力与称重传感器在电子秤上的应用。图 3-19 所示为 S 形双弯曲梁应变式力传感器结构原理图。传感器的弹性体为双弯曲梁，四个应变计分别粘贴在梁的上下两个表面上并组成全桥电路(见图(a)和(b))。在载荷 W 作用下，R_1、R_2 受拉伸，阻值增加；R_3、R_4 受压缩，阻值减小。电桥产生电压输出 ΔU，且与应变 ε 成正比，即 $\Delta U=U(\Delta R/R)=Uk\varepsilon$。对于双弯曲梁，它的应变 ε 为

$$\varepsilon=\frac{3W\left(d-\dfrac{a}{2}-\delta\right)}{Ebh^2} \tag{3-28}$$

式中:d 为梁端到梁中心的距离;a 为应变计的基长;δ 为梁端到应变计的距离;E 为梁的材料的弹性模量;b 为梁的宽度;h 为梁的厚度。

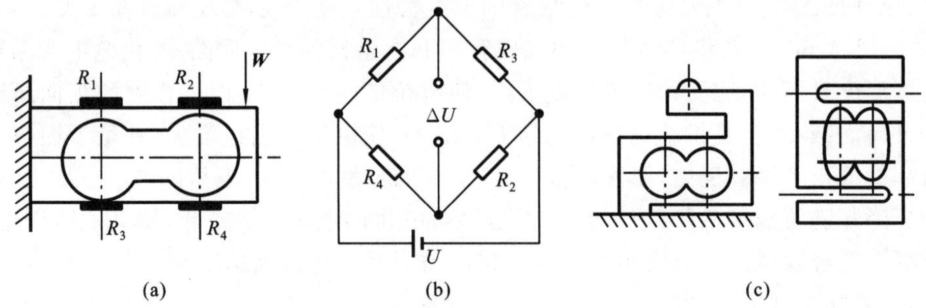

图 3-19　S形双弯曲梁应变式力传感器结构原理图

所以,该S形双弯曲梁应变测力传感器的输出为

$$\Delta U = kU\frac{3W\left(d-\frac{a}{2}-\delta\right)}{Ebh^2} \tag{3-29}$$

传感器的灵敏度为

$$s=\frac{\Delta U}{U}=k\frac{3W\left(d-\frac{a}{2}-\delta\right)}{Ebh^2} \tag{3-30}$$

这种S形双弯曲梁应变式力传感器有如下的特点:①输出灵敏度高。由于结构是双连孔形的,粘贴应变计处较薄,应变大,而其他部位较厚,所以强度、刚度好。②加载点变化不会影响输出。输出只与应变计的基长 a 有关,而与重物的加载点无关。③抗侧向力强。侧向力施加在传感器上,对中间的应变梁而言只是增加轴向力,四个应变计将同时增减 ΔR,所以对输出没有影响。④由于该秤只用了一个测力传感器,结构简单、精度高、量程宽、工作可靠。

为了提高测量精度,还可采用一些补偿措施消除误差,例如采用调零补偿电桥(见图 3-20)。补偿用电桥 2 串接在传感器的输出和测量仪表之间,通过调节补偿电桥中的电位器 W,改变其输出电压 U_{o2},用 U_{o2} 来抵消传感器的零点偏移输出电压 U_{o1},使传感器在空载时的输出电压 U_o 为零。

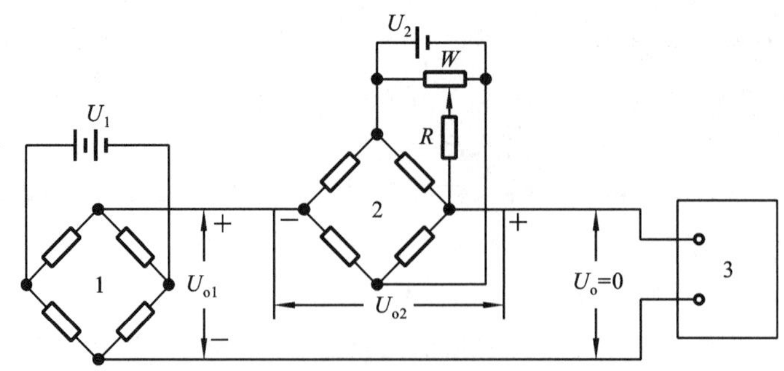

图 3-20　调零补偿电桥及其电路

1—称重传感器电桥;2—调零电桥;3—测量仪表

随着单片机技术的发展,在后续电路中加入微处理器是一种较好的选择,可以充分利用微处理器的功能,实现自动校准、自动调零、自动量程切换、自动判断、自动计价、自动显示及打印记录、在线编程修正等。

2. 应变式压力传感器

应变式压力传感器主要用于一般腐蚀气体和液体的静态、动态压力测量，采用膜片式、薄板式、筒式或组合式的弹性元件，可广泛用于测量管道的内部压力，内燃机燃气压力、压差和喷射压力，机床液压系统，发动机和导弹试验中的脉动压力及枪炮的膛内压力等。

(1) 膜片式压力传感器。图 3-21(a)所示为其基本结构。它的弹性元件为周边固定的圆薄膜片。当膜片的一面受到压力 p 的作用时，膜片的另一面(应变计的粘贴面)上各点的径向应变 ε_r 和切向应变 ε_t 分布可参见图 3-21(b)，其数学表达式为

$$\varepsilon_r = \frac{3p}{8Eh^2}(1-\mu^2)(R^2-3x^2) \tag{3-31}$$

$$\varepsilon_t = \frac{3p}{8Eh^2}(1-\mu^2)(R^2-x^2) \tag{3-32}$$

式中：p 为膜片承受的压力；R 为膜片的有效半径(工作半径)；x 为距离圆心的径向距离；h 为膜片的厚度；μ 为膜片材料的泊松比；E 为膜片材料的弹性模量。

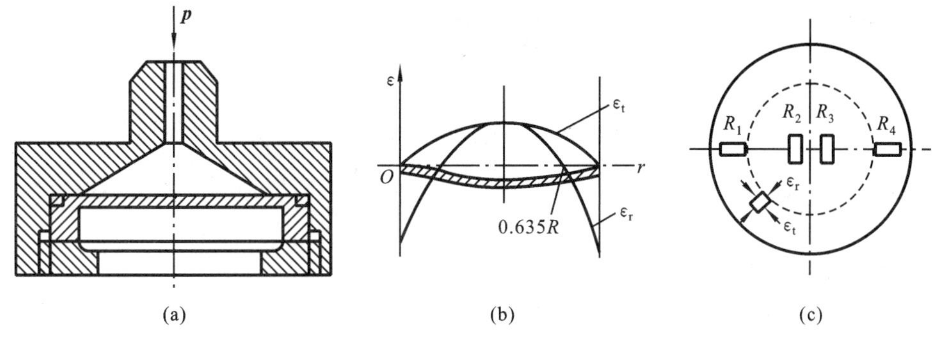

图 3-21　膜片式压力传感器

在膜片 $x=0$ 处，应变 ε_r 和 ε_t 均达到最大值。而在膜片的边缘，即 $x=R$ 处，$\varepsilon_t=0$，而 ε_r 达到最小值，即负的最大值。在 $x=0.635R$ 处，$\varepsilon_r=0$。所以，为充分利用膜片的应变状态，可根据应变的分布规律确定应变计的粘贴位置。如图 3-21(c)所示，一般在膜片的中心处(切向正应变最大)沿切向贴两片(R_2 和 R_3)应变计，在边缘处(径向负应变最大)沿径向贴两片(R_1 和 R_4)应变计，并将它们接入电桥的四个臂上，以提高灵敏度和进行温度补偿。

(2) 筒式压力传感器。测量较大压力时，大多采用筒式压力传感器(见图 3-22)。圆柱体内有一盲孔，一端有法兰盘与被测系统相连。被测压力 $\boldsymbol{p}$ 进入应变筒的腔内，使筒发生变形。圆筒空心部分的外表面沿着圆周方向产生环向应变 ε_t。制作传感器时，可在筒壁和端部沿圆周方向各贴一个应变计(见图 3-22(b))。在端部的 R_2 不产生应变，只作温度补偿用。图 3-22(c)中的两个应变计垂直粘贴，R_1 沿圆周粘贴，R_2 沿筒长粘贴，R_2 也只作温度补偿用。这类传感器可用来测量机床液压系统的压力($10^6 \sim 10^7$ Pa)，也可测量枪炮的膛内压力(10^8 Pa)。

(3) 组合式压力传感器。如图 3-23 所示，这种传感器中的应变计不直接粘贴在压力敏感元件上，而采用某种传递机构将敏感元件的位移传递到贴有应变计的其他弹性元件上。图(a)中，膜片为敏感元件，由压力产生的膜片位移通过传力杆传递给贴有应变计的小梁(悬臂梁)；图(b)中，敏感元件为波纹管，位移被传递给双端固定的小梁，小梁上贴有四个应变计；图(c)中，敏感元件为膜片，其位移使薄壁圆筒变形，在圆筒外壁上贴有应变计 R。这种传感器已用于大型轧机的油膜轴承的油膜压力分布测试，测量的压力可达 10^8 Pa 以上。

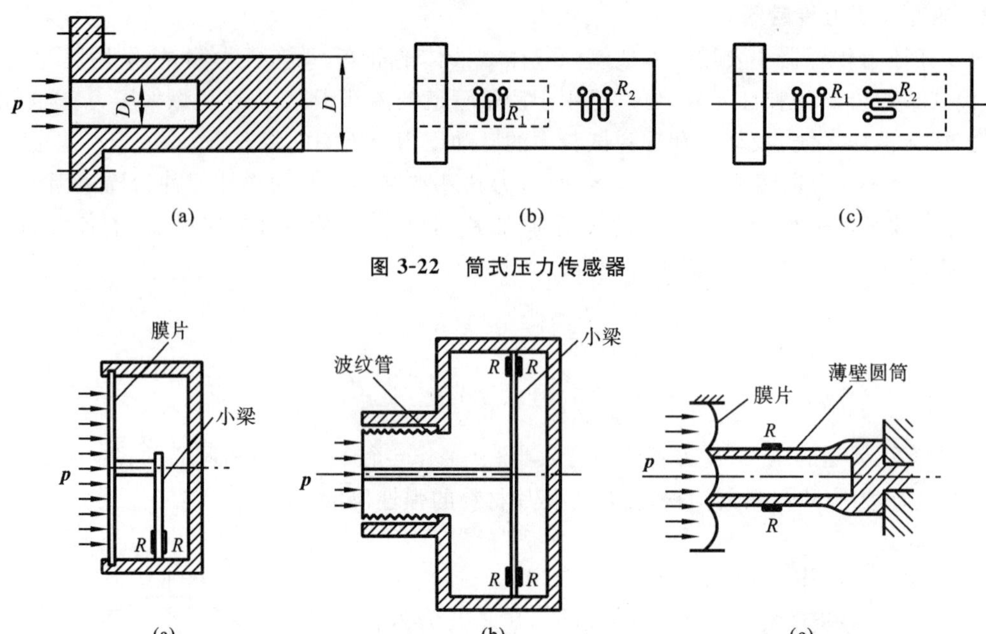

图 3-22 筒式压力传感器

图 3-23 组合式压力传感器

设计这类传感器时,悬臂梁的刚度应比压力敏感元件的高,以抑制后者的不稳定性和滞后等对测量的影响。

3. 应变式扭矩传感器

一个杆受到扭转时,在任一横截面上两方切应力所形成的力矩称为扭矩。轴的转矩也称为扭矩,以符号 M 表示。由材料力学可知,受到纯扭矩的轴的截面上,受力状况与位置有关。在与轴线成 45°方向的各点受力最大,此为主应力 σ 方向,而且 σ 在数值上等于最大切应力 τ_{max}。主应力 σ 可通过应变计测量以获得最大切应力 τ_{max}。在测量时,应变计应沿轴线成 45°及 135°方向粘贴,通常用四个参数相同的应变计在轴的对称位置粘贴(见图 3-24(b)),并按图 3-24(c)的方式接入电桥的四个臂。因为电桥的输出电压 ΔU 与应变 ε 成正比,而所测的应变与扭矩有下列关系

$$\varepsilon=\frac{1+\mu}{E}\sigma=\frac{1+\mu}{EW}M \tag{3-33}$$

式中:σ 为主应力;μ 和 E 为轴材料的泊松比和弹性模量;M 为扭矩;W 为轴截面的抗扭模量。根据式(3-33),可由测得的应变 ε 计算出扭矩 M 的大小。

图 3-24(a)为扭矩传感器测量系统。当测量动态扭矩时,由于应变计会和轴一起转动,通常在轴上装设与轴绝缘的导电滑环(滑环用紫铜制成),用石墨-铜合金电刷(或水银)和滑环构成集流环电路,对应变计电桥供电,并同时采集电桥的输出信号,也可以用遥控的方式获得信号。

用这种方式,可以测量 0.5～5000 N·m 的动、静态扭矩。动态检测时的转速一般不超过 1000 r/min。制成的智能扭矩扳手可用于汽车、内燃机、机械制造等领域的螺栓紧固测量控制。

4. 应变式位移传感器

用应变计可测量静态直线位移及与位移有关的物理量,构成应变式位移传感器。

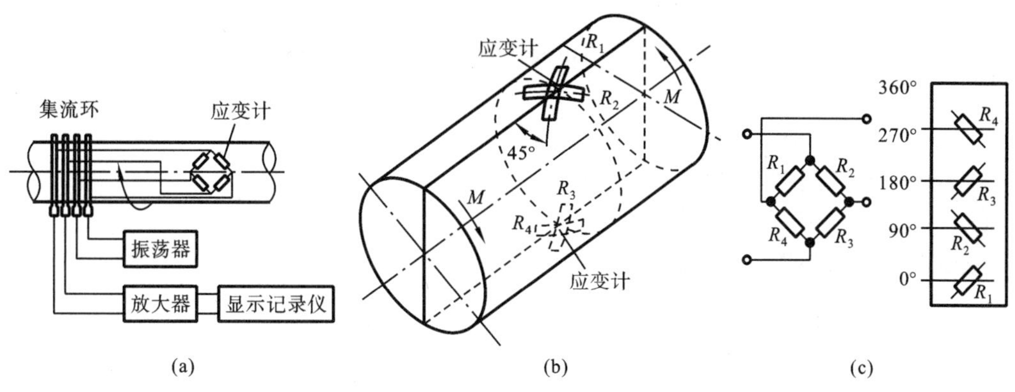

图 3-24　应变式扭矩传感器

(a) 传感器测量系统的构成；(b) 应变计在轴上的粘贴方式；(c) 电桥电路

图 3-25 所示为一种组合式位移传感器。两个线性元件(悬臂梁和拉伸弹簧)串联组合在一起，拉伸弹簧的一端与测量杆连接，当测量杆随试件由 A 到 B 产生 x 位移时，它带动弹簧使悬臂梁根部产生弯曲，在矩形截面悬臂梁的根部正反两面粘贴四只应变计，并构成全桥电路。悬臂梁弯曲产生的应变与测量杆的位移呈线性关系，并由电桥的输出测得。

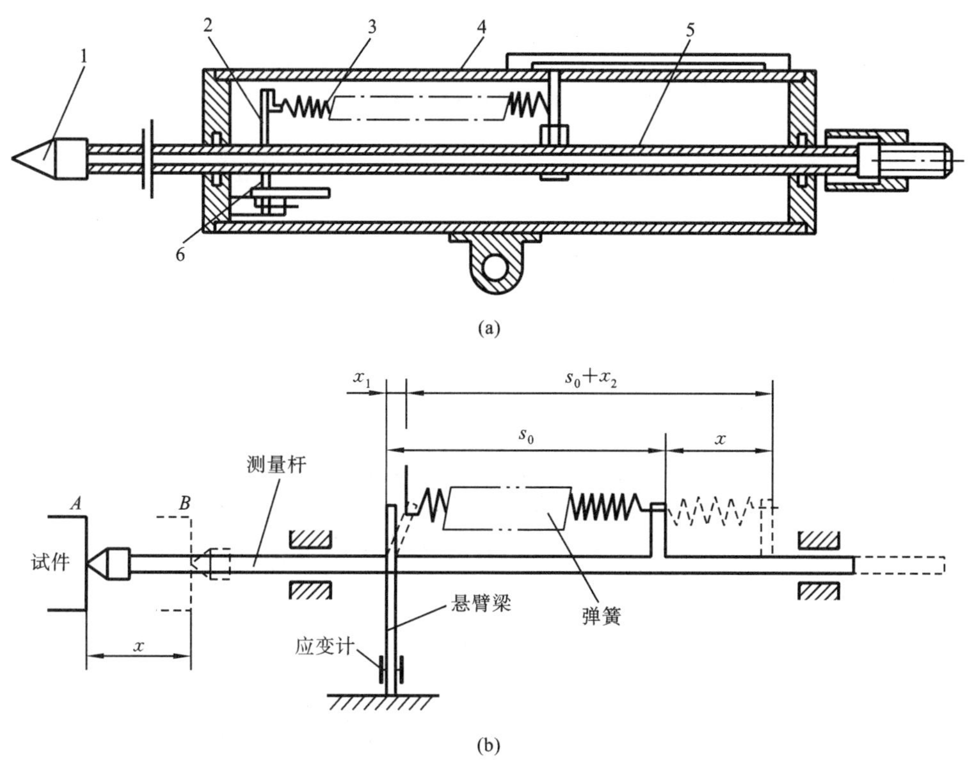

图 3-25　组合式位移传感器

(a) 结构图；(b) 工作原理图

1—测量头；2—悬臂梁；3—弹簧；4—外壳；5—测量杆；6—应变计

图 3-26 所示为悬臂梁式小位移传感器。测杆 1 的位移使悬臂梁 4 发生弯曲，那么，在悬臂梁的根部粘贴上应变计，就可由电桥的输出电压测得弯曲所产生的应变，从而得到测杆的

位移。

固定传感器的外壳,使测杆与被测物相接触,还可以测量被测物的微小振动。

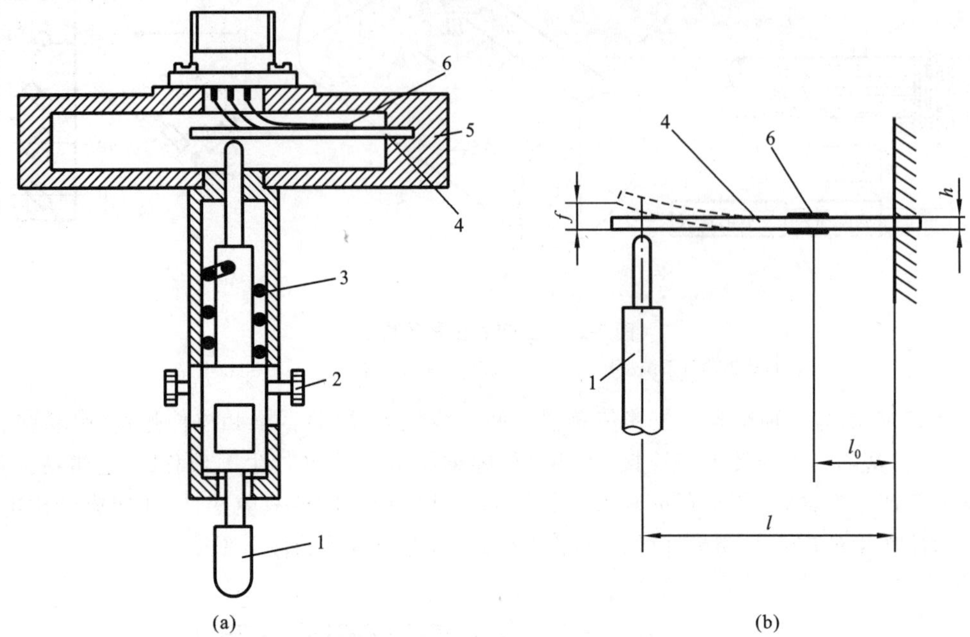

图 3-26　悬臂梁式小位移传感器

(a) 结构图;(b) 工作原理图

1—测杆;2—螺钉;3—测力弹簧;4—悬臂梁;5—外壳;6—应变计

5. 应变式加速度传感器

应变式加速度传感器和其他原理的加速度计一样,都是根据惯性原理,即通过质量块将运动物体的加速度转换成惯性力,该惯性力作用于应变梁使之产生应变位移,再通过粘贴在应变梁上的应变计测出应变,从而得到所测加速度。

图 3-27 所示为应变式加速度传感器的结构原理图。

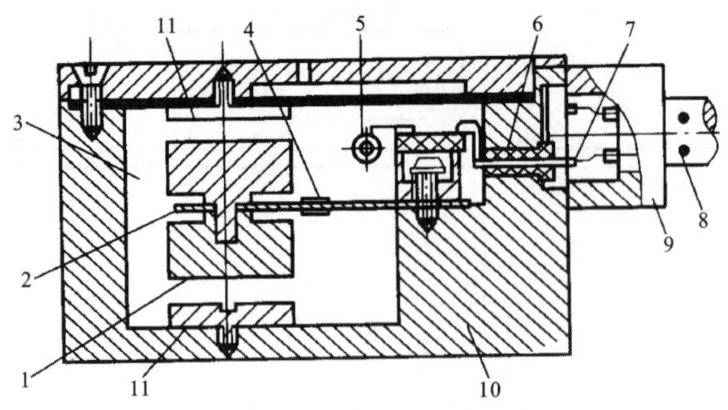

图 3-27　应变式加速度传感器结构原理图

1—质量块;2—应变梁;3—硅油阻尼液;4—应变计;5—温度补偿电阻;

6—绝缘套管;7—接线柱;8—电缆;9—压线柱;10—壳体;11—保护块

图中,在应变梁 2 的一端固定惯性质量块 1,在应变梁的上下面粘贴应变计 4。为产生必要的阻尼,传感器腔内充满了硅油阻尼液 3。测量时,传感器壳体 10 与被测对象刚性连接。

当有加速度作用在壳体上时，由于梁的刚度很大，质量块产生的惯性力与加速度成正比。惯性力大小由梁上的应变计测出。保护块 11 使传感器在过载时不被破坏。这种传感器具有较好的低频响应特性，常用于低频振动测量。

3.2　压阻式传感器

压阻式传感器是利用半导体材料的压阻效应和集成电路技术制成的传感器。由于它具有灵敏度高（有时传感器的输出不需要放大，可以直接用于测量）、分辨率高、动态响应快、测量精度高、稳定性好、工作范围宽等优点，所以发展迅猛并获得广泛应用。又由于它易于批量生产，能够方便地实现微型化，甚至可以将传感器和微处理器电路集成在同一硅片上，制成智能型传感器，因此是一种非常有发展前景的传感器。

3.2.1　压阻式传感器的工作原理

固体受到作用力后，电阻率随之发生变化，这种现象称为压阻效应，并以半导体材料最为显著。基于半导体压阻效应制成的传感器称为压阻式传感器。

本章 3.1.1 节中介绍了固体在外力作用下产生的机械变形，从而导致其电阻值发生变化，并得到式(3-8)。其中，$\frac{d\rho}{\rho}$为电阻率的变化率，其值与电阻所受的轴向应力 σ 成正比，即

$$\frac{d\rho}{\rho}=\pi\sigma=\pi E\varepsilon \tag{3-34}$$

式中：π 为材料的压阻系数，与材料种类和应力方向与晶轴方向之间的夹角有关；σ 为轴向应力；ε 为轴向应变；E 为材料的弹性模量，与晶向有关。

将式(3-34)代入式(3-8)中，可得

$$\frac{dR}{R}=(1+2\mu+\pi E)\varepsilon=K\varepsilon \tag{3-35}$$

式中：$K=1+2\mu+\pi E$ 是材料的灵敏度系数。可见，$1+2\mu$ 是由应变效应引起的；πE 是由压阻效应引起的。对于金属材料，$1+2\mu$ 比较明显，πE 可以忽略不计；对于半导体材料，πE 项的值远远大于 $1+2\mu$，因此，可以忽略掉式(3-35)中的 $1+2\mu$，表示为

$$\frac{dR}{R}\approx\frac{d\rho}{\rho}=\pi\sigma=\pi E\varepsilon \tag{3-36}$$

半导体材料的泊松比 μ 一般为 0.25～0.5，压阻系数 π 一般为$(40\sim80)\times10^{-11}\ m^2/N$，弹性模量 E 一般为 $1.67\times10^{11}\ N/m^2$，所以，半导体的电阻灵敏度系数 πE（通常为 50～100）比金属的电阻灵敏度系数 $1+2\mu$（通常为 1.5～2.0）要大得多。

可用于制作压阻式传感器的半导体材料主要有硅、锗、锑化铟、砷化镓等，以硅和锗最常用。如果在硅和锗中掺杂硼、铝、镓、铟等元素，可形成 P 型半导体；掺杂磷、锑、砷等元素，则形成 N 型半导体。掺入杂质的浓度越大，半导体材料的电阻率越低。

3.2.2　压阻式传感器的结构

压阻式传感器有两种类型：一种是利用半导体材料的体电阻制成的粘贴式半导体应变计；另一种是在半导体材料的基片上用集成电路工艺制成的扩散电阻，称为扩散型压阻传感器。

1. 半导体应变计

半导体应变计的典型结构如图 3-28 所示。它是单晶锭(见图(a))按一定的晶轴方向(如[111])切成薄片(见图(b)),再进行研磨加工(见图(c)),经过光刻腐蚀后切成细条(见图(d)),然后安装内引线(见图(e)),并粘接在贴有接头的基底上,最后安装外引线(见图(f))而成。敏感栅的形状可制成直条形,也可制成 U 形或 W 形(见图(g))。敏感栅的长度一般为 1～9 mm。基底的作用是使半导体应变计容易安装并增大粘贴面积,同时使栅体与试件绝缘。若要求使用小面积的应变计时,可用无基底的应变计直接粘贴。

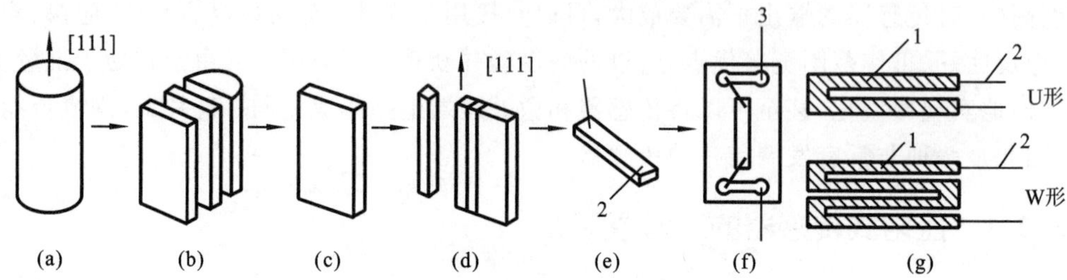

图 3-28 半导体应变计的结构及制作过程

1—敏感栅;2—内引线;3—外引线

2. 扩散型压阻传感器

图 3-29 所示为扩散型压阻传感器的结构示意图。由外壳、硅杯和引线等组成,核心部分是一块圆形的硅膜片。在弹性变形限度以内,硅的压阻效应是可逆的,即在应力作用下硅的电阻会发生变化,应力取消后,硅的电阻又恢复到原值。为了进一步增大灵敏度,压敏电阻常常扩散在薄的硅膜上,让硅膜起一个放大的作用。通常将膜片制作在硅杯上,形成一体结构,以减小膜片与基座连接带来的性能变化。在膜片上利用集成电路工艺扩散四个阻值相等的电阻并构成电桥,这就是硅压阻式力敏元件的压阻芯片。膜片的两边有两个压力腔,一个是和被测系统相连的高压腔,另一个是通常和大气相通的低压腔。当膜片两边存在压力差时,膜片产生变形,于是膜片上的各点就有应力,四个扩散电阻的阻值会发生变化。$0.635r_0$ 半径以内的电阻(R_2 和 R_3)和以外的电阻(R_1 和 R_4)分别受拉应力和压应力,接入全桥使电桥失去平衡,输出相应的电压。输出电压和膜片两边的压力差成正比。

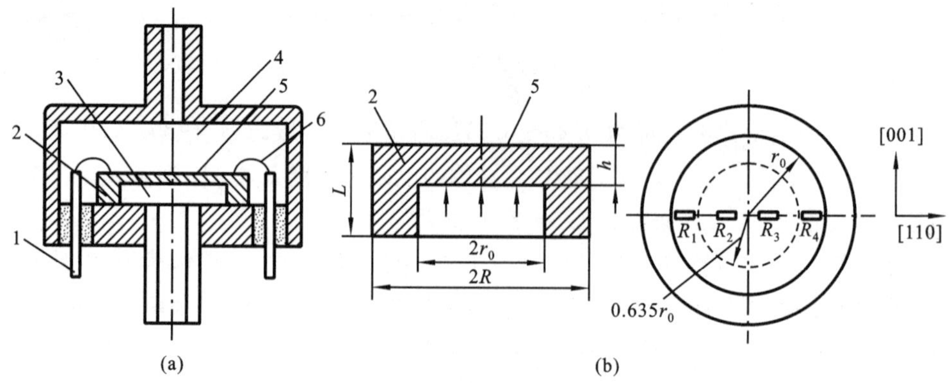

图 3-29 扩散型压阻传感器结构示意图

(a) 传感器结构;(b) 硅杯结构

1—引线;2—硅杯;3—高压腔;4—低压腔;5—硅膜片;6—金丝

3.2.3　压阻式传感器的转换电路

压阻式传感器的转换电路一般采用等臂等应变的全桥差动电路，如图 3-30 所示。供电方式分为恒压源（见图(a)）和恒流源（见图(b)）两种形式。

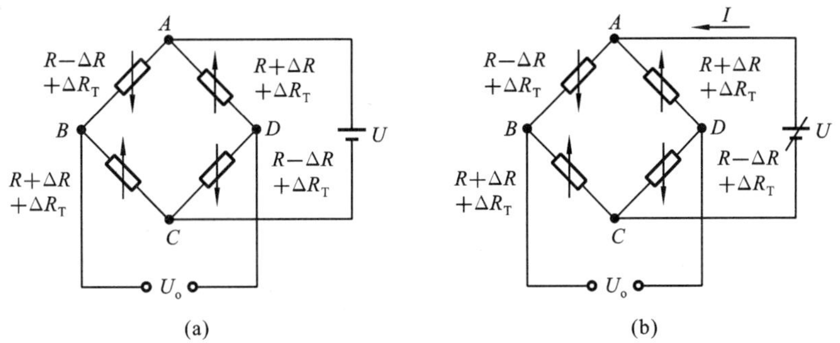

图 3-30　压阻式传感器的转换电路

(a) 恒压源供电电桥；(b) 恒流源供电电桥

1. 恒压源供电电桥

假设四个电阻的起始电阻都为 R，当受到应力作用时，有两个电阻受拉，电阻增加，增加量为 ΔR，而另一对角边的两个电阻受压，电阻减小，减小量为 $-\Delta R$。另外，由于受温度的影响，每个电阻均有 ΔR_T 的变化量。由图 3-30(a)可得电桥的输出为

$$U_o = U_{BD} = \frac{U(R+\Delta R+\Delta R_T)}{(R-\Delta R+\Delta R_T)+(R+\Delta R+\Delta R_T)} - \frac{U(R-\Delta R+\Delta R_T)}{(R+\Delta R+\Delta R_T)+(R-\Delta R+\Delta R_T)}$$

$$= \frac{\Delta R}{R+\Delta R_T}U \tag{3-37}$$

可见，电桥的输出电压与供电电压和被测量引起的电阻变化量成正比，同时与温度对电阻的影响 ΔR_T 有关，而且是非线性关系。所以，用恒压源供电时，不能消除温度的影响。

2. 恒流源供电电桥

当用恒流源供电时（见图 3-30(b)），假设电桥两个支路的电阻相等，即 $R_{ABC} = R_{ADC} = 2(R + \Delta R_T)$，则流过两支路的电流相等，$I_{ABC} = I_{ADC} = I/2$。电桥的输出电压为

$$U_o = U_{BD} = \frac{I}{2}(R+\Delta R+\Delta R_T) - \frac{I}{2}(R-\Delta R+\Delta R_T) \tag{3-38}$$

$$= I\Delta R$$

可见，电桥的输出电压与电阻的变化量 ΔR 成正比，即与被测量成正比；也与供电电流成正比，即输出电压与恒流源供给的电流大小、精度有关。但与温度的变化无关，这是恒流源供电的一个非常突出的优点。采用恒流源供电时，每个传感器最好独立配备电源。

3.2.4　压阻式传感器的温度误差及补偿

由于硅等半导体材料的导电性能随着温度的增加呈指数级增长，所以由此制作的压阻式传感器受温度的影响较大，存在零点温度漂移和灵敏度温度漂移，影响传感器的测量精度。因此，必须采取相应的补偿措施。

1. 零点温度漂移补偿

零点温度漂移主要是由于惠斯通电桥中四个电阻值及它们的温度系数不一致造成的。可采用本章 3.1.3 节中图 3-18 所示的方法对其进行补偿。前面介绍了该电路在桥外串联二极管消除温度对测量的影响;此处介绍该电路在桥臂串、并联电阻对零点温度漂移进行补偿的方法。图 3-18 中,R_s 为串联电阻,R_p 为并联电阻,都是由温度系数非常小的材料制成的。串联电阻主要起调零作用;并联电阻一般采用阻值较大且温度系数为负的热敏电阻,主要起电阻补偿作用,以此来调节传感器的零点温度漂移。需要精确控制 R_s 和 R_p 阻值的大小,阻值计算复杂。

2. 灵敏度温度漂移补偿

灵敏度温度漂移是由于压阻系数随温度变化引起的(温度系数为负值),补偿方法常用热敏电阻补偿法、二极管补偿法、三极管补偿法以及恒流源供电等。其中,二极管补偿法的补偿原理可参阅本章 3.1.3 节应变计的温度补偿部分。需要注意的是,采用这种补偿方法时,必须考虑二极管正向压降的阈值,硅管为 0.7 V,锗管为 0.3 V,因此采用恒压源供电时,电压应有一定的提高。

随着科技的不断进步,利用半导体集成电路平面工艺不仅能将全桥压敏电阻与弹性膜片一体化,形成固态传感器,而且能将完美的温度补偿电路与电桥集成在一起,使它们处于相同的温度环境下,取得了良好的补偿效果,甚至还能将信号放大电路与传感器集成在一起制成单片集成传感器。

零点温度漂移和灵敏度温度漂移除了硬件补偿方法以外,还有软件补偿方法。软件补偿是将测量得到的传感器输出值与算法结合起来,利用微处理器来对传感器的温度漂移误差进行补偿。目前硬件补偿尚存在一些问题,如调试不便、精度不足、适用性不强等,而软件补偿相比硬件补偿精度稍高、成本更低。常用的软件补偿算法有查表法、曲线拟合法、神经网络法等。但是软件补偿算法与程序代码一般只适用于一类传感器或者同一生产批次中参数相近的传感器,需要对传感器进行标定,工作量较大,对系统硬件要求高,不宜批量操作。另外软件补偿的实时性也相对较差。

通过建立传感器数学模型来进行温度补偿的方法也值得一提,传感器最简单的数学模型即传递函数。模型可在整个标定过程中进行优化,模型的成熟度随标定点的增加而增加,可以消除或极大地减小温度漂移等误差。

3.2.5 压阻式传感器的应用

压阻式传感器具有体积小,结构比较简单,灵敏度高(比金属应变计高 50~80 倍),能测量十几微帕的微压,动态响应好,长期稳定性好,滞后和蠕变小,便于生产,成本低等优点。因此,它在测量压力压差、液位物位、加速度和流量等方面得到广泛应用。应用领域涉及电力、化工、石油、机械、钢铁、城市供热供水、地质地震测量等。

1. 压力测量

图 3-29 所示即一种测量压力的压阻式传感器。近年来,随着科技发展的不断进步,出现了一些“特种”压力测量技术。

(1) 动态及高频动态压力测量技术。所谓动态压力,一般指变化相对较快的压力,习惯性地将变化频率大于 1000 Hz 的压力称为动态压力。为了不失真地测量动态压力,一般要求测量传感器有 5~10 kHz 的固有频率。应变式传感器因其固有频率较低而不宜于动态压力测量。传统测量动态压力的方法是采用压电式压力传感器，具有较高的固有频率，一般可达 100～400 kHz，因而可用于 10～40 kHz 的动态压力测量。但压电式压力传感器输出的微弱电荷信号须经专门的电荷放大器处理变换为电压或电流信号，也须经优良的同轴电缆传输，还很容易受干扰滋生噪声，从而得到信噪比不太好的被测信号。压电传感器内阻抗很高，因而静态特性很差。因此，近年来随着压阻式压力传感器的技术进步，美国有关测量军标已倡议高频动态压力测量优先考虑选用压阻式动态压力传感器。压阻式压力传感器采用 MEMS（微机电系统）技术设计与加工，具有极小的力学敏感元件尺寸与极高的刚度。力学敏感元件具有高至 100～1000 kHz 的固有频率，0.1～1 μs 的上升时间，比压电式动态压力传感器高出一倍至一个数量级。应当指出，并非所有的压阻式压力传感器都是动态高频的，在传感器的结构设计上还必须遵循下列两个原则：①进气道无管腔；②接触介质的力敏结构不能降低力敏元件的刚度。目前，国内昆山双桥传感器测控技术有限公司开发生产的 CYG400 系列传感器就属于这种高频动态压力传感器。图 3-31 所示为它的结构示意图，已成功用于爆轰、冲击、喷射等高频动态压力的精确测量中。

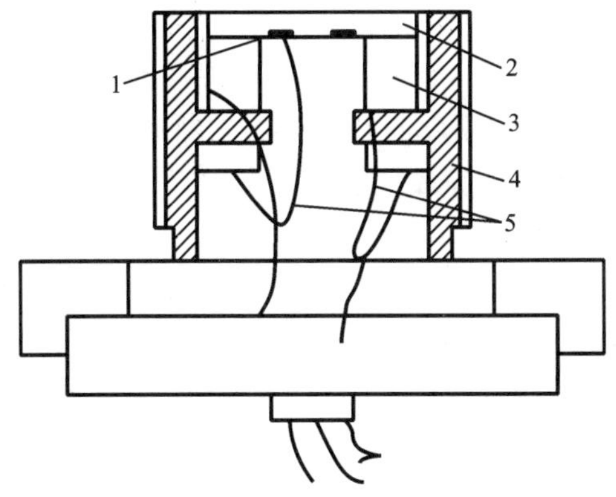

图 3-31　齐平封装式高频动态压力传感器

1—应变电阻；2—Si 芯片；3—固支边；4—支座；5—引线

(2) 流场测量及微小容器内的压力测量技术。流体中运动物体表面的流场测量（如风洞中的飞机、汽车模型，水洞中的桥墩，舰艇模型的表面压力场分布）对设计改进被测物的运动性能及安全性极为关键。这种压力测量技术有两个必须考虑的要点：①测量传感器的尺寸要尽量小或尽量薄，以不影响原流体模型为原则；②多数测量都对传感器有较高的动态频响要求，而且流体变化频率为零至上万赫兹。因此，此类测试应用只能采用 MEMS 压阻压力传感器，它被加工成微小的柱形、探针形或薄片形，敏感元件在制成传感器时采用准齐平的封装原则，尽可能地减小管腔腔容对动态频响的影响。昆山双桥传感器公司的 CYG500 系列微型及特型压力传感器即为此类目的开发设计的。它目前的最小尺寸为 ϕ3.5 mm（探针形），最薄尺寸为 2 mm（薄片形）。对微小容器内的压力测量便可采用这类传感器，一般采用探针形，如图 3-32 所示。

(3) 高温及瞬态超高温压力测量技术。高温压力测量绝大多数情况都是在被测压力工作介质是高温状态的情形下进行的，它带来的特殊问题是：①测压传感器的测压元件必须是耐高温的，且温度对其性能的影响要在允许误差范围内或至少是已知的和可重复的；②测压传感器的封装结构材料、密封材料、结构工艺、电互连引线及所用元件必须能耐受工作介质温度及在工作温度范围内与热力学性能相适应；③测压传感器的封装材料、密封材料及所用元器件在工

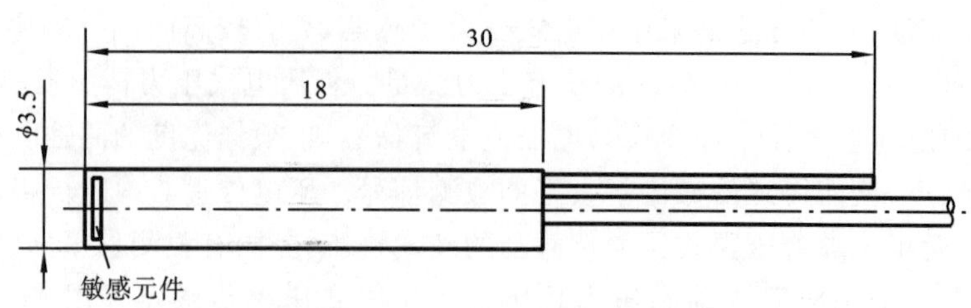

图 3-32　微小容器用探针形传感器

作温度下有一定的寿命及较慢的老化、失效速度;④在保证被测压力的动态性能不失真的前提下也可采用冷却、隔热等特种结构设计。目前,能耐受 200 ℃以上高温的压力传感器有传统的 SOS(蓝宝石上外延硅)型压阻压力传感器,典型生产厂家有沈阳仪表科学研究院、哈尔滨 49 所、北京俄华通公司等。还有现代的 SOI(绝缘衬底上的硅)型压阻压力传感器,典型生产厂家有昆山双桥传感器公司、西安维纳仪器公司等。耐温最高的是 3C-SiC 型压阻压力传感器,美国 Kuilite 已有实验室产品,中国仅昆山双桥传感器公司和西安电子科技大学在合作开发。初期样品采用冷却隔离设计的公司很多,较优的有昆山双桥传感器公司、汉中中航电测仪器公司,前者拥有动态、静态产品,后者只有静态和准静态产品。耐受 200 ℃高温又能耐受瞬态 1000 ℃～2000 ℃高温介质的传感器厂商只有昆山双桥传感器公司和西安维纳仪器公司,它们在国家 863 重大专项支持下合作完成了这一开发项目,前者已进一步开发了在这一领域内不同压力工况下的系列产品。

2. 液位测量

图 3-33 所示为传感器在液位测量中的应用示意图。它是根据液面高度(液位)与液压成比例的原理进行工作的。例如测量开放罐的液位(见图(a)),如果液体密度 ρ 恒定,那么,液体加在测量基准面上的压力 $\boldsymbol{p}$ 与液面到基准面的高度 h 成正比。因此,通过压力测量就可得知液面高度。因为 $p=\rho h=\rho(h_1+h_2)$,所以,$h=p/\rho$ 或 $h_1=(p/\rho)-h_2$。式中:h_2 为最小液位面距测量基准面的高度,它的值可事先设定;h_1 为所控液面与最小液位面间的高度。

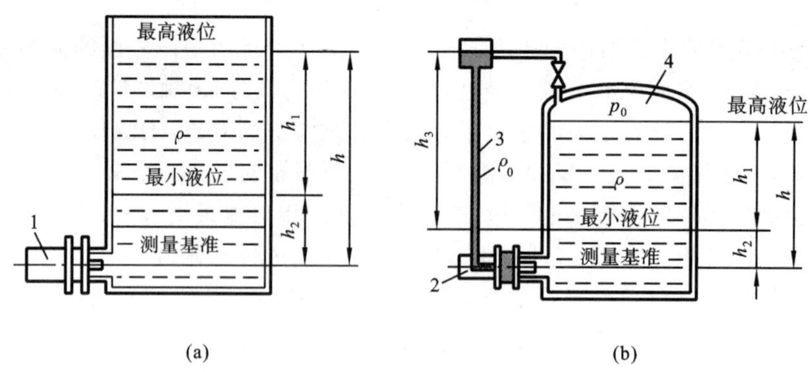

图 3-33　传感器在液位测量中的应用示意图

(a) 开放罐;(b) 密封罐

1—压力传感器;2—压差式传感器;3—填充液体;4—密封罐

如果测量密封罐的液位,如图 3-33(b)所示,则高压侧(罐内侧)的压力为

$$p_1 = p_0 + \rho(h_1 + h_2) \tag{3-39}$$

而低压侧的压力为

$$p_2 = p_0 + \rho_0(h_3 + h_2) \tag{3-40}$$

所以,压力差为

$$\begin{aligned}\Delta p = p_1 - p_2 &= \rho(h_1 + h_2) - \rho_0(h_3 + h_2) \\ &= \rho h_1 - (\rho_0 h_3 - \rho h_2 + \rho_0 h_2)\end{aligned} \tag{3-41}$$

式(3-39)～式(3-41)中:ρ 为被测液体的密度,ρ_0 为填充液体的密度,h_1 为所控液面与最小液位间的高度,h_2 为最小液位距测量基准面的高度,h_3 为填充液体的液面距最小液位的高度,p_0 为密封罐内的压力。压力差 Δp 由压差式传感器的输出得到后,就可由式(3-41)得到所控液位的高度 h_1。

在对江河湖海水库及有杂质的液体进行测量时,需要注意下列一些问题。

第一,要消除水流流动的影响和防止自然水中的杂物、泥沙的淤堵。对策为在传感器感压元件前端设计一个消动压导流结构,俗称导流头(见图 3-34)。T 字形导流头有最优的防动压影响的效果,但具有最差的防淤堵性能;紊流设计的多孔导流头有中等的防动压影响和中等的防淤堵性能;消动压多孔导流头性能最优。

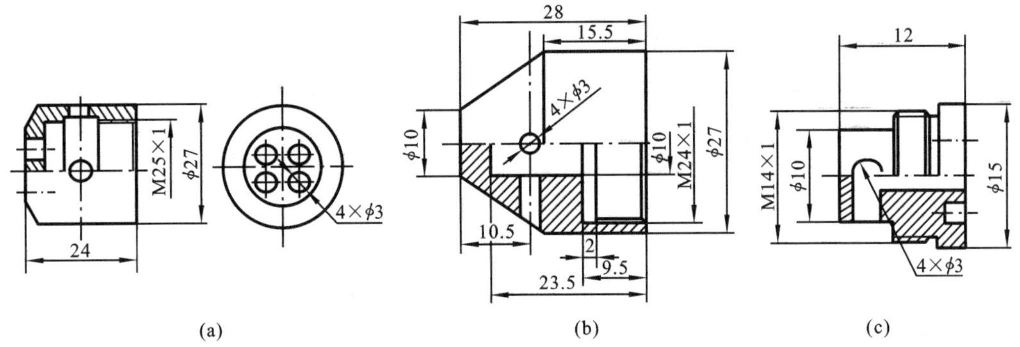

图 3-34　用于消动压的导流头结构示意图

(a) 多孔导流头;(b) 消动压多孔导流头;(c) T 字形导流头

通常采用测压井法测量液位(见图 3-35),即用一根直立有孔的长圆钢管直接插入被测液体中,传感器从管的内孔中投下。这样就大大减轻了流动和淤堵的影响,但也因此限制了液位传感器的直径尺寸。

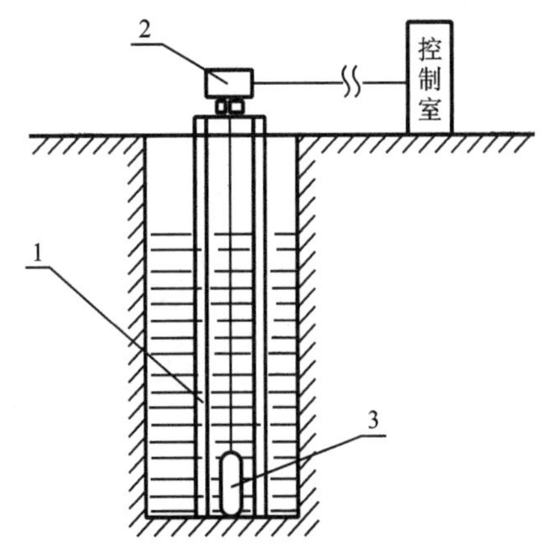

图 3-35　用测压井法测量液位

1—钢管;2—显示仪或接线盒;3—液位变送器

第二,要解决导线与传感器水密封的前提下传感器测压参考腔与水面上大气的沟通问题,以避免水面上大气压力变化对测压结果的不容忽视的影响。通常由中心带有一根厚壁小孔聚四氟乙烯或聚丙烯通气管的多芯屏蔽电缆来实现。这种水深专用电缆已于 1988 年开发并使用。

第三,要解决长线传输信号时易感应雷击的防范问题。国家昆山传感器产业基地、中科院昆山高科技产业园的核心骨干企业昆山双桥传感器公司已完成小型化强抗雷击液位传感器的开发,采用三级防雷技术,有效地防止了雷击。这项技术已通过国家防雷实验中心的检测认证,并取得了国家发明专利。

3. 加速度测量

图 3-36 所示为扩散型压阻式传感器在加速度测量中的应用。加速度计大多为悬臂梁式结构,压阻式加速度传感器中的悬臂梁直接用单晶硅制成。在悬臂梁 5 的根部上、下两面各扩散两个等值电阻,并构成惠斯通电桥。当梁自由端的重量块 1 受到加速度作用时,悬臂梁因惯性力作用产生弯矩而发生变形,同时产生应变,使扩散电阻的阻值变化,电桥便有与加速度成比例的电压输出。

这种压阻式加速度计具有微型化固态整体结构,性能稳定可靠;灵敏度高,可达 0.2 mV/g;准确度高,可达 2%;频带宽为 0~500 Hz;固有频率为 2 kHz;量程大,可测最大加速度为 100*g* 等优点。它的质量只有 0.5 g,适于小构件的精密测试,也可用于冲击测量,多用于航空航天等行业。

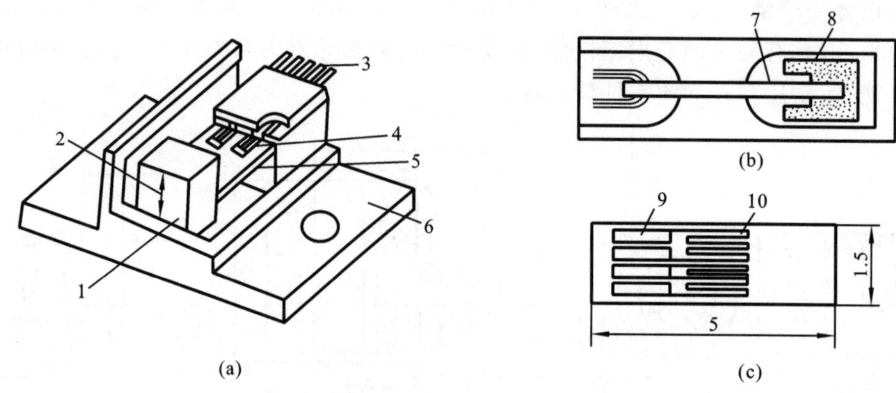

图 3-36 压阻式传感器在加速度测量中的应用

(a) 结构示意图;(b) 惯性组件;(c) 扩散应变计的硅梁

1,8—惯性质量块;2—振动方向;3—电极;4—敏感元件;5,7—悬臂梁;6—基座;9—金属化电路;10—扩散电阻

图 3-37 所示为闭环式加速度计结构原理图。它适合于某些特殊场合,如高精度高动态范围的应用,能对敏感质量进行力反馈,使得在工作范围内的敏感质量所感受的由外界加速度引起的惯性力与反馈力处于大小相等、方向相反的状态,所以又称为力平衡式加速度传感器。

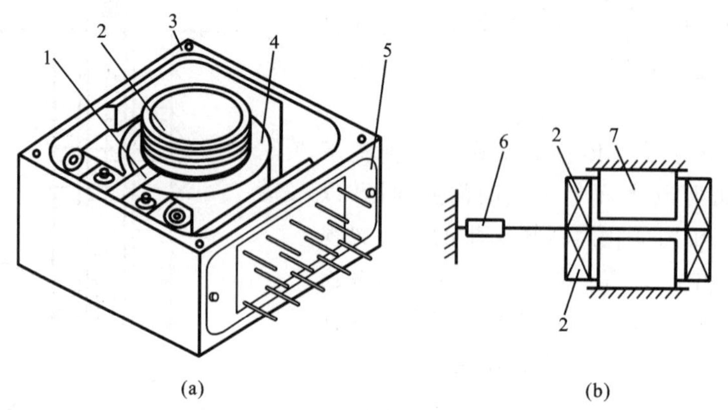

图 3-37 闭环压阻式加速度计结构原理图

(a) 结构示意图;(b) 原理图

1—硅梁组件;2—力矩器线圈;3—壳体;4—下磁路组件;5—插头座;6—压阻电桥;7—力矩器磁钢

这种传感器的弹性元件是单晶硅制成的悬臂硅梁 1,在它的自由端上下两面,对称地连接

着两个力矩器线圈2，这两个线圈分别空套在上、下磁钢7与轭铁形成的环形工作气隙中，在硅梁1上还扩散有压阻电桥6。当传感器感受到外界加速度时，与硅梁自由端连接的力矩器线圈受到惯性力的作用，使得硅梁发生应变，在硅梁根部的力敏电阻电桥输出电信号。这个信号经放大、整流后再输出。同时，也将相应的直流电流反馈到力矩器线圈中，经与永磁体磁场的相互作用，产生一个与惯性力大小相等、方向相反的平衡力作用于硅梁自由端，从而实现了零位检测。

由于采用力平衡工作方式，弹性硅梁没有过大的挠度，有利于提高动态频响特性并改善非线性缺陷，且具有自检功能。闭环压阻式加速度传感器的特点是精度高、动态范围大、结构复杂、质量和尺寸都相对较大、成本也较高。

3.3 电位器式传感器

电位器是一种常见的机电元件。在传感器中，它可将机械位移按照一定的函数关系转换成电阻和电压，用来制作位移、油量、高度、压力、加速度、航面角等用途的传感器。它具有结构简单、尺寸小、重量轻、精度较高（可达±0.1%或更高）、性能稳定、输出信号强、受环境影响较小、可实现线性或任意函数的变换、成本低廉等优点，因此得到广泛应用。

3.3.1 电位器式传感器的工作原理

图3-38所示为电位器式传感器的工作原理图。电位器由电阻丝元件、滑动臂及骨架等构成，并接入电路中。按照电阻丝的结构形式，可分为直线位移型、角位移型、螺旋形等类型；按照输入-输出特性的不同，可分为线性和非线性两种类型。不管哪种类型，其工作原理都是将被测线位移或角位移等位移量转换为电阻和电压的变化。

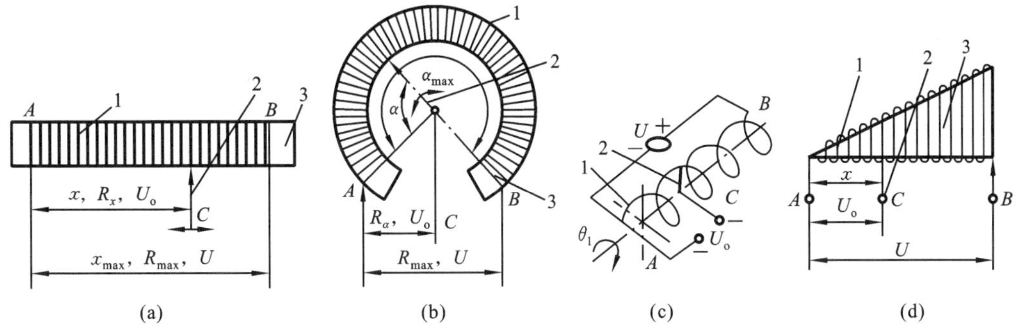

图3-38 电位器式传感器的工作原理图

(a) 直线位移型；(b) 角位移型；(c) 螺旋形；(d) 非线性型

1—电阻丝；2—滑动臂；3—骨架

对于直线位移型，输出电压 U_o 和线位移 x 成正比

$$U_o = \frac{U}{R_{\max}} R_x = \frac{U}{x_{\max}} x = K_U x \tag{3-42}$$

而对于角位移型，输出电压 U_o 和角速度 α 成正比

$$\begin{aligned} U_o &= \frac{U}{R_{\max}} R_\alpha = \frac{U}{\alpha_{\max}} \alpha \\ &= K_U \alpha \end{aligned} \tag{3-43}$$

3.3.2 电位器式传感器的一般特性

图 3-39(a)所示为线性直滑式线绕电位器式传感器的结构图。电位器骨架截面处处相等,电阻元件由材料分布均匀的金属电阻丝按照相等节距绕制而成,最大电阻值为

$$R_{\max} = \frac{2\rho(b+h)N}{S} \tag{3-44}$$

式中:ρ 为电阻丝的电阻率;S 为电阻丝的横截面积;b 和 h 为骨架的宽度和高度;N 为线圈的匝数。

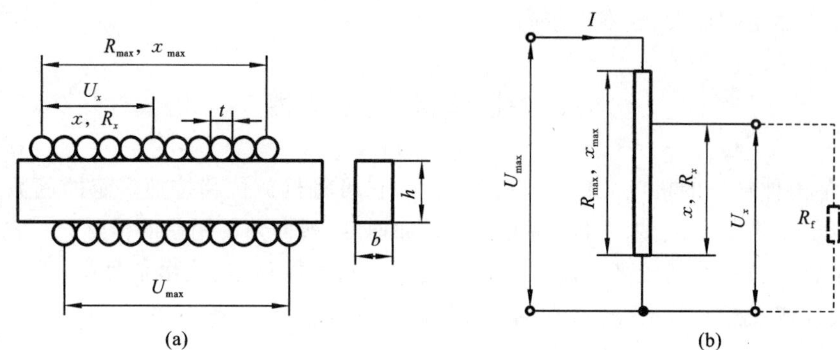

图 3-39 线性电位器式传感器

(a) 结构图;(b) 转换电路

转换电路如图 3-39(b)所示,空载情况下(不接 R_f),电路输出电压 U_x 与直线位移 x 的关系为

$$U_x = \frac{U_{\max}}{R_{\max}}R_x = \frac{U_{\max}}{x_{\max}} \cdot x = K_U x = XU_{\max} \tag{3-45}$$

式中:$x_{\max}$和 $U_{\max}$分别为电位器电刷的最大行程和加于电位器两端的最大电压;R_x 对应于电刷行程为 x 时的电阻值;K_U 为电压灵敏度;X 为电阻的相对变化量,即电刷的相对行程

$$X = \frac{R_x}{R_{\max}} = \frac{x}{x_{\max}} \tag{3-46}$$

式(3-45)为电位器式传感器的空载特性。由于 $x_{\max}=Nt$,t 为导线间的间距,因此电压灵敏度系数 K_U 又可以表示为

$$K_U = \frac{U_{\max}}{x_{\max}} = \frac{I \cdot R_{\max}}{Nt} = I\,\frac{2(b+h)\rho}{St} \tag{3-47}$$

式中:I 为导线中的电流。

电阻灵敏度系数 K_R 则为

$$K_R = \frac{R_{\max}}{x_{\max}} = \frac{2(b+h)\rho}{St} \tag{3-48}$$

如图 3-39(b)所示,当传感器接入负载电阻 R_f 时,电路输出电压为

$$\begin{aligned} U_{xf} &= \frac{U_{\max}}{(R_{\max}-R_x)+R_x /\!/ R_f}R_x /\!/ R_f = U_{\max}\frac{R_xR_f}{R_fR_{\max}+R_xR_{\max}-R_x^2} \\ &= U_{\max}\frac{X}{1+mX(1-X)} \end{aligned} \tag{3-49}$$

式中:m 为电位器的负载系数

$$m=\frac{R_{max}}{R_f} \tag{3-50}$$

式(3-50)为电位器式传感器的负载特性。它与理想空载输出特性之间存在的偏差称为负载误差,负载误差与负载电阻 R_f 的大小有关,负载电阻 R_f 越大,负载误差越小。对于线性电位器,负载误差也是线性度。

比较 U_x 和 U_{xf}的计算公式可知,负载误差为

$$\delta_f=\frac{U_x-U_{xf}}{U_x}\times 100\%=\left[1-\frac{1}{1+mX(1-X)}\right]\times 100\% \tag{3-51}$$

图 3-40 所示为 δ_f 与 m、X 的关系曲线。由图可见,无论 m 为何值,在 $X=0$ 和 $X=1$ 时,即电刷在起始位置和终止位置时,负载误差都为零;当 $X=1/2$ 时,负载误差最大,且负载系数 m 增大时,负载误差也随之增大,通常希望 $m<0.1$。负载误差越大,表示测量结果越差。

例如,若要求负载误差在整个行程内都保持在 3%以内,由于当 $X=1/2$ 时负载误差最大,那么

$$\delta_f=\left[1-\frac{1}{1+m\frac{1}{2}\left(1-\frac{1}{2}\right)}\right]\times 100\%=\left(\frac{m}{4+m}\right)\times 100\%<3\% \tag{3-52}$$

则应使 $R_f>8.1R_{max}$,即通过提高负载的输入阻抗可减少负载误差。

由于负载有时无法满足条件,则可以在传感器和负载之间接入具有高输入阻抗 R_{in}和低输出阻抗 R_{out}的电压跟随器进行阻抗匹配(见图 3-41)。电压跟随器的输入阻抗 R_{in}成为传感器的新负载,R_{in}越大传感器的负载误差就越小。传感器原来的负载现在成为电压跟随器的负载,R_{out}越低,负载电阻相对越大,电压跟随器的负载误差就越小。电压跟随器的放大倍数约为 1,不影响传感器的输出值。这种方法一方面可以减小从前一环节吸取的能量,另一方面可以承受后一环节有能减小电压输出的变化,从而减轻总的负载效应。

另外,通过限制电位器工作区间(即将电位器工作区间限制在负载误差允许的范围之内)也可以减小负载误差,但牺牲了传感器的量程。

如图 3-42 所示,线性传感器负载特性为曲线 1,为了获得理想线性特性 3,可将电位器空载特性设计成上凸曲线 2,即设计成非线性电位器,并使曲线 1 和曲线 2 以直线 3 互为镜像,则其负载特性下降后正好是所要求的线性特性。这也是一种消除负载误差的方法。

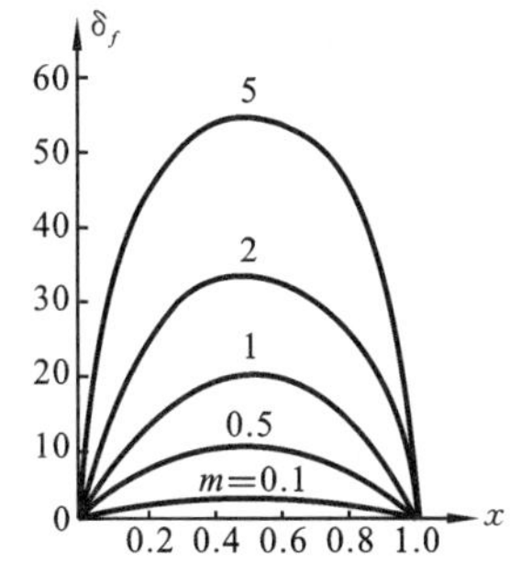

图 3-40　δ_f 与 m、X 的关系曲线

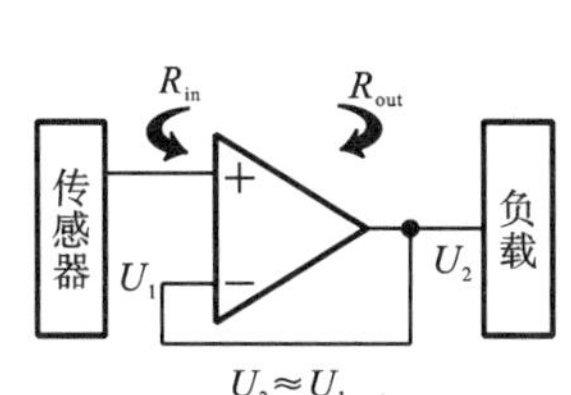

图 3-41　阻抗匹配电路原理图

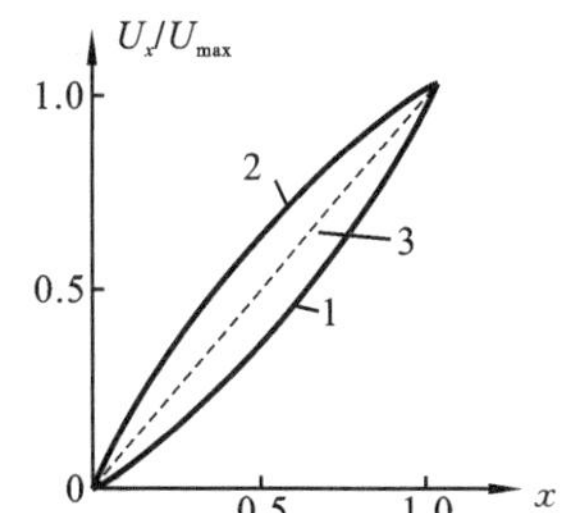

图 3-42　非线性电位器的特性

3.3.3　电位器式传感器的应用

电位器式传感器主要用来测量位移,通过其他敏感元件(如膜片、膜盒、弹簧管等)进行转

换,也可测量压力、加速度等物理量。

1. 电位器式位移传感器

在推杆式位移传感器中(见图 3-43),被测位移通过带齿条的推杆 2 及齿轮 3、4、5 组成的齿轮传动系统,将直线位移转换成旋转运动,再经离合器 6 传送到电位器的轴 8 上,带动电刷 9 滑动,从而输出电信号。

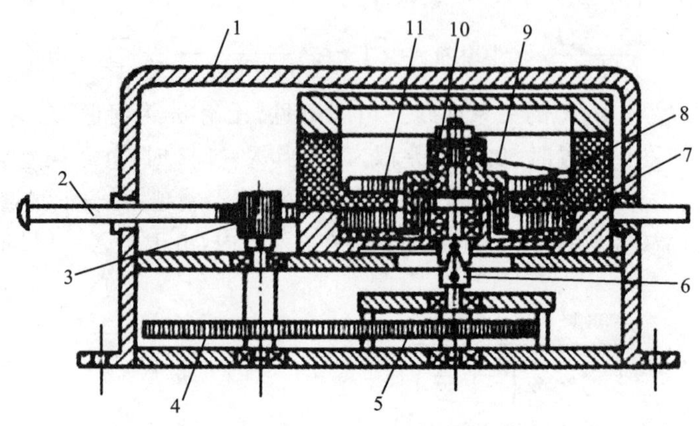

图 3-43 推杆式位移传感器

1—外壳;2—带有齿条的推杆;3,4,5—齿轮传动系统;6—离合器;
7—电位器的绕组;8—电位器轴;9—电刷;10,11—绝缘垫

在替换杆式位移传感器(见图 3-44(a))中,为改变量程可更换替换杆 5,量程可由 10 mm 到 320 mm。替换杆的工作段上开有一定螺距的螺旋槽,滑动件 3 上装有销子 4,用以将线位移转换成滑动件的旋转,并使滑动件上的电刷沿电位器 2 的绕组滑动,从而输出与杆位移成比例的电压。

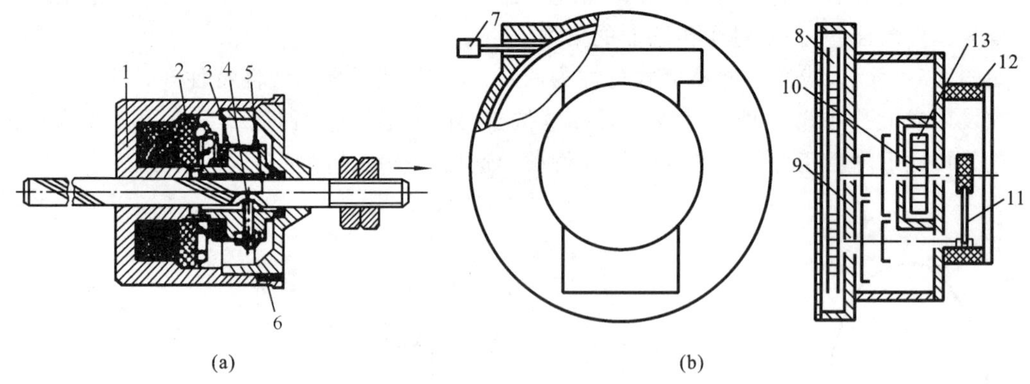

图 3-44 位移传感器

(a) 替换杆式位移传感器;(b) 拉线式大位移传感器

1—传感器外壳;2—电位器;3—滑动件;4—销子;5—可替换杆;6—前盖;
7—牵引头;8—排线轮;9—传动齿轮;10—传动轴;11—电刷;12—电位器;13—发条

图 3-44(b)所示为我国研制的采用精密合成膜电位器的 CII-8 型拉线式大位移传感器,量程可达 3 m,精度为±0.5%FS。它可用来测量火车各车厢的分离位移、跳伞运动员的起始跳落位移等。位移传感器主体装在一物体上,牵引头 7 带动排线轮 8 和传动齿轮 9 旋转,从而通过传动轴 10 带动电刷 11 沿电位器 12 合成膜表面滑动,由电位器输出电信号,同时发条 13 扭

转力矩也增大，当两物体相对距离减小时，由于发条 13 扭转力矩的作用，通过主轴 10 带动排线轮 8 及传动齿轮 9、电刷 11 做反向运动，使与牵引头 7 相连的不锈钢丝绳回收到排线轮 8 的槽内。

2. 电位器式压力传感器

图 3-45 所示为电位器式压力传感器。在图(a)中，波登管 4 受被测压力 $\boldsymbol{p}$ 的作用发生变形而带动电刷 2 在电位器 1 上滑动，从而在端子 3 处有电压输出。在图(b)中，膜盒 5 受被测压力 $\boldsymbol{p}$ 的作用产生位移，带动连杆 6-曲柄 7 机构运动，使得电刷 8 在电阻元件 9 上运动而得到与被测压力成比例的电压信号。该电信号可远距离传输，故可作为远程压力表。

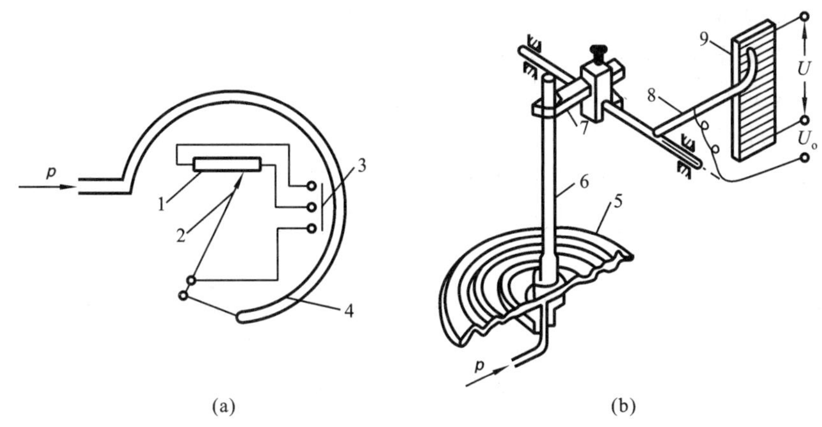

图 3-45　电位器式压力传感器

1—电位器；2—电刷；3—接线端子；4—波登管；5—膜盒；6—连杆；7—曲柄；8—电刷；9—电阻元件

3. 电位器式加速度传感器

图 3-46 所示为电位器式加速度传感器。惯性质量块 1 在被测加速度的作用下，使片状弹簧产生与加速度成正比的位移，从而引起电刷在电阻元件上滑动，输出与加速度成比例的电压信号。

电位器式加速度传感器的优点是结构简单，价格低廉，性能稳定，能在较恶劣的环境条件下工作，输出信号大(一般不需要对输出信号放大就可以直接驱动伺服元件和显示仪表)。但它的测量精度不是很高，动态响应较差，不适合测量快速变化量。

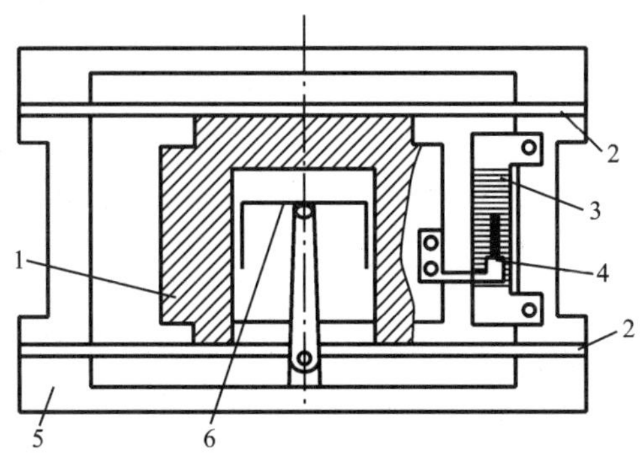

图 3-46　电位器式加速度传感器

1—惯性质量块；2—片状弹簧；3—电阻元件；4—电刷；5—壳体；6—活塞阻尼器

思考题与习题

3-1　什么叫金属的电阻应变效应？

3-2　什么叫应变电阻的灵敏度系数？它的物理意义是什么？

3-3　实际应用时为什么要对应变计进行温度补偿？常用的温度补偿方法有哪几种？试比较每种方法的优缺点。

3-4　何谓半导体的压阻效应？它与金属的电阻应变效应有什么本质区别？

3-5　金属应变计的种类有哪些？试比较它们的特点和使用场合。

3-6　应变计的基本测量电路有哪些？试比较它们各自的特点。

3-7　应变式传感器的结构组成及各部分用途是什么？弹性元件基本类型有哪些？

3-8　什么是电位器式传感器的负载误差？如何减小负载误差？

3-9　标称电阻为 100 Ω 的应变计粘贴在弹性试件上。设试件的截面积 $S=5\times10^{-5}$ m^2，弹性模量 $E=2\times10^{11}$ N/m^2，若 5×10^4 N 的拉力作用使应变计的电阻相对变化 1%，试求此应变计的灵敏度系数。

3-10　电位器式位移传感器的线圈电阻为 10 kΩ，电刷最大行程为 4 mm。若允许最大功率消耗为 40 mW，传感器采用额定激励电压，试求当输入位移量为 2 mm 时，输出电压是多少？若在传感器后接入一个电压表，表的内阻为电位器电阻的 2 倍，计算电刷位移量为最大行程的一半时电位器的负载误差是多少？

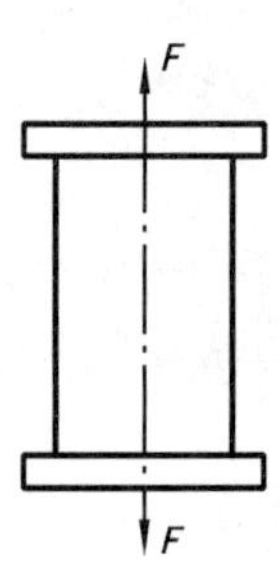

题 3-11 图

3-11　将 4 片相同的金属丝应变计粘贴在实心圆柱形测力弹性元件上，如题 3-11 图所示。设应变计的灵敏度系数 $K=2$，作用力 $F=1000$ kg。圆柱形横截面半径 $r=1$ cm，弹性元件的弹性模量 $E=2\times10^7$ N/cm^2，泊松比 $\mu=0.285$。

(1) 画出应变计粘贴在圆柱形测力元件上的位置图及相应测量电桥的原理图；

(2) 各应变计的应变为多少？

(3) 设电桥供电电压 $U_i=6$ V，桥路输出电压 U_o 为多少？

(4) 这种测量方法对环境温度的变化是否具有补偿作用？试说明原因。

3-12　题 3-12 图(a)所示为测量起重机起吊重物质量的电子秤，是一种拉力传感器。如题 3-12 图(b)所示，将 R_1、R_2、R_3、R_4 按要求贴在等截面轴上并组成全桥。已知等截面轴的横截面面积 $S=20$ cm^2，材料的弹性模量 $E=2\times10^{11}$ N/m^2，泊松比 $\mu=0.285$，且 $R_1=R_2=R_3=R_4=120$ Ω，灵敏度系数 $K=2$，电桥的供电电压 $U_i=2$ V。现在额定荷重时测得输出电压 $U_o=25.7$ mV。

(1) 画出合理的测量转换电路，包括调零电路；

(2) 求等截面轴的纵向应变及横向应变各为多少？

(3) 额定荷重力 $\boldsymbol{F}$ 为多大？

(4) 若要在额定荷重时得到 5 V 的输出电压，以便由 A/D 转换器转换，放大器的放大倍数应为多少？

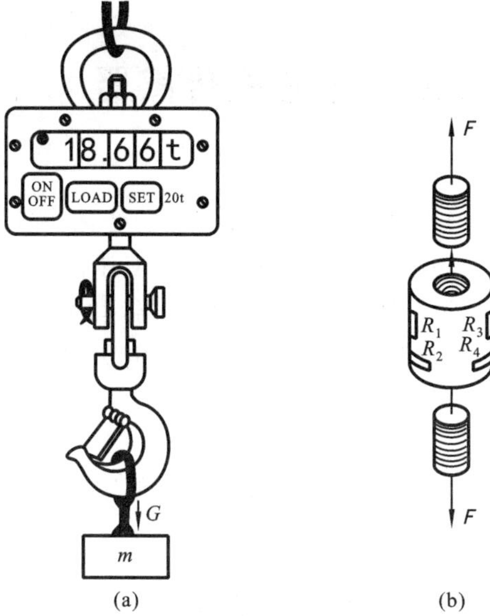

(a)　　(b)

题 3-12 图

第 4 章　电感式传感器

电感式传感器是将被测量转换成线圈自感或互感的变化，并通过转换电路将其转变成电压或电流输出。电感式传感器包括自感式传感器、差动变压器式传感器（又称互感式传感器）、电涡流式传感器、磁致伸缩式传感器（又称压磁式传感器）和感应同步器。由于感应同步器在实际使用中采用鉴相法、鉴幅法或脉冲调宽法进行数字化处理，所以归类至第 11 章数字化传感器中，详见 11.4 节。

4.1　自感式传感器

4.1.1　自感式传感器的工作原理及结构

自感式传感器是将被测量的变化转变成线圈自感变化的传感器，图 4-1 所示为其原理图。在图 4-1(a)、(b)中，因为在铁芯与衔铁之间的空气隙很小，所以磁路是封闭的。根据自感的定义，线圈自感为

$$L=\frac{\mathrm{d}\Phi_N}{\mathrm{d}I}=\frac{\mathrm{d}(N\Phi)}{\mathrm{d}I}=\frac{\mathrm{d}\left(\frac{N^2I}{R_\mathrm{m}}\right)}{\mathrm{d}I}=\frac{N^2}{R_\mathrm{m}} \tag{4-1}$$

式中：Φ_N 为磁回路内磁链数；Φ 为每匝线圈的磁通量；I 为线圈中的电流；N 为线圈匝数；R_m 为磁路的总磁阻。

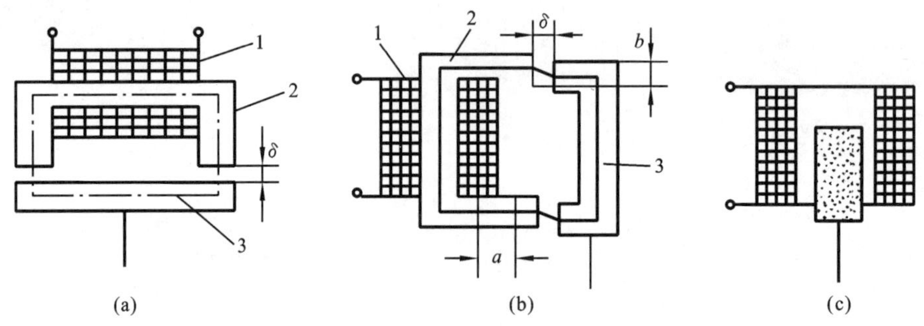

图 4-1　自感式传感器原理图

1—线圈；2—铁芯；3—衔铁

因为气隙厚度较小，可以认为气隙磁场是均匀的，若忽略磁路铁损，则总磁阻为

$$R_\mathrm{m}=\frac{l_1}{\mu_1S_1}+\frac{l_2}{\mu_2S_2}+\frac{2\delta}{\mu_0S} \tag{4-2}$$

式中：l_1 为磁通通过铁芯的长度；l_2 为磁通通过衔铁的长度；μ_1 为铁芯材料的磁导率；μ_2 为衔铁材料的磁导率；μ_0 为空气的磁导率，$\mu_0=4\pi\times10^{-7}$ H/m；S_1 为铁芯的截面积；S_2 为衔铁的截面积；S 为空气隙的截面积；δ 为空气隙的厚度。

将式(4-2)代入式(4-1)得

$$L = \frac{N^2}{\dfrac{l_1}{\mu_1 S_1} + \dfrac{l_2}{\mu_2 S_2} + \dfrac{2\delta}{\mu_0 S}} \tag{4-3}$$

当铁芯的结构和材料确定后，式(4-3)分母的第一项和第二项为常数。此时，自感 L 是气隙厚度 δ 和气隙截面积 S 的函数，即 $L=f(\delta,S)$。由于铁芯和衔铁的磁导率远大于空气隙的磁导率，式(4-3)可简化为

$$L \approx N^2 \Big/ \frac{2\delta}{\mu_0 S} = \frac{N^2 \mu_0 S}{2\delta} \tag{4-4}$$

并可进一步获得品质因数 Q 为

$$Q = \frac{\omega L}{R} = \frac{2\pi f L}{R} \tag{4-5}$$

式中：ω、f 为线圈激励电源的角频率和频率；L 为线圈电感；R 为线圈电阻。

由式(4-4)可知，如果保持 S 不变，则 L 为 δ 的单值函数，可构成变气隙型自感式传感器，如图 4-1(a)所示。如果保持 δ 不变，使 S 随位移变化，则构成变截面型自感式传感器，如图 4-1(b)所示。如图 4-1(c)所示，线圈中放入圆柱形衔铁，当衔铁上下移动时，线圈自感量将相应变化，这就构成了螺管型自感式传感器。

4.1.2　自感式传感器的转换电路

自感式传感器将被测量的变化转变成电感量的变化，再利用转换电路将电感量的变化转换成电压(或电流)的变化。常用的转换电路有调幅、调频和调相电路。

1. 调幅电路

1) 交流电桥

调幅电路的主要形式是交流电桥。关于交流电桥，已在第 3 章中讨论过，在此主要介绍在自感式传感器中经常使用的变压器电桥，如图 4-2 所示。

在交流变压器电桥中，Z_1 和 Z_2 分别为两个传感器的线圈阻抗，另两臂为电源变压器的两个次级线圈，电压均为 $\dot{u}/2$。输出空载电压为

$$\dot{u}_o = \frac{\dot{u}}{Z_1 + Z_2} Z_1 - \frac{\dot{u}}{2} \tag{4-6}$$

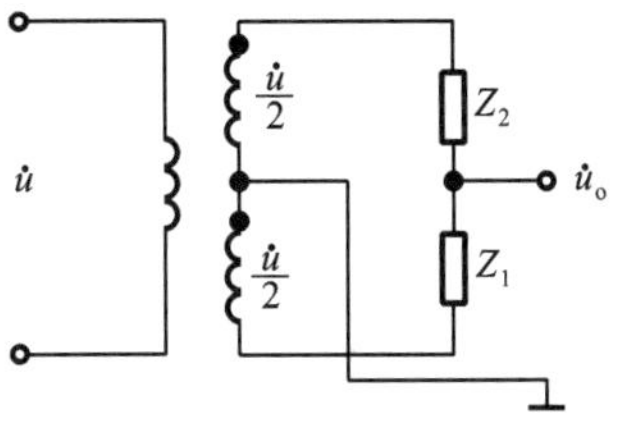

在初始平衡状态，$Z_1 = Z_2 = Z$，$\dot{u}_o = 0$。当衔铁偏离中间零点时，设 $Z_1 = Z + \Delta Z$，$Z_2 = Z - \Delta Z$，代入式(4-6)可得

$$\dot{u}_o = \frac{\dot{u}}{2} \frac{\Delta Z}{Z} \tag{4-7}$$

图 4-2　变压器电桥

同理，当传感器衔铁移动方向相反时，则 $Z_1 = Z - \Delta Z$，$Z_2 = Z + \Delta Z$，代入式(4-6)可得

$$\dot{u}_o = -\frac{\dot{u}}{2} \frac{\Delta Z}{Z} \tag{4-8}$$

比较式(4-7)和式(4-8)，说明这两种情况的输出电压大小相等，方向相反。由于 $\dot{u}_o$ 是交流电压，输出指示无法判断位移方向，必须配合相敏检波电路来解决。

2) 谐振式调幅电路

图 4-3(a)所示为谐振式调幅电路，传感器电感 L 与变压器原边和电容 C 串联在一起，接入交流电源，变压器副边将有电压 $\dot{u}_o$ 输出，输出电压的频率与电源频率相同，而幅值随着电感 L 而变化。图 4-3(b)所示为 $\dot{u}_o$-L 关系曲线，其中 L_0 为谐振点的电感值。此电路灵敏度很高，

但线性差,适用于线性要求不高的场合。实际使用时,一般使用特性曲线一侧接近线性的一段。

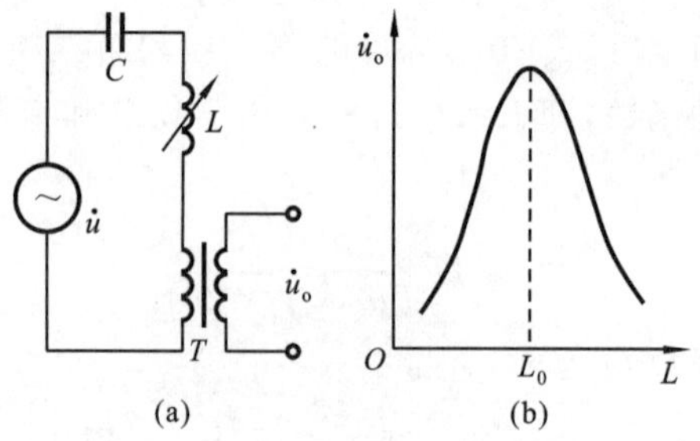

图 4-3 谐振式调幅原理

(a) 调幅电路;(b) $\dot{u}_o$-L 关系曲线

2. 调频电路

调频电路的基本原理是传感器电感 L 的变化将引起输出电压频率的变化。谐振式调频电路如图 4-4(a)所示,将传感器电感 L 和电容 C 接入一个振荡回路中,其振荡频率 $f=\frac{1}{2\pi\sqrt{LC}}$。当 L 变化时,振荡频率随之变化,根据 f 的大小即可测出被测量的值。图 4-4(b)所示为 f-L 特性曲线,具有明显的非线性关系。该频率可由数字频率计直接测量,也可通过 f-V 转换,用数字电压表测量。

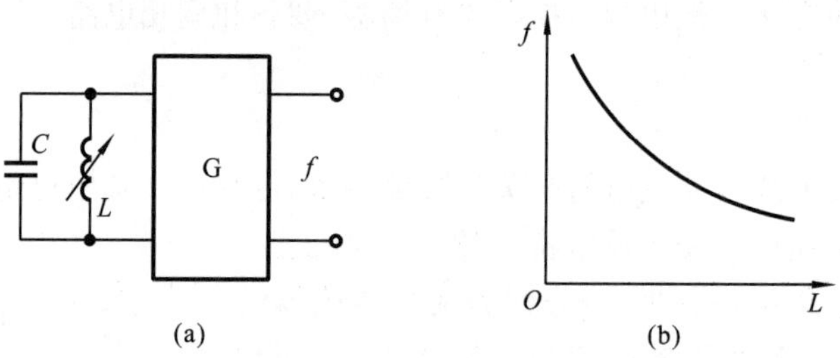

图 4-4 谐振式调频原理

(a) 调频电路;(b) f-L 关系曲线

3. 调相电路

调相电路是将传感器电感 L 的变化转换为输出电压相位 φ 的变化。图 4-5 所示为相位电桥,一臂为传感器 L,另一臂为固定电阻 R。设计时使电感线圈具有高的品质因数,忽略其损耗电阻,则电感线圈上压降 $\dot{u}_L$ 与固定电阻上压降 $\dot{u}_R$ 是两个相互垂直的分量。当电感 L 变化时,输出电压 $\dot{u}_o$ 的幅值不变,相位角 φ 随之变化。φ 与 L 的关系为

$$\varphi=-2\arctan\left(\frac{\omega L}{R}\right) \tag{4-9}$$

式中:ω 为电源角频率。

当 L 有了微小变化 ΔL 后,输出相位变化 $\Delta\varphi$ 为

$$\Delta\varphi=\frac{2\,\frac{\omega L}{R}}{1+\left(\frac{\omega L}{R}\right)^2}\frac{\Delta L}{L} \tag{4-10}$$

图 4-5(c)给出了 φ-L 特性关系。

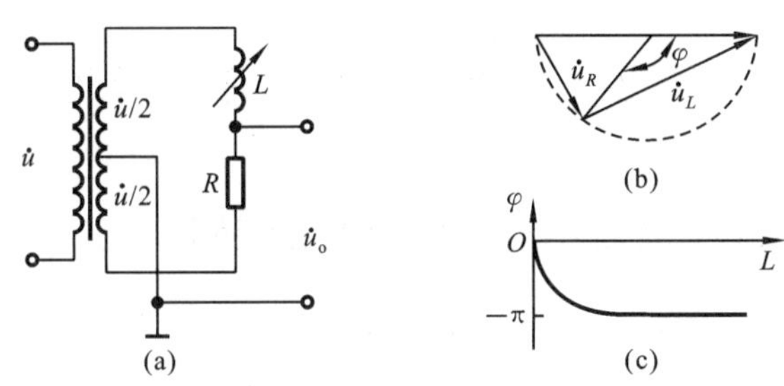

图 4-5　调相原理

(a) 调相电路；(b) 相位角；(c) φ-L 关系曲线

4.1.3　自感式传感器的应用

1. 螺管型差动自感式传感器

图 4-6 所示是一个测量尺寸用的螺管型差动自感式传感器，轮廓尺寸为 ϕ15 mm×94 mm。可换的测端 10 用螺纹拧在测杆 8 上，测杆 8 可在滚珠导轨 7 上做轴向移动。这里滚珠有四排，每排 8 粒，尺寸和形状误差都小于 0.6 μm。测杆的上端固定着衔铁 3，当测杆移动时，带动衔铁在电感线圈 4 中移动。线圈 4 置于铁芯套筒 2 中，铁芯材料是铁氧体，型号为 MX1000。线圈匝数为 2×800，线径 ϕ0.13 mm，每个电感约为 4 mH。测力由弹簧 5 产生，一般控制在 0.2～0.4 N。防转销 6 用来限制测杆的转动，以提高示值的重复性。密封套 9 用来防止尘土进入传感器内。1 为传感器引线。外壳有标准直径 ϕ8 mm 和 ϕ15 mm 两个夹持部分，便于安装在比较仪座上或有关仪器上使用。

2. 气体压力传感器

图 4-7 所示为一种气体压力传感器的结构原理图。线圈分别装在两个铁芯上，其初始位置可用螺钉来调节，也就是调整传感器的机械零点。传感器的整体机芯装在一个圆形的金属盒内，用接头螺纹与被测对象相连接。被测压力 $\boldsymbol{p}$ 变化时，C 型螺旋弹簧管的自由端产生与压力大小成正比的位移，带动衔铁 4 移动，从而使气隙发生变化，导致线圈的自感发生变化，使传感器线圈 1 和线圈 2 中的自感值一个增加、一个减小。根据电感的变化即可测得压力的变化。

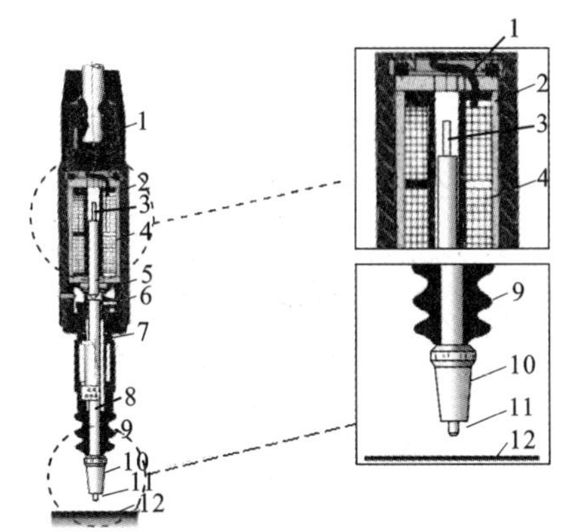

图 4-6　螺管型差动自感式传感器

1—引线；2—固定磁筒；3—衔铁；4—线圈；5—测力弹簧；6—防转销；7—钢球导轨(直线轴承)；8—测杆；9—密封套；10—测端；11—被测工件；12—基准面

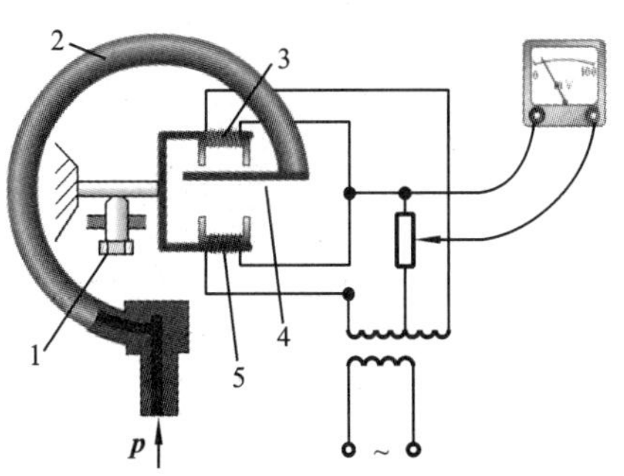

图 4-7　压力传感器结构原理图

1—调机械零点螺钉；2—C 型螺旋弹簧管；3—线圈 1；4—衔铁；5—线圈 2

4.2　差动变压器式传感器

4.2.1　差动变压器式传感器的工作原理及结构

差动变压器式传感器将被测量的变化转换成线圈互感的变化,再通过转换电路将互感的变化转变成电压或电流输出。这种传感器是根据变压器的基本原理制成的,并且次级绕组用差动形式连接,故称之为差动变压器式传感器,简称差动变压器,俗称互感式传感器。

如图 4-8 所示,差动变压器式传感器结构形式较多,有变气隙型、变面积型和螺管型,但其差动工作原理基本相同。

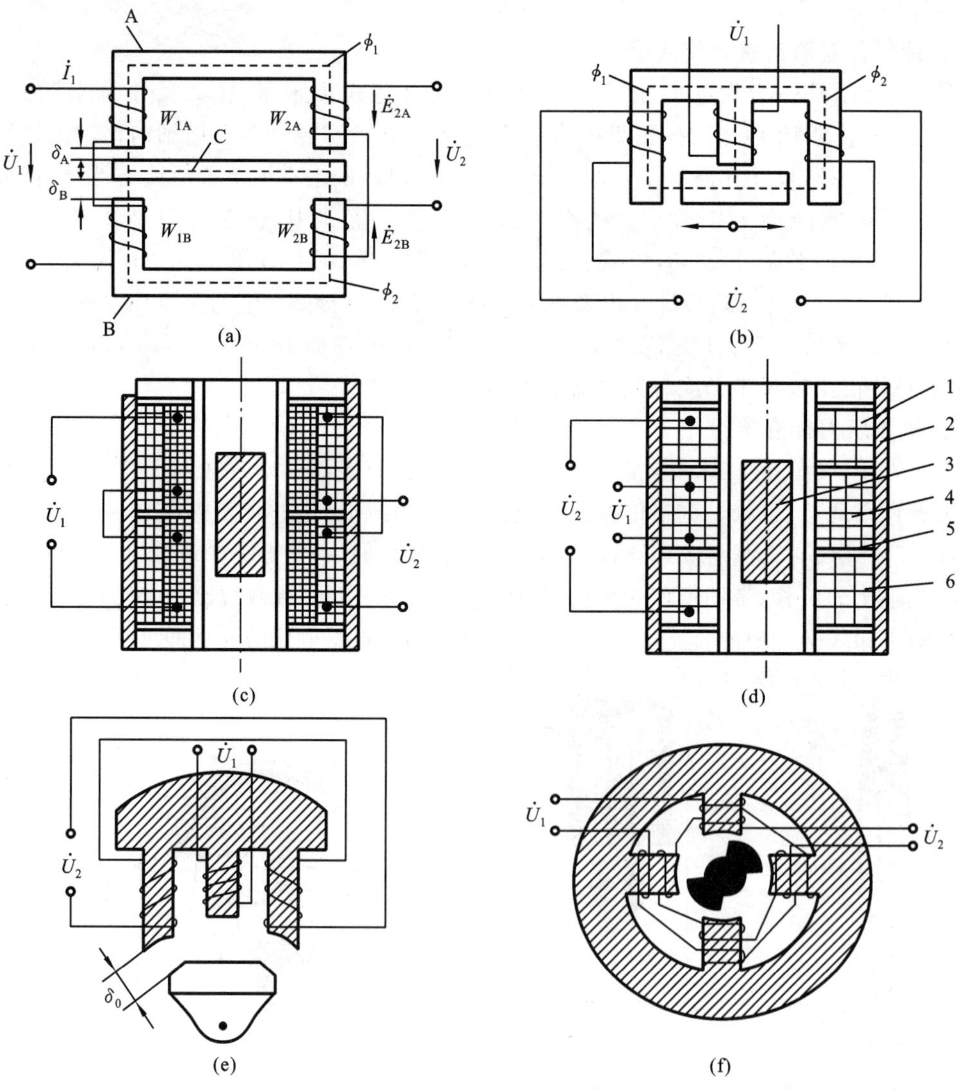

图 4-8　差动变压器式传感器结构示意图

(a) 变气隙型 1;(b) 变气隙型 2;(c) 螺管型 1;(d) 螺管型 2;(e) 变面积型 1;(f) 变面积型 2

1,6—次级绕组;2—导磁外壳;3—活动衔铁;4—初级绕组;5—骨架

以图 4-8(d)所示螺管型差动变压器式传感器为例，它由活动铁芯、磁筒（导磁外壳）、骨架、初级线圈 L_1、两个次级线圈 L_{2a} 和 L_{2b} 等组成。两个次级线圈反向串联，在理想情况下，即忽略铁损、导磁体磁阻和线圈分布电容，其等效电路如图 4-9 所示。当初级线圈绕组加以适当频率的激励电压时，根据变压器的工作原理，在两个次级绕组 L_{2a} 和 L_{2b} 中就会产生感应电动势 $\dot{E}_{2a}$ 和 $\dot{E}_{2b}$。

$$\dot{E}_{2a} = -\mathrm{j}\omega M_a \dot{I}_1 \tag{4-11}$$

$$\dot{E}_{2b} = -\mathrm{j}\omega M_b \dot{I}_1 \tag{4-12}$$

式中：M_a 和 M_b 分别为初级绕组 L_1 与两个次级绕组 L_{2a} 和 L_{2b} 的互感；$\dot{I}_1$ 为初级绕组中的电流，当次级开路时，有 $\dot{I}_1 = \dfrac{\dot{U}}{r_1 + \mathrm{j}\omega L_1}$，其中 $\dot{U}$ 为初级绕组激励电压。

由于变压器两个次级绕组反向串联，且考虑到次级开路，则

$$\dot{U}_o = \dot{E}_{2a} - \dot{E}_{2b} = -\frac{\mathrm{j}\omega(M_a - M_b)\dot{U}}{r_1 + \mathrm{j}\omega L_1} \tag{4-13}$$

如果变压器结构完全对称，则当活动铁芯处于初始平衡位置时，使两次级绕组磁回路的磁阻相等、磁通相同、互感系数相同，根据电磁感应原理，有 $\dot{E}_{2a} = \dot{E}_{2b}$。因而 $\dot{U}_o = \dot{E}_{2a} - \dot{E}_{2b} = 0$，即差动变压器输出电压为零。

当活动铁芯向次级绕组 L_{2b} 方向移动时，由于磁阻的影响，L_{2a} 中的磁通大于 L_{2b} 中的磁通，使 $M_a > M_b$，因而 $\dot{E}_{2a}$ 增加，$\dot{E}_{2b}$ 减小；反之，则 $\dot{E}_{2b}$ 增加，$\dot{E}_{2a}$ 减小。因为 $\dot{U}_o = \dot{E}_{2a} - \dot{E}_{2b}$，所以当 $\dot{E}_{2a}$ 和 $\dot{E}_{2b}$ 随着铁芯位移 Δx 变化时，$\dot{U}_o$ 也随 Δx 而变化。图 4-10 所示是差动变压器输出电压与活动铁芯位移 Δx 关系曲线。实线为理论特性曲线，虚线为实际特性曲线。ΔU_o 为零点残余电压。

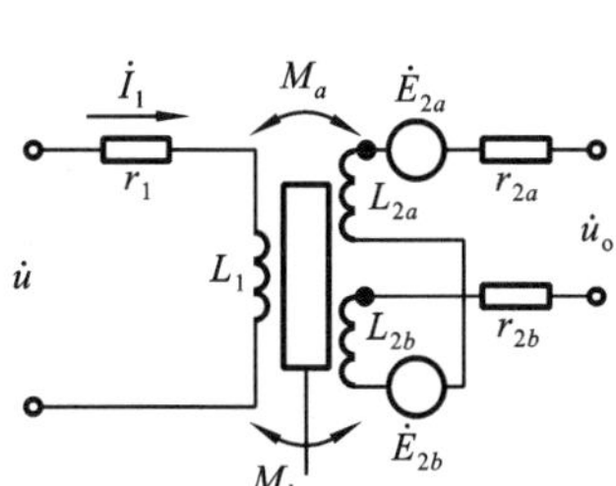

图 4-9　差动变压器等效电路

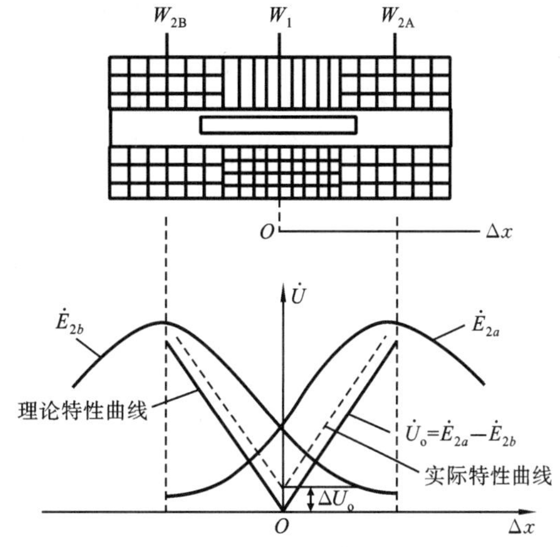

图 4-10　差动变压器输出特性曲线

4.2.2　差动变压器式传感器的转换电路

差动变压器式传感器的转换电路一般有反串电路和桥路两种。

反串电路是直接将两个次级线圈反向串接，如图 4-11(a)所示，空载输出电压等于两个次级线圈感应电动势之差，即

$$\dot{U}_o = \dot{E}_{2a} - \dot{E}_{2b} \tag{4-14}$$

电桥电路和自感式传感器的变压器电桥形式相同,只是将自感换成互感,如图 4-11(b)所示。图中 R_1、R_2 是桥臂电阻,R_P 是调零电位器。暂时不考虑电位器,并设 $R_1=R_2$,则输出电压为

$$\dot{U}_0 = \frac{\dot{E}_{2a}+\dot{E}_{2b}}{R_1+R_2}R_2 - \dot{E}_{2b} = \frac{\dot{E}_{2a}-\dot{E}_{2b}}{2} \tag{4-15}$$

可见,桥路的灵敏度是反串电路的 1/2,其优点是利用 R_P 可进行电学调零,不需要另外配置调零电路。此外,还可采用差动整流电路转换。

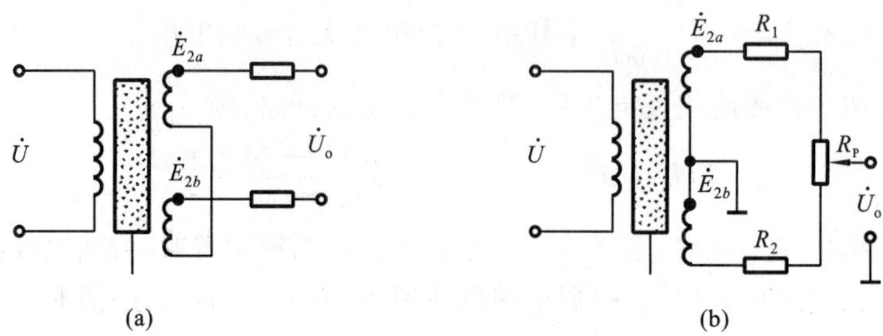

图 4-11 差动变压器转换电路

(a) 反串电路;(b) 电桥电路

4.2.3 零点残余电压

图 4-11 所示差动变压器的两种转换电路,其输出电压分别如式(4-14)和式(4-15)所示。如果将图 4-11(b)所示电路中的互感换成自感,式(4-15)同样适用于接入变压器电桥的自感式传感器。理论上,当活动铁芯处于中间位置时,两线圈阻抗相等,传感器输出电压为零。然而实际上,由于传感器的阻抗是复数阻抗,很难做到两线圈电阻和电感完全相等,致使传感器在铁芯处于中间位置时,输出电压不为零。传感器在零位移时的输出电压即零点残余电压,如图 4-10 所示的 ΔU_o。

零点残余电压过大,会使传感器的灵敏度下降,非线性误差增大,不同挡位的放大倍数有显著差别,甚至造成放大器末级趋于饱和,致使仪器电路不能正常工作,甚至不能反映被测量的变化。在仪器的放大倍数较大时,这点尤应注意。

零点残余电压的大小是判断传感器质量的重要指标之一。在制造传感器时,要规定其零点残余电压不得超过某一定值。例如,某自感测微仪传感器,其输出信号经 200 倍放大后,在放大器末级测量,零点残余电压不得超过 80 mV。仪器在使用过程中,若有迹象表明传感器的零点残余电压过大,就要进行调整。

1. 产生零点残余电压的原因

(1) 由于两个电感线圈的等效参数不对称,使其输出的基波感应电动势的幅值和相位不同,调整磁芯位置时,也不能达到幅值和相位同时相同。

(2) 由于传感器磁芯的磁化曲线是非线性的,所以在传感器线圈中产生高次谐波。而两个线圈的非线性不一致,使高次谐波不能互相抵消。

2. 减小零点残余电压的措施

(1) 在设计和工艺上,要求做到磁路对称、线圈对称;铁芯材料要均匀,特性要一致;两线

圈绕制要均匀，松紧一致。

(2) 采用拆圈的实验方法，调整两个线圈的等效参数，使其尽量相同。

(3) 在电路上进行补偿。补偿方法主要有：加串联电阻、加并联电容、加反馈电阻或反馈电容等。

图 4-12 所示为补偿零点残余电压的几个实例。

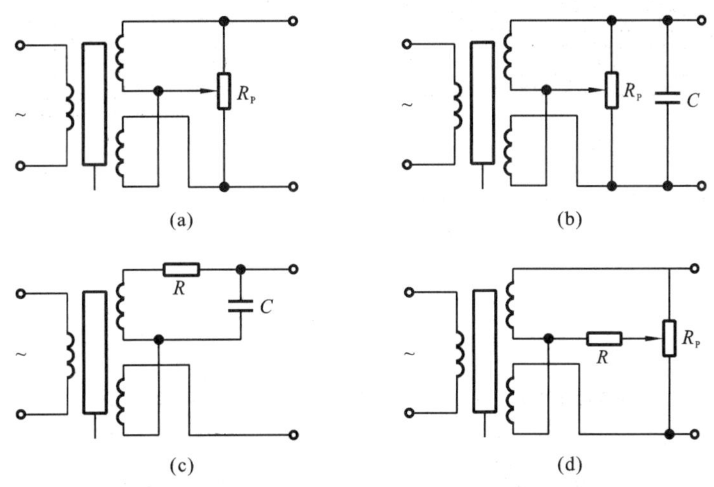

图 4-12　补偿零点残余电压的电路

图 4-12(a)中，在输出端接入电位器 R_P，电位器的动点接两次级线圈的公共点。调节电位器，可使两次级线圈输出电压的大小和相位发生变化，从而使零点电压为最小值。R_P 的电阻一般为 10 kΩ 左右。这种方法对基波正交分量有明显的补偿效果，但对高次谐波无补偿作用。如果再并联一只电容 C，即可有效地补偿高次谐波分量，如图 4-12(b)所示。电容 C 的大小要适当，常为 0.1 μF 以下，要通过实验确定。图 4-12(c)中，串联电阻 R 调整次级线圈的电阻值，并联电容改变其中一个输出电动势的相位，也能达到良好的零点残余电压补偿作用。图 4-12(d)中，接入 R(几百千欧)减小了两次级线圈的负载，可以避免外接负载不是纯电阻而引起较大的零点残余电压。

4.2.4　差动变压器式传感器的应用

差动变压器式传感器可以直接用于测量位移，也可以测量与位移有关的任何机械量，如力、力矩、压力、振动、加速度、液位等。

1. 压力测量

差动变压器式传感器与弹性敏感元件(如膜片、膜盒和弹簧管等)相结合，可以组成压力传感器，如图 4-13 所示。衔铁 6 固定在膜盒中心，无压力作用时，膜盒 2 处于初始状态，衔铁 6 位于差动变压器线圈 5 的中部，输出电压为零。当被测压力作用在膜盒上使其发生膨胀时，衔铁在差动变压器中移动，差动变压器输出正比于被测压力的电压。这种微压力传感器可测 $(-4\sim6)\times10^4$ Pa 的压力。

2. 加速度测量

图 4-14 所示为差动变压器式加速度传感器。质量块 2 的材料是导磁的，它由两片片簧 1 支撑，线圈与骨架固定在基座上。测量时，基座固定在被测体上，与被测体一起运动，质量块在弹簧片作用下相对线圈产生正比于加速度的位移。因此，由测得的位移可得知加速度。

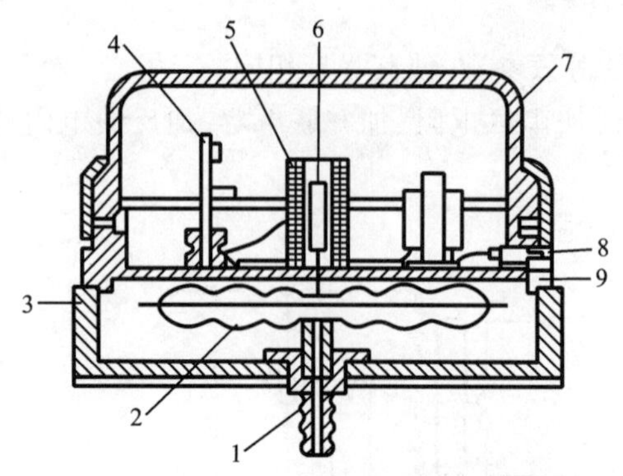

图 4-13 差动变压器式压力传感器

1—接头;2—膜盒;3—底座;4—线路板;
5—差动变压器线圈;6—衔铁;
7—罩;8—插头;9—通孔

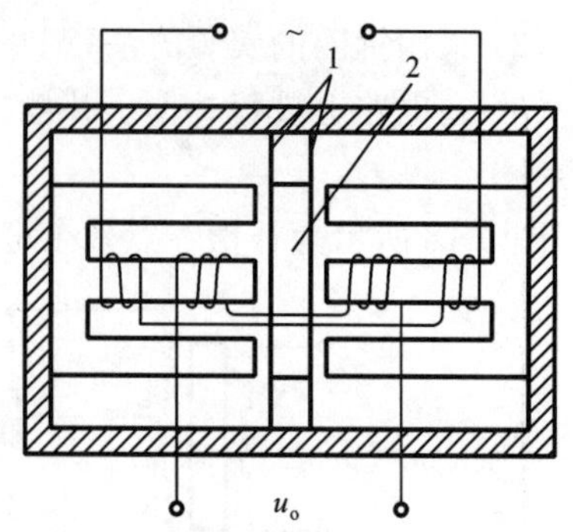

图 4-14 差动变压器式加速度传感器

1—片簧;2—质量块

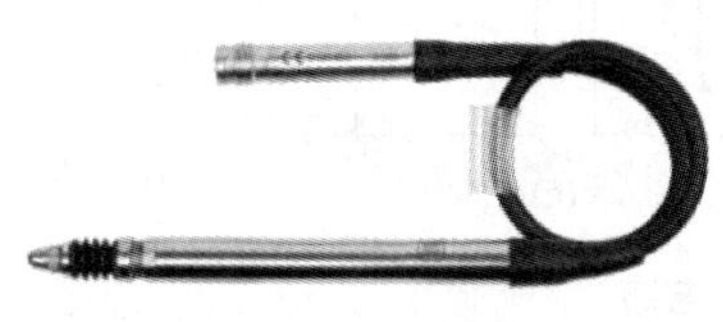

图 4-15 LVDT 直线位移传感器

3. 位移测量

线性可变差动变压器 LVDT(linear variable differential transformer)属于直线位移传感器。由一个初级线圈、两个次级线圈、铁芯、线圈骨架和外壳等部件组成。LVDT 在工作过程中,铁芯的运动不能超出线圈的线性范围,否则非线性误差急剧增加。图 4-15 所示为瑞士 TESA 公司生产的带轴向线缆输出的 LVDT 测头,可用于工业在线测量。测头壳体和滚珠轴承导向组件相互独立,即使测头没有紧固夹紧,测针也可移动。其材质为镀镍壳体、硬化不锈钢测针和普通胶套(耐弹性),测量范围为 1～5 mm,误差为±(0.2～1)μm。

4.3 电涡流式传感器

4.3.1 电涡流式传感器的工作原理及结构

电涡流式传感器是基于电涡流效应工作的。金属导体置于交变磁场中,在导体内会产生呈涡流状的感应电流,这种电流在导体内是闭合的,所以称为电涡流。这种现象称为电涡流效应。

如图 4-16(a)所示,将一个金属导体置于线圈附近,当线圈中通以交变电流 $\dot{I}_1$ 时,根据右手定则,产生交变磁场 H_1,处于此交变磁场中的金属导体内就会产生涡流 $\dot{I}_2$,此涡流将产生一个新的交变磁场 H_2,H_2 的方向与 H_1 的方向相反,削弱了原磁场 H_1,从而导致线圈的电感量、阻抗及品质因数发生变化。

若将导体视为一个线圈,则导体与线圈可以等效为相互耦合的两个线圈,如图 4-16(b)所示。

根据基尔霍夫定律,可以列出方程为

$$\begin{cases} R_1\dot{I}_1 + j\omega L_1\dot{I}_1 - j\omega M\dot{I}_2 = \dot{U}_1 \\ R_2\dot{I}_2 + j\omega L_2\dot{I}_2 - j\omega M\dot{I}_1 = 0 \end{cases} \tag{4-16}$$

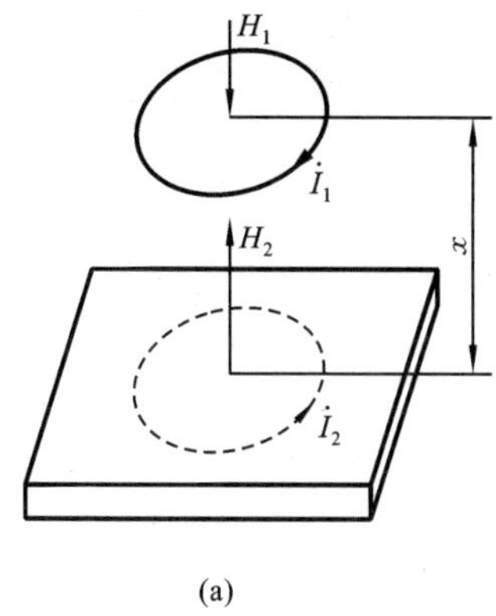

(a)

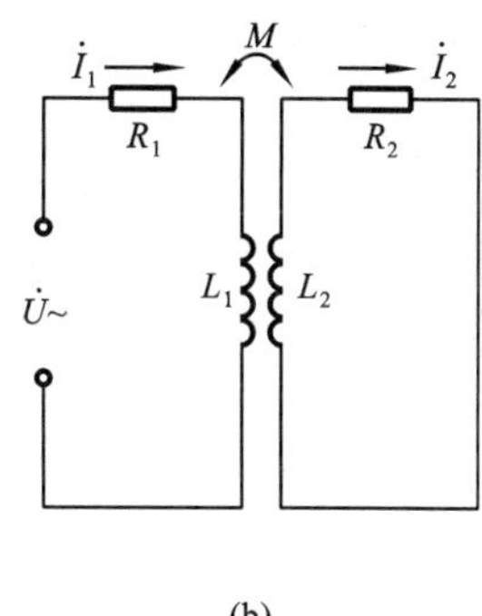

(b)

图 4-16　电涡流效应

(a) 原理图；(b) 等效电路

式中：R_1、L_1、$\dot{I}_1$ 分别为线圈的电阻、电感和电流；R_2、L_2、$\dot{I}_2$ 分别为金属导体的电阻、电感和电流；$\dot{U}_1$、ω 分别为线圈激励电源的电压和频率；M 为导体与线圈之间的互感。

解方程得

$$\begin{cases} \dot{I}_1 = \dfrac{\dot{U}_1}{R_1 + \dfrac{\omega^2 M^2}{R_2^2 + (\omega L_2)^2} R_2 + \mathrm{j}\omega \left[L_1 - \dfrac{\omega^2 M^2}{R_2^2 + (\omega L_2)^2} L_2 \right]} \\ \dot{I}_2 = \dfrac{\omega^2 M L_2 + \mathrm{j}\omega M R_2}{R_2^2 + (\omega L_2)^2} \dot{I}_1 \end{cases} \tag{4-17}$$

由此得到线圈受到电涡流作用后的等效阻抗为

$$Z = R_1 + R_2 \frac{(\omega M)^2}{R_2^2 + (\omega L_2)^2} + \mathrm{j}\omega \left[L_1 - L_2 \frac{(\omega M)^2}{R_2^2 + (\omega L_2)^2} \right] \tag{4-18}$$

线圈的等效电阻、电感分别为

$$R = R_1 + R_2 \frac{(\omega M)^2}{R_2^2 + (\omega L_2)^2} \tag{4-19}$$

$$L = L_1 - L_2 \frac{(\omega M)^2}{R_2^2 + (\omega L_2)^2} \tag{4-20}$$

由式(4-18)可知，线圈受到电涡流的影响，其阻抗的实数部分增大，虚数部分减小，使得线圈的品质因数下降。

$$Q = \frac{Q_1 \left(1 - \dfrac{L_2 \omega^2 M^2}{L_1 Z_2^2} \right)}{1 + \dfrac{R_2 \omega^2 M^2}{R_1 Z_2^2}} \tag{4-21}$$

式中：Q_1 为无电涡流影响时线圈的品质因数；Z_2 为金属导体中产生电涡流部分的阻抗，$Z_2 = \sqrt{R_2^2 + (\omega L_2)^2}$。

由此可知，金属导体的电导率 ρ、磁导率 μ、线圈激励电压的频率 ω 以及线圈与金属导体之间的距离 x 都将导致线圈的阻抗、电感量及品质因数发生变化，即

$$Z = f(\rho, \mu, \omega, x) \tag{4-22}$$

如果改变其中某个参数，而其他参数保持不变，即可构成关于这个参数的电涡流传感器。

如电阻率 ρ 变化，可测量材质和温度；磁导率 μ 变化，可测量应力和硬度；距离 x 变化，可

测量位移、厚度、振幅和速度;距离 x、电阻率 ρ 和磁导率 μ 变化,可用于探伤。

事实上,由于趋肤效应,电涡流存在于金属导体的表面薄层中,其穿透深度 h 可表示为

$$h=\sqrt{\frac{\rho}{\mu_0\mu_r\pi f}} \tag{4-23}$$

式中:h 代表了趋肤深度,显然,频率越高趋肤深度越小,即趋肤效应越好;μ_0、μ_r 分别为空气磁导率和金属导体相对磁导率;ρ 为导体的电阻率;f 为激励电源频率。

由式(4-23)可知,趋肤深度 h 与激励电源频率 f 有关,频率越低,电涡流的贯穿深度 h 越大;反之,h 越小。因此,电涡流传感器根据激励电源频率的高低,可以分为高频反射式(见图 4-16)和低频透射式两类。

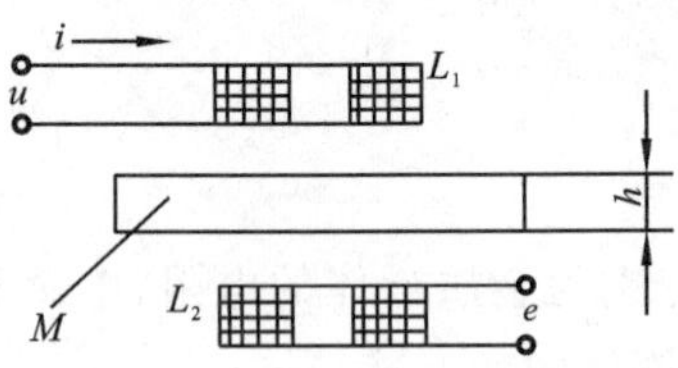

图 4-17 低频透射式电涡流效应

对于低频透射式电涡流传感器,需要在金属板的下方通过接收线圈输出电信号,如图 4-17 所示。L_1 为发射线圈,L_2 为接收线圈,分别安装在被测金属板 M 的上下方。在线圈 L_1 上施加音频交流激励电压 u,电流 i 将产生一个交变磁场。若线圈之间不存在被测金属 M,L_1 的交变磁场将直接贯穿 L_2 感生出交变电动势 e,其大小与 u 的幅值、频率,L_1 和 L_2 的匝数、结构及两者的相对位置有关。如果这些参数是确定的,则 e 就是一个确定值。

在 L_1 和 L_2 之间放置金属 M 后,L_1 产生的磁力线必然透过 M 并在其中产生电涡流,电涡流损耗了部分磁场能量使到达 L_2 的磁力线减少,从而引起 e 的下降。M 的厚度 h 越大,产生的电涡流越大,电涡流引起的损耗也越大,e 就越小。由此可测量金属板的厚度。另外,不同金属材料的电阻率、磁导率对 e 的影响均不同,由此也可以判定金属材料的种类以及用于探伤。

4.3.2 电涡流式传感器的转换电路

电涡流式传感器主要采用调频式、调幅式和交流电桥式转换电路。

1. 调频式转换电路

图 4-18 所示为调频式转换电路,由电容三点式振荡器和射极输出器两部分组成。

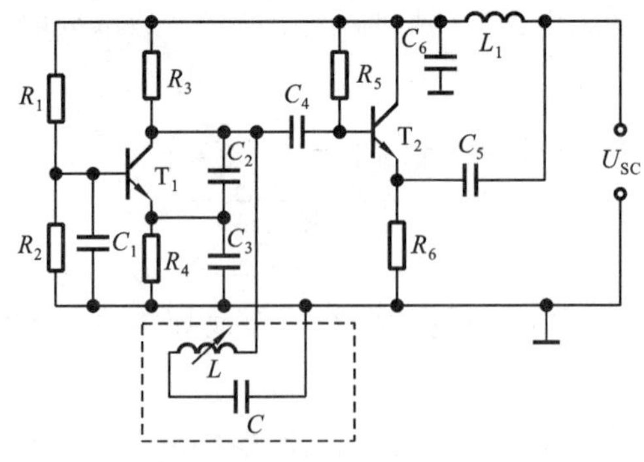

图 4-18 调频式转换电路

振荡器由晶体管 T_1、电容 C、C_2、C_3 和电涡流传感器线圈 L 构成。当被测量变化引起传感器线圈的电感量变化时,振荡器的振荡频率即相应的发生变化,从而实现频率调制。射极输出器由晶体管 T_2 和射极电阻 R_6 等元件构成,起阻抗匹配作用。使用这种调频式转换电路,

传感器输出电缆分布电容的影响是不能忽略的，它会使振荡器的频率发生变化，从而影响测量结果。因此，通常将 L、C 装在传感器内部，这样电缆的分布电容并联在大电容 C_2、C_3 上，因而对振荡器频率的影响大大减小。

2. 调幅式转换电路

图 4-19 所示为调幅式转换电路。传感器线圈 L 和电容器 C 并联组成谐振回路，石英晶体振荡器为谐振回路提供一个高频激励电流信号。LC 回路输出电压为

$$U_o = i_0 f(Z) \tag{4-24}$$

式中：i_0 为高频激励电流；Z 为 LC 回路的阻抗。

3. 交流电桥式转换电路

图 4-20 所示为交流电桥式转换电路。图中，Z_1、Z_2 为差动式传感器的两个线圈，它们与电容 C_1、C_2，电阻 R_1、R_2 组成四臂电桥。桥路输出电压幅值随传感器线圈阻抗的变化而变化。

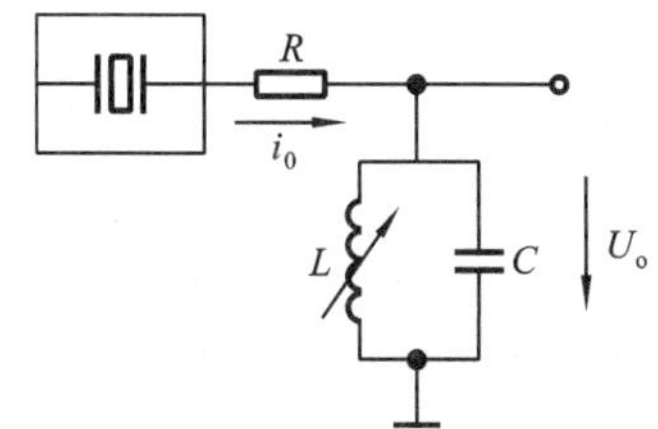

图 4-19　调幅式转换电路

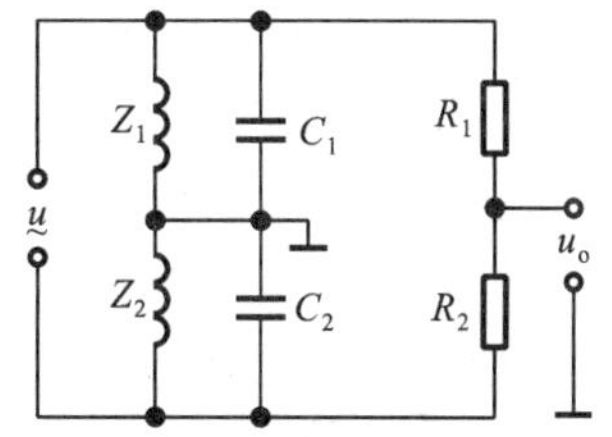

图 4-20　交流电桥式转换电路

4.3.3　电涡流式传感器的应用

电涡流式传感器具有结构简单、灵敏度较高、测量范围大、抗干扰能力强、易于进行非接触连续测量等优点，因此得到广泛的应用。

1. 位移测量

电涡流式传感器可以测量各种形式的位移量。图 4-21 所示为汽轮机主轴的轴向位移测量示意图。联轴器安装在汽轮机的主轴上，高频反射式电涡流传感器置于联轴器附近。当汽轮机主轴沿轴向存在位移时，传感器线圈与联轴器(金属导体)的距离发生变化，引起线圈阻抗变化，从而使传感器的输出发生改变。根据传感器的输出即可测得汽轮机主轴沿轴向的位移量(轴向窜动)。如将电涡流式传感器安置在主轴的径向位置，则可测量主轴的径向跳动，从而实现汽轮机主轴运行状态的监测。

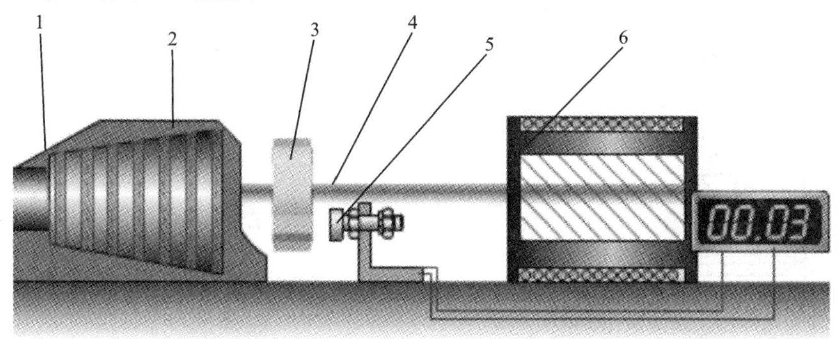

图 4-21　汽轮机主轴的轴向位移测量示意图

1—基座；2—旋转设备(汽轮机)；3—联轴器；4—主轴；5—电涡流探头；6—发电机

2. 厚度测量

图 4-22 所示为高频反射式电涡流测厚仪测试系统原理图。

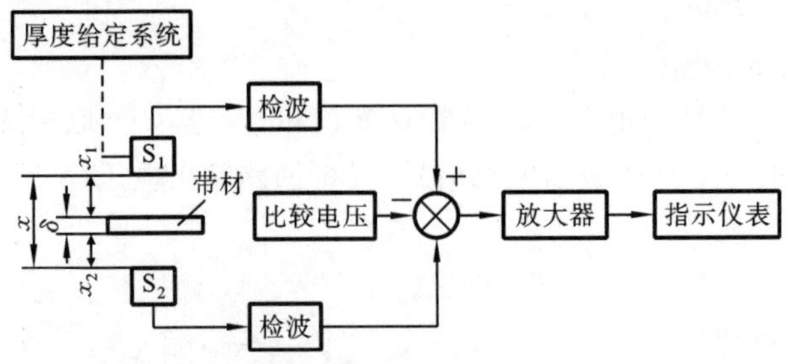

图 4-22　高频反射式电涡流测厚仪测试系统

为了克服带材不够平整或运行过程中上下波动的影响，在带材的上、下两侧对称地设置了两个特性完全相同的电涡流传感器 S_1、S_2。S_1、S_2 与被测带材表面之间的距离分别为 x_1 和 x_2。若带材厚度不变，则被测带材上、下表面之间的距离总有 x_1+x_2 为常数的关系存在。两传感器的输出电压之和为 $2U_o$，数值不变。如果被测带材厚度改变量为 $\Delta\delta$，则两传感器与带材之间的距离 x_1+x_2 也改变了一个 $\Delta\delta$，此时两传感器的输出电压之和为 $2U_o+\Delta U$。ΔU 经放大器放大后，通过指示仪表电路即可指示出带材的厚度变化值。带材厚度给定值与偏差指示值的代数和就是被测带材的厚度。

3. 温度测量

图 4-23 所示为电涡流传感器测温示意图。测量线圈与金属导体共同构成高频反射式电涡流传感器的主体。金属导体(即温度敏感元件)与电介质热绝缘衬垫一起粘贴在线圈架的端部，用于感受温度的变化。在线圈架内除了测量线圈外，还放入了补偿线圈。测量线圈所施加的激励信号频率固定，线圈与导体的间距固定，导体的磁导率固定，则测量线圈输出的电信号只随金属导体电阻率的变化而变化。而导体电阻率的变化是由温度变化引起的，从而达到测量温度的目的。这种方法主要适用于温度系数大的磁性材料(如冷延钢板)。利用电涡流效应测温具有热惯性小的优点，采用厚度为 1.5 μm 的铅板作为温敏元件，其热惯性约为 0.001 s，能够实现温度的快速测量。

4. 转速测量

如图 4-24 所示，在与被测物体同轴安装的测量轮上开一个或几个凹槽(也可为凸起齿)，将电涡流式传感器安放在测量轮附近，测量轮在旋转过程中，传感器线圈与导体之间的距离有规律地变化，根据输出信号的频率 f(Hz)即可得到被测旋转体的转速 n(r/min)，$n=60f/Z$。

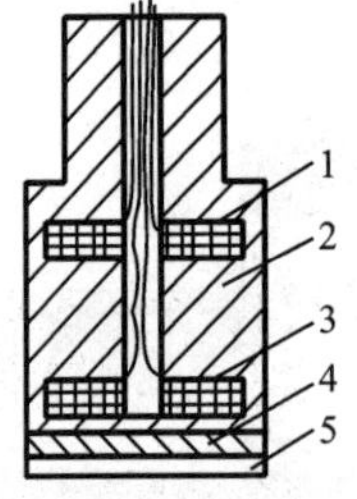

图 4-23　电涡流传感器测温示意图

1—补偿线圈；2—线圈架；3—测量线圈；
4—电介质绝缘衬垫；5—金属导体(温敏元件)

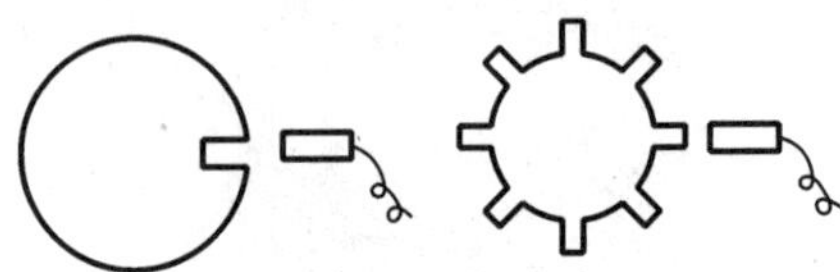

图 4-24　转速测量

Z 为凹槽数或者凸起齿的齿数。

4.4　磁致伸缩式传感器

4.4.1　压磁效应

磁致伸缩式传感器是基于压磁效应工作的，压磁效应即负磁致伸缩效应，因此磁致伸缩式传感器又称压磁式传感器。

1. 磁致伸缩效应

某些铁磁体及其合金，以及某些铁氧体在外磁场作用下产生机械变形的现象称为磁致伸缩效应或焦耳效应。这些强磁性体在没有外磁场作用时，内部各个磁畴排列杂乱，磁化均衡。当有外加磁场时，均衡被破坏，各个磁畴转动，磁化方向会转到与外磁场一致，因而磁性体沿外磁场方向的长度发生变化。

物体磁化时，不但在磁化方向上会伸长（正磁致伸缩效应）或缩短（负磁致伸缩效应），在偏离磁化方向的其他方向上也同时伸长或缩短，只是随着偏离角度的增大，其伸长比或缩短比逐渐减小，直到接近垂直于磁化方向时停止缩短或伸长。磁致伸缩系数一般很小，常为 10^{-5} ～10^{-6}。

2. 负磁致伸缩效应

磁致伸缩材料在外力（或应力、应变）作用下，内部会发生形变，产生应力，各磁畴之间的界限会发生移动，磁畴磁化强度矢量转动，从而使材料的磁化强度和磁导率发生相应的变化。这种由于应力使磁性材料磁性质变化的现象称为负磁致伸缩效应，也称压磁效应。

对于正磁致伸缩材料而言，拉应力将使磁化方向转向拉应力方向，加强拉应力方向的磁化，从而使拉应力方向的磁导率增大。反之，压应力将使磁化方向转向垂直于压应力的方向，削弱压应力方向的磁化，从而使压应力方向的磁导率减小。对于负磁致伸缩材料而言，情况刚好相反。作用力取消后，磁导率恢复原值。

3. 压磁元件

磁致伸缩式传感器的核心是压磁元件，它实际上是一个力-电转换元件。压磁元件常用的材料有硅钢片、坡莫合金等。为了减小电涡流损耗，压磁元件的铁芯大都采用薄片铁磁材料叠合而成。

磁致伸缩式传感器可用来测量拉力、压力、重量、力矩和弯矩等物理量。

4.4.2　磁致伸缩式传感器的结构及原理

磁致伸缩式传感器按照其工作原理，可分为阻流圈式、变压器式、桥式、应变式等几种结构形式，其中阻流圈式、变压器式应用较多。

1. 阻流圈式磁致伸缩式传感器

如图 4-25 所示，阻流圈式磁致伸缩式传感器只有一个线圈，这个线圈既作为激励线圈也作为测量线圈。给线圈通以交流电，铁芯在外力 $\boldsymbol{F}$ 作用下，其磁导率发生变化，磁阻和磁通也相应地发生变化，使线圈的阻抗发生变化，引起线圈中电流的变化。这种传感器可以用来测量压力，其优点是结构简单，使用

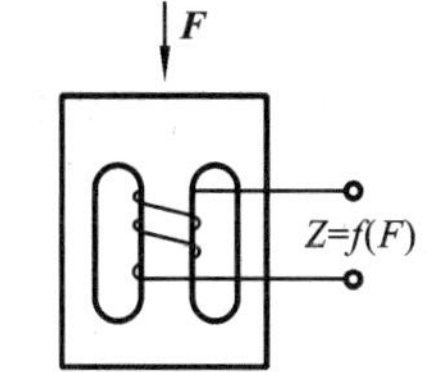

图 4-25　阻流圈式磁致伸缩式传感器原理图

可靠。

2. 变压器式磁致伸缩式传感器

图 4-26 描述了变压器式磁致伸缩式传感器的工作原理。它有两组线圈,一组是激励线圈,另一组是测量线圈,之间通过磁进行耦合。激励线圈和测量线圈都绕在压磁元件上。压磁元件是由硅钢薄片用胶黏剂黏结而成。

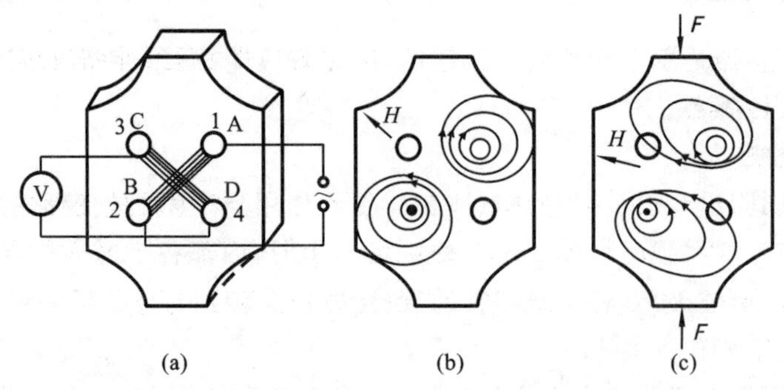

图 4-26 变压器式磁致伸缩式传感器的工作原理

如图 4-26(a)所示,将压磁元件冲压成一定的形状,中间有四个对称的冲孔 A、B、C、D,在四个冲孔中绕有两个正交的线圈。A、B 孔中是激励线圈;C、D 孔中是测量线圈,它与测量电路相连。在激励线圈中通以稳定的交变激励电流,当压磁元件不受外力作用时,由于铁芯各向同性,激励线圈产生同心圆状的磁场,其磁力线不与测量线圈交链,测量线圈输出的感应电动势为零(见图 4-26(b))。当压磁元件(正磁致伸缩材料)受到压力 $\boldsymbol{F}$ 作用后,沿外力的作用方向磁导率下降,而垂直于作用力方向的磁导率增大,磁力线变成椭圆形,一部分磁力线通过 C、D 线圈,从而产生感应电动势(见图 4-26(c))。外作用力越大,与 C、D 交链的磁通越多,感应电动势越大。

3. 桥式磁致伸缩式传感器

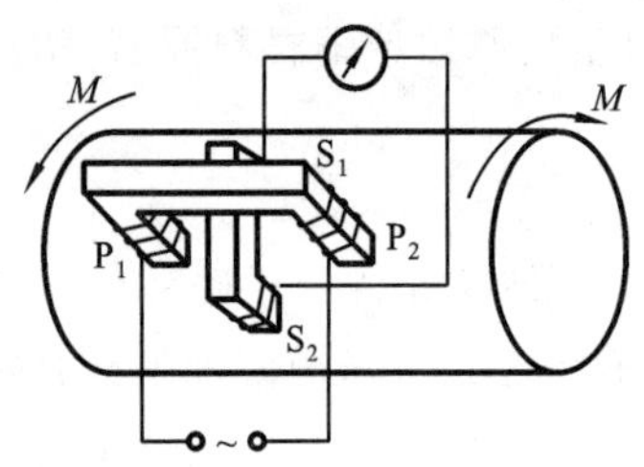

图 4-27 桥式磁致伸缩式扭矩传感器原理图

图 4-27 所示为桥式磁致伸缩式扭矩传感器的原理图。它由两个垂直交叉放置的铁芯构成,在两个铁芯上分别绕有激励线圈 P_1、P_2 和测量线圈 S_1、S_2,其中 P_1、P_2 沿轴线,S_1、S_2 垂直于轴线放置。两个铁芯的开口端与转轴表面保持 1～2 mm 空隙。当 P_1、P_2 线圈通入交流电时,形成通过转轴的交变磁场。当转轴(铁磁材料)不受扭矩时,磁力线和 S_1、S_2 线圈不交链。当转轴受扭矩作用时,转轴材料磁导率变化,沿正应力方向磁阻减小,沿负应力方向磁阻增大,从而使磁力线分布改变,使部分磁力线与 S_1、S_2 线圈交链,并使 S_1、S_2 线圈产生感应电动势。感应电动势随扭矩增大而增大,并在一定范围内呈线性关系。

4.4.3 磁致伸缩式传感器的测量电路

磁致伸缩式传感器直接输出电动势,由于输出电动势较大,一般不需放大,但需要整流和滤波等处理。图 4-28 所示为磁致伸缩式传感器的测量电路,该电路由电源、滤波器、整流电路等组成。

图中 $\dot{U}$ 为稳定的交流电源,经降压变压器 T_1 为传感器 B 提供电压。T_2 为升压变压器,

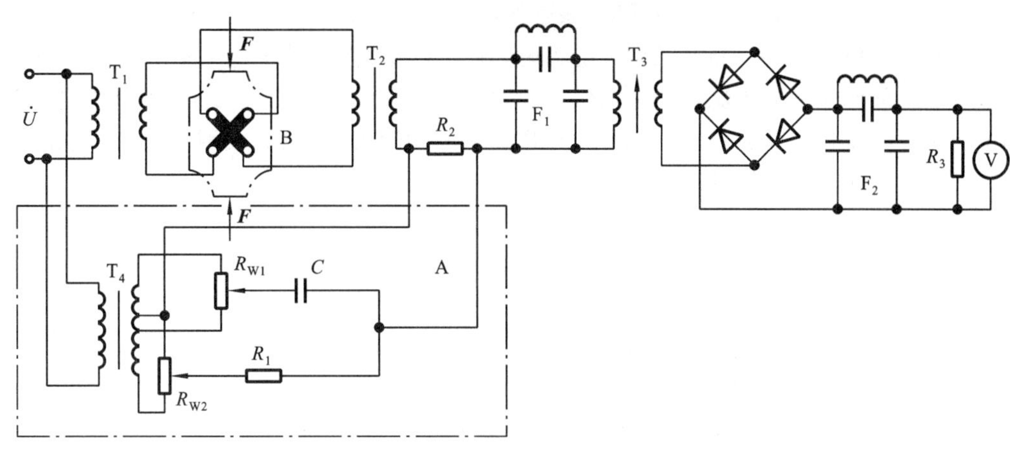

图 4-28　磁致伸缩式传感器的测量电路

将传感器的输出电压提高到线性整流所需要的电压值。图中左下半部电路 A 为补偿电路，用来补偿零位电压。从变压器 T_2 和 A 电路输出的电压经叠加后通过滤波器 F_1 滤去高次谐波。滤波器的输出信号再经过电桥整流电路变为直流信号，二次滤波后供给电压表或负载。

由于铁磁材料的磁化特性随温度而变，磁致伸缩式传感器通常要进行温度补偿。最常用的方法是将工作传感器与不受载体作用的补偿传感器构成差动回路。

4.4.4　磁致伸缩式传感器的应用

磁致伸缩式传感器具有输出功率大、结构简单、线性好、抗干扰能力强、寿命长、维护方便、适于恶劣的工作环境等优点，广泛应用于冶金、矿山、印刷、造纸、运输等行业。

1. 磁致伸缩式测力传感器

图 4-29 所示为一种典型的磁致伸缩式测力传感器结构，它由压磁元件 1、弹性梁 2 和承载钢球 3 组成。弹性梁的作用是对压磁元件施加预压力及减小横向力和弯矩的干扰，钢球则用来保证力 $\boldsymbol{F}$ 沿垂直方向作用。当力通过钢球作用在压磁元件上时，其测量线圈将产生与作用力成正比的感应电动势。

2. 非晶带加速度传感器

图 4-30 所示为非晶带加速度传感器的结构示意图。非晶带粘接在支撑臂上，振动块将非晶带端部夹紧使其构成一个闭合回路。通过调整支撑臂的距离使非晶带有合适的预紧力。非

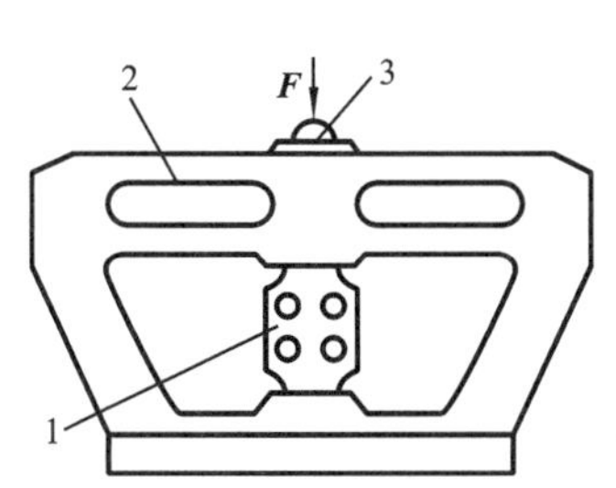

图 4-29　磁致伸缩式测力传感器结构示意图

1—压磁元件；2—弹性梁；3—承载钢球

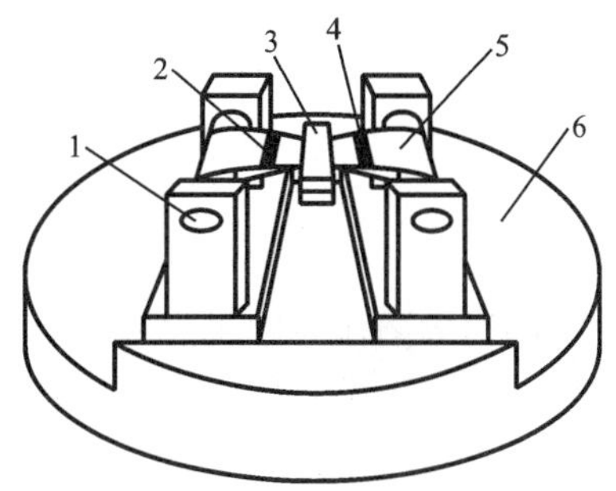

图 4-30　非晶带加速度传感器结构示意图

1—支撑臂；2—激励线圈；3—振动块；4—测量线圈；5—非晶带；6—基座

晶带上有一个激励线圈和一个测量线圈,激励线圈上的交流电流产生交变磁场,作用在测量线圈上使其产生感应电动势。当非晶带未受力时,测量线圈产生的感应电动势大小只与回路中的磁感应强度的变化率成正比。当非晶带受到力的作用,其磁导率发生变化,使感应电动势的大小也随之发生变化。非晶带所受到的力与振动块的加速度成正比,故测量线圈产生的感应电动势幅值就正比于振动块的加速度。

思考题与习题

4-1 自感式传感器和差动变压器式传感器的零点残余电压是怎样产生的?如何消除?

4-2 什么叫电涡流效应?电涡流传感器有何特点?

4-3 简述电涡流传感器调频式测量电路的工作原理。

4-4 简述高频反射式电涡流传感器的基本结构和工作原理。

4-5 什么是磁致伸缩效应?什么是压磁效应?

4-6 磁致伸缩式传感器有何特点?具有哪几种结构形式?

4-7 螺管型差动变压器式传感器,已知其电源电压 $U=4$ V, $f=400$ Hz,传感器线圈铜电阻和电感量分别为 $R=40\ \Omega$, $L=30$ mH,用两只匹配电阻设计成四臂等阻抗电桥,如题 4-7 图所示,试求:

(1) 匹配电阻 R_1 和 R_2 的值为多大才能使电压灵敏度达到最大;

(2) 当 $\Delta Z=10\ \Omega$ 时,分别接成单臂和差动电桥后的输出电压值。

4-8 题 4-8 图所示为变气隙型自感式传感器,衔铁截面积 $S=4\ \text{mm}\times 4\ \text{mm}$,气隙总长度 $2\delta=0.8$ mm,衔铁最大位移 $\Delta\delta=\pm 0.08$ mm,激励线圈匝数 $N=2500$。导线直径 $d=0.06$ mm,电阻率 $\rho=1.75\times 10^{-6}\ \Omega\cdot\text{cm}$。当电源激励频率 $f=4000$ Hz 时,忽略漏磁及铁损,求:(1)线圈的电感值;(2)电感的最大变化量;(3)线圈的直流电阻值;(4)线圈的品质因数;(5)当线圈存在 200pF 分布电容与之并联后的等效电感值。

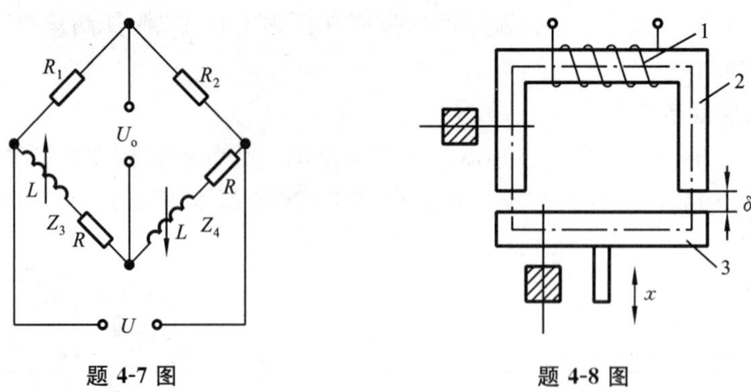

题 4-7 图　　题 4-8 图

4-9 利用电涡流法测量板材厚度,已知电源频率 $f=1$ MHz,被测材料相对磁导率 $\mu_r=1$,电阻率 $\rho=2.9\times 10^{-7}\ \Omega\cdot\text{mm}$,被测板厚为 (1 ± 0.2)mm。试求:

(1) 采用高频反射法测量时,电涡流穿透深度 h 为多少?

(2) 能否用低频透射法测板厚?若可以需要采取什么措施?画出检测示意图。

4-10 电感式传感器测量的基本量是什么?试说明差动变压器式加速度传感器和自感式压力传感器的工作原理。

第 5 章
拓展资源

第 5 章　电容式传感器

电容式传感器是将被测量的变化转换为电容量变化，再经过转换电路变成电信号输出的一种装置，其实质是一个具有可变参数的电容器。电容式传感器具有结构简单、动态响应快、易于实现非接触测量、适应性强等突出优点，广泛应用于压力、位移、加速度、液位等机械量测量，也可用于测量成分含量、湿度、温度等参数，有着很好的发展前景。随着集成电路技术的发展，其易受干扰和分布电容影响的缺点不断得以克服，在此基础上还开发出容栅位移传感器和集成电容式传感器。

5.1　电容式传感器的工作原理及分类

5.1.1　电容式传感器的工作原理

电容式传感器的基本原理可以用图 5-1 所示的平板电容器来说明。

当忽略边缘效应时，其电容量 C 为

$$C=\frac{\varepsilon S}{\delta}=\frac{\varepsilon_r\varepsilon_0 S}{\delta} \tag{5-1}$$

式中：S 为极板间相互覆盖面积(m^2)；δ 为极板间距离(m)；ε_r 为相对介电常数(F/m)；ε_0 为真空介电常数，$\varepsilon_0=8.85\times10^{-12}$ F/m；ε 为电容极板间介质的介电常数(F/m)。

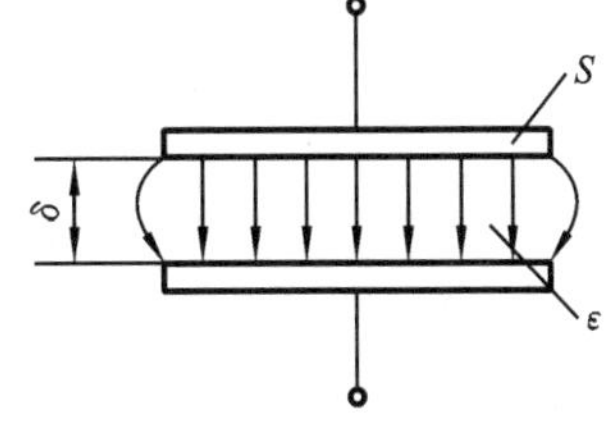

图 5-1　平板电容器

由式(5-1)可知，电容 C 是 δ、S 和 ε 的函数，当被测量的变化使 δ、S 和 ε 中的任意一个参数发生变化时，电容 C 也随之改变。再通过相应的转换电路，将电容的变化转换为电信号输出，从而反映被测参数的变化。

5.1.2　电容式传感器的分类及结构形式

在实际应用时，通常仅改变 δ、S 和 ε_r 中的某一个参数使 C 发生变化。由此，电容式传感器可分为三种基本类型：变极距或变间隙(δ)型、变面积(S)型、变介电常数(ε)型。表 5-1 列出了电容式传感器的三种基本结构形式。它们又可按位移的形式分为线位移和角位移两种。每一种又依据传感器极板形状的不同分成平板形、圆板形或圆柱(圆筒)形。虽然还有球面形和锯齿形等其他的形状，但一般很少使用，故表中未列出。

每一种类型的传感器又分为单组式和差动式两种。差动式传感器一般优于单组(单边)式，具有灵敏度高、线性范围宽、稳定性高等优点，并且能补偿温度误差。

1. 变极距型电容式传感器

图 5-2 所示为变极距型电容传感器的原理图。由式(5-1)可知，当动极板因被测量变化而上下移动使极板间距变化 $\Delta\delta$ 时，电容的变化量 ΔC 为

表 5-1　电容式传感器的结构形式

基本类型		单组式	差动式
δ型	线位移	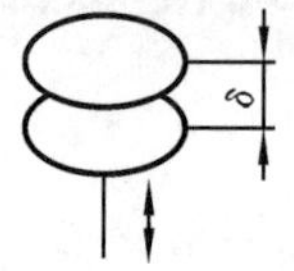 平板形	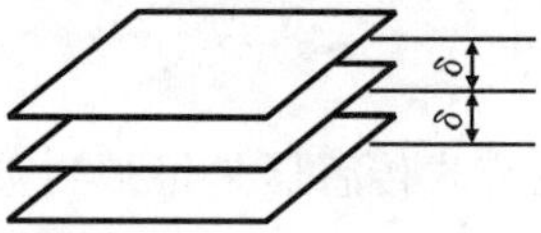
	角位移	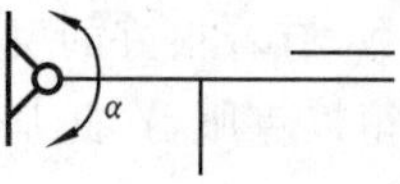	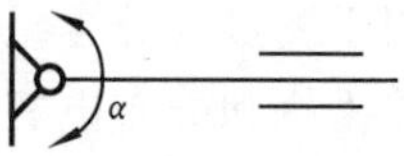
S型	线位移	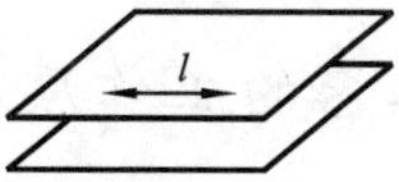 平板形	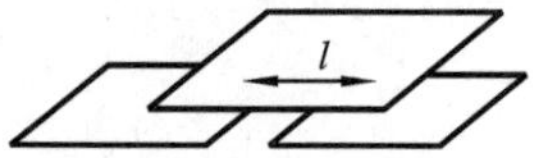
		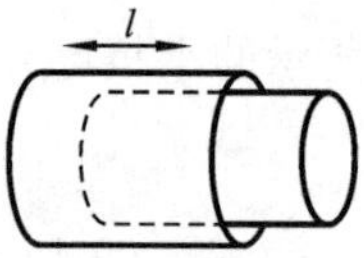 圆柱形	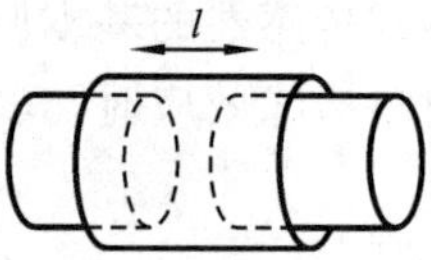
	角位移	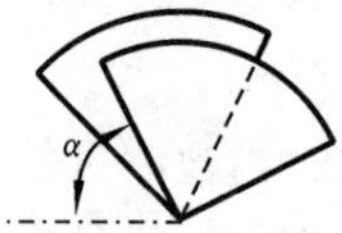 扇面平板形	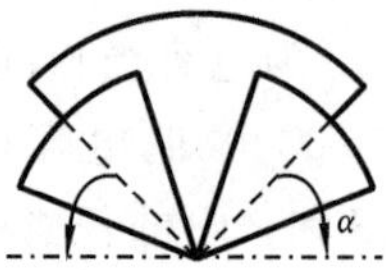
		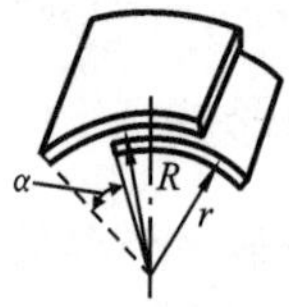 柱面形	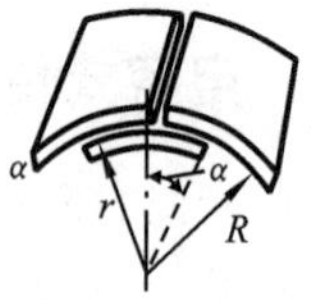
ε型	线位移	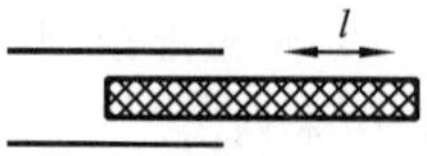 平板形	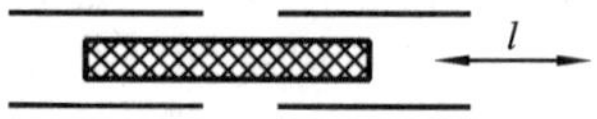
		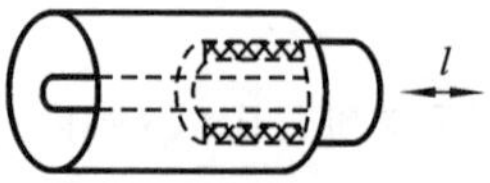 圆柱形	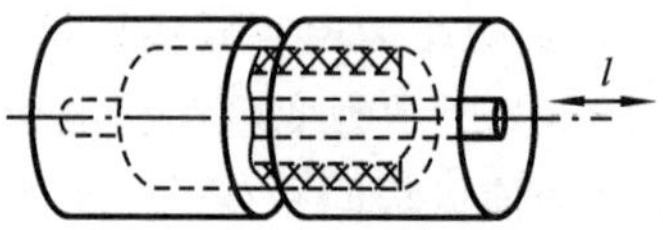

$$\Delta C=\frac{\varepsilon S}{\delta_0-\Delta\delta}-\frac{\varepsilon S}{\delta_0}=\frac{\varepsilon S}{\delta_0}\frac{\Delta\delta}{\delta_0-\Delta\delta}=C_0\frac{\Delta\delta}{\delta_0-\Delta\delta}\tag{5-2}$$

式中：C_0 为极距等于 δ_0 时的初始电容量。

由式(5-2)可得出电容的相对变化量为

$$\frac{\Delta C}{C_0}=\frac{\Delta\delta}{\delta_0-\Delta\delta}=\frac{\Delta\delta/\delta_0}{1-\Delta\delta/\delta_0}\tag{5-3}$$

当 $\Delta\delta/\delta_0\ll 1$ 时，可将上式展开为泰勒级数

$$\frac{\Delta C}{C_0}=\frac{\Delta\delta}{\delta_0}\left[1+\frac{\Delta\delta}{\delta_0}+\left(\frac{\Delta\delta}{\delta_0}\right)^2+\left(\frac{\Delta\delta}{\delta_0}\right)^3+\cdots\right]\tag{5-4}$$

忽略高次项，得到 ΔC 与 $\Delta\delta$ 之间近似线性的关系

$$\frac{\Delta C}{C_0}=\frac{1}{\delta_0}\Delta\delta\tag{5-5}$$

从而得到灵敏度为

$$k=\frac{\Delta C/C_0}{\Delta\delta}=\frac{1}{\delta_0}\tag{5-6}$$

如果考虑式(5-4)中的线性项及二次项，则

$$\frac{\Delta C}{C_0}=\frac{\Delta\delta}{\delta_0}\left(1+\frac{\Delta\delta}{\delta_0}\right)\tag{5-7}$$

因此，以式(5-5)作为传感器的特性使用时，其相对非线性误差 e_f 为

$$e_f=\frac{\left[\frac{\Delta\delta}{\delta_0}\left(1+\frac{\Delta\delta}{\delta_0}\right)\right]-\frac{\Delta\delta}{\delta_0}}{\frac{\Delta\delta}{\delta_0}}\times 100\%=\frac{\Delta\delta}{\delta_0}\times 100\%\tag{5-8}$$

变极距型电容式传感器在工作时，动极板需要在一个较小的范围内移动（$\Delta\delta$ 一般应小于极板间距 δ_0 的 1/5～1/10），以满足 $\Delta\delta\ll\delta_0$（即量程远小于极板间的初始距离）条件，此时可认为 ΔC 与 $\Delta\delta$ 之间是线性的。这种传感器一般用于测量微小的位移变化量，如 0.01 μm 至零点几毫米的线位移。

由式(5-6)可知：为了提高灵敏度，应减小 δ_0。由图 5-3 所示的 C-δ 特性曲线可以看出：δ_0 越小，同样的 $\Delta\delta$ 变化所引起的电容变化量 ΔC 越大，从而使传感器的灵敏度越高。但 δ_0 过小，电极表面的不平度对灵敏度会有影响，同时还易击穿电容器。因此，极间距 δ_0 不能无限小。

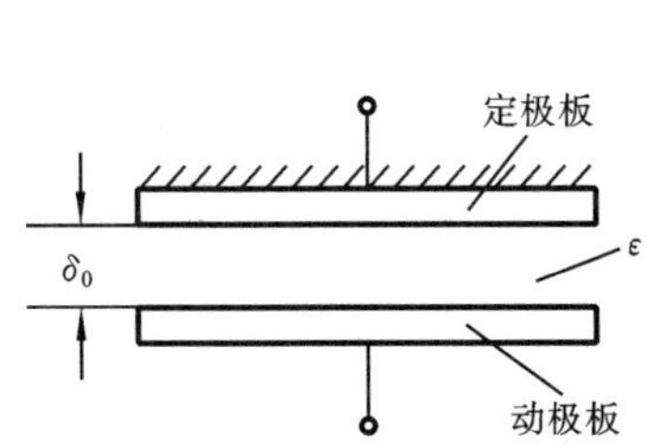

图 5-2　变极距型电容式传感器原理图

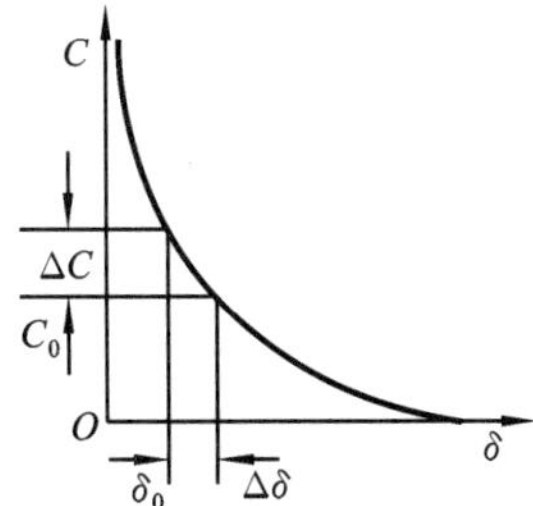

图 5-3　C-δ 特性曲线

改善击穿条件的办法是在极板间放置一片高介电常数的材料（如云母、塑料膜等）作介质，如图 5-4 所示。此时电容 C 变为

$$C=\frac{S}{\delta_g/\varepsilon_0\varepsilon_g+\delta_0/\varepsilon_0} \tag{5-9}$$

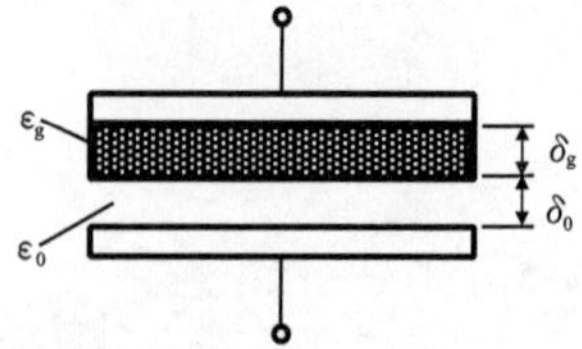

图 5-4 放置云母片的电容器

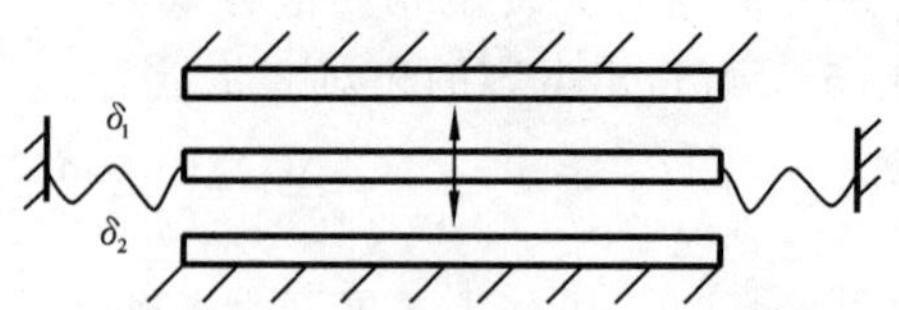

图 5-5 变极距型电容式传感器的差动式结构

图 5-5 所示为变极距型电容式传感器的差动式结构。初始位置时，动极板位于两定极板中间，$\delta_1=\delta_2=\delta_0$，两边初始电容相等。当动极板有位移 $\Delta\delta$ 时，两边极距一个增加，另一个减少同样的量，假设 $\delta_1=\delta_0-\Delta\delta$，$\delta_2=\delta_0+\Delta\delta$，两电容属于串联关系，由式(5-4)可以求得总的电容相对变化量为

$$\frac{\Delta C}{C_0}=2\frac{\Delta\delta}{\delta_0}\left[1+\left(\frac{\Delta\delta}{\delta_0}\right)^2+\left(\frac{\Delta\delta}{\delta_0}\right)^4+\cdots\right] \tag{5-10}$$

忽略高次项，电容相对变化量近似为

$$\frac{\Delta C}{C_0}=2\frac{\Delta\delta}{\delta_0} \tag{5-11}$$

从而得到差动式变极距型电容式传感器的灵敏度为

$$k'=\frac{\Delta C/C_0}{\Delta\delta}=2\frac{1}{\delta_0} \tag{5-12}$$

与式(5-4)比较可以看出，式(5-10)中减少了奇次项，非线性误差减小了，相对非线性误差约为

$$e_f=\frac{\left\{2\frac{\Delta\delta}{\delta_0}\left[1+\left(\frac{\Delta\delta}{\delta_0}\right)^2\right]\right\}-2\frac{\Delta\delta}{\delta_0}}{2\frac{\Delta\delta}{\delta_0}}\times 100\%=\left(\frac{\Delta\delta}{\delta_0}\right)^2\times 100\% \tag{5-13}$$

比较式(5-6)和式(5-12)可知，差动式变极距型电容传感器的灵敏度比单个的提高了一倍。而且由于结构上的对称性，它还能有效地补偿温度变化所造成的误差。

2. 变面积型电容式传感器

变面积型电容式传感器的工作原理如图 5-6 所示。当忽略平板形结构(见图 5-6(a))边缘效应时，电容量 C 为

$$C=\varepsilon\frac{b(a-\Delta x)}{\delta} \tag{5-14}$$

式中：a 为平板长度；b 为平板宽度；δ 为极板间距；Δx 为沿平板长度方向的位移；ε 为电容极板间介质的介电常数。

静态灵敏度为

$$k=\frac{\Delta C}{\Delta x}=\varepsilon\frac{b}{\delta} \tag{5-15}$$

由式(5-15)可见，平板形变面积型电容式传感器可通过增大极板宽度、减小极板间距的方式来提高灵敏度。

因为平板形结构对极距变化非常敏感，所以变面积型电容式传感器通常采用圆柱形结构(见图 5-6(b))。当忽略边缘效应时，其电容量 C 为

$$C=\frac{2\pi\varepsilon l}{\ln(r_2/r_1)} \tag{5-16}$$

式中：l 为外圆筒与内圆筒覆盖部分的长度；r_2、r_1 分别为外圆筒内半径和内圆柱外半径，即它们的工作半径；ε 为电容极板间介质的介电常数。

当两圆筒相对移动 Δl 时，电容变化量 ΔC 为

$$\Delta C=\frac{2\pi\varepsilon(l+\Delta l)}{\ln(r_2/r_1)}-\frac{2\pi\varepsilon l}{\ln(r_2/r_1)}=\frac{2\pi\varepsilon\Delta l}{\ln(r_2/r_1)}=C_0\frac{\Delta l}{l} \tag{5-17}$$

式中：C_0 为传感器初始电容值。

其静态灵敏度为

$$k=\frac{\Delta C}{\Delta l}=\frac{C_0}{l}=\frac{2\pi\varepsilon}{\ln(r_2/r_1)} \tag{5-18}$$

可见灵敏度取决于 r_2/r_1，r_2 与 r_1 越接近，灵敏度越高。虽然内外极筒原始覆盖长度 l 与灵敏度无关，但 l 不可太小，否则边缘效应将影响到传感器的线性。

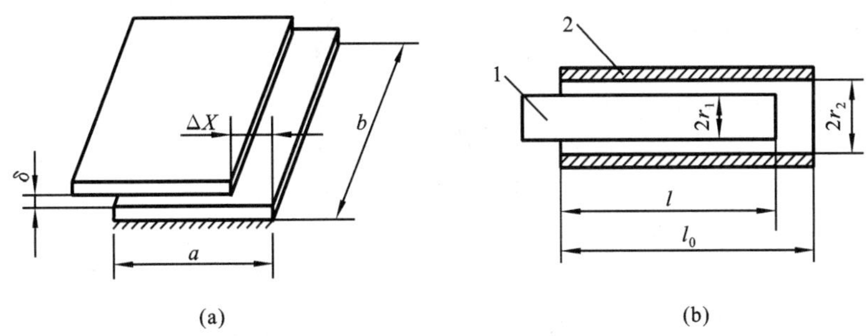

图 5-6　变面积型电容式传感器原理图

(a) 平板形结构；(b) 圆柱形结构

1—动极板；2—定极板

变面积型电容式传感器具有良好的线性，静态灵敏度为常数。与变极距型电容式传感器相比，其灵敏度较低。因此，在实际使用中常采用差动结构，使灵敏度提高一倍。这种传感器一般用来测量角位移或较大的线位移。

3. 变介电常数型电容式传感器

变介电常数型电容式传感器有较多的结构类型，大多用来测量电介质的位移或厚度(见图 5-7)及液位(见图 5-8)等，还可根据极间介质的介电常数随温度、湿度而变化的特性来测量介质材料的温度、湿度等。若忽略边缘效应，表 5-1 中的 ε 型单组式平板形线位移传感器与图 5-7、图 5-8 中所示传感器的电容量和被测量的关系分别为

$$C=\frac{bl_x}{(\delta-d)/\varepsilon_0+d/\varepsilon}+\frac{b(a-l_x)}{\delta/\varepsilon_0} \tag{5-19}$$

$$C=\frac{ab}{(\delta-d)/\varepsilon_0+d/\varepsilon} \tag{5-20}$$

$$C=\frac{2\pi\varepsilon_0 h}{\ln(r_2/r_1)}+\frac{2\pi(\varepsilon-\varepsilon_0)h_x}{\ln(r_2/r_1)} \tag{5-21}$$

式中：δ、h 分别为两固定极板间的距离和极筒重合部分的高度；d、h_x、ε 分别为被测物的厚度、被测液面高度和它的介电常数；a、b、l_x 分别为固定极板长度、宽度及被测物进入两极板间的长度；r_1、r_2 分别为内极筒外半径和外极筒内半径；ε_0 为空气的介电常数。

需要注意的是，如果电极之间的被测介质导电时，应在电极表面涂覆绝缘层(如 0.1 mm

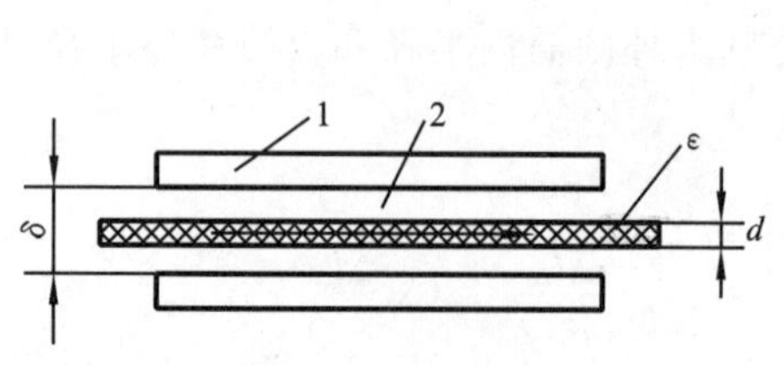

图 5-7　厚度传感器

1—极板；2—气隙

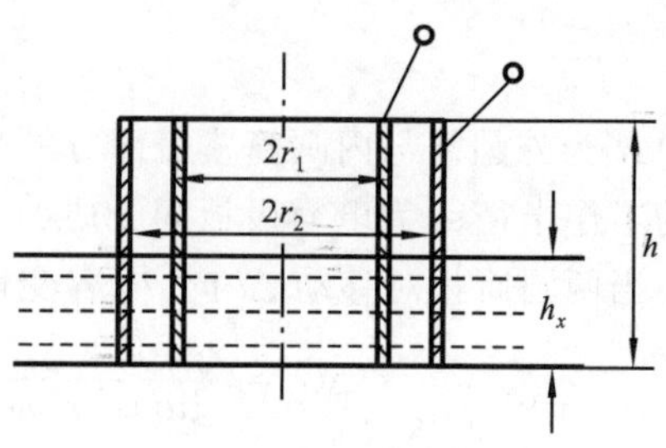

图 5-8　液位传感器

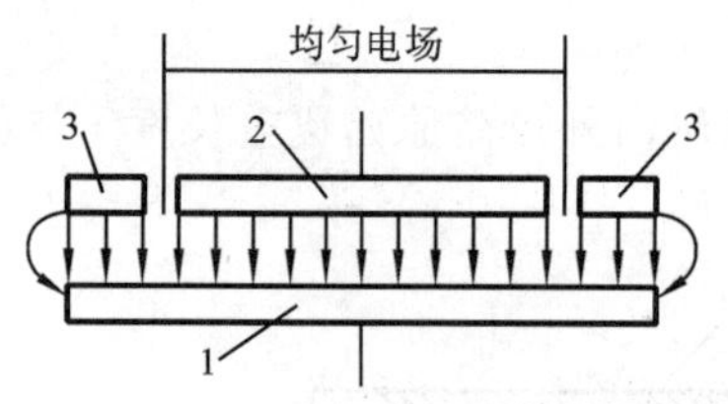

图 5-9　带有等位保护环的电容器

1,2—极板 S;3—等位环

厚的聚四氟乙烯等)以防止电极间短路。

以上对所有电容式传感器的分析中,均未考虑电场的边缘效应,故实际电容量与计算值有所不同。这不仅使电容式传感器的灵敏度降低而且增加了非线性。为了减少边缘效应的影响,可以适当减小极板间距,但这易引起击穿,并限制了测量范围。较好的办法是采用等位保护环,如图 5-9 所示。在使用时,使等位环 3 与被保护的极板 2 在同一平面上并将极板 2 包围,等位环 3 与极板 2 电绝缘但等电位,可使极板 2 的边缘电力线平直,极板 1 和 2 之间的电场基本保持均匀,而发散的边缘电场将发生在等位环 3 的外周,不影响传感器两极板间的电场。但这种方法减小了电容极板的有效面积,是以牺牲电容值为前提的。

5.2　电容式传感器的特点及设计要点

5.2.1　电容式传感器的特点

与电阻式、电感式等传感器相比,电容式传感器具有如下优点:

①温度稳定性好。可以承受很大的温度变化,能在高温、低温环境中工作。

②结构简单、适应性强。能够在高压力、高冲击以及过载情况下正常工作,能测高压和低压差,能对带有磁性的工件进行测量,适用于强辐射及强磁场等恶劣环境。

③动态响应好。固有频率很高,动态响应时间短,能在几兆赫的频率下工作,特别适合动态测量,如测量振动、瞬时压力等。

④可实现非接触测量,平均效应可减小测量误差。

⑤所需输入能量极小,特别适用于解决输入能量低的测量问题。例如可以测量极低的压力、力和很小的加速度、位移(能感受 0.001 μm 甚至更小的位移)等,灵敏度和分辨率都非常高。

电容式传感器也存在如下不足:

①输出阻抗高,负载能力差。

②寄生电容影响大。

③输出特性非线性。

变极距型电容式传感器的输出特性在原理上存在非线性,虽可采用差动形式来改善,但不能完全消除。其他类型的电容式传感器只有在忽略电场的边缘效应时，输出特性才呈线性。

以上不足将直接导致电容式传感器测量电路的复杂化。但随着材料、工艺、电子技术，特别是集成电路的高速发展，电容式传感器的优点得到发扬而缺点不断得到克服，正逐渐成为一种高灵敏度、高精度，在动态、低压和一些特殊测量方面大有发展前途的传感器。

5.2.2 电容式传感器的设计要点

为了使电容式传感器具有高灵敏度、高精度等优点，可以从以下几个方面进行设计。

1. 选材、结构及加工工艺

正确的选材、合适的结构（如等位环结构、差动结构等）和精细的加工工艺可以减小环境温湿度的影响，减小或消除边缘效应，提高灵敏度并改善非线性。

2. 减小或消除寄生电容的影响

寄生电容与传感器电容相并联，影响传感器的灵敏度；寄生电容的变化为虚假信号，影响传感器的测量精度。为了减小或消除寄生电容的影响，通常采用以下方法。

1）增加传感器原始电容值

采用减小极板或极筒间的间距、增加工作面积或工作长度来增加原始电容值，但受加工及装配工艺、精度、示值范围、击穿电压、结构等限制。一般电容值在 $10^{-3}\sim10^{3}$ pF 范围内，$\Delta C/C$变化在 $10^{-6}\sim1$ 的范围内。

2）接地与屏蔽

图 5-10 所示为采用接地屏蔽的圆筒形电容式传感器。可动极筒与连杆固定在一起随被测量移动，并与传感器的屏蔽壳（良导体）同时接地。当可动极筒移动时，它与屏蔽壳之间的电容值保持不变，从而消除了由此产生的虚假信号。为减小电缆电容的影响，电缆线应尽可能短，并缩短传感器至后续电路前置级的距离。电缆线也尽量屏蔽在传感器屏蔽壳内。

3）组合式与集成技术

组合式结构是将测量电路的前置级或全部装在紧靠传感器处，以缩短电缆减小寄生电容的影响。集成化技术可采用集成工艺，将传感器与测量电路集成在同一芯片上，构成集成电容传感器，可完全消除寄生电容的影响。但因电子元器件的温度漂移等特性，使得该类传感器不能在高、低温或环境差的场合应用。

4）“驱动电缆”技术

当电容传感器的电容值很小，且因某种原因，比如工作环境温度较高，测量电路只能与传感器分开时，必须考虑消除电缆电容的影响。这时可采用“驱动电缆”技术（也称“双层屏蔽等位传输”技术），如图 5-11 所示。传感器与测量电路前置级间的引线为双屏蔽层电缆，其传输线（即电缆芯线）信号与内屏蔽层通过 1∶1 放大器连接而为等电位，消除了芯线与内屏蔽层之间的电容。由于屏蔽线上有随传感器输出信号变化的电压，因此称为“驱动电缆”。

这种技术可使电缆线长达 10 m 也不影响传感器的性能。外屏蔽层接大地（或传感器地）用来防止外界电场的干扰。内外屏蔽层之间的电容是 1∶1 放大器的负载。要求 1∶1 放大器具有很高的输入阻抗、容性负载、放大倍数为 1（准确度要求达 1/1000）且同相（相移为零）。该方法线路复杂，要求高，但能保证电容式传感器的电容值小于 1 pF 时仍能正常工作。

5）运算放大器法

这种方法是利用运算放大器的虚地来减小引线电缆寄生电容 C_p 的影响，其原理如图 5-12 所示。电容式传感器 C_x 的一个电极经引线电缆芯线接运算放大器的虚地点Σ，电缆的屏

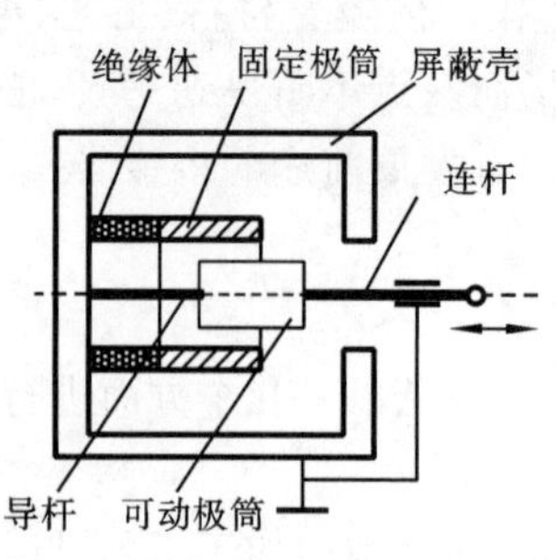

图 5-10 圆筒形电容式传感器的接地屏蔽

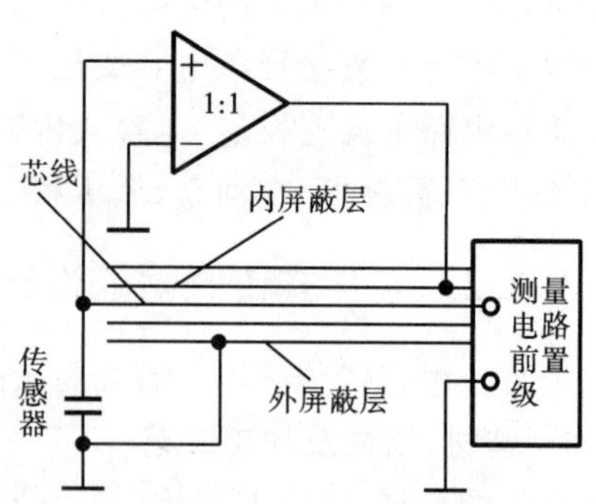

图 5-11 “驱动电缆”技术

蔽层接传感器地。这时与传感器电容相并联的是等效电缆电容 $C_p/(1+A)$，因而大大减小了电缆电容的影响。采用双屏蔽层电缆干扰影响会更小。

6）整体屏蔽

将电容式传感器和所采用的转换电路(包括电源)、传输电缆等用同一个屏蔽壳屏蔽起来。如果能够正确地选取接地点，则可减小寄生电容影响及防止外界干扰。如图 5-13 所示，C_{x1} 和 C_{x2} 构成差动电容，与平衡阻抗 Z_3、Z_4 组成测量电桥。U 为电源电压，C_{p1}、C_{p2} 为寄生电容，A 为不平衡电桥的指示放大器，C_1 为差动电容式传感器公用极板与屏蔽之间的寄生电容。

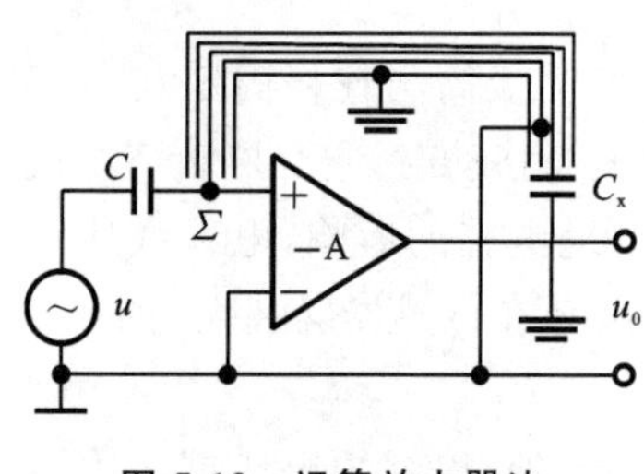

图 5-12 运算放大器法

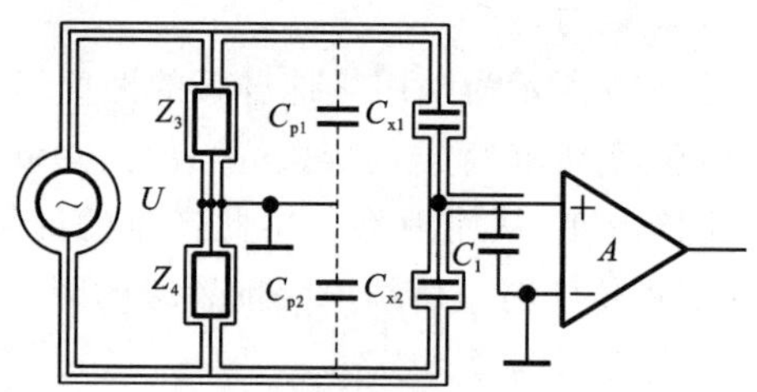

图 5-13 整体屏蔽方法

屏蔽层接地点选择在两固定辅助阻抗臂 Z_3 和 Z_4 中间，使电缆芯线与其屏蔽层之间的寄生电容 C_{p1} 和 C_{p2} 分别与 Z_3 和 Z_4 相并联。如果 Z_3 和 Z_4 比 C_{p1} 和 C_{p2} 的容抗小得多，则寄生电容 C_{p1} 和 C_{p2} 对电桥平衡状态的影响很小。最易满足这个要求的是变压器电桥，此时 Z_3 和 Z_4 是具有中心抽头并相互紧密耦合的两个电感线圈，流过的电流大小相等、方向相反。由于 Z_3 和 Z_4 在结构上完全对称，线圈中的合成磁通几乎为零，Z_3 和 Z_4 仅为其绕组的铜电阻及漏感抗，它们都很小，所以寄生电容 C_{p1} 和 C_{p2} 对 Z_3 和 Z_4 的分流作用可被削弱到很低的程度而不会影响交流电桥的平衡。

在上述基础上还可再加一层屏蔽，所加外屏蔽层接地点选在差动电容式传感器两电容 C_{x1} 和 C_{x2} 之间，这样会进一步降低外界电磁场的干扰，而内外屏蔽层之间的寄生电容等效作用在测量电路前置级，不影响电桥的平衡。该方法在电缆线长达 10 m 以上时仍能测出 1 pF 的电容。

3. 温度误差及补偿

1）温度变化对结构尺寸的影响

构成传感器的材料具有一定的温度膨胀系数，当环境温度变化后，电容式传感器各组成零件的几何形状会发生改变，导致电容极板间隙或面积发生变化，产生附加的电容变化，从而引起测量误差。这对于变极距型电容式传感器来说尤为明显。

图 5-14 所示为变极距型电容式压力传感器，设温度为 t_0 时，极板间隙为 δ_0，固定极板厚度为 h_1，绝缘材料厚度为 h_2，膜片至绝缘底部壳体之间的长度为 l，则有

$$\delta_0 = l - h_1 - h_2 \tag{5-22}$$

由于传感器各个零件材料的温度膨胀系数不同，当温度从 t_0 变化了 Δt 时，间隙 δ_0 将改变为 δ_t，则间隙的变化量为

$$\Delta\delta_t = \delta_t - \delta_0 = (l\alpha_l - h_1\alpha_{h1} - h_2\alpha_{h2})\Delta t \tag{5-23}$$

式中：α_l、α_{h1}、α_{h2} 分别为传感器各零件所用材料的线膨胀系数。

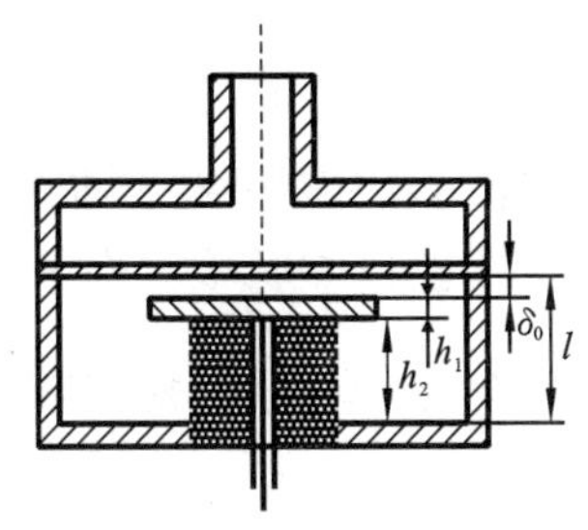

图 5-14 变极距型电容式压力传感器

由于间隙改变而引起电容的相对变化，则电容式传感器的温度误差为

$$e_t = \frac{C_t - C_0}{C_0} = \frac{\delta_t}{\delta_0 - \delta_t} = \frac{(h_1\alpha_{h1} + h_2\alpha_{h2} - l\alpha_l)\Delta t}{\delta_0 + (l\alpha_l - h_1\alpha_{h1} - h_2\alpha_{h2})\Delta t} \tag{5-24}$$

可见，温度误差与组成零件的几何尺寸及零件材料的线膨胀系数有关。

由式(5-24)可知，当 $h_1\alpha_{h1} + h_2\alpha_{h2} - l\alpha_1 = 0$ 时，$e_t = 0$，即可消除温度误差，实现温度补偿。

以 $l = \delta_0 + h_1 + h_2$ 代入 $h_1\alpha_{h1} + h_2\alpha_{h2} - l\alpha_1 = 0$，可得

$$h_1\left(\frac{\alpha_{h1}}{\alpha_l} - 1\right) + h_2\left(\frac{\alpha_{h2}}{\alpha_l} - 1\right) - \delta_0 = 0 \tag{5-25}$$

由式(5-25)可知，在设计电容式传感器时，首先要根据初始电容量决定 δ_0；然后根据材料的线膨胀系数 α_{h1}、α_{h2} 适当选择 h_1 和 h_2 的大小，以满足温度补偿的要求。

2）温度变化对介质介电常数的影响

传感器的电容与介质的介电常数成正比，介电常数随温度变化会导致传感器的电容改变，从而带来温度误差。以煤油为例，其介电常数随温度升高而近似线性地减小

$$\varepsilon_t = \varepsilon_{t0}(1 + \alpha_\varepsilon \Delta t) \tag{5-26}$$

式中：ε_{t0} 为起始温度下煤油的介电常数；ε_t 为温度变化 Δt 时煤油的介电常数；α_ε 为煤油介电常数的温度系数。

煤油介电常数的温度系数可达 0.07%/℃，若环境温度变化±50 ℃，将带来 7%的温度误差，这样大的误差必须加以补偿。对于以空气或云母为介质的传感器来说，由于其温度系数近似为零，可不考虑温度补偿问题。

3）温湿度变化对绝缘的影响

电容式传感器的电容量一般都很小，如果电源频率较低，则传感器本身的容抗可高达几兆欧至几百兆欧。由于具有这样高的阻抗，绝缘问题就显得十分突出。绝缘电阻一般被看作电容式传感器 C 的一个旁路，并与 C 构成复阻抗而加入测量电路中去影响输出，更严重的是当绝缘材料的性能不够好时，绝缘电阻会随着环境温湿度的变化而变化，导致电容式传感器的输出产生缓慢的零位漂移。因此，要求所选绝缘材料具有低的膨胀系数、高的绝缘电阻和低的吸潮性，如玻璃、石英、陶瓷、尼龙等，以保证传感器几何尺寸具有长期稳定性。为防止水汽的进入使绝缘电阻降低，可采用外壳密封。另外，可采用高频电源以降低电容式传感器的内阻抗，从而也相应地降低了对绝缘电阻的要求，以此达到减小测量误差的目的。

5.3 电容式传感器的转换电路

电容式传感器将被测非电量转换为电容变化后,还需采用转换电路将其进一步转换为易于处理的电压、电流或频率信号。

5.3.1 电容式传感器的等效电路

实际上,电容式传感器并不是一个纯电容,其完整的等效电路如图 5-15(a)所示。L 包括引线电缆电感和电容式传感器本身的电感;r 由引线电阻、极板电阻和金属支架电阻组成;C_0 为传感器本身的电容;C_p 为引线电缆、所接测量电路及极板与外界所形成的总寄生电容;R_g 是极间等效漏电阻,包括极板间的漏电损耗和介质损耗、极板与外界间的漏电损耗和介质损耗。所有这些参量的作用因具体工作情况而不同。

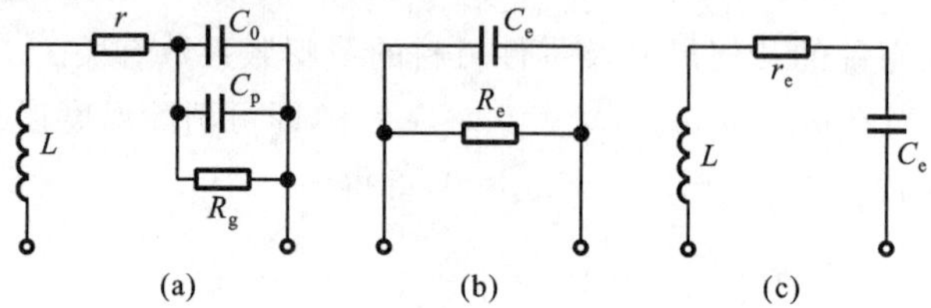

图 5-15 电容式传感器等效电路

(a) 完整等效电路;(b) 低频等效电路;(c) 高频等效电路

低频时,传感器电容的阻抗非常大,因此 L 和 r 的影响可以忽略,其等效电路可简化为如图 5-15(b)所示。其中,等效电容 $C_e=C_0+C_p$,等效电阻 $R_e\approx R_g$。高频时,传感器电容的阻抗变小,L 和 r 的影响不可忽略,而漏电阻的影响可忽略。其等效电路可简化为如图 5-15(c)所示。其中,$C_e=C_0+C_p$,$r_e\approx r$。由于引线电缆的电感 L 很小,只有工作频率在 10 MHz 以上时才考虑其影响。实际使用时,只要保证与标定时的条件相同,即可消除 L 的影响。

等效电路的谐振频率通常为几十兆赫,谐振频率会破坏电容式传感器的正常工作。因此,工作频率应低于谐振频率,一般为谐振频率的 1/3~1/2。

由于电容式传感器的电容量一般都很小,电源频率即使采用几兆赫,容抗仍很大,所以可忽略 r、R_g 的影响。有效电容 C' 可由下式求得

$$\frac{1}{\mathrm{j}\omega C'}=\mathrm{j}\omega L+\frac{1}{\mathrm{j}\omega C}\tag{5-27}$$

即

$$C'=\frac{C}{1-\omega^2LC}\tag{5-28}$$

$$\begin{aligned}\Delta C'&=\frac{C+\Delta C}{1-\omega^2L(C+\Delta C)}-\frac{C}{1-\omega^2LC}\\&=\frac{\Delta C}{(1-\omega^2LC)[1-\omega^2L(C+\Delta C)]}\approx\frac{\Delta C}{(1-\omega^2LC)^2}\end{aligned}\tag{5-29}$$

此时,对于变极距型电容式传感器,其等效灵敏度为

$$K_e=\frac{\Delta C'}{\Delta\delta}=\frac{\dfrac{\Delta C}{(1-\omega^2LC)^2}}{\Delta\delta}=\frac{K}{(1-\omega^2LC)^2}\tag{5-30}$$

式中：C'为传感器有效电容；$\Delta\delta$ 为被测变量。

由式(5-30)可知，当电容式传感器的供电电源频率较高时，传感器的灵敏度由 K 变为 K_e。

5.3.2　电容式传感器的转换电路

1. 电桥电路

将电容式传感器接入交流电桥作为电桥的一个臂(另一臂为固定电容)或两个相邻臂，另两个臂可以是电阻、电容或者电感，也可以是变压器的两个次级线圈。其中变压器式电桥使用元件最少，桥路内阻最小，较常采用，其电路原理图如图 5-16 所示。

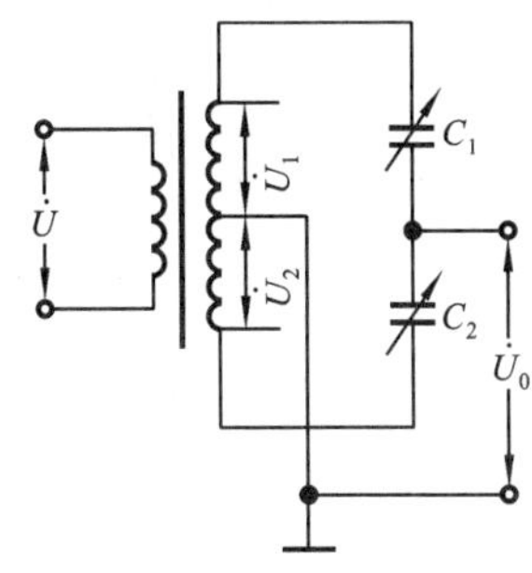

图 5-16　变压器式电桥

图中，C_1、C_2 是两个差动电容，也可使其中之一为固定电容，另一个为电容式传感器。由于变压器的两个次级线圈对称，有 $\dot{U}_1=\dot{U}_2=\dot{U}/2$。当电桥输出端开路(负载阻抗为无穷大)时，电桥的空载输出电压为

$$\dot{U}_0=\frac{\dot{U}Z_2}{Z_1+Z_2}-\frac{\dot{U}}{2}=\frac{\dot{U}}{2}\left(\frac{Z_2-Z_1}{Z_2+Z_1}\right)\tag{5-31}$$

将 $Z_1=1/\mathrm{j}\omega C_1$、$Z_2=1/\mathrm{j}\omega C_2$ 代入上式得

$$\dot{U}_0=\frac{\dot{U}}{2}\frac{C_1-C_2}{C_1+C_2}\tag{5-32}$$

对于变极距型差动电容式传感器：$C_1=\varepsilon S/(\delta_0-\Delta\delta)$、$C_2=\varepsilon S/(\delta_0+\Delta\delta)$，代入式(5-32)得

$$\dot{U}_0=\frac{\dot{U}}{2}\frac{\Delta\delta}{\delta_0}\tag{5-33}$$

可见，变极距型差动电容式传感器的变压器式电桥，在负载阻抗极大时，其输出特性呈线性。

变压器式电桥的输出与供电电压成正比，电源电压的不稳定将直接影响测量精度。对于不平衡电桥，传感器须工作在小偏离情况下，否则非线性将增大。

2. 二极管双 T 形电路

图 5-17(a)所示为二极管双 T 形交流电桥电路原理图。$\dot{U}$ 为高频(MHz)振荡源，提供幅值为$\pm U$、周期为 T 的对称方波；D_1、D_2 为特性完全相同的两只二极管；R_1、R_2 为固定电阻；C_1、C_2 为传感器的两个差动电容，对于单组式，则其中一个为固定电容；R_L 为负载电阻。若将二极管理想化，其电路工作原理如下。

当电源 $\dot{U}$ 为正半周时，二极管 D_1 导通、D_2 截止，电路等效为图 5-17(b)所示的电路。此时电容 C_1 以极短的时间被充电至电压 $\dot{U}$ 的峰值 U。电源 $\dot{U}$ 又经电阻 R_1 以电流 I_1 向负载 R_L 供电。与此同时，电容 C_2 以电压初始值 U 经 R_2 和 R_L 放电，放电电流为 I_2。流经负载电阻 R_L 的电流 I_L 为 I_1 和 I_2 之和。当电源 $\dot{U}$ 为负半周时，二极管 D_2 导通、D_1 截止，电路等效为图 5-17(c)所示的电路。此时 C_2 很快被充电至电压 U，而流经 R_L 的电流I_L'为由电源 $\dot{U}$ 供给的电流I_2'和传感器电容 C_1 的放电电流I_1'之和。由于 D_1、D_2 的特性相同，若 $R_1=R_2$，$C_1=C_2$，则流经 R_L 的电流 I_L 与I_L'的平均值大小相等、方向相反。在一个周期内流过 R_L 的平均电流为零，R_L 上无电压输出。如果 C_1 或 C_2 变化时，R_L 上产生的平均电流不为零，因而有电压信号输出。此时负载 R_L 上输出的电压平均值为

$$U_0 = \frac{1}{T}\int_0^T [I_L(t) - I'_L(t)]\mathrm{d}tR_L \approx \frac{R(R+2R_L)}{(R+R_L)^2}R_LUf(C_1 - C_2) \tag{5-34}$$

式中:f 为电源频率。

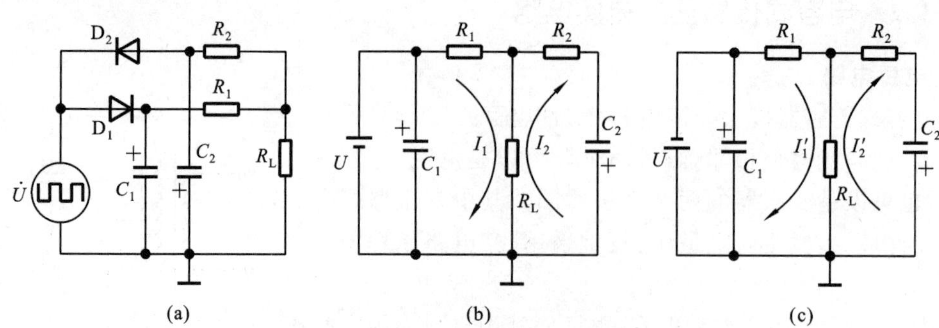

图 5-17　二极管双 T 形交流电桥电路

(a) 原理图;(b) 正半周等效电路;(c) 负半周等效电路

该电路的特点是:①线路简单,可全部放在探头内,大大缩短了电容引线,减小了分布电容的影响;②电源周期、幅值直接影响灵敏度,要求它们高度稳定;③输出阻抗为 R_L,与电容无关,克服了电容式传感器高内阻的缺点;④适用于具有线性特性的单组式和差动式电容式传感器。

3. 差动脉冲调宽电路

如图 5-18 所示,差动脉冲调宽电路由比较器 A_1 和 A_2、双稳态触发器、电容充放电回路以及低通滤波器组成,利用对传感器电容的充放电使电路输出脉冲的宽度随传感器电容量的变化而变化,然后再通过低通滤波器就能得到对应被测量变化的直流信号。C_1、C_2 为传感器的两个差动电容,若用单组式,则其中一个为固定电容,电容值与传感器电容初始值相等。U_r 为比较器的直流参考电压。需要注意的是,此处的双稳态触发器是单端触发翻转,不同于基本 RS 触发器的双端触发方式。

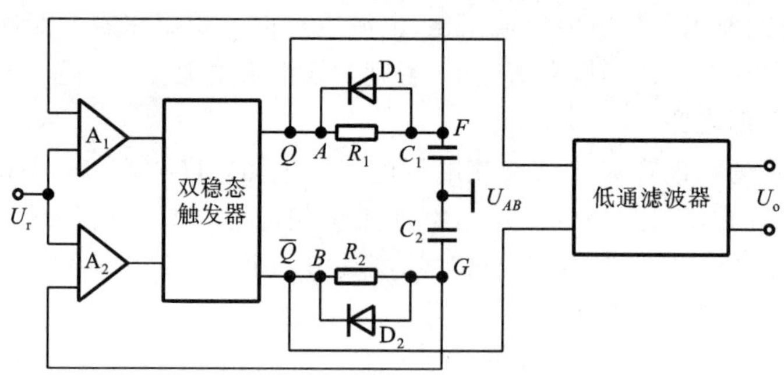

图 5-18　差动脉冲调宽电路

当接通电源时,若双稳态触发器的 Q 端(即 A 点)为高电平,$\overline{Q}$ 端(即 B 点)为低电平,则触发器 Q 端通过 R_1 对 C_1 充电,直至 F 点电位高于参考电压 U_r 时,比较器 A_1 产生一脉冲使触发器发生翻转,从而使 Q 端为低电平,$\overline{Q}$ 端为高电平。此时,C_1 通过二极管 D_1 迅速放电,同时触发器 $\overline{Q}$ 端经 R_2 向 C_2 充电,当 G 点电位高于参考电压 U_r 时,比较器 A_2 产生一脉冲,使触发器再次翻转,Q 端呈高电平,$\overline{Q}$ 端呈低电平。如此重复上述过程,从而在双稳态触发器的两输出端 A、B 点各产生一定宽度的脉冲方波。

可以看出，电路充放电时间，即触发器输出方波脉冲的宽度受电容 C_1 和 C_2 调制。当 $C_1=C_2$ 时，电路上各点的电压波形如图 5-19(a)所示，A、B 两点的电平脉冲宽度相等，两点间的输出电压 U_{AB} 的平均值为零。当 $C_1 \neq C_2$（如 $C_1>C_2$）时，C_1、C_2 充放电时间发生改变，各点的电压波形如图 5-19(b)所示，A、B 两点间输出电压 U_{AB} 的平均值不再为零。

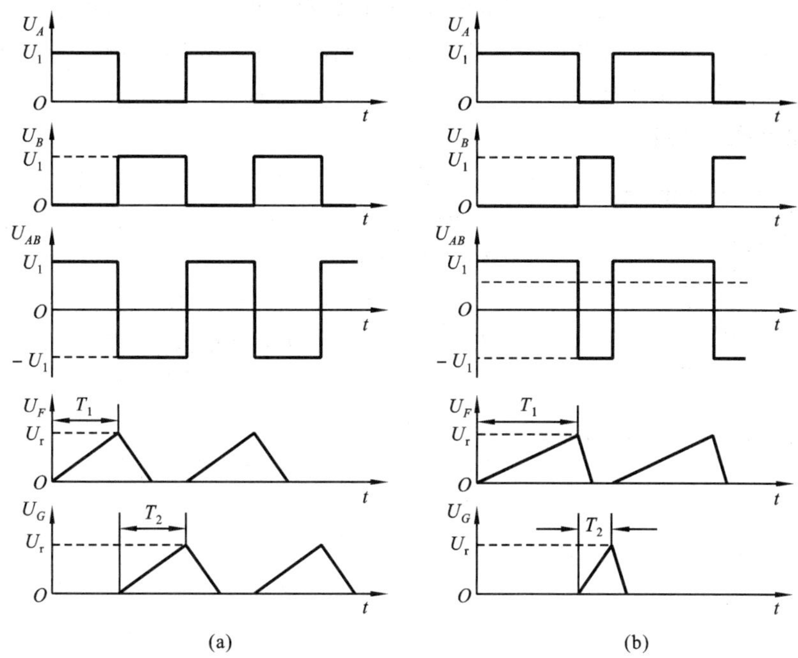

图 5-19　差动脉冲调宽电路各点电压波形

(a) $C_1=C_2$；(b) $C_1>C_2$

直流输出电压 U_o（即 U_{AB} 的平均值 $\overline{U}_{AB}$）是由 A、B 两点间电压差经低通滤波后获得，等于 A、B 两点平均电压值 $\overline{U}_A$ 和 $\overline{U}_B$ 之差，即

$$U_o=\overline{U_{AB}}=\overline{U_A}-\overline{U_B}=\frac{T_1}{T_1+T_2}U_1-\frac{T_2}{T_1+T_2}U_1=\frac{T_1-T_2}{T_1+T_2}U_1 \tag{5-35}$$

式中：U_1 为触发器输出的高电平；T_1、T_2 分别为 C_1、C_2 的充电时间，其值分别为

$$T_1=R_1C_1\ln\frac{U_1}{U_1-U_r} \tag{5-36}$$

$$T_2=R_2C_2\ln\frac{U_1}{U_1-U_r} \tag{5-37}$$

假设充电电阻 $R_1=R_2=R$，则得

$$U_o=\frac{C_1-C_2}{C_1+C_2}U_1 \tag{5-38}$$

因此，输出的直流电压与传感器两电容差值成正比。

当该电路用于差动式变极距型电容式传感器时，有

$$U_o=\frac{\delta_2-\delta_1}{\delta_1+\delta_2}U_1=\frac{\Delta\delta}{\delta_0}U_1 \tag{5-39}$$

用于差动式变面积型电容式传感器时有

$$U_o=\frac{S_1-S_2}{S_1+S_2}U_1=\frac{\Delta S}{S_0}U_1 \tag{5-40}$$

可见,差动脉冲调宽电路能适用于任何差动式电容传感器,并具有理论上的线性特性。具有这种特性的转换电路还有差动变压器式电容电桥和由二极管 T 形电路经改进得到的二极管环形检波电路等。

另外,差动脉冲调宽电路还具有如下特点:①采用直流电源,电压稳定度高,不存在稳频、波形纯度的要求;②与二极管双 T 形电路相似,不需要相敏检波与解调即能获得直流输出;③输出信号一般为 100 kHz～1 MHz 的矩形波,所以直流输出只需经低通滤波器简单引出;④由于低通滤波器的作用,可输出较大直流电压,对输出矩形波的纯度要求不高。

4. 运算放大器式电路

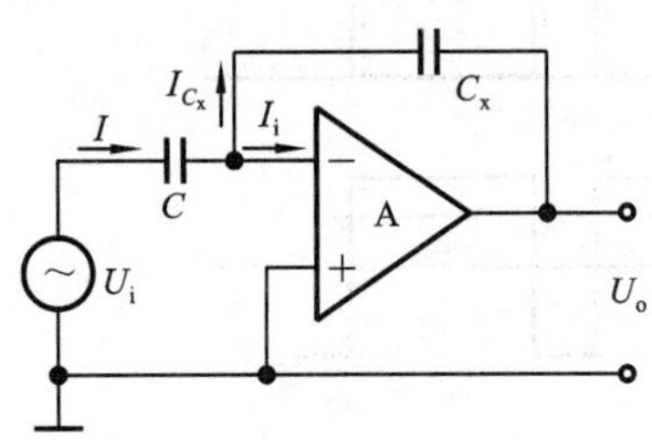

图 5-20 运算放大器式电路原理图

图 5-20 所示为运算放大器式电路原理图。它由传感器电容 C_x、固定电容 C 以及运算放大器 A 组成。其中,U_i 为信号源电压,U_o 为输出信号电压。这实质上是一种反相输入比例放大电路,只不过用电容代替了其中的电阻。这种电路的最大特点是能够克服变极距型电容式传感器的非线性。

由理想运算放大器工作原理可知,在深度负反馈条件下,运算放大器的输入电流 $\dot{I}_i=0$,则 $I=I_{C_x}$,可得

$$U_o=-\frac{-j\dfrac{1}{\omega C_x}}{-j\dfrac{1}{\omega C}}U_i=-\frac{C}{C_x}U_i \tag{5-41}$$

将 $C_x=\dfrac{\varepsilon S}{\delta}$代入式(5-41),得

$$U_o=-\frac{U_iC}{\varepsilon S}\delta \tag{5-42}$$

式中的负号表明输出电压与电源电压反相。很显然,输出电压与电容极板间距呈线性关系,这就从原理上解决了变极距型电容式传感器的非线性问题。而式(5-42)是在假定放大器开环放大倍数 $A\to\infty$,输入阻抗 $Z_i\to\infty$的条件下导出的,对实际运算放大器来说,由于不能完全满足理想运放条件,非线性误差仍然存在,但是在增益和输入阻抗足够大时,这种误差是相当小的。这种电路结构不易采用差动测量。

此外,由式(5-42)可知,输出信号的电压 U_o 还与信号源电压 U_i、固定电容 C 及电容式传感器的其他参数 ε、S 有关,这些参数的波动都将使输出产生误差。因此,该电路要求固定电容 C 必须稳定,信号源电压 U_i 必须采取稳压措施,使得整个测量电路变得较为复杂。

5. 调频测量电路

调频测量电路将电容式传感器作为振荡器谐振回路的一部分,当输入量导致电容量发生变化时,振荡器的振荡频率就发生变化。将频率作为测量系统的输出量,用以判断被测非电量的大小,此时系统是非线性的,不易校正,因此必须加入鉴频器,将频率的变化转换为电压振幅的变化,经放大后显示或输出。调频测量电路的原理框图如图 5-21 所示。

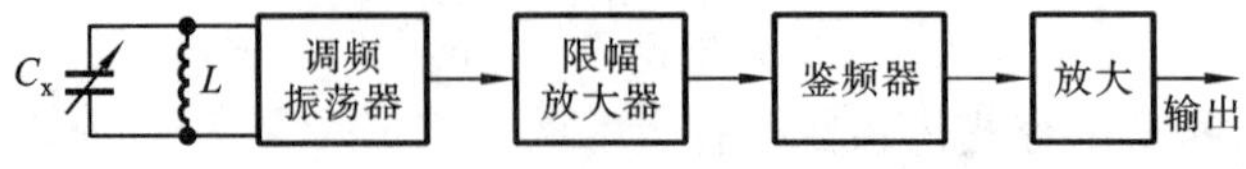

图 5-21 调频测量电路原理框图

图中，调频振荡器的振荡频率为

$$f=\frac{1}{2\pi\sqrt{LC}} \tag{5-43}$$

式中：L 为振荡回路的电感；C 为振荡回路的总电容，$C=C_1+C_2+(C_0\pm\Delta C)$，其中 C_1 为振荡回路固有电容、C_2 为传感器引线分布电容、$C_x=C_0\pm\Delta C$ 为传感器的电容。

当被测信号为零时，$\Delta C=0$，则 $C=C_1+C_2+C_0$，所以振荡器的固有频率 f_0 为

$$f_0=\frac{1}{2\pi\sqrt{LC}}=\frac{1}{2\pi\sqrt{L(C_1+C_2+C_0)}} \tag{5-44}$$

当被测信号不为零时，$\Delta C\neq 0$，振荡器频率为

$$f=\frac{1}{2\pi\sqrt{L(C_1+C_2+C_0\mp\Delta C)}}=f_0\pm\Delta f \tag{5-45}$$

调频电容传感器测量电路具有较高的灵敏度，可以测量高至 0.01 μm 级的位移变化量。信号的输出频率易于用数字仪器测量，并能与计算机通信，抗干扰能力强，可以远距离发送接收，以达到遥测遥控的目的。

5.4　电容式传感器的应用

电容式传感器可用来测量直线位移、角位移、振动振幅，尤其适合测量高频振动振幅、精密轴系回转精度、加速度等机械量；还可用来测量压力、压差、液位、料面、成分含量（如油、粮食中的含水量），非金属材料的涂层、油膜等的厚度，电介质的湿度、密度、厚度等；在自动检测和控制系统中也常常用来作为位置信号发生器。

1. 差动电容式压力传感器

图 5-22(a)所示为差动电容式压力传感器结构示意图。这种传感器具有结构简单，灵敏度高，响应速度快（约 100 ms），能测微小压差（0～0.75 Pa）等优点。它主要由两个玻璃圆盘和一个金属（不锈钢）膜片组成。两玻璃圆盘上的凹面深约 25 μm，其上镀金作为电容式传感器的两个固定极板，而夹在两圆盘中的膜片则为传感器的可动电极，因而形成了传感器的两个差动电容 C_1、C_2。当两边压力 $p_1=p_2$ 时，膜片处在中间位置，与左右固定电容极板间距相等，两边电容相等，即 $C_1=C_2$，经图 5-22(b)所示的转换电路后输出 $\dot{U}_o=0$；当 $p_1\neq p_2$ 时，膜片向压力小的一侧弯曲，两个差动电容 C_1 和 C_2 一个增大、一个减小，$|\dot{U}_o|$ 输出与 $|p_1-p_2|$ 成比例的信号。

球面极片（图中被夸大）可以在压力过载时保护膜片，并改善性能。其灵敏度取决于初始间隙 δ，δ 越小，灵敏度越高。动态响应主要取决于膜片的固有频率。这种传感器也可以与图 5-18 所示差动脉冲调宽电路相连构成测量系统。该传感器不仅可以测量 p_1 与 p_2 的压差，也可以测量真空或微小绝对压力，此时只要把膜片的一侧密封并抽成高真空（10^{-5} Pa）即可。

2. 电容式位移传感器

高灵敏度电容式位移传感器通常采用非接触式精确测量微位移和振动振幅。图 5-23 所示为电容式位移传感器的原理图。传感器电容探头（见图 5-24）与待测表面间形成的电容为

$$C_x=\frac{\varepsilon S}{h} \tag{5-46}$$

式中：S 为探头端面积，h 为待测距离。

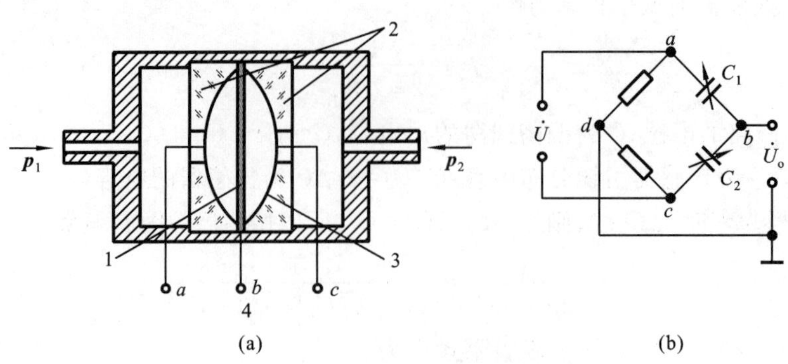

图 5-22　差动电容式压力传感器

(a) 结构示意图;(b) 转换电路

1—金属膜片;2—玻璃圆盘;3—镀金层;4—电极引线

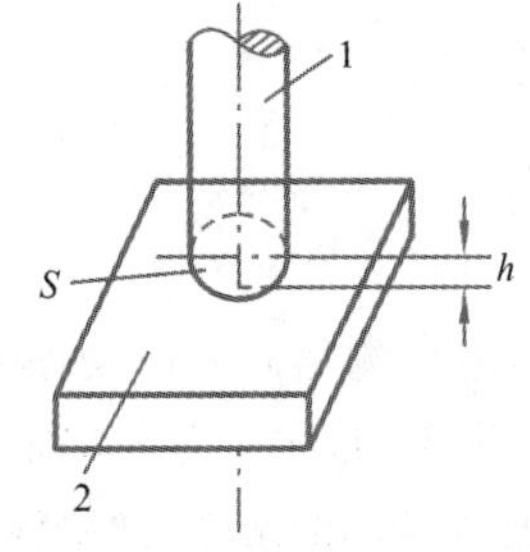

图 5-23　电容式位移传感器原理图

1—测头;2—被测物

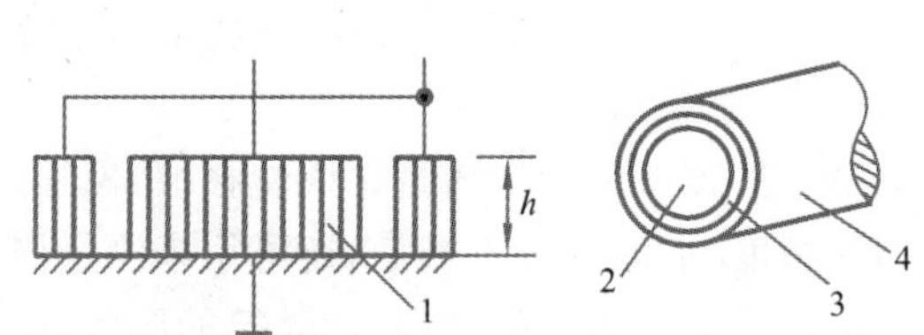

图 5-24　电容式位移传感器探头

1—电力线;2—测头;3—电保护套;4—套筒

待测电容 C_x 接入图 5-20 所示的运算放大器电路,置于高增益运放的反馈回路中。将式(5-46)代入式(5-41),得

$$U_o = -\frac{Ch}{\varepsilon S}U_i = kh \tag{5-47}$$

式中:$k=-CU_i/\varepsilon S$,为一常数。式(5-47)说明输出电压与待测距离 h 呈线性关系。

为了减小圆柱形探头的边缘效应,一般在探头外面加一个与电极绝缘的等位环(即电保护套),在等位环外安置套筒,二者电气绝缘。该套筒在测量时作夹持用,使用时与地相连。电容式位移传感器还可用来测量振动振幅、转轴的回转精度和轴心动态偏摆。

3. 电容式加速度传感器

图 5-25 所示为电容式加速度传感器的结构示意图。质量块 4 由两根弹簧片 3 支撑,置于充满空气的壳体 2 内;弹簧较硬,使系统的固有频率较高。当测量垂直方向上的直线加速度时,传感器壳体固定在被测振动体上,振动体的振动使壳体相对于质量块运动,因而与壳体 2 固定在一起的下固定极板 1 和上固定极板 5 相对质量块 4 运动,致使上固定极板 5 与质量块 4 的 A 面(磨平抛光)组成的电容 C_{x1},以及下固定极板 1 与质量块 4 的 B 面(磨平抛光)组成的电容 C_{x2} 随之改变,一个增大,一个减小,它们的差值正比于被测加速度。固定极板靠绝缘体 6 与壳体绝缘。由于采用空气阻尼,气体黏度的温度系数比液体的小得多,因此这种加速度传感器的精度较高,频率响应范围宽,量程大,可以测很高的加速度。

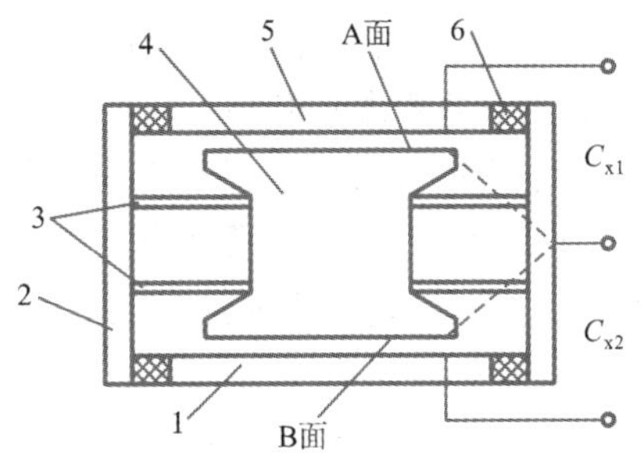

图 5-25　电容式加速度传感器结构示意图

1—下固定极板；2—壳体；3—弹簧片；4—质量块；5—上固定极板；6—绝缘体

4. 电容式液位传感器

电容式液位传感器是利用被测介质液面的变化影响传感器电容变化的一种变介电常数型电容式传感器。图 5-26 所示为飞机上使用的电容式油量表的结构示意图，它采用自动平衡电桥电路，主要由油箱液位电容式传感器、交流放大器、两相伺服电动机、减速器和指针仪表等部件组成。电容式传感器 C_x 接入电桥的一个桥臂，C_0 为固定的标准电容器，R_P 为调整电桥平衡的电位器，其电刷与指针同轴连接，轴则经减速器由两相电动机来带动。

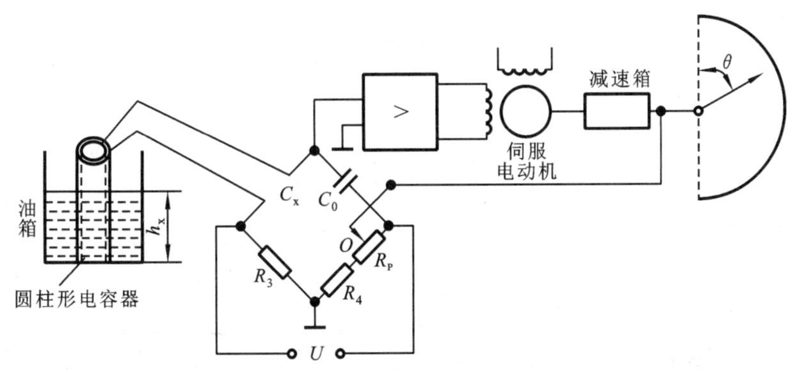

图 5-26　自动平衡电桥液位测量原理图

当油箱中无油时，电容式传感器的电介质为空气，其初始电容 $C_x=C_{x0}$，如使 $C_0=C_{x0}$，且电刷位于零点，即 $R_P=0$，相应指针指在零位上，则有

$$\frac{C_{x0}}{C_0}=\frac{R_4}{R_3} \tag{5-48}$$

此时电桥处于平衡状态，输出为零，伺服电动机不转动。

当油箱中油量变化时，液面升高为 h_x，这部分的电介质由空气变为油料，介电常数增加，传感器电容值增大为 $C_x=C_{x0}+\Delta C_x$，ΔC_x 是油箱中因油量增加而增大的电容量。由式(5-21)可知，ΔC_x 与 h_x 成正比，即 $\Delta C_x=k_1h_x$。此时电桥平衡被破坏，有电压输出，经放大后使电动机转动，通过减速器一方面带动指针偏转，以指示油量的变化；另一方面调节电位器 R_P，使电桥重新恢复平衡，输出电压为零，两相电动机停止转动，指针也停在某一相应位置的指示角 θ 上，从而指示出油量的多少。根据平衡条件，在新的平衡位置上有

$$\frac{C_{x0}+\Delta C_x}{C_0}=\frac{R_4+R_P}{R_3} \tag{5-49}$$

整理后，得到

$$R_P=\frac{R_3}{C_0}\Delta C_x=\frac{R_3}{C_0}k_1h_x \tag{5-50}$$

因为所用的是线性电位器，且指针与电刷同轴联动，故 R_P 和 θ 角之间存在确定的对应关系，设 $\theta=k_2R_P$，则得

$$\theta=k_2R_P=k_1k_2\frac{R_3}{C_0}h_x \tag{5-51}$$

式(5-51)说明 θ 与 h_x 呈线性关系。

5. 电容式测厚传感器

图 5-27 所示为电容测厚传感器在板材轧制装置中的应用。在被测带材的上、下两侧各放置一块面积相等、与带材距离相等的极板，极板与带材就构成了两个独立电容器 C_1 和 C_2。将两块极板用导线连接形成一个电极，而带材就是电容的另一个电极，此时相当于 C_1、C_2 并联，总电容为 $C_x=C_1+C_2$。电容 C_x 与固定电容 C_0、变压器的次级线圈 L_1 和 L_2 构成电桥。信号发生器输出信号经耦合后作为交流电桥的供电电源。

如果带材只是上下波动，两个电容一个增加一个减少，变化量相同，总电容量 C_x 不会改变，此时电桥没有信号输出。当被轧制板材的厚度发生变化时，C_x 也发生变化。C_x 增大，表示板材变厚；反之，板材变薄。此时电桥输出信号也发生变化，变化量经耦合电容 C_0 输出给后续电路，经放大、整流、差动放大后，一方面由指示仪表 A 读出此时的板材厚度，另一方面通过反馈回路将偏差信号传送给压力调节器，调节轧辊与板材间的距离。经过不断调节，可将板材厚度控制在一定误差范围内。

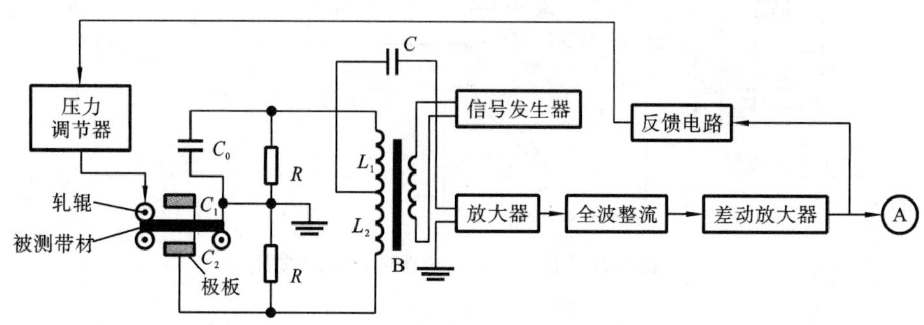

图 5-27　电容测厚传感器应用

这种电容测厚传感器将测出的变化量与标定量进行比较，比较后的偏差量反馈轧制过程，以控制板材厚度，其中电容式传感器是关键。若采用频率变换型电容式传感器检测厚度，对 0.5～1.0 mm 厚度的薄钢板检测，误差为±0.3 μm。

6. 电容式称重传感器

电容式称重传感器的结构形式多种多样，只要是利用弹性敏感元件的变形造成电容随外加重量的变化而变化，均可构成电容式称重传感器。

图 5-28(a)所示为大吨位电子吊秤用电容式称重传感器。扁环形弹性元件内腔上、下平面分别固定电容式传感器的定、动极板。称重时，弹性元件受力变形使动极板位移，导致传感器电容量变化。配接调频测量转换电路，就会引起电路振荡频率的变化，频率信号经计数、编码，传输到显示部分。

图 5-28(b)所示的电容式称重传感器，是在一块弹性极好的钢体上的同一高度处打一排圆孔，在孔内形成一排平行的平板电容。当钢体上端面承受压力时，圆孔变形，每个孔中的电容极板间隙变小，电容相应增大。在电路中各电容是并联的，因而输出反映的结果是平均作用力的变化，由于误差的平均效应而大大减小了测量误差。该传感器同样采用调频电路，电路可以安置于孔的内部。

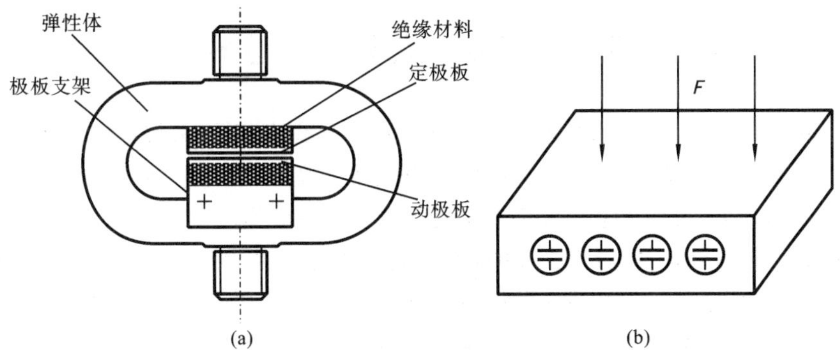

图 5-28　电容式称重传感器

7. 电容式料位传感器

电容式传感器也可测量料位，如图 5-29 所示，用于测量块状固体、颗粒及粉料的料位。由于固体摩擦力较大，容易“滞留”，所以采用电极棒与容器壁组成的两极来测量非导电固体的料位。若要测量导电固体的料位，可在电极棒外面套以绝缘套管，此时电容的两极由物料及绝缘套中的电极组成。图 5-29(a)所示采用金属电极棒插入容器来测量料位，其电容与料位的关系为

$$C=\frac{2\pi(\varepsilon-\varepsilon_0)H}{\ln\dfrac{D}{d}} \tag{5-52}$$

式中：D 和 d 分别为容器的内径和电极的外径；ε 和 ε_0 分别为物料的介电常数和空气的介电常数。

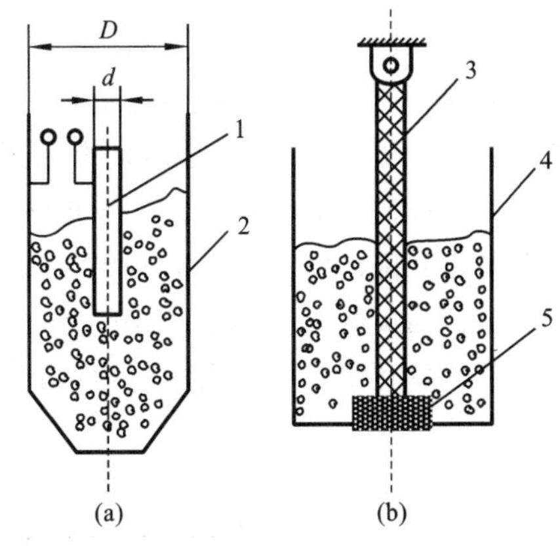

图 5-29　电容式料位传感器

(a) 金属电极棒；(b) 钢丝绳电极

1—电极棒；2，4—电容壁；

3—钢丝绳内电极；5—绝缘材料

8. 电容式形变传感器

物体在高温下工作产生的膨胀或由于受力而产生的变形，可以采用电容式形变传感器来测量。该传感器也称为电容式应变计，可以弥补电阻应变计测量的不足。其工作原理如图 5-30 所示，在被测物体的两个固定点，安装两个薄而低的拱形弧，长方形电极固定在弧的中央。当两个固定点受压或受热膨胀而产生位置变化时，极板间的距离发生变化，从而使电容值发生相应变化。拱形弧可用膨胀系数约为 11×10^{-6}/℃的镍合金制作，也可用不锈钢制作，但其高温下的稳定性稍差一些。

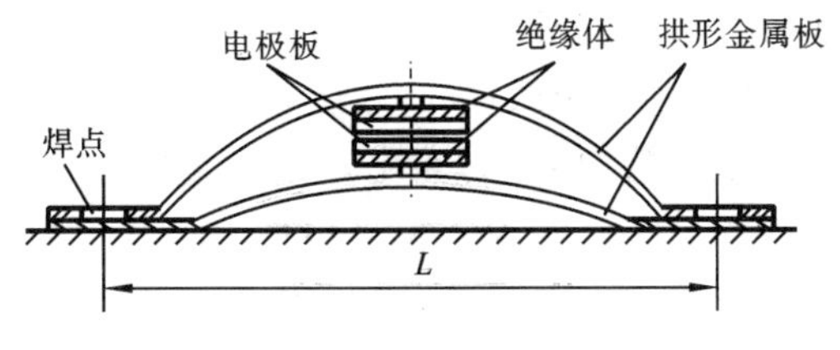

图 5-30　电容式形变传感器

5.5 硅电容式集成传感器

随着金属敏感材料、精密机械加工技术和微电子技术的发展,常规电容式传感器的整体性能虽然也在不断地得到改善,但还是存在体积较大等问题,不能满足某些领域的需要,如医用的超小型压力传感器、机器人触觉系统中所使用的阵列传感器等。

微机械加工技术和集成电路技术的发展及其在传感器领域的应用,产生了微型传感器(简称微传感器)这一新的领域。大部分微机械传感器都用半导体硅制作,不仅因为硅具有极优越的机械和电性能,更重要的是应用硅微机械加工技术可以制作出尺寸从亚微米到纳米级的微元件和微结构,且能达到很高的加工精度。目前,硅电容式集成传感器已成功应用于压力、加速度等物理量的测量。

1. 硅电容式集成压力传感器

硅集成压力传感器目前主要有两种类型:扩散硅压阻式和硅电容式,二者传感原理不同。其中,硅电容式灵敏度高,功耗低,重复性和长期稳定性好,过载能力强。

硅电容式压力传感器的核心部件是一个对压力敏感的电容器,其结构如图 5-31(a)所示。电容器的两个极板,一个置于玻璃上为固定极板;另一个置于硅膜片的表面上为活动极板。硅膜片是由腐蚀硅片的正面和反面形成的,厚度约为几十微米。当硅片和玻璃键合在一起后,就形成有一定间隙的空气(或真空)电容器。电容器的电容量由电容电极的面积和两个电极间的距离决定。当硅膜片受压力作用变形时,电容器两电极间的距离便发生变化,导致电容发生变化。电容的变化量与压力有关,因此可作为压力检测元件。

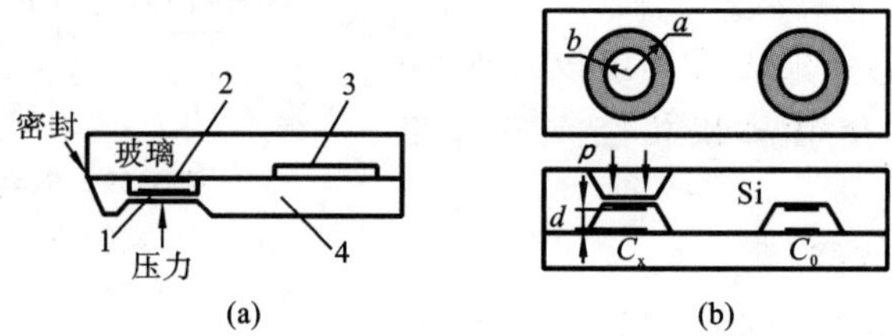

图 5-31 硅电容式集成压力传感器结构原理图

1—硅膜片;2—金属镀层;3—集成电路;4—硅芯片

从原理上讲,硅电容式集成压力传感器与传统的结构型电容式压力传感器没有区别,不同点在于前者采用了集成工艺制作,电容尺寸很小,可与信号处理电路集成在一起。实际上,硅电容式集成压力传感器在工作时,一个硅膜片上通常制作两个圆形电容器,电容尺寸相同,分别为 C_x 和 C_0。C_x 为测量电容;C_0 为参考电容,不受外力作用,可补偿温度影响。两个电容的硅膜片半径均为 a,极板半径为 b,板间极距为 d,如图 5-31(b)所示。当硅膜片不受压力作用时,两电极相互平行,这时的电容值可由式(5-1)计算求得;当硅膜片两侧有压差 p 并存在变形时,电容两极板间距的变化引起电容量 C_x 的变化。理论证明,当硅膜片变形量小于两极板间距时,压差与变形量呈线性关系。

图 5-32 所示为硅电容式集成压力传感器的电路原理图。图中,C_x 是压力敏感电容器,C_0 为参考电容。在无压力的初始状态下,$C_x = C_0$,电路平衡,$U_0 = 0$。

为了检出电容信号,电路需要有交流激励源,设 U_p 为激励信号(方波或正弦波)的振幅。激励信号通过耦合电容 C_c 可以进入电路中的 A 点和 B 点,因此 A 点和 B 点有一个共模的交

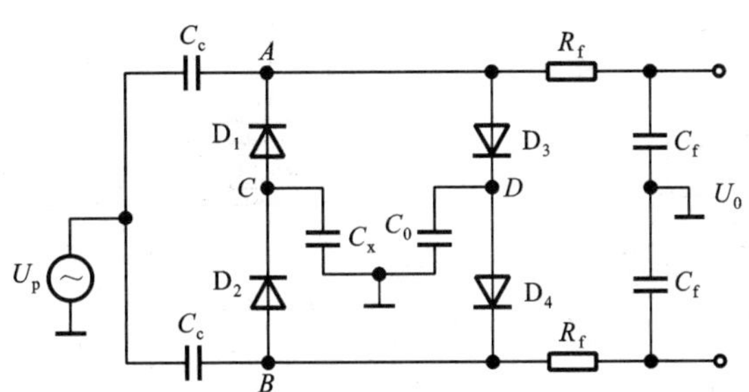

图 5-32　硅电容式集成压力传感器电路原理图

流信号。在 C_c 较大时，出现在 A 点和 B 点的交流信号的幅度基本上等于 U_p，没有显著衰减。

在激励信号的正半周，有电荷从 B 点通过二极管 D_2 对压力敏感电容器 C_x 充电，同时也有电荷从 A 点通过二极管 D_3 对参考电容 C_0 充电。在激励信号的负半周，C_x 上的电荷经过二极管 D_1 向 A 点放电，同时 C_0 上的电荷经过 D_4 向 B 点放电。就是说，在激励信号的一个周期内，有一定量的电荷从 A 点转移到 B 点，也有一定量的电荷从 B 点转移到 A 点。在桥路完全对称的情况下，一个周期内从 B 点转移到 A 点的电荷量与从 A 点转移到 B 点的电荷量是相等的，即激励信号并不引起 A 点和 B 点之间净的电荷转移。

当存在外加压力时，$C_x \neq C_0$。如设 $C_x > C_0$，在激励信号的作用下，从 B 点转移到 A 点的电荷量将大于从 A 点转移到 B 点的电荷量，这就使 A 点和 B 点有净的电荷积累出现。这一积累电荷会使 A 点的直流电位上升、B 点的直流电位下降，从而减少从 B 点向 A 点的电荷转移量。因此，经过一定的激励信号周期后，当 A 点和 B 点之间建立起的电势差平衡了电容差别所引起的影响后，一个周期内从 B 点通过 C_x 转移到 A 点的电荷量正好与从 A 点通过 C_0 转移到 B 点的电荷量相等，这时电荷转移就达到了动态平衡。达到平衡以后，A 点有一个直流正电位 $U_0/2$ 并叠加有一个交流激励信号，而 B 点有一个直流负电位 $-U_0/2$，上面也叠加有一个交流激励信号。输出端就可以检测出一个直流信号 U_0。

这种传感器有较好的压力灵敏度，比类似尺寸的压阻式传感器的灵敏度高出近 10 倍。

2. 硅电容加速度传感器

随着硅微机械加工技术的迅猛发展，微型硅加速度计也应运而生，它以体积小、重量轻、成本低、功耗低、可靠性高、易于实现数字化和智能化而迅速占领市场，在惯性导航系统中具有广阔的应用前景。

图 5-33 所示为一种零位平衡式（伺服式）电容加速度传感器原理图。传感器由玻璃-硅-玻璃结构构成。硅悬臂梁的自由端设置有敏感加速度的质量块，并在其上下两面淀积有金属电极，形成电容的活动极板，把它安装在两固定电极板之间，组成差动式平板电容器。当有加速度（惯性力）施加在加速度传感器上时，活动极板（质量块）将产生微小位移，引起电容变化，电容变化量 ΔC 由测量转换电路检测。两路脉宽调制信号 U_E 和 $\overline{U}_E$ 由脉宽调制器产生，并分别加在两个电极上（见图 5-33(b)），通过这两路脉宽调制信号产生的静电力去控制活动极板的位置。对任何加速度值，只要检测合成电容 ΔC 并控制脉冲宽度，便能够将活动极板准确地保持在两固定电极之间（即保持在接近零位移的位置上）。因为这种脉宽调制产生的静电力总是阻止活动电极偏离零位，且与加速度 g 成正比，所以通过低通滤波器的信号即该加速度传感器输出的电压信号。

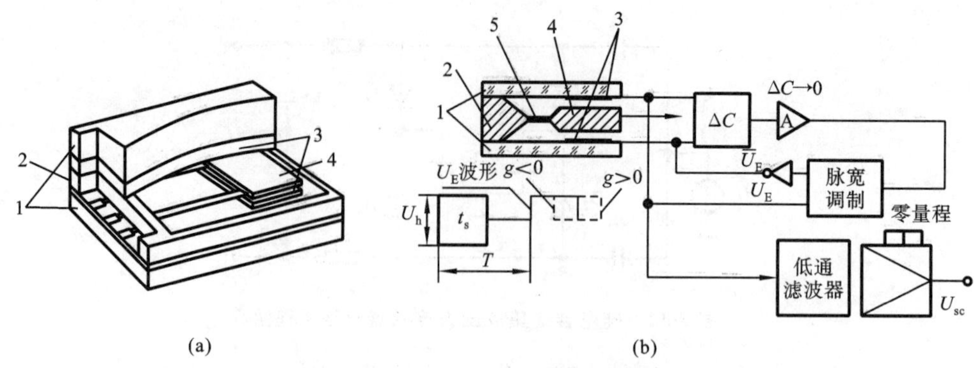

图 5-33 零位平衡式硅电容式加速度传感器

(a) 结构示意图;(b) 脉宽调制

1—玻璃;2—硅;3—固定极板;4—活动极板;5—悬臂梁

思考题与习题

5-1 如何改善单组式变极距型电容传感器的非线性?

5-2 试画出电容式传感器的等效电路,并进行简要分析。

5-3 单组式变面积型平板形线位移电容式传感器,初始状态时,两极板相对覆盖部分的长度和宽度分别为 4 mm 和 5 mm,极板间隙为 0.5 mm,极板间介质为空气,试求其静态灵敏度。若两极板沿长度方向相对移动 2 mm,试求其电容变化量。

5-4 当差动式变极距型电容传感器动极板相对于定极板移动了 $\Delta d=0.75$ mm 时,若初始电容量 $C_1=C_2=80$ pF,初始距离 $d=4$ mm,试计算其非线性误差。若改为单组式平板电容,初始值不变,其非线性误差为多少?

5-5 电容式传感器有哪几种常用转换电路?差动脉冲调宽电路有什么特点?

5-6 已知圆盘形电容极板直径 $D=50$ mm,极板间距 $d_0=0.2$ mm,在电极间置一块厚度 $d_g=0.1$ mm 的云母片,其相对介电常数 $\varepsilon_{r1}=7$,空气的相对介电常数 $\varepsilon_{r2}=1$。

(1) 求无云母片及有云母片两种情况下的电容值 C_1、C_2 各为多少?

(2) 当间距减小 $\Delta d=0.025$ mm 时,电容相对变化量 $\Delta C_1/C_1$ 与 $\Delta C_2/C_2$ 各为多少?

5-7 已知平板电容式传感器极板间的介质为空气,极板面积 $S=a\times a=2\ \text{cm}\times 2\ \text{cm}$,间隙 $d_0=0.1$ cm,试求传感器初始电容值。若由于装配关系,两极板不平行,一侧间隙为 d_0,而另一侧间隙为 d_0+b,其中 $b=0.01$ mm,求此时传感器的电容值。

5-8 已知差动电容式传感器的初始电容 $C_1=C_2=100$ pF,交流电源电压有效值 $U=6$ V,频率 $f=100$ kHz。

(1) 在满足输出电压灵敏度最高的要求下设计交流不平衡电桥电路,并画出电路原理图。

(2) 计算另外两个桥臂的匹配阻抗值。

(3) 当传感器电容变化量为 ±10 pF 时,求桥路输出电压。

5-9 如题 5-9 图所示,在压力比指示系统中采用差动式变极距型电容传感器作为敏感元件,采用电桥电路作为其转换电路。已知原始极距 $\delta_1=\delta_2=0.25$ mm,极板直径 $D=38.2$ mm,电阻 $R=5.1\ \text{k}\Omega$,两固定电容 $C=0.001\ \mu\text{F}$,电源电压 $U=60$ V,其频率 $f=400$ Hz。试求:

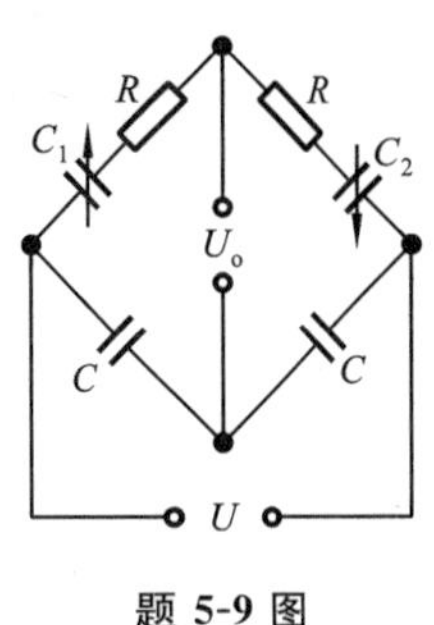

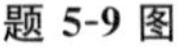

题 5-9 图

(1) 该电容式传感器的电压灵敏度。

(2) 若电容式传感器的活动极板位移 $\Delta\delta=10\ \mu m$ 时，输出电压的有效值。

5-10　圆筒形金属容器中心放置一个带绝缘套管的圆柱形电极用来测介质液位。绝缘套管的介电常数为 ε_1，被测液体的介电常数为 ε_2，液体上方气体的介电常数为 ε_3，电极各部位尺寸如题 5-10 图所示，忽略底面电容。当被测液体为非导体及导体时，分别推导电容式传感器的特性方程 $C_H=f(H)$。

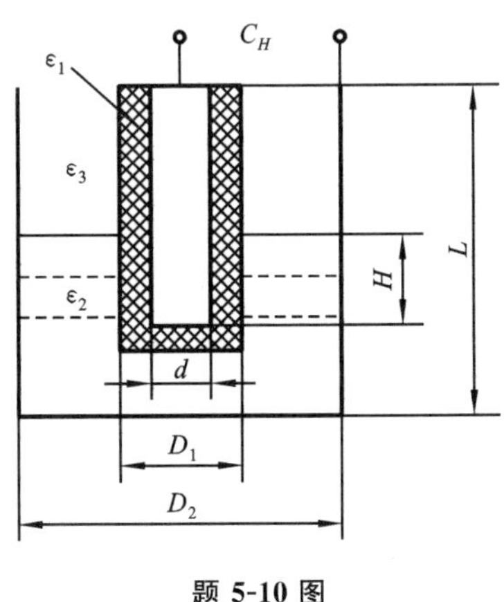

题 5-10 图

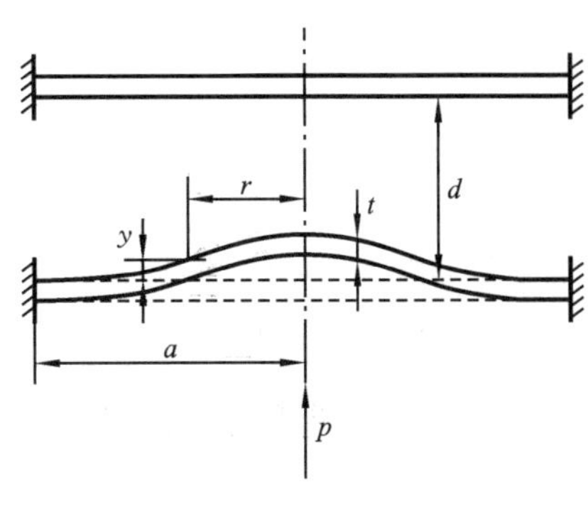

题 5-11 图

5-11　试计算如题 5-11 图所示的带有固定圆周膜片的电容式压力传感器的灵敏度。已知半径 r 处的偏移量 y 可表示为

$$y=\frac{3}{16}p\frac{1-\mu^2}{Et^3}(a^2-r^2)^2$$

式中：p 为被测压力；a 为圆膜片半径；t 为膜片厚度；μ 为膜片材料的泊松比；E 为膜片材料的弹性模量。

5-12　现有一量程为 0～20 mm 的电容式位移传感器，其结构如题 5-12 图所示。已知 $L=25$ mm，$R_1=6$ mm，$R_2=5.7$ mm，$r=4.5$ mm。圆柱 C 为内电极，A、B 为两个外电极，活动导杆 D 接地。B 与 C 之间构成固定电容 C_F，A 与 C 之间的电容 C_x 随活动导杆 D 的位移 x 而变化，拟采用理想运放电路，试求：

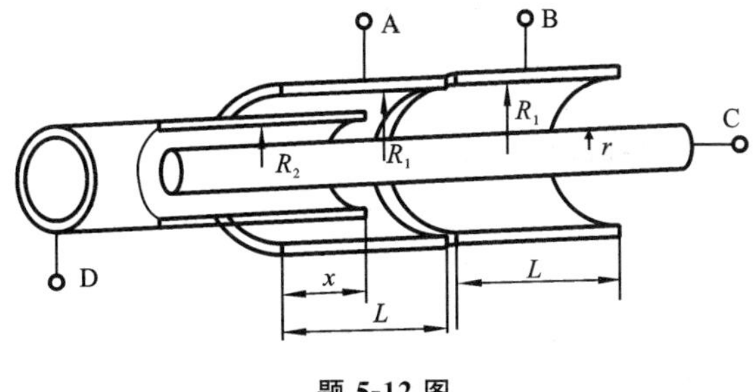

题 5-12 图

(1) 要求运放输出电压与输入位移 x 呈线性关系，在运放线路中 C_F 与 C_x 应如何连接？

(2) 活动导杆每伸入 1 mm 所引起的电容变化量为多少？

(3) 输入电压 $U_i=6$ V 时，输出电压灵敏度为多少？

(4) 固定电容 C_F 有什么作用？传感器与运放线路的连接线对传感器的输出有无影响？

第 6 章　磁电式传感器

第 6 章
拓展资源

磁电式传感器是通过磁电作用将被测量(如振动、位移、转速、扭矩等)转换成电信号的一种传感器。磁电式传感器包括磁电感应式传感器、霍尔式传感器和磁栅传感器。由于磁栅传感器在实际使用中通常采用数字化手段,通过鉴相电路或细分辨向电路来提高其测量的分辨率,所以归类至第 11 章数字式传感器中,详见 11.3 节。

6.1　磁电感应式传感器

磁电感应式传感器利用导体和磁场发生相对运动而在导体两端输出感应电动势,简称感应式传感器,也称为电动式传感器。它是一种机-电能量变换型传感器,不需要供电电源,电路简单,性能稳定,输出阻抗小,适合于振动、位移、转速、扭矩等测量。

6.1.1　磁电感应式传感器的工作原理

磁电感应式传感器以电磁感应原理为基础。根据法拉第电磁感应定律:当线圈在磁场中作切割磁力线运动时所产生的感应电动势与通过线圈的磁通量对时间的变化率成正比,即

$$E=-N\frac{\mathrm{d}\Phi}{\mathrm{d}t} \tag{6-1}$$

式中:N 为线圈匝数;Φ 为通过线圈的磁通量;E 为线圈中所产生的感应电动势。

由于 $\Phi=B\cdot S$,所以式(6-1)可以写成

$$E=-N\frac{\mathrm{d}(B\cdot S)}{\mathrm{d}t}=-N\left(\frac{S\cdot \mathrm{d}B}{\mathrm{d}t}+\frac{B\cdot \mathrm{d}S}{\mathrm{d}t}\right) \tag{6-2}$$

式中:S 为闭合线圈所围成的面积;B 为线圈处的磁感应强度。

根据式(6-2),由于闭合线圈围成的面积 S 变化或者由于线圈所处的磁感应强度发生变化,都会引起通过线圈的磁通量变化,从而使线圈产生感应电动势。

6.1.2　磁电感应式传感器的类型和结构

磁电感应式传感器可分为相对运动式(恒磁通式)和磁阻式(变磁通式)两种类型。

1. 相对运动式磁电感应传感器

如果磁感应强度为 B,每匝线圈的平均长度为 l,线圈相对磁场运动的速度为 v,则 N 匝线圈中所产生的感应电动势为

$$E=-NBlv \tag{6-3}$$

由式(6-3)可知,当磁感应强度 B、每匝线圈的平均长度 l、线圈的匝数 N 恒定时,感应电动势 E 就与线圈相对于磁场的运动速度成正比。因此,磁电感应式传感器可以用来测量速度。由于速度与位移、加速度间是积分与微分的关系,所以,只要在后续电路中增加积分电路或微分电路,磁电感应式传感器就可以测量位移与加速度。

如图 6-1 所示,相对运动式磁电感应传感器由永久磁铁、线圈、金属骨架、弹簧和壳体等组

成。当线圈与磁铁之间存在相对运动时，通过线圈的磁通量发生变化，线圈中将产生感应电动势。运动部件可以是线圈也可以是磁铁，因此又分为动圈式和动铁式两种结构类型。在动圈式（见图 6-1(a)）中，永久磁铁与传感器壳体固定，线圈和金属骨架（合称线圈组件）用柔软弹簧支承。在动铁式（见图 6-1(b)）中，线圈组件与壳体固定，永久磁铁用柔软弹簧支承。两者的阻尼都是由金属骨架和磁场发生相对运动而产生的电磁阻尼。这里，动圈、动铁都是相对于传感器壳体而言的。动圈式和动铁式的工作原理是完全相同的，主要用来测量振动速度。当壳体随被测振动体一起振动时，由于弹簧较软，运动部件质量相对较大，因此当振动频率足够高（远高于传感器的固有频率）时，运动部件的惯性很大，来不及跟随振动体一起振动，近似于静止不动，振动能量几乎全被弹簧吸收，永久磁铁与线圈之间的相对运动速度接近于振动体的振动速度。磁铁与线圈相对运动使线圈切割磁力线，产生与运动速度 v 成正比的感应电动势 E，如式(6-3)所示。

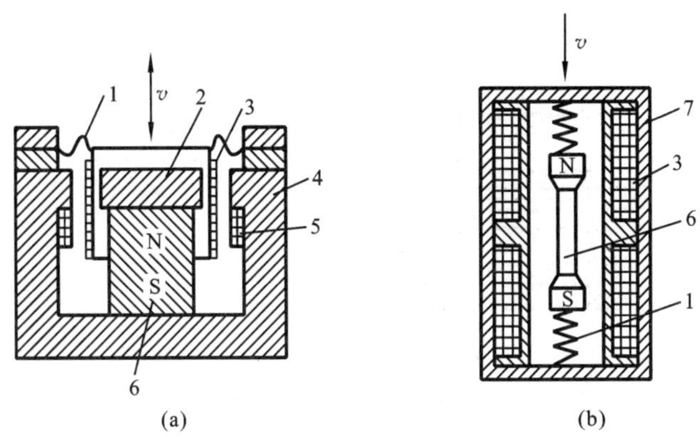

图 6-1　相对运动式磁电感应传感器原理

(a) 动圈式；(b) 动铁式

1—弹簧；2—极掌；3—线圈；4—磁轭；5—补偿线圈；6—永久磁铁；7—壳体

这种结构，由于穿过线圈的磁通是恒定不变的，所以也称为恒磁通式磁电感应传感器。

2. 磁阻式磁电感应传感器

磁阻式磁电感应传感器的线圈和磁铁部分都是静止的，运动部件是用导磁材料制成的，安装在被测物体上。在物体运动过程中，运动体改变通过线圈的磁感应强度 B，从而使通过线圈的磁通量发生变化，在线圈中产生感应电动势。磁阻式磁电感应传感器一般用来测量旋转体的转速，线圈中感应电动势的频率作为传感器的输出，它取决于磁通变化的频率。

磁阻式磁电感应传感器的结构分为开磁路和闭磁路两种。图 6-2 所示为开磁路磁阻式转速传感器结构示意图。传感器由永久磁铁 1、软铁 2、线圈 3 和齿轮 4 组成。线圈、永久磁铁以及软铁都静止不动，齿轮安装在被测旋转体上随其一起转动。

当齿轮旋转时，齿轮齿廓与软铁之间构成的磁路的磁阻就发生变化，使通过线圈的磁通量变化，在线圈中产生感应电动势，其频率等于齿轮的齿数 Z 和转速 n 的乘积，即

$$f = \frac{Zn}{60} \tag{6-4}$$

式中：Z 为齿轮的齿数；n 为被测旋转体的转速(r/min)；f 为感应电动势的频率(Hz)。

当齿轮的齿数已知时，测得感应电动势的频率，就可由式(6-4)求得被测旋转体的转速了。

图 6-3 所示为闭磁路磁阻式转速传感器结构示意图。它由内齿轮和外齿轮、永久磁铁和

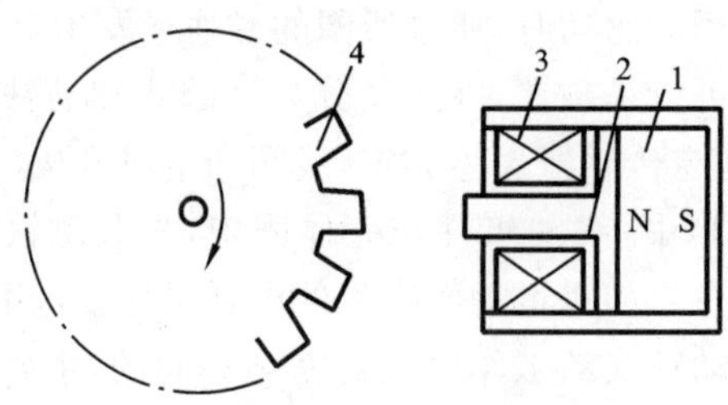

图 6-2　开磁路磁阻式转速传感器结构示意图

1—永久磁铁;2—软铁;3—线圈;4—齿轮

感应线圈组成。内、外齿轮齿数相同,内齿轮装在转轴上。当转轴连接到被测转轴上时,外齿轮不动,内齿轮随被测轴而转动,内、外齿轮的相对转动使气隙磁阻产生周期性变化,从而引起磁路中磁通的变化,使线圈产生周期性变化的感应电动势。

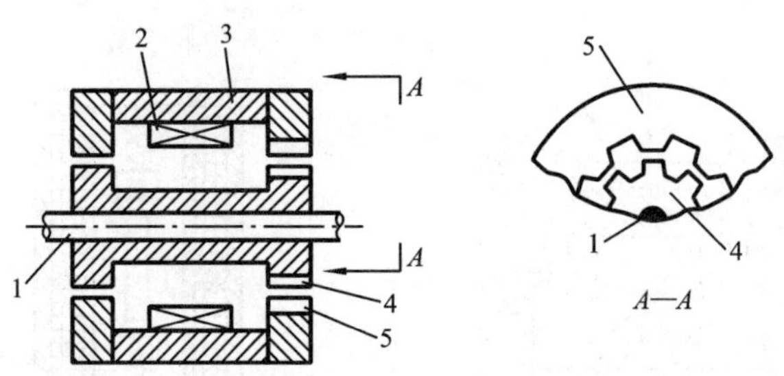

图 6-3　闭磁路磁阻式转速传感器结构示意图

1—转轴;2—感应线圈;3—永久磁铁;4—内齿轮;5—外齿轮

由式(6-4)可知,闭磁路磁阻式转速传感器与开磁路的类似,感应电动势的频率与被测转速成正比。

当转速太低时,由于输出的感应电动势太小,以致无法测量。所以,这种传感器有一个下限工作频率,一般为 50 Hz,上限可达 100 kHz。

磁阻式磁电感应传感器对环境条件要求不高,能在 −150 ℃ ~ 90 ℃ 的温度下工作,不影响测量准确度,也能在油、水雾、灰尘等条件下工作。

这种结构,由于穿过线圈的磁通随磁阻的变化而变化,所以也称为变磁通式磁电感应传感器。

6.1.3　磁电感应式传感器的应用

1. 磁电感应式振动传感器

图 6-4 所示为磁电感应式振动传感器结构示意图。永久磁铁 2 和圆筒形导磁材料制成的外壳 6 固定在一起,形成磁路系统,壳体还起到屏蔽作用。工作线圈 7 和圆环形阻尼器 3 用心轴 5 连在一起组成质量块,用圆形弹簧片 1 和 8 支承在壳体上。使用时,将传感器固定在被测振动体上,永久磁铁、铝架和壳体一起随被测体振动,由于质量块有一定的质量,产生惯性力,而弹簧片又非常柔软,因此,当振动频率远大于传感器固有频率时,线圈在磁路系统的环形气隙中相对永久磁铁运动,以振动体的振动速度切割磁力线,产生感应电动势,通过引线 4 接到测量电路。该感应电动势与速度成正比,经过积分或微分电路可以测量振动位移和加速度。

2. 磁电感应式转速传感器

图 6-5 所示为一种磁电感应式转速传感器的结构示意图。转子 2 安装在转轴 1 上,和定

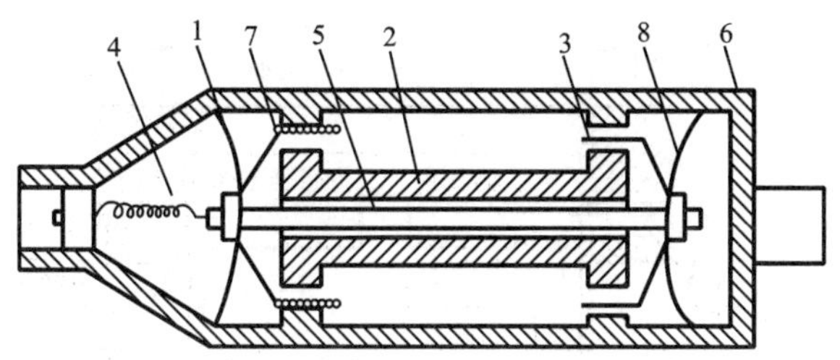

图 6-4　磁电感应式振动传感器结构示意图

1,8—弹簧片;2—永久磁铁;3—阻尼器;4—引线;5—心轴;6—外壳;7—线圈

子 5、永久磁铁 3 组成磁路系统。测量转速时,转轴 1 与被测物体的旋转轴连接在一起。当转子 2 随被测物体转动时,转子 2 的齿与定子 5 的齿相对运动,磁路系统的磁通呈周期性变化,在线圈中产生近似正弦波的感应电动势,其频率与转速成正比。

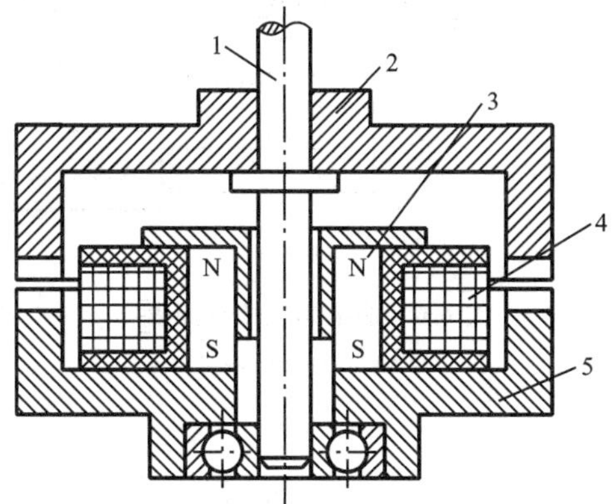

图 6-5　磁电感应式转速传感器结构示意图

1—转轴;2—转子;3—永久磁铁;4—线圈;5—定子

3. 磁电感应式扭矩仪

图 6-6 所示的磁电感应式扭矩仪由定子、转子、线圈和转轴等组成。转子和定子上有一一对应的齿和槽。定子固定在传感器外壳上,转子和线圈一起固定在转轴上。测量扭矩时,需使用两个传感器,将它们的转轴分别固定在被测轴的两端,外壳固定不动。安装时,一个传感器的定子齿与其转子齿相对,另一个传感器的定子槽与其转子齿相对。

当被测轴无外加扭矩时,扭转角为零;若转轴以一定角速度旋转时,则两个传感器输出相位差为 0°或 180°的两个近似正弦波的感应电动势。当被测轴受扭矩时,轴的两端产生扭转角 φ,因此,两个传感器输出的两个感应电动势 u_1 和 u_2 将因扭矩而产生附加相位差 φ_0。扭转角 φ 与感应电动势相位差 φ_0 的关系为

$$\varphi_0 = z\varphi \tag{6-5}$$

式中:z 为传感器定子或转子的齿数。

经测量电路,将相位差转换成时间差,再根据扭矩与转速的关系式计算出扭矩。

磁电感应式传感器除了上述一些应用外,还可构成电磁流量计,用来测量具有一定电导率的液体流量,反应快,易于自动化和智能化,但结构较复杂。

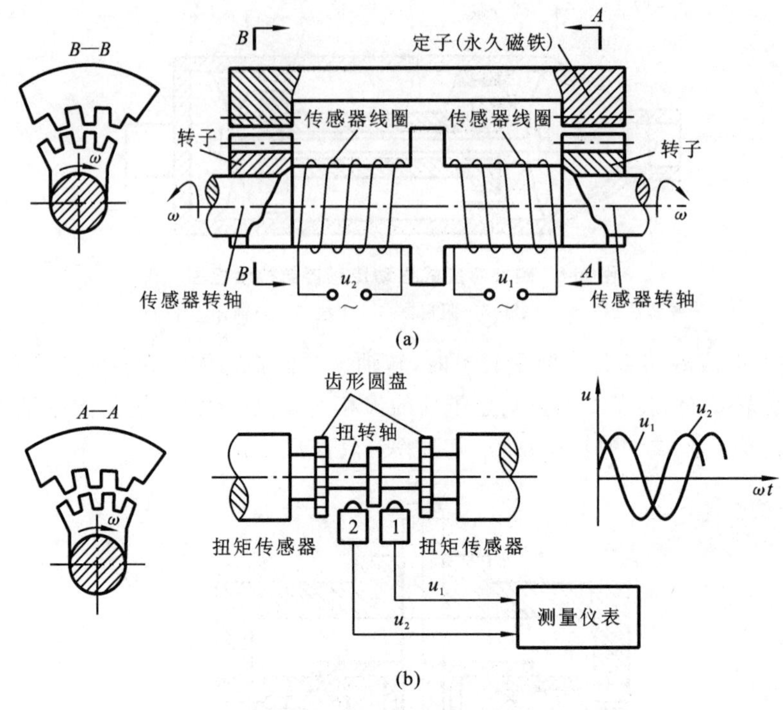

图 6-6　磁电感应式扭矩仪

(a) 结构示意图;(b) 输出信号

6.2　霍尔式传感器

霍尔式传感器可用来测量位移、转速、加速度、压力、电流和磁场等。由于霍尔式传感器结构简单、体积小、频率响应宽、动态范围大、使用寿命长、可靠性高,因此得到广泛的应用。

6.2.1　霍尔式传感器的工作原理

霍尔式传感器利用霍尔元件基于霍尔效应将被测量转换成霍尔电动势输出。载流体(电流为 I)置于磁场中(磁感应强度为 B),如果磁场方向与电场方向正交,则载流体在垂直于磁场和电场方向的两侧表面之间产生电势差 U_H,这种现象称为霍尔效应,这个电势差就是霍尔电动势。如图 6-7 所示,以 N 型半导体为例,霍尔电动势是由于运动载流子(电子)受到磁场力(即洛伦兹力)F_L 作用,在载流体两侧分别形成电子和正电荷的积累产生的。

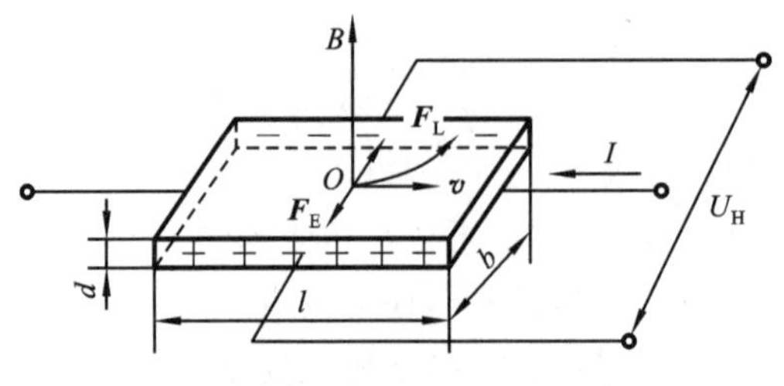

图 6-7　霍尔效应原理图

洛伦兹力的大小为

$$F_L = evB \tag{6-6}$$

式中：e 为电子电荷量，$e=1.602\times10^{-19}$ C；B 为磁感应强度；v 为电子平均运动速度。

载流子以一定速度运动形成电流，即流过载流体的电流 I(称为控制电流)为

$$I = -nebdv \tag{6-7}$$

式中：n 为电子浓度，即单位体积中的电子数；e 为电子电荷量；b、d 分别为载流体的宽度和厚度；负号表示电子的运动方向与电流方向相反。

在洛伦兹力的作用下，电子运动在载流体的一侧端面上有所积累而带负电；另一侧端面则因缺少电子而带正电，这样就在两端面间形成电场 E_H。该电场产生的电场力 $F_E=-eE_H=-\frac{eU_H}{b}$，它与洛伦兹力 F_L 相反，将阻止电子继续偏转，其中 U_H 为霍尔电动势。当 $F_L=F_E$ 时，电子积累达到动态平衡，则

$$U_H = \frac{IB}{ned} = R_H\frac{IB}{d} \tag{6-8}$$

式中：R_H 为霍尔系数，由载流体材料的物理性质所决定。$R_H=\pm\gamma\frac{1}{ne}(\mathrm{m^3\cdot C^{-1}})$，其正负号由载流子导电类型决定，电子导电为负值，空穴导电为正值。γ 是与温度、能带结构等有关的因子，若运动载流子的速度分布为费米分布，则 $\gamma=1$；若为玻尔兹曼分布，则 $\gamma=\frac{3\pi}{8}$。

将式(6-8)写成

$$U_H = K_H IB \tag{6-9}$$

于是有

$$K_H = \frac{R_H}{d} \tag{6-10}$$

式中：K_H 称为霍尔元件的灵敏度系数，它与载流体材料的物理性质和几何尺寸有关，表示在单位激励电流和单位磁感应强度时产生的霍尔电动势大小。

如果磁场与载流体法线之间成 α 角，那么

$$U_H = R_H\frac{IB}{d}\cos\alpha \tag{6-11}$$

霍尔系数 R_H 与载流子的电阻率 ρ 和迁移率 μ 的关系为

$$R_H \propto \rho\mu \tag{6-12}$$

半导体材料具有很高的迁移率和电阻率，其霍尔系数远大于金属和绝缘体，具有显著的霍尔效应。因此，常用半导体材料制作霍尔元件。霍尔电动势 U_H 与导体厚度 d 成反比，为了提高霍尔电动势，霍尔元件通常制作成薄片。

6.2.2　霍尔元件的基本电路

霍尔元件结构如图 6-8 所示，从矩形半导体基片长度方向上的两端面引出一对电极 1、1′，用于施加控制电流，称为控制电极。在与这两个端面垂直的另两侧端面引出电极 2、2′，用于输出霍尔电动势，称为霍尔电极。在基片外面用金属、陶瓷或环氧树脂等封装作为外壳。

霍尔电极在基片上的位置及宽度对霍尔电动势影响很大。通常霍尔电极位于基片长度的中间，宽度远小于基片长度，要求其比值小于 0.1，如图 6-9 所示。

目前最常用的霍尔元件材料是锗(Ge)、硅(Si)、锑化铟(InSb)、砷化铟(InAs)、砷化镓

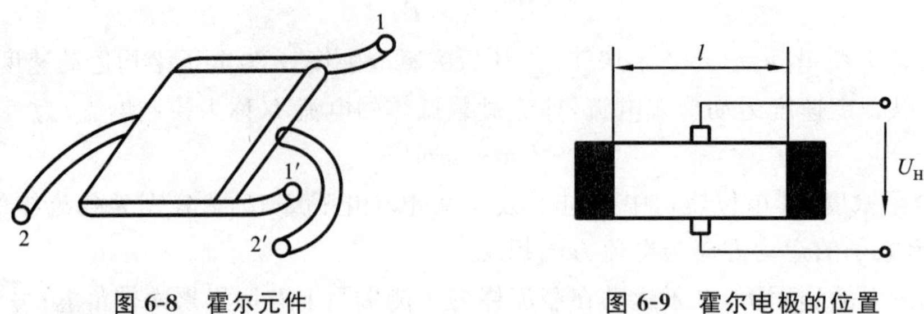

图 6-8 霍尔元件　　图 6-9 霍尔电极的位置

(GaAs)和不同比例亚砷酸铟和磷酸铟组成的 $In(As_yP_{1-y})$ 型固熔体(其中 y 表示百分比)等半导体材料。其中 N 型锗容易加工制造,霍尔系数、温度性能和线性度都较好;N 型硅的线性度最好,霍尔系数、温度性能同 N 型锗相似;锑化铟对温度最敏感,尤其在低温范围内温度系数大,在室温时霍尔系数较大;砷化铟的霍尔系数较小,温度系数也较小,输出特性线性度好;$In(As_yP_{1-y})$ 型固熔体的热稳定性最好;砷化镓的温度特性和输出线性好,是较理想的材料,但价格较贵。不同材料适用于不同的要求和应用场合,锑化铟适用于作为敏感元件;锗和砷化铟霍尔元件适用于测量指示仪表。虽然 N 型硅的电子迁移率比较低,影响它的灵敏度和带负载能力,通常不用作单个霍尔元件,但它可将霍尔元件与后续集成电路制作在一起。

图 6-10(a)所示为霍尔元件符号。以 N 型半导体(载流子为电子)霍尔元件为例,图 6-10(b)所示为其基本电路。控制电流 I 由电压源提供,其大小由可变电阻调节;磁场从上向下穿过霍尔元件;加在负载电阻 R_L 上的霍尔电动势 U_H 如图所示;R_L 代表后续测量放大电路的输入电阻。

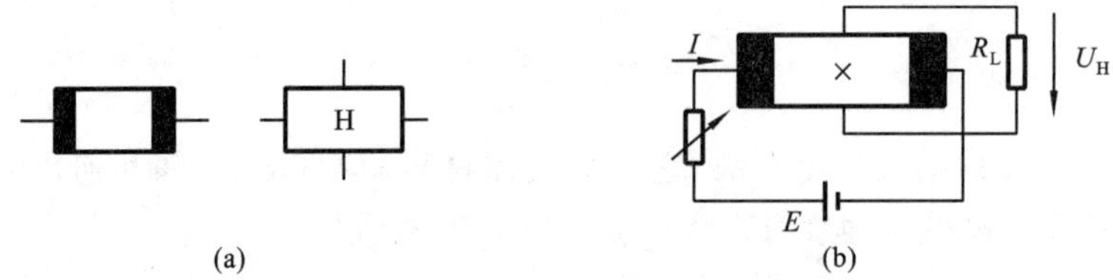

图 6-10 霍尔元件符号及基本电路

(a) 符号图;(b) 基本电路

6.2.3 霍尔元件的主要特性

1. 额定激励电流

霍尔电动势随激励电流的增加而线性增加,所以使用中尽可能选用大的激励电流,允许通过的最大激励电流即额定激励电流。激励电流流过霍尔元件时引起其温升而产生焦耳热 W_J

$$W_J = I^2R = I^2\rho\frac{l}{bd} \tag{6-13}$$

式中:I 为激励电流;R、ρ 分别为霍尔元件的电阻和电阻率;l、b、d 分别为霍尔元件长度、宽度和厚度。

由于霍尔元件通常做成薄片,所以散热 W_H 主要在薄片的上下两个表面,即

$$W_H = 2lb\Delta TA \tag{6-14}$$

式中:ΔT 为霍尔元件温升;A 为散热系数。

当焦耳热和散热达到平衡,即 $W_J = W_H$ 时,所对应的激励电流即额定激励电流 I_H

$$I_{\mathrm{H}}=\sqrt{\frac{2db^{2}\Delta TA}{\rho}} \tag{6-15}$$

一般 I_{H} 为几毫安到几百毫安。

2. 不等位电动势及其补偿

当霍尔元件的激励电流为 I_H、磁感应强度 $B=0$ 时，则霍尔电动势为零。如果不为零，此时测得的空载霍尔电动势称为不等位电动势。产生这一现象的主要原因有：①霍尔电极安装位置不对称或不在同一等电位面上(见图 6-11(a))；②霍尔元件材料电阻率不均匀或片厚薄不均匀或控制电极接触不良都将使等位面歪斜(见图 6-11(b))，致使两霍尔电极不在同一等位面上而产生不等位电动势。

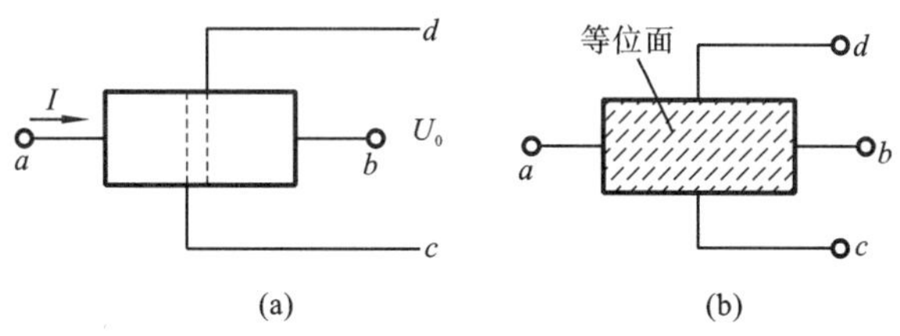

图 6-11　不等位电动势产生示意图

(a) 两电极不在同一等位面上；(b) 等位面歪斜

不等位电动势是零位误差中最主要的一种，它与霍尔电动势具有相同的数量级，有时甚至超过霍尔电动势，所以需要进行补偿。如图 6-12 所示为几种常见的零位误差补偿电路。霍尔元件可以等效为一个四臂电桥，不等位电动势就相当于电桥的初始不平衡输出电压。因此可以通过在某个桥臂上并联电阻而将不等位电动势降到最小，甚至为零。其中，不对称补偿电路(见图 6-12(a))最简单，而对称补偿电路(见图 6-12(b)、(c))温度稳定性好。

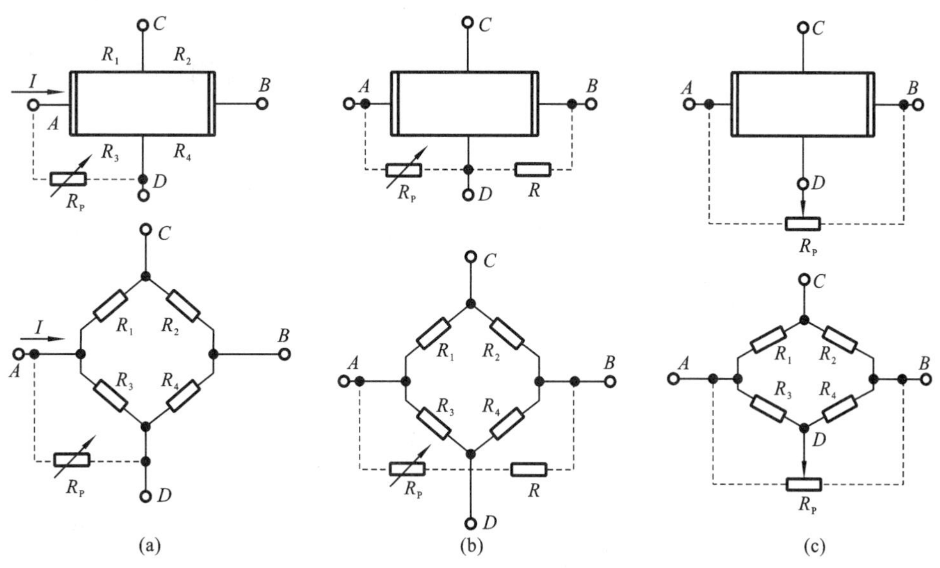

图 6-12　不等位电动势补偿电路

3. 温度误差及其补偿

大多数霍尔元件具有正的温度系数，即温度升高，霍尔电动势增大。对于具有正温度系数的霍尔元件，可采用在其输入回路中并联电阻 R_P 的办法补偿温度误差，如图 6-13 所示。

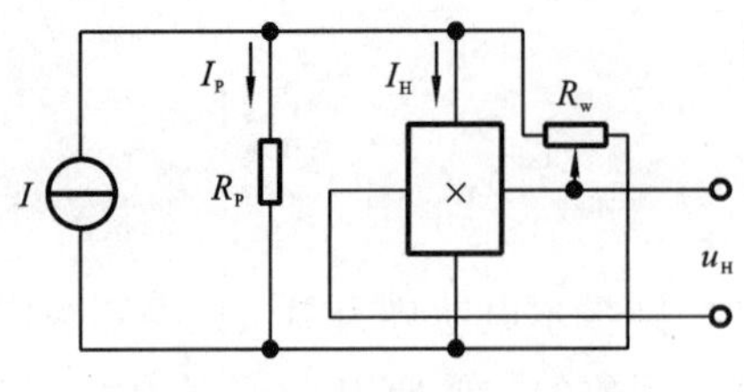

图 6-13　恒流源温度补偿电路

图中，R_W 用于补偿零位电动势。设初始温度为 t_0，霍尔元件的输入电阻为 R_{i0}、灵敏度系数为 k_{H0}；当温度变化到 t 时，霍尔元件的输入电阻为 R_{it}、灵敏度系数为 k_{Ht}。它们之间的关系为

$$k_{Ht} = k_{H0}[1+\alpha(t-t_0)] \tag{6-16}$$

$$R_{it} = R_{i0}[1+\beta(t-t_0)] \tag{6-17}$$

式中：α 为霍尔元件的灵敏度温度系数；β 为霍尔元件的电阻温度系数。

由图 6-13 可知，$I=I_P+I_H$，$I_PR_P=I_HR_i$，则

$$I_H = \frac{R_P I}{(R_i+R_P)} \tag{6-18}$$

由式(6-18)可知，当温度为 t_0 时，有

$$I_{H0} = \frac{R_P I}{(R_{i0}+R_P)} \tag{6-19}$$

当温度为 t 时，有

$$I_{Ht} = \frac{R_P I}{(R_{it}+R_P)} \tag{6-20}$$

将式(6-17)代入式(6-20)，得

$$I_{Ht} = \frac{R_P I}{\{R_{i0}[1+\beta(t-t_0)]+R_P\}} \tag{6-21}$$

为了使霍尔电动势不随温度而变化，必须保证 t_0 和 t 时的霍尔电动势相等，即 $k_{H0}I_{H0}B=k_{Ht}I_{Ht}B$，则

$$R_P = \frac{(\beta-\alpha)R_{i0}}{\alpha} \tag{6-22}$$

霍尔元件的 R_{i0}、α 和 β 值均可在产品说明书中查到。通常 $\beta \gg \alpha$，则式(6-22)可简化为

$$R_P \approx \frac{\beta}{\alpha}R_{i0} \tag{6-23}$$

根据式(6-23)选择输入回路并联电阻 R_P，可使温度误差减到极小而不影响霍尔元件的其他性能。实际上 R_P 也随温度而变化，但因其温度系数远比 β 值小，故可以忽略不计。

6.2.4　霍尔式传感器的应用

由式(6-8)可知，霍尔电动势与输入控制电流及磁感应强度呈线性关系，因此可形成三种应用方式：①当输入电流恒定不变时，传感器的输出正比于磁感应强度。因此，凡是能转换为磁感应强度变化的物理量均可以进行测量和控制，如位移、角度、转速及加速度等。②当磁感应强度恒定不变时，传感器的输出正比于电流的变化。因此，凡是能转换为电流变化的物理量均可以进行测量和控制，包括电流信号本身。③由于霍尔电动势正比于电流与磁感应强度的乘积，所以凡是能转换为两者乘法的物理量都可以进行测量，如功率。

1. 霍尔式位移传感器

如图 6-14 所示，保持霍尔元件的控制电流恒定，而使霍尔元件在一个均匀梯度的磁场中沿 x 方向移动。则输出的霍尔电动势为

$$U_H = Kx \tag{6-24}$$

式中：K 为位移传感器的灵敏度。

霍尔电动势的极性表示元件的位移方向。磁场梯度越大，灵敏度越高；磁场梯度越均匀，输出线性度越好。这种位移传感器适用于微位移、机械振动等测量。

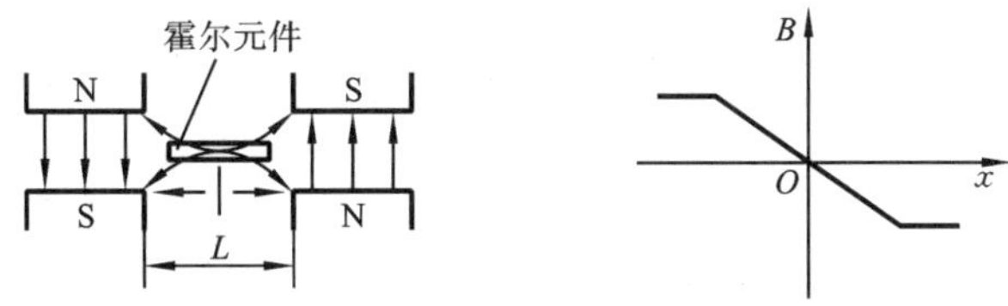

图 6-14　霍尔式位移传感器原理示意图

(a) 结构图；(b) 磁场强度分布曲线

2. 霍尔式电流传感器

霍尔式电流传感器原理图如图 6-15 所示。当被测电流 I 通过一根长导线时，在导线周围产生磁场，磁场的强弱与通过导线的电流成正比。利用由软磁性材料制作的聚磁环收集磁场到霍尔元件上，霍尔元件检测出磁场的大小，即可测得被测电流。

3. 霍尔式角度传感器

霍尔式角度传感器原理图如图 6-16 所示。永磁体 1 为径向磁化的圆柱体，与被测旋转轴 2 同轴安装。工作时，被测旋转轴 2 带动永磁体 1 绕它们的公共轴线旋转，产生沿 n 向的调制磁场，旋转角度 α 为待测角度。霍尔元件 3 与永磁体 1 相对放置，位置固定，输出的霍尔电动势随被测角度 α 的不同而改变。

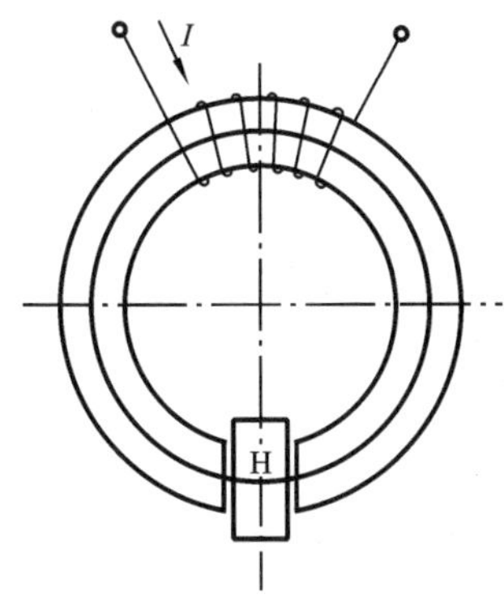

图 6-15　霍尔式电流传感器原理图

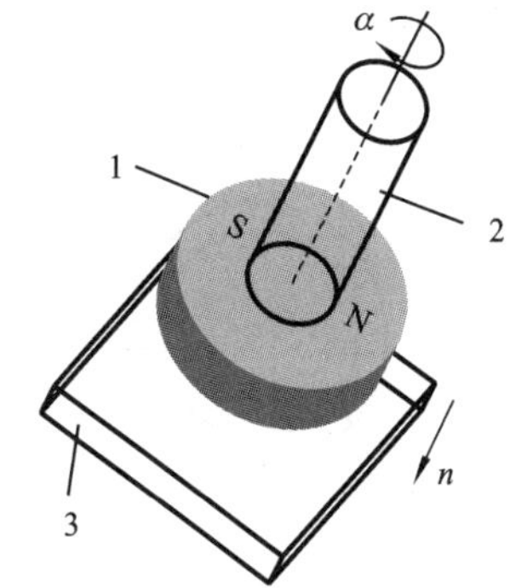

图 6-16　霍尔式角度传感器原理图

1—永磁体；2—被测旋转轴；3—霍尔元件

思考题与习题

6-1　简述磁电式传感器的类型和工作原理。

6-2　画出霍尔元件的基本电路并说明负载的含义。

6-3　某霍尔元件的 l、b、d 尺寸分别为 1.0 cm、0.35 cm、0.1 cm，沿 l 方向通以电流 $I=1.0$ mA，在垂直 lb 面方向加有均匀磁场 $B=0.3$ T，传感器的灵敏度系数为 22 V/A · T，试求其输出霍尔电动势及载流子浓度。

6-4　如题 6-4 图所示，试分析霍尔元件(假设具有正温度系数)利用恒流源和输入回路并

联电阻 R_P 进行温度补偿的条件。

6-5　证明如题 6-5 图所示的角速度测量传感器，在磁感应强度为 B 的磁场中旋转的 N 匝线圈产生的感应电动势表达式为

$$E = NBA\omega\sin\theta$$

式中：A 为线圈面积($l\times b$)；ω 为线圈的角速度；θ 为线圈相对于题 6-5 图中所示位置的角度。

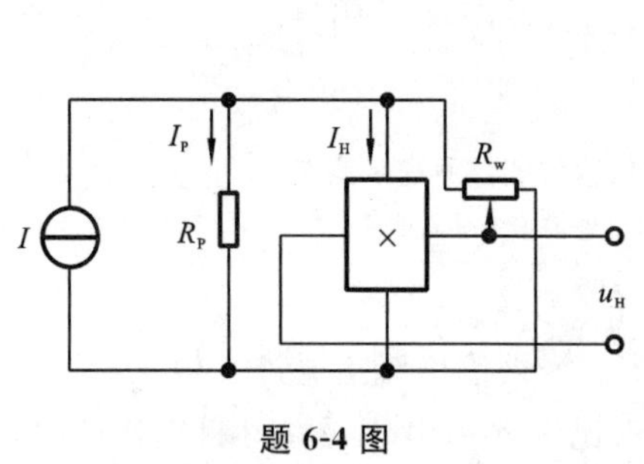

题 6-4 图

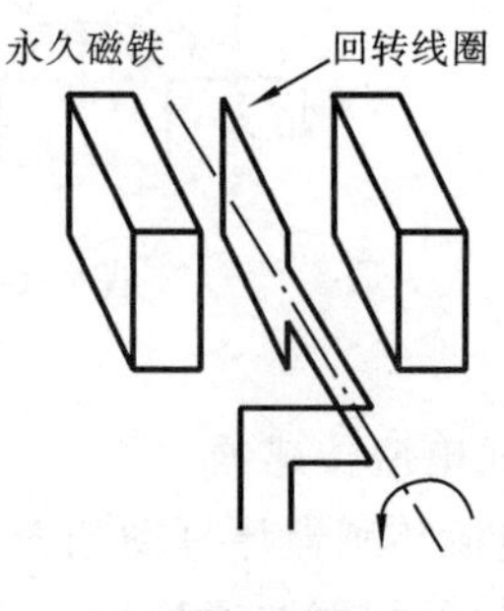

题 6-5 图

6-6　螺管线圈产生的磁感应强度 $B(\mathrm{Wb/m^2})$ 可表示为 $B=12.57\times10^{-7}NI/L$，其中 N 为线圈匝数；I 为电流(A)；L 为螺管线圈的单圈长度(m)。题 6-6 图所示的环形磁铁的磁感应强度 $B=0.1\ \mathrm{Wb/m^2}$，螺管线圈由 2000 匝导线均匀地缠绕 10 mm 直径钢环的一半。求所需要的电流 I，并计算当单位长度的导线以 1 m/s 的速度通过磁铁间隙时产生的感应电动势。

6-7　为测量某霍尔元件的灵敏度系数 k_H，构成题 6-7 图所示的实验线路，现施加 $B=0.1$ T 的外磁场，方向如图所示。调节 R_P 使 $I_C=50$ mA，测得输出电压 $U_H=25$ mV(设表头内阻为∞)，试求该霍尔元件的灵敏度系数。

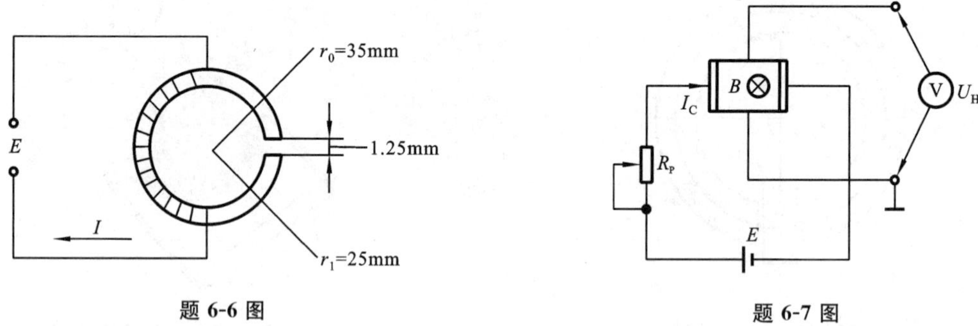

题 6-6 图　　　　题 6-7 图

6-8　试说明霍尔式位移传感器的输出 U_H 与位移 x 成正比关系。

6-9　何谓霍尔效应？说明霍尔灵敏度系数的物理意义。

6-10　试说明题 6-10 图所示的传感器为哪类磁电式传感器，并说明其工作原理。

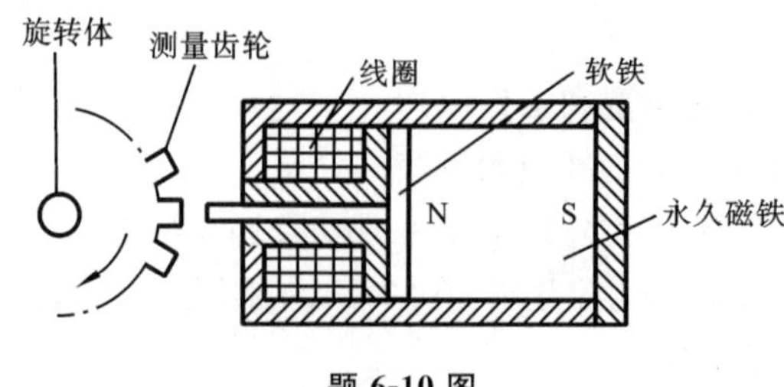

题 6-10 图

第 7 章　压电式传感器

1880 年，法国人居里兄弟（Jacques Curie 和 Piere Curie）在研究石英晶体的物理性质时，发现了一种特殊的现象：若按某种方位从石英晶体上切割一块薄晶片，在其表面接上电极，当沿着晶体的某些方向施加作用力而使晶片产生形变后，会在两个电极表面出现等量的正、负电荷，电荷量与施加的作用力大小成正比。当作用力撤除后，电荷也就消失了。这种由于机械力的作用而使石英晶体表面出现电荷的现象，称为正压电效应；该晶体则称为压电晶体。1881 年，居里兄弟还证实了另外一种物理现象：若将一块压电晶体置于外电场中，由于电场作用会使压电晶体发生形变，形变的大小与外电场的大小成正比；当电场撤除后，形变也消失。这种由于电场作用而使压电晶体产生形变的现象，称为逆压电效应。这些在当时仅仅是一种有趣的现象，直到 20 世纪 40 年代后，出现了高输入阻抗的放大电路，可有效地将压电效应所产生的电压信号拾取并放大，才真正开始了压电材料的应用。

压电式传感器以压电元件为核心，是一种能量转换型传感器，既可以将机械能转换为电能，又可以将电能转换为机械能。它具有响应频带宽、灵敏度高、信噪比大、结构简单、工作可靠、质量轻等优点。近年来，由于电子技术的飞速发展，随着与之配套的二次仪表以及低噪声、小电容、高绝缘电阻电缆的出现，使得压电式传感器的使用更为方便。在工程力学、生物医学及电声学等诸多技术领域中，压电式传感器获得了广泛应用。

7.1　压电效应及压电材料

7.1.1　压电效应

压电效应是指某些介质因施加外力造成本体变形而具有带电的性质或者因施加外电场而使本体产生变形的双向物理现象。如图 7-1 所示，压电效应包括正压电效应和逆压电效应。具有正压电效应的介质，也必定具有逆压电效应，反之亦然，即压电效应具有可逆性。

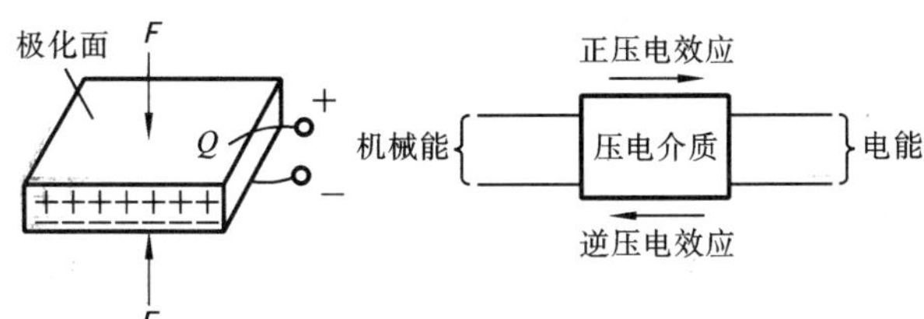

图 7-1　压电效应

当某些电介质沿一定方向受外力作用而变形时，在其特定的两个表面上产生异号电荷，使介质带电，当外力去除后，又恢复到不带电的状态，这种现象称为正压电效应。它将机械能转化为电能，电荷大小与外力大小成正比；极性取决于变形是压缩还是伸长；比例系数为压电系数，与形变方向和材料有关，在材料的确定方向上为常量。利用正压电效应进行测量的压电元件是力敏元件，用于测量最终能变换为力的那些物理量，如力、压力加速度等。压电式传感器大多数是利用正压电效应制成的。

正压电效应实际上并不真正产生电荷,而是表现为存在表面电荷,真正产生的是沿偶极子方向的电场。通过压电元件外接的金属电极将该电场转换为流动的电子,由一个电极经过外电路流向另一个电极,从而抵消产生的电场。流动的电子数目取决于压电元件所产生的电压以及电极之间的电容。当压电元件受到静态力时,电极上产生电子电荷,外电路的内阻会导致这些电子流失,电路将按指数规律放电,所以尽管施加的是恒定大小的力,但输出信号还是会随着时间延长而逐渐消失。而动态测量时的电荷量可以不断得到补充,因此,压电元件只能用于测量动态变化的力或加速度,而不能用于测量静态力。

当在电介质的极化方向上施加电场时,某些电介质在特定方向上将产生机械变形或机械应力,当外电场撤去后,变形或应力也随之消失,这种物理现象称为逆压电效应,又称为电致伸缩效应。它将电能转化为机械能,应变大小与电场强度大小成正比,方向随电场方向的变化而变化。逆压电效应可用于电声、超声等工程领域。

在 32 类结晶材料中,有 20 类存在压电特性,而其中仅有 10 类呈现铁电特性,可以被真正用作压电材料。而晶体材料中,单晶体和多晶体产生压电效应的机理并不相同。

以单晶体中的石英(结晶形状为六角晶柱、化学成分为 SiO_2)为例,其正压电效应可用图 7-2 来进一步说明。当晶体不受外力作用时,正、负离子(Si^+ 和 O^-)正好分布在正六边形的顶角上,形成三个大小相等、互成 120°夹角的电偶极矩(简称电矩)P_1、P_2 和 P_3。此时晶体正负电荷中心相重合,电矩矢量和为零,即 $P_1+P_2+P_3=0$,晶体对外不呈现极性(见图 7-2(a))。当晶体受到沿 x 轴的压力 F_x 时,沿 x 轴方向产生压缩变形,正、负离子的相对位置随之变动,正负电荷中心不再重合。电矩矢量在 x 轴方向的分量之和因 P_1 减小和 P_2、P_3 增大而不等于零,矢量和$(P_1+P_2+P_3)_x>0$,在 x 轴正方向的晶体表面出现正电荷,负方向对应出现负电荷。电矩矢量在 y 轴和 z 轴方向的分量和均为零,即$(P_1+P_2+P_3)_y=0$,$(P_1+P_2+P_3)_z=0$。在垂直于 y 轴和 z 轴的晶体表面上不出现电荷(见图 7-2(b))。当晶体受到沿 y 轴的压力 F_y 时,沿 y 轴方向产生压缩变形,使正负电荷中心不再重合。电矩矢量在 x 轴方向的分量之和因 P_1 增大和 P_2、P_3 减小而不等于零,矢量和$(P_1+P_2+P_3)_x<0$,在 x 轴正方向的晶体表面出现负电荷,负方向对应出现正电荷。同样,电矩矢量在 y 轴和 z 轴方向的分量和均为零,即在垂直于 y 轴和 z 轴的晶体表面上不出现电荷(见图 7-2(c))。如果沿着垂直于 x 轴、y 轴的 z 轴方向施力,晶体在 x 轴方向和 y 轴方向产生的变形完全相同,所以正负电荷中心保持重合,电矩矢量和为零。这表明沿 z 轴方向施力,晶体不会产生压电效应。

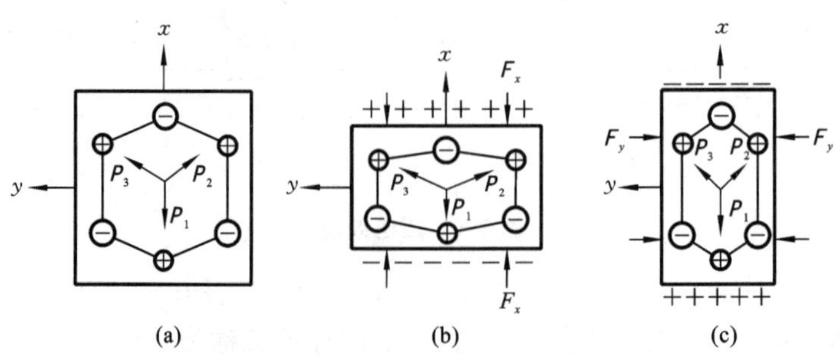

图 7-2 石英晶体压电模型

(a) 不受力;(b) x 轴方向受力;(c) y 轴方向受力

x 轴称为电轴，y 轴称为力轴或机械轴，z 轴称为光轴。沿电轴 x 方向的作用力所产生的压电效应称为纵向压电效应；沿力轴 y 方向的作用力所产生的压电效应称为横向压电效应。

利用压电效应进行力的测量，即对力所导致的表面电荷进行测量。材料的压电效应用极化强度矢量表示为

$$P = P_{xx} + P_{yy} + P_{zz} \tag{7-1}$$

式中：x，y，z 是与晶体有关的直角坐标系。极化强度为介质在给定点上每单位体积内的电矩（C/m^2）。电矩的大小为 qb，其中 b 为电介质的厚度（即正、负电荷之间的距离），q 为极化电荷量。极化强度写成轴向应力 σ 与切向应力 τ 的表示形式为

$$\left.\begin{aligned} P_{xx} &= d_{11}\sigma_{xx} + d_{12}\sigma_{yy} + d_{13}\sigma_{zz} + d_{14}\tau_{yz} + d_{15}\tau_{zx} + d_{16}\tau_{xy} \\ P_{yy} &= d_{21}\sigma_{xx} + d_{22}\sigma_{yy} + d_{23}\sigma_{zz} + d_{24}\tau_{yz} + d_{25}\tau_{zx} + d_{26}\tau_{xy} \\ P_{zz} &= d_{31}\sigma_{xx} + d_{32}\sigma_{yy} + d_{33}\sigma_{zz} + d_{34}\tau_{yz} + d_{35}\tau_{zx} + d_{36}\tau_{xy} \end{aligned}\right\} \tag{7-2}$$

式中：d_{mn} 为压电系数。下标 m 表示晶体的轴向；n 表示施加作用力的方向。1、2、3 分别对应于 x 轴、y 轴和 z 轴，如图 7-3 所示。

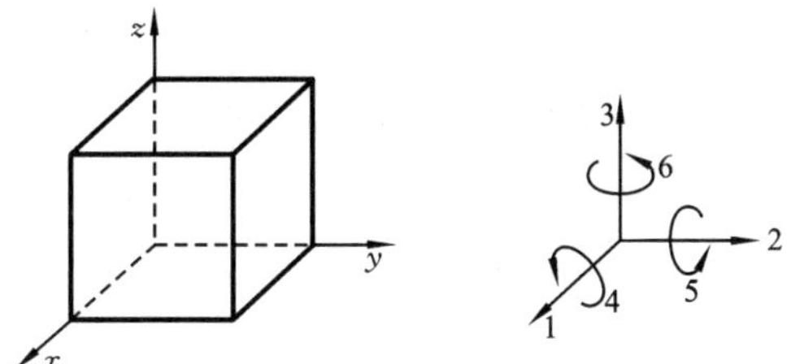

图 7-3　压电系数的轴向表示法

压电系数 d_{mn} 的量纲为 $[d_{mn}]=\dfrac{C/m^2}{N/m^2}=\dfrac{C}{N}$（库仑/牛顿），用国际单位制表示为 $A \cdot s^{-3}/kg \cdot m$。压电系数的独立分量数目与压电晶体的对称性有关。例如，石英晶体属于三角晶系 32 点群，其独立压电系数分量有两个；压电陶瓷的对称性与六角晶系的晶体类似，其压电系数的独立分量有三个。

石英是常用的单晶体压电材料之一，如图 7-4 所示，其结晶形状是六角晶柱，截面是一个正六边形。如图(b)所示沿晶轴切片，晶片在受到沿不同方向作用力时会产生不同的极化作用。

当晶片在电轴 x 方向上受到正应力 σ_{xx} 作用时，切片在厚度上产生变形并由此引起极化现象，会在垂直于 x 轴方向的晶面上产生电荷，极化强度 P_{xx} 与正应力 σ_{xx} 成正比，即

$$P_{xx} = d_{11}\sigma_{xx} = d_{11}\frac{F_x}{lb} \tag{7-3}$$

式中：F_x 为沿晶轴 x 正方向施加的应力（N）；d_{11} 为压电系数（石英晶体 $d_{11}=2.3\times10^{-12}$ C/N）；l 为晶片长度（m）；b 为晶片厚度（m）。

极化强度 P_{xx} 等于晶片表面产生的电荷密度，即

$$P_{xx} = \frac{q_{xx}}{lb} \tag{7-4}$$

由式(7-3)和式(7-4)可得

$$q_{xx} = d_{11}F_x \tag{7-5}$$

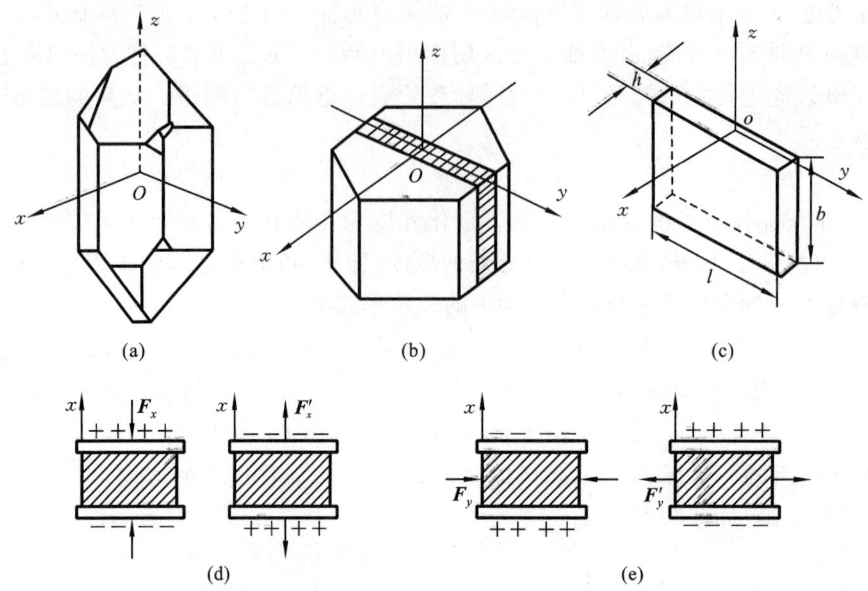

图 7-4　石英晶体的压电效应

(a) 左旋石英晶体外形；(b) 切片；(c) 晶片；(d) 电轴方向受力；(e) 力轴方向受力

由此可见，当石英晶片受到 x 轴方向的压力时，所产生的电荷量 q_{xx} 与作用力 F_x 成正比，与晶片的几何尺寸无关。

当晶片在力轴 y 方向受到外力 F_y 作用时，仍在垂直于 x 方向的晶面上产生电荷

$$q_{xy} = d_{12}\frac{lb}{hb}F_y = d_{12}\frac{l}{h}F_y \tag{7-6}$$

根据石英晶体轴的对称条件有 $d_{12}=-d_{11}$，则式(7-6)变为

$$q_{xy} = -d_{11}\frac{l}{h}F_y \tag{7-7}$$

由此可见，当石英晶片受到 y 轴方向压力时，所产生的电荷量 q_{xy} 除了与作用力 F_y 成正比外，还与晶片的几何尺寸有关，而且电荷极性与沿电轴 x 方向施加压力时产生的电荷极性相反。

多晶体产生压电效应的机理不同于单晶体。以压电陶瓷为例，压电陶瓷是人造多晶压电材料，由无数细小的单晶组成，各单晶的自发极化方向是任意排列的，组成多晶后，各单晶的压电效应会相互抵消而成为非压电体，其电畴结构如图 7-5(a)所示。为使其具有压电效应，必须进行极化处理。在一定温度下施加强电场，在外电场的作用下，电畴的极化方向发生转动，趋向于按外电场的方向排列，从而使材料得到极化，如图 7-5(b)所示。极化处理后，即使去掉外电场，压电陶瓷内部仍存在有很强的剩余极化强度，如图 7-5(c)所示。此时，压电陶瓷受到力作用后，极化强度会变化，在垂直极化方向的平面上产生电荷。

压电陶瓷中的锆钛酸铅具有较高的压电系数，其工作温度可达 200 ℃。当它受到极化方向作用力 $\boldsymbol{F}$ 时，垂直于受力表面产生的电荷量 q 与作用力成正比，即

$$q = d_{33}F \tag{7-8}$$

式中：$d_{33}=(200\sim300)\times10^{-12}$ C/N 为压电系数，d_{33} 比石英的 d_{11} 大很多，即采用压电陶瓷作传感器压电元件的灵敏度比采用石英时的高很多。

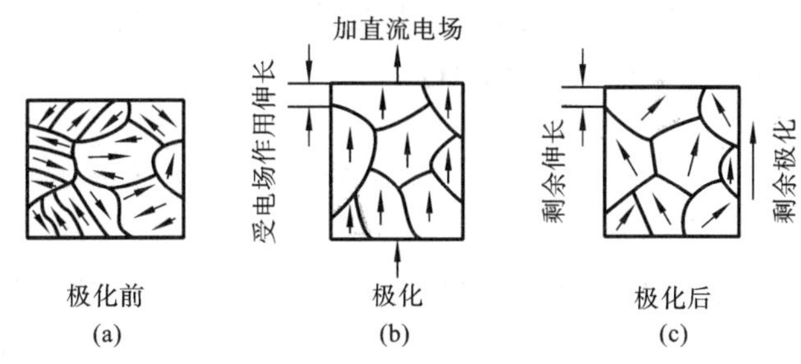

图 7-5　压电陶瓷电畴结构

此外，压电陶瓷具有很高的热稳定性和物理稳定性，并针对所关注的特性（介电常数、压电系数、居里温度等）给出非常宽的数值范围。其主要缺点是机械强度和居里点较低，接近居里温度时容易因老化而失去压电特性。

7.1.2　压电材料的种类及特性

能够明显呈现压电效应的敏感材料称为压电材料。压电材料的主要特性参数如下所述。

(1) 压电系数。它是衡量材料压电效应强弱的参数，直接关系到压电输出灵敏度。

(2) 弹性常数。压电材料的弹性常数（刚度）决定着压电器件的固有频率和动态特性。

(3) 介电常数。对于一定形状、尺寸的压电元件，其固有电容与介电常数有关，而固有电容又影响着压电式传感器的频率下限。

(4) 机电耦合系数。机电耦合系数是指在压电效应中，转换输出的能量（如电能）与输入的能量（如机械能）之比的平方根。它是衡量压电材料机电能量转换效率的一个重要参数。

(5) 绝缘电阻。压电材料的绝缘电阻将减少电荷泄漏，从而改善压电式传感器的低频特性。

(6) 居里点。压电材料开始丧失压电特性的温度。

常见的压电材料分为三类：①单晶压电晶体，如石英、铌酸锂、磷酸二氢铵等。②多晶体压电陶瓷，如极化的铁电陶瓷、锆钛酸铅（PZT）、铌酸铅等。③新型压电材料，如高分子压电薄膜，最常用的是压电系数约为石英 4 倍的聚偏二氟乙烯（PVF_2）或聚偏氟乙烯（PVDF）及其共聚物；以及压电半导体材料，包括 CdS、ZnO 等。

1. 单晶压电晶体

石英是常用的单晶压电晶体之一，俗称水晶，有天然和人工之分。石英的主要性能特点如下：①压电系数小。②对温湿度变化不敏感，稳定性好。其时间和温度稳定性在常温下几乎不变，在 20 ℃～200 ℃范围内温度变化率仅为 0.016%/℃。③弹性模数大，机械强度高，能承受高达 10^8 Pa 压力。④刚度大，固有频率高，动态特性好。⑤居里点为 573 ℃，无热释电性，而且绝缘性、重复性好，精度高。天然石英性能尤佳，但价格贵，常用于精度和稳定性要求高的场合以及用来制作标准传感器。

铁电单晶以铌酸锂为典型代表，近年来已在传感器技术中得到日益广泛的应用。铅酸锂是用化学方法制作的单晶。从结构上看，它是一种多畴单晶，必须通过极化处理后才能成为单畴单晶，从而呈现出类似单晶体的特点，即机械性能各向异性。它的时间稳定性好，居里点高达 1200 ℃，在高温、强辐射条件下仍具有良好的压电性，且机电耦合系数、介电常数、频率常数等均保持不变，特别适合做高温传感器。此外，它还具有良好的光电、声光效应，因此在光电、微声和激光等器件制造方面都有重要应用。不足之处是质地脆,耐冲击性差,热冲击性差,价格也较贵,加工和使用时要小心谨慎,避免急冷急热。

2. 多晶体压电陶瓷

1942 年,第一个压电陶瓷材料钛酸钡先后在美国、苏联和日本制成;1947 年,第一个压电陶瓷器件钛酸钡拾音器诞生;50 年代初,一种性能大大优于钛酸钡的锆钛酸铅压电陶瓷材料研制成功,从此,压电陶瓷的发展进入新阶段;60～70 年代,压电陶瓷不断改进,性能日趋完善。比如,采用多种元素改进的锆钛酸铅二元系压电陶瓷,以锆钛酸铅为基础的三元系、四元系压电陶瓷都应运而生。这些材料性能优异、制造简单、成本低廉、应用广泛。

压电陶瓷除具有压电特性外,还具有热释电特性、介电特性和弹性特性等,可广泛用于制造超声换能器、水声换能器、电声换能器、陶瓷滤波器、陶瓷变压器、陶瓷鉴频器、高压发生器、红外探测器、声表面波器件、电光器件、引燃引爆装置和压电陀螺等。压电陶瓷由于具有很高的压电系数,因此在压电式传感器中得到广泛的应用。压电陶瓷制作工艺方便,耐湿及耐高温,压电系数大,灵敏度高,但其具有的热释电性会给压电式传感器造成热干扰,降低稳定性,所以,对稳定性要求较高的场合,压电陶瓷的应用会受到限制。

压电陶瓷主要有以下几种。

(1) 钛酸钡。

钛酸钡是由碳酸钡和二氧化钛按质量比 1∶1 混合后充分研磨成形,经 1300 ℃～1400 ℃高温烧结,再经极化处理得到的压电陶瓷,具有很高的介电常数和较大的压电系数(约为石英晶体的 50 倍)。不足之处是居里温度低(120 ℃),温度稳定性和力学强度不如石英晶体。

(2) 锆钛酸铅(PZT)。

锆钛酸铅是由钛酸铅和锆酸铅组成的固溶体,与钛酸钡相比,锆钛酸铅压电系数更大,居里温度在 300 ℃以上,各项机电参数受温度影响小,时间稳定性好。此外,在锆钛酸铅中添加一种或两种其他微量元素(如铌、锑、锡、锰、钨等)还可以获得不同性能的锆钛酸铅压电材料。PZT 系压电陶瓷是目前压电式传感器中应用最广泛的压电材料。

PZT 压电陶瓷的出现,增加了许多钛酸钡时代不可能有的新应用。如果将钛酸钡作为单元系压电陶瓷的代表,则二元系的代表就是 PZT,它是自 1955 年以来的压电陶瓷之王。

(3) 基弛豫铁电体(PMN)。

PMN 属三元系列,我国于 1969 年成功研制,成为我国具有独特性能的、工艺稳定的压电陶瓷系列,已成功用于压电速率陀螺仪等仪器中。

(4) 钙钛矿型和非钙钛矿型压电陶瓷。

铌酸盐和钽酸盐系压电陶瓷都属于钙钛矿型,如铌酸(钽酸)钾(钠、镉)等。非钙钛矿型氧化物压电材料中,最早发现的是铌酸铅,其突出优点是居里温度可达 750 ℃。

3. 新型压电材料

(1) 高分子压电薄膜。

高分子压电薄膜是一种高分子聚合物,属于单晶薄膜,最常用的是压电系数约为石英 4 倍的聚偏二氟乙烯(PVF_2)或聚偏氟乙烯(PVDF)及其共聚物。高分子压电薄膜具有高弹性和柔软性,且强度高,抗冲击性非常强;韧度高,极其耐用,可以经受数百万次的弯曲和振动。由于压电薄膜很薄、质轻、非常柔软、可以无源工作,可用于那些使用其他固体材料无法满足尺寸和形状要求的场合,尤其是供电受限的情况。因此,可以广泛应用于医用传感器,尤其是需要探测细微的信号时。总之，PVDF 压电薄膜相比于石英、PZT 等，具有压电系数大、频响宽、机械强度好、耐冲击、质轻、柔韧、声阻抗易匹配、易加工成大面积、不易受水和一般化学品污染、价格便宜等特点。

PVDF 是 20 世纪 70 年代在日本问世的一种新型高分子压电材料。目前，世界上只有少数国家可以生产。PVDF 压电薄膜主要具有如下优点：①良好的工艺性，可用现有设备进行加工。②能制作大面积的敏感元件，灵敏度高。③频带响应宽（0.1 Hz～500 MHz）。对动态应力非常敏感，28 μm 厚的 PVDF 灵敏度典型值为 10～15 mV/με。在厚度方向伸缩振动的谐振频率很高，可以得到较宽的平坦响应，频响宽度远优于普通压电陶瓷换能器。④声阻抗接近于人体组织和水，可用于医疗诊断的敏感装置。⑤具有高冲击强度，可用于冲击波传感器中。⑥较高的化学稳定性（比陶瓷高 10 倍，在 80 ℃以下可长期使用）、低吸湿性、耐腐蚀性。在活性介质中使用时，这种性能是必需的。⑦相对介电常数较低，而相应的热稳定性和压电系数值 d_{33} 都较高，比其他压电材料约高一个数量级以上。⑧与压电陶瓷相比有更低的导热性，并能制成更薄的薄膜。⑨柔软坚韧、耐疲劳。PVDF 的柔顺性系数约为 PZT 的 30 倍，而比重只有 PZT 的 1/4 左右，能制成较复杂的形状（如锥形、穹顶形等），使用在需要具有特殊定向的元件中。⑩高抗紫外线辐射能力等。

高分子压电薄膜不仅可在许多领域中替代压电陶瓷材料使用，而且还可以应用在压电陶瓷材料不能使用的场合。由于在相当大的动态范围内（大约 14 个数量级），压电响应都是线性的，既能探测非常微小的物理信号又能感受到大幅度的活动，加之所具有的柔韧性，可以轻松地将压电薄膜直接固定在人体皮肤上制成可穿戴式传感器，是一种极有发展前途的换能性高分子敏感材料。

（2）半导体压电材料。

在非压电基片上用真空蒸发或溅射方法形成很薄的单晶薄膜构成半导体压电材料，它既有压电特性又有半导体特性，可用于设计制作集成压电式传感器及测试系统。CdS、ZnO 等都属于这类的压电材料。

将氧化锌（ZnO）薄膜制作在 MOS 晶体管栅极上可构成 PI-MOS 力敏器件。当力作用在 ZnO 薄膜上时，由压电效应产生电荷并加在 MOS 管栅极上，从而改变了漏极电流。这种力敏器件具有灵活度高、响应时间短等优点。此外用 ZnO 作为表面声波振荡器的压电材料，可测量力和温度等参数。

4. 常用压电材料的主要特性指标

表 7-1 所示为目前常用压电材料的主要特性指标。其中，压电系数是压电材料所特有的一组参数，是三阶张量，反映了压电材料的力学性质与介电性质之间的耦合关系。相对介电常数是表示压电介质材料的介电性质或极化性质的物理参数，其值等于以被测材料为介质与以真空为介质制成的同尺寸电容器电容量之比，该值能反映压电材料的储电能力。居里温度是指铁磁性或亚铁磁性物质转变成顺磁性物质的临界点，居里温度由压电材料的化学成分和晶体结构决定。密度是指单位体积物质的质量，作为烧结体质密化程度的依据。材料是由气孔在内的多相系统组成，其密度可分为体密度和视密度，陶瓷的吸水率和孔隙率都是依据密度的测定而得。孔隙的数量及分布对材料强度、弹性模量、抗氧化性、耐磨性及其他重要性质均有重大影响。

表 7-1　常用压电材料的主要特性指标

压电材料	种　类	压电系数 /(×10^{-12} C/N)	相对介电系数	居里温度 /℃	密度 /(×10^{-2} kg/m^3)
石英(SiO_2)	单晶	$d_{11}=2.31$ $d_{14}=0.7247$	4.6	573	2.65
钛酸钡($BaTiO_3$)	多晶陶瓷	$d_{33}=190$ $d_{31}=-78$	1700	120	5.7
锆钛酸铅(PZT)		$d_{33}=71\sim590$ $d_{31}=-100\sim-230$	460～3400	180～350	7.5～7.6
聚二氟乙烯 PVF_2	高分子薄膜	$d_{31}=6.7$	5	120	1.8
复合材料 PFV_2-PZT		$d_{31}=15\sim25$	100～200	—	5.5～6
硫化镉(CdS)	半导体压电材料	$d_{33}=10.3$ $d_{31}=-5.2$ $d_{15}=14$	10.3 9.35	—	4.82
氧化锌 ZnO		$d_{33}=12.4$ $d_{31}=-5.0$ $d_{15}=-8.3$	11.0 9.26	—	5.68

7.2　压电式传感器等效电路及测量电路

7.2.1　压电元件等效电路及常用结构形式

1. 压电元件等效电路

压电元件是压电式传感器的敏感元件,根据压电效应,当它受到外力作用时,就会在两个电极上产生极性相反、电量相等的电荷 Q,这样可以将压电式传感器看成一个静电发生器。两个极板上聚集电荷,中间为绝缘体,它又可以看成一个电容器。如图 7-6(a)所示,其电容量为

$$C_a=\frac{\varepsilon S}{d}=\frac{\varepsilon_r\varepsilon_0 S}{d} \tag{7-9}$$

式中:S 为极板面积(m^2);d 为压电晶片厚度(m);ε 为介质的介电常数;ε_r 为压电材料的相对介电常数;ε_0 为真空介电常数,$\varepsilon_0=8.85\times10^{-12}$ F/m。

电容上的开路电压为

$$U=Q/C_a \tag{7-10}$$

压电元件输出可以是电压,也可以是电荷。因此,压电元件可以等效为一个电压源 U 和一个电容器 C_a 的串联电路,如图 7-6(b)所示;也可以等效为一个电荷源 Q 和一个电容器 C_a 的并联电路,如图 7-6(c)所示。

2. 压电元件常用结构形式

由于单个压电元件产生的电压或电荷有限,实际应用中常采用多片串、并联使用。图 7-7 所示为参数相同的两个压电元件串、并联连接示意图,其总电压和总电荷取决于具体连接

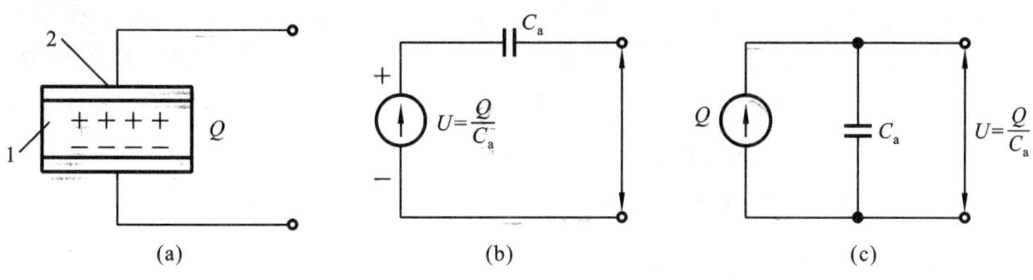

图 7-6　压电元件等效电路

(a) 压电元件；(b) 电压源；(c) 电荷源

1—压电晶体；2—电极

方式。

假设在外力作用下，单片压电元件的电容为 C、输出电压和电荷分别为 U 和 Q；串、并联后，总电容为 C'、总电压和电荷分别为 U'和 Q'。如图 7-7(a)所示，串联后 $U'=2U$、$Q'=Q$、$C'=(1/2)C$。串联连接用于电压作为输出量的场合。这种连接，输出电压大，本身电容小，要求后续电路有较大的输入阻抗。如图 7-7(b)所示，并联后 $U'=U$、$Q'=2Q$、$C'=2C$。并联连接用于电荷作为输出量的场合。这种连接，输出电荷大，本身电容大，允许被测对象变化频率稍低，有利于准静态测量。

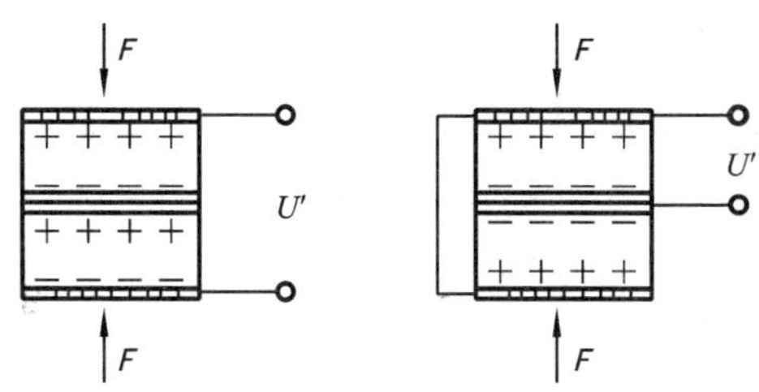

图 7-7　压电元件常用结构形式

(a) 串联；(b) 并联

7.2.2　压电式传感器等效电路

压电式传感器的等效电路如图 7-8 所示，在压电元件等效电路的基础上，还要将电缆电容 C_c、后续电路输入阻抗 R_i 和输入电容 C_i，以及压电元件的漏电阻 R_a 考虑进来。

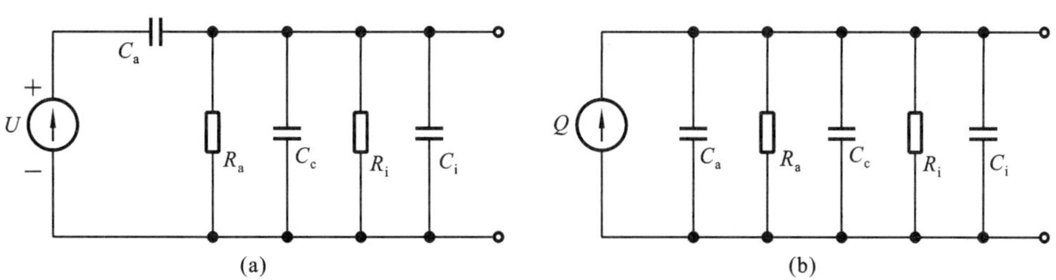

图 7-8　压电式传感器等效电路

(a) 电压源；(b) 电荷源

与电阻式、电容式等传感器不同，压电式传感器的最大优点是本身可以产生电信号，不需要外加激励信号。在需要低能耗的应用场合，这是一个非常突出的优点。压电式传感器所产生的电荷量很小,而自身的输出电阻又很大,因此其输出信号十分微弱。为了顺利地进行测量,须在压电式传感器和后续测量电路之间接入一个前置放大器,其作用一是信号放大,将压电式传感器输出的微弱信号进行放大;二是阻抗匹配,将压电元件的高阻抗输入变为低阻抗输出。根据压电式传感器输出的电信号形式划分,放大器有两种,一种是电压放大器,其输出电压与输入电压成正比;另一种是电荷放大器,其输出电压与输入电荷成正比。

7.2.3 压电式传感器测量电路

1. 电压放大器

压电式传感器接入前置电压放大器的等效电路如图 7-9 所示。图中,压电元件等效为电压源,电压放大器为高增益反相放大电路。为了实现阻抗匹配,放大器采用绝缘栅场效应管(MOSFET)或结型场效应管(JFET)。R_a 为压电元件漏电阻;R_i 为前置放大器输入电阻;R 为等效电路总电阻,$R=R_a /\!/ R_i$。C_a 为压电元件电容;C_c 为电缆电容;C_i 为前置放大器输入电容;C 为等效电路总电容,$C=C_a+C_c+C_i$;$C'=C_c+C_i$。

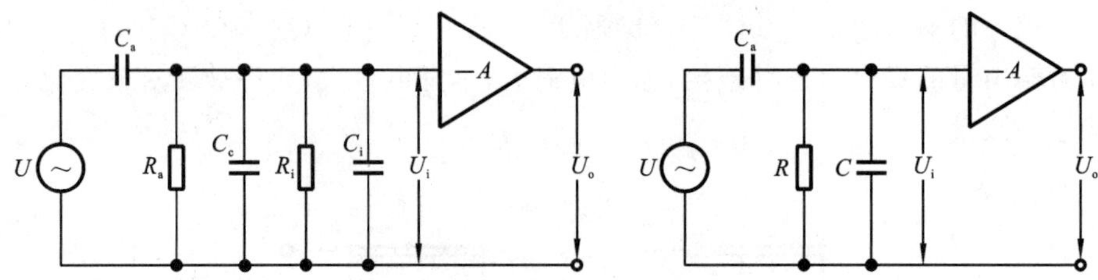

图 7-9 压电式传感器的电压放大器

(a) 等效电路;(b) 简化等效电路

当被测外力为一动态交变力 $F=F_m\sin\omega t$ 时,若压电元件为石英,其压电系数为 d_{11},则在 x 方向力的作用下,输出电荷量为

$$Q = d_{11} F_m \sin\omega t \tag{7-11}$$

则

$$U = \frac{Q}{C_a} = \frac{d_{11} \cdot F}{C_a} = \frac{d_{11}}{C_a} F_m \cdot \sin\omega t \tag{7-12}$$

放大器输入电压 U_i 为

$$U_i = \frac{U}{Z}\left(R /\!/ \frac{1}{j\omega C'}\right) = d_{11} \cdot F \frac{j\omega R}{1 + j\omega R(C' + C_a)} \tag{7-13}$$

式中:Z 为等效阻抗,$Z = \frac{1}{j\omega C_a} + \left(R /\!/ \frac{1}{j\omega C'}\right)$。

放大器输出电压 U_o 为

$$U_o = -A d_{11} F \frac{j\omega R}{1 + j\omega R(C' + C_a)} \tag{7-14}$$

式中:A 为放大器的开环增益。

进一步推导 U_i 的模为

$$|U_i| = d_{11} \cdot F_m \frac{\omega R}{\sqrt{1 + \omega^2 R^2 (C_a + C_c + C_i)^2}} \tag{7-15}$$

则当 $\omega \to \infty$ 时,获得传感器最大动态灵敏度 K_u

$$K_u = \frac{U_{im}}{F_m} = \frac{d_{11}}{C_a + C_c + C_i} \tag{7-16}$$

由此可见，压电式传感器输出与外力的频率有关，下面就不同的频率输入分别加以讨论。

(1) 由式(7-14)可知，若作用在压电元件上的力为静态力，即 $\omega \to 0$，则前置放大器的输出为零。因为电荷会通过放大器的输入阻抗和压电元件泄漏电阻泄漏掉，所以压电式传感器不能测量静态物理量。

(2) 由式(7-15)，令 $\omega_0 = \frac{1}{RC}$，当 $\omega/\omega_0 \gg 1$ 时，压电式传感器输出电压幅值（即放大器输入电压幅值）为 $U_{im} \approx \frac{d_{11}F_m}{C} = \frac{d_{11}F_m}{C_a + C_c + C_i}$，说明前置放大器的输入电压与外力的变化频率无关。一般认为 $\omega/\omega_0 \geqslant 3$，可近似看作与频率无关。

当 $\omega \to \infty$ 时，由式(7-16)可获得传感器的最大动态灵敏度，即传感器的高频响应很好。由于分母中除了压电元件本身的电容 C_a 和放大器输入电容 C_i 外，还包括电缆形成的杂散电容 C_c，所以 C_c 的存在使传感器灵敏度减小，而且更换电缆需重新校正灵敏度。由于传感器对电缆电容十分敏感，电缆过长或位置变化时会造成输出的不稳定，为解决这一问题，可采用短的电缆及驱动电缆来降低电缆电容的影响。

(3) 当 U_i 模值满足

$$\frac{|U_i|}{U_{im}} = \frac{\omega R(C_a + C_c + C_i)}{\sqrt{1 + \omega^2 R^2 (C_a + C_c + C_i)^2}} = \frac{1}{\sqrt{2}} \tag{7-17}$$

时，可求得低频截止频率

$$\omega_L = \frac{1}{RC} = \frac{1}{(R_a /\!/ R_i)(C_a + C_c + C_i)} \tag{7-18}$$

由式(7-18)可知，压电式传感器的低频响应取决于由传感器、连接电缆和负载电阻组成的电路的时间常数 RC。为了不失真测量缓慢变化的动态量，需要扩大传感器工作频带的低频端，要达到此目的，则必须提高系统的时间常数 RC。因此，压电式传感器的前置电压放大器应具有高输入阻抗，可在输入端并联一定的电容以加大时间常数 RC，但并联电容不能过大，否则会降低其输出电压。

2. 电荷放大器

压电式传感器接入前置电荷放大器的等效电路如图 7-10 所示。图中，压电元件等效为电荷源，电荷放大器是一个具有深度电容负反馈的高增益运算放大器。

放大器反馈回路中的电流 I 为

$$I = \frac{U_i - U_o}{R_f /\!/ \frac{1}{j\omega C_f}} = \frac{U_i - (-AU_i)}{R_f /\!/ \frac{1}{j\omega C_f}} = \frac{U_i}{\frac{R_f}{1+A} /\!/ \frac{1}{j\omega C_f(1+A)}} \tag{7-19}$$

式中：U_i 和 U_o 分别为放大器的输入电压（即压电式传感器的输出电压）和输出电压；A 为放大器的放大倍数；R_f、C_f 分别为放大器的反馈电阻和反馈电容。

压电式传感器作为电荷源的输出电压为

$$U_i = \frac{Q}{C + \frac{1}{j\omega R}} = \frac{Q}{C + \frac{G}{j\omega}} = \frac{Q}{[C_a + C_c + C_i + (1+A)C_f] + \frac{G_a + G_i + (1+A)G_f}{j\omega}} \tag{7-20}$$

式中：G_a、G_i、G_f 分别为与压电元件漏电阻 R_a、前置放大器输入电阻 R_i、反馈电阻 R_f 对应的电导;G 为总电导,$G=G_a+G_i+(1+A)G_f$;C_a、C_c、C_i、C_f 分别为压电元件电容、电缆电容、放大器输入电容和反馈电容;C 为总电容,$C=C_a+C_i+(1+A)C_f$。

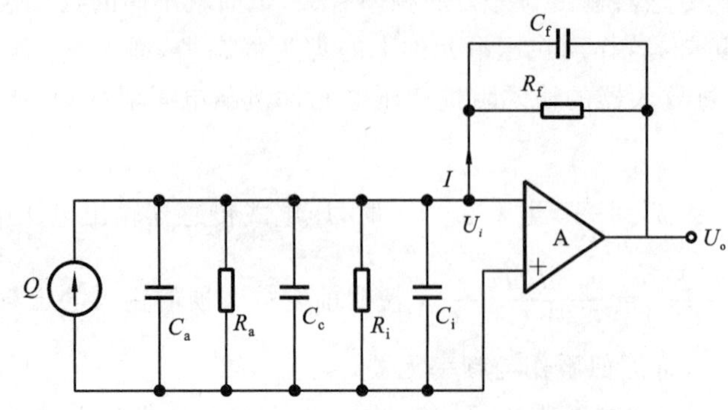

图 7-10　压电式传感器的电荷放大器

若 A 足够大,则放大器输出电压为

$$U_o=-AU_i=-\frac{AQ}{[C_a+C_c+C_i+(1+A)C_f]+\dfrac{G_a+G_i+(1+A)G_f}{j\omega}}$$
$$\approx-\frac{AQ}{(1+A)C_f+\dfrac{(1+A)C_f}{j\omega}}\approx-\frac{Q}{C_f+\dfrac{G_f}{j\omega}} \tag{7-21}$$

当 $\omega\rightarrow\infty$ 时

$$U_o\approx-\frac{Q}{C_f} \tag{7-22}$$

由此可见,当频率足够高时,电荷放大器的输出电压与压电式传感器产生的电荷量成正比,而且与电缆所形成的分布电容无关,即电荷放大器可以消除电缆长度的改变对测量精度带来的影响,这是电荷放大器的突出优点,它也因此成为压电式传感器常用的后续放大电路。电荷放大器高频特性好,但与电压放大器相比,其电路构造复杂,造价高。

电荷放大器在实际应用中需要考虑两个因素:一是时间常数,另一个是时间漂移。时间常数 T_C 用于描述交流耦合电路放电时间参数,由反馈电容及反馈电阻的值决定:$T_C=R_fC_f$。时间常数的大小对传感器的频率带宽影响非常显著。时间常数越大,频率响应的下限越低,传感器的低频响应特性越好。电荷放大器的下限截止频率为

$$f_C=\frac{1}{2\pi R_fC_f} \tag{7-23}$$

由此可见,可通过提高时间常数(即增大反馈电阻和反馈电容的值)的方式来扩展下限截止频率。电荷放大器可用于 10^{-4} Hz 的准静态测量。

时间漂移定义为在某一时间段内,输出信号所产生的与被测量无关的变化。电荷放大器的时间漂移可由输入端的低输入阻抗 R_i、MOSFET 或 JFET 的漏电流引起。时间漂移和时间常数都会影响电荷放大器的输出,只不过对于具体的传感器来说,两者的影响程度可能不同。电荷放大器的输出可能会以时间漂移的速度趋于饱和状态,或以时间常数所确定的速率趋向于输出为零。一般来说,电荷放大器可通过调整反馈电阻来选择比较合适的时间常数。时间常数较大时,时间漂移要比时间常数的影响更大。

近年来,由于线性集成运算放大器的飞跃发展,出现了 5G28 型结型场效应管输入的高阻

抗器件，因而由集成运算放大器构成的电荷放大器电路进一步得到发展。随着 MOS 和双极型混合集成电路的发展，具有更高阻抗的器件也将问世。因而电荷放大器具有良好的发展前景。

7.3　压电式传感器的应用

广义上，凡是利用压电材料的各种物理效应构成的传感器，都可称为压电式传感器。它们已被广泛地应用在工业、军事和民用等领域，表 7-2 给出了其主要应用类型。在这些应用类型中，力敏型压电式传感器应用最广，可直接利用压电效应测量力、压力、加速度、位移及振动等物理量。热敏型压电式传感器是利用压电元件的热释电效应，将温度变化转换为电信号输出，可直接用于温度测量。光敏型压电式传感器是根据物体温度不同所发出的光功率不同，利用热释电效应进行温度的间接测量。声敏型压电式传感器以超声波探测器应用最为典型，可利用正、负压电效应测量厚度、距离等，详见 12.1 节。

表 7-2　压电式传感器的主要应用类型

传感器类型	转换关系	用　　途	压电材料
力敏型	力-电转换	声呐、应变仪、点火器、血压计、压电陀螺、压力和加速度传感器、微拾音器	SiO_2、ZnO_2、$BaTiO_3$、PZT
热敏型	热-电转换	压电温度计	$BaTiO_3$、PZO、TGS、$LiTiO_3$
光敏型	光-电转换	热释电红外探测器	$BaTiO_3$、$LiTiO_3$
声敏型	声-电转换	振动器、微音器、超声探测器、助听器	SiO_2、压电陶瓷

7.3.1　压电式测力传感器

根据压电效应，压电式传感器可以直接实现力与电的转换，影响这种转换效果的主要因素包括压电材料、变形方式、机械上串联或并联的晶片数、晶片的几何尺寸和传力结构等。压电材料的选择取决于待测力的量值大小(数量级)、对测量误差的要求及工作环境温度等；变形方式以利用纵向压电效应的厚度变形最为方便；晶片数目的选取通常是使用机械串联、电气并联的两片或多片压电元件，但机械上串联数目过多会导致传感器抗侧向干扰能力下降；并联数目过多会导致对传感器加工精度要求过高，并给安装带来困难，况且传感器的电压输出灵敏度并不增大。因此，压电式测力传感器在直接测量拉力或压力时，通常采用双片或多片石英晶体作压电元件，配以适当的放大器测量动态或准静态力。按测力状态分为单向力、双向力和三向力传感器，可测量几百至几万牛顿的力。

1. 单向力传感器

一种用于机床动态切削力测量的单向压电石英力传感器的结构如图 7-11 所示。压电元件采用 xy 切型石英晶体，利用其纵向压电效应，通过 d_{11} 实现力-电转换。采用两块晶片作传感元件，被测力通过传力上盖 1 使石英晶片 2 沿电轴方向受压力作用，由于纵向压电效应使石英晶片在电轴方向上出现电荷，两块晶片沿电轴方向并联叠加，负电荷由片形电极 3 输出。压电片正电荷一侧与底座连接。两片并联可提高其灵敏度。压力元件弹性变形部分的厚度较薄，其厚度由测力大小决定。这种结构的单向力传感器体积小、质量轻(仅 10 g)、固有频率高(50～60 kHz)，可检测高达 5000 N 的动态力，分辨力为 0.001 N。

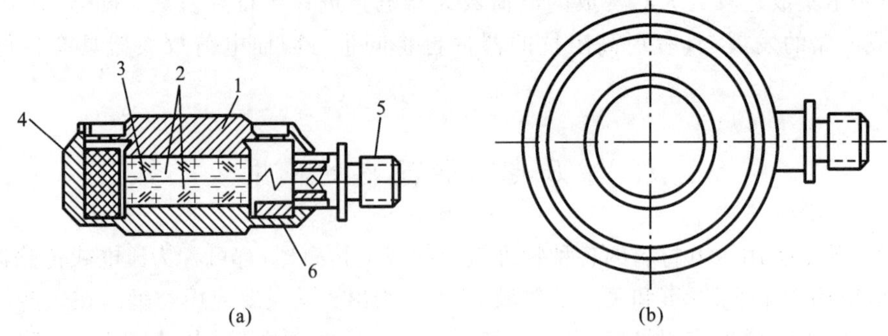

图 7-11 YDS-781 型压电式单向力传感器的结构图

1—传力上盖;2—石英晶片;3—电极;4—底座;5—电极引出接头;6—绝缘材料

2. 双向力传感器

双向力传感器通常用于测量垂直分力 F_z 和切向分力 F_x(或 F_y),以及测量互相垂直的两个切向分力 F_x 和 F_y。无论哪种测量,传感器的结构形式是相似的。图 7-12(a)所示为压电式双向力传感器的结构图。两组石英晶片分别测量两个分力,下面一组采用 xy 切型,通过 d_{11} 实现力-电转换,测量轴向力 F_z;上面一组采用 yx 切型,晶片的厚度方向为 y 轴方向,在平行于 x 轴的切应力(在 xy 平面内)作用下,产生厚度剪切变形。所谓厚度剪切变形是指晶体受切应力的面与产生电荷的面不共面,如图 7-12(b)所示。这一组石英晶体通过 d_{26} 实现力-电转换来测量 F_y。

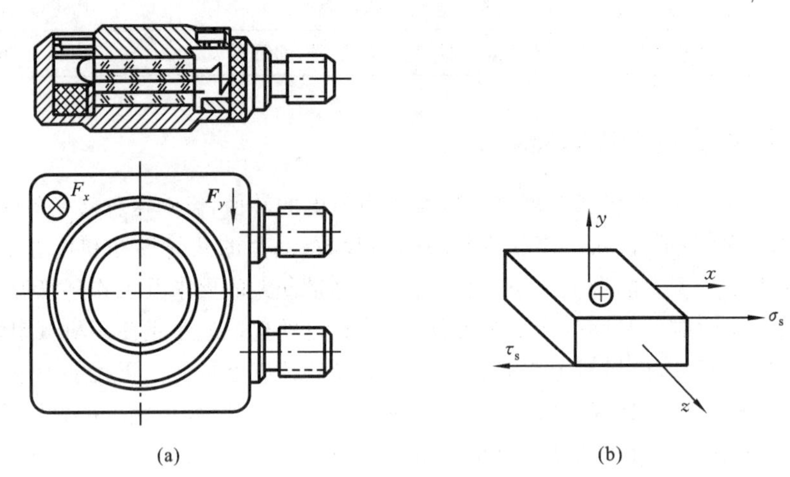

图 7-12 石英压电式双向力传感器

(a) 结构图;(b) 厚度剪切的 yx 切型

7.3.2 压电式加速度传感器

压电式加速度传感器是与加速度成正比的电荷量或电压量输出装置。由于结构简单、工作可靠,以及在精度和长时间稳定性方面的突出优点,目前已成为冲击振动测试技术中使用十分广泛的传感器。压电式加速度传感器量程大、频带宽、体积小、质量轻,适用于各种恶劣环境,可广泛用于航空航天、兵器、造船、纺织、车辆、电气等各系统的振动及冲击测试、信号分析、机械动态试验、振动校准和优化设计中。

如图 7-13 所示，压电式加速度传感器以压电陶瓷为敏感元件实现力-电转换。采用中心压缩式机械结构，质量块作为惯性元件，用压紧弹簧实现一定的预紧力。由于这种结构将质量块和压电片与外壳隔离，所以对基座应变引起的误差和横向灵敏度均较小。

检测系统原理如图 7-14 所示，主要由压电式加速度传感器、电荷放大器、测温电路、PIC 单片机、显示模块、报警电路以及微型打印机组成。实际应用时，加速度传感器安装在被测部位，其他部分与传感器通过电缆连接。压电陶瓷传感器等效成电荷源，利用图 7-10 所示的电荷放大器将传感器产生的电荷量转换成电压量，然后通过 PIC 单片机自带的 ADC 转换为适合 CPU 处理的数字信号。

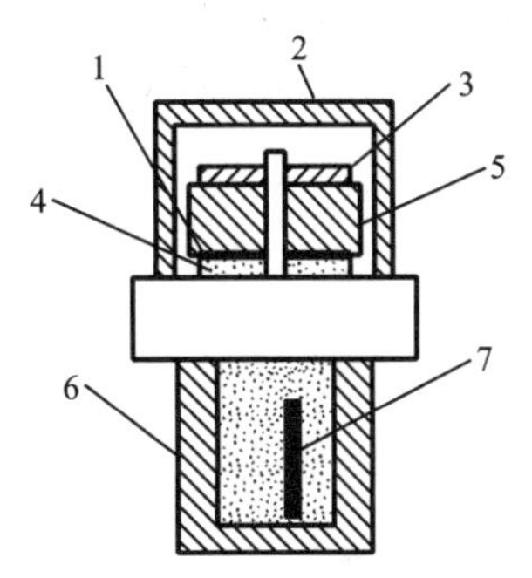

图 7-13　压电式加速度传感器结构图

1—电极；2—外壳；3—压紧弹簧；
4—压电陶瓷；5—质量块；
6—稳固螺丝；7—Pt1000

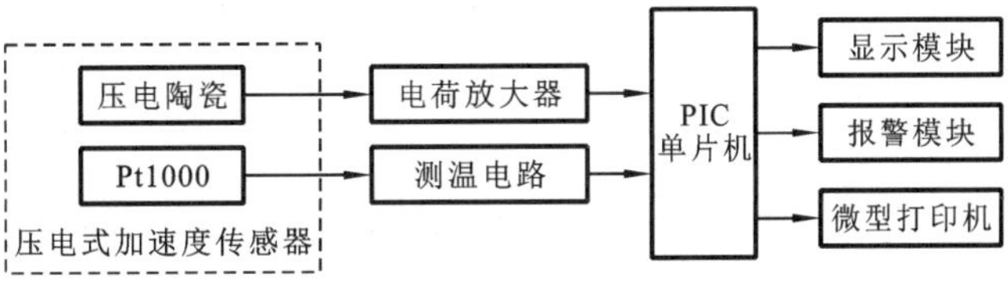

压电陶瓷
Pt1000
压电式加速度传感器
电荷放大器
测温电路
PIC 单片机
显示模块
报警模块
微型打印机

图 7-14　加速度检测电路框图

由于金属材料与陶瓷材料的热膨胀系数相差较大，当温度发生变化时，质量块与支承台之间的距离会有微小变化，从而使质量块对压电陶瓷的预压力发生变化，而压电陶瓷本身也受温度影响，因此有必要进行温度补偿。温度补偿的方法为：通过实验对传感器在不同温度下所产生的温度漂移值进行标定，将标定结果以数据表的格式存入 PIC 单片机的 ROM 中，编程使单片机根据测得的温度自动进行结果修正。

7.3.3　压电式振动传感器

1. 压电式玻璃破碎报警器

在很多场合，比如文物防盗、博物馆防盗、重要机密文件或重要物件保存等，都需要设置玻璃破碎报警器来保证其安全。目前采用最多的就是压电式玻璃破碎报警器，它具有使用频带宽、灵敏度高、结构简单、工作可靠、质量轻、测量范围广等优点。使用时，将压电式传感器粘贴在玻璃上，通过电缆和报警电路相连。图 7-15 所示为其检测系统原理框图。

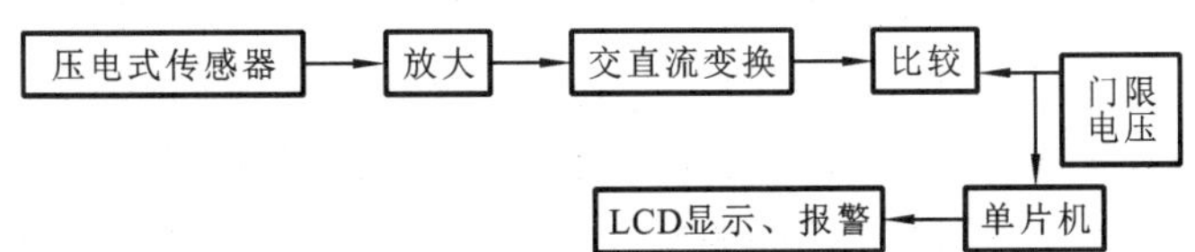

图 7-15　压电式玻璃破碎报警器原理框图

压电式传感器利用压电元件对振动敏感的特性来感知玻璃受撞击或破碎时产生的振动波，并将振动转换成电压脉冲。这种脉冲电压很小，只有几十个毫伏，所以需要通过放大器进行信号放大,放大器具有高输入阻抗和低输出阻抗。放大器的输出信号经过比较器变成标准的下降电位,在下降沿的激励下引起单片机的中断执行工作。因为压电片产生的是交流信号,所以信号在送到比较器之前必须将它变成直流电压,因此还需要交直流变换电路。单片机通过软件来控制驱动报警与显示电路。其中,放大、交直流变换及比较电路如图 7-16 所示。

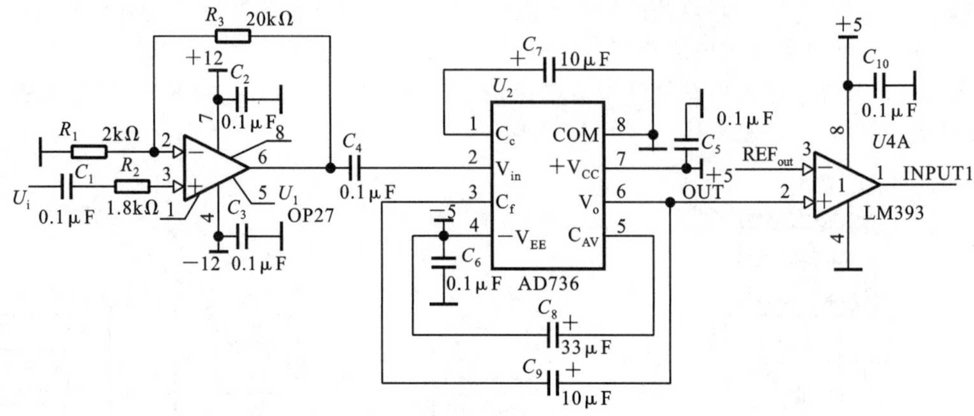

图 7-16 放大、交直流变换及比较电路

1) 放大电路

传感器输出的电压信号是很微弱的,需要在不失真的情况下加以放大,这样可以提高电路的测量效果。放大器的输入阻抗很高,不但可以实现阻抗匹配,而且可以提高压电式传感器的检测效率。放大器可采用噪声小、输入阻抗高的仪表放大器 OP27,放大器的理想增益为

$$A_f = 1 + \frac{R_3}{R_1} \tag{7-24}$$

2) 交直流变换与比较电路

从放大器出来的信号是一串被放大的脉冲波,但是进入比较器的信号必须是直流电压,之间接入交直流变换器 AD736,其最大输入信号为 200 mV(有效值)。比较器 LM393 的 $\mathrm{REF_{out}}$ 管脚为参考电压输入端,可根据需要进行调节,输入信号与之进行比较。当输入信号较小时,比较器输出标准的+5V 电压;当输入信号较大时,比较器输出低电平。从 AD736 出来的直流电压是随传感器的信号变化的,每当有振动时从比较器出来的电压会形成一个标准的下降沿电压,这样就可以触发单片机的中断。

3) 灵敏度调节电路

为了实现对玻璃破碎振动级别的识别,以便提高工作效率,检测系统可设计报警灵敏度调节电路,以便对不同强度的振动起到过滤作用,防止因为自然的因素(比如玻璃被风吹动)而使报警器产生误报警。调节灵敏度的方法有三种:一是对放大器的放大倍数进行调节;二是对放大器的输出进行分压;三是调节比较器的参考电压。图 7-17 所示的是第三种方法。

CD4052 是一个双 4 选 1 开关,控制口为 A 和 B,通过二进制代码,选通 4 个开关中的一个,接通不同的分压电阻,为比较器提供不同的参考电压,这样就可以方便地进行灵敏度的调节。

2. 浅层地震仪压电触发开关及检测电路

浅层地震仪是工程物探非常重要的仪器之一,被广泛应用于能源、水文、交通以及旧城改造、地质灾害等各类工程勘察项目中。其同步触发开关的主要作用是产生人工震源的同时也产生触发信号,以触发浅层地震仪同步采集地震信号。

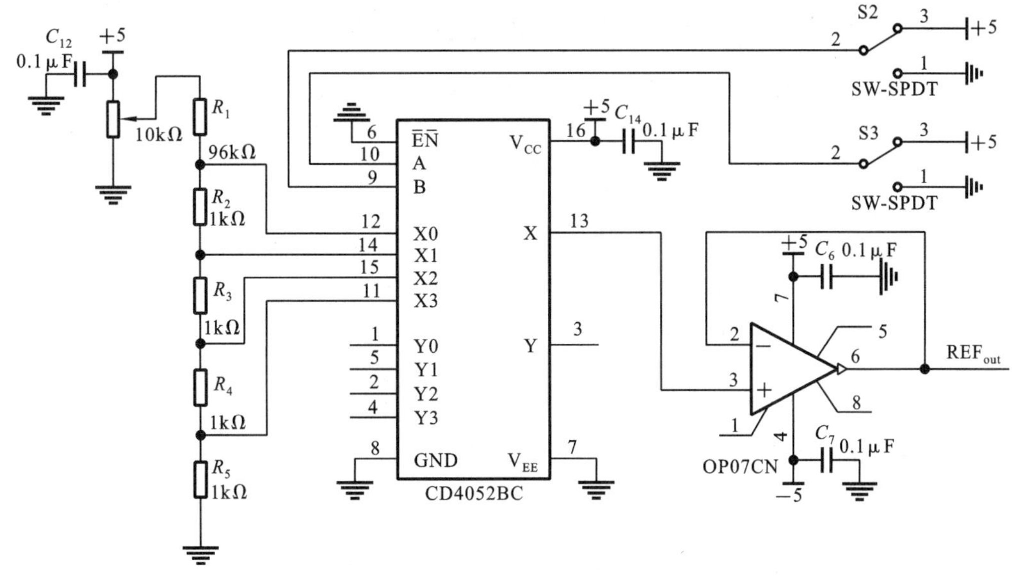

图 7-17　灵敏度调节电路

由震源同步触发系统产生的触发信号，往往较强或较弱，或有延迟等(触发信号的强弱或延迟时间与众多因素有关，如震源的选择、锤击的力度、触发信号产生的方式等)，因此需要对该触发信号进行限幅、整形或放大等处理，使触发信号能被主控采集系统识别。如图 7-18(a)所示为锤击触发器实物图，由中国地质大学(武汉)测控技术与仪器系研制。

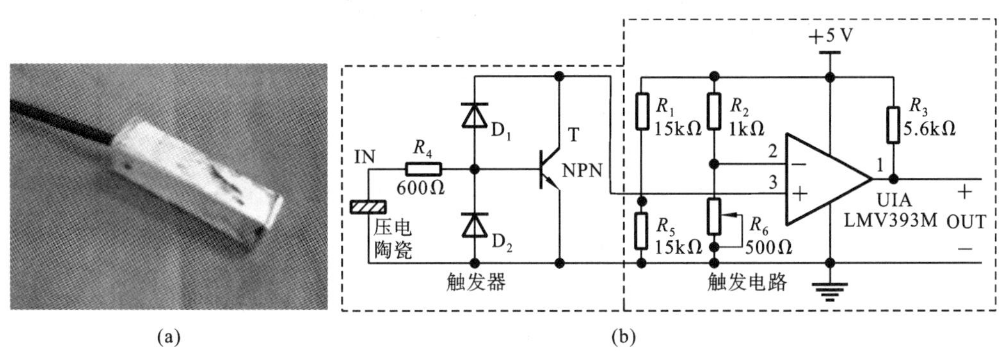

(a)　　(b)

图 7-18　锤击触发器及其触发电路

(a) 锤击触发器实物图；(b) 电路图

图 7-18(b)所示的电路中，前面一部分是锤击触发器本身的电路图；后面一部分是为其设计的触发电路。LMV393M、R_1、R_5、R_2、R_6 组成下降沿比较电路，比较器参考电压由 R_2、R_6 分压得到，通过 R_6 调节大小，使其电压在 0～2.5 V 范围内。R_5 和触发器并联再与 R_1 串联分压得到比较器正相输入信号。压电陶瓷没有受到外界作用力时，三极管截止，基极没有电流，比较器 LMV393M 的 3 脚电压为 R_1、R_5 分压所得的 2.5 V，R_6 两端的参考电压低于 2.5 V，此时比较器输出高电平 5 V。当压电陶瓷受到外力作用足够大时输出一个高电压，电流经过 R_4、三极管基极、射极回到压电陶瓷形成回路，此时三极管导通，相应的 R_5 两端电压减小，当压电陶瓷受力使 R_5 两端电压小于 R_6 两端的参考电压时，比较器就会输出一个下降沿触发数据采集卡开始采集数据。

7.3.4　基于逆压电效应的STM三维扫描控制器

扫描隧道电子显微镜(STM)是一种基于量子隧道效应的具有原子级分辨率的电子显微镜，不仅能够实时观察材料表面的原子结构、定位单个原子，而且可以进行分子、原子操纵和纳米结构的加工，因此它在纳米科技中既是测量工具又是加工工具。STM中的三维扫描控制器利用了压电陶瓷的逆压电效应。

图7-19所示为STM结构原理图，在使用STM观测样品表面的过程中，扫描探针的结构起着很重要的作用。如针尖的曲率半径是影响横向分辨率的关键因素；针尖的尺寸、形状及化学同一性不仅影响图像的分辨率，而且还关系到电子结构的测量。因此，精确地观测描述针尖的几何形状与电子特性对于实验质量的评估有重要的参考价值。纳米级的探针尖接近被测物表面，探针尖原子的电子云与被测物表面原子的电子云相交，产生隧道电流，隧道电流大小与探针尖到被测物表面的距离有关。将隧道电流放大并转换成压电陶瓷的驱动电压，调节压电陶瓷的机械位移量，反馈控制使隧道电流保持在一个稳定值，此时压电陶瓷的驱动电压反映了被测物表面的凹凸程度，是一个原子大小级别的精密尺寸。利用压电陶瓷的逆压电效应产生可控的精密位移是STM成为实用技术的前提。

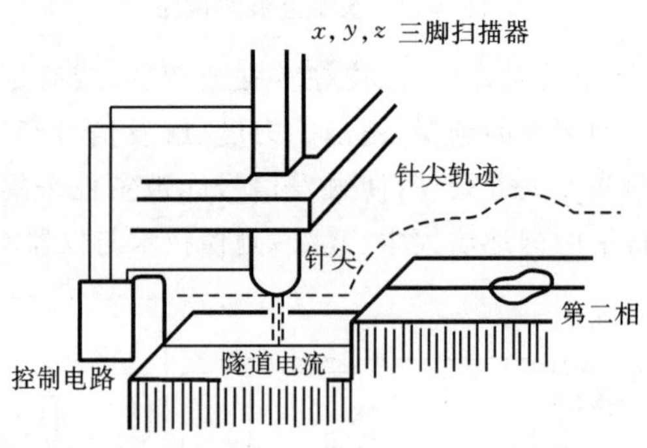

图7-19　STM结构原理图

思考题与习题

7-1　什么是正压电效应？什么是逆压电效应？

7-2　常用的压电材料有哪些种类？

7-3　压电材料的主要特性参数有哪些？

7-4　试说明为什么不能用压电式传感器测量静态力？

7-5　压电式传感器测量电路中为什么要加入前置放大器？

7-6　与电压放大器相比，电荷放大器有何特点？

7-7　用加速度计和电荷放大器测量振动，如果传感器的灵敏度为5pC/g，电荷放大器的灵敏度为100 mV/pC，试确定输入5g加速度时系统的输出电压。

7-8　某压电式压力传感器的灵敏度为70 pC/Pa，如果它的电容量为1 nF，试确定传感器在输入压力为1.6 Pa时的输出电压。

7-9　画出压电元件的等效电路并说明参数的含义。

7-10　简述压电元件的常用结构形式。

第 8 章
拓展资源

第 8 章　光电式传感器

光电式传感器是将被测物理量的变化转换成光学量的变化(被测量本身也可以是光信号),再通过光电元件将光学量的变化转换成电信号的一种测量装置。光电式传感器具有体积小、质量轻、响应快、灵敏度高、功耗低、便于集成、易于实现非接触测量的优点,被广泛应用于自动控制、机器人、航空航天等领域。

8.1　光 电 效 应

光电式传感器主要由光源、光学通路和光电探测器件三部分组成。被测量通过对光源或光学通路的影响,将被测信息调制到光波上,来改变光波的强度、相位、空间分布和频谱分布等,再由光电器件转换为电信号。电信号经后续电路的解调分离出被测信息,从而实现对被测量的测量。

常用光源有热辐射光源(如白炽灯、卤钨灯),气体放电光源(如汞灯、钠灯、氙灯),固体发光光源(如发光二极管)及激光光源等。其中,激光有很多其他光源所不能比拟的特性,如高单色性、高亮度、高方向性和高度的时间空间相干性,在光学传感、光学测量、光通信、光学加工、光学显示以及信息存储等领域获得了广泛应用。

光电探测器件的转换原理是基于物质的光电效应。光电效应是指物体吸收光子能量后所产生的电效应,分外光电效应和内光电效应两大类。外光电效应又分为光电导效应和光生伏特效应。

8.1.1　外光电效应

根据光的量子理论,频率为 f 的光照射到固体表面时,进入固体的光能总是整个光子的能量 $E=hf$ 在起作用。固体中的电子吸收了能量 E 后将增加动能。其中向表面运动的电子,如果吸收的光能可以满足途中由于与晶格或其他电子碰撞而损失的能量外,尚有一定能量足以克服固体表面的势垒(或叫逸出功)的条件,那么这些电子就可以穿出固体表面,这些电子又称光电子。这种现象称为外光电效应或光电子发射效应。

吸收光能的电子在向固体表面运动途中的能量损失无法计算,这与其到表面的距离有关。非常接近表面且运动方向合适的电子在穿出固体表面前的能量损失可能很小。逸出表面的光电子最大可能的动能由爱因斯坦方程描述为

$$E_k = hf - W \tag{8-1}$$

式中:E_k 为光电子动能,$E_k=\frac{1}{2}mv^2$,m 为光电子质量,v 为光电子离开固体表面的速度;h 为普朗克常数;f 为光子频率;W 为光电子发射材料的逸出功,表示产生一个光电子必须克服材料表面对其束缚的能量。

光电子的动能与照射光的强度无关,仅随入射光频率的增加而增加。在临界情况下,当电子逸出材料表面后,能量全部耗尽,速度减为零,即 $v=0$,则 $E_k=0$,由式(8-1)可得

$$f_0 = W/h \tag{8-2}$$

当入射光频率为 f_0 时,光电子刚刚能逸出表面;当入射光频率 $f<f_0$ 时,则无论光通量多大,也不会有光电子产生。f_0 是光电子发射效应的低频限,称为红限频率。

利用外光电效应制成的器件称为外光电效应器件,包括光电管和光电倍增管。

8.1.2 内光电效应

1. 光电导效应

若光照射到某些半导体材料上时,材料内部某些电子吸收光子的能量,从原来的束缚态变成导电的自由态。这时在外电场的作用下,流过半导体的电流会增大,即半导体的电导增大(电阻减小),这种现象称为光电导效应。光电导效应可分为本征型和杂质型两类。

本征型光电导效应是指能量足够大的光子使电子离开价带跃入导带,价带中由于电子离开而产生空穴,在外电场作用下,电子和空穴参与导电,使电导增加。此时入射光能量应满足

$$hf = h\frac{c}{\lambda} \geqslant E_g \tag{8-3}$$

式中:λ 为光子波长,c 为光速;E_g 为禁带宽度。

将 $\lambda_0 = hc/E_g = 1242/E_g(\text{nm})$ 称为临界波长。当入射光波长小于等于 λ_0 时,会发生本征型光电导效应。

杂质型光电导效应则是能量足够大的光子使施主能级中的电子或受主能级中的空穴跃迁到导带或价带,从而使电导增加。此时临界波长由杂质的电离能 E_i 决定,即

$$\lambda_0 = hc/E_i \tag{8-4}$$

因为 $E_i \ll E_g$,所以杂质型光电导效应的临界波长比本征型的要大得多。

利用具有光电导效应的半导体材料制成的光电器件称为光电导器件。最典型的光电导器件是光敏电阻,包括单晶型、多晶型和合金型等。

2. 光生伏特效应

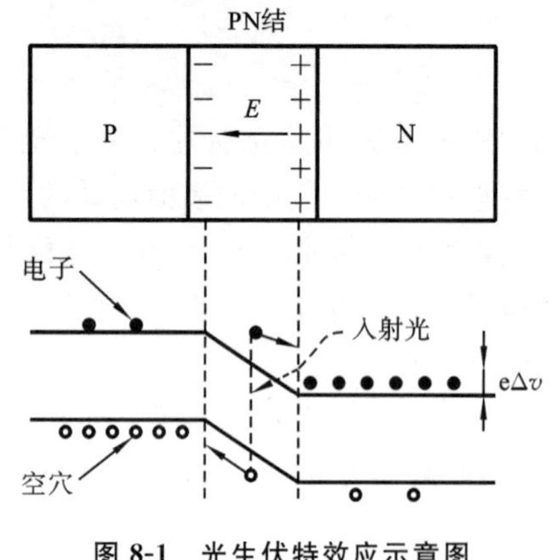

图 8-1 光生伏特效应示意图

如图 8-1 所示,无光照时,半导体 PN 结内存在内部自建电场 E。当光照射在 PN 结及其附近时,在能量足够大的光子作用下,结区及其附近产生少数载流子(电子-空穴对)。结区外的载流子靠扩散进入结区;结区内的载流子,因电场 E 的作用,电子漂移到 N 区,空穴漂移到 P 区。结果使 N 区带负电荷,P 区带正电荷,从而产生附加电动势,此现象称为光生伏特效应。

利用半导体 PN 结光生伏特效应制成的器件称为光生伏特器件,简称光伏器件,也称为结型光电器件。这类器件包括光电池、各种半导体光电二极管、光电三极管、光电场效应晶体管、光控晶闸管,以及一些特殊结构的结型光电器件。

8.2 基本光电探测器件

基于光电效应可以制成光电探测器件(也称光电效应器件,简称光电器件或光电元件),包

括外光电效应器件和内光电效应器件。内光电效应器件又分为光电导器件和光生伏特器件。本节介绍几种基本的光电探测器件。

8.2.1　光电管和光电倍增管

光电管和光电倍增管都属于外光电效应器件。

1. 光电管

1）光电管的结构及工作原理

光电管主要分两类：真空光电管和充气光电管（又称离子光电管）。

真空光电管的典型结构如图 8-2 所示，它由阴极和阳极组成，被一起装在一个抽成真空的玻璃管内。阴极可以做成多种形式，最简单的是在玻璃管内壁上涂以阴极材料，或在玻璃管内装入涂有阴极材料的柱面形金属板。阳极为置于光电管中心的环形金属丝或是置于柱面中心轴位置上的金属丝柱（见图 8-2(a)）。

当光电管的阴极受到适当的光线照射后便会发射电子，这些电子被具有一定电位的阳极吸引，在光电管内形成空间电子流。如果在外电路中串入一适当阻值的电阻，则在此电阻上将有正比于光电管中空间电流的电压降（见图 8-2(c)），其值与阴极上的光照强度成一定关系。

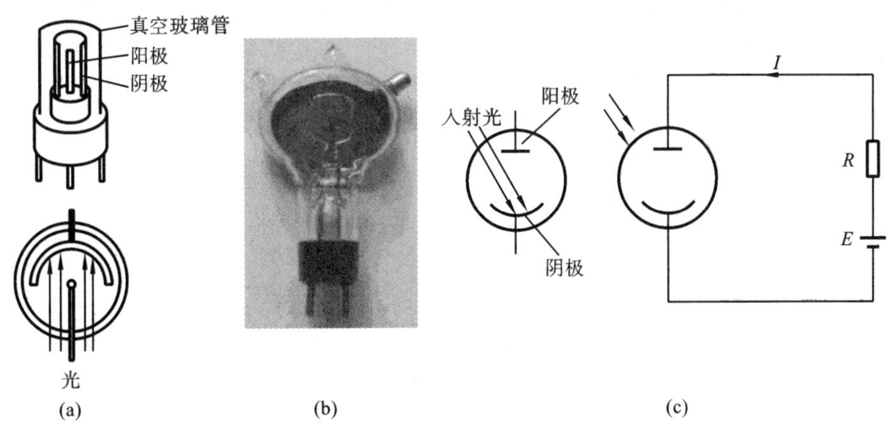

图 8-2　真空光电管

(a) 结构；(b) 外形；(c) 工作原理

充气光电管的结构与真空光电管相同，只是管内充以少量惰性气体，如氩气、氖气等。当阴极被光照射产生电子后，在向阳极运动的过程中，由于电子对气体分子的撞击，使惰性气体分子电离，从而得到正离子和更多的自由电子，使电流增加，提高了光电管的灵敏度。但充气光电管的频率特性较差，伏安特性为非线性，且受温度影响大，故不适合精密测量。

2）光电管的基本特性

(1) 光电特性。

光电特性是指光电器件两端所加电压不变时，光电流 I_ϕ 与光通量 ϕ 之间的关系。如图 8-3(a)所示，对于氧铯阴极的光电管，在一定的光照范围内，I_ϕ 与 ϕ 呈线性关系。而对于锑铯阴极的光电管，当光通量较大时，I_ϕ 与 ϕ 呈非线性关系。光电特性曲线的斜率称为光电管的灵敏度。如图 8-3(b)所示，实际工作时，如果光通量太小（小于 ϕ_1），阴极发射电子数可以忽略不计；而光通量太大（大于 ϕ_2），阴极发射电子数处于饱和状态，光电流不再增加；只有当光通量处于 $\phi_1 \sim \phi_2$ 范围内时，光电流才会随光通量的增加而线性增加。所以，光电特性决定了光电器件的量程。

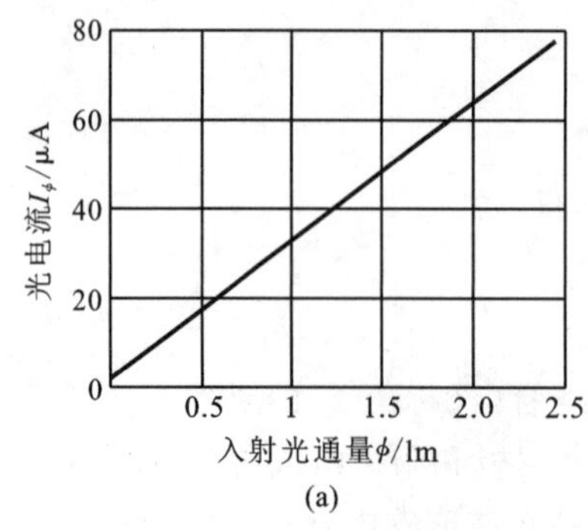

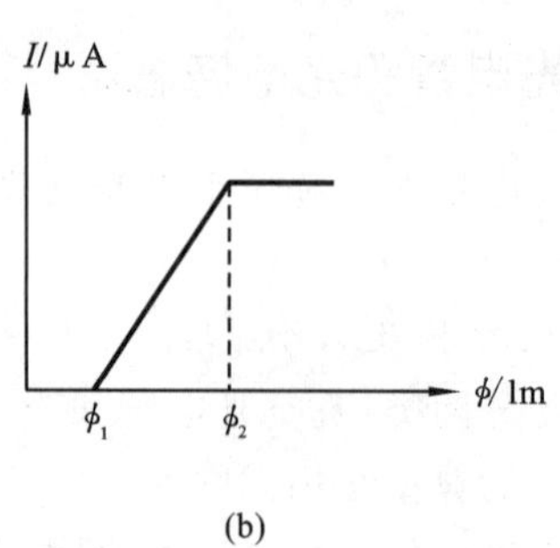

图 8-3　光电管的光电特性曲线

(a) 氧铯阴极;(b) 示意图

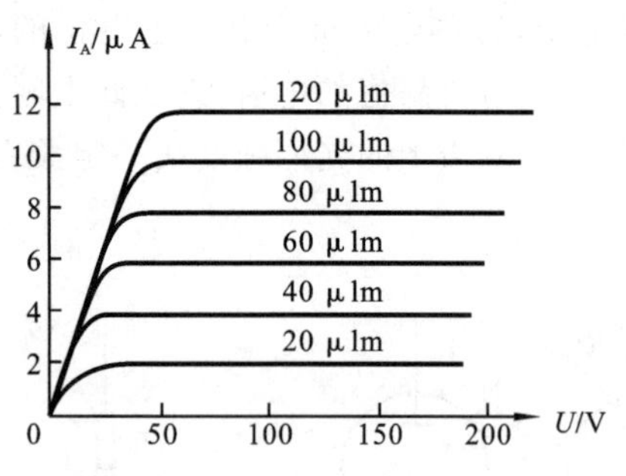

图 8-4　光电管的伏安特性曲线

(2) 伏安特性。

伏安特性是指在一定的光通量照射下,光电流与光电器件两端电压的关系。如图 8-4 所示,光电管在不同的光通量照射下,伏安特性是几条相似的曲线。当极间电压小于 50 V 时,光电流会随着电压的波动而改变,处于不稳定状态;当极间电压高于 50 V 时,光电流开始饱和,所有的光电子都到达了阳极。真空光电管一般工作于饱和状态,内阻高达几百兆欧。伏安特性决定了阳极供电电压的下限。

(3) 光谱特性。

光谱特性是指在保持光通量和阳极电压不变的情况下,阳极电流与光波长之间的关系。光电管的光谱特性主要取决于光电阴极材料。不同的阴极材料对同一种波长的光具有不同的灵敏度;同一种阴极材料对不同波长的光也具有不同的灵敏度。图 8-5 所示为光电管的光谱特性曲线,峰值对应的波长称为峰值波长,特性曲线占据的波长范围称为光谱响应范围。由图可见,对不同波长区域的光应选用不同阴极材料的光电管,使其最大灵敏度处于需要检测的光谱范围内。例如被检测的光主要成分在红外区时,应选用银氧铯阴极光电管。光谱特性说明光电器件对入射光具有选择性,决定了入射光的波长范围。

(4) 暗电流。

光电管在全暗条件下,极间加上工作电压,光电流并不等于零,该电流称为暗电流。它对测量微弱光强及精密测量的影响很大,因此,在特定的应用场合下应尽量选用暗电流小的光电管。

(5) 温度特性。

光电管输出信号及特性与温度的关系称为温度特性。工作环境的温度变化会影响光电管的灵敏度,因此,各种阴极材料应严格在规定的温度下使用。

(6) 频率特性。

在同样的极间电压和同样幅值的光强度下,当入射光强度以不同的正弦交变频率调制时,光电管输出的光电流(或灵敏度)与频率的关系,称为频率(响应)特性。光电发射几乎具有瞬

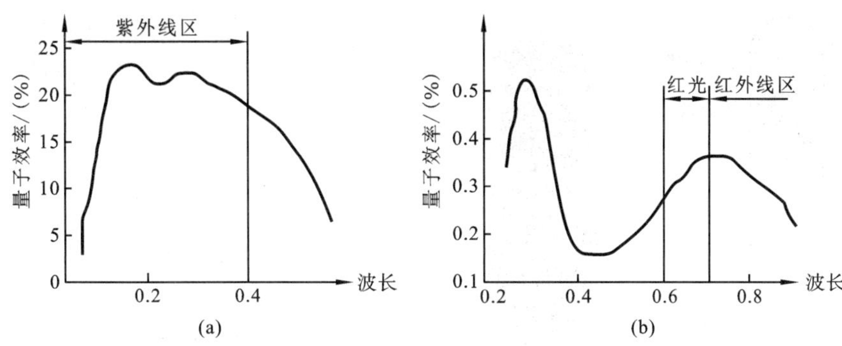

图 8-5　光电管的光谱特性曲线

(a) 锑铯阴极；(b) 银氧铯阴极

时性，真空光电管的调制频率可高达 1 MHz 以上。

(7) 稳定性和衰老。

光电管有良好的短期稳定性。随着工作时间的增加，尤其是在强光照射下，其灵敏度将逐渐降低。入射光越强或波长越短，衰老速度就越快。如果停止使用已降低了灵敏度的光电管，并放在黑暗的地方，可部分或全部恢复其灵敏度。

2. 光电倍增管

1) 光电倍增管的结构及工作原理

在光照很弱时，光电管所产生的光电流很小。为了提高灵敏度，常应用光电倍增管，其积分灵敏度可达几安培每流明。光电倍增管的工作原理建立在光电发射和二次发射的基础上，图 8-6 所示为光电倍增管的结构与外形图。光电倍增极上涂有在电子轰击下可发射更多次级电子的材料，在每个倍增极间依次增大电压，倍增极的形状和位置正好能使轰击进行下去。光电倍增管有许多形式，其基本结构要保证将光电阴极和各光电倍增极、阳极隔开，以防止光电子散射以及在阳极附近形成的正离子返回阴极而产生不稳定现象；另外，还应使电子从一个倍增极发射出来无损失地到达下一个倍增极。设每极的倍增率为 δ，若有 n 级，则光电倍增管的光电流倍增率为 δ^n。

2) 光电倍增管的基本特性

(1) 光电特性。

光通量不大时，阳极电流 I 和光通量 ϕ 之间有良好的线性关系，如图 8-7 所示。但当光通量较大时($\phi>0.1$ lm)时，光电特性出现严重的非线性情形。这是由于在强光照射下，大的光电流将使后几级倍增极疲劳，造成二次发射系数降低。产生非线性的另一个原因是当光通量较大时，阳极和最后几级倍增极将会受到附近空间电荷的影响。

(2) 伏安特性。

光电倍增管的阳极电流 I 与最后一级倍增极和阳极间的电压 U 的关系称为光电倍增管的伏安特性，如图 8-8 所示。此时其余各级电压保持恒定。在使用时，应使其工作在饱和区。

(3) 光谱特性。

光电倍增管的光谱特性与相同材料的光电管相似。在较长波长的范围时，光谱特性取决于光电阴极材料的性能；而在较短波长的范围时，光谱特性取决于窗口材料的透射特性。图 8-9 所示为锑钾铯光电阴极的光电倍增管的光谱特性。

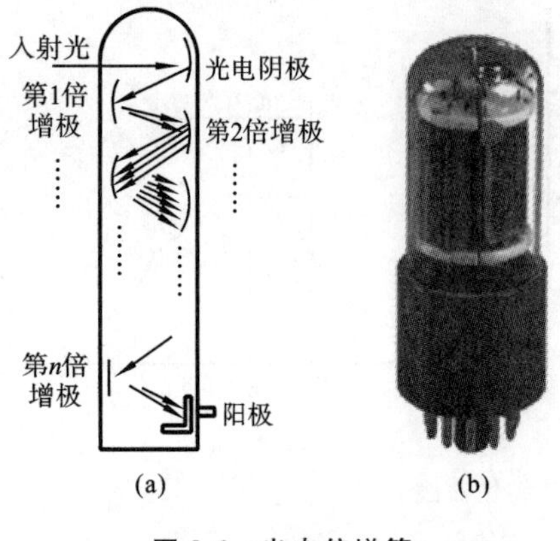

图 8-6　光电倍增管

(a) 结构;(b) 外形

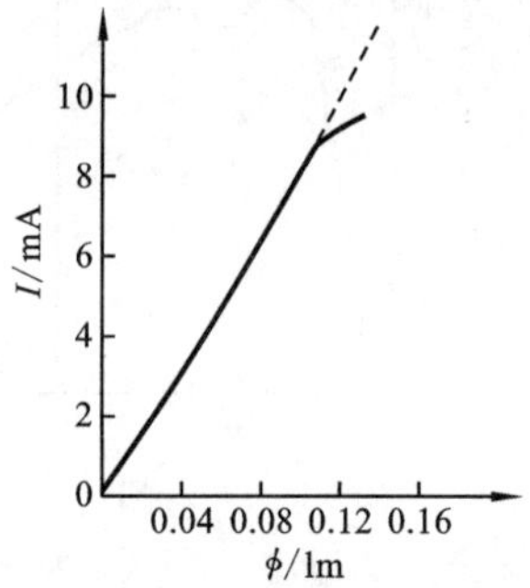

图 8-7　光电倍增管的光电特性曲线

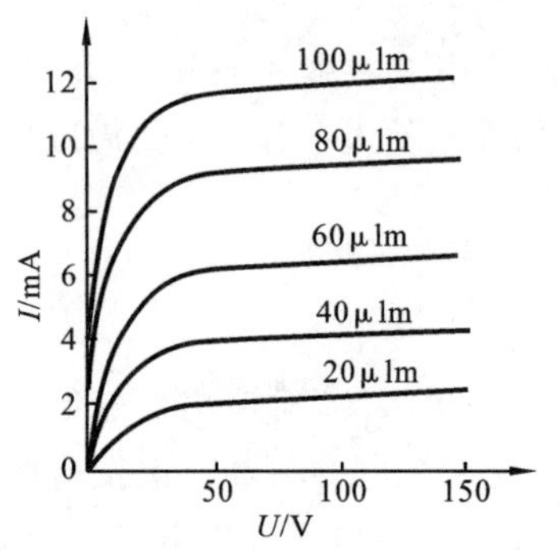

图 8-8　光电倍增管的伏安特性曲线

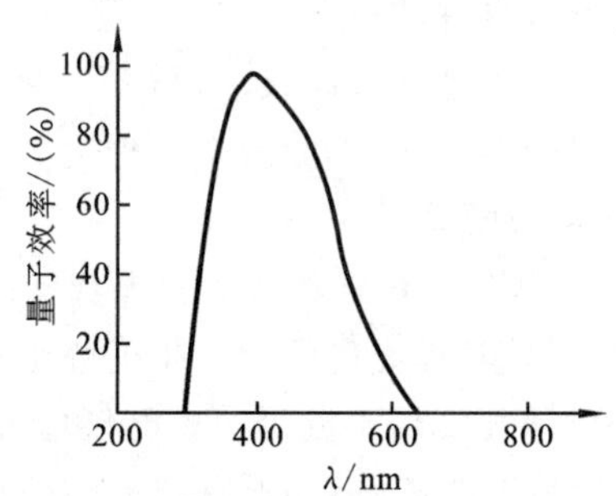

图 8-9　光电倍增管的光谱特性曲线

(4) 暗电流。

产生暗电流的原因是热电子发射、极间漏电流、场致发射等。光电倍增管的暗电流对于测量微弱光强和精确测量影响很大,通常采用补偿电路加以消除。

8.2.2　光敏电阻

光敏电阻是光电导器件。

1. 光敏电阻的结构及工作原理

光敏电阻又称光导管,是一种均质半导体光电器件,它的工作原理是基于光电导效应。无光照时,光敏电阻具有很高的阻值;有光照时,当光子能量大于材料的禁带宽度,价带中的电子吸收光子能量后跃迁到导带,激发出可以导电的电子-空穴对,使电阻降低。光线越强,激发出的电子-空穴对越多,电阻值越低。光照停止后,自由电子与空穴复合,导电性能下降,电阻恢复原值。光敏电阻有单晶型、多晶型和合金型等。制作光敏电阻的常用材料有硫化镉(CdS)、硒化镉(CdSe)、硫化铅(PbS)、硒化铅(PbSe)和锑化铟(InSb)等。

图 8-10(a)所示为金属封装的光敏电阻结构图。管芯是一块安装在绝缘衬底上的带有两个欧姆接触电极的光电导体,光电导体吸收光子而产生的光电效应,只限于光照的表面薄层。虽然产生的载流子也有少数扩散到内部,但扩散深度有限,因此光电导体一般都做成薄层。为了获得高的灵敏度,光敏电阻的电极一般采用梳状图案。它是在一定的掩膜下向光电导体薄膜上蒸镀金或铟等金属形成的。这种梳状电极,由于在间距很近的电极之间有可能采用大的

灵敏面积，所以提高了光敏电阻的灵敏度。图 8-10(b)所示为光敏电阻的外形图。光敏电阻的灵敏度易受湿度影响，因此要将光电导体严密封装在玻璃壳体中。

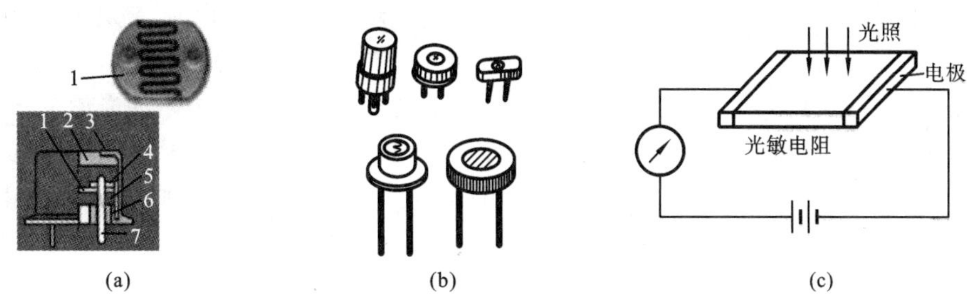

图 8-10　光敏电阻

(a) 结构；(b) 外形；(c) 电路原理图

1—光电导体；2—玻璃窗口；3—金属外壳；4—电极；5—陶瓷基底；6—黑色绝缘玻璃；7—导线

2. 光敏电阻的基本特性

1）暗电流、亮电流、光电流

光敏电阻在室温条件下，全暗后经过一定时间测量的电阻值，称为暗电阻；此时流过的电流，称为暗电流。光敏电阻在某一光照下的阻值，称为该光照下的亮电阻；此时流过的电流，称为亮电流。亮电流与暗电流之差，称为光电流。

光敏电阻的暗电阻越大、亮电阻越小，则性能越好。也就是说，暗电流要小，光电流要大，这样光敏电阻的灵敏度就高。实际上，大多数光敏电阻的暗电阻往往超过 1 MΩ，甚至高达 100 MΩ，而亮电阻即使在正常白天条件下也可降到 1 kΩ 以下，可见光敏电阻的灵敏度是相当高的。

2）光电特性

图 8-11 所示为硒光敏电阻的光电特性。不同类型光敏电阻的光电特性不同，但它们的光电特性曲线均呈非线性，因此不宜作为测量元件，这是光敏电阻的不足之处。光敏电阻通常在自动控制系统中作开关式光电信号传感元件。

3）伏安特性

图 8-12 所示为光敏电阻的伏安特性曲线。在给定偏压下，光照度越大，光电流也越大。在一定光照度下，所加电压越大，光电流就越大，而且无饱和现象。但是电压不能无限地增大，因为任何光敏电阻都受额定电压、额定电流和额定功率的限制。

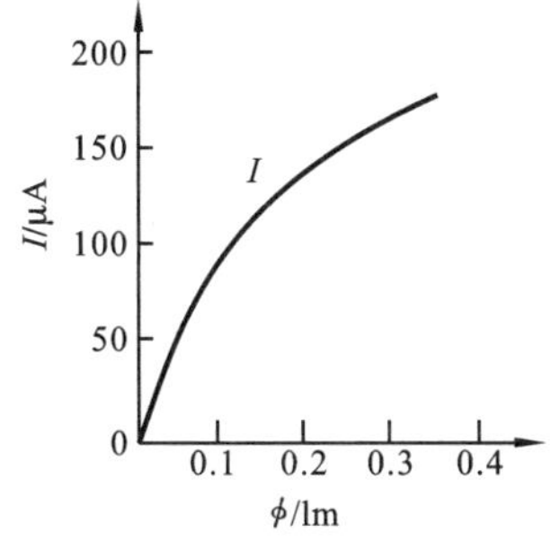

图 8-11　硒光敏电阻的光电特性曲线

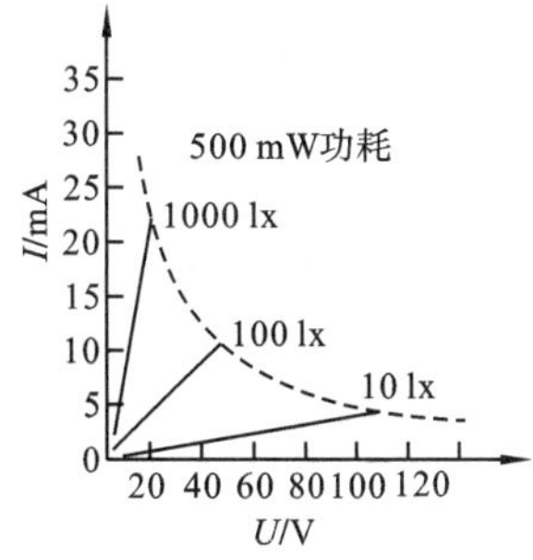

图 8-12　光敏电阻的伏安特性曲线

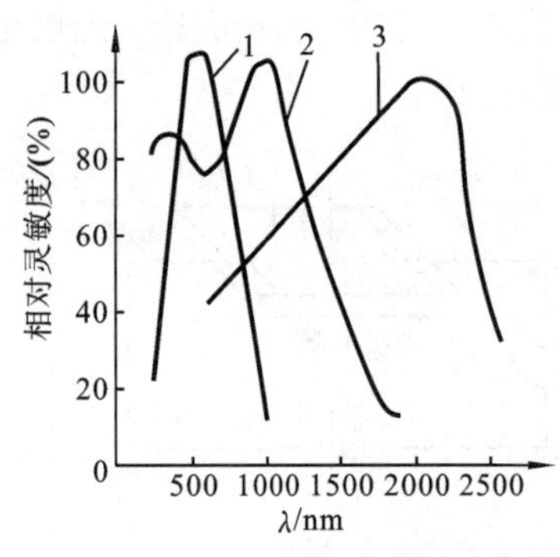

图 8-13　光敏电阻的光谱特性曲线

1—硫化镉；2—硫化铊；3—硫化铅

4）光谱特性

光谱特性与光敏电阻的材料有关。图 8-13 中的曲线 1、2、3 分别表示硫化镉、硫化铊、硫化铅三种光敏电阻的光谱特性。其中，硫化铅光敏电阻在较宽的光谱范围内均有较高的灵敏度。光敏电阻的光谱分布，不仅与材料的性质有关，而且与制造工艺有关。例如，硫化镉光敏电阻随着掺入的铜的浓度增加，光谱峰值由 50 μm 移到 64 μm；硫化铅光敏电阻随薄层厚度的减小，光谱峰值位置向短波方向移动。

5）温度特性

和其他半导体器件一样，光敏电阻的性能受温度影响较大。灵敏度随温度的升高而下降，有时为了提高灵敏度，将元件降温后使用。例如，可利用制冷器使光敏电阻的温度降低。

随着温度的升高，光敏电阻的暗电流上升，但是亮电流增加不多。因此，它的光电流下降，即光电灵敏度下降。不同材料的光敏电阻，温度特性互不相同，一般硫化镉的温度特性比硒化镉的好，硫化铅的温度特性比硒化铅的好。

6）频率特性

光敏电阻的频率特性较差，这是因为光敏电阻的导电性与被俘获的载流子有关。当入射光强增大时，被俘获的自由载流子达到相应的数值需要一定时间；同样，入射光强降低时，被俘获的电荷释放出来也比较慢。光敏电阻的阻值，要经一段时间后才能达到相应的数值（新的平衡值），故其频率特性较差。有时以时间常数的大小说明频率响应的好坏。当光敏电阻突然受到光照时，电导率上升到饱和值的 63% 所用的时间，称为上升时间常数；同样地，下降时间常数是指突然变暗时，光敏电阻的电导率降到饱和值的 37%（即降低 63%）所用的时间。

光敏电阻具有很高的灵敏度，很好的光谱特性，光谱响应可从紫外区到红外区，而且体积小、质量小、机械强度高、耐冲击、抗过载能力强、寿命长、价格便宜。因此，光敏电阻广泛应用于光电耦合器、光电自动开关、测量仪表、摄影曝光、通信设备和工业电子设备中。

8.2.3　光电(敏)二极管、光电(敏)三极管、光电池及其集成光电器件

光电（敏）二极管、光电（敏）三极管和光电池，均属于光生伏特器件。其集成光电器件是指采用集成电路工艺，将多个光电器件集成在一起，甚至将放大电路和信号处理电路等也集成为一个整体，典型的集成光电器件包括差动光电三极管、四象限硅光电池等。

1. 光电二极管

1）光电二极管的结构及工作原理

光电二极管是利用 PN 结单向导电性的结型光电器件，结构与一般二极管类似。PN 结安装在管的顶部，便于接受光照。外壳上面有一透镜制成的窗口以使光线集中在敏感面上。为了获得尽可能大的光生电流，PN 结的面积比一般二极管要大。为了使光电转换效率高，PN 结的深度较一般二极管的浅。光电二极管可工作在两种工作状态下，大多数情况工作在反向偏压状态下，如图 8-14(a)所示。在这种情况下，无光照时，处于反偏的光电二极管工作在截止状态，这时只有少数载流子在反向偏压的作用下，越过阻挡层形成微小的反向电流，即暗电流。反向电流小的原因是在 PN 结中，P 区中的电子和 N 区中的空穴很少。当光照射 PN 结时，

PN结及附近受光子轰击，吸收能量而产生电子-空穴对，使P区和N区的载流子浓度大大增加。在外加反偏电压和内电场的作用下，P区的载流子越过阻挡层进入N区，N区的载流子越过阻挡层进入P区，从而使通过PN结的反向电流大为增加，形成了光电流。反向电流随光照增加而增加。另一种工作状态是在光电二极管上不加电压，利用PN结受光照时产生正向电压的原理，将其作为微型光电池使用。这种工作状态一般用作光电检测。

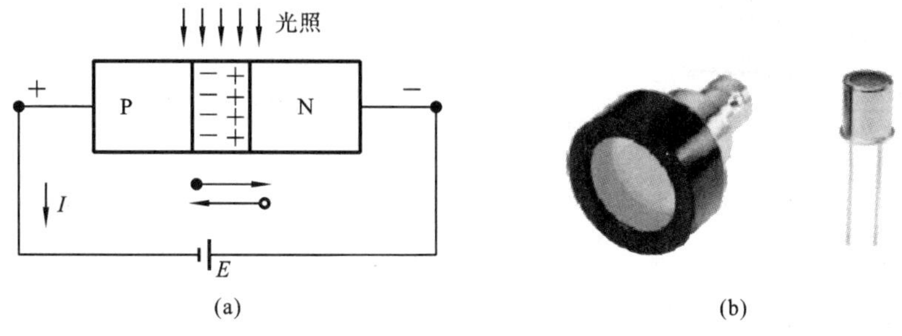

图8-14　光电二极管

(a) 反偏工作原理图；(b) 外形

光电二极管常用材料有硅、锗、锑化铟、碲镉汞、碲锡铅、砷化铟、碲化铅等。使用最广泛的是硅、锗光电二极管。

2）光电二极管的基本特性

(1) 光电特性。

图8-15所示为硅光电二极管的光电特性曲线，光电流与照度基本上呈线性关系。

(2) 伏安特性。

不同照度下，硅光电二极管的反向电压与光电流的关系曲线如图8-16所示。由该曲线可知，在零偏压时，二极管仍有光电流输出，这是由于光电二极管存在光生伏特效应的缘故。

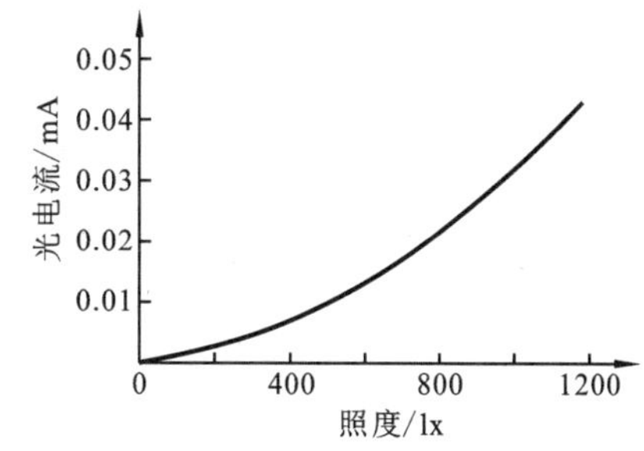

图8-15　硅光电二极管的光电特性曲线

(3) 光谱特性。

图8-17所示为光电二极管的光谱特性曲线。由图可见，当入射光的波长增加时，光电二极管的相对灵敏度下降，这是因为光子的能量太小，不足以激发出电子-空穴对。当入射光波长太短时，相对灵敏度也下降，这是因为光子在半导体表面附近激发的电子-空穴被半导体表面附近吸收，不能达到PN结。材料不同，响应的峰值波长也不同。因此，应根据光谱特性来确定光源和光电器件的最佳匹配。一般来讲，锗管的暗电流较大，性能较差。在探测可见光或炽热状态物体时，一般都用硅管。但对红外线进行探测时，锗管较为适宜。

(4) 温度特性。

温度变化对光电二极管的光电流影响很小，而对暗电流影响很大，暗电流随温度升高是由于热激发造成的。在高温低照度下工作时，由温度升高而产生的电流变化是一个必须考虑的误差信号。当交流放大时，由于隔直电容的作用，暗电流被隔断，因此消除了温度升高及暗电流增加对输出的影响。

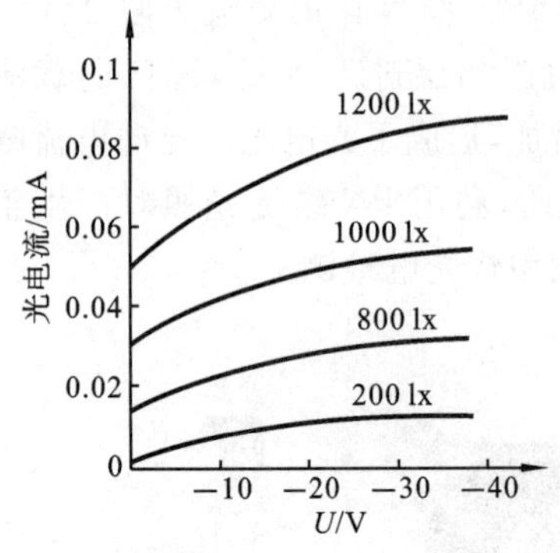

图 8-16 硅光电二极管的伏安特性曲线

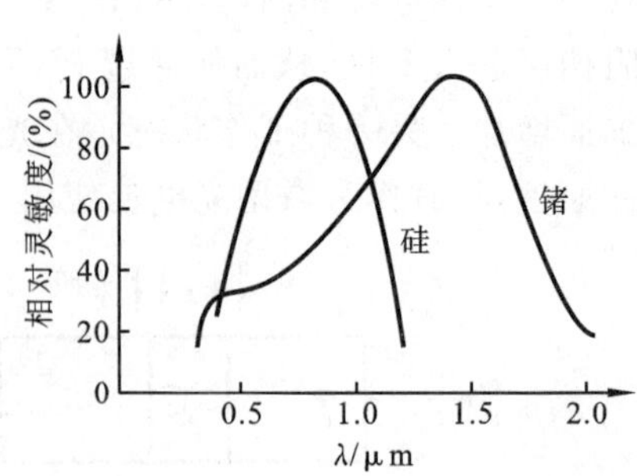

图 8-17 光电二极管的光谱特性曲线

(5) 频率特性。

光电二极管的频率特性与其物理结构、工作状态、负载及入射光波长等因素有关。光电二极管的重要指标之一是响应速度。随着光通信和光信息处理技术的发展,出现了一批高速光电二极管,如 PIN 型光电二极管、雪崩光电二极管、肖特基势垒光电二极管等。

2. 光电三极管

1) 光电三极管的结构及工作原理

如图 8-18 所示,光电三极管的结构和普通三极管相似,也是由两个 PN 结构成的,具有电流放大作用,只是它的集电极电流不只受工作电路控制,同时也受光照控制。光电三极管与光电二极管的区别在于:光电三极管除了具有光敏性外,还具有放大能力。光电三极管大多只有两个引脚,少数有三个引脚。两引脚光电三极管的基极是一个受光面,没有引脚;三引脚光电三极管基极既作受光面,又引出电极。

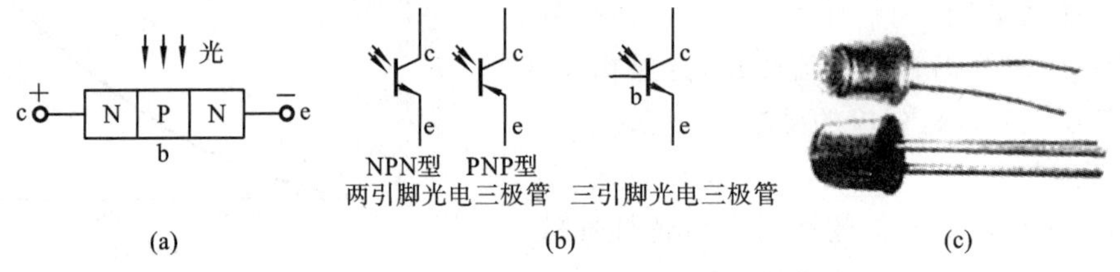

图 8-18 光电三极管

(a) 简化模型;(b) 电路符号;(c) 外形

如图 8-19 所示,光电三极管是一种对光线敏感且具有放大能力的三极管。两引脚光电三极管(见图(a))无光照时不导通;有光照射至受光面(基极)时,受光面将入射光转换成基极电流,该电流使光电三极管导通,从而使 c、e 极间有电流流过,该电流对基极电流具有放大作用。入射光越强,电流越大。三引脚光电三极管(见图(b))c、e 极间的导通控制方式有三种:一是利用光照射受光面;二是直接给基极通入电流;三是既通电流又有光照。

光电三极管由于具有电流增益,灵敏度更高,能将微弱光产生的小电流进行放大,比较适合用在光微弱的环境中。而光电二极管对光的敏感度较差,常用在光较强的环境中。

2) 光电三极管的基本特性

(1) 光电特性。

光电三极管的光电特性曲线如图 8-20 所示,当外加电压恒定时,反映了光电流与光照度之间的关系。其光电特性曲线的线性度不如光电二极管,且在弱光时,光电流增加较慢。

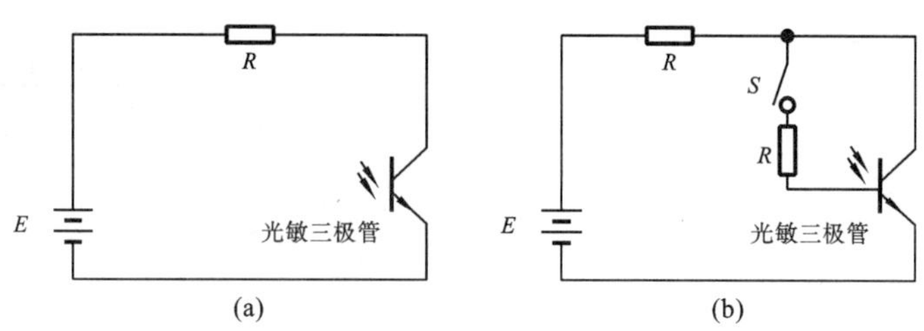

图 8-19　光电三极管的工作原理

(a) 两引脚;(b) 三引脚

(2) 伏安特性。

光电三极管的伏安特性曲线如图 8-21 所示,在给定的光照度下,反映了光电三极管上的电压与光电流的关系。

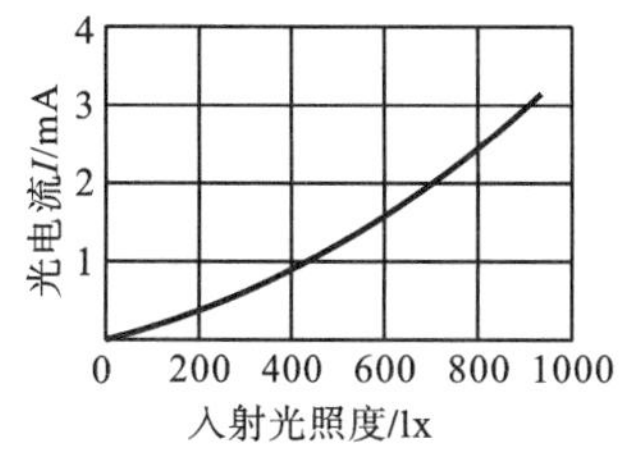

图 8-20　光电三极管的光电特性曲线

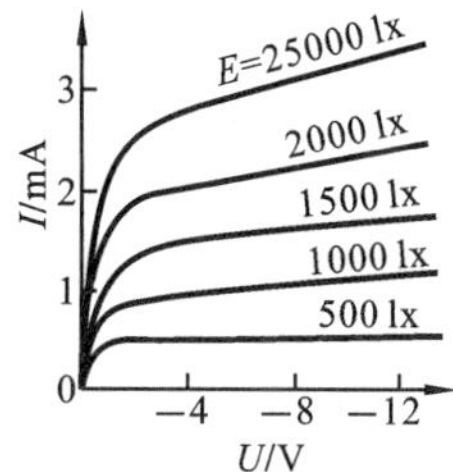

图 8-21　光电三极管的伏安特性曲线

(3) 光谱特性。

由于使用的材料不同,光电三极管分为锗光电三极管和硅光电三极管,使用较多的是硅光电三极管。硅管的峰值波长为 900 nm;锗管的峰值波长为 1500 nm。和光电二极管一样,在探测可见光或炽热状态物体时,一般选用硅管,对红外线进行探测时适合选用锗管。光电三极管的光谱特性曲线如图 8-22 所示。

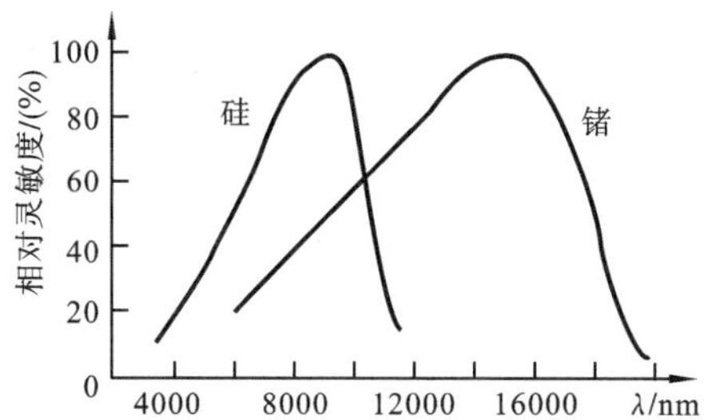

图 8-22　光电三极管的光谱特性曲线

(4) 温度特性。

温度对光电三极管的暗电流及光电流都有影响。由于光电流比暗电流大得多,在一定温度范围内温度对光电流的影响比对暗电流的影响要小。图 8-23 和图 8-24 分别给出了光电三极管的温度特性曲线及相对灵敏度-温度的关系曲线。

(5) 频率特性。

光电三极管的频率特性曲线如图 8-25 所示。其频率特性受负载电阻的影响,减小负载电阻可提高频率响应。一般来说,光电三极管的频率响应比光电二极管的差。对于锗管,入射光的调制频率要求在 5 kHz 以下。硅管的频率响应要比锗管好。

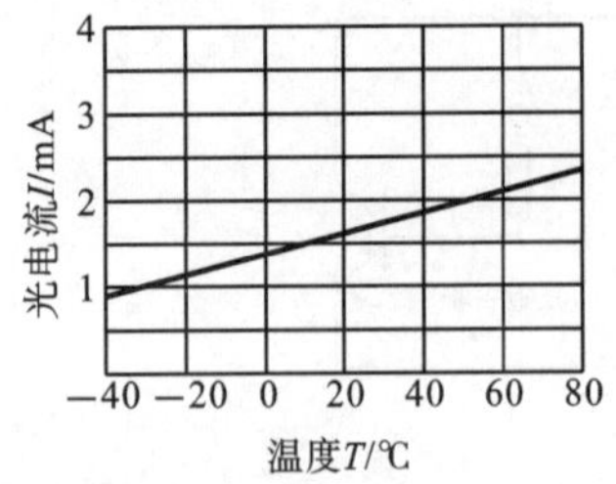

图 8-23　光电三极管的温度特性曲线

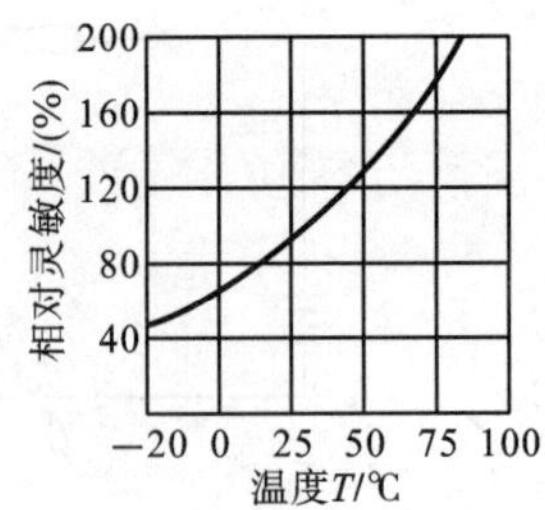

图 8-24　光电三极管相对灵敏度-温度关系曲线

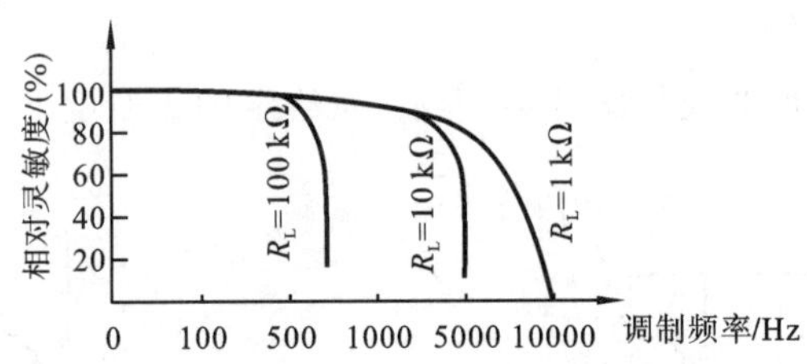

图 8-25　光电三极管的频率特性曲线

3. 光电池

1）光电池的结构及工作原理

光电池的结构和光电二极管是一样的，只是光电二极管使用时需要加反向偏置电压，而光电池在有光作用时实质上就是电源，不需要外部供电。如图 8-26 所示，光电池是一个大面积的 PN 结，当光照射到 PN 结的一个面(如 N 型面时)，若光子能量大于半导体材料的禁带宽度，那么 N 区每吸收一个光子就产生一对自由电子-空穴。电子-空穴对从表面迅速向内扩散，在结电场的作用下，最后建立一个与光照强度有关的电动势。

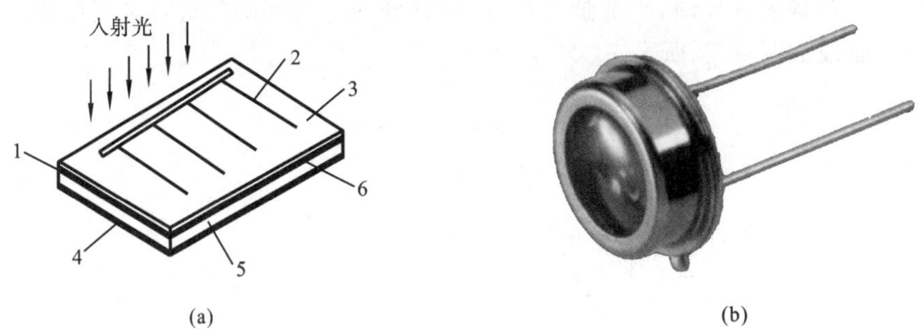

图 8-26　硅光电池

(a) 结构；(b) 外形

1—N 型层；2—栅状电极；3—抗反射膜；4—金属下电极；5—P 型硅层；6—PN 结

由于光电池广泛用于将太阳能直接变成电能中，因此又称为太阳能电池。通常将光电池的半导体材料名称放在光电池名称之前以示区别，例如硒光电池、砷化镓光电池、硅光电池、锗光电池等。

2）光电池的基本特性

(1) 光电特性。

图 8-27 所示为硅光电池的开路电压和短路电流与光照的关系曲线。可见，短路电流在很大范围内与光照强度呈线性关系，而开路电压(此时负载电阻无限大)与光照度的关系是非线

性的，并且当照度在 2000 lx 时就趋于饱和。因此，用光电池作为测量元件时，应将它当作电流源来使用，不宜用作电压源。

(2) 伏安特性。

图 8-28 所示为硅光电池的伏安特性曲线，呈非线性状态。

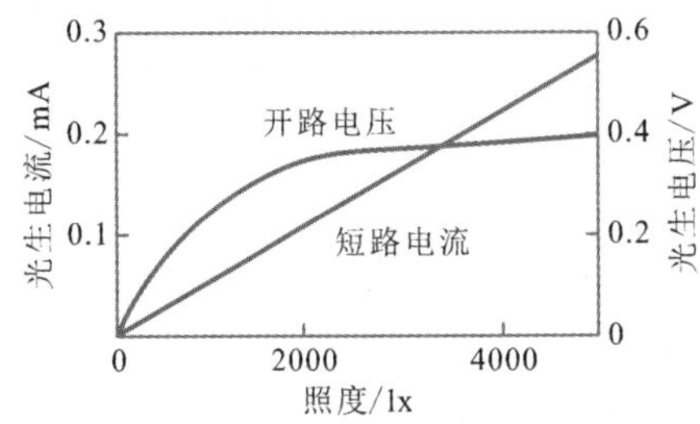

图 8-27　硅光电池的光电特性曲线

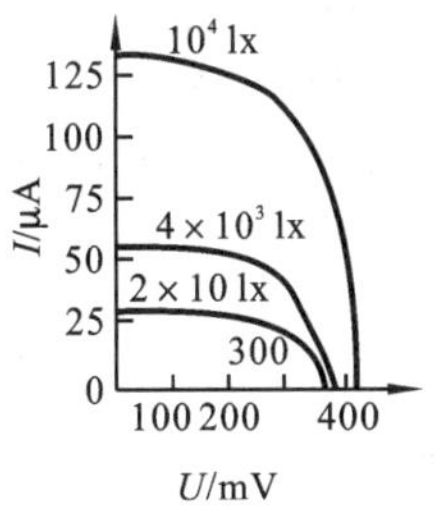

图 8-28　硅光电池的伏安特性曲线

(3) 光谱特性。

图 8-29 所示为硅光电池和硒光电池的光谱特性曲线。硅光电池的光谱响应波长范围为 0.4～1.2 μm，而硒光电池的为 0.38～0.75 μm。可见，硅光电池可以在很宽的波长范围内得到应用。

(4) 温度特性。

光电池的温度特性描述了光电池的开路电压和短路电流随温度变化的情况。由于它关系到应用光电池的仪器或设备的温度漂移，影响测量精度或控制精度等重要指标，因此是光电池的重要特性之一。光电池的开路电压随温度升高而下降的速度较快；短路电流随温度升高而缓慢增加。由于温度对光电池的工作有很大影响，因此将它作为测量元件使用时，最好能保证温度恒定或采取温度补偿措施。

(5) 频率特性。

图 8-30 分别给出了硅光电池和硒光电池的频率特性曲线，横坐标表示光的调制频率。由图可见，硅光电池有较好的频率响应。

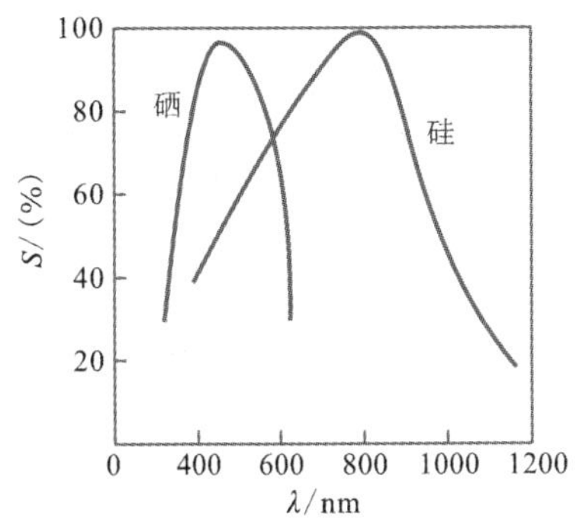

图 8-29　光电池的光谱特性曲线

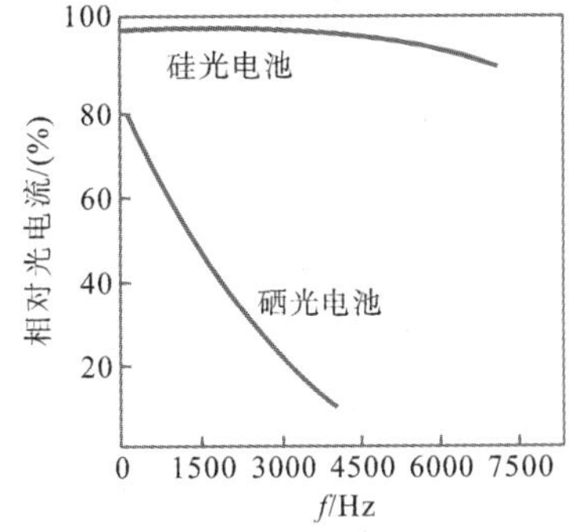

图 8-30　光电池的频率特性曲线

(6) 稳定性。

当光电池密封良好、电极引线可靠、应用合理时，光电池的性能是相当稳定的，使用寿命也很长。硅光电池的性能比硒光电池更稳定。光电池的性能和寿命除了与光电池的材料及制造工艺有关外，在很大程度上还与使用条件密切相关。如在高温和强光条件下，会使光电池的性能变坏，使用寿命降低，因此使用中要加以注意。

4. 集成光电器件

为了提高性能或者满足一些特殊用途,可以利用集成技术将多个光电器件集成在一起,如差动光电三极管、四象限光电池、光电发射-接收对管等。

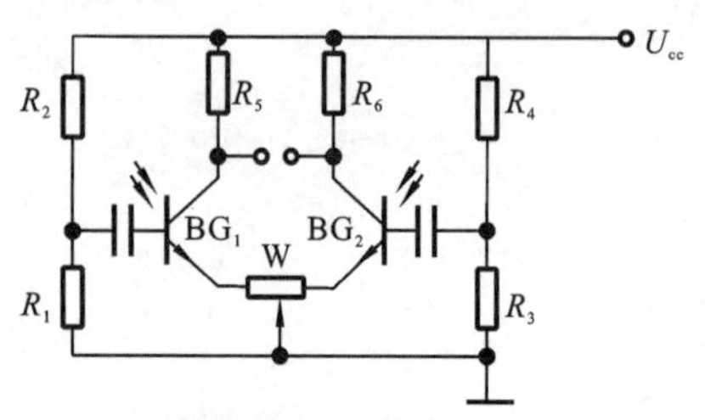

图 8-31　差动光电三极管的应用

1) 差动光电三极管

如图 8-31 所示,常将两个光电三极管集成在一起,接成差动放大电路,以降低共模抑制比、改善非线性、提高灵敏度。

2) 四象限光电探测器件

四象限光电探测器件包括各种规格的硅光电池及类型各异的四象限光电二极管,如四象限 PIN 光电二极管、四象限雪崩光电二极管等。如图 8-32 所示,将四个性能完全相同的光电二极管按照直角坐标要求排列,从而形成四象限光电探测器件,常用于激光制导或激光准直中。四个光电器件各处于一个象限,目标光信号经光学系统后作用在四象限光电探测器上。一般将其置于光学系统焦平面上或稍离开焦平面。

图 8-32　四象限光电探测器外观

四象限光电探测器的工作原理如图 8-33 所示,当激光束经过光路中的光学元件成像于四象限光电探测器的光敏面上时,产生一个光斑。光斑在探测器的四个象限分成 A、B、C、D 四个部分,光斑面积分别为 S_1、S_2、S_3 和 S_4,对应的四个象限产生的光电流分别为 I_1、I_2、I_3 和 I_4,光斑中心相对于探测器中心 X 和 Y 方向的偏移量分别为 ΔX 和 ΔY。当光学系统光轴对准目标时,圆形光斑中心与四象限中心重合,即 $\Delta X=\Delta Y=0$,这时四个象限的光斑面积相同。当目标成像不在光轴上时,四个象限上探测器输出的光电信号幅度不相同,比较四个光电信号的幅度大小便可知道目标成像位置。由于四象限光电探测器光电转换电流较小,一般只有几个纳安,需要分别经过运算放大器转换为电压 V_1、V_2、V_3 和 V_4,并以下式来表示偏移量 ΔX 和 ΔY,即

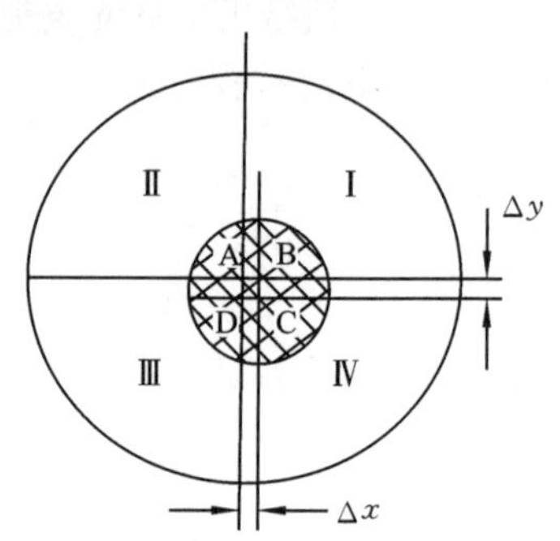

图 8-33　四象限光电探测器工作原理

$$V_x = (V_1 + V_4) - (V_2 + V_3) \tag{8-5}$$

$$V_y = (V_1 + V_2) - (V_3 + V_4) \tag{8-6}$$

3) 光电发射-接收对管

光电发射-接收对管是分别满足光发射和光接收的光电器件。成对使用由于考虑了发射

角和接收角的匹配问题，容易实现较远距离的检测。实际应用中使用较多的是红外发射-接收对管。在光谱中，波长 0.76～400 μm 的一段称为红外线。红外发射管由红外发光二极管组成发光体，用红外辐射效率高的材料(常用砷化镓)制成 PN 结，正向偏压向 PN 结注入电流激发红外光，其光谱功率分布中心波长为 830～950 nm。红外接收管是接收红外线的光电二极管或三极管，将红外光信号转变成电信号，其核心部件是一个特殊材料的 PN 结，PN 结面积尽量做的较大，电极面积尽量减小，而且 PN 结的结深很浅，一般小于 1 μm。

光电发射-接收对管有两种工作方式——透射式和反射式，如图 8-34 所示。透射式是指发射管和接收管相对安放在被测物的两端，中间相隔一定距离，光通路由被测物阻断。没有被测物时，接收管接收来自发射管的光。反射式是指发射管和接收管并列在一起(平行或成一定夹角)，发射光通过被测物反射后由接收管接收。发射-接收对管可以分开使用，也可以装配在一起使用。

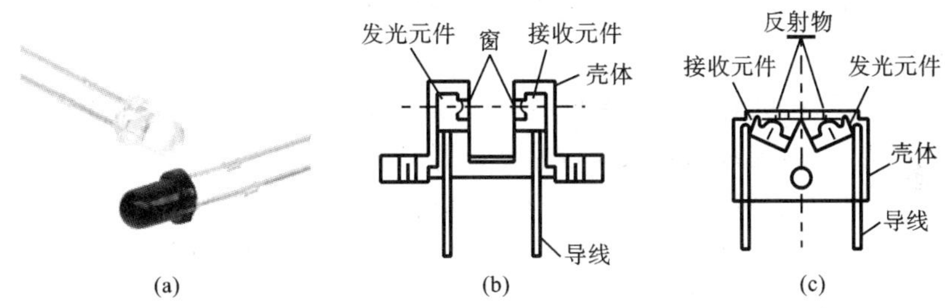

图 8-34　光电发射-接收对管

(a) 外形；(b) 透射式；(c) 反射式

8.2.4　基本光电探测器件的应用

由基本光电探测器件构成的光电式传感器在检测和控制中应用非常广泛，主要分为模拟式和脉冲式两类。模拟式光电传感器是基于光电器件的光电流随光通量变化的原理。光通量随被测非电量的变化而变化，这样光电流就成为被测非电量的函数。这类传感器大多用于测量位移、表面粗糙度、振动等参数。脉冲式光电传感器是基于光电器件的输出仅有两个稳定状态，即“通”和“断”的开关状态。这类传感器大多作为“继电器”或“脉冲发生器”应用，常用于测量线位移、线速度、角位移、角速度(转速)等。

1. 模拟式光电传感器的应用

模拟式光电传感器有五种应用形式。

1) 辐射式

自然界中任何物体只要其温度在绝对零点以上，就会辐射能量。被测物本身是光辐射源，由它释放出的光射向光电器件。被测物体的温度不一样，辐射信号的波长就不一样，温度越高波长越短。例如人体、火焰、冰块等都会发射红外线，但波长各不相同。人体正常温度为36 ℃～37 ℃，所发射的波长为 9～10 μm，属于远红外区；400 ℃～700 ℃的发热体所发射出的波长为 3～5 μm，属于中红外区。可以通过检测辐射信号能量的变化来测量温度。如火灾时，不宜采用接触式测量，便可采用这种测量方式，传感器不必达到与被测对象同样的温度，测温上限不受传感器材料熔点的限制。火灾报警器、光电高温计都属于这种测量原理。另外，检测时传感器不必和被测对象达到热平衡，所以响应时间短，检测速度快，适合快速测温。

2) 吸收式

被测对象位于光源与光电器件之间,根据被测物质对光的吸收、散射程度,或对其光谱的选择性来测定被测量。吸收式光电传感器可用于测量液体或气体浑浊度等。例如测量PM2.5时,一部分光线被颗粒散射掉,到达光电元件的光强衰减,根据衰减量可判断其浓度。

3) 反射式

光源投射到被测物体上,然后再反射到光电器件上,根据反射光通量多少测定被测物表面性质、状态、与光源间距离等。例如,利用该原理可以测量零件表面的粗糙度。

4) 透射式

被测物位于光源与光电器件之间,根据被测物阻挡光通量的多少来测定被测参数。透射式光电传感器可用来测量物体厚度及位移等。

5) 时差式

光源发出的光投射于目的物,再反射至光电元件,根据发射与接收的时间差可测量距离。如测距仪、倒车雷达等。

图 8-35 所示的照相机电子测光系统就属于模拟式光电传感器的透射式应用。CdS 光敏电阻作为电子测光元件,光线从孔板通过密度板照射在光敏电阻上,移动密度板调节光敏电阻的光照强度,使电路达到平衡,两个 LED 发光二极管发光均匀,表示适曝。如果其中只有一只亮而另一只不亮,则表示欠曝或过曝,这时移动密度板,可达到正确曝光的目的。电路中的热敏电阻 R_M(1 kΩ)起温度补偿作用,以补偿 CdS 光敏电阻的温度变化引起的误差。

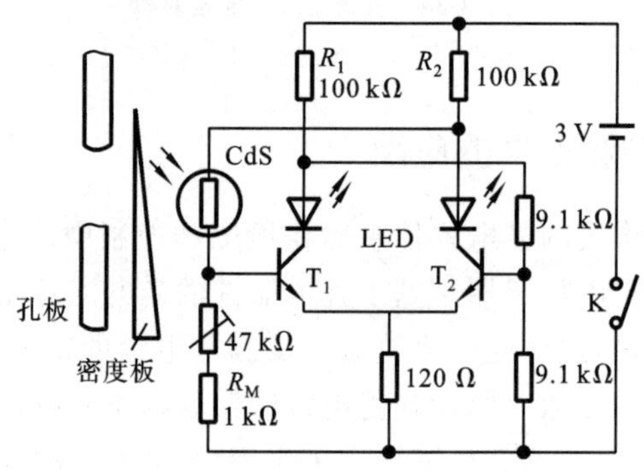

图 8-35　照相机电子测光系统

2. 脉冲式光电传感器的应用

脉冲式光电传感器只有两种应用形式——透射式和反射式。

1) 光控开关

可在一些公共场所(如楼道、街道等)的照明灯上安装自动光开关,当周围光线很暗时(如黑夜)自动开灯,周围光线满足照明要求时(如白天)自动关灯,以节省电能。图 8-36 所示就是一种利用光敏电阻实现的光控开关。光线很暗时光敏电阻阻值很大(相当于断开),可控硅控制极上的触发电压使可控硅导通,从而使灯形成通电回路,灯亮。光线变亮时光敏电阻阻值变小,可控硅控制极上没有触发电压,可控硅不导通,灯的通电回路是断开状态,灯熄灭。调节 4.7 MΩ 电位器,可适用于不同型号的光敏电阻及在一定的条件(黑暗程度)下亮灯。

2) 红外无线开关

图 8-37 所示为一种采用红外发射-接收对管设计的红外无线开关电路。红外发射管发出人眼不可见的红外光,R_1 是限流电阻,避免发射管因过流而损坏。当接收管没有接收到发射

管的光线时，接收管是截止状态(相当于断开)，BC548 三极管截止，LED 不亮。当接收管接收到发射管的光线时便会导通，R_2 中有电流流过，当 R_2 两端的电势差大于三极管的 V_{be}时三极管导通，LED 发光。此电路是红外无线防盗报警系统的雏形，应用十分广泛。

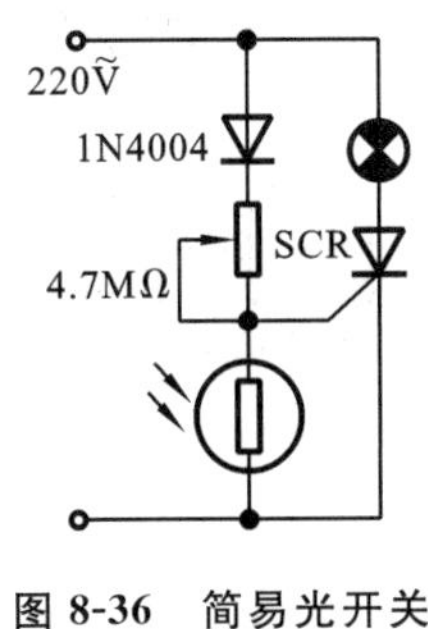

图 8-36　简易光开关

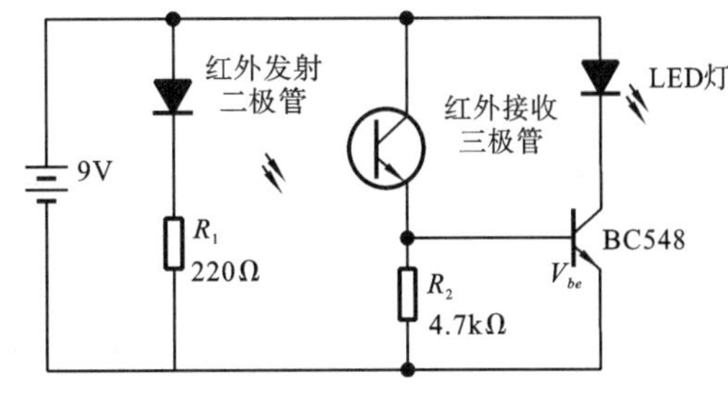

图 8-37　红外无线开关电路

3) 条形码扫描笔

常见的条形码是由反射率相差很大的多个宽度不等的黑条和白条，按照一定的编码规则排列成平行线图案，用以表达一组信息。条形码可以标出物品的生产国、制造厂家、商品名称、生产日期、图书分类号、邮件起止地点、类别等许多信息，因而在商品流通、图书管理、邮政管理、银行系统等许多领域都得到了广泛的应用。

对条形码信息的检测是通过光电扫描笔来实现数据读入的。扫描笔的前方为光电读入头，它由一个发光二极管和一个光电三极管组成，如图 8-38 所示。当扫描笔笔头在条形码上移动时，如果遇到黑条，发光二极管发出的光线将被黑线吸收，光电三极管接收不到反射光，呈现高阻抗而截止；如果遇到白条，发光二极管所发出的光被反射到光电三极管的基极，光电三极管产生光电流而导通。

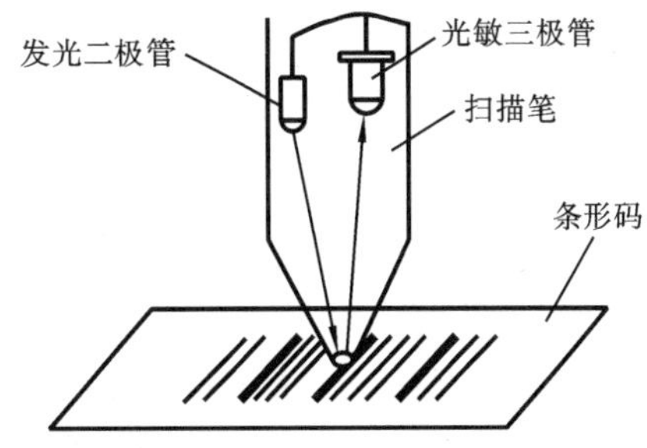

图 8-38　条形码扫描笔笔头结构

整个条形码被扫描笔扫过之后，光电三极管将条形码变成了一个个电脉冲信号，该信号经放大、整形后便形成了脉冲序列，脉冲序列的宽窄与条形码线的宽窄和排列呈对应关系。脉冲序列再经计算机处理后，完成对条形码信息的识别。

4) 光电式数字转速表

图 8-39 所示为光电式数字转速表的工作原理图，分为透射式和反射式两种。图(a)所示是在电动机的转轴上涂上黑白相间的两色条纹，当电动机转轴转动时，反光与不反光交替出现，所以光敏元件间断地接收光的反射信号，输出电脉冲。图(b)所示是在电动机轴上固定一个调制盘，当电动机转轴转动时将发光二极管发出的恒定光调制成随时间变化的调制光。同样，经光敏元件接收、放大整形电路整形后，输出整齐的脉冲信号，转速可由该脉冲信号的频率来测定。每分钟转速 n 与频率 f 的关系为

$$n = \frac{60f}{N} \tag{8-7}$$

式中：N 为孔数或黑(或白)条纹数。

光电脉冲放大整形电路如图 8-40 所示。当有光照时，光电二极管 D 产生光电流，R_P 上压降增大到使晶体管 T_1 导通，作用于由 T_2 和 T_3 组成的射极耦合触发器，使其输出 U_o 为高电

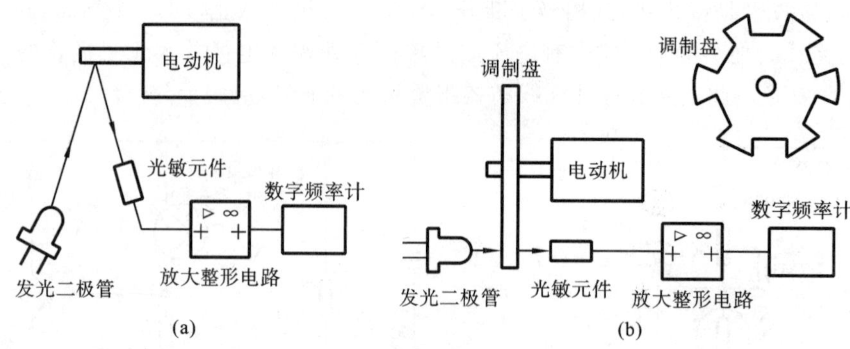

图 8-39 光电式数字转速表工作原理图

(a) 反射式;(b) 透射式

平;反之则 U_o 为低电平。该脉冲信号 U_o 可送至频率计进行测量。

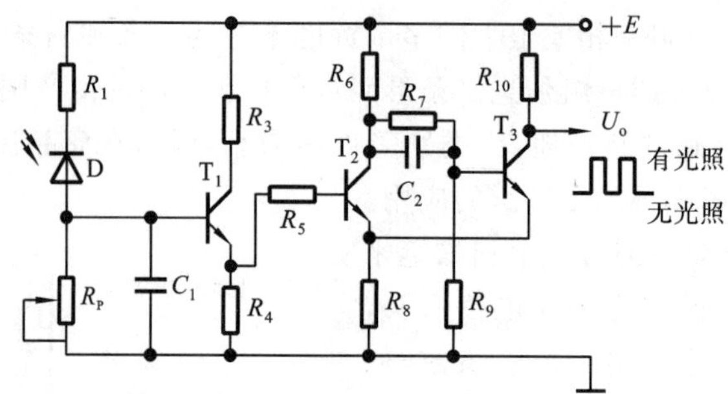

图 8-40 光电脉冲放大整形电路图

5) 烟雾探测器

烟雾探测器常用于火灾报警系统,分为传统的光电式烟雾探测报警系统和极早期烟雾探测报警系统两类。传统的烟雾探测器基于点式烟感探测器技术,为被动式探测,不能提供极早期烟雾报警,直至烟雾浓度较大或火灾发生时,这些点式探测器才能检测到。极早期烟雾探测器基于激光散射探测原理和微处理器控制技术,采用主动吸气式烟雾探测技术,能提供极早期的烟雾报警。

光电式烟雾探测器主要通过烟雾颗粒对光散射或透射强度的变化来探测烟雾的浓度,分为增光式和减光式两种工作方式。图 8-41 所示为减光式光电烟雾探测系统,由光电探测器件、近红外光源和准直光学系统组成。在无烟雾情况下,近红外光源向外辐射光线,光电探测器件接收到一定的光能量;在有烟雾的情况下,近红外光源发出的光线被烟雾中的小颗粒散射和吸收,导致光电探测器接收的光能量减小,低于设定的阈值则启动报警。增光式光电烟雾探测系统则是初始时刻近红外光源光线不进入光电探测器,而有烟雾时通过烟雾粒子散射后红外光线进入光电探测器来探测烟雾浓度。

极早期烟雾探测报警系统一般是通过一个内置的吸气泵及分布在被保护区域内的采样管网,不间断地主动采集空气样品,滤掉灰尘后送至一个特制的激光探测器,对空气样品中包含的燃烧产生的微粒进行测定,由此给出准确的烟雾浓度值,并根据事先设定的报警浓度值发出警报。在空气样品通过激光探测腔之前,利用探测器的两级高效过滤器将灰尘和污物过滤掉。烟雾进入探测腔后,发生光散射现象,采用高灵敏度激光接收器对散射光进行探测分析,经过信号处理显示出当前烟雾的绝对浓度值。当烟雾浓度达到设置的报警阈值时,发出相对应的

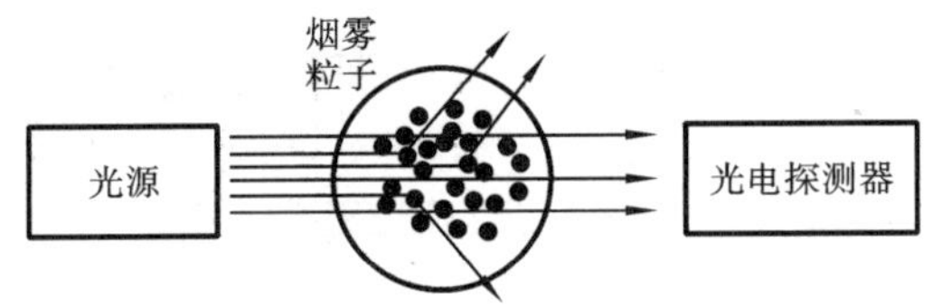

图 8-41　减光式光电烟雾探测系统

不同级别的报警，并利用位于探测器顶部的排气口排出采样空气。

8.3　位置敏感探测器及电荷耦合器件

位置敏感探测器(PSD，position sensitive detector)和电荷耦合器件(CCD，charge coupled device)均分为一维检测器件和二维检测器件。两者都属于内光电效应器件，但工作原理比上述基本光电探测器件要复杂得多。

8.3.1　位置敏感探测器

位置敏感探测器 PSD 是为了适应位置、位移、距离等的精确实时测量而发展起来的一种新型半导体光敏器件，它利用半导体的横向光电效应来测量入射光点的位置。PSD 为非离散型器件，其输出电流随光点位置的不同而连续变化。具有体积小、灵敏度高、噪声低、分辨率高、频谱响应宽、响应速度快、价格低等优点。目前在光学定位跟踪，位移、距离及角度测量等方面获得广泛的应用。

PSD 分为一维 PSD 和二维 PSD，如图 8-42 所示。一维 PSD 可以测定光点的一维位置坐标，二维 PSD 可以测定光点的平面位置坐标。由于 PSD 为分割型元件，对光斑的形状无严格要求，光敏面上无象限分隔线，所以对光斑位置可进行连续测量从而获得连续的坐标信号。

图 8-42　PSD 外观

1. 一维 PSD 的结构和工作原理

一维 PSD 为 PN 或 PIN 结构，图 8-43(a)所示为 PIN 结构的 PSD。表面 P 层为感光面，两端各有一个输出电极 A、B。底层 N 的公共电极 C 是用来加反偏电压的。PIN 结加反偏电压，使空穴向 P 区漂移，电子向 N 区漂移，形成反向饱和电流，即纵向光生电流 I_0。光照强度不变 I_0 也不变。当入射光点照射到 PSD 光敏面上某一点时，该点附近电子获得光子能量能级跃迁，自由电子浓度高于未受光照部分，电子从该点向电极 A、B 扩散，若给两个电极分别接上负载电阻 R_L，则形成横向光生电流 I_1 和 I_2，且有

$$I_0 = I_1 + I_2 \tag{8-8}$$

式中：I_1 和 I_2 的分流关系取决于入射光点位置到两个电极间的等效电阻 R_1 和 R_2。

如果 PSD 表面层的电阻是均匀的，则 PSD 的等效电路如图 8-43(b)所示。由于 R_{sh}很大，C_j 很小，故等效电路可简化为图 8-43(c)的形式。R_1 和 R_2 的值取决于入射光点的位置。

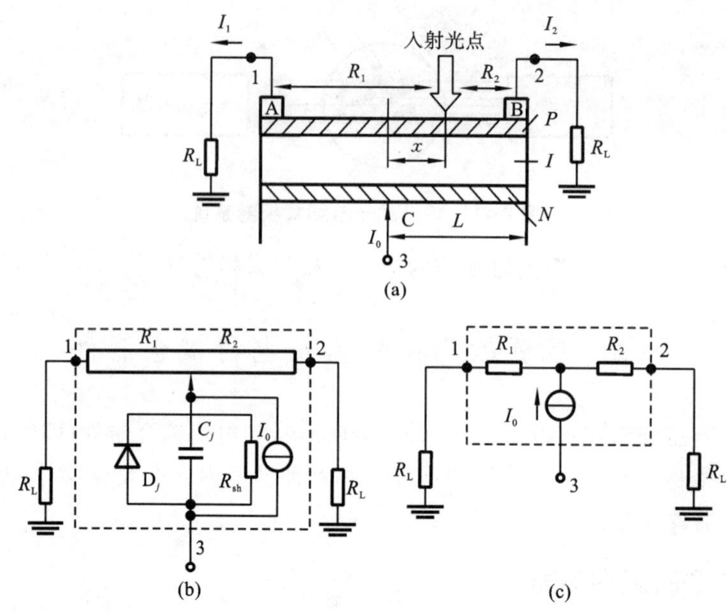

图 8-43　一维 PSD

(a) PIN 结构;(b) 等效电路;(c) 简化的等效电路

假设负载电阻 R_L 阻值相对于 R_1 和 R_2 可以忽略,则有

$$\frac{I_1}{I_2}=\frac{R_2}{R_1}=\frac{L-x}{L+x} \tag{8-9}$$

式中:L 为 PSD 中点到电极的距离;x 为入射光点距 PSD 中点的距离。

将式(8-8)与式(8-9)联立得

$$I_1=I_0\,\frac{L-x}{2L} \tag{8-10}$$

$$I_2=I_0\,\frac{L+x}{2L} \tag{8-11}$$

从以上两式可以看出,当入射光点位置固定时,PSD 的单个电极输出电流与入射光强度成正比。而当入射光强度不变时,单个电极的输出电流与入射光点距 PSD 中心的距离 x 呈线性关系。若将两个电极的输出电流做如下处理,即

$$P_x=\frac{I_2-I_1}{I_2+I_1}=\frac{x}{L} \tag{8-12}$$

由此可知,P_x 只与光点的位置坐标 x 有关,而与入射光强度无关。此时 PSD 就成为仅对入射光光点位置敏感的器件。P_x 称为一维 PSD 的位置输出信号。

2. 二维 PSD 的结构和工作原理

二维 PSD 的结构及等效电路如图 8-44 所示,其测试原理与一维 PSD 类似。它有一个长宽均为 L 的正方形感光面,四角有四条对称的直角电极作为信号输出。以感光面的中心作为坐标原点,当光源照射到 A 点时,A 点附近会产生大量的光生载流子,在反偏电压及横向电场的作用下,进行电荷分配,流向四个电极,形成四个输出电流。四个输出电流的大小反映了光点在光敏面上的二维坐标位置 P_x 和 P_y,即

$$P_x=\frac{(I_1+I_2)-(I_3+I_4)}{I_1+I_2+I_3+I_4}\times\frac{L}{2} \tag{8-13}$$

$$P_y = \frac{(I_1 + I_4) - (I_2 + I_3)}{I_1 + I_2 + I_3 + I_4} \times \frac{L}{2} \tag{8-14}$$

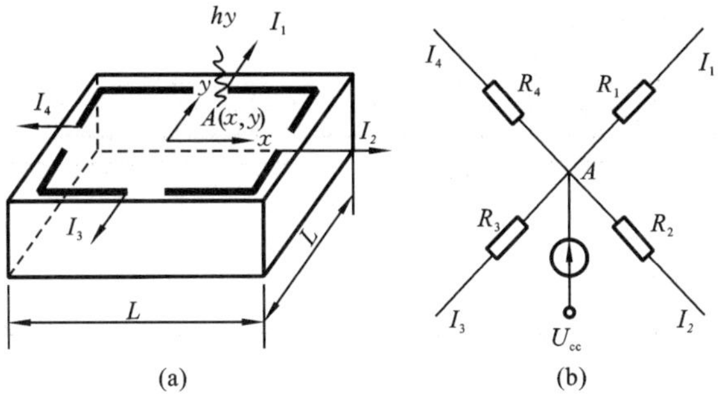

(a)　　(b)

图 8-44　二维 PSD

(a) 结构;(b) 简化等效电路

3. PSD 的应用

PSD 可用于位移、长度、角度等的测量。图 8-45 所示为利用 PSD 测量微小角度的原理图,当待测平面的角度发生微小变化时,PSD 上的激光光斑位置也将随之变化,将新的光斑位置信号与上一个光斑位置信号进行比较,根据位置变化和角度的关系,便可以计算出待测平面的角度变化。设位置变化为 S,反射点到 PSD 的距离为 L,则平面角度的变化为

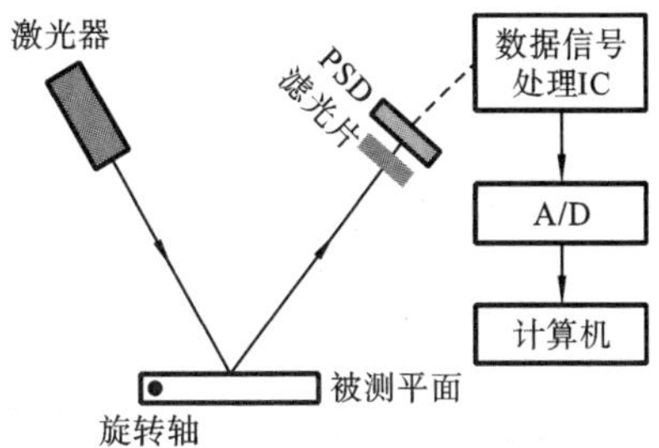

图 8-45　PSD 测微小角度原理图

$$\theta = \frac{S}{L}(\text{rad}) \tag{8-15}$$

PSD 具有灵敏度高、分辨率高(可达 0.01 μm)、响应速度快等优点。其响应速度高于 CCD。

8.3.2　电荷耦合器件

固态图像传感器是由贝尔实验室的 W. S. Boyle 和 G. E. Smith 于 1970 年发明的新型半导体传感器。由于此贡献,两位科学家获得 2009 年诺贝尔物理学奖。固态图像传感器最常用的核心器件就是 CCD,所以也称为 CCD 图像传感器。

1. CCD 的结构

如图 8-46 所示,CCD 为 MOS(Metal-Oxide-Semiconductor)结构,是在半导体(P 型或 N 型硅)的基底上生长一层很薄(约 1200Å)的氧化物二氧化硅,又在二氧化硅薄层上依次序沉积金属(或掺杂多晶硅)并形成电极(称为栅极),在栅极和半导体上施加电压,正负两个极板就构成 MOS 电容。多个规则的 MOS 电容器阵列,再加上两端的输入及输出二极管就构成了 CCD 电荷耦合器件。

通常将一个 MOS 电容器单元称为一个光敏元或者一个像素。CCD 的光敏元阵列构成包括一维的和二维的阵列,一维的被设计成一条直线,称为线阵;二维的被排列成平面,称为面阵。一维线阵接收一条光线的照射;二维面阵接收一个平面光线的照射。

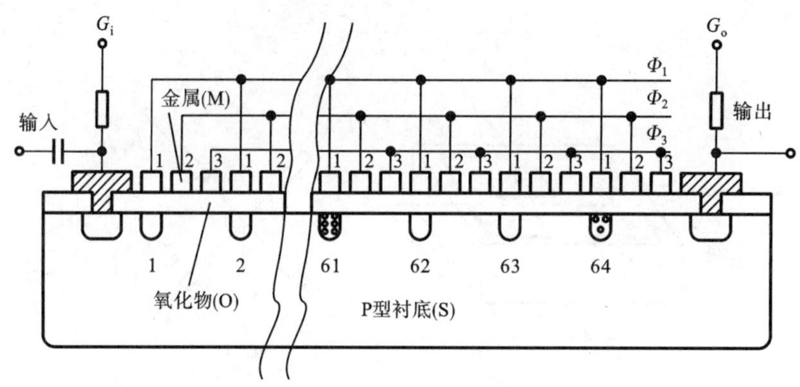

图 8-46　CCD 结构简图

2. CCD 的工作原理

CCD 的 MOS 电容器阵列具有信息存储、传输和读取的功能。

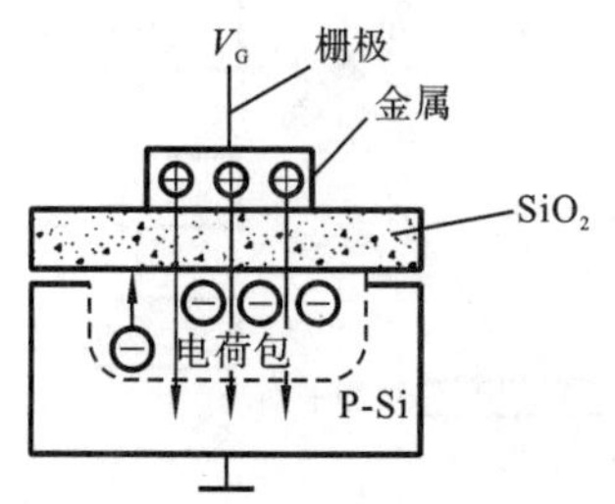

图 8-47　MOS 电容器势阱的形成

1）信息存储

所有电容器都能存储电荷，MOS 电容器也不例外。它和一般电容器不同的是，其下极板不是一般导体而是半导体。下面介绍一个 MOS 单元是如何工作的。如图 8-47 所示，如果半导体采用 P 型硅，则其中多数载流子是空穴，少数载流子是电子。若在栅极上加正电压，衬底接地，则带正电的空穴被排斥离开硅-二氧化硅界面，金属极板上会充有正电荷。半导体内带负电的电子被吸引过来，从而形成一个电子势阱。势阱的深度与栅极电压的大小成正比，栅极电压越高，产生的势阱越深。如果半导体采用 N 型硅，则在栅极上加负电压，半导体内形成空穴势阱。

如果有光照射在硅底上，半导体吸收光子能量后产生电子-空穴对，光生电子同样被吸引进入势阱区域，而空穴则被排斥出势阱。光强越大，产生的电子-空穴对越多，势阱中的电子数也越多。也就是说，势阱中的电子数取决于光照强度。

通常将一个势阱所收集的电子或空穴叫一个电荷包。入射光强则光生电荷多；入射光弱则光生电荷少；无光照则无光生电荷。这样将光的强弱变成与其成比例的电荷的多少，实现了光电转换。即使停止光照，势阱中的电荷在一定时间内也不会消失，实现了对光照的记忆。图像照射在面阵 CCD 上，图像上的光信号被光敏元阵列转换成电荷包阵列，电荷的多少便可反映出图像的明暗程度，从而实现了对图像的记忆。

2）信息的传输

每一个光敏元都存储着图像信息，那么如何把这些信息读出来呢？还需要两个步骤：信息的传输和信息的读取。信息的传输原理如图 8-48 所示，为采用 3 组(通常为 2～4 组)相邻电极构成一个传输单元的三相脉冲信息传输方式。在三个电极上分别施加脉冲波 ϕ_1、ϕ_2、ϕ_3。①t_1 时刻：ϕ_1 为高电平，ϕ_2、ϕ_3 为低电平。ϕ_1 下形成深势阱，信息电荷存储其中。②t_2 时刻：ϕ_1、ϕ_2 为高电平，ϕ_3 为低电平。ϕ_1、ϕ_2 下形成势阱。由于两个电极很近，电荷就从 ϕ_1 下耦合到 ϕ_2 下，直到两个电极下的电荷相等。③t_3 时刻：ϕ_1 电压减小，ϕ_2 仍为高电平，ϕ_3 为低电平。ϕ_1 下的势阱减小，信息电荷从 ϕ_1 下向 ϕ_2 下转移。④t_4 时刻：ϕ_2 为高电平，ϕ_1、ϕ_3 为低电平。信息电荷全部转移到 ϕ_2 下。至此，信息电荷转移了一个 MOS 单元。经过同样的过程，在 t_5 时刻，信

息电荷转移到 ϕ_3 电极下；t_6 时刻，信息电荷转移到下一个 ϕ_1 电极下。如此反复，在三相时钟脉冲信号的控制下，信号电荷不断向右转移，实现了信号电荷的传输。

3）信息的读取

被转移传输的信号电荷最终是要输出的。电荷输出方式有多种，图 8-49 所示为电流输出方式。输出栅 OG 加直流偏置电压，用来使漏扩散和时钟脉冲之间退耦。N^+ 区与 P 型硅接触处形成 PN 结，这是在 CCD 光敏元阵列的末端衬底上制作的一个输出二极管。通过 U_D 给二极管施加反向偏置电压，其下是电荷的深势阱。转移到 ϕ_3 电极下的电荷包越过 OG 流入二极管的深势阱中，在负载 R 上形成脉冲电流。每收集一个电荷包就产生一个脉冲，脉冲的幅度正比于电荷包中电荷的数量。根据输出先后可以辨别出电荷来自哪个光敏元，并根据输出的电荷量，判断该光敏元所受光照的强弱。

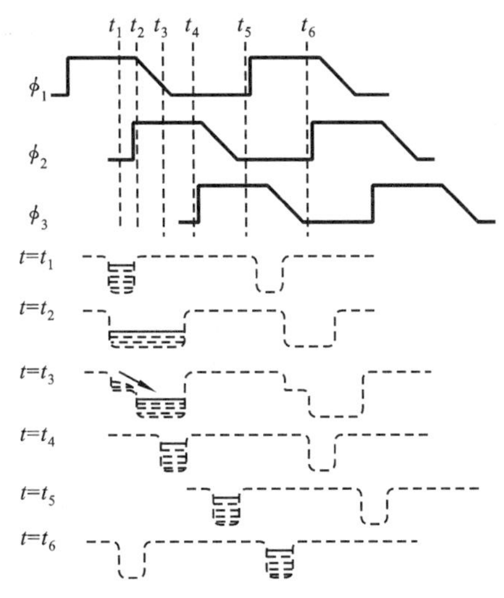

图 8-48　信号电荷传输示意图

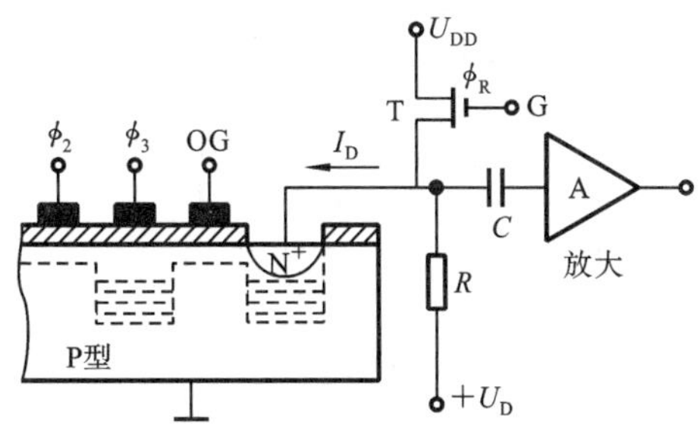

图 8-49　信号电荷的电流输出方式

3. 线阵 CCD 和面阵 CCD

线阵 CCD 是将光敏元排列成直线，由 MOS 光敏元阵列、转移栅和读出移位寄存器等组成，如图 8-50 所示。一个包含有 N 个光敏元的线阵器件，对应有 N 位读出移位寄存器，光敏区与移位寄存器之间被一个转移栅相隔。输入二极管 D_1 与输入栅 G_i 组成电荷注入电路，将输入的光信号转换成电荷信号。直流偏置的输出栅 G_0 用来屏蔽时钟脉冲对输出信号的干扰。放大管 V_1、复位管 V_2 和输出二极管 D_2 构成输出电路，完成信号电荷到信号电压的转换。

当光敏元进行曝光（或叫光积分）时，在金属极上施加电压脉冲 ϕ_P，光敏元的势阱吸收附近的光生电荷。在光积分将要结束时，在转移栅上施加转移脉冲 ϕ_t，将转移栅打开，此时每个光敏元所收集到的光生电荷就通过转移栅耦合到各自对应的移位寄存器的电极下，这是一次并行转移的过程。接着转移栅关闭，ϕ_1、ϕ_2 和 ϕ_3 三相脉冲开始工作，读出移位寄存器的输出端依次输出各位的信息，直至最后一位信息为止，这是一次串行输出的过程。ϕ_P、ϕ_t、ϕ_1、ϕ_2、ϕ_3 各脉冲的波形和相位如图 8-51 所示。

从以上分析可知，CCD 器件输出的信息是一个个脉冲信号，脉冲的幅度取决于对应光敏元上所受的光强，而输出脉冲的频率则和驱动脉冲 ϕ_1 等的频率相一致，因此，只要改变驱动脉冲的频率就可以改变输出脉冲的频率。工作频率的下限主要受光生电荷的寿命所制约，工作

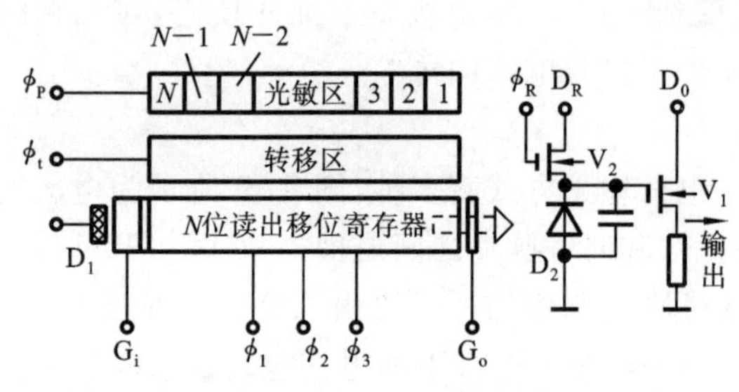

图 8-50　线阵 CCD 结构示意图

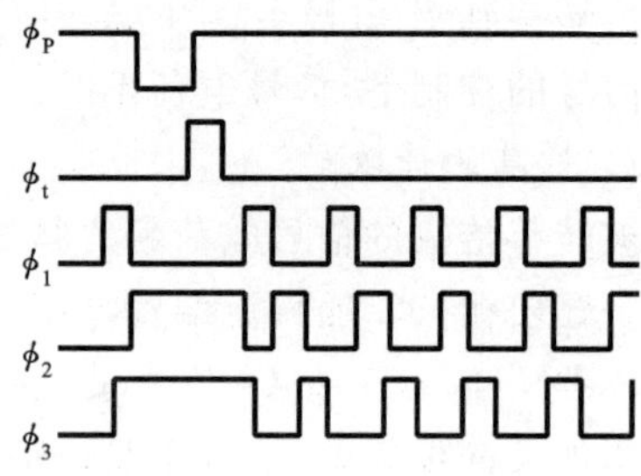

图 8-51　各脉冲的波形和相位

频率的上限主要与界面收集电荷的时间有关。

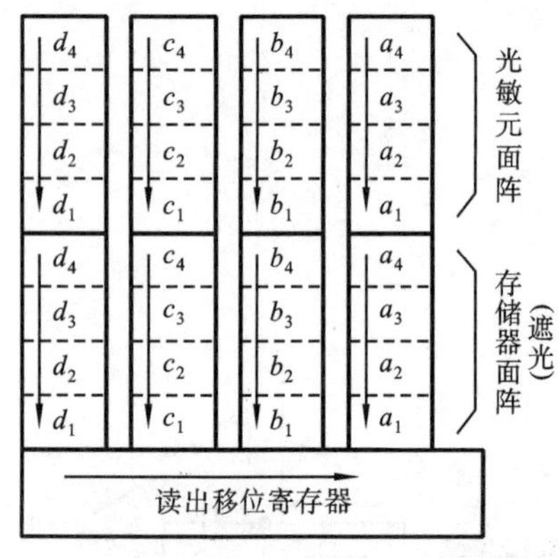

图 8-52　场转移面阵 CCD 结构示意图

面阵 CCD 是将光敏元排列成矩阵，它有多种结构形式，包括 x-y 选址式、行选址式、帧场传输式和行间传输式。图 8-52 所示为一种场转移面阵 CCD 的结构示意图。它由光敏元面阵、存储器面阵和读出移位寄存器线阵构成。光敏元面阵可看作由若干列线阵 CCD 组成，而存储器面阵可看作由若干列线阵存储器组成。为了简单起见，假设光敏元矩阵是一个 4×4 的面阵。在光积分时间内，各个光敏元吸收光生电荷。曝光结束时，器件进行场转移，亦即在一个瞬间内将原来整场的光电图像迅速地转移到存储器阵列中，例如，将脚注为 a_1、a_2、a_3、a_4 的光敏元中的光生电荷分别转移到脚注相同的存储单元中去。此时光敏元开始第二次光积分，而存储器阵列则将它里面存储的光生电荷信息一行行地转移到读出移位寄存器，在高速时钟驱动下，读出移位寄存器输出每行中各位光敏元的光生电荷信息。如第一次将 a_1、b_1、c_1、d_1 这一行信息转移到读出移位寄存器，读出移位寄存器又立即将它们按 a_1、b_1、c_1、d_1 的次序有规则地输出。接着再将 a_2、b_2、c_2、d_2 这一行信息转移到读出移位寄存器，直至最后由读出移位寄存器输出 a_4、b_4、c_4、d_4 为止。

4. CCD 的应用

电荷耦合器件单位面积的光敏元件位数多，一个光敏元件形成一个像素，因而用 CCD 制成的图像传感器具有成像分辨率高、信噪比大、动态范围大的优点，可以在微光下工作。CCD 图像传感器将光图像转换为电图像，具有如下特点：①与景象的实时位置相对应，能够输出景象时间系列信号，也就是"所见即所得"；②串行的各个脉冲可以表示不同信号，能够输出景象亮暗点阵分布的模拟信号；③能够精确反映焦点面信息，即能够输出焦点面景象的精确信号。CCD 图像传感器集成度高、功耗小、结构简单、耐冲击、寿命长、性能稳定，被广泛应用于军事、天文、医疗、广播、电视、传真、通信、工业检测及自动控制等领域。

图 8-53 所示为利用 CCD 测量线径的原理图。线材通过物镜成像于 CCD 光敏平面上，从图中可以看出，若测量上限为 $D_{\max}$，选用线阵 CCD 的光敏单元数为 N，每个光敏元的中心距为 d，则系统的放大倍数 M 为

$$M=\frac{d\cdot N}{D_{\max}} \tag{8-16}$$

传感器的分辨率 λ 为

$$\lambda = \frac{D_{max}}{N} \tag{8-17}$$

如果测量上限为 5 mm，CCD 的线长($d \cdot N$)为 512，则传感器的分辨率约为 10 μm。

测量线径的信息处理过程如图 8-54 所示。当被测线材的边沿阴影成像于 CCD 平面上(见图 8-54(a))，则 CCD 输出视频信号(见图 8-54(b))，经过整形后的波形如图 8-54(c)所示，与时钟脉冲 CP(见图 8-54(d))结合后得到的脉冲数就与被测线材的直径有关(见图 8-54(e))。如将脉冲数进行系数校正并计数，就可得到线径的测量值。

如果测量的线径直径为微米数量级，则可以采用激光衍射原理将衍射条纹成像在 CCD 上，然后进行计算测量。

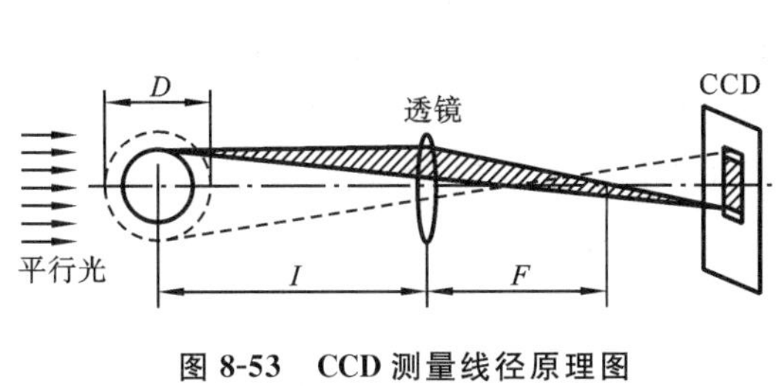

图 8-53　CCD 测量线径原理图

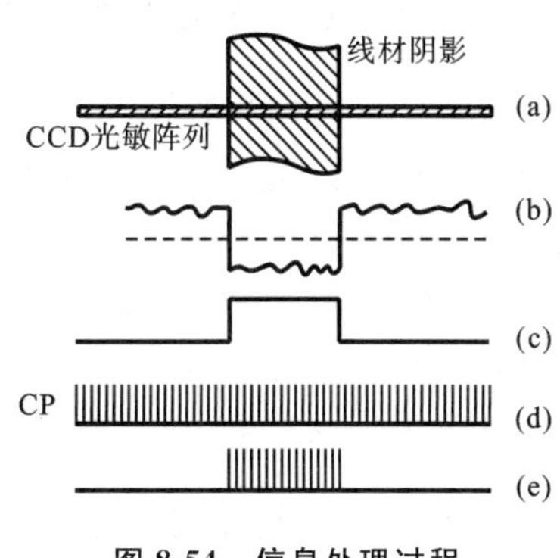

图 8-54　信息处理过程

8.4　红外探测器

红外辐射俗称红外线，是一种人眼看不见的光线。任何物体只要它的温度高于热力学零度(−273 ℃)，就会有红外线向周围空间辐射。红外线是位于可见光中红色光以外的光线，故称红外线。其波长范围为 0.75～1000 μm(频率范围为 4×10^{14}～3×10^{11} Hz)。红外线与可见光、紫外线、X 射线、γ 射线、微波和无线电波一起构成了整个无限连续电磁波谱，如图 8-55 所示。其中，介于 8～14 μm 之间的远红外线被称为“生命光线”，因为这种光线能促进生物生长。人体细胞水分子有一个固定的频率也是介于 8～14 μm 之间，根据物理学中两种相同的

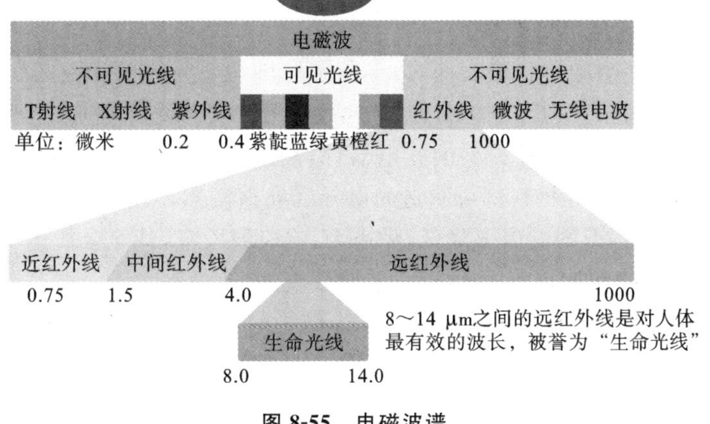

图 8-55　电磁波谱

声波或两种相同的光波相遇而产生共振的原理,远红外线通过皮肤及皮下组织会与人体组织细胞中的水分子产生共振吸收现象,从而能够提高免疫力,促进人体健康。

在红外技术中,一般将红外辐射分为四个区域,即近红外区、中红外区、远红外区和极远红外区。红外辐射的物理本质是热辐射。物体温度越高,红外辐射能量越强。太阳光谱中各种单色光的热效应从紫色光到红色光是逐渐增大的,最大的热效应出现在红外辐射的频率范围之内;因此又将红外辐射称为热辐射或热射线。波长在 1～1000 μm 之间的电磁波被物体吸收时,可以显著地转变为热能。能将红外辐射能转换成电能的光敏器件称为红外探测器,或称红外传感器。按探测机理的不同,红外探测器又分为光电式和热电式两大类。

8.4.1 热电式红外探测器

热电式红外探测器简称热红外探测器,是利用辐射热效应,探测器件接收辐射能后引起温度升高,进而使传感器性能依赖温度的变化而变化。监测器件性能的变化便可探测辐射,通常是通过热电变换来进行的。与光电式红外探测器相比,热光电式的探测率峰值低、响应速度慢,但光谱响应宽且平坦,响应范围可扩展到整个红外区域,而且能在常温下工作,使用方便,因此应用相当广泛。热红外探测器主要类型有热敏电阻型、热电偶和热电堆型、热释电型等,主要用于温度或与温度相关的物理量的测量。

8.4.2 光电式红外探测器

光电式红外探测器也称光子红外探测器,其工作原理是基于某些半导体材料在红外辐照下产生光子效应,使材料的电学性质发生变化,通过测量电学性质的变化便可以确定红外辐射的强弱。主要特点是灵敏度高、响应速度快、响应频率高。但一般需在低温下工作,探测波段较窄。

按照所用光电器件不同,一般可分为外光电红外探测器和内光电红外探测器两种。内光电红外探测器又分为光电导红外探测器、光生伏特红外探测器和光磁电红外探测器。

1. 外光电红外探测器(PE 器件)

当红外光辐照某些半导体材料表面时,若入射光的光子能量足够大,便能使材料的电子逸出表面,向外发射电子,这种器件利用的是外光电效应。光电管、光电倍增管都属于这种类型的光电器件。优点是响应速度快,一般只需几个纳秒。缺点是电子逸出需要较大的光子能量,只适用于近红外辐射的探测。

2. 光电导红外探测器(PC 器件)

当红外光辐照某些半导体材料表面时,半导体材料中某些电子和空穴在光子能量作用下从原来不导电的束缚状态变为导电的自由状态,使半导体的导电率增加,这种器件利用的是光电导现象。光敏电阻就属于这种类型的光电器件,利用硫化铅(PbS)、硒化铅(PbSe)、锑化铟(InSb)、碲镉汞(HgCdTe)等材料都可制造光电导红外探测器。使用光电导红外探测器时,需要制冷和加上一定偏压,否则响应率降低,噪声大,响应波段窄,甚至会损坏器件。

3. 光生伏特红外探测器(PU 器件)

当红外光辐照在某些半导体材料构成的 PN 结上时,在 PN 结内电场的作用下,P 区的自由电子移向 N 区,N 区的空穴移向 P 区。如果 PN 结是开路的,则在 PN 结两端会产生一个附加电动势,这种器件利用的是光生电动伏特效应。光电池就属于这种类型的光电器件,制造材料常用砷化铟(InAs)、锑化铟(InSb)、碲镉汞(HgCdTe)、碲锡铅(PbSnTe)等,利用这一效应制成光生伏特红外探测器。

4. 光磁电红外探测器(PEM 器件)

当红外光辐照某些半导体材料表面时，在材料表面产生电子-空穴对，并向内部扩散，在扩散中受到强磁场作用，电子、空穴各偏向一边，因而产生了开路电压，这种现象称为光磁电效应。光磁电传感器响应波段在 7 μm 左右，时间常数小，响应速度快，不用加偏压，内阻极低，噪声小，性能稳定。但其灵敏度低，低噪声放大器制作困难，从而影响使用。

8.5 激光探测器

激光由于具有很多其他光源所不能比拟的特性，比如高单色性、高亮度、高方向性和高度的时间空间相干性，使它一经问世就获得了异乎寻常的飞快发展，为光电子技术提供了极好的光源，在很多领域获得了广泛应用。

8.5.1 激光干涉法测量长度

激光干涉传感器的测长原理实质上是基于光的干涉理论。在实际长度测量中应用最广泛的是麦克尔逊干涉仪。如图 8-56 所示，来自激光器的光经半透半反分光镜后分为两路，光束 1 由固定反射镜 M_1 反射，光束 2 经可动反射镜 M_2 反射。当两束光的光程相差激光半波长的偶数倍时，它们相互加强形成亮条纹；当两束光的光程相差半波长的奇数倍时，它们相互抵消形成暗条纹。动镜 M_2 和待测物体都固定在可移动平台上，当可移动平台每移动半个光波波长时，干涉条纹亮暗变化一次。

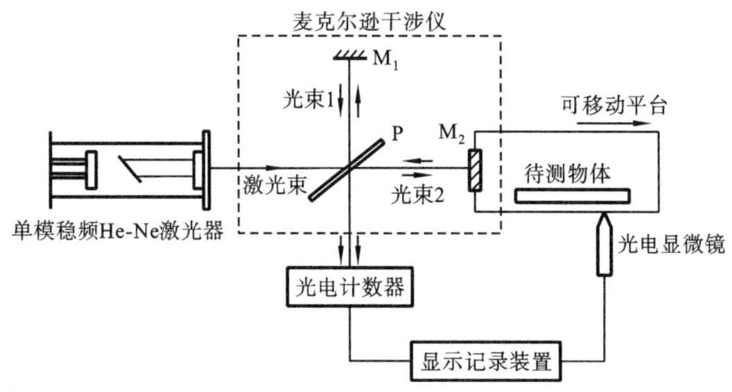

图 8-56　激光干涉测长原理图

激光干涉仪需要采用光电计数器才能得到干涉条纹亮暗变化的次数。为了判别可动目标反射镜的前进和后退，还必须采用可逆计数器。另外，为了提高仪器分辨力，还要对干涉条纹进行细分。为达到这些目的，干涉仪必须有两个相位差为 90°的电信号输出，一个按光程的正弦变化，一个按余弦变化。所以，移相器也是干涉仪测量系统的重要组成部分。常用的移相方法有：机械法移相、阶梯板和翼形板移相、金属膜移相和分偏振法移相等。

以机械法移相为例，如图 8-57(a)所示，产生 90°相移信号最简单方法的是倾斜反射镜 M_1。当 M_1 倾斜 θ 时，获得条纹间距 B，将两光电接收器 D_1 和 D_2 的距离调节为条纹中心距离的 1/4，便可获得相移为 90°的两个输出信号(见图 8-57(b))。若两光电接收器 D_1 和 D_2 的距离已经固定(例如集成在一起)，则可适当调节 M_1 倾斜角度，以获得恰当的条纹间隔。两个光电接收器输出信号再经过辨向和四细分处理电路，将一个周期的干涉信号变成了四个脉冲输出信号，使一个计数脉冲代表1/4干涉条纹的变化，即表示可动反射镜 M_2 的移动距离为 $\lambda/8$，实现了干涉条纹的四倍频计数，相应的测量长度为

$$x=\frac{N\lambda_0}{8n} \tag{8-18}$$

式中：n 为空气折射率；λ_0 为真空中的激光波长；N 为干涉条纹亮暗变化的数目。

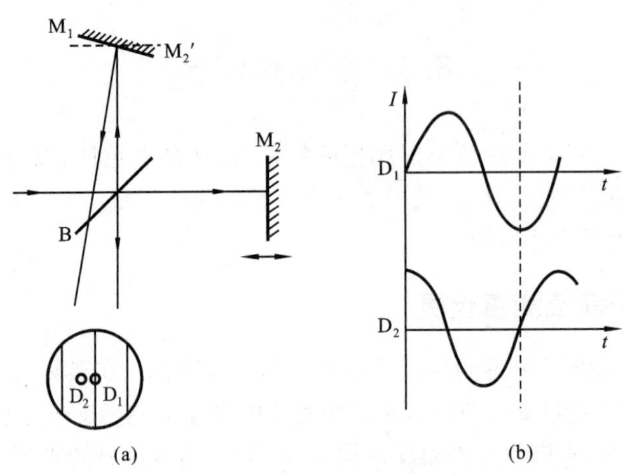

图 8-57　机械法移相原理图

(a) 光路图；(b) 输出信号波形

影响激光干涉法测长精度的因素主要有两个：一是干涉条纹的计数误差，它与光电计数器的精度有关；二是激光波长或频率误差，它与激光器的频率稳定性有关，可以采用激光稳频技术来提高。另外，由于激光波长随空气折射率 n 而变化，n 又受测量环境条件(温度、气压、湿度、气体成分等)的影响，因此在高精度测量中，特别是对环境条件要求甚严的特长距离高精度测量中，必须实时测量折射率 n，并自动修正它对激光波长的影响。

激光干涉传感器以激光为光源，具有以下优点：①测量精度高，如测量1 m长度精度可达 $10^{-7}\sim10^{-8}$ 量级；②分辨率高，可测出 10^{-4} nm以下的长度变化；③量程大，可达几十米；④便于实现自动测量。

8.5.2　激光三角法测量距离

图8-58所示为激光三角法测距原理图。被测物体距离激光器的距离为 d；成像系统探测器采用CCD；激光来自点状激光器；标有 s 的线段可以看成是一个固定成像系统和激光器的平面，成像系统平面与该固定平面平行，而激光器发出的射线与该平面夹角为 β。由图可得

$$q=\frac{fs}{x} \tag{8-19}$$

$$d=\frac{q}{\sin\beta} \tag{8-20}$$

式中：s 为激光器中心与成像系统中心点距离；f 为成像系统的焦距；x 为物体上激光光点在CCD上的成像到一侧边缘的距离。

根据式(8-19)和式(8-20)，已知 s、f 并测量出 x，就可计算出 d 和 q，这就是三角法测距的基本原理。

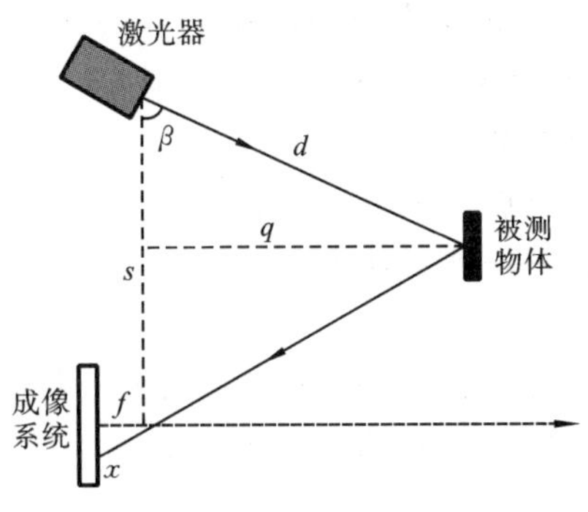

图 8-58　激光三角法测距原理图

8.5.3　激光散射法测量粒径

根据激光散射原理，颗粒大小不同，散射光能量随散射角度的分布也不同，此种分布称为散射谱。激光粒度仪就是通过检测颗粒群的散射谱来反映颗粒大小及其分布的。

激光粒度仪一般由激光器、傅氏透镜、光电接收器阵列、信号转换与传输系统、样品分散系统、数据处理系统等组成。如图 8-59 所示，激光器发出的激光束，经滤波、扩束、准直后变成一束平行光，该平行光束在没有照射到颗粒的情况下，光束经过傅氏透镜接收后汇聚到焦点上。当通过某种特定方式将颗粒均匀地放置到平行光束路径中时，激光束经过颗粒时将发生散射或衍射现象，一部分光将与光轴成一定的角度向外扩散。米氏散射理论证明：大颗粒引发的散射光与光轴之间的散射角小，小颗粒引发的散射光与光轴之间的散射角大。这些不同角度的散射光通过傅氏透镜后汇聚到焦平面上形成半径不同明暗交替的光环，包含着粒度和含量的信息。在焦平面上沿径向安装一系列光电接收器，将光信号转换成电信号并传输到计算机中，再利用专用软件进行分析和识别，便可得到粒度分布。

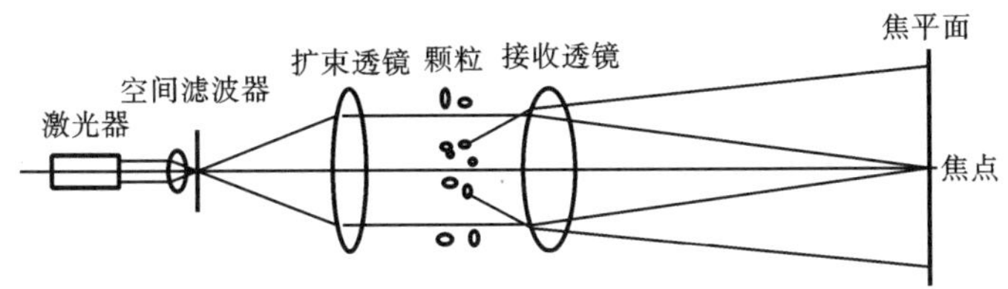

图 8-59　激光粒度仪测量原理图

激光探测器还可以测量各种能够转化为测量长度的物理量，如角度、压力、温度、折射率等。

思考题与习题

8-1　光电效应分哪几类？对每类光电效应列举出 1～2 种相应的光电器件。

8-2　简述何为光生伏特效应？

8-3　试述光电特性、伏安特性和光谱特性所代表的意义。

8-4　简述光敏电阻的暗电流、亮电流、光电流的含义。

8-5　用光电式传感器可进行转速检测，试画出其结构简图并说明其工作原理。

8-6　如图 8-53 所示,若 CCD 的像素中心距为 10 μm,线阵光敏单元数为 1024,系统的放大倍数为 10 倍,求该传感器的分辨率。

8-7　简述红外探测器的分类和特点。

8-8　激光优于其他光源的特性有哪些?

8-9　激光干涉传感器测长的原理是什么?试分析影响激光干涉法测长精度的因素有哪些及如何解决?

8-10　如图 8-58 所示的机械移相及四细分辨向电路中,He-Ne 激光器在真空中的波长为 632.8 nm,记录下来的累计脉冲数为 102,试计算待测物移动的距离。

第9章　光纤传感器

第9章
拓展资源

20世纪30年代，科学家发明了可以传导光线的光导纤维(简称光纤)，用于内窥镜等工具。60年代，华裔科学家高锟首次提出用玻璃纤维作为光波导用于通信的理论，使得光纤电缆成为20世纪最重要的发明之一。光纤电缆以玻璃作为介质代替铜，使一根头发般细小的光纤传输的信息量相等于一个圆桌般粗大的铜线传输的信息量，彻底改变了人类的通信模式，为目前信息高速公路奠定了基础。高锟也因此被誉为“世界光纤之父”，并于2009年获得诺贝尔物理学奖。

光纤传感器是20世纪70年代末伴随着光纤实用化和光通信技术的发展而形成的一项新技术，是传感器技术的新成就之一，它与激光器、半导体和光电探测器一起构成了新的光学技术，形成了光电子学新技术领域。

9.1　光纤传感器的技术基础

9.1.1　光纤的结构与分类

光纤主要是利用光的全反射原理，将光波能量约束在其界面内，并引导光波沿着光纤轴线方向传播。光纤的传输特性由其结构和材料决定。如图9-1所示，光纤的基本结构为同轴圆柱状媒质。内层为纤芯，外层为包层，纤芯的折射率 n_1 比包层的折射率 n_2 稍大。实际的光纤在包层外面还有一层保护层，以保护光纤免受环境污染和机械损伤。有的光纤还有更复杂的结构，以满足不同的使用要求。

根据光纤的折射率、传输模式、光纤材料、光纤用途和制造工艺等，光纤有不同的分类方法。

(1) 按光纤折射率分类。

按纤芯折射率的径向分布方式，光纤可分为阶跃折射率光纤和梯度折射率光纤，如图9-2所示。前者的纤芯折射率是均匀的，但在纤芯与包层的分界面处，折射率发生突变；后者的纤芯折射率沿径向由中心向外按一定函数关系非线性递减，至界面处与包层折射率一致。

(2) 按传输模式分类。

按光波的传输模式，光纤可分为单模光纤和多模光纤。光波在光纤中传播时，由于纤芯边界的限制，其电磁场解不连续，这种不连续的场解称为模式。只能传输一种模式的光纤称为单模光纤；能同时传输多种模式的光纤称为多模光纤。两者的主要差别在于纤芯尺寸和纤芯-包层的折射率差值。

单模光纤常用于光纤传感器，其传输性能好、频带宽、具有较好的线性，但因纤芯尺寸小，难以制造和耦合。在单模光纤中，按光波偏振态又可进一步分为保偏光纤和非保偏光纤。其中，保偏光纤可以传输偏振光。多模光纤性能较差，带宽较窄，但由于纤芯截面积大，容易制造，连接耦合比较方便，也得到了广泛应用。

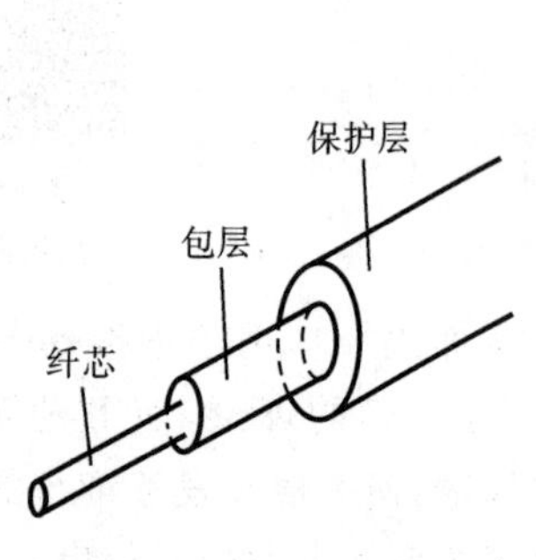

图 9-1 光纤的基本结构

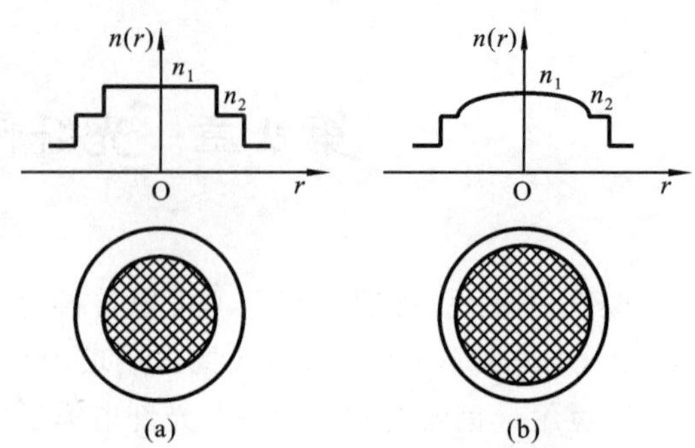

图 9-2 光纤折射率径向分布示意图

(a) 阶跃折射率光纤;(b) 梯度折射率光纤

(3) 按光纤材料分类。

按制作光纤的材料,光纤可分为:①高纯度石英(SiO_2)玻璃光纤,其特点是光传输的损耗低。②多组分玻璃光纤,其特点是纤芯-包层折射率可以在较大范围内变化,有利于制造出大数值孔径的光纤,但材料损耗大。③聚合物光纤,其特点是成本低,但损耗大、温度性能差。④光子晶体光纤,又称多孔光纤或微结构光纤,这类光纤在纤芯周围沿着轴向规则排列有微小空气孔,通过这些微小空气孔对光的约束来实现光的传导。光子晶体光纤以其独特的光学特性和灵活的设计成为近年来的热门研究课题。⑤液芯光纤,其特点是纤芯为液体,可以满足特殊要求。

(4) 按光纤用途分类。

按照用途,光纤可分为通信光纤和非通信光纤。前者用于光通信系统,实际使用中大多使用光缆(多根光纤组成的线缆),是光通信的主要传光介质。后者用于通信以外的用途,包括低双折射光纤、高双折射光纤、涂层光纤、液芯光纤和多模梯度光纤等。这类光纤以纤维光学为基础,为满足工农业生产、国防科技、科学研究、交通运输、医疗、环境保护等行业对传光、传像、传感的要求,结合材料科学和现代制造技术而逐渐发展起来的一种光纤。

9.1.2 光纤的传光原理

在光纤中,光的传输是基于光的全内反射,其传输被限制在光纤中,并能随着光纤传送很远的距离。如图 9-3 所示,设有一段圆柱形阶跃折射率光纤,它的两个端面均为光滑平面。当光线射入一个端面并与圆柱的轴线成 θ 角时,在端面发生折射进入光纤,又以 φ 角入射至纤芯与包层的界面,光线有一部分透射到包层中,一部分反射回纤芯。但当入射角 θ 小于临界入射角 θ_0 时,光线就不会透射界面,而全部被反射,光在纤芯和包层的界面上反复逐次全反射,以折线形状在纤芯内向前传播,最后从光纤的另一端面射出,这就是光纤的传光原理。梯度折射率光纤由于有聚焦作用,光线传播的轨迹近似于正弦波。

由图 9-3 可求出光在光纤内全反射所应满足的条件。图中,n_1、n_2 分别为纤芯和包层的折射率,n_0 为光纤周围媒质的折射率。若要将光完全限制在光纤内传输,则应使光在纤芯-包层分界面上的入射角大于等于临界角,即

$$\varphi \geqslant \varphi_0 = \arcsin(n_2/n_1) \tag{9-1}$$

根据 $\gamma_0=90°-\varphi_0$,可得到进入光纤的折射角为 $\gamma\leqslant\gamma_0$,其中临界值 γ_0 满足

$$\sin\gamma_0 = \sqrt{1-(n_2/n_1)^2} \tag{9-2}$$

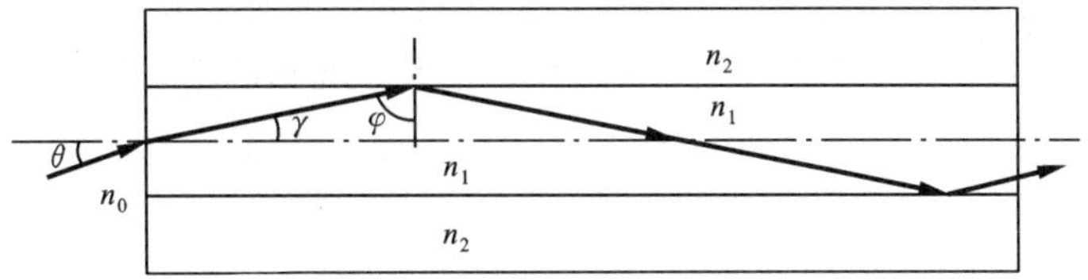

图 9-3　光在光纤中的传播

再利用光的折射定律，可得

$$n_0 \sin\theta_0 = n_1 \sin\gamma_0 = \sqrt{n_1^2 - n_2^2} \tag{9-3}$$

式中：θ_0 称为光纤的孔径角，$n_0 \sin\theta_0$ 定义为光纤的数值孔径，一般用 NA 表示，即

$$\mathrm{NA} = n_0 \sin\theta_0 = \sqrt{n_1^2 - n_2^2} \tag{9-4}$$

NA 是衡量光纤集光性能的主要参数，它表示：无论光源发射功率多大，只有 $2\theta_0$ 张角内的光才能被光纤接收并全内反射传播。NA 越大，光纤的集光能力越强。但 NA 太大，传输时光信号畸变严重，所以要适当地选择 NA。产品光纤通常不给出折射率，只给出 NA，石英光纤的 NA＝0.2～0.4。

9.1.3　光纤的特性

光纤的特性主要包括传输特性、物理特性、化学特性和几何特性等。

1. 传输特性

光纤的损耗和色散是光纤传输特性的两个重要参量。

1）光纤的损耗

光波在光纤中传输，由于光纤材料对光波的吸收和散射、光纤的结构缺陷、弯曲以及光纤间的耦合不完善等原因，导致光功率随传输距离按指数规律衰减，这就是光纤的损耗。通过损耗系数可以衡量和评价光纤的损耗特性。光通过一段光纤传输，设 P_i 为输入光功率，P_o 为输出光功率，则该段光纤的损耗 α(dB)定义为

$$\alpha = 10\lg(P_i / P_o) \tag{9-5}$$

光纤的损耗以吸收损耗和散射损耗为主：①吸收损耗是由于光纤材料及光纤中的杂质对光能的吸收引起的，将光能以热能的形式消耗于光纤中，是重要的光纤损耗，又分为本征吸收损耗（由物质的固有吸收引起的）、杂质离子吸收损耗（由光纤材料中的跃迁金属引起的）和原子缺陷吸收损耗（由光纤材料受热或强烈辐射受激而产生的原子缺陷造成的，一般情况下影响很小）。②散射损耗是当光线遇到微小粒子或不均匀结构时发生散射，降低了传输功率从而引起损耗。最主要的散射是由比波长小的不均匀粒子引起的瑞利散射。温度变化、成分不均都可以引起瑞丽散射，这是一种重要的本征散射。它和本征吸收一起构成光纤的本征损耗。另外，在光纤中传输相干光波时，还会发生受激散射，主要包括拉曼散射和布里渊散射。

2）光纤的色散

在光纤中传输的光脉冲，由于受到光纤的折射率分布、模式分布以及光源谱宽等因素的影响而产生延迟畸变，使该脉冲波形通过光纤后发生展宽。这是因为脉冲光信号的不同频率成分或不同模式分量如果以不同的速度传播，则经过一定距离到达出射面时必然产生信号失真。这种现象称为光纤的色散，一般分为以下四种：①多模色散，由于多模光纤中各种模式之间群速度不同而产生的色散。②波导色散，由于某一传播模式的群速度对于光波频率（或波长）不

是常数,同时光源的谱线又有一定宽度,因此产生的色散。③材料色散,由于光纤材料的折射率随入射光频率变化而产生的色散。④偏振色散,单模光纤轴的不对称性引起的色散。

2. 物理特性

光纤的物理特性主要包括弯曲性、抗拉强度、硬度、耐热性、热膨胀系数和电绝缘性能等。

3. 化学特性

光纤的化学特性主要包括耐水性和耐酸性。

4. 几何特性

光纤的几何特性直接影响其光学传输特性,因此光纤几何形状的标准化对得到最小耦合损耗是非常重要的。标准规定光纤为圆对称结构,表征光纤几何特性的参数主要有纤芯直径、包层直径、纤芯圆度、包层圆度和纤芯与包层的同心度误差等。

不同领域不同测量对象对光纤的特性要求不同。即使同一领域,因使用条件不同,对光纤性能的要求也不尽相同。

9.1.4 光纤的耦合

耦合技术是光纤组网的关键技术之一。光纤的耦合主要包括光纤与光源、光纤与接收器、光纤与光纤之间直接或间接的相互连接。

1. 光纤和光源的耦合

光纤和光源连接时,为了获得最佳耦合效率,主要应考虑两者特征参量相互匹配的问题和这些参量对耦合损耗的影响。这些参量包括:光纤的纤芯直径、数值孔径、截止波长(单模光纤)、偏振特性及光源的发光面积、发光分布、光谱特性(单色光)、输出功率等。

光源与光纤的耦合形式主要有直接耦合和间接耦合:①直接耦合是将端面已处理的光纤直接对向光源的发光面,影响耦合效率的主要因素是光源的发光面积与光纤纤芯总面积的匹配及光源发散角和光纤数值孔径角的匹配。②间接耦合是通过透镜将光源发出的光耦合进光纤,可以大大提高耦合效率,因此得到了广泛应用。

2. 光纤与光纤的耦合

光纤与光纤的耦合可采用直接耦合方式:①固定连接,采用光纤熔接,插入损耗小,稳定性好,但不灵活、不方便调试。②活动连接,利用光纤连接器和法兰盘实现光纤间的直接耦合,这种方法可以使发射光纤输出的光能量最大限度地耦合到接收光纤中。

光纤之间还可通过耦合器进行间接连接。光纤耦合器又称光分路器、分光器,是光纤链路中最重要的无源器件之一,是具有多个输入端和多个输出端的光纤汇接器件。

9.2 光纤传感器的结构原理及特点

9.2.1 光纤传感器的结构原理

光纤传感器包括传感型和传光型两大类。

在传感型光纤传感器中,光纤不仅可以作为光波的传输媒介,而且光波在光纤中传播时,表征光波的特征参量(如振幅、相位、偏振态、波长等)因外界因素(如温度、压力、磁场、电场、位移、转动等)作用而直接或间接地发生变化,据此可测量出引起这个变化的各种物理量。其结构原理图如图 9-4(a)所示,它具有传感合一的特点,信息的传输和获取都在光纤中进行。

在传光型光纤传感器中，光纤只是作为光波的传输媒介，敏感元件由其他器件承担，其结构原理图如图 9-4(b)所示。它的特点是可以充分利用现有的传感器，便于推广应用。

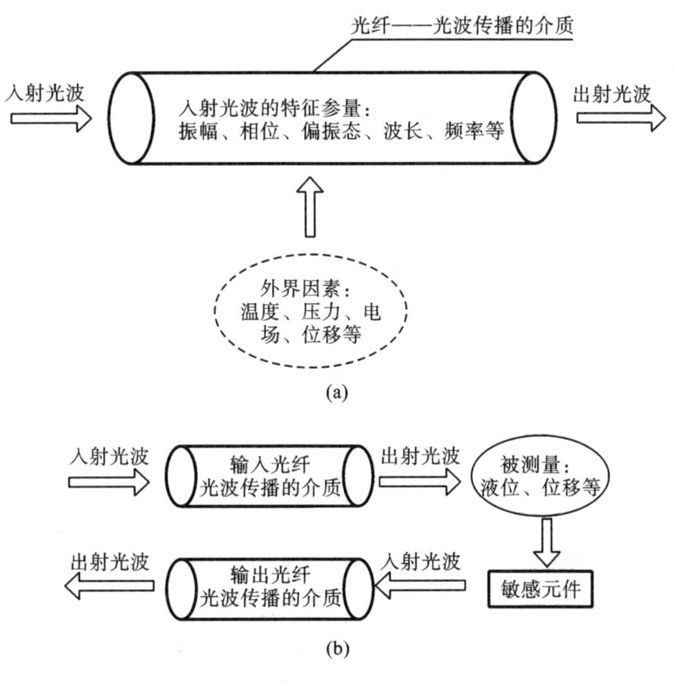

图 9-4　光纤传感器结构原理图

(a) 传感型；(b) 传光型

传感型光纤传感器也称功能型光纤传感器(function fiber optic sensor)，简称 FF 型光纤传感器；传光型光纤传感器也称非功能型光纤传感器(non-function fiber optic sensor)，简称 NF 型光纤传感器或混合型光纤传感器。这两类光纤传感器可以再进一步细分为光强调制型、相位调制型、频率调制型、偏振态调制型和波长调制型等。

9.2.2　光纤传感器的特点

与传统的传感器相比，光纤传感器主要有如下特点：①抗电磁干扰、电绝缘、耐腐蚀、本质安全。光纤传感器利用光波来传输信息，光纤是电绝缘、耐腐蚀的传输介质，不怕强电磁干扰，也不影响外界的电磁场，并且安全可靠。这使光纤传感器在各种大型机电、石油化工、冶金高压、强电磁干扰、易燃、易爆、强腐蚀等行业和环境中能方便而有效地被采用。②灵敏度高。利用长光纤和光波干涉技术使不少光纤传感器的灵敏度优于一般的传感器。如测量水声、加速度、辐射、温度、磁场等物理量的传感型光纤传感器。③重量轻、体积小、外形可变。光纤除具有重量轻、体积小的特点外，还具有可绕性，因此利用光纤可制成外形各异、尺寸不同的光纤传感器，有利于航空航天及狭窄空间的应用。④测量对象广泛。目前，已有性能不同的测量温度、压力、位移、速度、加速度、液面、流量、振动、水声、电流、电场、磁场、电压、杂质含量、液体浓度、核辐射等各种物理量和化学量的光纤传感器在现场使用。⑤对被测介质影响小。这对于医药生物领域的应用极为有利。⑥便于复用、成网，有利于与现有光通信技术组成遥测网和光纤传感网络。⑦成本低。有些种类的光纤传感器其成本远低于现有的传统传感器。

9.3 传感型光纤传感器的分类及应用

传感型光纤传感器可分为光强调制型、相位调制型、偏振态调制型、波长调制型等。通过解调实现相关参数的检测。

9.3.1 光强调制传感型光纤传感器

利用被测量的变化引起敏感光纤的折射率、吸收率或反射率等参数的变化,从而导致光纤中传输的光信号光强发生变化,基于这种原理进行测量的光纤传感器称为光强调制传感型光纤传感器。

1. 光强调制

光纤中传输的光信号其光强的改变通常是由下列因素的变化引起的:光纤的微弯状态、光纤的耦合条件、光纤对光波的吸收特性、光纤中的折射率分布等。下面以微弯损耗为例来介绍光强的调制原理。

图 9-5(a)所示为光纤微弯传感器探头结构示意图,主要由变形器和敏感光纤组成。变形器是一对空间周期(或机械波长)为 A 的梳状结构,敏感光纤从中穿过,并在变形器的作用下呈周期性弯曲。变形器随外力运动时,光纤的微弯程度也随之变化。微弯损耗是指光纤发生微弯时,破坏了光的全内反射条件,一部分光线从弯曲段逸出,由芯模能量转化为包层能量,使得光纤中的光通量变小(见图 9-5(b))。通过测量芯模能量或包层能量的变化(即光功率的变化),便可间接测量引起微弯的物理量,如压力、位移、应变、温度、加速度、流量、速度等。这类传感器的关键在于确定变形器的最佳结构,包括形状和机械波长。

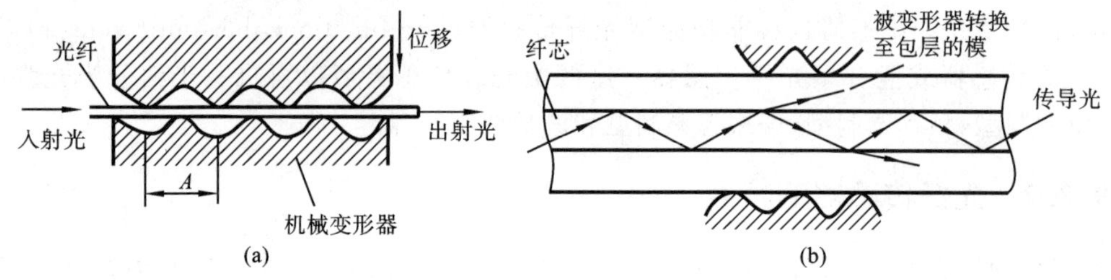

图 9-5 光纤微弯传感器

(a) 探头结构;(b) 工作原理

2. 光强解调

光强解调的关键是实现对调制信号光强的检测。解调过程主要考虑的是信噪比是否能满足测量精度的要求。常用的解调方法包括直接检测法和双光路检测法。

图 9-6 所示为光强解调原理图。图(a)可实现直接检测。光源发出的光注入光纤,光在强度调制区内受到被测信号的调制,探测器接收被调制后的光信号,并将其转换成电信号。图(b)所示为双光路检测方法。光源发出的光信号被光纤分路器分成两路:一路光信号通过强度调制区到达探测器 1,称为测量光路;另一路光信号直接到达探测器 2,称为参考光路。两路信号送入除法器进行运算,由于系统中设计了参考光路,光源强度波动、光纤损耗波动、光纤耦合波动及模式噪声等都可以通过除法电路来消除,从而大大减小了测量误差,提高了系统测量精度。

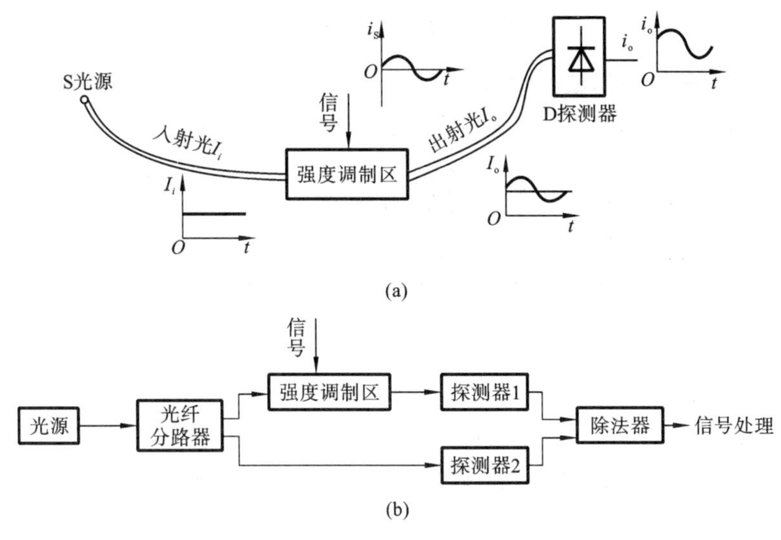

图 9-6　光强解调原理图

(a) 直接检测方法;(b) 双光路检测方法

9.3.2　相位调制传感型光纤传感器

利用外界因素引起光纤中光波相位的变化来探测各种物理量的传感器,称为相位调制传感型光纤传感器。由于光电探测器并不能感知光的相位变化,必须采用干涉技术,将相位变化转换为光强变化,才能实现对外界物理量的检测。敏感光纤完成相位调制任务,干涉仪完成相位-光强转换任务。

相位调制传感型光纤传感器有如下主要特点:①灵敏度高,光学中的干涉法是已知最灵敏的探测技术之一;②灵活多样,由于这种传感器的敏感部分是由光纤本身构成,因此其探头的几何形状可按使用要求设计成不同形式;③对象广泛,不论何种物理量,只要对干涉仪中的光程产生影响,就可用于传感。

在光纤干涉仪中,为获得干涉效应,应使同一模式的光叠加,为此要用单模光纤。为获得最佳干涉效应,两相干光的振动方向必须一致。因此,在各种光纤干涉仪中通常采用"高双折射"单模光纤。研究表明:光纤的材料,尤其是护套和外包层的材料对光纤干涉仪的灵敏度影响极大。因此,为了使光纤干涉仪对被测物理量进行"增敏",对非被测物理量进行"去敏",要对单模光纤进行特殊处理,以满足测量不同物理量的要求。

1. 相位调制

相位调制传感型光纤传感器的干涉测量结构主要有:迈克尔逊(Michelson)光纤干涉仪、马赫-曾德(Mach-Zehnder)光纤干涉仪、塞格纳克(Sagnac)光纤干涉仪和法布里-泊罗(Fabry-Perot)光纤干涉仪。

1) 迈克尔逊光纤干涉仪

图 9-7 所示为迈克尔逊光纤干涉仪原理图。它主要由激光器、探测器、耦合器和光纤等组成。将两根光纤相应的端面镀以高反射率膜,一根作为参考臂,另一根作为敏感臂。激光器发出的光被耦合器分成两束,一束经过参考臂,另一束经过敏感臂,两路光从光纤末端反射回来,并经耦合器发生干涉。两相干光的相位差为

$$\Delta\phi = 2K\Delta L = \frac{4\pi}{\lambda}\Delta L \tag{9-6}$$

式中:K 为波数;λ 为真空中的波长;$2\Delta L$ 为两相干光的光程差。

根据式(9-6),只要测出相移 $\Delta\phi$,便可求出光程差,从而获得引起光程差变化的被测量。

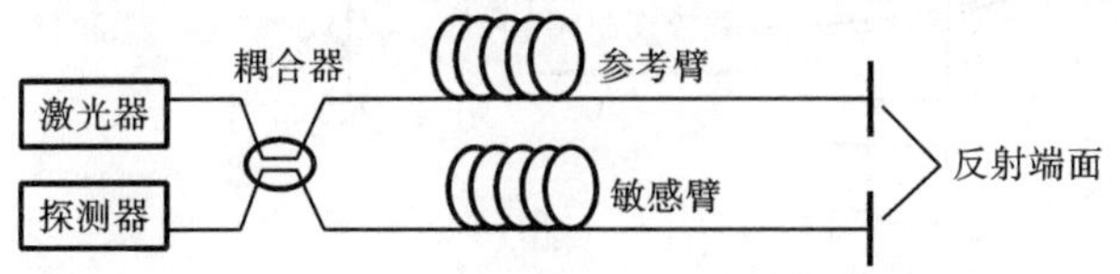

图 9-7　迈克尔逊光纤干涉仪原理图

2) 马赫-曾德光纤干涉仪

图 9-8 所示为马赫-曾德光纤干涉仪原理图。由激光器发出的相干光分别送入长度相同的敏感臂和参考臂。被测量作用于敏感臂,两光纤输出的两激光束叠加后产生干涉效应。相位差为

$$\Delta\phi = K\Delta L = \frac{2\pi}{\lambda}\Delta L \tag{9-7}$$

式中:K 为波数;λ 为真空中的波长;ΔL 为两相干光的光程差。

根据式(9-7),只要测出相移 $\Delta\phi$,便可求出光程差,从而获得引起光程差变化的被测量。

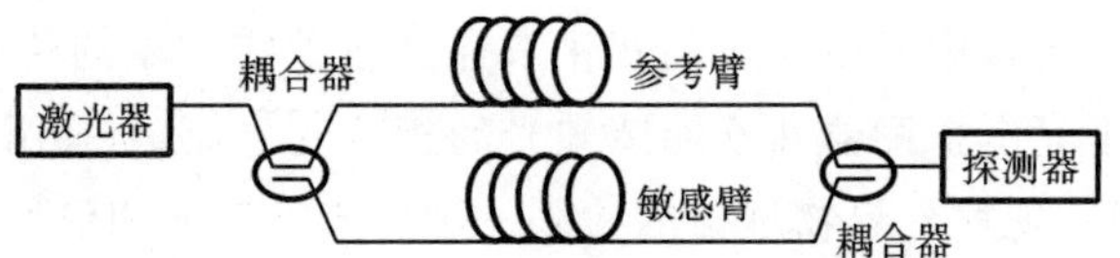

图 9-8　马赫-曾德光纤干涉仪原理图

3) 塞格纳克光纤干涉仪

图 9-9 所示为塞格纳克光纤干涉仪原理图。光纤环闭合光程半径为 R,其中有两列光沿相反方向传播,当闭合光路静止时,两光波传播的光路相同,没有光程差;当闭合光路相对惯性空间以转速 ω(设 ω 垂直于环路平面)转动时,顺、逆时针传播的光程不等,传播一周产生的光程差为

$$\Delta L = 2R\omega t = 2R\omega\frac{2\pi R}{c} = \frac{4A}{c}\omega \tag{9-8}$$

式中:$A=\pi R^2$,为环形光路的面积;c 为真空中的光速。

对应于一个由 N 匝光纤组成的光纤环,相当于两列光波在环路中传播 N 周,则产生的相位差为

$$\Delta\phi = K(N\Delta L) = \frac{2\pi}{\lambda}\cdot N\cdot\frac{4A}{c}\omega = \frac{8\pi AN}{\lambda c}\omega = \frac{4\pi RL}{\lambda c}\omega \tag{9-9}$$

式中:K 为波数;L 为绕在光纤环上光纤总长度;λ 为真空中的波长。

根据式(9-9),只要测出相移 $\Delta\phi$,便可求出转速 ω。

4) 法布里-泊罗光纤干涉仪

法布里-泊罗光纤干涉仪有本征型、非本征型等类型。本征型的法布里-泊罗腔(简称法-泊腔)由光纤构成(见图 9-10(a))。将光纤截为 A、B、C 三段,在 A、C 两段紧靠 B 段的端面上镀高反膜,并与 B 段光纤熔接。此时 B 段长度 L 就是法-泊腔的腔长。L 一般仅为十几微米数

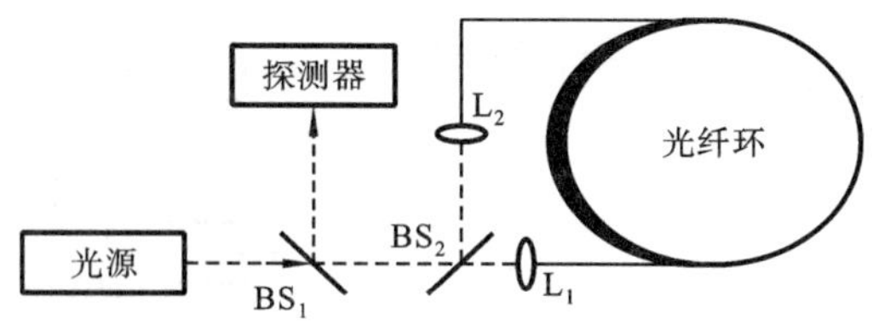

图 9-9　塞格纳克光纤干涉仪原理图

量级，所以 B 段加工难度大。非本征型的法-泊腔是利用两光纤端面之间的空气隙构成一个腔长为 L 的微腔（见图 9-10(b)）。光纤端面镀高反膜，两光纤端面严格平行、同轴，并密封在一个特种管道内。非本征型法布里-泊罗光纤干涉仪性能最好，应用最为广泛。

图 9-10(c)所示为法布里-泊罗干涉仪的工作原理图，它是多光束干涉仪。当相干光束沿光纤入射到法-泊微腔时，光纤在微腔的两端面反射后沿原路返回并相遇而产生干涉，其干涉输出信号与微腔的长度有关。

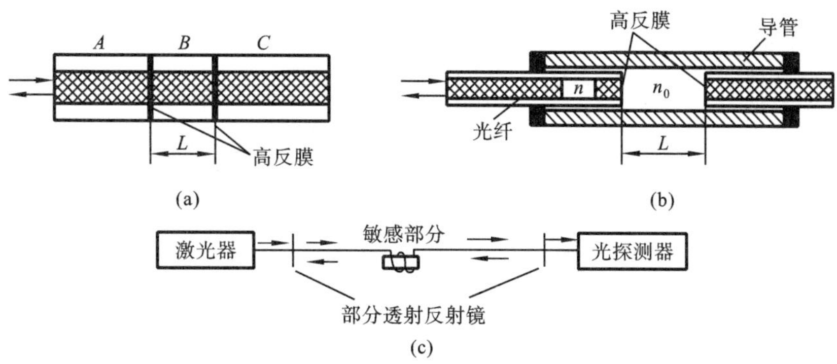

图 9-10　法布里-泊罗光纤干涉仪

(a) 本征型法-泊腔；(b) 非本征型法-泊腔；(c) 原理图

光束在两反射膜(镜)之间产生多次反射形成多光束干涉，并由探测器探测。根据多光束干涉理论，其相位差为

$$\Delta\phi = \frac{4\pi}{\lambda} n_0 L\cos\theta \tag{9-10}$$

式中：n_0 为腔内介质折射率；θ 为腔体内光线与腔面法线的夹角（即入射光线在腔内的折射角）；λ 为真空中的波长；L 为腔长。

当外界参量（力、形变、位移、温度、电压、电流、磁场等）以一定方式作用于此微腔时，使腔长 L 发生变化，导致相位角变化。根据式(9-10)，只要测出相移 $\Delta\phi$，便可导出微腔长度的变化，乃至外界参量的变化，实现对各种参量的传感与测量。

2. 相位解调

相位调制是被测量按照一定的规律使光纤中传播的光波相位发生变化，然后利用干涉技术将相位变化转换为光强变化，所以其解调方法实际是对光强进行检测。9.3.1 节中介绍的光强解调方法适用，可根据需要进行选择。

图 9-11 所示为马赫-曾德光纤干涉仪相位解调原理图。

根据干涉原理，光电探测器 D_1、D_2 将接收的光强转换成电压 $V_1(t)$ 和 $V_2(t)$

$$V_1(t) = V_0[1 + \beta\cos(\varphi_s + \varphi_s' - \varphi_R - \varphi_R')] \tag{9-11}$$

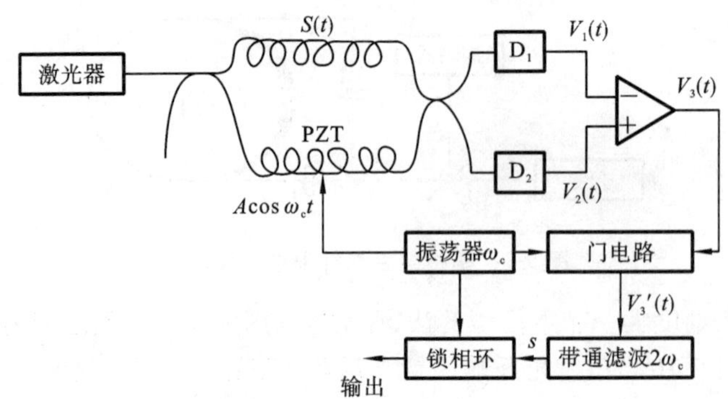

图 9-11　相位解调原理图

$$V_2(t)=V_0[1-\beta\cos(\varphi_s+\varphi_s'-\varphi_R-\varphi_R')] \tag{9-12}$$

式中:V_0 正比于输入光强;β 为混频效率;φ_s 与 φ_R 分别为信号臂和参考臂产生的相移;φ_s'与 φ_R' 分别为信号臂和参考臂的相位随机变化。

差分放大器的输出为

$$V_3(t)=K[V_1(t)-V_2(t)]=2KV_0\beta\cos(\varphi_s+\varphi_s'-\varphi_R-\varphi_R') \tag{9-13}$$

式中:K 为电压放大倍数。

这属于双光路光强检测方法。

9.3.3　偏振态调制传感型光纤传感器

利用外界因素引起光纤中光波偏振态的变化来探测各种物理量的传感器,称为偏振态调制传感型光纤传感器。

1. 偏振态调制

改变光波偏振态的常用方法有:①利用旋光效应。旋光性存在于结晶材料及某些有机非晶材料中。当线偏振光通过旋光性媒介时,输出光的偏振面将转过一个角度。旋光性是互易的,如果线偏振光以一个方向通过旋光性媒质,偏振面旋转了一个角度,则以这个角度反向输入并通过该媒介的光将沿原来的入射方向出射。②利用普克尔效应。当压电晶体受光照射并在其正交的方向加以高电压,晶体将呈现双折射现象,即普克尔效应,又称线性电光效应。③利用克尔效应。当外加电场作用在各向同性的透明物质上,引起其光学性质发生改变,变成具有双折射现象的各向异性特性,并且与单轴晶体的情况相同,称为克尔效应。④利用弹光效应。弹光效应为应力双折射,在力学应变下的材料具有各向异性。压缩时,材料具有负单轴晶体的性质,伸长时则具有正单轴晶体的性质。物质的等效光轴在应力的作用方向上,感应双折射的大小正比于应力。利用物质的弹光效应可构成压力、声、振动、应变、位移等光纤传感器。⑤利用磁光效应。下面重点介绍基于磁光效应的偏振态调制方法。

平面偏振光通过带磁性的物体时,其偏振光面发生偏转,这种现象称为法拉第磁光效应。图 9-12 所示为利用磁光效应测量磁场的原理图。在光学各向同性的透明介质上(光纤)外加磁场 H,可以使穿过它的平面偏振光的偏振方向发生旋转,光矢量旋转角为

$$\theta=V\int_0^L H\mathrm{d}l \tag{9-14}$$

式中:V 为物质的菲尔德常数;L 为物质中的光程差;H 为磁场强度。

磁光效应与旋光效应的区别是磁光效应没有互易性,若平面偏振光一次通过磁光材料旋

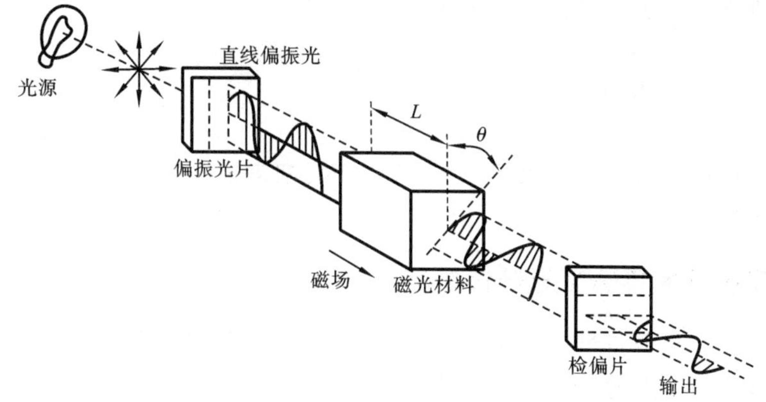

图 9-12　利用磁光效应测量磁场

转 θ 角，沿相反方向返回时，将再旋转同样的角度，两次通过材料的总旋转角度为原来的两倍。为了获得大的磁光效应，可以将放在磁场中的磁光材料做成平行六面体，使通光面对光线方向稍偏离垂直位置，并将两面镀高反射膜，只留入射和出射窗口。若光束在其间反射 N 次后出射，那么有效旋光厚度为 NL，偏振面的旋转角度是原来的 N 倍。

2. 偏振态解调

偏振态调制是被测量按照一定的规律使光纤中传播的光波偏振态发生变化，偏振态解调是利用两个光电探测器分别检测两正交平面偏振光的光强来反应被测量的变化，所以其解调实质仍然是对光强进行检测。图 9-13 所示为基于磁光效应的光纤电流传感器，利用偏振态的调制与解调来实现电流的测量。

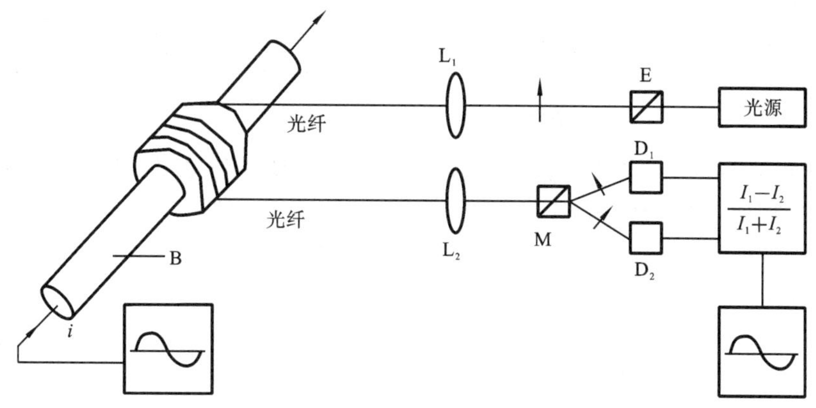

图 9-13　基于磁光效应的光纤电流传感器工作原理

激光器发出的单色光经过起偏器 E 后变为线偏振光，由透镜 L_1 将光耦合到单模光纤中。载流导体 B 上的电流为 i，载流导体上缠绕的光纤将产生磁光效应，使偏振光的偏振面发生旋转。光纤采用低双折射光纤，出射光由透镜 L_2 耦合到棱镜 M，棱镜 M 将输入光分成振动方向相互垂直的两束偏振光，并分别送到探测器 D_1 和 D_2。调整 M 的取向，使得当入射光处在未调制的位置时，从棱镜 M 的两轴输出的光强相等。当载流导体出现电流时，设光纤中的光偏振面旋转角度为 θ，则探测器 D_1、D_2 接收到的光强分别为

$$I_1 = I_0 \cos^2(\theta + \pi/4) \tag{9-15}$$

$$I_2 = I_0 \sin^2(\theta + \pi/4) \tag{9-16}$$

经过后续加、减法和除法器处理后，输出信号为

$$I = (I_1 - I_2)/(I_1 + I_2) = \cos 2(\theta + \pi/4) = \sin 2\theta \tag{9-17}$$

当 $\theta \ll 1$ 时，$\sin 2\theta \approx 2\theta$，即

$$I \approx 2\theta \tag{9-18}$$

再根据法拉第电磁感应定律(见式 9-14)即可获得载流导体上电流的大小。这仍然属于双光路光强检测方法。

9.3.4　波长调制传感型光纤传感器

外界信号通过选频、滤波等方式改变光纤中传输光的波长，通过测量波长的变化即可检测被测量，这就是波长调制传感型光纤传感器的工作原理。由于波长与颜色直接相关，因此波长调制又称为颜色调制。

波长调制传感型光纤传感器具有以下明显的优点：①抗干扰能力强。一方面是因为普通的光纤不会影响传输光波的频率特性；另一方面光纤光栅传感系统从本质上排除了各种光强起伏引起的干扰，因而基于光纤光栅的传感系统具有很高的可靠性和稳定性。②传感探头结构简单，尺寸小，适于许多应用场合，尤其是智能材料和结构。③测量结果具有良好的重复性。④便于构成各种形式的光纤传感网络。⑤可用于外界参量的绝对测量(在对光纤光栅进行定标后)。⑥光栅的写入工艺已较成熟，便于形成规模生产。

波长调制和解调流程如图 9-14 所示，光源发出的能量分布为 $I_i(\lambda)$ 的光信号，经过入射光纤进入调制器，在调制器内，光信号与被测信号相互作用，光谱分布发生变化，输出光纤的能量分布为 $I_o(\lambda)$，由光谱分析仪检测出 $I_o(\lambda)$ 即可求得被测信号。

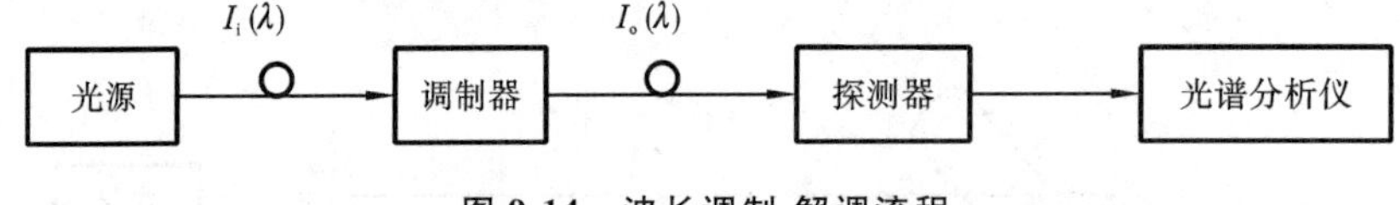

图 9-14　波长调制-解调流程

光纤光栅传感器是一种典型的波长调制传感型光纤传感器。根据周期的不同，光纤光栅主要可分为：光纤布拉格光栅(fiber Bragg grating，FBG)和长周期光纤光栅(long period fiber grating，LPFG)。

1. 波长调制

FBG 和 LPFG 两种光纤光栅从制作工艺上看，都是利用光纤材料的光敏性，通过紫外光曝光等方法，在纤芯内产生沿纤芯轴向的折射率周期性变化，从而形成永久性空间的相位光栅。

1) 光纤布拉格光栅

图 9-15 所示为 FBG 的结构示意图。当光波通过光栅区域时，满足布拉格条件的光波将被反射回来，其他波长几乎无衰减地通过。反射谱与透射谱互补，观测反射谱或透射谱，确定波长漂移值，便可判断待测量的变化。

根据布拉格公式

$$\lambda_B = 2n_{eff}\Lambda \tag{9-19}$$

其微分形式可表述为

$$\frac{\Delta\lambda_B}{\lambda_B} = \frac{\Delta n_e}{n_e} + \frac{\Delta\Lambda}{\Lambda} \tag{9-20}$$

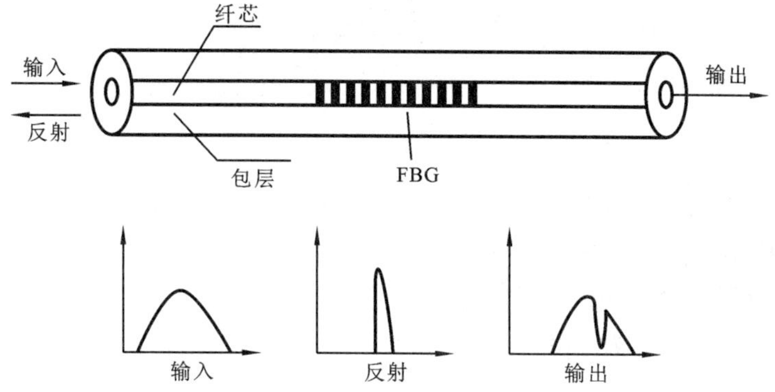

图 9-15　光纤布拉格光栅结构示意图

可见，布拉格波长 λ_B 取决于光栅周期 Λ 和反向耦合模的有效折射率 n_e，任何使这两个参量发生改变的物理过程都将引起布拉格波长的漂移。在所有引起该波长漂移的外界因素中，最直接的为应力和应变参量。因为无论是对光栅进行拉伸还是挤压，都势必导致光栅周期 Λ 的变化，并且光纤本身所具有的弹光效应也使得有效折射率 n_{eff} 随外界应力状态的变化而改变，因此采用 FBG 制成光纤应力-应变传感器，就成了光纤光栅在光纤传感领域中最直接的应用。

轴向应力作用于 FBG 介质时，一方面由于机械拉伸而改变光栅常数，另一方面由于弹光效应使 FBG 折射率发生变化，两者分别为

$$\frac{\Delta\Lambda}{\Lambda} = \varepsilon \tag{9-21}$$

$$\frac{\Delta n_e}{n_e} = -\frac{n_e^2[P_{12} - \mu(P_{11} + P_{12})]}{2}\varepsilon \tag{9-22}$$

式中：ε 为轴向应变；P_{ij} 为弹光矩阵的泡克尔斯系数；μ 为泊松比。

令有效弹光系数 $p_e = \dfrac{n_e^2[P_{12} - \mu(P_{11} + P_{12})]}{2}$，由式(9-20)、式(9-21)和式(9-22)可得

$$\frac{\Delta\lambda_B}{\lambda_B} = (1 - P_e)\varepsilon \tag{9-23}$$

式(9-23)为 FBG 轴向应变下的波长变化数学表达式，它是 FBG 应变传感的基本关系式。可以看出，当材料确定后，FBG 对应变的传感特性系数基本上为常数，这就从理论上保证了 FBG 作为应变传感器具有很好的线性输出。

令 $K_\varepsilon = \lambda_B(1 - P_e)$，$K_\varepsilon$ 可视为轴向应变与中心波长相关的灵敏度，则

$$\Delta\lambda_B = K_\varepsilon\varepsilon \tag{9-24}$$

与外加应力相似，外界温度的改变同样也会引起布拉格光栅波长的漂移。温度变化引起的 FBG 波长漂移，一方面是由于热胀效应使得 FBG 伸长而改变其光栅常数；另一方面是由于热光效应使得光栅区域的折射率发生变化。一定温度范围内，二者均与温度的变化量 ΔT 成正比，可分别表示为

$$\frac{\Delta\Lambda}{\Lambda} = \delta\Delta T \tag{9-25}$$

$$\frac{\Delta n_e}{n_e} = -\frac{1}{n_{eff}}\frac{dn_e}{d\upsilon}\frac{d\upsilon}{dT}\Delta T \tag{9-26}$$

式中：δ 为光纤材料的热膨胀系数；υ 为光纤的归一化频率。温度变化引起的 FBG 波长漂移主要取决于热光效应，它占热波长漂移量的 95%左右，记热光系数 ξ 为

$$\xi = -\frac{1}{n_{\mathrm{e}}}\frac{\mathrm{d}n_{\mathrm{e}}}{\mathrm{d}\upsilon}\frac{\mathrm{d}\upsilon}{\mathrm{d}T} \tag{9-27}$$

则温度对 FBG 波长漂移的总影响为

$$\frac{\Delta\lambda_{\mathrm{B}}}{\lambda_{\mathrm{B}}} = (\delta + \xi)\Delta T \tag{9-28}$$

式(9-28)即温度作用下的 FBG 波长数学表达式，它是 FBG 温度传感的基本关系式。可以看出，当 FBG 材料确定后，FBG 对温度的传感特性系数基本上为常数，这就从理论上保证了 FBG 作为温度传感器有很好的线性输出。

令 $K_T = (\delta + \xi)\lambda_{\mathrm{B}}$，$K_T$ 为 FBG 温度传感的灵敏度，由此可得

$$\Delta\lambda_{\mathrm{B}} = K_T\Delta T \tag{9-29}$$

式(9-29)即 FBG 波长变化与温度变化的关系式，它可以方便地将波长变化处理成温度增量。

当应变和温度同时作用于 FBG 时，得到的总的波长漂移为

$$\frac{\Delta\lambda_{\mathrm{B}}}{\lambda_{\mathrm{B}}} = (1 - P_{\mathrm{e}})\varepsilon + (\delta + \xi)\Delta T \tag{9-30}$$

也可以表示为

$$\Delta\lambda_{\mathrm{B}} = K_{\varepsilon}\varepsilon + K_T\Delta T \tag{9-31}$$

式中：K_{ε}、K_T 分别为 FBG 的应变灵敏度和温度灵敏度。

可见，FBG 同时对应力和温度两个参量敏感。因此在实际应用中，如果采用 FBG 只测量一个参量，应该对另一个参量进行去敏。这就需要对传感头进行相应的处理。

FBG 周期为几百纳米，用于传感基于外界环境(如温度、应力等)对光纤纤芯折射率和光栅周期影响而使谐振波长发生变化的情形。FBG 对外界折射率变化并不敏感，如果需要测量外界折射率的变化，应选择长周期光纤光栅 LPFG。

2) 长周期光纤光栅

LPFG 是一种透射型光纤器件，其光栅周期通常为几十到几百微米。利用 LPFG 制作的传感器，主要是通过光纤中传播的某一波长的光耦合到光纤包层中的损耗情况来进行测量的。外界折射率变化时，LPFG 的谐振峰中心波长漂移明显高于 FBG，LPFG 对于外界折射率的变化特别敏感。

对于理想的均匀光纤波导，纤芯及包层中存在的各阶次模式相互正交，不存在模式耦合。在光纤中写入光栅，就破坏了光纤波导光学特性的一致性，产生了介电扰动(折射率指数的变化)。这种沿光纤纵向的周期性调制(扰动)，使各个模式在纤芯及包层中相互耦合。

光纤光栅可视为一个单独的光学衍射光栅。由衍射理论可知，以角 θ_1 入射的波长为 λ 的光线将以角 θ_2 衍射，且满足条件

$$n\sin\theta_2 = n\sin\theta_1 + m\lambda/\Lambda \tag{9-32}$$

式中：n 为纤芯折射率；Λ 为光栅周期；m 为衍射级数。

纤芯基模和包层模的传播常数可分别表示为 $\beta_{\mathrm{c0}} = (2\pi/\lambda)n_{\mathrm{c0}}$ 和 $\beta_{\mathrm{c1}} = (2\pi/\lambda)n_{\mathrm{c1}}$。其中，$n_{\mathrm{c0}} = n\sin\theta_1$，$n_{\mathrm{c1}} = n\sin\theta_2$，分别表示纤芯基模和包层模的有效折射率。将其代入式(9-32)中，可得 LPFG 耦合的相位匹配条件为

$$\beta_{\mathrm{c1}} = \beta_{\mathrm{c0}} + 2\pi m/\Lambda \tag{9-33}$$

由于导模和包层模的传播常数都是波长的函数，所以在 LPFG 中，导模可以和几个包层模在不同波长处满足相位匹配条件，从而使得光波可以从导模耦合到几个包层模，而耦合到包层模的功率将很快衰减掉。在宽带光源入射的条件下，输出光谱上将出现一个相位匹配的波

长——耦合波长。由于 LPFG 中,占主导地位的是同向传播的纤芯基模和一阶包层模之间的耦合,因此取 $m=-1$,由式(9-33)可得到耦合谐振峰中心波长 λ_{LP} 为

$$\lambda_{LP}=(n_{c0}-n_{c1})\Lambda \tag{9-34}$$

LPFG 用于传感主要是以其耦合谐振峰中心波长随外界条件变化而移动为基础的量。这些外界条件包括环境温度、应力、环境折射率、光栅弯曲等。这些参数的改变可能引起纤芯和包层折射率以及纤芯和包层半径的变化,从而对光纤中的传输模式带来影响;也可能改变光栅的周期,这将导致导模和包层模之间耦合的相位匹配波长及耦合系数的改变,并最终表现为光栅吸收峰中心波长和强度的变化。

由耦合谐振峰中心波长计算式(9-34)可得波长移动量随外界折射率的变化关系为

$$\frac{\Delta\lambda_{LP}}{\lambda_{LP}}=\left[\frac{1}{n_{c0}-n_{c1}}\frac{\mathrm{d}(n_{c0}-n_{c1})}{\mathrm{d}n_{ex}}+\frac{1}{\Lambda}\frac{\mathrm{d}\Lambda}{\mathrm{d}n_{ex}}\right]\Delta n_{ex} \tag{9-35}$$

式中:Δn_{ex}为外界折射率变化量;$\Delta\lambda_{LP}$为 LPFG 耦合谐振峰中心波长的移动量。

LPFG 的折射率传感测量原理就是通过仿真计算和实验方法找到方括号内的折射率敏感系数,然后建立起外界折射率变化 Δn_{ex}与耦合谐振峰中心波长的移动量 $\Delta\lambda_{LP}$的对应关系。

2. 波长解调

波长解调就是将传感信号从波长编码中提取出来并转换为电信号,再进一步处理和显示。依照待测物理量的不同类型,波长解调可分为两大类:静态解调方法和动态解调方法。

1) 静态解调方法

静态解调方法适用于对传感信号变化缓慢的被测量进行检测,主要采用光滤波器,使指定的波长信号通过,达到解调的目的。根据所采用光滤波器的不同,静态解调方法主要包括匹配光纤光栅滤波解调法、可调谐光纤 F-P 滤波器解调法以及可调窄带光源解调法等。

下面以可调谐光纤 F-P 滤波器解调法为例来介绍波长的静态解调方法。如图 9-16 所示,其中 F-P 腔可视为窄带滤波器。入射 F-P 腔的平行光只有满足相干条件的特定波长的光,才能发生干涉,形成相干峰值。宽带光源入射光经隔离器进入 FBG 光栅,由它反射回的光经耦合器和透镜,形成平行光入射到 F-P 腔。出射光再经透镜汇聚输入光电探测器,输出电信号。驱动元件利用了锆钛酸铅(PZT)压电陶瓷的逆压电效应,外加电压使其产生电致伸缩,使构成 F-P 腔的两个高反射镜中的一个移动,从而改变 F-P 腔腔长,使透过 F-P 腔的光波长发生改变。当 F-P 腔的透射波长与 FBG 反射波长重合时,入射探测器的光强最大。检测到最大光强的同时也就获得了对应的被测量。

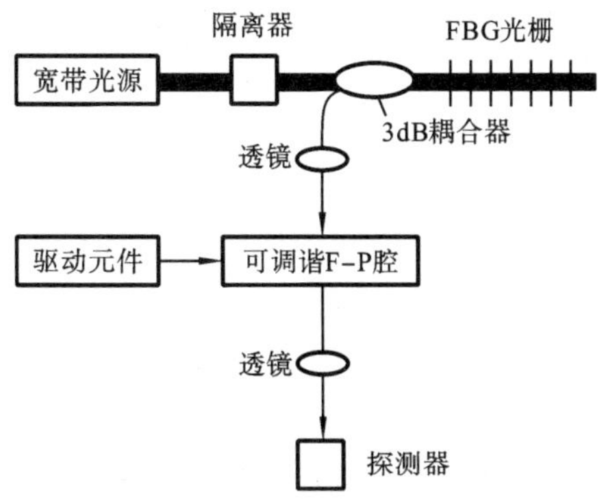

图 9-16　对 FBG 波长解调的可调 F-P 腔系统

2) 动态解调方法

动态解调法适用于传感信号变化较快的测量系统,主要利用干涉解调法、边缘滤波法、光谱成像法和啁啾光纤光栅解调法等方法来实现。下面重点介绍干涉解调法。

干涉解调法的基本原理是:在一段单模光纤中传输的相干光,由于待测量引起的波长变化,而产生干涉光的相位调制;通过测量干涉仪相位变化导致的输出光强变化,进而达到光纤光栅的波长解调。这种方法具有极高的检测灵敏度,但同时它也极易受到外界环境变化的影响。目前光纤光栅解调技术中常采用三种不同的干涉测量结构:迈克尔逊干涉仪、马赫-曾德干涉仪和塞格纳克干涉仪。

图 9-17 所示为基于非平衡马赫-曾德干涉仪的分布式 FBG 传感系统。

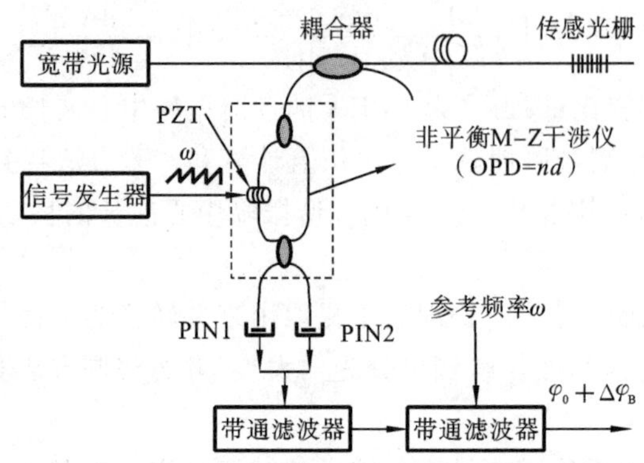

图 9-17　基于非平衡马赫-曾德干涉仪的分布式 FBG 传感系统

宽带光源发出的光经耦合器进入传感光纤光栅,光栅反射光作为马赫-曾德干涉仪的输入(两臂的长度差为 ΔL),通过检测干涉仪的输出光强即可获得光栅的波长值。

3. 光纤光栅复用技术

在工程应用和科学实验中,对诸如应力场、应变场、速度场、电场、磁场、密度场以及浓度场等的空间分布与随时间变化参数的测量,往往需要布置多点传感器,以获取离散信息的综合来描述场的分布特征。对于传统电量传感器,每个传感器都需要两条信号线与解调设备相连,以形成传感网络,当传感点的规模较大时,信号线繁杂,这不仅使得系统十分复杂和价格昂贵,而且容易受到环境强电磁场的干扰,特别在易燃、易爆环境下还易产生安全隐患。

与之相比,光纤光栅由于其本身为光纤器件,不受电场、磁场等因素的干扰,而且可以在一根光纤上同时制作多个光栅,实现复用,形成分布式传感网络。迄今为止,国内外提出了多种光纤光栅传感器的复用方案,最具代表性的有波分复用系统(WDM,wavelength division multiplexing)、时分复用系统(TDM,time division multiplexing)和空分复用系统(SDM,space division multiplexing)。

波分复用技术实质上就是通过波长的区分来识别传感器的空间位置。然而,光纤光栅本身就是以波长编码进行传感,这就要求各个传感光栅的波长移动范围具有独立性,不能相互重合。而且在传感网络中,在不同位置上不能出现两个相同的光栅,以保证波分复用系统的正确性。

时分复用系统是通过各传感光栅反射信号光的延时来进行光栅位置区分的。由于各传感光栅的反射光是时间编码的,不用像波分复用系统那样要求各传感光栅的工作范围分开,不能重叠。理论上各光栅甚至可以具有相同的布拉格波长,降低了光栅写制成本。但这种方案要求脉冲发生器两次脉冲的时间间隔要大于最远处光栅（FBGn）的光延迟时间；否则 FBGn 反射的第 i 个脉冲信号将与 FBG1 反射的第 $i+1$ 个脉冲信号在时域上重叠，产生干扰。如果复用的传感器过多，两个相邻脉冲的时间间隔比较长，无法实现实时测量。另外，由于光路很长，也要求光源的输出能量必须足够大。

空分复用系统是通过区分各光纤光栅传感器所在的光纤通道来识别其对应的测量位置。空分复用系统的传感光栅网络中，每个光栅必须有自己独立的通道，即必须是并联而不能串联。但各传感光栅的中心波长和工作区间可以相同。

空分复用的传感光栅网络由于采用并行接法，减少了波分复用或时分复用所采用的单一光纤由于断裂而造成的损失，从而使网络布置具有更大的灵活性。而且并行连接的光纤光栅可以相同，减少了成栅费用。实现空分复用光栅的个数与系统的响应时间有关。每个光纤光栅之间的串扰仅取决于光开关阵列的隔离度，与光源带宽和光纤光栅特性无关。

9.3.5　传感型光纤传感器的应用

传感型光纤传感器具有工作范围宽、线性度好、信噪比高、不受电磁干扰及核干扰、体积小、重量轻、可靠性高等优点，是许多经济、军事强国争相研究的高新技术。可以检测温度、压力、角位移、电压、电流、声音和磁场等多种物理量。在航天（飞机及航天器各部位压力测量、温度测量、陀螺等）、航海（声呐等）、石油开采（液面高度及流量测量、二相流中空隙度的测量等）、电力传输（高压输电网的电流测量、电压测量等）、核工业（放射剂量测量、原子能发电站泄漏剂量监测等）、医疗（血液流速测量、血压及心音测量等）、消防及环境保护等众多领域都得到了广泛应用。

1. 基于拉曼散射的分布式光纤温度传感器

基于拉曼散射的分布式光纤温度传感器，与单点测量的光纤温度传感器最大的区别在于，它能在整个连续的光纤长度上，以距离的连续函数形式，测量出光纤长度变化上各点的温度值。其工作原理是利用了光纤内部光散射的温度特性。

在光纤中注入较高功率的窄光脉冲，从光纤中返回三种波长的散射光：瑞利散射、拉曼散射和布里渊散射，如图 9-18 所示。瑞利散射是由光纤折射率的波动引起的，与入射光频率相同，也是强度最高的散射，它在常规材料的光纤中随温度的变化不明显。拉曼散射和布里渊散射，在强度上远弱于瑞利散射，但它们都与温度有关。其中拉曼散射又包括斯托克斯散射和反斯托克斯散射。通过测量返回的拉曼散射或者布里渊散射即可得到光纤各点的温度特性。

当光脉冲沿光纤传输时，在光纤的每一点都会产生拉曼散射，该散射是各向同性的，其中一部分将沿光纤返回。如果从光脉冲进入光纤时开始计时，则不同时刻 t 在注入端收到的散射回波信号便表征着该信号是由距注入端为 L 处的光纤所产生的

$$L=\frac{ct}{2n} \tag{9-36}$$

式中：L 为发生散射的光纤的位置；c 为真空中的光速；t 为光脉冲返回点的时间；n 为光纤纤芯的折射率。

由式(9-36)可见，光纤一旦确定，其折射率也就确定了，光在光纤中的传播速度也就随之确定。这时不同时刻采集到的信号就代表了光纤不同位置的散射，从而可以确定光纤不同位置的温度。如果信号采集频率足够高，对时间 t 的分辨足够小，则可以测出光纤上每一点的温度，即实现温度的分布式测量。

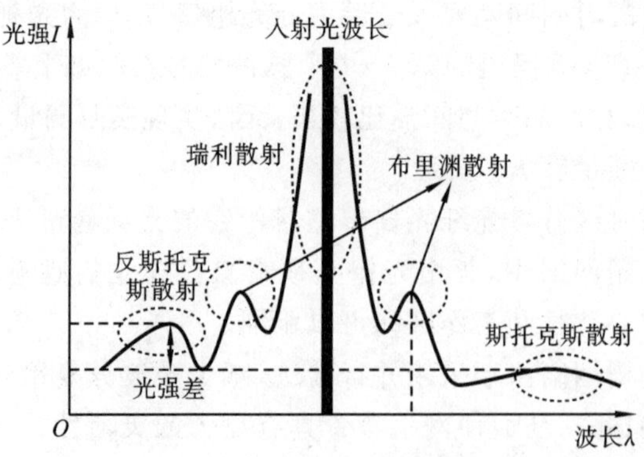

图 9-18　光纤中散射光谱

由图 9-18 可见,斯托克斯线和反斯托克斯线对称地分布于瑞利线的两侧。实际上,对于自发拉曼散射,反斯托克斯线与斯托克斯线的强度比满足

$$\frac{I_{\text{anti-stokes}}}{I_{\text{anti}}}=\left(\frac{f+f_i}{f-f_i}\right)^4\exp\left(-\frac{hf}{KT}\right) \tag{9-37}$$

式中:h 为普朗克常数;K 为玻尔兹曼常数;T 为绝对温度;f 为激发光的频率;f_i 为振动频率。

激光光源确定后,频率 f 便为常数;光纤材料决定了分子振动频率 f_i,则反斯托克斯分量与斯托克斯分量的强度之比便可以唯一确定温度 T。因此,如果能够得到拉曼散射的两个斯托克斯分量,通过适当的运算,就可以得到光纤所处的温度信息。这就是基于拉曼散射的光强调制传感测温原理。基于这种传感原理的分布式光纤传感器也称为拉曼散射光时域反射计(ROTDR,Raman optical time domain reflectmetry),图 9-19 所示为 ROTDR 系统原理图。

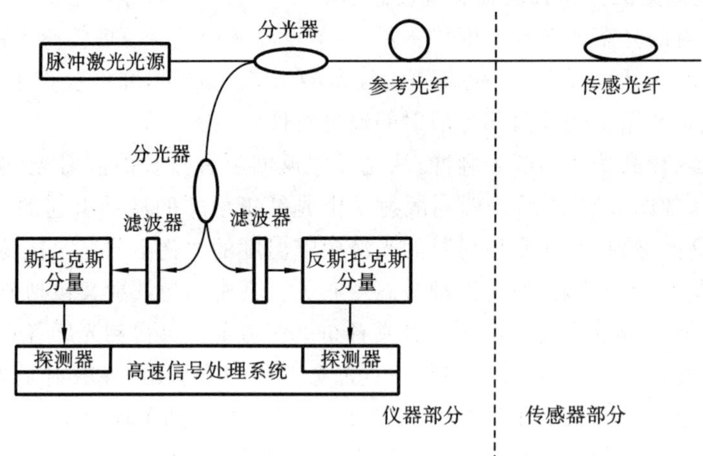

图 9-19　ROTDR 系统原理图

脉冲激光光源发出脉冲光,经过分光器进入传感光纤,光纤中的拉曼散射返回,经过分光与滤波器件,将斯托克斯分量和反斯托克斯分量分开,同时将其他波长的光波滤掉。光电探测器探测到散射光并经过信号处理系统后,得到光纤沿线的各点温度,同时进行显示和控制等后续操作。

利用 ROTDR 技术可以用一根几千米长的光纤测量出光纤沿线的温度分布情况,因此可以用于石油钻井的井下温度测量。目前成熟的 ROTDR 系统其温度检测精度可达±1 ℃,在

2～4 km的分布式传感系统中，空间分辨率可达到 1 m 左右，基本能满足测井要求。基于 ROTDR 技术的光纤温度传感器也可以用在隧道、建筑物的消防系统中进行温度检测。基于相同的原理还可用于大坝、桥梁等的应力监测。

实际上，除了基于拉曼光强测温，还有一种方法是基于拉曼频率测温。工作原理是：光纤材料温度的变化会引起结构（如晶格大小）变化从而改变拉曼信号的频率。一般而言，材料随着温度升高拉曼峰会向低波数漂移，斯托克斯峰和反斯托克斯峰都会发生偏移，鉴于斯托克斯信号强度远大于反斯托克斯，因此一般被用于测温。斯托克斯峰偏移与温度的关系如下：

$$\omega(T) = \omega_0 + A\left(1 + \frac{2}{e^{\frac{h\omega_0}{2KT}} - 1}\right) + B\left(1 + \frac{3}{e^{\frac{h\omega_0}{3KT}} - 1} + \frac{3}{\left(e^{\frac{h\omega_0}{3KT}} - 1\right)^2}\right) \tag{9-38}$$

式中：ω_0、A、B 和材料有关，ω 是斯托克斯频率。通常在较小的温度范围内，频率随温度变化的关系可以看成线性的。

2. 干涉型光纤陀螺仪

光纤陀螺仪是光纤传感器在航空航天领域中的典型应用，它是一种角速度传感器，其理论测量精度远高于机械和激光陀螺仪。图 9-20 所示为基于塞格纳克光纤干涉仪结构的光纤陀螺仪原理图。光纤陀螺仪的敏感元件是半径为 R、匝数为 N、长度为 L 的光纤环。来自光源的相干光束被分成两束光后进入光纤环，沿着相反的方向传播，在光纤环中传输后分别从两端输出。当光纤环绕垂直于环面的轴以角速度 ω 转动时，两束光波的相位差为

$$\Delta\phi = \frac{4\pi RL}{\lambda c}\omega \tag{9-39}$$

式(9-39)就是干涉型光纤陀螺仪的测量公式，是相位调制的一种。通过检测两束输出光束的相位差，就可以获得角速度 ω。

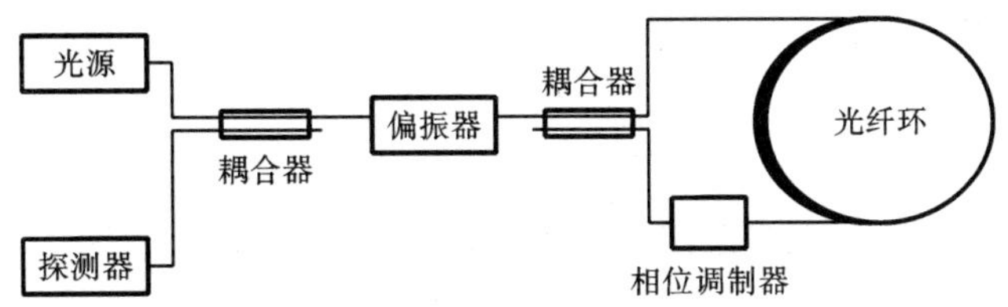

图 9-20　干涉仪型光纤陀螺仪原理图

和一般的陀螺仪相比较，光纤陀螺仪具有如下优点：①灵敏度高。由于光纤陀螺仪可采用多圈光纤以增加环路所围面积（面积由 A 变成 AN），这样就大大增加了相移的检测灵敏度，但不增加仪器的尺寸。②无转动部分。由于光纤陀螺仪是固定在被测转动部件上，因而大大增加了它的适用范围。③体积小。

3. 光纤水听器

光纤水听器是一种新型声呐器件，通过水下声波对光纤的应力作用改变光纤中传播光束的强度、相位或偏振态等参数，通过一定的检测手段测出这种变化，就可以得到水声的信息。水听器可用于海洋和巨大水域中声信号的检测，它在军事领域中有着重要应用，是反潜声呐的核心部件。在工业生产和民用领域，也有广泛的用途，如用作地震波探测、石油勘探、海洋渔业等。目前实用化的光纤水听器均采用相位干涉型。

基于迈克尔逊干涉仪结构的光纤水听器原理图如图 9-21 所示。由脉冲激光器发出的光经耦合器后一分为二，两路光分别通过参考臂光纤和信号臂光纤传输，再经反射镜反射回耦合器，在耦合器输出端两束光干涉。干涉光由光电接收探测器转换为电信号，电信号大小与干涉

光的幅度及相位有关。由迈克尔逊光纤干涉仪原理可知,干涉仪两臂相位差的表达式为

$$\Delta\phi = (2\pi nlf/c)(\Delta n/n + \Delta l/l + \Delta f/f) \tag{9-40}$$

式中:$\Delta\phi$ 与信号臂光纤的折射率 n、长度 l 和光源频率 f 的变化有关。通过检测干涉信号的相位变化,就可得到所要检测的声信号。

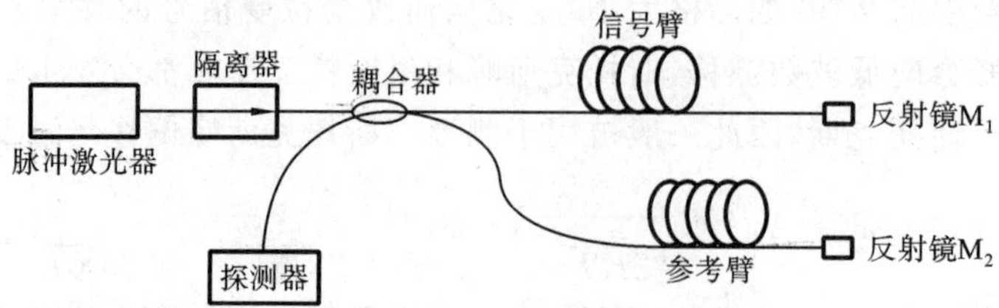

图 9-21　光纤水听器原理图

光纤水听器具有十分诱人的技术特点:①在相当宽的频带内(几赫兹至万赫兹)都可使用;②声压灵敏度高,比最好的压电陶瓷水听器高 2～3 个数量级,这在微弱声信号探测中是非常重要的;③灵敏度基本不受流体静压力和频率的影响,可在高静水压下(300 atm 左右)工作;④不受强电磁场干扰,体积小,重量轻,可设计成任意形状;⑤集信息传感和传输于一体,易于构成高速数字传输系统。光纤水听器已成为目前海洋技术中最理想的声信号接收器件之一。

4. 基于磁光效应的光纤电流传感器

光纤电流传感器是光纤传感器在电力系统中的典型应用。光波在通过磁光材料时,其偏振面由于电力产生的磁场作用而发生旋转,通过旋转角度可以确定被测电流的大小,这就是基于磁光效应的光纤电流传感器的工作原理。如图 9-22 所示,在纵向磁场的作用下,光纤中传输的偏振光的偏振面旋转角 θ 为

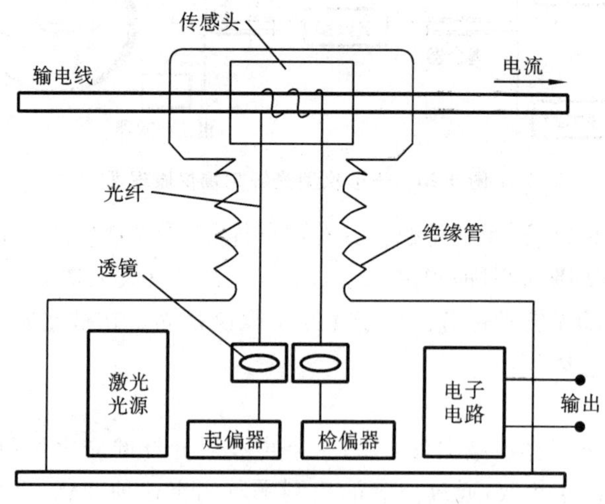

图 9-22　光纤电流传感器系统结构图

$$\theta = V\int_0^L H\mathrm{d}l = VNi \tag{9-41}$$

式中:V 为光纤材料的菲德尔(Verdet)常数;H 为磁场强度;L 为磁场中光纤的长度;N 为光纤绕载流导体的圈数;i 为穿过光纤环的被测电流;θ 表示光波通过单位长度的磁光材料时,单

位电流产生的磁场引起的旋转角大小。

通过偏振态解调，就可得到所要检测的电流。

电流、电压和电功率是反映电力系统中能量转换与传输的基本电参量，是电力系统计量的重要内容。与传统的电磁感应式传感器相比，在高压大电流测量的应用中采用光纤电流传感器具有明显的优越性：①本质安全。不含油，无爆炸危险，属于本质安全型传感器。②高绝缘。与高压线路完全隔离，满足绝缘要求，运行安全可靠，抗电磁干扰。③无磁饱和。不含铁芯，无磁饱和、铁磁共振和磁滞现象。④交直流两用。不含交流耦合线圈，不存在输出线圈开路危险。⑤频响宽。响应频域宽，便于遥控和遥测。⑥易安装。体积小，重量轻，易安装等。

9.4　传光型光纤传感器的分类及应用

传光型光纤传感器是一种广义的光纤传感器，光纤只作为传光元件而不作为敏感元件。虽然失去了“传”“感”合一的优点，还增加了“传”和“感”之间的接口，但由于可以充分利用已有的敏感元件和光纤传输技术，因而最容易实用化。而且光纤本身具有电绝缘，不怕电磁干扰，所以受到青睐。与传感型光纤传感器相似，传光型光纤传感器也分为光强调制型、相位调制型、频率调制型和波长调制型等。下面重点介绍光强调制型和频率调制型。

9.4.1　光强调制传光型光纤传感器

传光型光纤传感器中光强调制的方法一般分为反射式光强调制和透射式光强调制。解调方法与传感型相同。

1. 反射式光强调制与解调

图 9-23 所示为反射式光强调制传光型光纤传感器原理图。光从光源耦合到光纤束，射向被测物体；再从被测物体反射回另一束光纤，由探测器接收。接收到的光强随物体距光纤探头端面的距离而变化，根据这个变化可以进行位移测量。

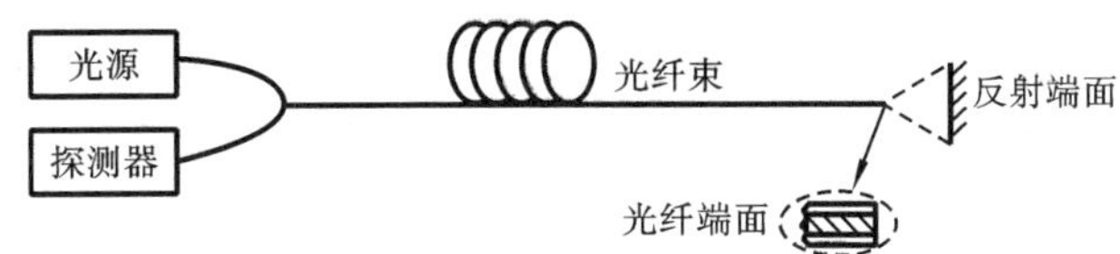

图 9-23　反射式光强调制原理图

实际应用中可以采用不同的光纤束结构。光纤粗细不同，排列方式也就不同，如图 9-24 所示。光强调制传光型光纤传感器一般均采用大数值孔径的粗光纤，以提高光强的耦合效率。

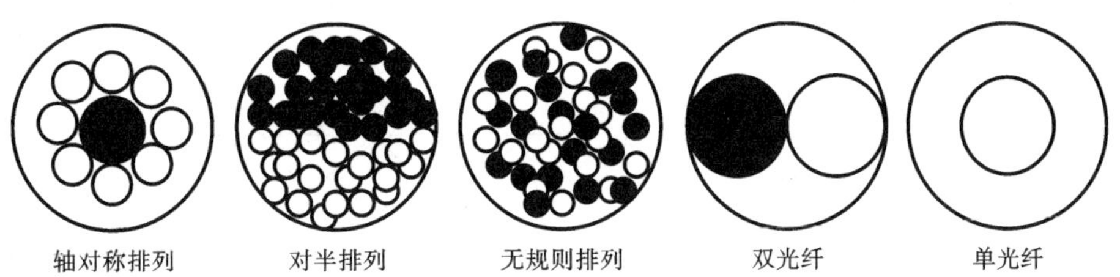

图 9-24　光纤束中的光纤排列方式

这种结构的位移传感器能在小测量范围内(小于 100 μm)进行高精度的位移检测,具有非接触式测量、探头小、频率响应高、测量线性好等其他光纤传感器不可比拟的优点。不足之处是线性范围较小。这种探测装置的技术关键在于反射光强的测量。反射光强与很多因素有关:光纤芯径、光纤排列方式、光纤端面到反射面之间的距离、光源、光接收器性能及其与光纤的耦合等。

2. 透射式光强调制与解调

透射式调制器结构原理如图 9-25(a)所示。发射光纤与接收光纤对准,光调制信号加在移动的遮光板上,或直接移动接收光纤,使接收光纤只能收到发射光纤发出的部分光,从而实现了透射式光强调制。如图 9-25(b)所示,根据接收光纤输出的光强大小可以判断光闸所处的位置从而实现与光闸相连的待测位移。

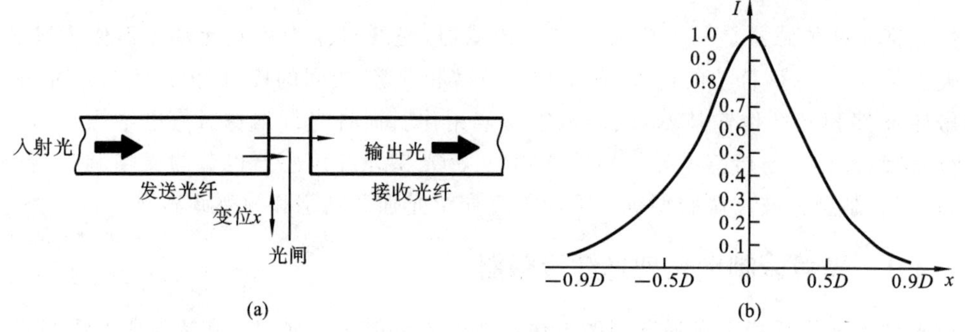

图 9-25　透射式光强调制原理图

(a) 结构;(b) 光强-位移变化曲线

9.4.2　频率调制传光型光纤传感器

频率调制光纤传感器绝大多数属于传光型。目前主要是利用光学多普勒(Doppler)效应实现频率调制,如图9-26所示。S 为光源,N 为运动物体,M 为观察者所处的位置。若物体 N 的运动速度为 v,运动方向 NV 与 NS 和 MN 的夹角分别为 φ_1 和 φ_2,则从 S 发出的频率为 f_0 的光经运动物体 N 散射后,观察者在 M 处观察到的光频率 f_1 为

$$f_1 = f_0[1 + v/c(\cos\varphi_1 + \cos\varphi_2)] \tag{9-42}$$

式中:c 为光速。

多普勒频移为

$$\Delta f_s = f_1 - f_0 = f_0(\cos\varphi_1 + \cos\varphi_2)\frac{v}{c} \tag{9-43}$$

因此,只要探测到多普勒频移 Δf_s,即可得到运动物体的速度 v。

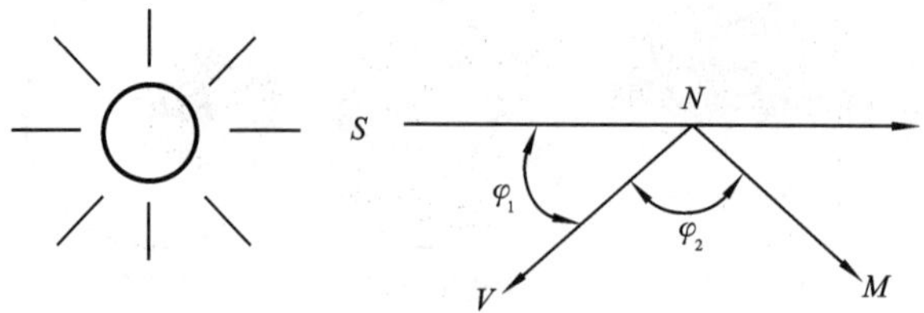

图 9-26　多普勒效应示意图

光频率解调比强度解调复杂得多，必须将高频光信号转换为低频光信号后才能实现频移的探测。频率调制外差检测原理如图 9-27 所示。

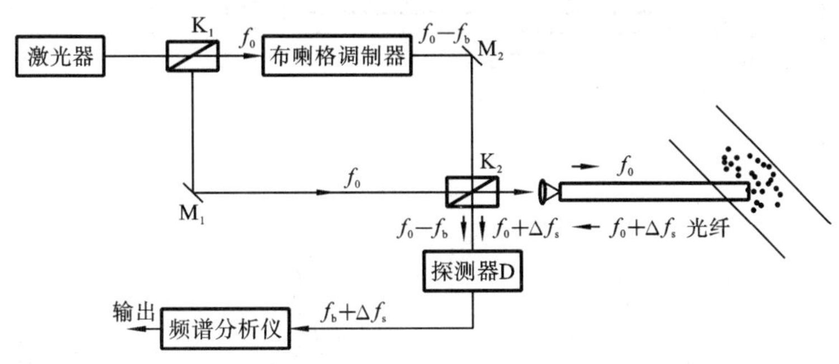

图 9-27　频率调制外差检测原理

激光器输出频率为 f_0 的光经半透半反平面镜 K_1 分为测量光束和参考光束。参考光束经布拉格调制器和反射镜 M_2 后到达另一半透半反平面镜 K_2，通过 K_2 到达探测器 D。因为布拉格调制器引入固定频移为 f_b，所以到达探测器上的参考光频率为 f_0-f_b；测量光束经过反射镜 M_1 和 K_2 后耦合到光纤中，经过光纤传输，测量光束到达待测物体，同时接收待测物体的散射光，散射光频率为 $f_0+\Delta f_s$，散射光经过 K_2 到达探测器 D。在探测器上，频率为 f_0-f_b 的参考光束与频率为 $f_0+\Delta f_s$ 的测量光束混频后，得到的电信号频率为

$$f=(f_0+\Delta f_s)-(f_0-f_1)=\Delta f_s+f_b \tag{9-44}$$

式中：Δf_s 为多普勒频移；f_b 为固定频移。

由式(9-44)得到 Δf_s，再根据式(9-43)得到待测物体的速度。

多普勒测速是频率调制传光型光纤传感器最典型的应用。它与普通多普勒测速系统的测量原理相同，但由于光纤的独特优点，使系统的结构更加灵活和小型化，而且测定点可自由设置，分辨率高。此外，该方法还可用于测量气体流动状态分布、流速等。

9.4.3　传光型光纤传感器的应用

传光型光纤传感器主要利用现有的优质敏感元件来提高光纤传感器的灵敏度。传光介质是光纤，采用通信光纤甚至普通的多模光纤就能满足要求。传光型光纤传感器占据了光纤传感器的绝大多数。

1. 半导体光吸收型光纤温度传感器

图 9-28 所示为半导体光吸收型光纤温度传感器。光源发出的光通过输入光纤送给半导体光吸收器，透过的光经输出光纤到达光电二极管(见图(a))。输入光纤即实物图中的高温光纤，输出光纤是低温光纤(见图(b))。曲线 1 是光源的光谱，曲线 2 是半导体光吸收器的透过率光谱(见图(c))。半导体材料的光透过率特性曲线随温度的增加向长波方向移动，导致透过的光强减小，光电二极管检测到输出光强的变化从而达到测量温度的目的。

半导体光吸收器透过光强的大小反映了被测温度的变化，因此是敏感元件；而光纤只是用来传输光信号的，所以这种光纤温度传感器属于传光型光纤传感器。

2. 光纤接近开关

如图 9-29 所示，光纤接近开关是利用被检测物体对光束的遮挡或反射来检测物体的有无。图(a)所示的光纤接近开关用于检测电路板标志孔，光纤发出的光穿过标志孔时无反射，

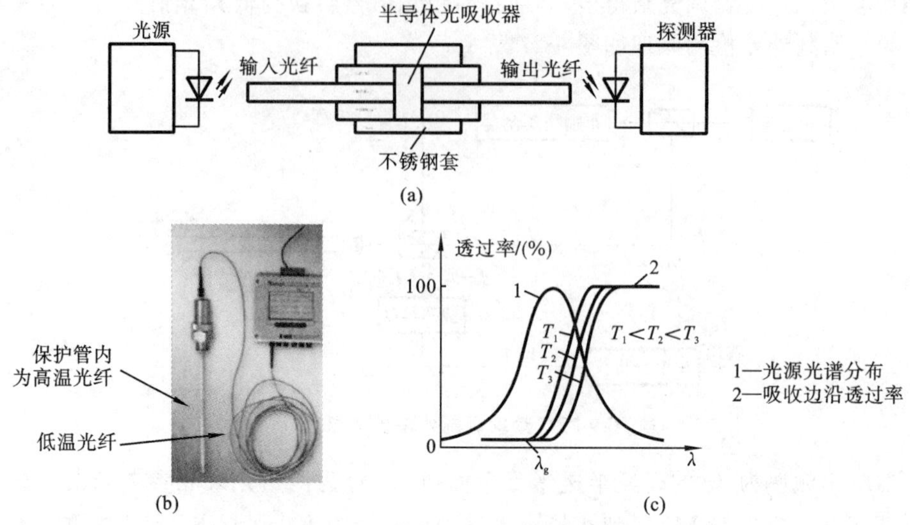

图 9-28　半导体光吸收型光纤温度传感器

(a) 结构原理图;(b) 实物图;(c) 光谱

说明电路板方向放置正确。属于反射式应用。图(b)所示的光纤接近开关用于检测芯片引脚是否有缺失,无引脚缺失时光线被遮挡。属于透射式应用。

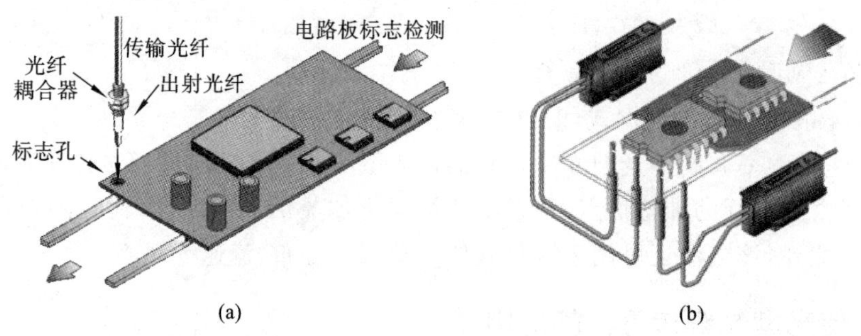

图 9-29　光纤接近开关的应用

(a) 反射式;(b) 透射式

思考题与习题

9-1　简述光纤的结构和传光原理。

9-2　如题 9-2 图所示,根据光折射和反射的斯涅尔(Snell)定律,证明当光线由折射率为 n_0 的外界介质射入纤芯时,实现全反射的临界角(始端最大入射角)为

$$\sin\theta_{0c}=\frac{1}{n_0}\sqrt{n_1^2-n_2^2}$$

9-3　什么是光纤的数值孔径?有何物理意义?

9-4　什么是传感型光纤传感器?主要有几种类型?

9-5　相位调制传感型光纤传感器主要有哪几种?

9-6　光纤布拉格光栅用于传感的主要原理是什么?应用时主要应考虑哪些问题?为什么?

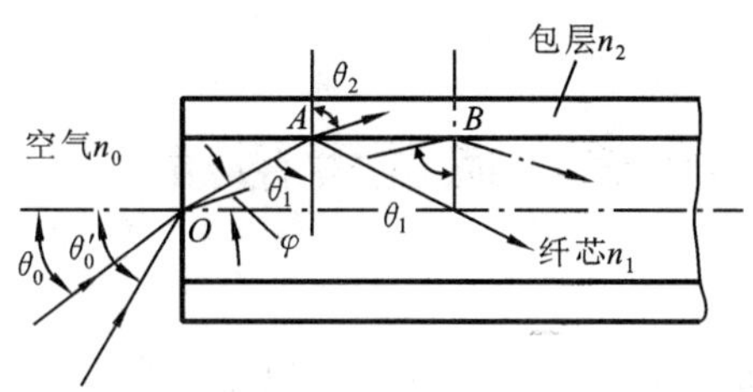

题 9-2 图

9-7　已知某光纤布拉格光栅采用石英光纤制成，其热膨胀系数 $\alpha=0.55\times10^{-6}/℃$，热光系数 $\xi=6.67\times10^{-6}/℃$，如果光栅的中心波长为 1550 nm，计算该光栅的温度灵敏度。

9-8　长周期光纤光栅和光纤布拉格光栅用于传感方面有什么异同？

9-9　试列举一种采用光纤传感器测量电流的方法。

9-10　某光纤陀螺采用波长 $\lambda=0.633\ \mu m$ 的光，光纤环的半径 $R=5$ cm，光纤总长 $L=500$ m，分别计算当角速度 $\omega=0.01°/h$ 和 $\omega=400°/s$ 时，光纤陀螺的相移为多少？

第 10 章　温度传感器

第 10 章
拓展资源

温度检测是在各类工业检测控制和日常生活中应用最为广泛的一类。温度测量方式分为接触式和非接触式两大类。接触式测温是将传感器与被测物体接触并与其达到热平衡，所以测温时产生较大的时间滞后，而且直接影响被测物体温度场的分布并由此带来测量误差。接触式测温范围一般在 1600 ℃以下，测温上限受到传感器材料熔点的限制，通常 1000 ℃以下的温度容易测量，1200 ℃以上的温度不易测量。该方法常用于低温和常温的测量，其特点是测量比较直观、可靠，测温准确度较高。接触式测温传感器以热电式传感器为主，主要包括热电阻式、热敏电阻式、热电偶式、PN 结式及集成温度传感器。在温度检测中，使用最多的就是热电式传感器，除了温度，它还可用于测量与温度相关的其他物理量，如流速、金属材质、气体成分等。如果要求测量具有高分辨率、高线性度和高稳定性，可考虑采用石英晶体温度传感器。

在进行热容量小的物体的温度分布测量、运动物体温度测量及高温测量时，接触式测温难以胜任，此时需采用非接触式测温。这种测温方法传感器不与被测物体接触，也不改变被测物体的温度分布，热惯性小，动态测量反应快。但是受环境条件影响较大，测量精度较低。测温上限一般为 3000 ℃。非接触式测温传感器包括光电式、热噪声式和热辐射式，以热辐射式最为常见。

10.1　热电阻温度传感器

热电阻温度传感器是利用金属导体的电阻值随温度升高而增大的原理制成的传感器。结构简单，线性好，一般测温范围为－200 ℃～600 ℃。作为测温用的金属热电阻材料应满足下列条件：①较大的温度系数和较高的电阻率，以减小体积和质量，减小热惯性，改善动态特性，提高灵敏度。②在测量范围内，有良好的输出特性，即有线性的或近似线性的输出。③在测量范围内，金属热电阻材料的化学、物理性质稳定，以保证测量的正确性。④良好的工艺性，复现性好，易于批量生产。常用的金属热电阻材料为铂和铜。

10.1.1　热电阻的工作原理

大多数金属导体的电阻随温度变化的特性关系如下式所示

$$R_i = R_0[1 + \alpha(T - T_0)] \tag{10-1}$$

式中：R_i、R_0 分别为热电阻在 T ℃和 T_0 ℃时的电阻值，T 为被测温度(℃)；α 为热电阻的电阻温度系数，是根据两个参考温度(即 0 ℃和 100 ℃)测得的电阻值计算出来的，即

$$\alpha = \frac{R_{100} - R_0}{100R_0} \tag{10-2}$$

对于绝大多金属导体，α 并不是一个常数，而是温度的函数。但在一定温度范围内，a 可近似认为是不变的常数。每种金属导体都有不同的电阻温度系数。

1. 铂热电阻

铂在氧化性介质或高温下都有稳定的物理和化学特性，是目前制作热电阻最好的材料。

铂热电阻主要用于标准电阻温度计作温度基准或标准的传递，也广泛用于温度测量精度要求比较高的场合。铂热电阻是用铂丝绕在云母骨架上，铂丝的引线用银线，其结构如图 10-1 所示。

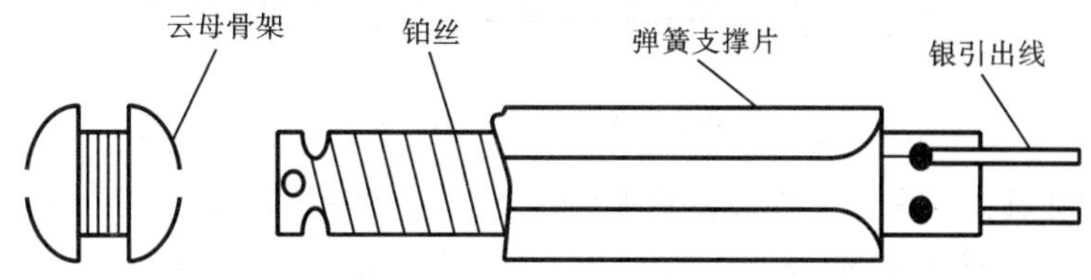

图 10-1　铂热电阻结构示意图

铂热电阻阻值与温度的关系可以用下式表示：

在 −200 ℃～0 ℃之间为

$$R_t = R_0[1 + At + Bt^2 + C(t - 100)t^3] \tag{10-3}$$

在 0 ℃～850 ℃之间为

$$R_t = R_0(1 + At + Bt^2) \tag{10-4}$$

式中：R_t 为铂热电阻在温度 t ℃时的电阻值(Ω)；R_0 为铂热电阻在温度 0 ℃时的电阻值(Ω)；A、B、C 均为常数，$A=3.96847\times10^{-3}$ ℃$^{-1}$、$B=-5.847\times10^{-7}$ ℃$^{-2}$、$C=-4.22\times10^{-12}$ ℃$^{-3}$。

铂的纯度用 $W(100)$ 表示，即

$$W(100) = \frac{R_{100}}{R_0} \tag{10-5}$$

式中：R_{100} 为水沸点(100 ℃)时的电阻值；R_0 为水冰点(0 ℃)时的电阻值。

$W(100)$ 对应制作铂热电阻材料的纯度，$W(100)$ 越高，铂丝的纯度就越高。根据国际温标规定，铂热电阻作基准器使用时，其 $W(100)$ 应不小于 1.3925。工业用铂热电阻的 $W(100)$ 在 1.387～1.390 之间。

铂热电阻的分度号如表 10-1 所示。

表 10-1　铂热电阻分度号

材　质	分度号	0 ℃时的电阻值 R_0/Ω		电阻比 R_{100}/R_0		温度范围/℃
		名义值	允许误差	名义值	允许误差	
铂	Pt10 (B_{A1})	10 (0 ℃～850 ℃)	A 级±0.006 B 级±0.012	1.391	±0.0007 (Ⅰ级) ±0.001 (Ⅱ级)	−200～850
	Pt100 (B_{A2})	100 (−200 ℃～850 ℃)	A 级±0.06 B 级±0.12			

2. 铜热电阻

铜热电阻与温度呈近似线性关系，温度系数大，容易加工和提纯，价格便宜；缺点是当温度超过 100 ℃时容易氧化，适合测量低温(100 ℃以下)、无水分、无浸蚀性介质的温度。铜热电阻的结构如图 10-2 所示。

铜热电阻的测温范围一般为 −50 ℃～150 ℃，电阻与温度的关系为

$$R_t = R_0(1 + At + Bt^2 + Ct^3) \tag{10-6}$$

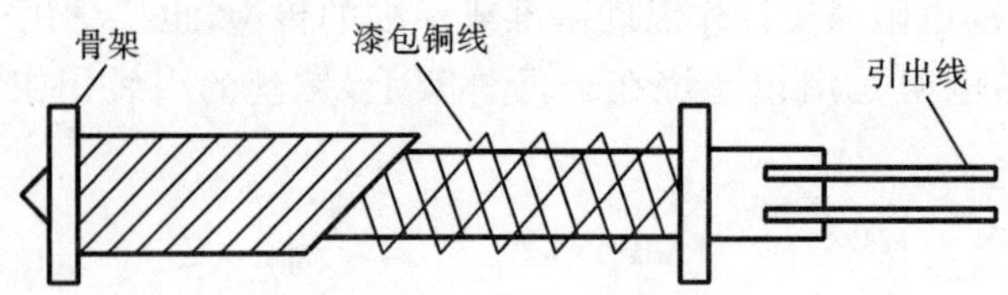

图 10-2　铜热电阻结构示意图

式中：R_t 为铜热电阻在温度 t ℃时的电阻值(Ω)；R_0 为铜热电阻在温度 0 ℃时的电阻值(Ω)；t 为被测温度；A、B、C 均为常数，$A=4.28899\times10^{-3}$℃$^{-1}$、$B=-2.133\times10^{-7}$℃$^{-2}$、$C=1.233\times10^{-9}$℃$^{-3}$。

我国工业用标准铜热电阻的分度号如表 10-2 所示。

表 10-2　铜热电阻分度号

材　质	分度号	0 ℃时的电阻值 R_0/Ω		电阻比 R_{100}/R_0		温度范围/℃
		名义值	允许误差	名义值	允许误差	
铜	Cu50	50	±0.05	1.428	±0.002	−50～150
	Cu100	100	±0.1			

10.1.2　热电阻的测量电路

热电阻进行温度测量时常安装在工业现场，而检测仪表安装在控制室，热电阻和控制室之间要用引线相连。引线本身具有一定的阻值，并与热电阻相串联，且引线电阻阻值是随环境温度变化的，所以造成测量误差，必须采取相应的电路来改善测量精度。

1) 三线制

热电阻测量电路大多采用电桥，三线制连接法如图 10-3 所示。将热电阻 R_t 的一端与一根引线相连，另一端同时连接二根引线。r_1、r_2、r_3 分别为三根引线的电阻，选用的三根引线完全相同，即 $r_1=r_2=r_3=r$。

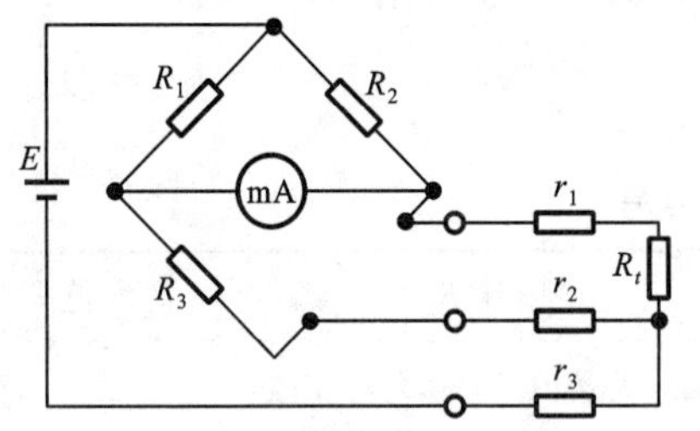

图 10-3　热电阻的三线制电桥电路

电桥平衡时，有

$$(R_t+r)R_1=(R_3+r)R_2 \tag{10-7}$$

由式(10-7)可得

$$R_t=\frac{R_3R_2}{R_1}+\left(\frac{R_2}{R_1}-1\right)r \tag{10-8}$$

由式(10-8)可见，只要满足 $R_1=R_2$，则可消除引线电阻在测量中的影响。三线制电桥电路的使用只能在对称电桥的平衡状态下进行，通常可满足工业测量的要求。

2) 四线制

精密测量时应采用四线制，将热电阻两端各用两根引线连接到测量仪表上，如图 10-4 所示。在热电阻 R_t 中通入恒定电流，用具有高输入阻抗的电压表测量其两端电压，由此计算出的热电阻阻值将不包括引线电阻，只有热电阻阻值的变化被测量出来。

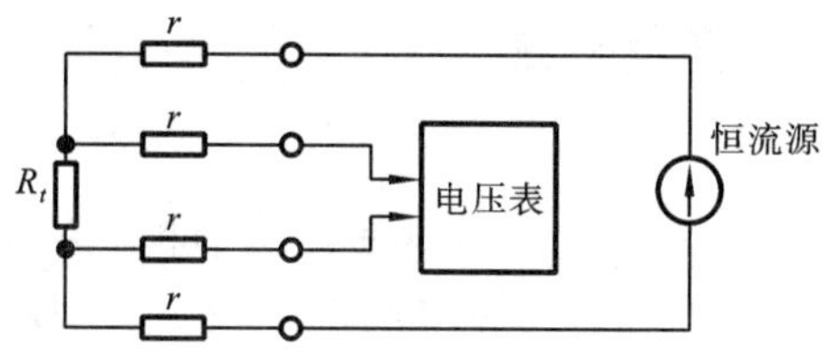

图 10-4　热电阻的四线制测量电路

10.2　热敏电阻温度传感器

热敏电阻温度传感器是利用半导体的电阻值对温度的依赖性制成的传感器。这种温度依赖机理是半导体的载流子及迁移率随温度的升高而增加，导致电阻下降，呈现负温度系数；同时，这种依赖性和半导体中掺入的杂质成分和浓度有关，在重掺杂时，半导体呈金属特性，即在一定温度范围内具有正温度系数；另外，在某一特定温度下热敏电阻的阻值会发生突变，为临界温度热敏电阻。

10.2.1　热敏电阻的分类及特点

热敏电阻按温度变化特性分为三类：负温度系数（NTC）热敏电阻、正温度系数（PTC）热敏电阻和临界温度热敏电阻（CTR）。其阻值-温度特性曲线如图 10-5 所示。NTC 热敏电阻（曲线 2）主要材料有 Mn、Co、Cu 和 Fe 等金属氧化物，具有很高的负温度系数，广泛用于点温、温差、表面温度、温场的 −100 ℃～300 ℃的温度测量，在自动控制、电子线路补偿等领域也得到了大量的使用。PTC 热敏电阻（曲线 1）主要采用 $BaTO_3$ 系列材料，通过改变掺入的 Pb、Ca、La、Sr 等杂质来调整材料的居里点，从而调整了材料的温度特性。当温度超过某一数值时，其电阻值沿正方向快速变化。PTC 主要用于电器设备的过热保护，热源的温度控制及限流元件。CTR（曲线 3、4）主要采用 VO_2 系列材料，在某个温度点上电阻值变化急剧，适合用作热控制开关。

在温度测量中，用得多的是 NTC 热敏电阻，其电阻特性为

$$R_T = Ae^{B/T} \tag{10-9}$$

式中：R_T 为热敏电阻在温度 T（K）时的电阻值；A 为与热敏电阻几何尺寸及材料特性有关的常数；B 为热敏电阻的材料常数。

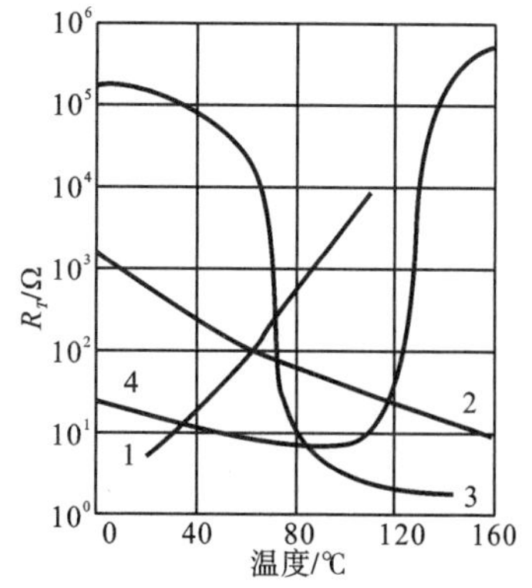

图 10-5　热敏电阻阻值-温度特性曲线

热敏电阻的主要优点有：①电阻对温度的变化率是热电阻的 10 倍以上，灵敏度高；②结构简单，体积小，重量轻，响应速度快，适于动态测量；③适合批量生产，价格便宜。

热敏电阻的最大缺点是产品的一致性（互换性）较差，存在严重的非线性（一般为 3%～6%），所以热敏电阻用于精度要求较高的温度测量时必须先进行线性化。

10.2.2　热敏电阻的结构及参数

1. 热敏电阻的结构

为适应各种不同的工作场合，热敏电阻有多种结构形状。在温度测量中，有探头式、箔式、片式、小珠式和圆片式；在温度控制与补偿及自热中，有垫片式、棒式和圆片式；在生物医学中，有用于麻醉时温度测量的一次性表面安装型及热敏电阻组件。图 10-6 所示为各种热敏电阻的结构示意图。

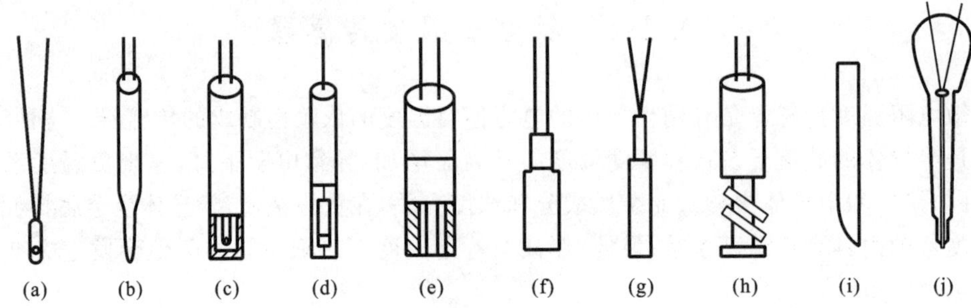

图 10-6　温度检测用的各种热敏电阻器探头

2. 热敏电阻的主要参数

1）额定零功率电阻值 R_{25}(Ω)

根据国标规定，R_{25}是 NTC 热敏电阻在基准温度 25 ℃时测得的电阻值，即 NTC 热敏电阻的标称电阻值。通常所说 NTC 热敏电阻多少阻值，亦指该值。

2）材料常数(热敏指数)B 值

B 值被定义为

$$B=\frac{T_1T_2}{T_1-T_2}\ln\frac{R_{T1}}{R_{T2}} \tag{10-10}$$

式中：R_{T1}为温度 T_1(K)时的零功率电阻值；R_{T2}为温度 T_2(K)时的零功率电阻值；T_1、T_2 为两个被指定的温度。对于常用的 NTC 热敏电阻，B 值范围一般在 2000 K～6000 K 之间。

3）零功率电阻温度系数(α_T)

α_T 为在规定温度 T(K)下，NTC 热敏电阻零功率电阻值 R_T 的相对变化与引起该变化的温度变化值之比，即

$$\alpha_T=\frac{1}{R_T}\cdot\frac{\mathrm{d}R_T}{\mathrm{d}T}=-\frac{B}{T^2} \tag{10-11}$$

4）热时间常数(τ)

τ 为零功率条件下，温度突变时，当热敏电阻的温度变化为两个温度差的 63.2%时所需的时间。τ 与 NTC 热敏电阻的热容量 C 成正比，与其耗散系数 δ 成反比，即

$$\tau=\frac{C}{\delta} \tag{10-12}$$

5）额定功率 P_{n}

P_{n} 为在规定的技术条件下，热敏电阻长期连续工作所允许消耗的功率。在此功率下，热敏电阻的自身温度不超过其最高工作温度。

10.3　热电偶温度传感器

热电偶是一种结构简单、性能稳定、准确度高、测温范围广的温度传感器，广泛用于测量 −200 ℃～1300 ℃范围内的温度。特殊情况下，可测至 2800 ℃的高温或 −269 ℃的低温。热电偶将温度转化为电动势进行检测，使温度的测量、控制以及对温度信号的变换、放大都很方便，适用于远距离信号传送与集中检测及自动控制。在接触式测温中，热电偶的应用最为普遍。

10.3.1　热电偶的工作原理

1. 热电效应

如图 10-7 所示，两种不同金属导体 A、B 的两端分别相连，构成了一个闭合回路。当回路中的两个连接点处于不同的温度 T 和 T_0 时，回路中就有电流产生，产生电流的电动势称为热电动势，这种现象称为热电效应。该效应是德国物理学家 T. J. Seebeck 于 1821 年用铜和锑做实验时发现的，所以也称为塞贝克效应。

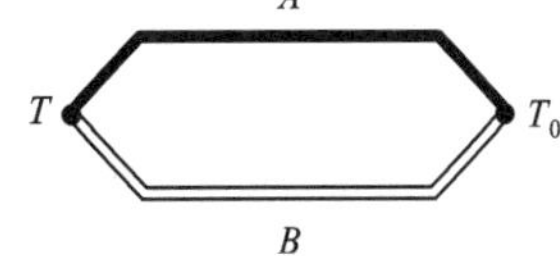

图 10-7　热电效应

构成热电偶的两种金属材料 A 和 B 称为热电极，两个连接点，一个为热端（T），测量时置于被测温度场中，亦称工作端；另一个为冷端（T_0），亦称参考端或自由端，测量时要求温度恒定。热电动势的大小与两种金属材料的性质及两个连接点的温度有关，热电偶回路的总热电动势为

$$E_{AB}(T) = \int_{T_0}^{T} \alpha_{AB} \mathrm{d}T \tag{10-13}$$

式中：α_{AB} 为热电动势率或塞贝克系数，是由两热电极材料特性及两接点的温度确定的。热电效应产生的热电动势由接触电动势（珀尔贴电动势）和单一导体的温差电动势（汤姆逊电动势）所组成。

1）接触电动势

如图 10-8 所示，当两种电子密度不同的导体 A 与 B 接触时，接触面上就会发生电子扩散，电子从电子密度高的导体流向密度低的导体。设导体 A 和 B 的自由电子密度分别为 N_A 和 N_B，且 $N_A > N_B$。电子扩散的速率与两导体的电子密度有关并与接触区的温度成正比。电子扩散的结果使导体 A 失去电子而带正电，导体 B 获得电子而带负电，在接触面形成电场。这个电场同时也阻碍电子的继续扩散，达到动平衡时，在接触区形成一个稳定的电位差，即接触电动势，其大小为

$$E_{AB}(T) = \frac{kT}{e}\ln\frac{N_A}{N_B} \quad 或 \quad E_{AB}(T_0) = \frac{kT_0}{e}\ln\frac{N_A}{N_B} \tag{10-14}$$

式中：k 为玻尔兹曼常数，$k=1.38\times10^{-23}$ J/K；e 为电子电荷量，$e=1.6\times10^{-19}$ C；T、T_0 为接触处的温度（K）。

因为回路中 $E_{AB}(T)$ 与 $E_{AB}(T_0)$ 的方向相反，所以总的接触电动势为

$$E_{AB}(T) - E_{AB}(T_0) = \frac{kT}{e}\ln\frac{N_A}{N_B} - \frac{kT_0}{e}\ln\frac{N_A}{N_B} = \frac{k}{e}\ln\frac{N_A}{N_B}(T - T_0) \tag{10-15}$$

2）温差电动势

当一个导体的两端温度不同时，则沿导体存在温度梯度，会改变电子的能量分布。高温端

的电子将向低温端扩散,致使高温端因失去电子带正电,低温端获电子带负电,因而在导体内建立一电场,即导体两端产生电位差,并阻止电子继续扩散,形成动平衡。此时所建立的电位差称为温差电动势。如图 10-9 所示,设导体两端的温度分别为 T 和 T_0,温差电动势与温度的关系为

$$E(T,T_0)=\int_{T_0}^{T}\sigma \mathrm{d}T \tag{10-16}$$

式中:σ 为汤姆逊系数,表示温差为 1 ℃时所产生的电动势值。

对于图 10-10 所示的 A、B 两种导体构成的回路,其总的温差电动势为

$$E_A(T,T_0)-E_B(T,T_0)=\int_{T_0}^{T}\sigma_A \mathrm{d}T-\int_{T_0}^{T}\sigma_B \mathrm{d}T=\int_{T_0}^{T}(\sigma_A-\sigma_B)\mathrm{d}T \tag{10-17}$$

所以,热电偶中总的热电动势为

$$\begin{aligned}E_{AB}(T,T_0)&=[E_{AB}(T)-E_{AB}(T_0)]-[E_A(T,T_0)-E_B(T,T_0)]\\&=[E_{AB}(T)-E_{AB}(T_0)]-\int_{T_0}^{T}(\sigma_A-\sigma_B)\mathrm{d}T\end{aligned} \tag{10-18}$$

由式(10-18)可知:对于已选定的热电偶,当参考温度恒定时,总热电动势就变成测量端温度 T 的单值函数,即 $E_{AB}(T,T_0)=f(T)$,这就是热电偶测温的基本原理。

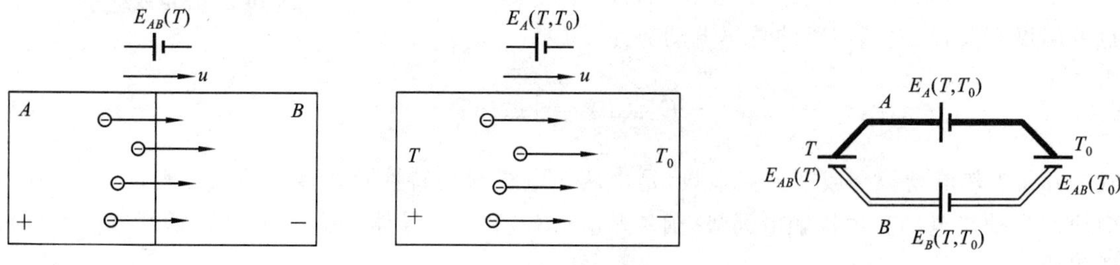

图 10-8 接触电动势　　图 10-9 温差电动势　　图 10-10 总的热电动势

从热电偶的工作原理可知:①如果热电偶两电极的材料相同,即使两接点的温度不同,回路中的总热电动势仍为零。②如果热电偶两连接点温度相同,即使两电极材料不同,回路中的总热电动势也为零。③热电偶回路中的热电动势只与两连接点温度和热电极材料有关,与热电极的尺寸、形状无关。

2. 热电偶的工作定律

1) 均质导体定律

两种均质导体构成的热电偶,回路的热电动势大小仅与两连接点的温度和均质导体材料有关,与热电极直径、长度及温度分布无关。如果热电极为非均质导体并处于具有温度梯度的温场时,将产生附加电动势及无法估计的测量误差。

2) 参考电极定律

如图 10-11 所示,两种导体 A,B 分别与参考电极 C 组成热电偶,如果它们所产生的热电动势已知,则 A 和 B 两极配对后的热电动势可用式(10-19)求得,即

$$E_{AB}(T,T_0)=E_{AC}(T,T_0)+E_{CB}(T,T_0) \tag{10-19}$$

所以,如果已知两种导体分别与参考电极组成热电偶时的热电动势,就可以依据参考电极

定律计算出两导体组成热电偶时的热电动势，简化了热电偶的选配工作。由于铂的物理化学性质稳定、熔点高、易提纯，所以多采用高纯度铂作为参考电极。

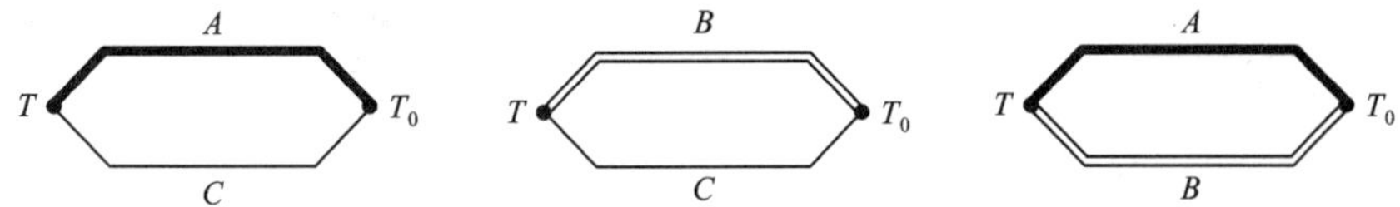

图 10-11　参考电极定律

3）中间导体定律

在热电偶 A、B 的回路中接入第三根导体 C，只要接入导体的两端温度相等，则不影响原热电偶的热电动势大小。如图 10-12(a)所示，断开参考端，接入导体 C，只要保持两个新连接点的温度仍为参考点温度 T_0，将不会影响回路的总电动势，即 $E_{ABC}(T,T_0)=E_{AB}(T,T_0)$；如图 10-12(b)所示，将其中一个导体 A 断开，接入导体 C，如果两个新连接点保持相同的温度 T_C，则有 $E_{ABC}(T,T_C,T_0)=E_{AB}(T,T_0)$。同样，如果在回路中接入多种导体，只要每种导体两端的温度相同，中间导体就不影响回路的总电动势。

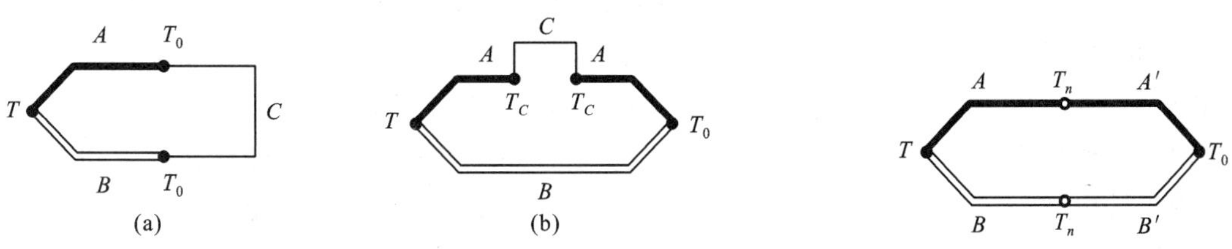

图 10-12　中间导体定律　　图 10-13　热电偶连接导线示意图

在实际测温电路中，必须有连接导线和显示仪器，若将其看成是第三种导体（见图 10-12(a)），只要接入点两端温度相同，则不影响热电偶的热电动势输出，即测量仪表的接入不会影响测量结果，这使该定律在实际应用中具有特别重要的意义。

4）连接导体定律与中间温度定律

如图 10-13 所示，在热电偶回路中，若导体 A、B 分别与导线 A'、B' 相接，连接点温度分别为 T_n、T_0，则回路的总电动势为

$$E_{ABB'A'}(T,T_n,T_0)=E_{AB}(T,T_n)+E_{A'B'}(T_n,T_0) \tag{10-20}$$

式(10-20)为热电偶连接导体定律的表达式，它是热电偶使用补偿导线进行测量的理论基础。

当导体 A 与 A'、B 与 B' 材料相同时，式(10-20)可表示为

$$E_{AB}(T,T_n,T_0)=E_{AB}(T,T_n)+E_{AB}(T_n,T_0) \tag{10-21}$$

式(10-21)为中间温度定律表达式，它为热电偶制定分度表奠定了理论基础。T_n 称为中间温度。

10.3.2　热电偶的种类及结构

1. 热电偶的种类

适于制作热电偶的材料有 300 多种，其中广泛应用的有 40～50 种。国际电工委员会推荐了 8 种标准化热电偶，分别为铂铑$_{10}$-铂（分度号为 S）、铂铑$_{30}$-铂铑$_6$（B）、镍铬-镍硅（K）、镍铬-康铜（E）、铜-康铜（T）、铁-康铜（J）、铂铑$_{13}$-铂（R）和镍铬硅-镍硅（N）。表 10-3 所示为几种常用标准热电偶的材料及特性。

表 10-3 常用标准热电偶材料及特性

热电偶名称	型 号	分度号	测量温度/℃		容许偏差			
			长期	短期	温度/℃	偏差/%	温度/℃	偏差/%
铂铑$_{10}$-铂	WRP	S	1300	1600	≤600	±2.4	>600	±0.4
铂铑$_{30}$-铂铑$_{6}$	WRR	B	1600	1800	≤600	±3	>600	±0.5
镍铬-镍硅	WRN	K	1000	1200	≤400	±4	>400	±0.75
镍铬-康铜	WRK	E	600	800	≤400	±4	>400	±1
铜-康铜	WRC	T	200	300	−200～−40	±2	−40～400	±0.75

其中,S型热电偶在600 ℃以下测量准确度等级最高,通常用作标准或测量高温的热电偶。其热电性能好,抗氧化性强,宜在氧化性、惰性介质中连续使用。测量温度范围广(0 ℃～1600 ℃),均质性及互换性好。由于材料为贵金属,所以成本较高。输出热电动势较小,需配灵敏度高的显示仪表。B型热电偶的特点是性能稳定,精度高,适合在氧化性或中性介质中使用。缺点是输出热电动势小,灵敏度较低,价格高。K型热电偶温度测量范围通常为−50 ℃～1200 ℃,高温下性能较稳定,适于在氧化性和惰性介质中连续使用。在还原性介质中容易腐蚀,只能测量500 ℃以下的温度。输出热电动势和温度的关系近似线性,产生的热电动势大,价格便宜,是目前工业生产中用量最大的一种热电偶。E型热电偶适于在−250 ℃～870 ℃范围内的氧化性或惰性介质中使用,长期使用温度不超过600 ℃,尤其适宜在0 ℃以下使用。其输出热电动势和灵敏度是常用热电偶中最大的,价格便宜。T型热电偶在廉金属热电偶中准确度最高,常用测温范围为−200 ℃～ 350 ℃,低温下应用较普遍,但复制性较差。

此外,还有非标准化热电偶,如钨铼系列(属难熔金属)、铂铑系列、铱铑系列、铂钼系列、铁-康铜、钨-钼及非金属热电偶等。

热电偶的分度表就是热电偶的热电动势输出与温度关系的对应表,此时热电偶的冷端温度为0 ℃,分度表中温度按1 ℃分档,中间值可用内插法计算得到。热电偶的分度表大大方便了实际使用。

2. 热电偶的结构

1) 普通工业热电偶

工业用普通热电偶由热电极、绝缘管、保护套管和接线盒组成,如图10-14所示。热电极亦称热电偶丝,是热电偶的基本组成部分;绝缘管亦称绝缘子,起绝缘保护作用;保护套管用于保护元件免受被测介质的化学腐蚀和机械损伤;接线盒用于固定接线座和连接补偿导线。普通型热电偶多用于测量气体、液体等介质的温度,测量时将测量端插入被测介质的内部,在实验室使用时,也可不加保护套管,以减小热惯性。

2) 铠装热电偶

铠装热电偶是将热电极、绝缘材料和保护套管三者组合成一体的特殊结构的热电偶,也称套管热电偶或缆式热电偶,如图10-15所示。铠装热电偶由于其热端形状的不同又分为(a)碰底型、(b)不碰底型、(c)露头型和(d)帽型等。铠装热电偶热惯性小,动态响应快;有良好的柔性,便于弯曲;抗振性能好;耐冲击;适于测量位置狭小的对象上各点的温度,测温范围在1100 ℃以下。

3) 薄膜热电偶

薄膜热电偶的结构可分为片状、针状和将热电极材料直接蒸镀在被测对象表面上三种。

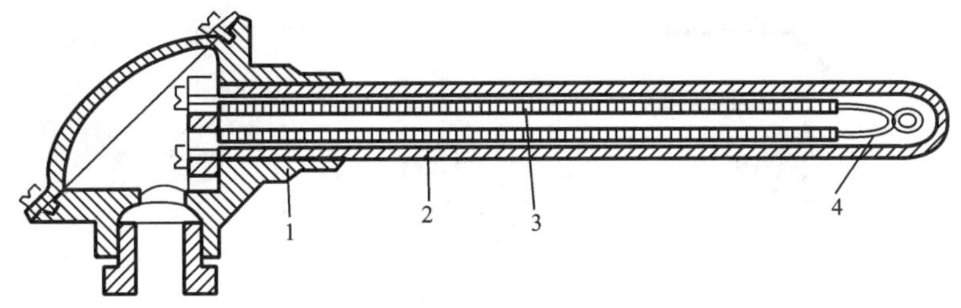

图 10-14　普通工业热电偶结构示意图

1—接线盒;2—保险套管;3—绝缘套管;4—热电极

前两种采用在绝缘板上真空蒸镀,热电极是一层厚度为 0.01～0.1 μm 金属薄膜,如图 10-16 所示。薄膜热电偶热惯性小,时间常数可达微秒,动态响应快,适于测量表面和微小面积的瞬时变化温度。测温范围在 300 ℃以内。

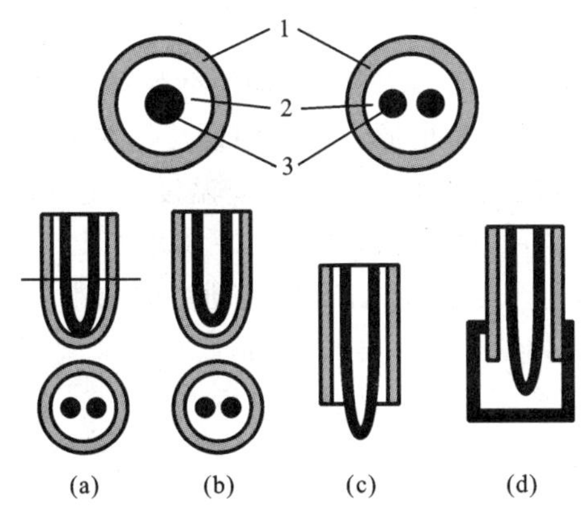

图 10-15　铠装热电偶断面结构示意图

1—金属套管;2—绝缘材料;3—热电极

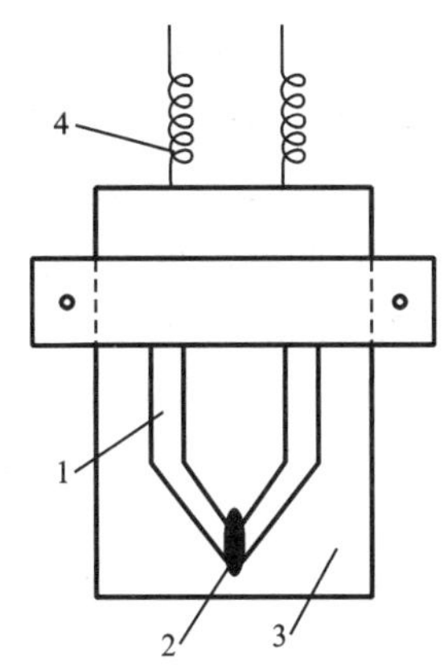

图 10-16　快速反应薄膜热电偶

1—热电极;2—热接点;

3—绝缘基板;4—引出线

除上述热电偶外,还有特殊和专用热电偶,如多点式铠装热电偶,烟道、风道热电偶,耐磨热电偶等。

10.3.3　热电偶冷端补偿及热电动势测量

1. 热电偶冷端温度补偿

根据热电偶测温原理,热电偶输出热电动势与热电极材料及和两连接点的温度有关。当电极材料确定后,只有当热电偶的冷端温度保持不变时,热电动势才是被测温度的单值函数。常用的分度表及显示仪表,都是以热电偶冷端温度为 0 ℃为先决条件的。在实际使用中,因热电偶长度受到一定限制,冷端温度直接受到被测介质与环境温度的影响,不仅难于保持 0 ℃,而且往往是波动的,将带来测量误差。因此,必须对冷端温度采取相应补偿措施和修正方法。

1) 0 ℃恒温法

如图 10-17 所示,将热电偶的冷端置于盛满冰水混合物的器皿中,使冷端温度保持在 0 ℃,此方法主要用于实验室的标准热电偶校正和高精度温度测量,为避免冰水导电引起两个连接点短路,必须将连接点分别置于两个玻璃试管中。这种方法能使冷端温度误差完全消除。

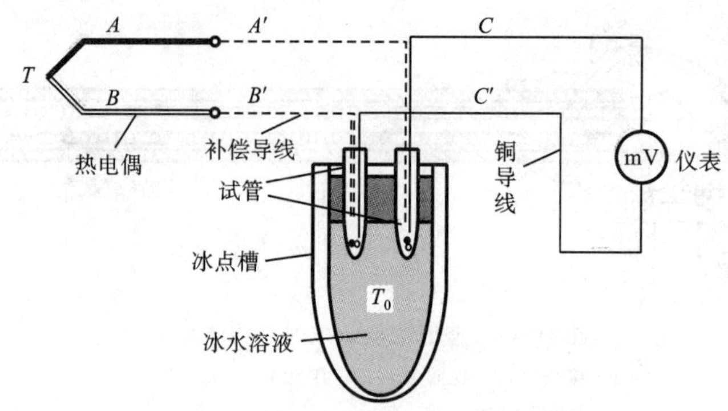

图 10-17　冰点槽法冷端补偿原理图

2）补偿电桥法

热电偶在实际测温中，冷端都是置于空气中，受气候变化及周围环境影响，温度难以保持恒定不变。如图 10-18 所示，补偿电桥法的原理是利用一个不平衡电桥，其输出端与热电偶回路相串联。电桥四个桥臂与冷端处于同一温度，桥臂电阻 R_1、R_2、R_3（锰铜线绕制）与限流电阻 R 几乎不随温度变化，R_{Cu} 为铜线绕制的补偿电阻，E 是电桥电源。电桥的设计是在某一温度下处于平衡状态，此时电桥无输出，该温度称为电桥温度平衡点。当环境温度变化时，由于 R_{Cu} 的温度是随着冷端温度的变化而变化的，此时电桥失去平衡，就有不平衡电压 U_{ab} 产生。当冷端温度升高，热电偶热电动势就减小，但电桥输出 U_{ab} 会增大，若热电动势的减小量等于 U_{ab} 的增大量，则两者相互抵消，因而起到冷端温度变化的自动补偿作用。

补偿电桥也称为冷端温度补偿器，不同的热电偶要配用相应的补偿电桥。

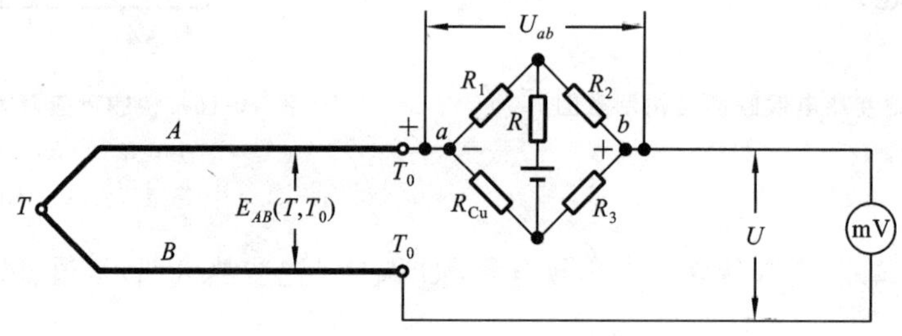

图 10-18　补偿电桥电路原理图

3）延伸热电极法

在热电偶实际温度测量中，二次仪表往往都离测量现场比较远，而热电偶的热电极是贵金属材料，长度一般只有 1 m 左右。根据连接导体定律，可采用热电性能与热电偶接近的导线来延长热电偶的热电极，将热电偶输出送到数十米外的仪表。这种导线称为延伸电极或补偿导线。图 10-19 所示为延伸热电极法的原理图。一定要根据热电偶来选择相应的补偿导线，而且，补偿导线和热电极连接处两点的温度必须相同。

4）使用不需要冷端补偿的热电偶

某些热电偶的冷端在一定温度范围内，如镍钴-镍铝在 300 ℃以下，镍铁-镍铜和铂铑$_{30}$-铂铑$_6$ 在 50 ℃以下，其输出热电动势很小。此时，无须考虑由于冷端温度变化所产生的误差。

2. 热电动势的测量

热电动势测量就是使用各种测量仪器将热电动势信号转换成可显示的温度。热电偶输出

图 10-19　延伸热电极法原理图

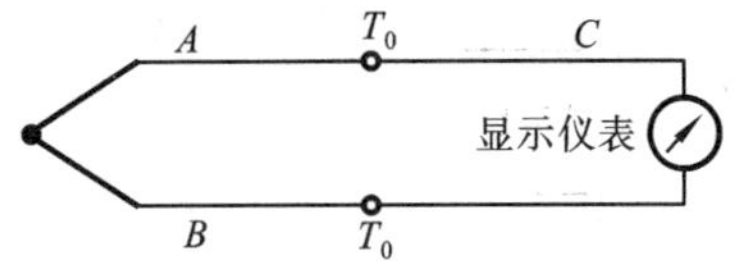

图 10-20　热电偶测量电路

的电动势可达 mV 级,可以直接驱动动圈式模拟仪表或电子电位差计。如果采用动圈式仪表,必须考虑测量线路电阻对测温精度的影响;如果是电子电位差计,则不必考虑测量线路电阻对测温精度的影响。图 10-20 所示是一只热电偶配一台显示仪表的测量线路,也可经过放大、模数转换后送入各种处理器,组成数字仪表。合理设计与使用热电偶,对提高测量精度、经济效益、仪表维护都有积极意义。

1) 热电偶串联测量

为获得更大的温差电动势常把几个或几十个热电偶串接起来组成热电堆。如图 10-21 所示,将 n 只相同型号的热电偶正负极依次连接,若 n 只热电偶的热电动势分别为 $E_1, E_2, E_3, \cdots, E_n$,则显示仪表上表示的是回路的总电动势,即

$$E_{串} = E_1 + E_2 + E_3 + \cdots + E_n = nE \tag{10-22}$$

式中:E 为 n 只热电偶的平均电动势,串联线路的总电动势是 E 的 n 倍。$E_{串}$ 所对应的温度可由 $E_{串}$-T 关系求得,也可根据平均热电动势 E 在相应的分度表中查得。串联线路的主要优点是热电动势大,灵敏度比单只高;缺点是线路中只要有一只热电偶断开,整个线路就不能工作,而个别热电偶短路也会造成示值显著偏低。

2) 热电偶并联测量

如图 10-22 所示,将 n 只相同型号的热电偶正负极分别连接在一起,如果 n 只热电偶的电阻值相同,则并联电路总热电动势为

$$E_{并} = \frac{E_1 + E_2 + E_3 + \cdots + E_n}{n} \tag{10-23}$$

$E_{并}$ 表示的是 n 只热电偶的平均热电动势,所以可直接通过查相应的分度表得到相应的平均温度值。与串联比较,并联线路输出的热电动势小,但单个热电偶发生断路时,整个并联电路仍可以正常工作。

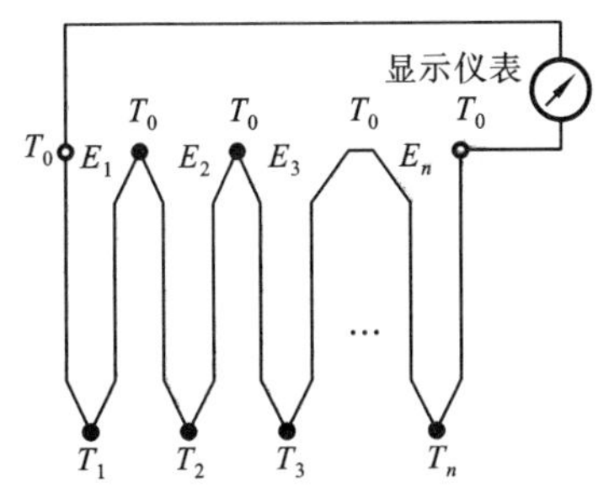

图 10-21　热电偶串联线路

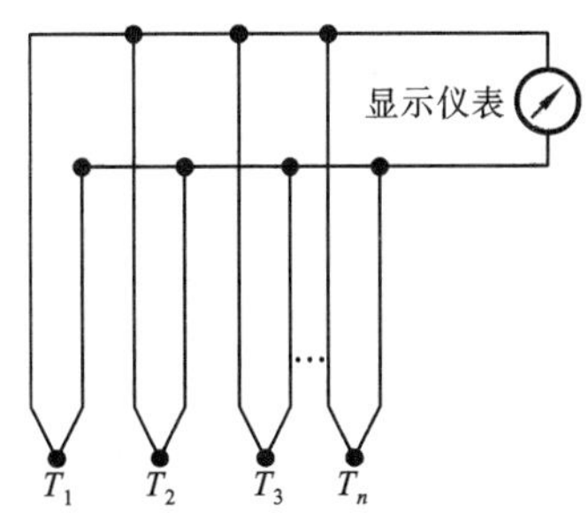

图 10-22　热电偶并联线路

3) 温差测量

热电偶在实际工程运用中常要测量两点之间的温差。测量温差有两种方法:一种是用两只热电偶分别测量两点的温度,然后求温差;另一种方法是将两只同型号的热电偶反串连接,如图 10-23 所示,可直接求出温差电动势,然后求得温差。前一种方法测量精度低于后一种,

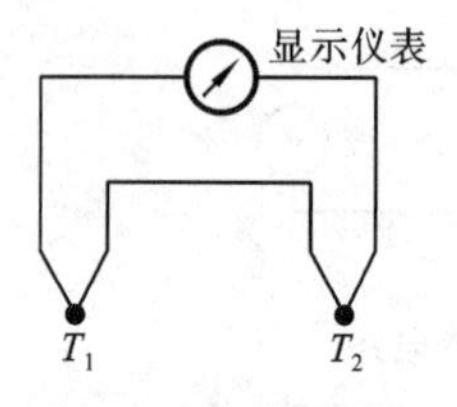

图 10-23　热电偶反串连接温差测量线路

对于要求较精确的小温差测量，应采用后一种测量方法。

4) 桥式电位差计测量

如要求高精度测量温度并自动记录，常采用自动电位差计线路。图 10-24 所示为 XWT 系列自动平衡记录仪表采用的电路原理图。R_W 为调零电位器，在测量前调节它使仪表指针置于标度尺的起点；R_H 为精密测量电位器，用于调节电桥输出的补偿电压；U_r 为稳定的参考电源；R_c 为限流电阻。电桥输入端的滤波器用于滤除 50 Hz 工频干扰。热电偶输出的热电动势 E_x 经滤波后送入桥路，并与桥路的输出分压电阻 R 两端的直流电压 U_s 相比较，其差值电压 ΔU 经滤波、放大后驱动可逆电动机 M，通过传动系统带动滑线电阻 R_H 的滑动触头，自动调整 U_s，直至 $E_x=U_s$，桥路处于平衡。根据触头的位置，在标度尺上读出相应的被测温度。

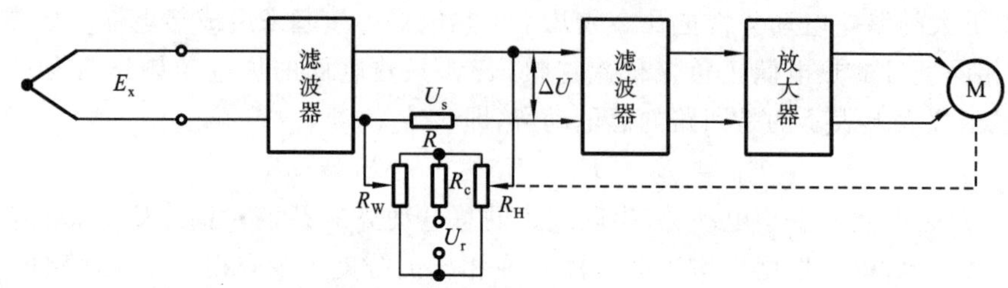

图 10-24　自动电位差计测温电路原理图

10.4　PN 结温度传感器

半导体温度传感器是利用半导体材料的各种物理、化学和生物学特性制成的传感器，种类繁多，利用了近百种物理效应和材料特性，优点是灵敏度高、响应速度快、体积小、重量轻、便于集成化和智能化从而使检测转换一体化。其中，以半导体 PN 结温度传感器的应用最为常见。由于 PN 结不耐高温，所以通常测量 150 ℃以下的温度，个别类型经过特殊处理，可达 170 ℃。

1. PN 结温度传感器的工作原理

PN 结伏安特性可表示为

$$I = I_S(e^{\frac{qU}{kT}} - 1) \tag{10-24}$$

式中：I 为 PN 结的正向电流；U 为 PN 结的正向电压；I_S 为 PN 结的反向饱和电流；q 为电子电荷量；T 为绝对温度；k 为玻尔兹曼常数。

当$\frac{qU}{kT}\geqslant 1$时，式(10-24)可以变换为

$$I = I_S e^{\frac{qU}{kT}} \tag{10-25}$$

则

$$U = \frac{kT}{q}\ln\frac{I}{I_S} \tag{10-26}$$

由式(10-26)可知，只要 PN 结的正向电流 I 恒定，则正向压降 U 与温度 T 的关系就只与反向饱和电流 I_S 有关。I_S 是温度的缓变函数，只要选择合适的掺杂浓度，I_S 就可在一定范围内近似为一个常数，此时正向压降 U 与温度 T 的关系为线性，即

$$\frac{\mathrm{d}U}{\mathrm{d}T}=\frac{k}{q}\ln\frac{I}{I_S} \tag{10-27}$$

这就是 PN 结温度传感器的工作原理。

2. PN 结测温元件

1）温敏二极管

用于测温的半导体二极管称为温敏二极管。使用时为温敏二极管提供一个正向恒流源，其正向压降的函数曲线非常接近直线。由于硅半导体材料 PN 结的反向电流比锗小，线性度也比锗好，所以制造温敏二极管的半导体材料大多采用硅。

2）温敏三极管

温敏二极管的正向电流包含扩散电流、空间电荷区复合电流和表面复合电流。扩散电流为主导电流，后两种电流成分是杂散电流，正是这两种成分使温敏二极管的实际输出电压-温度曲线偏离理想曲线，造成较大的非线性误差。而温敏三极管在正向工作电压下，虽然发射极电流也包含上述三种成分，但只有其中的扩散电流能够到达集电极，形成集电极电流。所以温敏三极管的电压-温度特性的线性更好，稳定性和检测精度更高，可用于工业、医疗领域的温度测量与控制。

10.5　集成温度传感器

集成温度传感器是将温度敏感元件与后续变换、放大、驱动等电路集成在一个硅片上，构成小型一体化专用集成电路芯片。集成温度传感器输出信号大，与温度有很好的线性关系，方便与后续处理电路连接。但温度测量范围较窄，一般为－55 ℃～150 ℃。测量精度一般为±0.5 ℃。随着半导体技术和其他相关技术的进步，集成温度传感器的测量精度不断提高，TI 生产的 TMP117，温度测量精度达到医用级别，为±0.1 ℃。

集成温度传感器按照输出信号形式可分为电压型、电流型和数字型三大类。

1. 电压输出型集成温度传感器

电压输出型集成温度传感器感温部分的原理如图 10-25 所示。当电流 I_1 恒定，调整 R_1 的值，使 $I_1=I_2$，当晶体管的 $\beta\geqslant 1$ 时，电路的输出电压可表示为

$$U_o=I_2R_2=\frac{\Delta U_{be}}{R_1}R_2=\frac{R_2}{R_1}\cdot\frac{kT}{q}\ln r \tag{10-28}$$

式中：k 为玻尔兹曼常数；q 为电子电荷量；r 为 T_1 和 T_2 发射极面积之比，是与温度无关的常数。

取 $R_1=940\ \Omega$，$R_2=30\ \mathrm{k}\Omega$，$r=37$，则温度传感器输出的电压灵敏度为

$$C_T=\frac{\mathrm{d}U_0}{\mathrm{d}T}=\frac{R_2}{R_1}\cdot\frac{k}{q}\ln r\approx 10\ \mathrm{mV/K} \tag{10-29}$$

电压输出型集成温度传感器将温度敏感部分与缓冲放大器集成在同一芯片上，输出电压高，线性输出为 10 mV/K。由于输出阻抗低，故不适合长线传输。但其抗干扰能力强，特别适于工业现场测量。典型芯片有 AN6701、LM135 等。

2. 电流输出型集成温度传感器

电流输出型集成温度传感器感温部分的原理如图 10-26 所示。T_1 和 T_2 是结构相同作为恒流源负载的晶体管，T_3 和 T_4 是测温用晶体管，其中 T_3 的发射极面积是 T_4 的 8 倍，即 $r=$

8。当晶体管的 $\beta \geqslant 1$ 时,流过电路的总电流为

$$I_T = 2I_1 = \frac{2U_{\text{be}}}{R} = \frac{2kT}{Rq}\ln r \tag{10-30}$$

式中,当 R 和 r 为定值并具有零温度系数时,电路输出的总电流与绝对温度呈线性关系。如果 R 取 358 Ω,则温度传感器输出的电流灵敏度为

$$C_T = \frac{\mathrm{d}I_T}{\mathrm{d}T} = \frac{2kT}{Rq}\ln r \approx 1\ \mu A/K \tag{10-31}$$

电流输出型集成温度传感器可看作一个理想恒流源,其输出电流值可表述为

$$I = C_T T \tag{10-32}$$

式中:$C_T = 1\ \mu\text{A/K}$ 在器件制造时已做好标定,标定精度和器件档次有关;T 为被测绝对温度。

电流输出型集成温度传感器具有高输出阻抗(可达 MΩ 级),适于远距离传输、深井测温等。典型芯片有 AD590、SG590 等。AD590 除测量温度外,用途非常广泛,如流速测量、流体液位测量及风速测量,还可用于正比于绝对温度的偏置电路,分离元件的补偿与校准等。

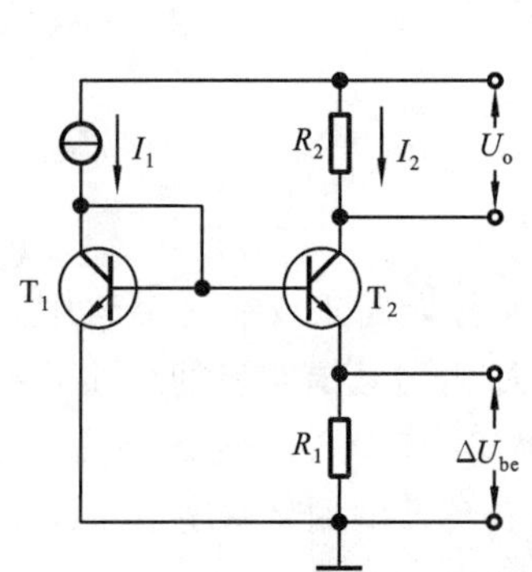

图 10-25　电压输出型集成温度传感器感温原理图

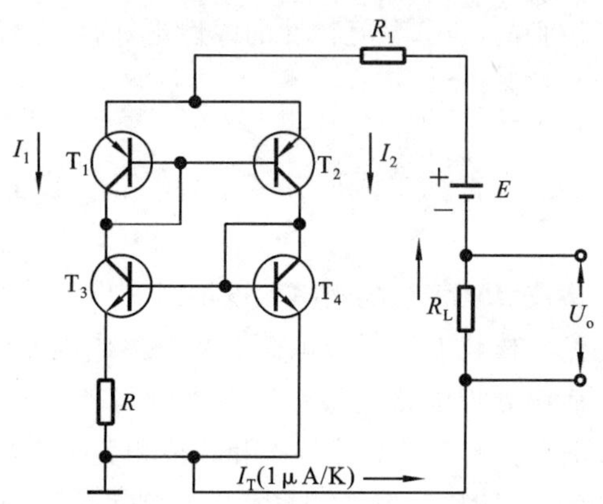

图 10-26　电流输出型集成温度传感器感温原理图

3. 数字输出型集成温度传感器

数字输出型集成温度传感器是将温度敏感元件、信号处理与转换电路、数字接口等功能融为一体的温度传感器。还有能同时实现温湿度测量的数字传感器,如 Sensirion 的 SHT11。DS18B20 是典型的数字输出型集成温度传感器,通过单总线进行通信,即仅需一条数据线就能与微处理器进行通信。现场温度直接以"一线总线"的数字方式传输,大大提高了系统的抗干扰性,适于恶劣环境的现场温度测量,如:环境控制、设备或过程控制、测温类消费电子产品等。

TI 公司 2018 年最新推出一款 TMP117 芯片,为高精度低功耗的数字输出型集成温度传感器。在 −20 ℃～50 ℃范围内测量精度高达±0.1 ℃,可代替铂电阻,满足医用电子温度计的要求。TMP116 测量精度稍低,为±0.2 ℃。

10.6　石英晶体温度传感器

随着科学实验、工业现场测量与控制对温度测量的线性度、分辨率要求越来越高,常规的温度传感器难以满足需要,这时可采用石英晶体温度传感器,它具备高分辨率(0.0001 ℃)、高

线性度(0.002%)和高稳定性,极其适合高要求的中低温测量。

1. 工作原理

石英晶体具有优良的频率稳定性,利用这种特性制成的高精度晶振已广泛应用于通信、检测、控制仪器及微机等领域。石英晶体的固有振动频率 f 可表示为

$$f=\frac{n}{2t}\sqrt{\frac{C_{ii}}{\rho}} \tag{10-33}$$

式中:n 为谐波次数;t 为振子厚度;ρ 为石英晶体密度;C_{ii} 为弹性常数。式中的 t、ρ、C_{ii} 均为温度的函数。石英晶体温度传感器就是利用石英晶体的振动频率随温度变化的特性制成的。

石英晶体的温度系数与其切割形式有关。石英晶体作为温度传感器使用时,其切割方式应使得其频率随温度变化有较大变化。石英晶体频率与温度的关系为

$$\frac{f_T-f_{T_0}}{f_{T_0}}=A(T-T_0)+B(T-T_0)^2+C(T-T_0)^3 \tag{10-34}$$

式中:f_T 和 f_{T_0} 分别为 T ℃(测量温度)和 T_0 ℃(任意基准温度)时的频率;A、B、C 分别为方程式的 1 次、2 次、3 次项温度系数,如果方程的 2 次、3 次项温度系数近似为 0,就可以得到线性石英晶体温度传感器。

2. 石英晶体温度传感器测量电路

石英晶体温度传感器是由石英晶体切片和振荡电路组装在一起制成的,图 10-27 所示为其原理图。非门 G_1 和 G_2,电阻 R_1 和 R_2($R_1=R_2$)与电容 C 组成 RC 电路,电路的时间常数 $\tau=RC$应远小于振荡频率 f。对于石英晶体温度传感器而言,其振荡频率是随温度变化的,所以,选择 τ 值时要考虑被测温度上限所对应的振荡频率的大小。

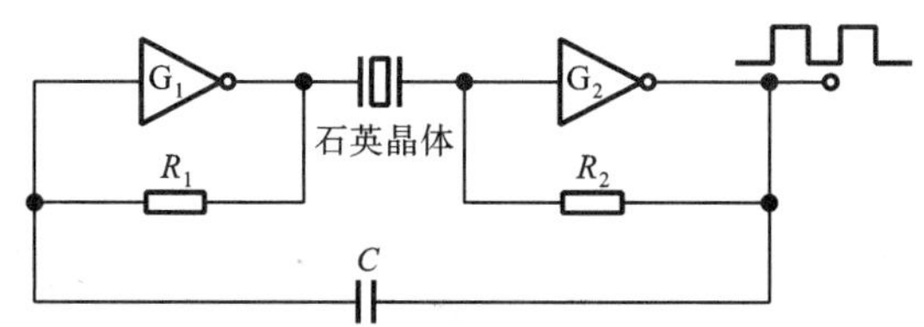

图 10-27　振荡电路原理图

石英晶体温度传感器可广泛用于空调、电子工业、食品加工等领域。由于可用数字显示,所以可作为高稳定性和高分辨率的温度计使用,图 10-28 所示为石英晶体温度计测量原理框图。

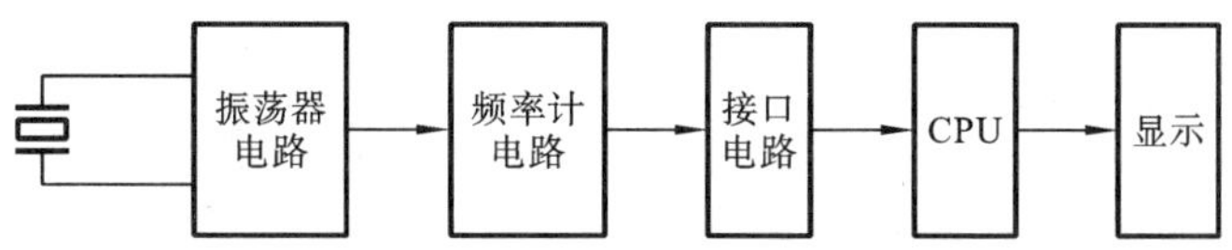

图 10-28　石英晶体温度计测量原理框图

10.7　热辐射式温度传感器

非接触式温度传感器不与被测物体接触,无须与被测物体达到热平衡,能实现遥测、高温测量或对运动物体的测温。热辐射式温度传感器是典型的非接触式测温,通过测量物体的辐

射通量来确定被测物体的温度。

10.7.1 热辐射定律

物体受热后,其原子中的带电粒子被激励,使一部分热能以电磁波的形式向空间传播。不需要任何物质作媒介,在真空条件下也能传播,将热能散发出去。这种能量传播的方式称为热辐射(简称辐射),传播的能量称为辐射能。辐射能量的大小与波长和温度有关,由辐射基本定律来描述。

辐射基本定律严格地讲只适用于黑体。所谓黑体是指能对落在它上面的辐射能量全部吸收的物体。在自然界,绝对的黑体客观上是不存在的,铂黑碳素以及一些极其粗糙的氧化物表面可近似为黑体。若用完全不透光或热的、温度均一的腔体(球体、柱形、锥形等),壁上开小孔,当孔径与球径(若是球形腔体)相比很小时,这个腔体就成为很接近于绝对黑体的物体,这时从小孔入射的辐射能量几乎被完全吸收。

在某个给定温度下,对应不同波长的黑体辐射能量是不相同的;在不同温度下对应全波长(0～∞)范围总的辐射能量也是不相同的。三者之间的关系满足普朗克定律和斯特藩-玻尔兹曼定律。

普朗克定律揭示了各种不同温度下黑体辐射能量与波长分布的规律,其关系为

$$E_0(\lambda,T) == \frac{C_1}{\lambda^5(e^{\frac{C_2}{\lambda T}}-1)} \tag{10-35}$$

式中:$E_0(\lambda,T)$为黑体的单色辐射强度,指在波长 λ 附近,单位波长间隔内单位面积所辐射的能量($W/m^2 \cdot m$);T 为黑体的绝对温度(K);C_1 为第一辐射常数,$C_1=3.742\times10^{-16}\ W\cdot m^2$;$C_2$ 为第二辐射常数,$C_2=1.438\times10^2\ m\cdot K$;$\lambda$ 为波长(m)。

斯特藩-玻尔兹曼定律是描述黑体的全辐射能 E_0 与温度的关系,即

$$E_0 = \sigma T^4 \tag{10-36}$$

式中:σ 为斯特藩-玻尔兹曼常数,$\sigma=5.67\times10^{-8}\ W/(m^2\cdot K^4)$;$T$ 为黑体的绝对温度(K)。

上式表明,黑体的全辐射能与其绝对温度的四次方成正比,所以这一定律又称为四次方定律。工程上大多数材料都不是黑体,只是接近黑体辐射特性,称之为灰体,其辐射能力低于黑体。灰体全辐射能 E 与同一温度下黑体全辐射能 E_0 相比较,就得到物体的黑度

$$\varepsilon = \frac{E}{E_0} \tag{10-37}$$

式中:ε 为黑度,反映了物体接近黑体的程度。

10.7.2 热辐射测温方法

利用热辐射进行温度测量的方法主要有亮度法、辐射法和比色法三种。

1. 亮度法

亮度法是指被测对象投射到检测元件上的是被限制在某一特定波长的光谱辐射能量,而能量的大小与被测对象温度之间的关系可由普朗克定律描述。通过比较被测物体与参考源在不同波长下的光谱亮度,并使二者的亮度相等,从而确定被测物体的温度。典型应用是光学高温计,如图 10-29 所示。光学高温计主要由光学系统和电测系统两部分组成,测温精度为 1.5 级。量程有两种,分别为 700 ℃～1500 ℃和 1200 ℃～2000 ℃。

光学系统中的物镜 1 和目镜 5 都可沿轴向移动。调节目镜的位置,可清晰地看到光度灯

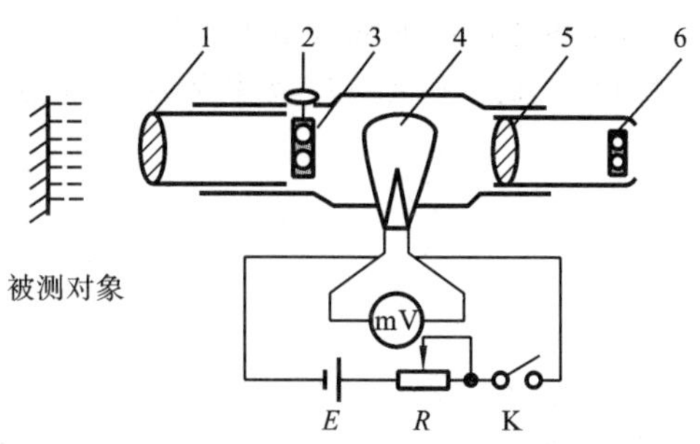

图 10-29　光学高温计的工作原理

1—物镜；2—旋钮；3—吸收玻璃；4—光度灯；5—目镜；6—红色滤光片

(标准灯)4 的灯丝；调节物镜的位置，能使被测物体清晰地成像在灯丝平面上，以便比较两者的亮度。在目镜与观察孔之间置有红色滤光片 6，测量时移入视场，使光谱的有效波长 λ 约为 0.65 μm，满足单色测温条件。吸收玻璃 3 的作用是将高温的被测对象亮度按一定比例减弱后供观察，以扩展仪表的量程。

在电测系统中，将光度灯 4 与滑动电阻 R、按钮开关 K 及电源 E 相串联。毫伏表用来测量不同亮度时灯丝两端的电压降，其指示则以温度刻度表示。调整滑动电阻 R 可以调整流过灯丝的电流，即调整了光度灯的亮度。一定的电流对应光度灯一定的亮度，因而也就对应一定的温度。

测量时，在热辐射源(被测物体)的发光背景上可以看到弧形灯丝，如图 10-30 所示。如果灯丝亮度比热辐射源亮度低，灯丝就在这个背景上显现出暗的弧线(见图(a))；如果灯丝的亮度高，则灯丝就在暗的背景上显示出亮的弧线(见图(b))；如果两者亮度一样，则灯丝就隐灭在热源的发光背景里(见图(c))，所以这种高温计也称为隐丝式光学高温计。这时由毫伏表读出的指示值就是被测物体的亮度温度。

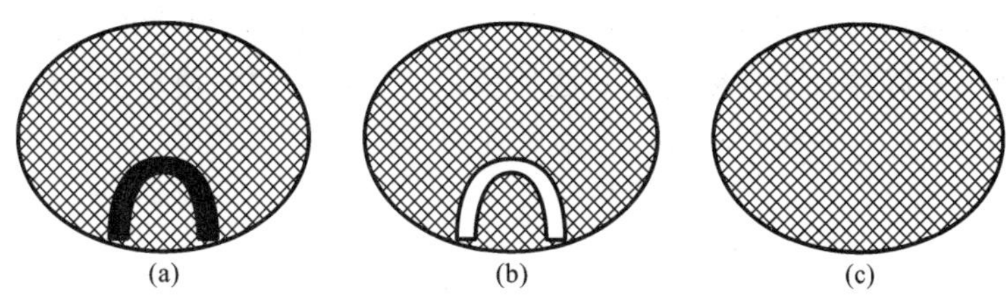

图 10-30　灯丝亮度示意图

(a) 灯丝太暗；(b) 灯丝太亮；(c) 灯丝隐灭

由于光学高温计是用人眼来检测亮度偏差的，反应不能快速、连续，更无法与被测对象一起构成自动调节系统，因而光学高温计不能适应现代化自动控制系统的要求。另外，只有当被测物体为高温时，即其辐射光中的红光波段(λ 为 0.65 μm 左右)有足够的强度时，光学高温计才能工作，所以光学高温计一般用于测量 700 ℃以上的高温。

2. 全辐射法

全辐射法是指被测对象投射到检测元件上的是对应全波长范围的辐射能量，而能量的大小与被测对象温度之间的关系可由斯特藩-玻尔兹曼定律描述。典型应用是辐射温度计。

图 10-31 所示为辐射温度计的工作原理图。被测物体的辐射线由物镜聚焦在受热板上，受热板是一种人造黑体，通常为涂黑的铂片，它吸收辐射能后温度升高，温度可由接在受热板

上的热电偶(热电堆)或热电阻或热敏电阻或热释电元件等热电式温敏器件测出。通常被测物体是 $\varepsilon<1$ 的灰体,根据灰体辐射的总能量全部被黑体吸收时,它们的能量相等,但温度不同,可得

$$\varepsilon\sigma T^4 = \sigma T_0^4 \tag{10-38}$$

$$T = \frac{T_0}{\sqrt[4]{\varepsilon}} \tag{10-39}$$

式中:T 为被测物体温度;T_0 为传感器测得的温度。

如果已知被测物体的 ε 值,以黑体辐射作为基准标定刻度,则可根据式(10-39)得到被测物体的温度。

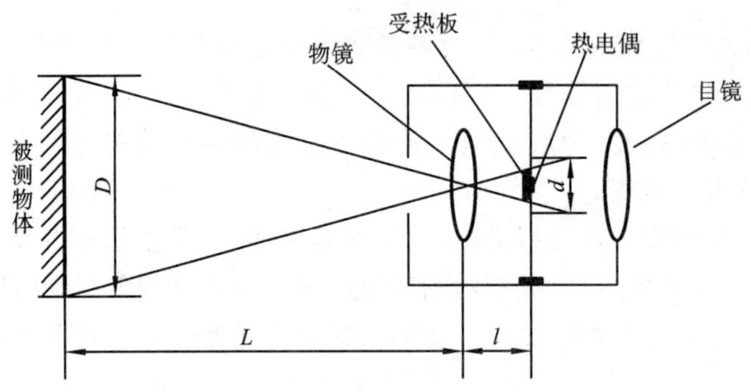

图 10-31　辐射温度计的工作原理

该应用中,由于采用了热电式器件作为温敏元件,所以属于热电式温度传感器;如果将其换成光电器件则成为光电式温度传感器,可实现温度的快速测量。

3. 比色法

比色法是将被测物体在两个不同波长的辐射能量投射到一个检测元件上,或同时投射到两个检测元件上,根据它们的比值与被测温度之间的关系实现辐射测温的方法。比值与温度之间的关系由两个不同波长下普朗克公式之比表示。比色法测温相对于亮度法和全辐射法更为精确。图 10-32 所示为一种单通道比色温度计的结构示意图。

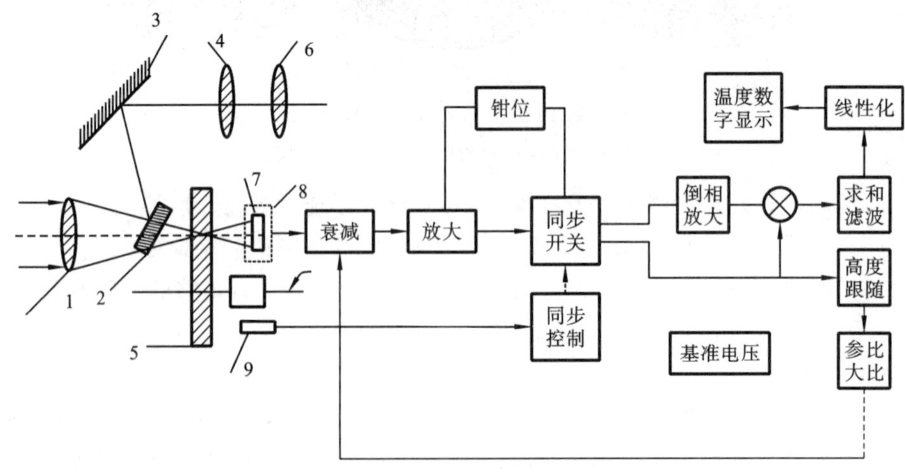

图 10-32　单通道比色温度计结构示意图

1—物镜;2—通孔光阑;3—反射镜;4—倒像镜;5—调制器;6—目镜;7—硅光电池;8—恒温盒;9—同步线圈

被测对象的辐射能通过透镜组，成像于硅光电池 7 的平面上。当同步电机以 3000 r/min 速度旋转时，调制盘 5 上的滤光片以 200 Hz 的频率交替使辐射通过。当一种滤光片透光时，硅光电池接收的能量为 $E_{\lambda 1T}$，而当另一种滤光片透光时，则接收的能量为 $E_{\lambda 2T}$，因此硅光电池输出的电压信号为 $U_{\lambda 1}$ 和 $U_{\lambda 2}$。将两电压等比例衰减，衰减率 K 通过基准电压和参比放大器来保持其大小。$U_{\lambda 2}$ 为一常数 R，则测量 $KU_{\lambda 1}$ 即可代替 $U_{\lambda 1}/U_{\lambda 2}$，从而得到被测物体温度。这种单通道比色测温计测温范围通常为 900 ℃～2000 ℃，误差在测量上限的±1%之内。比色温度计能避开选择性吸收的影响，可用于连续自动检测钢水、铁水、炉渣和表面没有覆盖物的高温物体的温度测量。

10.8　温度传感器的应用

表 10-4 给出了主要温度传感器的一些基本性能参数，可供选用时参考。

表 10-4　主要温度传感器基本性能参数

传感器		测温范围/℃	重复性/℃	精确度/℃	线性	备注
热电阻	铂热电阻	−200～850	0.2～1	0.2～1.0	极好	高精度、温标、高价
	铜热电阻	−50～150	0.3～2.0	0.3～2.0	0 ℃～120 ℃极好	高温易氧化，适合测量100 ℃以下温度；价廉
热敏电阻		−50～300	—	—	差	灵敏度较高、适宜动态测量、一致性较差
热电偶		−200～1600	0.3～1.0	0.3～2.0	差	测量范围广、用量大；常用于测量 500 ℃以上高温
半导体 PN 结		−40～150	0.2～1.0	1.0 以上	良	灵敏度高、体积小
石英晶体		0～100	—	—	极好	高分辨率、高稳定性
集成电路	NECμPC616A	−40～125	—	—	良	10 mV/℃
	NECμPC616C	−25～65	—	—	良	10 mV/℃
	AD598	−55～150	0.1	0.8～3.0	良	1 μA/℃
	REF-02	−55～125	—	—	—	2.1 mV/℃
	DS18B20	−55～125	—	1.0	良	单线数字接口
	TMP117	−20～150	—	0.2	极好	单线数字接口、低功耗、医用精度
光学高温计		750～2000	—	—	—	非接触测温
辐射温度计		0～2000	—	—	—	非接触测温

1. 温度上下限报警电路

如图 10-33 所示，电路中温度传感器 R_t 为负温度系数的热敏电阻（型号 NDHD472A），热敏电阻与电位器及两个电阻构成电桥，电桥的输出端分别接运算放大器的同相和反相输入端。所用热敏电阻的 $R_{25}=4700\ \Omega$，电阻温度系数为−4.4%/℃。电桥在 25 ℃时平衡，放大器输出为 0，T_1 和 T_2 均截止，LED1 和 LED2 中无电流流过，不发光。当温度上升，电桥输出 a 点

电压高于 b 点电压，并使放大器输出电压大于 0.7 V，T_1 导通，LED1 发光；当温度下降，电桥输出 b 点电压高于 a 点电压，并使放大器输出电压小于 -0.7 V，T_2 导通，LED2 发光。电路可通过调整电桥的阻值和放大器的放大倍数来调整温度上下限的报警值。

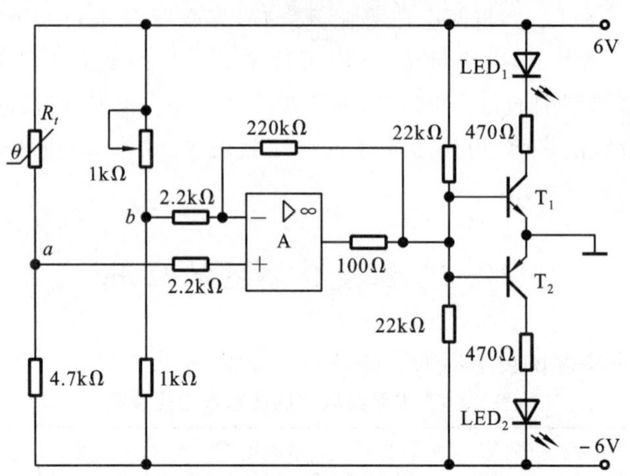

图 10-33　NTC 热敏电阻温度上下限报警电路

2. 风速传感器

风速传感器及测量电路如图 10-34 所示。A 组传感器有 4 个接线端子，1、2 端为加热铂金丝热电阻引脚，2、3、4 为集成温度传感器 DS18B20 引脚。为铂金丝通入恒定的加热电流，供给 DS18B20 工作环境温度。在测量风速时，风流使 DS18B20 的工作环境温度下降，3 端输出相应的温度信号。B 组传感器用于测量空气的温度。A 的温度与 B 的温度之差是风速的函数。因此，通过测量温差可以计算出对应的风速。

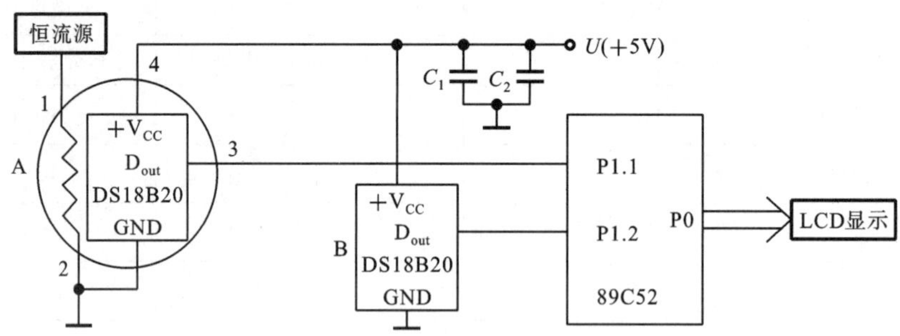

图 10-34　风速传感器及测量电路

根据热扩散原理，加热丝被空气带走的热量 Q 与加热丝和空气的温差、空气的流速及空气的性质有关，即

$$Q = \sigma F(T_W - T_f) \tag{10-40}$$

式中：σ 为对流换热系数，对于一定的加热丝和流体条件，主要取决于空气的运动速度(m/s)；F 为加热丝表面积(m^2)；T_W 为加热丝温度(℃)；T_f 为空气温度(℃)。

由于采用恒流源供电，根据能量守恒定律，有

$$0.24I^2R = \sigma F(T_W - T_f) \tag{10-41}$$

式中：I 为加热丝电流；R 为加热丝电阻。由此可见，只要固定 I，便可以获得风速与温差的单值函数。通过试验测出的风速与温差的关系为

$$\ln V = a\Delta T + b \tag{10-42}$$

式中：a、b 为系数，对于曲线的不同段，a、b 的值是不同的。为提高测量精度，可采用分段插值计算的方法求取任一温差所对应的风速值。

3. 室温自补偿热电偶测温电路

图 10-35 所示为表面贴装装置中采用热电偶测温的电路实例。J2 为热电偶接线端子，LM134 为集成温度传感器，它与热电偶冷端一起置于室温下，用于冷端温度补偿。其输出电压 U_1 与室温 T_0 的关系为

$$U_1 = \frac{227(\mu\mathrm{V/K})(R_5 + R_{\mathrm{W2}})}{R_4} T_0 \tag{10-43}$$

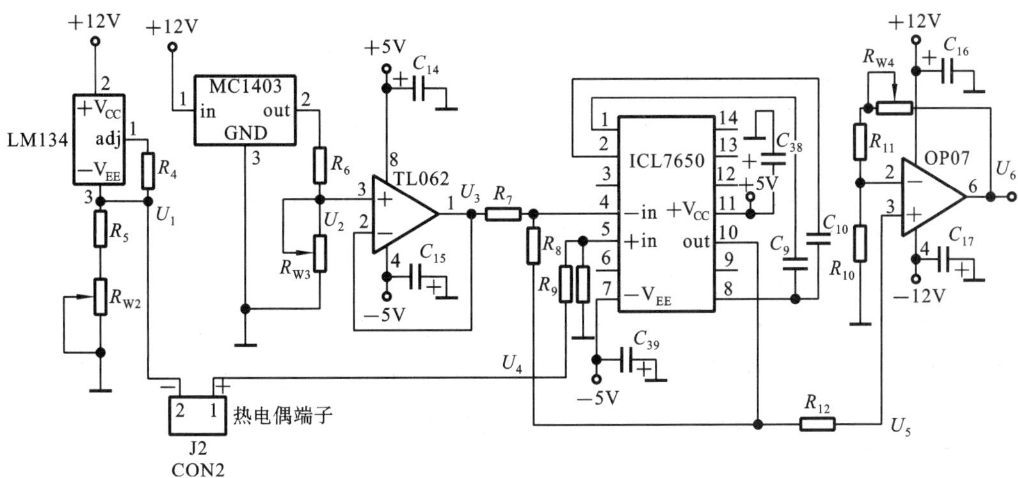

图 10-35　室温自补偿热电偶测温电路

MC1403 为稳压电源，将输出电压稳定在 3 V。该电压经电阻 R_6 和电位器 R_{W3} 分压后为

$$U_2 = \frac{R_{\mathrm{W3}}}{R_6 + R_{\mathrm{W3}}} \cdot 3(\mathrm{V}) \tag{10-44}$$

TL062 组成电压跟随器，用于阻抗匹配。跟随器的输出电压即为精密运算放大器 ICL7650 的负端输入 U_3，即

$$U_3 \approx U_2 \tag{10-45}$$

ICL7650 的正端输入 U_4 由 LM134 的输出 U_1 和热电偶的输出 $E_{AB}(T,T_0)$ 之和构成，即

$$U_4 = E_{AB}(T,T_0) + U_1 \tag{10-46}$$

式中：$E_{AB}(T,T_0)$ 代表热端温度为 T、冷端温度为 T_0 时热电偶的热电动势。T_n 代表了变化后的室温

$$T_n = T_0 + \Delta t \tag{10-47}$$

当热电极 A、B 选定后，热电动势 $E_{AB}(T,T_n)$ 是温度 T 和 T_n 的函数差，即

$$\begin{aligned} E_{AB}(T,T_n) &= f(T) - f(T_n) = E_{AB}(T) - E_{AB}(T_n) \\ &= [E_{AB}(T) - E_{AB}(T_0)] - [E_{AB}(T_n) - E_{AB}(T_0)] \\ &= E_{AB}(T,T_0) - E_{AB}(T_n,T_0) \end{aligned} \tag{10-48}$$

热电偶置于室温下时，冷、热端温度相等，热电偶输出热电动势为零，由式(10-46)，此时 $U_4 = U_1$。调节 R_{W3}，使 $U_2 = U_4$，再根据式(10-45)，则一级差动放大器 ICL7650 的输出为零。调节二级放大器 OP07 的调零端，使整个电路输出 $U_6 = 0$。

将热电偶热端置于被测温度 T 下,冷端置于室温 T_0 下,当室温不变时,由式(10-46),此时 $U_4=E_{AB}(T,T_0)+U_1$。而初始调节时已使 $U_3=U_1=\frac{227(\mu V/K)(R_5+R_{W2})}{R_4}T_0$,所以 U_5 为

$$U_5=K_1\cdot(U_4-U_3)=K_1\cdot E_{AB}(T,T_0) \tag{10-49}$$

$$U_6=K_2\cdot U_5 \tag{10-50}$$

式中:K_1、K_2 分别为两级放大电路的放大倍数。

当室温按照式(10-47)变化 Δt 时,有

$$U_4=E_{AB}(T,T_0+\Delta t)+\frac{227(\mu V/K)(R_5+R_{W2})}{R_4}(T_0+\Delta t) \tag{10-51}$$

$$U_5=K_1\cdot(U_4-U_3)=K_1\left[E_{AB}(T,T_0+\Delta t)+\frac{227(\mu V/K)(R_5+R_{W2})}{R_4}\Delta t\right] \tag{10-52}$$

设计时电参数的选取应保证 $E_{AB}(T,T_n)$ 随温度的变化量与 U_1 随温度的变化量一致,两者均随温度的升高而增大,但由于符号相反,可互相抵消。此时,整个电路输出为

$$U_6=K_1\cdot K_2\cdot E_{AB}(T,T_0) \tag{10-53}$$

当室温发生变化时 U_6 不变,只有当被测温度 T 变化时电路输出才发生变化,从而补偿了室温变化对热电偶测温的影响。

U_6 经 A/D 转换电路后变成数字量进入 PC 机或单片机,经 CPU 处理后数字显示被测温度值。在 PC 机或单片机中,CPU 采集到数据 U_6 后,根据式(10-53)得到 $E_{AB}(T,T_0)$;根据式(10-43)可获得 T_0 值,查热电偶分度表获得 $E_{AB}(T_0)$;根据式(10-48),$E_{AB}(T,T_0)=E_{AB}(T)-E_{AB}(T_0)$,计算出 $E_{AB}(T)$,再反查分度表即可获得被测温度值 T。

4. 计算修正法热电偶测温电路

图 10-36 所示为家用电器(如洗衣机)电机绕组测温的应用实例。

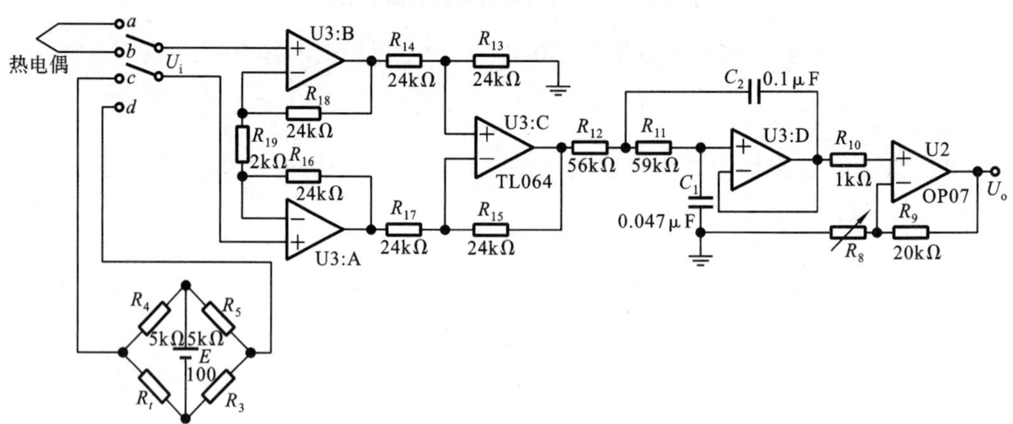

图 10-36 计算修正法热电偶测温电路

U3:A、B、C 构成差动放大电路,对 U_i 进行第一级放大;U3:D 为二阶低通滤波器,增益为 1;U2 为可调零的同相放大电路。输入短接,可通过调节 OP07 使电路输出为零,即调节传感器的零点输出。测量时,开关首先接通 c、d,R_t 为 Pt100 热电阻,与 $R_{3\sim5}$ 共同构成电桥用于测量室温 T_0,查热电偶分度表获得 $E_{AB}(T_0)$。再将开关接通 a、b,通过测量 U_0 除以电路的放大倍数获得热电偶两端电压 $E_{AB}(T,T_0)$。根据 $E_{AB}(T,T_0)=E_{AB}(T)-E_{AB}(T_0)$ 计算出 $E_{AB}(T)$,反查热电偶分度表即可获得被测温度值 T。

思考题与习题

10-1　采用一只温度传感器能否实现热力学温度、摄氏温度和华氏温度的测量？如何实现？

10-2　试比较热电偶、热电阻、热敏电阻三种热电式传感器的特点及其对测量线路的要求。

10-3　使用热电偶测温时，为什么必须进行冷端补偿？如何实现冷端补偿？

10-4　题 10-4 图所示为热敏电阻液位报警器原理图，试指出图中的敏感元件和转换元件，简要说明该装置的工作过程。

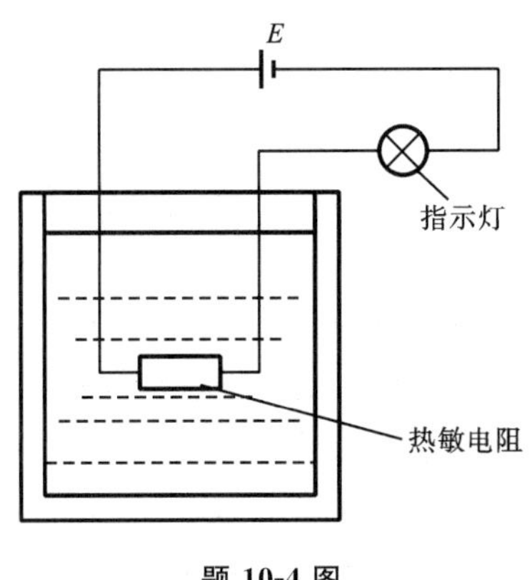

题 10-4 图

10-5　将一支灵敏度为 0.08 mV/℃的热电偶与电压表相连，电压表接线端处温度为 50 ℃，电压表上的读数为 60 mV，求热电偶热端温度。

10-6　设计室温自补偿热电偶测温电路，画出电路图并说明其工作原理。

10-7　快速测量体温应选用什么传感器？简述其工作原理。

10-8　数字输出型集成温度传感器有何特点？

10-9　某测温系统由以下四个环节组成，各自灵敏度如下：铂电阻温度传感器0.35 Ω/℃，电桥 0.01 V/Ω，放大器放大倍数 100，笔式记录仪 0.1 cm/V，试求：

(1) 测温系统的总灵敏度；

(2) 记录仪笔尖位移 4 cm 时，所对应的温度变化值。

10-10　晶体温度传感器有何特点？如何实现温度测量？

第 11 章
拓展资源

第 11 章　数字式传感器

根据输出信号是模拟量还是数字量可将传感器分为模拟式传感器和数字式传感器。与模拟式传感器相比，数字式传感器的优点是：测量精度和分辨率更高，稳定性更好，抗干扰能力更强，易于与微型计算机接口相连，组成智能控制系统，也方便信号的传输和处理。

数字式传感器种类多样，一般来说，按输出信号形式可以分为编码型和脉冲型两种。编码型数字式传感器将被测量转换为数字编码输出；脉冲型数字式传感器将被测量转换为数字脉冲输出。按照其工作原理，目前常用的数字式传感器有光电式编码器、光栅传感器、磁栅传感器和感应同步器。这些数字式传感器通常可直接用来测量线位移或角位移。

11.1　光电式编码器

将机械转动的模拟量转换成以数字代码形式表示的电信号，这类传感器称为编码器。编码器以其高精度、高分辨率和高可靠性被广泛用于各种位移的测量。

编码器种类很多，按照码盘形式分为绝对编码器（码盘式编码器）和增量编码器（脉冲盘式编码器）。绝对编码器不需要基准数据及计数系统，它在任意位置都可以给出与位置相对应的固定数字码输出，能方便地与数字系统连接。增量编码器的输出是一系列脉冲，需要一个计数系统对脉冲进行加减（正向或反向旋转时）累计计数，一般还需要一个基准数据即零位基准，才能完成角位移测量。

编码器按其结构形式又分为接触式器和非接触式（包括电磁式、光电式等）两类。接触式编码器由码盘和电刷等组成，其分辨率受电刷的限制不可能很高；非接触式编码器具有非接触、体积小、寿命长、可靠性和分辨率高的特点，其中以光电式编码器的性价比最高。光电式编码器由于使用了体积小、易于集成的光电元件代替机械的接触电刷，其测量精度和分辨率能达到很高水平，它作为精密位移传感器在自动测量和自动控制技术中得到了广泛的应用。目前，我国已有 23 位光电编码器，为科研、军事、航天和工业生产提供了对位移量进行精密检测的手段。本节重点介绍光电式编码器，对于角位移测量，它是最直接、最有效、非接触测量的数字式传感器。

11.1.1　光电式绝对编码器

光电式绝对编码器的结构如图 11-1 所示，其码盘采用照相腐蚀工艺，在一块圆形光学玻璃上刻有透光和不透光的码形。对应于每条码道（图中有 5 条码道）都装有一个光电转换元件。当光源经光学系统形成一束平行光投射在码盘上时，光经过码盘的透光和不透光区，通过狭缝照射在码盘另一侧的光电元件上，这些光电元件输出与码盘上的码形（码盘的绝对位置）相对应的（开关/高低电平）电信号。

码盘转动某一个角度，光电转换元件就输出一组编码。码盘从起始位开始转动一周，光电转换元件就输出 2^n（n 为码道数）种不同的编码。码盘所能分辨的旋转角度为 $\alpha=360°/2^n$，若 $n=5$，则 $\alpha=11.25°$。码道数越多，可分辨的角度越小。根据编码出现的先后顺序可以判断码盘

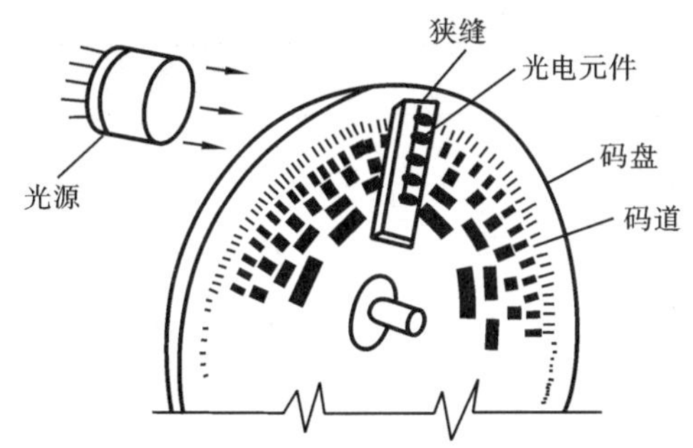

图 11-1　光电式绝对编码器结构示意图

转向,从而实现矢量角位移的测量。绝对编码器可以在 360°范围内进行角度测量,断电后信息不丢失。

码盘的编码方式可以采用二进制编码、格雷码等。图 11-2 所示为四码道(四位)码盘所采用的两种不同编码方式。图(a)采用二进制编码,即 8-4-2-1 码;图(b)采用格雷码,即循环码。

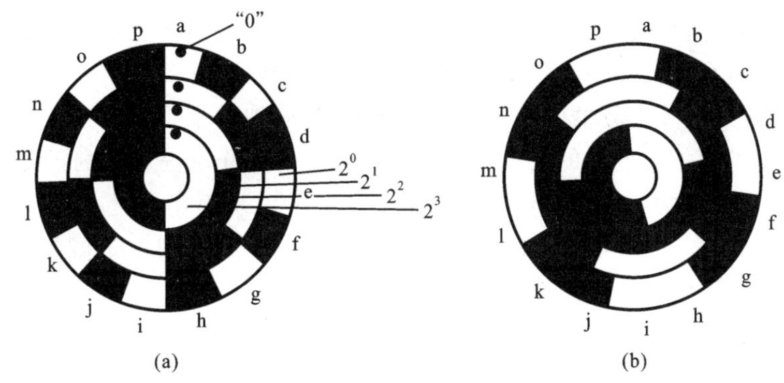

图 11-2　四位码盘

(a) 8-4-2-1 码;(b) 格雷码

表 11-1 所示为四位码盘两种编码方式的数码表。

表 11-1　四位码盘二进制码和循环码的数码表

角　度	码盘位置	二进制码	循　环　码
0	a	0000	0000
α	b	0001	0001
2α	c	0010	0011
3α	d	0011	0010
4α	e	0100	0110
5α	f	0101	0111
6α	g	0110	0101
7α	h	0111	0100
8α	i	1000	1100
9α	j	1001	1101

续表

角　　度	码盘位置	二进制码	循　环　码
10α	k	1010	1111
11α	l	1011	1110
12α	m	1100	1010
13α	n	1101	1011
14α	o	1110	1001
15α	p	1111	1000

为了提高测量精度和分辨率,常规方法是增加码盘的码道数和码道的刻线数。但由于制造工艺的限制,当刻度数多到一定数量后,就难以实现了。这种情况下可采用光学分解技术(插值法)来进一步提高分辨率。例如,若码盘已具有 14 条(位)码道,在 14 位码道上增加 1 条专用附加码道,如图 11-3 所示。附加码道的码形和光学几何结构与前 14 位有所差异,且使之与光学分解器的 4 个光敏元件相配合,产生较为理想的正弦波和余弦波输出。附加码道输出的正弦和余弦信号,在插值器中按不同的系数叠加在一起,形成多个相移不同的正弦信号输出。各正弦信号再经过零比较器转换为一系列脉冲,从而细分了附加码道光电元件输出的正弦信号,于是产生了附加的低位的几位有效数值。图中所示光电编码器的插值器产生 $2^4=16$ 个正弦(余弦)信号。每两个正弦信号之间的相位差为 $\pi/8$,从而在 14 位编码器的最低有效数值间隔内插入了 $2^0\sim2^4$ 共计 32 个精确等分点,即相当于附加了 5 位二进制数的输出,使编码器的分辨率从 2^{14} 提高到 2^{19},角位移小于 $3''$。

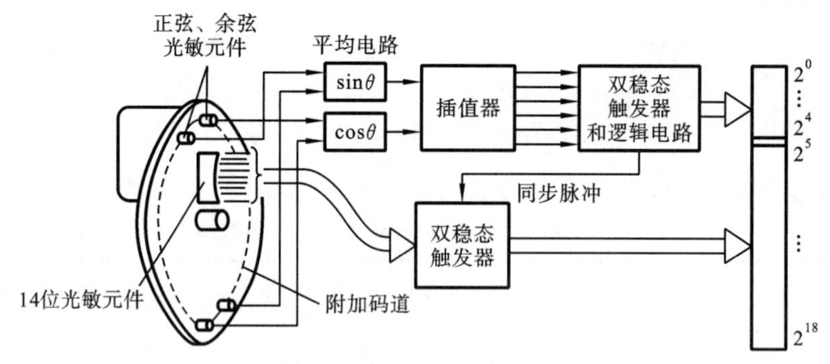

图 11-3　用插值法提高分辨率的工作原理图

11.1.2　光电式增量编码器

光电式增量编码器的结构示意图如图 11-4 所示,一般只有三个码道。码盘上等角距地刻有两圈透光缝隙,分为外圈和内圈。外圈和内圈的缝隙数量相同,但是内外圈的相邻两缝错开半条缝宽。另外,在某一径向位置(一般在内外两圈之外)开有一个狭缝,表示码盘的零位。

外圈是用来产生计数脉冲的增量码道,其缝隙的多少决定了编码器的分辨率。缝隙越多,分辨率越高。内圈作为辨向码道,与外圈结合可以判定码盘转向。零位狭缝是用来计圈数的。不同于绝对编码器只能测量 360°范围以内的角度,增量编码器的零位狭缝用于计量转过了几个 360°,而小于 360°的这部分角度由外圈测量,分辨率为 2^n(n 为外圈码道的刻线数)。光电式

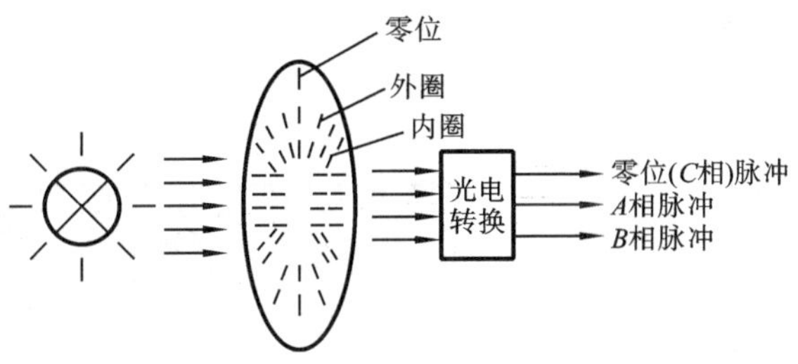

图 11-4　光电式增量编码器的结构示意图

增量编码器断电后信息丢失。

在码盘的两面分别安装光源和光电接收元件。当码盘转动时，光线经过透光和不透光的区域，每个码道将有一系列光电脉冲由光电元件输出，码道上有多少缝隙每转过一周就有多少个相差 $\pi/2$ 的两相（A、B 两路）脉冲和一个零位（C 相）脉冲输出。增量编码器的精度和分辨率与绝对编码器一样，主要取决于码盘本身。

为了辨别码盘旋转方向，可以采用图 11-5 所示的辨向电路来实现。

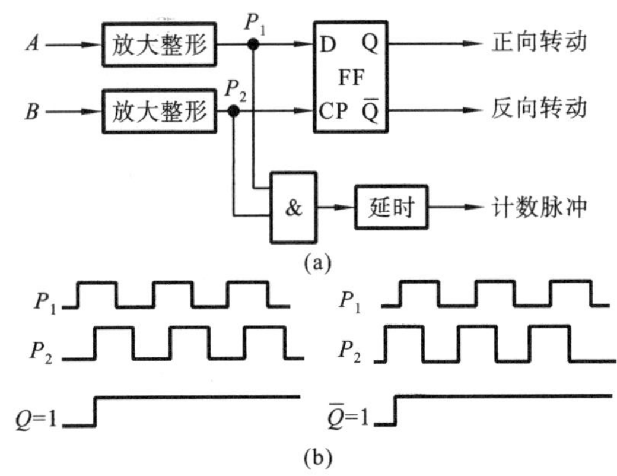

图 11-5　辨向电路原理图

光电元件的输出信号 A、B 经放大整形后，产生 P_1 和 P_2 脉冲，再分别接到 D 触发器的 D 端和 CP 端。P_1 和 P_2 脉冲相差 $\pi/2$，D 触发器 FF 在 CP 脉冲（P_2）的上升沿触发。正转时 P_1 脉冲超前 P_2 脉冲，FF 的 Q=“1”表示正转；反转时 P_2 脉冲超前 P_1 脉冲，FF 的 Q=“0”表示反转。可以用 Q 作为控制可逆计数器是正向还是反向计数，即可将光电脉冲变成编码输出。C 相脉冲可接至另一计数器，实现圈数计量。码盘无论正转还是反转，计数器每次反映的都是相对于上次角度的增量，故这种测量称为增量法。除了光电式增量编码器外，目前，相继开发出光纤增量传感器和霍尔效应式增量传感器等，它们都得到了广泛的应用。

11.1.3　光电式编码器的应用

1. 钢带光电式编码数字液位计

钢带光电式编码数字液位计（见图 11-6）是目前油田浮顶式储油罐液位测量普遍采用的一种测量设备，属于光电式绝对编码器的应用，用于测量直线位移。在量程超过 20 m 的应用环境中，液位测量分辨率仍可达到 1 mm，可以满足计量的精度要求。

这种测量设备主要由编码钢带、读码器、卷带盘、定滑轮、牵引钢带用的细钢丝绳及伺服系

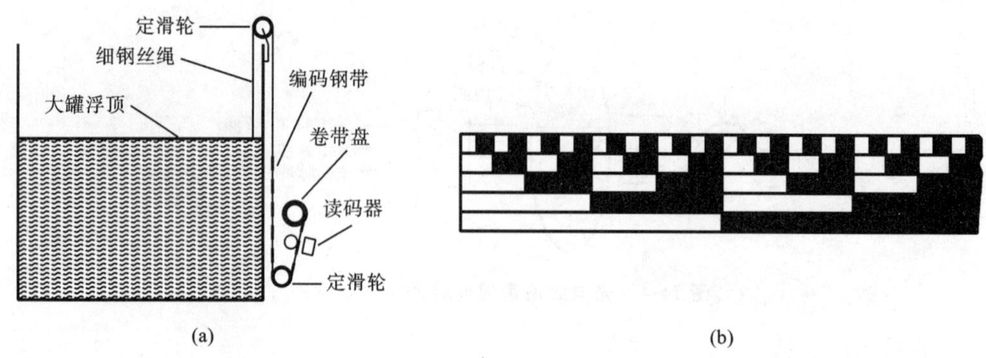

图 11-6 钢带光电式编码数字液位计

(a) 测量原理图;(b) 编码钢带

统等构成。编码钢带的一端(最大量程读数的一端)系在牵引钢带用的细钢丝绳上,细钢丝绳绕过罐顶的定滑轮系在大罐的浮顶上,编码钢带的另一端绕过大罐底部的定滑轮缠绕在卷带盘上。当大罐液位下降时,细钢丝绳和编码钢带中的张力增大,卷带盘在伺服系统的控制下放出盘内的编码钢带;当大罐液位上升时,细钢丝绳和编码钢带中的张力减小,卷带盘在伺服系统的控制下将编码钢带收入卷带盘内。读码器可随时读出编码钢带上反应液位位置的编码,经处理后进行就地显示或以串行码的形式发送给其他设备。

如果最低码位(最低码道数据宽度)为 1 m(透光和不透光的部分各为 1 m),则需要 15 个码道,即最高码位(最高码道数据宽度)为 16.384 m,编码钢带的最大有效长度可达32.768 m。这种编码钢带的加工工艺难度较大、强度较低、使用起来不方便。因此,有必要采用插值细分技术以减少码道数量,增加最低码道的数据宽度。如果将最低码道的数据宽度增加到5 mm,次最低码道的数据宽度将为 10 mm,在最低码道上应用插值细分技术也可以获得 1 m 的分辨率。这样一来,在量程为 20 m 的条件下,码道数量将减少到 12 个。

2. 转速测量

光电式增量编码器除直接用于测量相对角位移外,常用来测量转轴的转速。最简单的方法就是在给定的时间间隔内对编码器的输出脉冲进行计数,它所测量的是平均转速,如图 11-7(a)所示。这种测量方法的分辨率由被测速度而定,其测量精度取决于计数的时间间隔。图 11-7(b)所示为瞬时速度测量原理图。在该系统中,计数器的计数脉冲来自时钟。例如,时钟频率为 1 MHz,对于 100 脉冲每转的编码器,当转速为 100 r/min 时,每个脉冲周期为 0.006 s,可获得 6000 个时钟脉冲的计数,即分辨率为 1/6000。当转速为 6000 r/min 时,分辨率则降至 1/100。码盘的转速较高时分辨率较低。

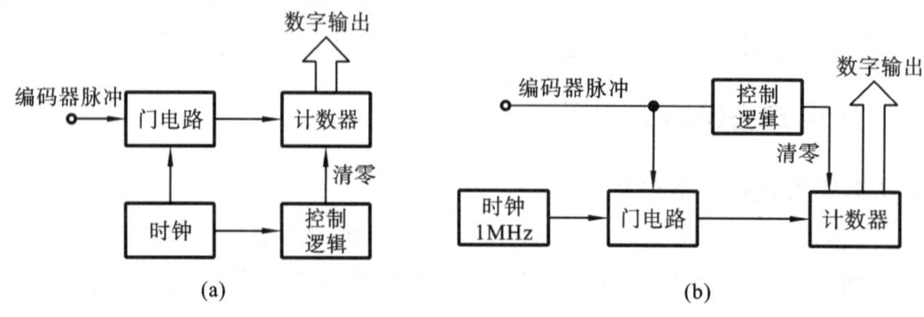

图 11-7 光电式增量编码器的测速原理框图

(a) 用编码器测平均速度;(b) 用编码器测瞬时速度

11.2　光栅传感器

光栅是由很多等节距的透光缝隙和不透光刻线均匀相间排列构成的光器件。光栅分为物理光栅和计量光栅，前者的刻线比后者细密。物理光栅主要利用光的衍射现象，通常用于光谱分析和光波长测定等方面；计量光栅主要利用光栅的莫尔条纹现象，广泛用于位移的精密测量与控制。

按照工作原理，计量光栅可分为透射光栅和反射光栅；根据形状和用途不同，计量光栅可分为长光栅（测量线位移）和圆光栅（测量角位移）；按照表面结构，计量光栅可分为幅值（黑白）光栅和相位（闪耀）光栅，前者的栅线和缝隙是黑白相间的，后者的横断面呈锯齿状。另外，目前还发展出很多新型光栅，如偏振光栅、全息光栅等。本节主要讨论计量光栅型传感器，简称光栅传感器，它是利用光栅的莫尔条纹现象来工作的，主要用于直线位移和角位移的测量。

11.2.1　光栅结构和莫尔条纹现象

图 11-8 所示为透射式长光栅，在一块长方形镀膜玻璃上均匀刻制许多明暗相间、等间距分布的细小条纹，又称为刻线。a 为栅线宽度（不透光），b 为栅线间宽（透光），$a+b=W$ 称为光栅的栅距（或光栅常数）。通常 $a=b=W/2$，也可以刻成 $a:b=1.1:0.9$。目前常用的长光栅每毫米刻成 10、25、50、100、250 条线条。

如图 11-9 所示，将两块栅距相等的光栅（1 和 2）叠合（中间留有很小的间隙）在一起构成一对光栅副，并使两者的栅线之间形成一个很小的夹角 θ。这样，在近于垂直栅线方向上就会出现明暗相间的条纹，即莫尔条纹。在 c-c 线上，两块光栅的栅线重合，透光面积最大，形成条纹的亮带，它是由一系列四棱形图案构成的；在 d-d 线上，两块光栅的栅线错开，形成条纹的暗带，它是由一些黑色叉线图案组成的。因此，莫尔条纹是由两块光栅的遮光和透光效应形成的。当夹角 θ 减小时，条纹间距 B_H 增大；反之，条纹间距 B_H 减小。

图 11-8　透射式长光栅

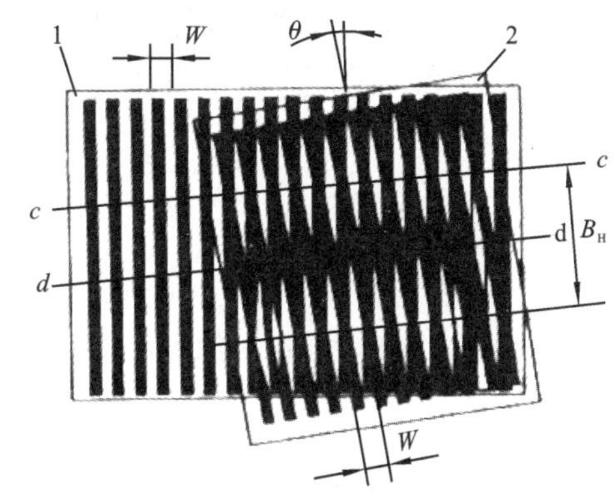

图 11-9　莫尔条纹

莫尔条纹测位移具有以下三个特性。

1. 位移的放大作用

当光栅每移动一个光栅栅距 W 时，莫尔条纹也跟着移动一个条纹宽度 B_H；如果光栅做反向移动，条纹移动方向也相反。他们之间的位置关系如图 11-10 所示。

当 θ 很小时，$\sin\theta\approx\theta$。莫尔条纹的间距 B_H 与两光栅栅线夹角 θ 之间的关系为

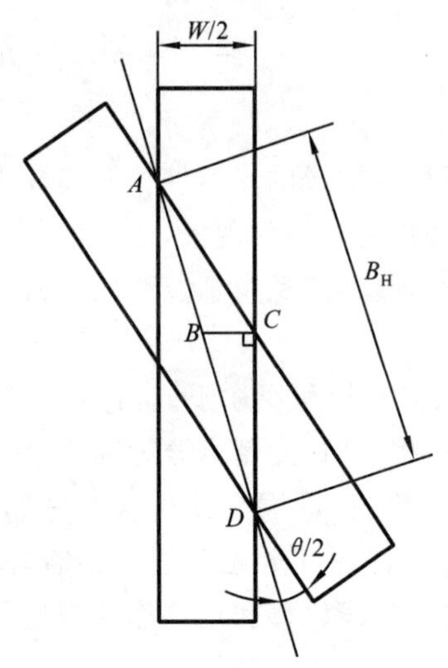

图 11-10 莫尔条纹的位移放大作用

$$B_H = 2AB = 2\frac{BC}{\sin\frac{\theta}{2}} = 2\frac{\frac{W}{4}}{\frac{\theta}{2}} = \frac{W}{\theta} \tag{11-1}$$

由此可见,θ 越小,B_H 越大,相当于将栅距 W 放大了 $1/\theta$ 倍,即莫尔条纹具有位移放大作用,从而提高了测量精度和灵敏度。例如 $\theta=0.1°$,则 $1/\theta=\frac{360°}{2\pi\times0.1°}\approx573$,即莫尔条纹宽度 B_H 约为栅距 W 的 573 倍,从而无论是肉眼还是光电设备都可以清楚地得到测量数据。

两个光栅中,一个光栅固定不动,称为指示光栅;另一个移动的光栅称为标尺光栅,也称主光栅。主光栅相对指示光栅的移动位移就是被测位移。因此,被测位移每移动一个栅距 W,莫尔条纹移动一个条纹间距 B_H,这时在指示光栅后面的光电元件就可以得到一个脉冲信号,通过计数脉冲信号的数目 n,就可以得到被测位移 x 的大小。它们之间的关系为

$$x = nW = n\theta B_H \tag{11-2}$$

这就是光栅传感器的基本工作原理,其分辨力为光栅栅距。

2. 运动的对应关系

光栅每移动一个光栅栅距 W,莫尔条纹同时移动一个条纹间距 B_H。如图 11-9 所示,如果光栅 1 沿着刻线垂直方向向右移动时,莫尔条纹沿着光栅 2 的栅线向上移动;那么反之,当光栅 1 向左移动时,莫尔条纹将沿着光栅 2 的栅线向下移动。因此,根据莫尔条纹移动方向就可以对光栅 1 的运动进行辨向。

3. 误差的平均效应

莫尔条纹由光栅的大量刻线形成,光栅的刻线非常密集,光电元件接收到的莫尔条纹所对应的明暗信号,是一个区域内许多刻线综合的结果,因此对栅距的瑕疵和刻线误差有平均抵消作用。例如,光栅某一刻线的加工误差为 δ_0,由此引起的测量误差为

$$\Delta = \pm\frac{\delta_0}{\sqrt{n}} \tag{11-3}$$

式中:n 为光栅栅线的数量。

利用光栅莫尔条纹现象,可以通过测量莫尔条纹的移动数,来测量两光栅的相对位移;可以通过测量莫尔条纹的移动方向,来测量光栅的移动方向;可以利用莫尔条纹的误差平均效应,进行精密位移测量。

11.2.2 光栅传感器的组成

光栅传感器作为一个完整的测量装置,主要由光栅读数头和光栅数显表两大部分组成。光栅读数头利用莫尔条纹现象将位移量转换成相应的电信号;光栅数显表是实现细分、辨向和显示功能的电子系统。

1. 光栅读数头

光栅读数头主要由标尺光栅、指示光栅、光路系统和光电元件等组成。标尺光栅的有效长度即为测量范围。指示光栅比标尺光栅短得多,两者一般刻有同样的栅距,使用时两光栅互相

重叠，之间有微小的空隙。空隙大小 d 与光栅栅距 W 和光源光波波长 λ 的关系为

$$d = \frac{W^2}{\lambda} \tag{11-4}$$

标尺光栅一般固定在被测物体上，且随被测物体一起移动，其长度取决于测量范围；指示光栅相对于光电元件固定。图 11-11 所示为光栅读数头的结构示意图。

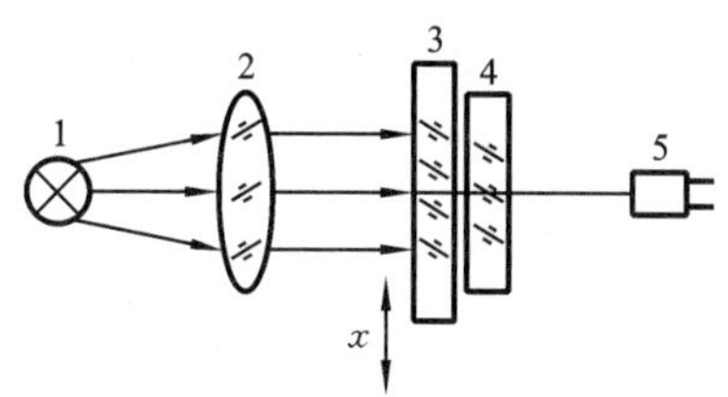

图 11-11　光栅读数头的结构示意图

1—光源；2—透镜；3—标尺光栅；4—指示光栅；5—光电元件

如图 11-9 所示，莫尔条纹是一个明暗相间的带。两条暗带中心线之间的光强变化是从最暗到渐暗，到渐亮，直到最亮，又从最亮经渐亮到渐暗，再到最暗的渐变过程。标尺光栅移动一个栅距 W，光强变化一个周期 2π，当用光电元件接收莫尔条纹移动时光强的变化时，如果以电压输出，可得到如图 11-12 所示的曲线，接近于正弦(或余弦)周期函数。

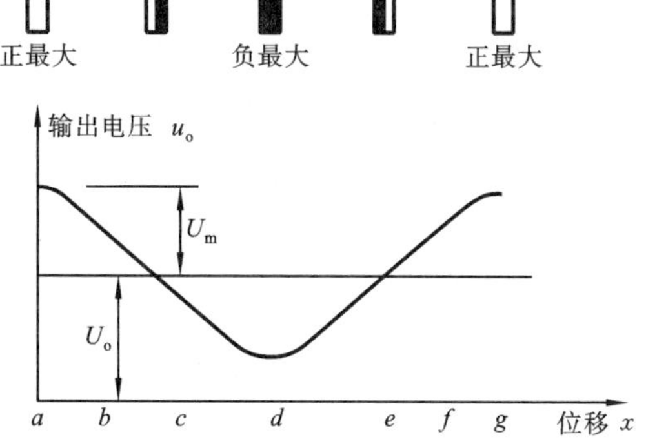

图 11-12　光栅位移与光强输出电压的关系

电压输出值可表示为

$$u_o = U_o + U_m \sin\left(\frac{\pi}{2} + \frac{2\pi x}{W}\right) \tag{11-5}$$

式中：u_o 为光电元件输出的电压信号；U_o 为输出信号中的平均直流分量；U_m 为输出信号中正弦交流分量的幅值；x 为光栅位移；W 为光栅栅距。

由式(11-5)可知，光电元件输出的电压信号反映了位移量的大小。当 x 从 0 变化到 W 时，相当于角度变化了 360°，如果光栅再移动一个栅距时，相当于角度又变化了 360°。设其变化频率为 f，则

$$f = x/W \tag{11-6}$$

式中：f 为输出信号变化的频率；x 为光栅位移；W 为光栅栅距。

因此，测得频率 f，就可以得到光栅位移 x 的大小。

2. 光栅数显表

光栅读数头实现了位移量由非电量转换为电量的过程。位移是向量，因而对位移量的测量除了确定大小之外，还应确定其方向。为了辨别位移的方向，并进一步提高测量精度，以及实现数字显示的目的，必须将光栅读数头的输出信号送入数显表作进一步处理。光栅数显表由整形放大电路、细分电路、辨向电路及数字显示电路等组成。

1）辨向原理

假设采用图 11-11 所示的光栅读数头，无论标尺光栅作正向还是反向移动，莫尔条纹都作明暗交替变化，光电元件总是输出同一规律变化的电信号，因此，此信号不能辨别运动方向。为了能够辨向，需要有相位差为 $\pi/2$ 的两个电信号。辨向电路的工作原理如图 11-13 所示，在相隔 $B_H/4$ 间距的位置上，放置两个光电元件 1 和 2，得到两个相位差 $\pi/2$ 的电信号 u_1 和 u_2（图中波形是滤除直流分量后的交流分量），经过整形后得到两个方波信号 u_1' 和 u_2'。$A(\overline{A})$ 代表光栅的移动方向；$B(\overline{B})$ 为与 $A(\overline{A})$ 对应的莫尔条纹移动方向。

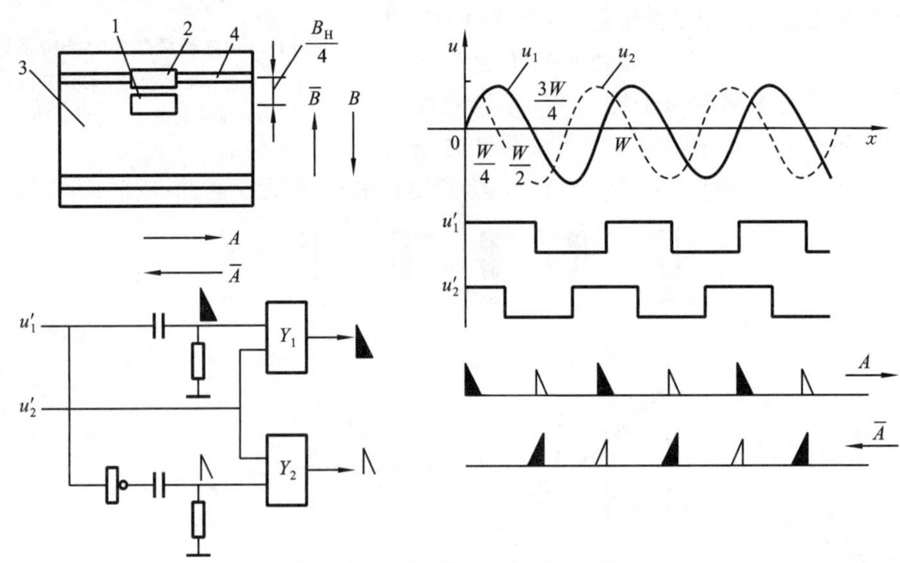

图 11-13　辨向电路的工作原理

1,2—光电元件；3,4—光栅

从图中波形的对应关系可以看出，当光栅沿 A 方向移动时，u_1' 经微分电路后产生的脉冲，正好发生在 u_2' 的“1”电平时，从而经 Y_1 输出一个计数脉冲；而 u_1' 经反相并微分后产生的脉冲，与 u_2' 的“0”电平相遇，与门 Y_2 被阻塞，无脉冲输出。当光栅沿 $\overline{A}$ 方向移动时，u_1' 的微分脉冲发生在 u_2' 为“0”电平时，与门 Y_1 无脉冲输出；而 u_1' 的反相微分脉冲发生在 u_2' 的“1”电平时，与门 Y_2 输出一个计数脉冲。所以，u_2' 的电平状态作为与门的控制信号，可以根据运动方向分别由 Y_1 或 Y_2 输出计数脉冲。后续通过可逆计数器对脉冲进行加计数或减计数，实时显示出相对于某个参考点的位移量。

2）细分技术

光栅传感器以移过的莫尔条纹数量来确定位移量，分辨力为光栅栅距。为了提高分辨力，测量比栅距更小的位移量，可采用细分技术。所谓细分，就是在莫尔条纹信号变化的一个周期内，发出若干个脉冲，以减小脉冲当量。如一个周期内发出 n 个脉冲，则可使测量精度提高到 n 倍，而每个脉冲相当于原来栅距的 $1/n$。由于细分后计数脉冲频率提高到了 n 倍，因此也称之为 n 倍频。细分方法有机械细分和电子细分两类，下面介绍电子细分法中常用的四倍频细分法，它也是许多其他细分法的基础。

在莫尔条纹相差 $B_H/4$ 的位置上安装两个光电元件，得到两个相位相差 $\pi/2$ 的电信号，再将这两个信号反相得到四个依次相差 $\pi/2$ 的电信号，从而可以在移动一个栅距的周期内得到四个计数脉冲，实现四倍频细分。也可以在相差 $B_H/4$ 的位置上安放四个光电元件来实现四倍频细分，如图 11-14 所示。这种方法不可能得到高的细分数，因为在一个莫尔条纹间距内能安装的光电元件数量有限。它的优点是对莫尔条纹产生的信号波形没有严格要求，电路简单，故而是一种常用的细分技术。

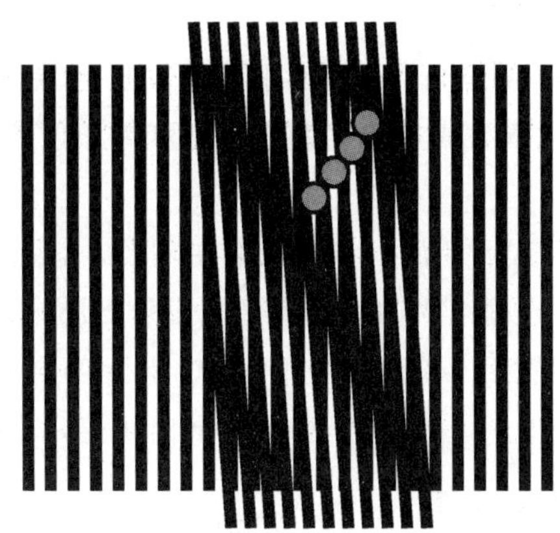

图 11-14　四倍频细分法光电元件安装示意图

如图 11-15 所示，在四倍频细分电路中，可以得到四个相位差 $\pi/2$ 的输出信号，分别为 $U_m\sin\phi$、$-U_m\sin\phi$、$U_m\cos\phi$ 和 $-U_m\cos\phi$（其中 $\phi=2\pi x/w$）。在 $\phi=0\sim2\pi$ 之间，还可以分成 n 等份。设 $n=48$，那么在 $\phi=0\sim\pi/2$、$\pi/2\sim\pi$、$\pi\sim3\pi/2$ 和 $3\pi/2\sim2\pi$ 之间，各个区间都可以分为 12 等份，实现了 48 细分。至于如何在 $\phi=0\sim2\pi$ 之间实现 n 等分，需要进一步引入细分电路，实现细分的方法包括电位器细分法、电桥细分法、电平细分法、调制信号细分法和锁相细分法等，具体实现方法请参考相关资料。

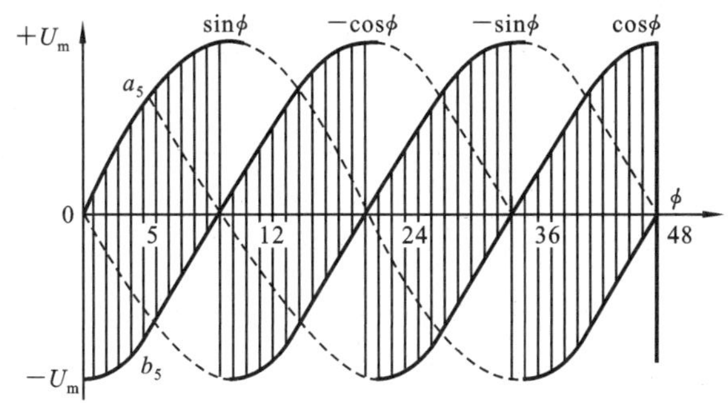

图 11-15　四倍频细分法光电元件输出信号

光栅传感器断电后计数值不能保存，所以在实际使用中，存在一个绝对零位点的问题。可以采用机械方法设置绝对零位点，但这种方法精度低、安装使用不方便。目前通常采用零位光栅法，即在光栅的测量范围内设置一个固定的绝对零点标志，从而使系统成为一个准绝对测量系统。

零位光栅分为单刻线零位光栅和多刻线零位光栅。单刻线零位光栅的刻线是一条宽度与主光栅栅距相等的透光狭缝，即在主光栅和指示光栅某一侧再刻制一对互相平行的零位光栅刻线,与主光栅共用同一光源,经光电元件转换后形成绝对零位的输出信号。多刻线零位光栅通常是由一组非等间隔、非等宽度的黑白条纹按一定规律排列组成,当零位光栅从重叠位置开始相对移动时,透过线缝的光通量随位移的变化而变化,经光电元件转换后形成绝对零位的输出信号。

11.2.3 光栅传感器的应用

光栅传感器具有结构简单,测量精度高,易于与计算机连接等优点,因此广泛应用于高精度加工机床、光学坐标镗床、大规模集成电路制造设备和高精度测试仪器中。

1. 光栅式万能测长仪

图 11-16 所示为一种光栅式万能测长仪的工作原理图。其主光栅采用透射式黑白光栅,光栅栅距 $W=0.01$ mm,指示光栅采用四裂相光栅。发射光源采用红外发光二极管,接收采用光电三极管,两光栅之间的间隙为 0.02～0.035 mm。利用四裂相指示光栅获得四路信号,经放大、整形、细分和辨向电路,进入可逆计数器计数,同时由显示电路显示测量值。

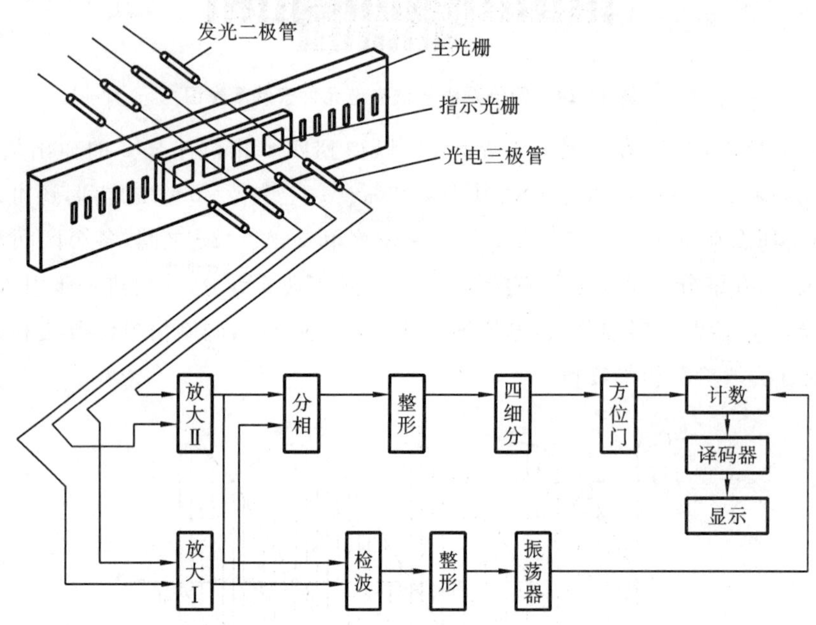

图 11-16　光栅式万能测长仪工作原理

2. 圆形光栅传感器在角位移测量中的应用

图 11-17 所示描述了圆形光栅传感器的工作原理。在角位移测量中常采用圆形光栅对变量进行测量,其基本结构包括光栅转盘、光电二极管、光敏三极管、光电脉冲转换电路、转轴、壳体及接线盒等。两组光电二极管和光敏三极管在测量空间以一定相位(如 $\pi/2$)关系分别置于光栅转盘两侧,光栅转盘与机械转角同步转动,使光敏三极管随机械转角的变化而导通或截止,并通过光电转换电路模块输出具有一定相位差的两组增量式脉冲信号。

在光栅上设置一个特定点代表零位脉冲信号 z,当机械转角的变化带动光栅一起转动时,使得 T_1(顺时针转角)或者 T_3(逆时针转角)接收光信号,电路分别输出两组具有一定相位差(一般为 $\pi/2$)的脉冲信号 f_1 和 f_2。脉冲 f_1、f_2 及 z 三信号一般为标准的 TTL 电平。

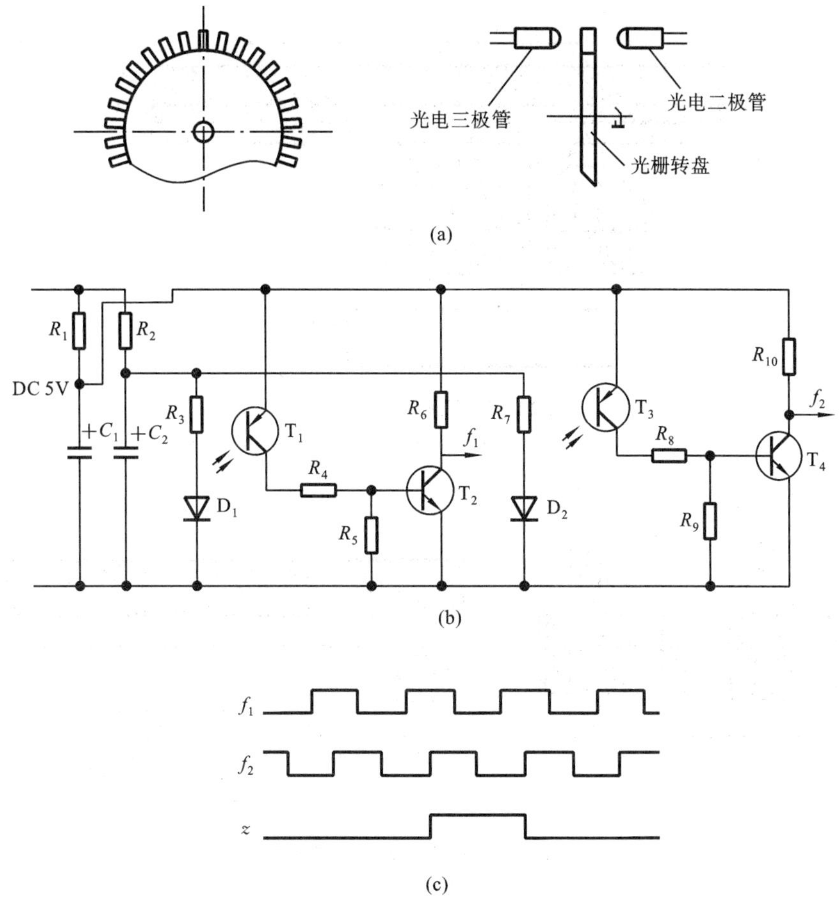

图 11-17　圆形光栅传感器工作原理

(a) 基本结构;(b) 光电转换电路;(c) 输出信号

11.3　磁栅传感器

磁栅传感器是一种利用磁栅与磁头的磁作用进行位移测量的数字式传感器。其制作简单、成本低廉、使用方便。可以在仪器或机床上安装后,再采用激光定位录磁,因而可以避免安装误差。测量精度较高,可达±0.01 mm/m,分辨率为 1～5 μm。

11.3.1　磁栅传感器的结构和工作原理

磁栅传感器由磁尺、磁头和检测电路组成,如图 11-18 所示。磁尺采用非导磁性材料做尺基,上面镀一层均匀的磁性薄膜,然后在其上录制一定波长的磁信号。磁信号的波长(或周期)又称为节距 W。磁头是用来读取磁尺上的记录信号的,分为动态磁头(速度响应式磁头)和静态磁头(磁通响应式磁头)。

动态磁头只有一组线圈,其结构与读出信号如图 11-19 所示。动态磁头的铁芯通常采用厚度为 0.2 mm 的铁镍合金,叠成需要的厚度,其上绕有一组绕组。当磁头相对于磁尺(磁栅)运动时,在线圈中产生感应电动势。运动速度不同,输出的感应电动势大小也不同。静止时没

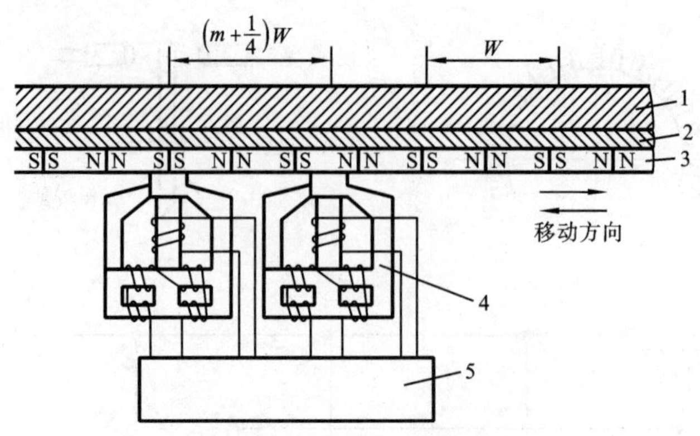

图 11-18　磁栅传感器示意图

1—磁尺基体;2—抗磁镀层;3—磁性涂层;4—磁头;5—控制电路

有信号输出,故不适用于长度测量。

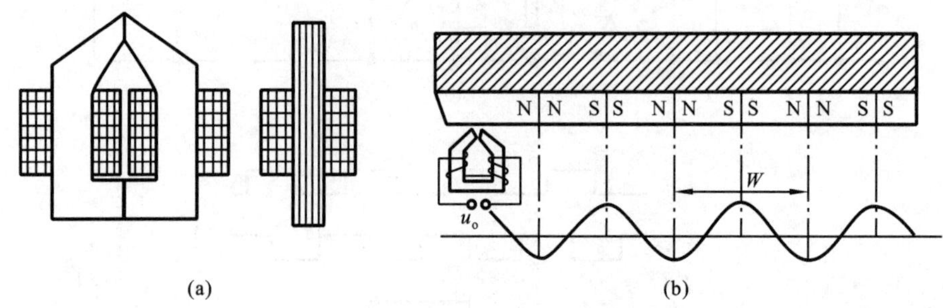

图 11-19　动态磁头的工作原理

(a) 磁头结构;(b) 读出信号

静态磁头由高磁导率材料薄片叠合而成,薄片厚度等于节距的 1/4。磁头铁芯上绕有激励绕组和输出绕组两组线圈。静态磁头与磁尺之间没有相对运动的情况下也有信号输出。

如图 11-20 所示,当激励绕组通以交流电流时,磁通的一部分通过铁芯,在输出绕组上产生感应电动势。磁尺漏磁通 ϕ_0 的一部分 ϕ_2 通过磁头铁芯,则有

$$\phi_2 = \phi_0 R_\sigma/(R_\sigma + R_T) \tag{11-7}$$

式中:R_σ 为气隙磁阻;R_T 为铁芯磁阻。

一般情况下,可以认为 R_σ 不变,R_T 则与线圈所产生的磁通 ϕ_1 有关。在电压 u 变化的一个周期内,铁芯被电流所产生的磁通 ϕ_1 饱和两次,R_T 变化两个周期。由于铁芯饱和时其 R_T 很大,ϕ_2 不能通过,因此在 u 的一个周期内,ϕ_2 也变化两个周期,可近似认为

$$\phi_2 = \phi_0(a_0 + a_2\sin 2\omega t) \tag{11-8}$$

式中:a_0、a_2 是与磁头结构参数有关的常数;ω 为电源的角频率。

在磁尺不动的情况下,ϕ_0 为一常量,输出绕组中产生的感应电动势 e_0 为

$$e_0 = N_2(\mathrm{d}\phi_2/\mathrm{d}t) = 2N_2\phi_0 a_2\omega\cos 2\omega t = k\phi_0\cos 2\omega t \tag{11-9}$$

式中:N_2 为输出绕组匝数;k 为常数,$k=2N_2a_2\omega$。

漏磁通 ϕ_0 是磁尺位置的周期函数。当磁尺与磁头相对移动一个节距 W 时,ϕ_0 就变化一个周期。因此 ϕ_0 近似为

$$\phi_0 = \phi_m\sin(2\pi x/W) \tag{11-10}$$

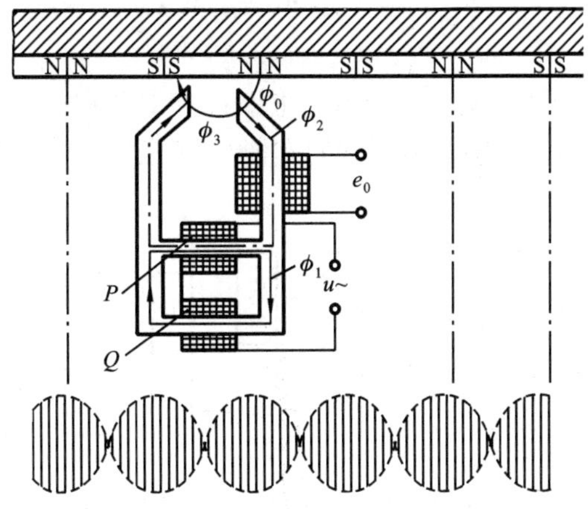

图 11-20　静态磁头的工作原理

于是可得

$$e_0 = k\phi_m \sin(2\pi x/W)\cos 2\omega t \tag{11-11}$$

式中：x 为磁栅与磁头之间的相对位移；ϕ_m 为漏磁通的峰值。

由此可见，静态磁头的磁尺是利用它的漏磁通变化来产生感应电动势的。静态磁头输出信号的频率为电源频率的两倍，幅值与磁尺与磁头之间的相对位移呈正弦（或余弦）关系。

检测电路主要用来提供磁头电压并将磁头检测到的信号转换为脉冲信号输出。

11.3.2　磁栅传感器的信号处理方法

如图 11-18 所示，为了辨别方向，通常将两只相距$\left(m+\dfrac{1}{4}\right)W$的磁头做成一体，其中 m 为正整数，W 为节距。两个磁头输出信号相位差为$\dfrac{\pi}{2}$。其信号处理方法分为鉴相和鉴幅两种方式。

1. 鉴相方式

两个磁头输出为

$$\begin{cases} e_1 = U_m \sin(2\pi x/W)\cos 2\omega t \\ e_2 = U_m \cos(2\pi x/W)\cos 2\omega t \end{cases} \tag{11-12}$$

将某一磁头的输出信号移相 $\pi/2$，则两磁头的输出分别为

$$\begin{cases} e_1 = U_m \sin(2\pi x/W)\cos 2\omega t \\ e_2 = U_m \cos(2\pi x/W)\sin 2\omega t \end{cases} \tag{11-13}$$

将两路输出采用求和电路相加后得到的输出电压为

$$u_0 = U_m \sin(2\pi x/W + 2\omega t) \tag{11-14}$$

由式(11-14)可知，输出信号是一个幅值不变、相位随磁头与磁尺相对位置变化的信号。这样，只要检测出信号的相位 $2\pi x/W$，就可得到磁头和磁尺的相对位移量 x，这种方式称为鉴相方式。后续经过鉴相电路将相位变化转换为计数脉冲以实现数字化。

2. 鉴幅方式

两个磁头输出信号如式(11-12)所示，它们是两个幅值与磁头位置 x 成正比的信号。经检波器滤掉高频载波后可得

$$\begin{cases} e_1' = U_m \sin(2\pi x/W) \\ e_2' = U_m \cos(2\pi x/W) \end{cases} \tag{11-15}$$

将此两路相位差 $\pi/2$ 的两相信号送至有关电路进行细分辨向后输出，通过其幅值来得到 x 值，这种方式称为鉴幅方式。鉴幅型磁栅传感器原理框图如图 11-21 所示，是典型的数字化传感器。

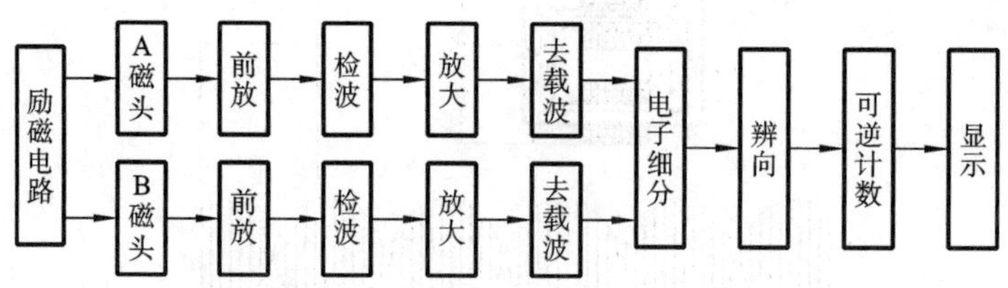

图 11-21　鉴幅型磁栅传感器原理框图

11.3.3　磁栅传感器的应用

目前，磁栅传感器主要有两方面的应用：①高精度测量长度和角度的测量仪器。由于可以采用激光定位录磁，而不需要采用感光、腐蚀等工艺，因而可以得到较高的精度。②自动控制系统中的检测元件。例如在三坐标测量机、数控机床、重型和中型机床等控制系统中，均得到了应用。

11.4　感应同步器

感应同步器是利用两个平面形绕组的互感随位置不同而变化的原理制成的，分为直线式和旋转式两种类型，分别用来测量直线位移和转角位移。1957 年美国的 R. W. 特利普等在美国取得感应同步器的专利，原名是位置测量变压器。感应同步器为其商品名称，初期用于雷达天线的定位和自动跟踪、导弹的导向等。感应同步器具有以下优点。

(1) 具有较高的精度与分辨力。其测量精度首先取决于印制电路绕组的加工精度，温度变化对测量精度影响不大。感应同步器采用多节距同时参加工作的方式，多节距的误差平均效应减小了局部误差的影响。目前，长感应同步器(直线式)的测量精度可达到 ± 1.5 μm，分辨力为 0.05 μm，重复性为 0.2 μm。直径为 300 mm 的圆感应同步器(旋转式)的测量精度可达 $\pm 1''$，分辨力为 $0.05''$，重复性为 $0.1''$。

(2) 抗干扰能力强。感应同步器在一个节距内是一个绝对测量装置，在任何时间内都可以给出仅与位置相对应的单值电压信号，因而瞬时作用的偶然干扰信号在其消失后不再有影响。平面绕组的阻抗很小，受外界电场的干扰影响很小。

(3) 使用寿命长，维护简单。定尺和滑尺、定子和转子互不接触，没有摩擦和磨损，所以使用寿命很长。另外，它对环境条件要求较低，能在有少量粉尘、油污的环境下正常工作，不需要经常清扫，也不怕冲击振动的影响。但需装设防护罩，防止铁屑等进入其气隙。

(4) 可以作长距离位移测量。根据测量长度的需要，将若干根定尺拼接，拼接后总长度的精度可保持(或稍低于)单个定尺的精度。目前，几米到几十米的大型机床工作台位移的直线测量，大多采用感应同步器来实现。

(5) 工艺性好，成本较低，便于复制和成批生产。

由于感应同步器具有上述优点，长感应同步器目前被广泛地应用于大位移静态与动态测量中，例如用于三坐标测量机、程控数控机床、高精度重型机床及加工中的测量装置等。圆感应同步器则被广泛地用于机床和仪器的转台及各种回转伺服控制系统中。

11.4.1　感应同步器的结构

直线式和旋转式感应同步器的基本原理是相同的。图 11-22 所示为直线式感应同步器的结构示意图，由定尺和滑尺组成。直线感应同步器多选用导磁材料，其热膨胀系数与所安装的主体相同，常采用优质碳素结构钢。由于材料磁导系数高、矫顽磁力小，所以既能增强激励磁场，又不会有过大的剩余电压。

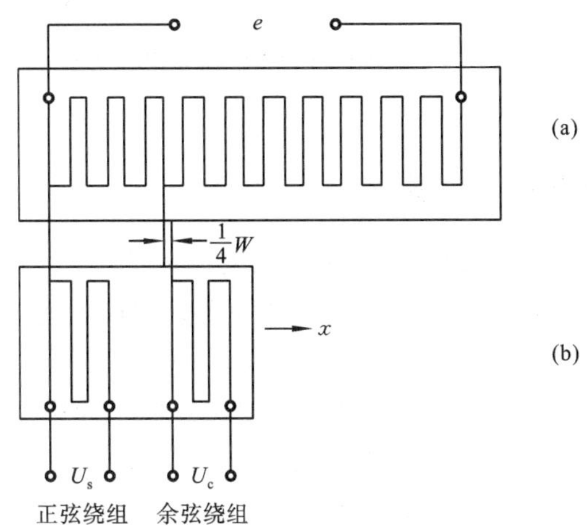

图 11-22　直线式感应同步器结构示意图

(a) 定尺；(b) 滑尺

为了保证刚度，一般基板厚度为 10 mm，基板的绝缘材料一般选用酚醛玻璃环氧丝布和聚乙烯醇缩本丁醛胶或用聚酰胺做固化剂的环氧树脂，这些材料黏着力强、绝缘性好。定尺与滑尺上的平面绕组用电解铜箔构成导片，要求厚薄均匀、无缺陷，一般厚度选用 0.1 mm 以下，容许通过的电流密度为 5 A/mm^2。滑尺绕组表面上贴一层带绝缘层的铝箔，起静电屏蔽作用，将滑尺用螺钉安装在机械设备上时，铝箔还起着自然接地的作用，它应该足够薄，以免产生较大的涡流。为了防止环境的腐蚀性气体及液体对绕组导片的侵蚀，一般要在导片上涂一层防腐绝缘漆。

旋转式感应同步器由转子和定子组成，如图 11-23 所示。其制作过程是先用 0.1 mm 厚的敷铜板刻制或用化学腐蚀方法制成绕组，再将它固定到 10 mm 厚的圆盘形金属或玻璃钢基板上，然后涂敷一层防静电屏蔽膜。定、转子之间的间隙为 0.2～0.3 mm，转子绕组为单相连续扇形分布，每根导片相当于电机的一个极，相邻导片间距为一个极距；定子绕组为扇形分段排布，极距与转子的相同。

在定尺和转子上的是连续绕组，在滑尺和定子上的是分段绕组。分段绕组分为两组，在空间上相差 π/2 相角，故又称为正弦、余弦绕组。工作时如果在其中一种绕组上通以交流电压，由于电磁耦合，在另一种绕组上就产生感应电动势，该电动势随定尺与滑尺（或转子与定子）的相对位置不同而呈正弦、余弦函数变化，再通过对此信号的检测处理，便可测量出直线或转角的位移量。

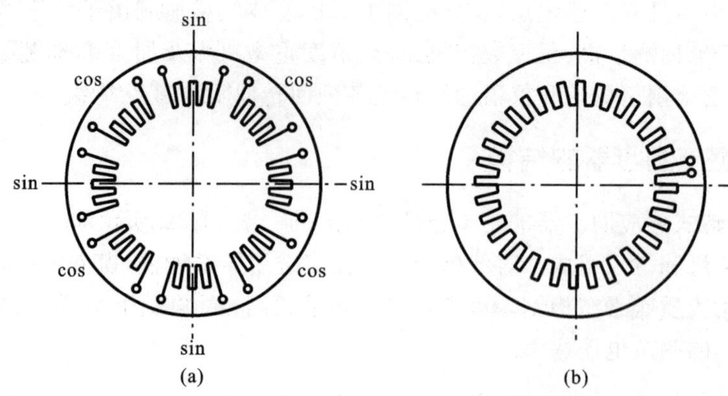

图 11-23 旋转式感应同步器结构示意图

(a) 定子;(b) 转子

11.4.2 感应同步器的工作原理

如图 11-24(a)所示,当滑尺绕组上用正弦电压激励时,将产生同频率的交变磁通,它与定尺绕组耦合,在定尺绕组上感应出同频率的感应电动势。感应电动势的大小与激励频率、耦合长度、激励电流、绕组间的间隙及相对位置有关。

图 11-24(b)给出了感应电动势与绕组相对位置的关系。当滑尺位于 A 点时,余弦绕组左右侧两根导片中的电流在定尺绕组导片中产生的感应电动势之和为 0;滑尺向右移动,余弦绕组左侧的导片对定尺绕组导片的感应比右侧导片的感应大,定尺绕组感应电动势之和不为 0;当滑尺移动到 1/4 节距处时,感应电动势达到最大;滑尺如果继续向右移动,定尺绕组中的感应电动势逐渐减小,当滑尺移动到 1/2 节距时,感应电动势为 0;再继续向右移动,感应电动势继续变大,但是感应电流的方向改变,到 3/4 节距时,定尺绕组中电流变成负的最大值;继续移动,耦合状态就会周期性地重复。同理,滑尺正弦绕组在移动过程中的情况也和余弦绕组相同。

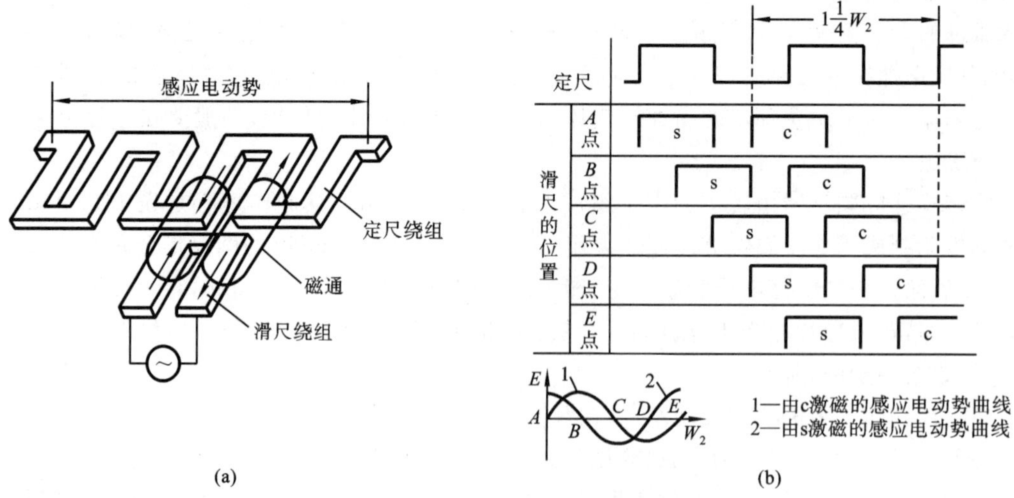

图 11-24 感应同步器工作原理

(a) 结构原理图;(b) 感应电动势-绕组相对位置的关系

根据以上分析，定尺中的感应电动势随着滑尺的相对移动呈周期性变化，是感应同步器相对位置的正弦函数。分别对滑尺的正弦和余弦绕组施加励磁电压 $u_s = U_m \sin\omega t$ 和 $u_c = U_m \cos\omega t$ 时，定尺上的感应电动势分别为 E_s 和 E_c

$$\begin{cases} E_s = k\omega U_m \cos\omega t \sin\theta \\ E_c = k\omega U_m \sin\omega t \cos\theta \end{cases} \tag{11-16}$$

式中：k 为耦合系数；θ 为与位移 x 等值的电角度，$\theta = 2\pi x/\omega$。

按叠加原理求得定尺上总感应电动势为

$$\begin{aligned} E &= E_s + E_c = k\omega U_m \cos\omega t \sin\theta + k\omega U_m \sin\omega t \cos\theta \\ &= k\omega U_m \sin(\omega t + \theta) \end{aligned} \tag{11-17}$$

因此，在一个节距 W 之内，定尺和滑尺的相对位移和定尺上总感应电动势有一一对应的关系，每经过一个节距，变化一个周期（2π）。

11.4.3　感应同步器的信号处理方法

对于不同的感应同步器，其输出信号的处理方法有三种。

1. 鉴相法

鉴相法是根据感应电动势的相位来测量位移。采用鉴相法，必须在感应同步器滑尺的正弦和余弦绕组上分别加上频率和幅值相同，但是相位差为 $\pi/2$ 的正弦激励电压。滑尺的正弦、余弦绕组在空间位置上错开 1/4 定尺的节距，分别以 $\sin\omega t$ 和 $\cos\omega t$ 来激励，定尺上的总感应电动势如式(11-17)所示。这样，就可以根据感应电动势的相位来鉴别位移量，故称为鉴相型。

图 11-25 所示为感应同步器的鉴相测量方式数字位移测量装置方框图。脉冲发生器输出频率一定的脉冲序列，经过脉冲-相位变换器进行 N 分频后，输出参考信号方波 θ_0 和指令信号方波 θ_1。参考信号方波 θ_0 经过激励供电线路，转换成振幅和频率相同而相位差 $\pi/2$ 的正弦、余弦电压，为感应同步器滑尺的正弦、余弦绕组提供激励。感应同步器定尺绕组中产生的感应电压，经放大整形后成为反馈信号方波 θ_2。指令信号 θ_1 和反馈信号 θ_2 同时送给鉴相器，鉴相器既判断 θ_2 和 θ_1 相位差的大小，又判断 θ_1 的相位超前还是滞后于 θ_2。

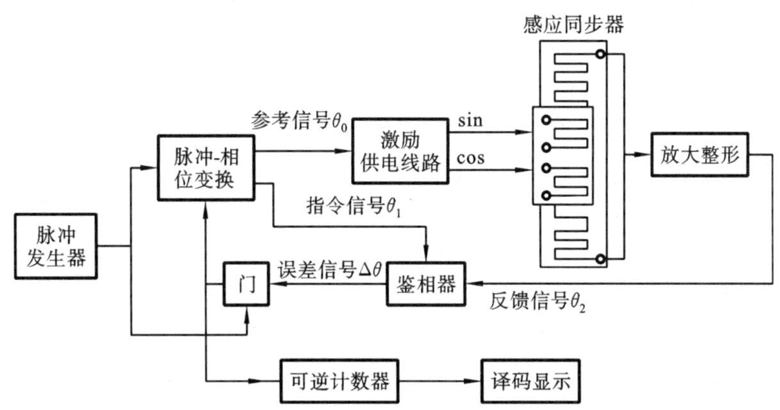

图 11-25　鉴相测量方式数字位移测量装置方框图

假定开始时 $\theta_1 = \theta_2$，当感应同步器的滑尺相对定尺平行移动时，定尺绕组中感应电压 θ_2 的相位（即反馈信号的相位）将发生变化，此时 $\theta_1 \neq \theta_2$，由鉴相器判别之后，将有相位差 $\Delta\theta = \theta_2$

$-\theta_1$ 作为误差信号,由鉴相器输出给门电路。此误差信号 $\Delta\theta$ 控制门电路“开门”的时间,使门电路允许脉冲发生器产生的脉冲通过。通过门电路的脉冲,一方面送给可逆计数器去计数并显示出来;另一方面作为脉冲-相位变换器的输入脉冲,在此脉冲作用下,脉冲-相位变换器将修改指令信号 θ_1 的相位,使之随 θ_2 而变化。当 θ_1 再次与 θ_2 相等时,误差信号 $\Delta\theta=0$,门被关闭。当滑尺相对定尺继续移动时,又有 $\Delta\theta=\theta_2-\theta_1$ 作为误差信号去控制门电路的开启,门电路又有脉冲输出,供可逆计数器去计数和显示,并继续修改指令信号 θ_1 的相位,使 θ_1 和 θ_2 在新的基础上达到 $\theta_1=\theta_2$。因此,在滑尺相对定尺连续不断地移动过程中,就可以实现将位移量准确地用可逆计数器计数和显示出来,从而实现了数字化测量。

2. 鉴幅法

鉴幅法是根据感应电动势的幅值来测量位移。在感应同步器滑尺的正弦、余弦绕组上分别加上频率和相位相同,但幅值不等的正弦激励电压,就可以根据感应电动势的振幅变化来鉴别位移量,称为鉴幅型。设加到滑尺两绕组的交流励磁电压为

$$\begin{cases} u_s = U_s\cos\omega t \\ u_c = U_c\cos\omega t \end{cases} \tag{11-18}$$

式中:$U_s=U_m\sin\phi$;$U_c=U_m\cos\phi$;U_m 为电压幅值;ϕ 为给定的电相角。

它们分别在定尺绕组上感应出的电动势为

$$\begin{cases} E_s = k\omega U_s\sin\omega t\sin\theta \\ E_c = k\omega U_c\sin\omega t\cos\theta \end{cases} \tag{11-19}$$

定尺的总感应电动势为

$$\begin{aligned} E = E_s + E_c &= k\omega U_s\sin\omega t\sin\theta + k\omega U_c\sin\omega t\cos\theta \\ &= k\omega U_m\sin\omega t(\cos\phi\cos\theta + \sin\phi\sin\theta) \\ &= k\omega U_m\sin\omega t\cos(\phi-\theta) \end{aligned} \tag{11-20}$$

式(11-20)将感应同步器定尺和滑尺的相对位移 $x=2\pi\theta/\omega$ 和感应电动势的幅值 $k\omega U_m\cos(\phi-\theta)$ 联系了起来,即感应电动势的幅值反映了定尺和滑尺的相对位移。

图 11-26 所示为鉴幅法测量系统原理图。正弦振荡器产生正弦信号,通过数模转换器产生幅值按 $U_s=U_m\sin\phi$ 和 $U_c=U_m\cos\phi$ 变化的信号,再经过匹配变压器分别加至感应同步器滑尺的正弦和余弦绕组。设开始时系统处于平衡状态,定尺绕组输出电压为零。当滑尺相对定尺移动时,定尺绕组产生的信号经放大滤波整形后送入鉴幅器电路。当滑尺的移动超过一个脉冲当量的距离时,门电路被打开,时钟脉冲通过门电路到达可逆计数器进行计数;同时,另一路送到转换计数器控制 D/A 转换器的模拟开关以接通多抽头正、余弦变压器的相应抽头,改变滑尺绕组的电压,使定尺绕组的输出电压小于鉴幅器的门槛电压值,门电路关闭,计数器停止工作。这时可逆计数器的输出就是滑尺移动的距离。

3. 脉冲调宽法

脉冲调宽法是在滑尺的正弦和余弦绕组上分别加上周期性方波电压,感应电动势为

$$E = \frac{2k\omega U_m}{\pi}\sin\omega t\left[\sin\theta\sin\left(\frac{\pi}{2}-\phi\right)-\cos\theta\sin\phi\right]= \frac{2k\omega U_m}{\pi}\sin\omega t\sin(\theta-\phi) \tag{11-21}$$

当用感应同步器来测量位移时,与鉴幅法类似,可以调整脉冲宽度 ϕ 值,用 ϕ 跟踪 θ。当用感应同步器来定位时,则可用 ϕ 来表征定位距离,作为位置指令使滑尺移动来改变 θ,直到 $\theta=\phi$,即 $E=0$ 时停止移动,以达到定位的目的。

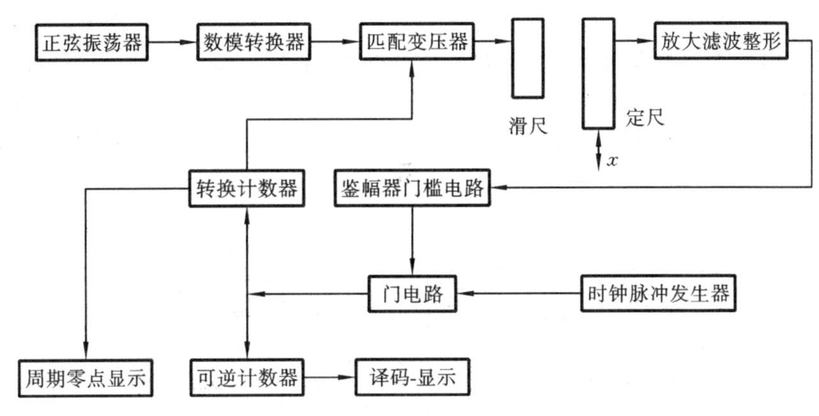

图 11-26　鉴幅法测量系统原理图

11.4.4　感应同步器的应用

1. 圆感应同步器

圆感应同步器是一种角度传感器，由定子和转子组成，定子固定在不动体上，转子与转轴相连。利用定子和转子两个平面形绕组的互感随位置而变化的电磁感应原理，将机械转角位移精确地转换成电信号。圆感应同步器产品如图 11-27 所示。

一体化圆感应同步器是将圆感应同步器的转子、定子组合在一起，引出轴或孔整体封装提供给用户，解决了一般用户安装调试中的一系列技术问题。一体化圆感应同步器可作为测角模块配套使用，也可单独作为角度传感器使用，其结构如图 11-28 所示。

图 11-27　圆感应同步器

图 11-28　一体化圆感应同步器

由于圆感应同步器具有精度高，性能稳定，抗干扰性强，结构简单，耐油耐污，对环境的适应性强，易于维护，使用寿命长等一系列优点，因而在机械加工、测量仪器、自动控制、数字显示等系统中得到极其广泛的应用。

2. 基于感应同步器的传动链精密测量系统

基于感应同步器的传动链精密测量系统采用了差频和填充二次细分方法，首先对感应信号进行差频处理，再将位移信号转载到一频率较低的信号上，然后采用微机细分以提高测量精度。采用微机控制的大规模集成电路完成信号的二次细分，可使系统结构简单、可靠性提高，同时数据处理也极为方便。

系统的激励及差频电路组成如图 11-29 所示。信号频率为 f_0，由 8254 通道 0 产生；参考

信号频率为 f_c,由 8254 通道 1 产生。通道 0 和 1 均工作于方式 3(分频器工作方式)。方波信号 f_0 经过激励电路变为幅值相等、相位差为 $\pi/2$ 的正、余弦信号,分别加到感应同步器滑尺两相绕组上。另一路方波信号 f_c 经过滤波后变为同相频率的正弦信号,然后与前放输出的复合信号 $f_0 \pm f_v$ 进行差频。差频电路输出信号频率为 $f_d = (f_0 - f_c) \pm f_v$,信号经放大整形后送入计数电路。

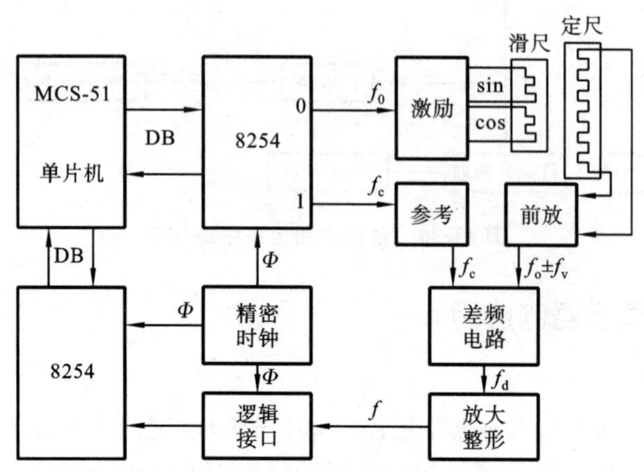

图 11-29 激励及差频电路

该系统用于单个运动部件位置精度检测、两个运动部件相对运动精度(传动精度)检测和控制补偿系统的测量反馈,为设备精化改造、提高产品加工精度提供了一种有效的技术手段,解决了实际生产中的许多技术难题,取得了良好的应用效果。

思考题与习题

11-1 什么是数字式传感器?它有何优点?

11-2 光栅传感器的组成及工作原理是什么?

11-3 什么是光栅的莫尔条纹现象?它有什么特点?

11-4 简述光栅传感器中莫尔条纹的辨向和细分原理。

11-5 某光栅传感器,刻线数为 100 线/mm,未细分时测得的莫尔条纹数为 800,试计算光栅位移是多少毫米?若经四细分后,计数脉冲仍为 800,则光栅此时的位移是多少?

11-6 感应同步器有哪几种?简述它们的工作原理。

11-7 简述光电式编码器的类型和特点。

11-8 有一个光电式增量编码器,计数器计数值 $n=100$ 个脉冲时对应的角位移为 8.79°,求该编码器的分辨力是多少?

11-9 磁栅传感器的信号处理方式有几种?

11-10 速度响应式和磁通响应式磁栅传感器的不同点有哪些?

第 12 章　波式及射线式传感器

12.1　超声波式传感器

超声波是一种能在气体、液体和固体中传播的机械波，其特征是频率高，波长短，绕射现象少，方向性好，能够成为射线而定向传播。超声波在液体、固体（尤其是对光不透明的固体）中衰减小，穿透力强，能穿透几十米的长度，遇杂质成分界面发生显著反射。这些特征使超声波检测被广泛应用于工业中。

12.1.1　超声波基础知识

波的分类如图 12-1 所示，振动在弹性介质内的传播称为机械波，包括次声波（低于 16 Hz 的机械波）、声波（频率范围 16～20000 Hz 人耳能闻的机械波）和超声波（频率高于 20KHz 的机械波）。微波不是机械波而是电磁波，频率范围 $3\times10^{8\sim11}$ Hz。

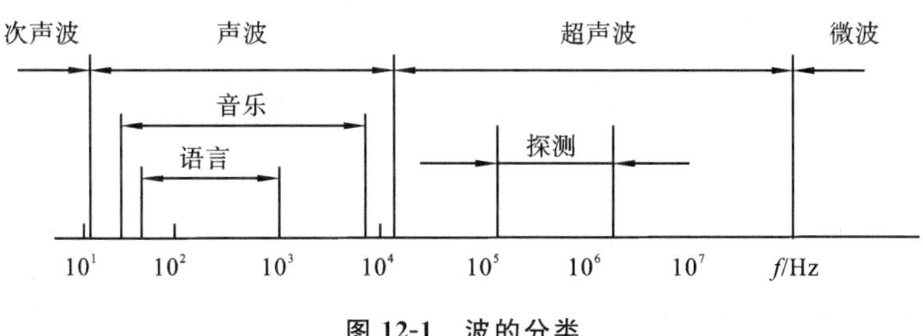

图 12-1　波的分类

超声波的传播速度与介质密度和弹性特性有关，与自身频率无关，即声速 $=\sqrt{\text{弹性率/密度}}$。由于声源在介质中的施力方向与波在介质中的传播方向不同，因此超声波的波形也不同，常见的有下列几种：①纵波，为质点振动方向与传播方向一致的波，能在固体、液体和气体中传播。②横波，为质点振动方向垂直于传播方向的波，只能在固体中传播。③表面波，质点的振动是纵波和横波合成，沿着介质表面传播。振幅随深度的增加而迅速衰减，质点振动轨迹是椭圆形，质点位移的长轴垂直于传播方向，质点位移的短轴平行于传播方向，它只在固体的表面传播。④兰姆波，沿着板的两表面及中部传播，薄板两表面的质点振动是纵波和横波成分之和。兰姆波只产生在大约一个波长的薄板内，声场遍及整个板的厚度。运动轨迹为椭圆形，长轴和短轴的比例取决于材料的性质。兰姆波可分为对称型（薄板两表面质点振动的相位相反）及非对称型（薄板两表面质点振动的相位相同）两种。

超声波在固体中的传播速度分为以下三种情况。

(1) 纵波

$$v_L=\left(\frac{E(1-\mu)}{\rho(1+\mu)(1-2\mu)}\right)^{1/2} \tag{12-1}$$

式中：E 为杨氏模量（N/m^2）；μ 为泊松比，固体中 μ 介于 0～0.5 之间；ρ 为介质密度（kg/m^3）。

(2) 横波

$$v_S = \left(\frac{E}{2\rho(1+\mu)}\right)^{1/2} \tag{12-2}$$

(3) 表面波

$$v_B \approx 0.7 v_S \tag{12-3}$$

如图 12-2 所示,当纵波(或横波)以某一角度倾斜入射于异质界面时,超声波将产生反射纵波(或横波),同时产生反射横波(或纵波)。若第二介质为固体时,还会产生折射纵波和折射横波。

$$\frac{\sin\alpha}{v_{1L}} = \frac{\sin\alpha_L}{v_{1L}} = \frac{\sin\beta_L}{v_{2L}} = \frac{\sin\beta_S}{v_{2S}} \tag{12-4}$$

式中:v_{iL}表示在介质 i 中纵波的传播速度(m/s);v_{iS}表示在介质 i 中横波的传播速度(m/s);α表示纵波入射角;α_L 表示纵波反射角;β_L 表示折射纵波的折射角;β_S 表示折射横波的折射角。

当 $\beta_L=90°$时,纵波入射角称为第一临界角,用符号 α_I 表示

$$\alpha_I = \sin^{-1}(v_{1L}/v_{2L}) \tag{12-5}$$

当 $\beta_S=90°$时,纵波入射角称为第二临界角,用符号 α_{II} 表示

$$\alpha_{II} = \sin^{-1}(v_{1L}/v_{2L}) \tag{12-6}$$

超声波的另一种传播特性是:在通过同种介质时,随着传播距离的增加,其强度因介质吸收能量而减弱。如图 12-3 所示,设超声波进入介质的强度为 I_0,通过介质后的强度为 I,则有

$$I = I_0 e^{-\alpha d} \tag{12-7}$$

式中:α 为介质对超声波能量的吸收系数(Np/cm);d 为介质厚度(cm)。

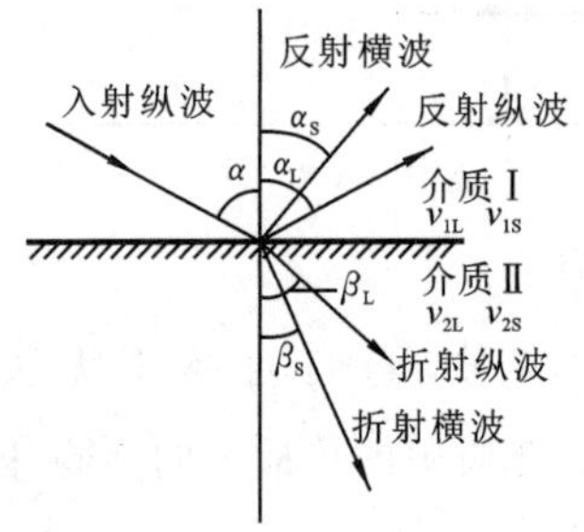

图 12-2 超声波的反射和折射

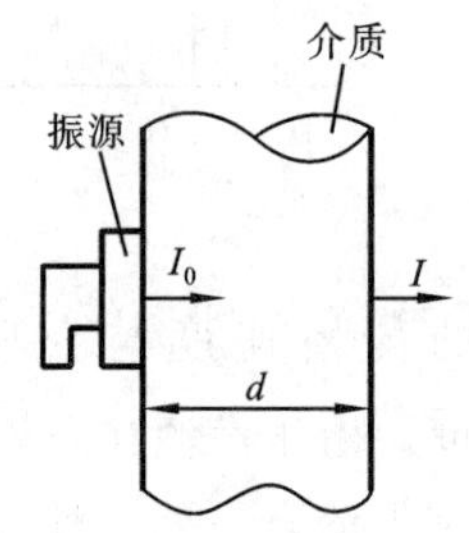

图 12-3 超声波的强度变化

12.1.2 超声波式传感器的种类及性能指标

1. 超声波式传感器的种类

超声波式传感器是利用超声波的特性实现检测的测量装置。它既能产生超声波,也能接收超声波,所以也称为超声波换能器或超声波探头。其特点是精度高,且被测物体不受影响。按照工作原理可分为压电式、压磁式和电磁式等,其中以压电式最为常用。

超声波探头大多数是利用压电元件制成的,包括超声波发射探头和超声波接收探头。在超声波发射探头中,利用逆压电效应,将压电元件上施加的交变电压转换为交替压缩和拉伸的机械振动,由此产生超声波。在超声波接收探头中,利用正压电效应,超声波作用在压电元件上使之振动,从而在其两表面产生与之对应的电荷。实际应用中,根据结构不同,超声波探头还可分为直探头(纵波),斜探头(横波)、表面波探头(表面波)和聚焦探头(将声波聚焦为一细

束)、水浸探头(可浸在液体中)以及其他专用探头等。

超声波直探头结构如图 12-4(a)所示,探头多为圆板形,两面镀有银层作为导电极板,底面接地,上面接至引出线。吸收块的作用是降低压电晶片的机械品质,吸收声能量。如果没有吸收块,当激励的电脉冲信号停止时,晶片将会继续振荡,使超声波的脉冲宽度增加,分辨率变差。分辨率受波长的限制,而波长与频率成反比,高频比低频的衰减更大。来源于工业噪声的寄生振动可能对接收探头产生干扰,利用窄声束系统可以降低来自背景噪声的干扰。图 12-4(b)所示的斜探头能发射与接收横波。压电晶片产生纵波,经斜楔块倾斜入射到被测物中,并转换为横波。如果斜探头的入射角增大到某一角度,使工件中横波的折射角为 90°时,在工件中可产生表面波。如图 12-3(c)所示,双探头将两块压电晶片装在一个探头架内,一块压电晶片发射时,另一块接收。双探头可发射与接收纵波。水浸探头的结构原理图如图 12-3(d)所示。

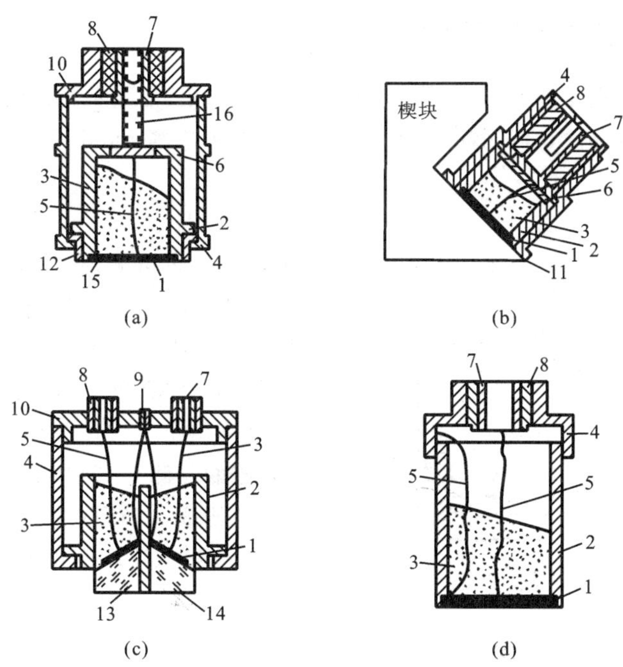

图 12-4　几种典型探头的结构

(a) 直探头;(b) 斜探头;(c) 双探头;(d) 水浸探头

1—压电晶片;2—晶片座;3—吸收块;4—金属壳;5—导线;6—接线片;7—接线座;8—绝缘柱;9—接地点;10—盖;11—接地铜箔;12—接地铜环;13—隔声层;14—延迟块;15—保护膜;16—导电螺杆

2. 超声波式传感器的主要性能指标

超声波式传感器的主要性能指标包括以下四项。

(1) 工作频率。

工作频率就是压电晶片的固有频率,它与晶片厚度 d 有关,即

$$f = n\frac{c}{2d} \tag{12-8}$$

式中:$n=1,2,3,\cdots$为谐波的级数;c 为声波在压电材料中的传播速度。

根据共振原理,当外加交变电压频率等于晶片的固有频率时,产生共振,这时产生的超声波最强,灵敏度也最高。压电式超声波换能器可以产生几十千赫兹到几十兆赫兹的高频超声

波,产生声强每平方厘米可达几十瓦。

(2) 工作温度。

压电元件的工作温度必须低于居里点温度。石英晶体的居里点为 573 ℃,锆钛酸铅系压电陶瓷居里点为 300 ℃,钛酸钡居里点较低,只有 120 ℃。医用超声探头的工作温度比较高,需要配备单独的制冷设备。

(3) 灵敏度。

灵敏度主要取决于压电材料本身,机电耦合系数越大,灵敏度越高;反之,灵敏度低。

(4) 指向性。

超声波式传感器的指向性是指,发射(或接收)某一频率超声波的声源,在其远场中发射声压的方向特性,取决于超声波探头辐射面的尺寸和频率,常用指向性图表示。频率越高,振动面积越大,指向性就越尖锐。可以安装一个喇叭形谐振器来强化方向性及增强测量距离。

12.1.3 超声波式传感器的应用

超声波式传感器在工业和日常生活中有着广泛的应用,如测量物品的厚度和硬度,测量距离、液位或物位,测量黏度,金属探伤,超声清洗和超声医疗等,也可用作遥控器、接近开关、防盗报警器等。

1. 超声波测厚

试件厚度的测量有多种方法,用机械或电容游标卡尺可以测厚,用电感式测微仪、电涡流测厚仪等也能测量试件的厚度。图 12-5 所示为一种可测量钢板及其他金属、硬塑料、有机玻璃等材质厚度的便携式超声波测厚仪的测量示意图,它是利用超声波在两种介质分界面上的反射特性制成的。测厚仪由双晶直探头 1、电缆 2 和显示器 6 构成。如图 12-4(c)所示的双晶直探头内,左边的压电晶片产生并发射超声波脉冲,并经探头底部的延迟块延时 t_1(该延时时间由设计参数确定)后,入射到被测试件 5 中。在到达试件底部(试件与空气的分界面)时,被反射回来,再经延迟块延时 t_1 后,由右边的压电晶片接收。

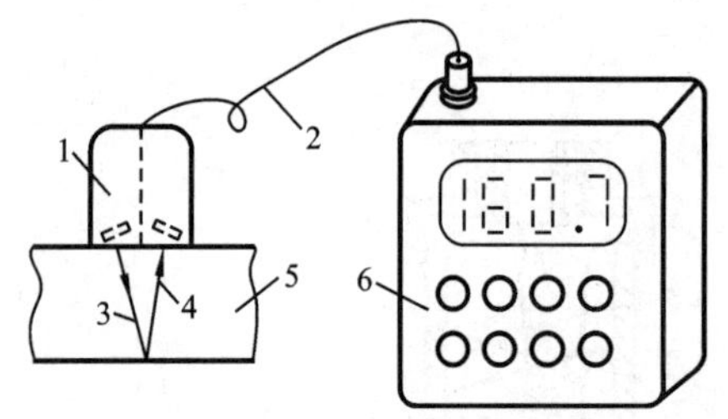

图 12-5 便携式超声波测厚仪测量示意图

1—双晶直探头;2—电缆;3—入射波;4—反射波;5—试件;6—显示器

设超声波脉冲在已知试件材料中的传播速度为 v,而超声波脉冲由发射到接收的时间 t 可由相应的计数电路测得。如果发射波与反射波夹角为 0,可得 $v\cdot(t-2t_1)=2\delta$,由此可得到试件的厚度为 $\delta=\frac{v}{2}(t-2t_1)$。

2. 超声波测量液位和物位

图 12-6 所示为超声波液位计的测量原理图。为了避免由于被测液面 1 的波动而影响测量数据,采用将超声波探头 3 置于测量直管 2 内的方案,以将超声波的传播限制在测量直管内。为了提高测量精度,在距离探头 h_0 的位置上设立了一个标准参照物 4。设超声波探头安放的位置与液体底部的距离为 h_2,由脉冲计时电路可测得超声波脉冲由探头发射到标准参照物和液面,再由参照物和液面反射,回到探头的时间分别为 t_0 和 t_{h1},则有

$$v=\frac{2h_1}{t_{h1}}=\frac{2h_0}{t_0} \tag{12-9}$$

由式(12-9)可得到探头与液面的距离为

$$h_1 = \frac{t_{h1}}{t_0} h_0 \tag{12-10}$$

进一步得到所测量的液位为

$$h = h_2 - h_1 = h_2 - \frac{t_{h1}}{t_0} h_0 \tag{12-11}$$

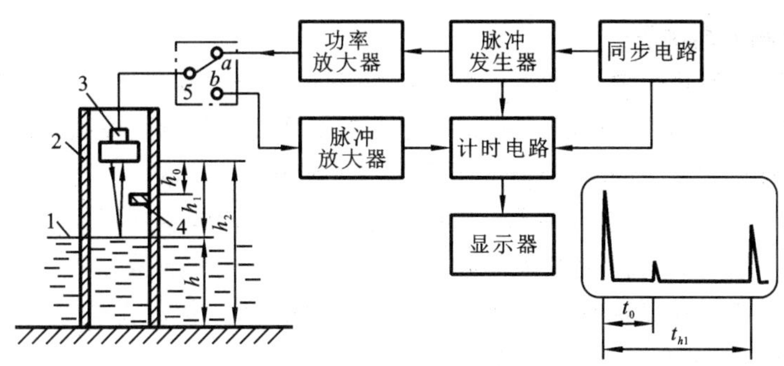

图 12-6　超声波液位计测量原理图

1—液面；2—测量直管；3—超声波探头；4—标准参照物；5—电子开关

利用上述方法，还可以测量粉状物和粒状体的物位。

图 12-7 所示为几种超声波物位传感器的工作原理图。根据超声波传送媒质的不同，可分为液介式、气介式和固介式几种。

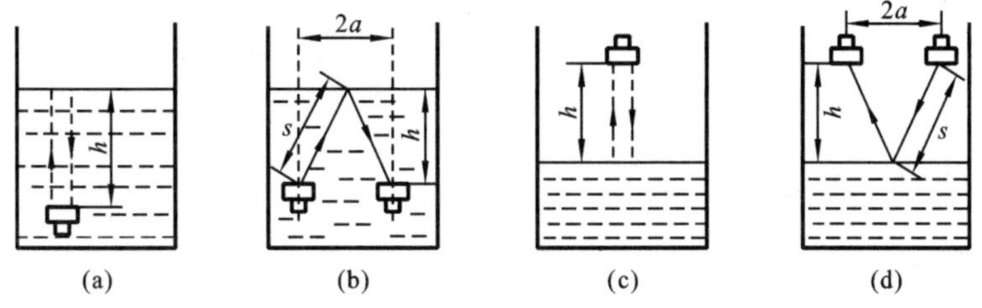

图 12-7　几种超声波物位传感器的工作原理图

(a) 液介式单探头；(b) 液介式双探头；(c) 气介式单探头；(d) 气介式双探头

12.2　微波式传感器

12.2.1　微波基础知识

微波是波长为 1 m～1 mm 的电磁波，可细分为三个波段：分米波、厘米波和毫米波。微波既具有电磁波的性质，又不同于普通的无线电波和光波，具有如下特点：①定向辐射的装置容易制造；②遇到各种障碍物易于反射；③绕射能力较差；④传输特性良好，传输过程中受烟、灰尘、强光等的影响较小；⑤介质对微波的吸收与介质的介电常数成比例，水对微波的吸收作用最强。

微波振荡器和微波天线是微波式传感器的重要组成部分。微波振荡器是产生微波的装置。由于微波波长很短，频率很高，要求振荡回路有非常小的电感与电容，因此不能用普通晶体管构成微波振荡器。构成微波振荡器的器件有速调管、磁控管和某些固体元件。小型微波振荡器也可采用场效应管。由微波振荡器产生的振荡信号需要用波导管(波长在 10 cm 以上可用同轴线)传输,并通过天线发射出去。为了使发射的微波具有一致的方向性,天线应具有特殊的构造和形状。常用的天线有喇叭形天线和抛物面天线等。

12.2.2　微波式传感器的种类及特点

1. 微波式传感器的种类

微波式传感器是利用微波特性来检测某些物理量的器件或装置。由发射天线发出的微波,遇到被测物体时将被吸收或反射,使微波功率发生变化。利用接收天线接收通过被测物或由被测物反射回来的微波,并将它转换成电信号,再由测量电路处理,就实现了微波检测。根据这一原理,微波式传感器可分为两种:①反射式。反射式微波传感器通过检测被测物反射回来的微波功率或经过的时间间隔来表示被测物的位置、厚度等参数。②透射式(或遮断式)。透射式微波传感器通过检测接收天线接收到的微波功率的大小,来判断发射天线与接收天线之间有无被测物或被测物的位置等参数。

2. 微波式传感器的特点

微波式传感器具有以下优点:①可以实现非接触测量,因而能在恶劣环境条件下进行检测,如高温、高压、有毒、有放射性环境等。②检测速度快,灵敏度高,可以进行动态监测与实时处理,便于自动控制。③输出信号可以方便地调制到载频信号上进行发射与接收,便于实现遥测和遥控。

但是,微波式传感器主要存在零点漂移和标定的问题,目前尚未得到很好的解决;其次是受外界因素影响较多,如温度、气压、取样位置等;再者微波不能穿透金属或导电性能较好的复合材料。

12.2.3　微波式传感器的应用

1. 微波液位计

图 12-8 所示为微波液位计的测量示意图,相距为 s 的发射天线和接收天线间构成一定的角度,波长为 λ 的微波从被测液面反射后进入接收天线,接收天线接收到的微波功率将随被测液面高低的不同而改变。接收天线接收的功率 P_r 可表示为

$$P_r = \left(\frac{\lambda}{4\pi}\right)^2 \frac{P_t G_t G_r}{s^2 + 4d^2} \tag{12-12}$$

式中:P_t 为发射天线的发射功率;G_t 为发射天线的增益;G_r 为接收天线的增益;d 为两天线与被测液面间的垂直距离;s 为两天线间的水平距离。

当发射功率、波长和增益均恒定时,只要测得接收功率 P_r,就可获得被测液面的高度 d。

2. 微波物位计

图 12-9 所示为微波开关式物位计工作原理框图。当被测物位较低时,发射天线发出的微波束全部由接收天线接收,经检波、放大与给定电压比较后,发出物位正常工作信号。当被测物位升高到一定的高度时,微波束部分被物体吸收、部分被反射,接收天线接收到的微波功率相应减弱,经检波、放大与给定电压比较后,就可以给出被测物位高出设定物位的信号。

当被测物位低于设定物位时,接收天线接收到的功率为

$$P_r = \left(\frac{\lambda}{4\pi s}\right)^2 P_t G_t G_r \tag{12-13}$$

当被测物位升高到设定物位高度时，接收天线接收的功率为

$$P_r = \eta P_0 \tag{12-14}$$

式中：η 是由被测物形状、材料性质、电磁性能及高度所决定的系数。

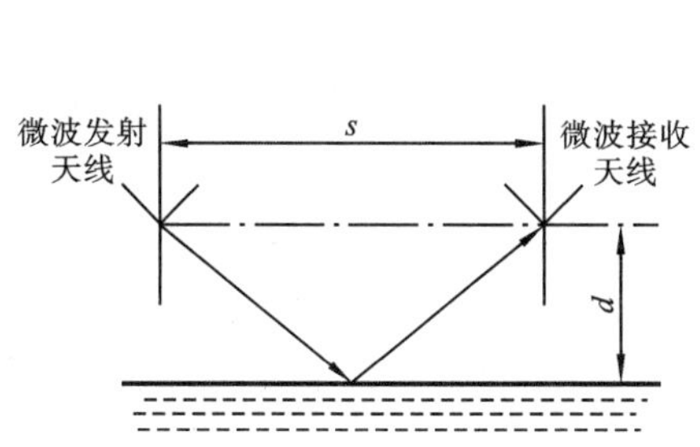

图 12-8　微波液位计测量示意图

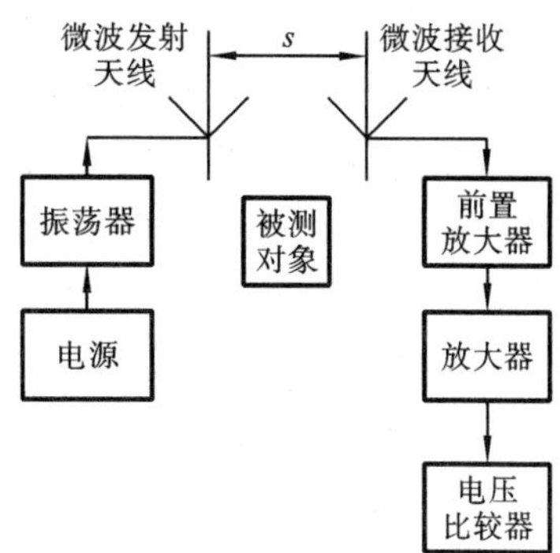

图 12-9　微波开关式物位计原理框图

12.3　射线式传感器

射线式传感器也称核辐射检测装置，它利用了放射性同位素，根据被测物质对放射线的吸收、反射、散射或射线对被测物质的电离激发作用而进行工作。

12.3.1　核辐射的物理基础

1. 放射性同位素

物质由最基本的元素组成，而元素又由原子组成。具有相同的核电荷数而原子质量不同的元素，在元素周期表中占据同一位置，称为同位素。原子如果不是由于外来因素而是自发地产生核结构变化称为核衰变。具有核衰变性质的同位素叫放射性同位素，又称放射源。放射性衰变规律为

$$I = I_0 \exp(-\lambda t) \tag{12-15}$$

式中：I 为 t 时刻的放射源强度；I_0 为开始时（$t=0$）的放射源强度；λ 为放射性衰变常数。

元素衰变的速度取决于 λ 的大小，λ 越大衰变越快。通常采用和 λ 有关的另一个常数即半衰期 τ 来表示衰变的快慢。放射性元素从 N_0 个原子衰变到 $N_0/2$ 个原子所经历的时间称为半衰期。可以求得

$$\tau = \frac{\ln 2}{\lambda} = \frac{0.693}{\lambda} \tag{12-16}$$

τ 和 λ 均不受外界作用的影响，而且是和时间无关的恒量。不同放射性元素的半衰期 τ 是不同的。

2. 核辐射

放射性同位素在衰变过程中会释放出特殊的带有一定能量的粒子或射线，这种现象称为放射性或核辐射。粒子或射线有以下几种：①α 粒子，其质量为 4.002775 原子质量单位，并带有 2 个正电荷。α 粒子主要用于气体分析，测量气体压力、流量等。②β 粒子，它实际上是高速运动的电子，质量为 0.000549 原子质量单位，放射速度接近光速。β 衰变是原子核中的一个中子转变成一个质子而放出一个电子的结果。β 粒子常用于测量材料的厚度、密度等。③γ 射

线,它是一种电磁辐射,处于受激态的原子核,常在极短的时间内(10～14 s)将自己多余的能量以电磁辐射(光子)形式放射出来,从而回到基态。γ 射线的波长较短(约为 $10^{-8}\sim10^{-10}$ cm),不带电。γ 射线在物质中的穿透能力很强,能穿透几十厘米厚的固体物质,在气体中射程达数百米。γ 射线广泛应用于金属探伤、大厚度测量等。

3. 核辐射与物质的相互作用

核辐射与物质的相互作用包括电离、吸收和反射。

电离是带电粒子与物质相互作用的主要形式。具有一定能量的带电粒子(如 α、β 粒子)在穿过物质时,由于电离作用,在其路径上生成许多离子对。一个粒子在每厘米路径上生成离子对的数目称为比电离。带电粒子在物质中穿行,其能量逐渐耗尽而停止,其穿行的一段直线距离称为粒子的射程。α 粒子由于质量较大,电荷量也大,因而在物质中引起的比电离也大,射程较短。β 粒子的能量是连续谱,质量很轻,运动速度比 α 粒子快得多,而比电离远小于同样能量的 α 粒子。γ 光子的电离能力更小。

β 射线和 γ 射线比 α 射线的穿透能力强。当它们穿过物质时,由于物质的吸收作用而损失一部分能量,辐射在穿过物质层后,其能量强度按指数规律衰减,可表示为

$$I = I_0\exp(-\mu h) \tag{12-17}$$

式中:I_0 为入射到吸收体的辐射通量强度;I 为穿过厚度为 h(单位为 cm)的吸收层后的辐射通量强度;μ 为线性吸收系数。

比值 μ/ρ(ρ 为密度)常用 μ_ρ 表示,称为质量吸收系数,几乎与吸收体的化学成分无关。此时式(12-17)可写为

$$I = I_0\exp(-\mu_\rho\rho h) \tag{12-18}$$

设质量厚度为 $x=\rho h$,则吸收公式可写为

$$I = I_0\exp(-\mu_\rho x) \tag{12-19}$$

这些公式是设计核辐射测量仪器的基础。

β 射线在物质中穿行时容易改变运动方向而产生散射现象,向相反方向的散射就是反射,也称为反散射。反散射的大小与 β 粒子的能量、物质的原子序数及厚度有关。利用这一性质可以测量材料的涂层厚度。

4. 放射性辐射的防护

放射性辐射过度地照射人体,能够引起多种放射性疾病,如皮炎、白细胞减少症等,因此需要很好地解决射线防护的问题。目前,有关防护问题的研究已形成专门的学科,如辐射医学、剂量学、防护学等。

物质在射线照射下发生的反应(如照射人体所引起的生物效应)与其吸收射线的能量有关,通常成正比。直接决定射线对人体的生物效应的是被吸收剂量,简称剂量,它是指某个体积内物质最终吸收的能量。当确定了吸收物质后,一定数量的剂量只取决于射线的强度及能量,因而是一个确定量,可以反映人体所受的伤害程度。我国规定的放射性辐射安全剂量为每天不超过 0.5 mSv(毫西弗),每周不超过 3 mSv。在实际工作中要采取多种方式减少射线的照射强度和照射时间,如采用屏蔽层,利用辅助工具或是增加与辐射源的距离等。

12.3.2 射线式传感器的结构组成

射线式传感器主要由放射源和探测器组成。

1. 放射源

利用射线式传感器进行测量时，都要有可发射出 α 粒子、β 粒子或 γ 射线的放射源（也称辐射源）。选择放射源应以尽量提高检测灵敏度和减小统计误差为原则。为了避免经常更换放射源，要求采用的同位素有较长的半衰期及合适的放射强度。因此，尽管放射性同位素种类很多，但目前能用于测量的只有 20 种左右，最常用的放射性同位素有^{60}Co、^{137}Cs、^{241}Am 及^{90}Sr等。

图 12-10 所示为 β 厚度计放射源容器。射线出口处装有耐辐射薄膜，以防止灰尘侵入，并能防止放射源受到意外损伤而造成污染。放射源的结构应使射线从测量方向射出，而其他方向则须使射线的剂量尽可能小，以减少对人体的危害。β 放射源一般为圆盘状，γ 放射源一般为丝状、圆柱状或圆片状。

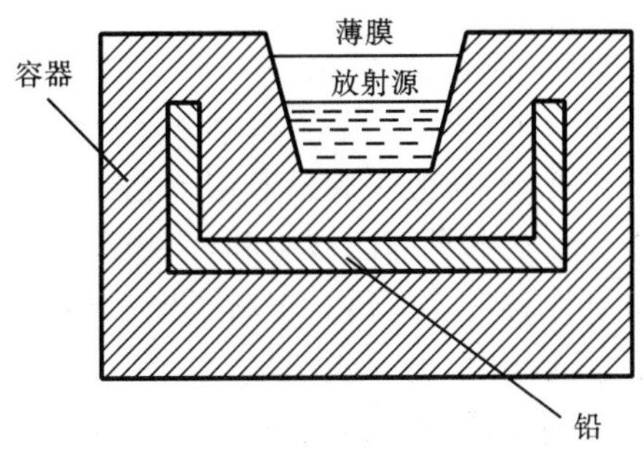

图 12-10 β 厚度计放射源容器

2. 探测器

探测器就是核辐射的接收器，包括电离室、闪烁计数器和盖革计数管。

1）电离室

电离室工作原理图如图 12-11 所示，在空气中设置一个平行极板电容器，对其加上几百伏的极化电压，在极板间产生电场。当有粒子或射线射向两极板之间的空气时，在电场的作用下，正离子趋向负极，电子趋向正极，从而产生电离电流，并在外接电阻 R 上形成电压降。测量此电压降就能得到核辐射的强度。电离室主要用于探测 α 粒子和 β 粒子，具有成本低、寿命长等优点。但输出电流较小，而且探测 α 粒子、β 粒子和 γ 射线的电离室互不通用。

2）闪烁计数器

图 12-12 所示为闪烁计数器示意图，主要由闪烁晶体（简称闪烁体）和光电倍增管等组成。当核辐射进入闪烁体时，使闪烁体的原子受激发光，光透过闪烁体射到光电倍增管的光电阴极上打出光电子并在光电倍增管中倍增，在阳极上形成电流脉冲，最后被电子仪器记录下来，这就是闪烁计数器记录粒子的基本过程。

闪烁体是一种受激发光物质，有固、液、气三种形态，可分为有机和无机两大类。无机闪烁体的特点是对入射粒子的阻止能力强，发光效率高，因此探测效率高。例如，铊激活的碘化钠用来探测 γ 射线的效率高达 20%～30%。有机闪烁体的特点是发光时间很短，只有配用分辨性能较高的光电倍增管才能获得 10^{-10} s 的分辨时间，而且容易制成较大的体积，常用于探测 β 粒子。

3）盖革计数管

图 12-13(a)所示为盖革计数管的结构示意图。它是一个密封玻璃管 1，中间一条钨丝 2 为工作阳极，在玻璃管内壁涂上一层导电物质或另放一个金属圆筒 3 作为阴极。管内抽真空

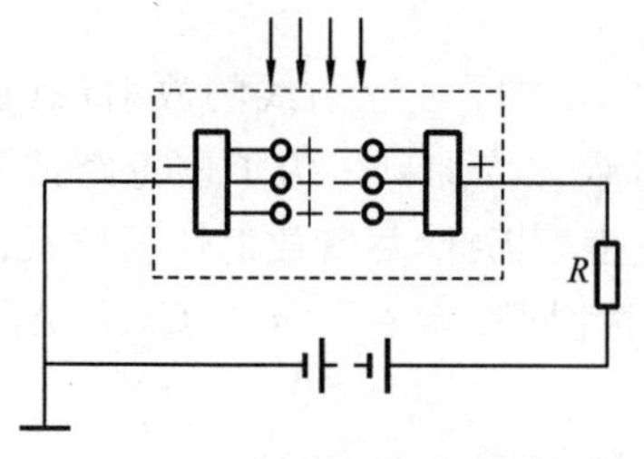

图 12-11　电离室工作原理图

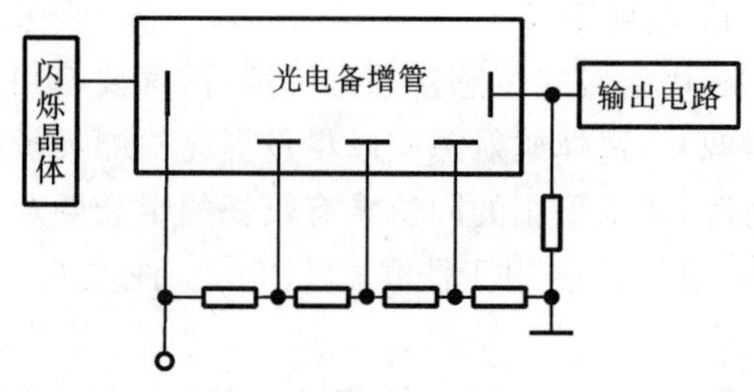

图 12-12　闪烁计数器示意图

后充气，充入气体由两部分组成，主要是惰性气体(如氩、氖等)和加入的有机物(如乙醚、乙醇等)或卤素。充入有机物的称为有机物计数管；充入卤素的称为卤素计数管。由于卤素计数管寿命长、工作电压低，因而应用较为广泛。

当射线进入盖革计数管后，管内的气体被电离。当一个负离子被阳极所吸引而向阳极移动时，因与其他的气体分子发生碰撞而产生多个次级电子，所以到达阳极时次级电子急剧倍增，产生所谓"雪崩"现象，这个"雪崩"马上引起沿着阳极整条线上的"雪崩"，此时阳极马上发生放电，放电后由于"雪崩"所产生的电子都已被中和，阳极周围的空间剩下的是许多正离子，它们包围着阳极，这样的正离子称为正离子鞘。正离子鞘和阳极间的电场因正离子的存在而减弱了许多，此时即使有电子进入此区，也不能产生"雪崩"而放电，这种不能计数的一段时间称为计数管的"死时间"。正离子射向阴极时会激发出电子来，电子经过电场的加速又会引起计数管放电。放电后又产生正离子鞘，这个过程将循环出现。

盖革计数管的特性曲线如图 12-13(b)所示。U 为加在计数管上的电压，I 为入射的核辐射强度，N 为计数率(输出脉冲数)。当加在计数管上的电压一定时，辐射强度越大，输出的脉冲数越大。盖革计数管常用于探测 β 粒子和 γ 射线。

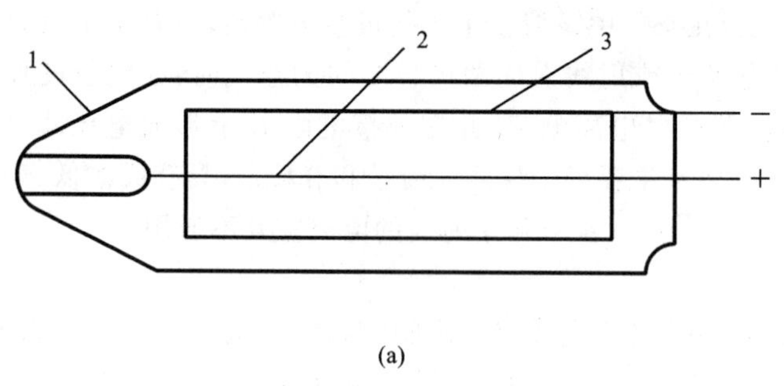

(a)

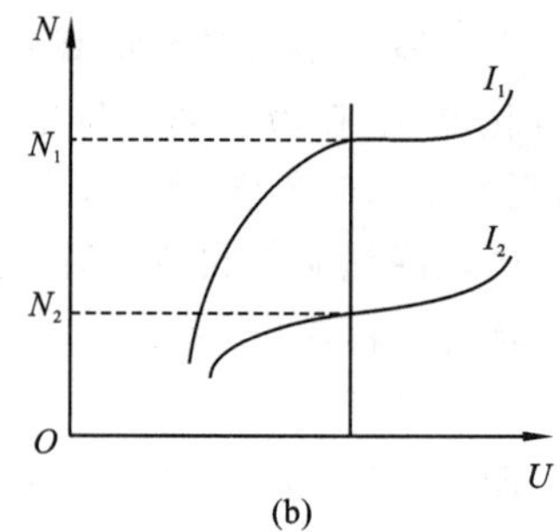

(b)

图 12-13　盖革计数管

(a) 结构示意图；(b) 特性曲线

12.3.3　射线式传感器的应用

射线式传感器可以检测厚度、液位、物位、转速、材料密度、重量、气体压力、流速、温度及湿度等参数，也可用于金属材料探伤等。

1. 核辐射厚度计

图 12-14 所示为核辐射厚度计原理框图。放射源在容器内以一定的立体角发出射线，其强度在设计时已选定。当射线穿过被测体后，辐射强度被探测器接收。在 β 辐射厚度计中，探测器常采用电离室，根据电离室的工作原理，这时电离室输出一定的电流，其大小与进入电离

室的辐射强度成正比。由式(12-19),核辐射的衰减规律为 $I=I_0\exp(-\mu_\rho x)$,测得 I 便可获得 x 值,即厚度 h 的大小。在实际的β辐射厚度计中,常用已知厚度 h 的标准片对仪器进行标定,在测量时,根据标定曲线指示出被测体的厚度。

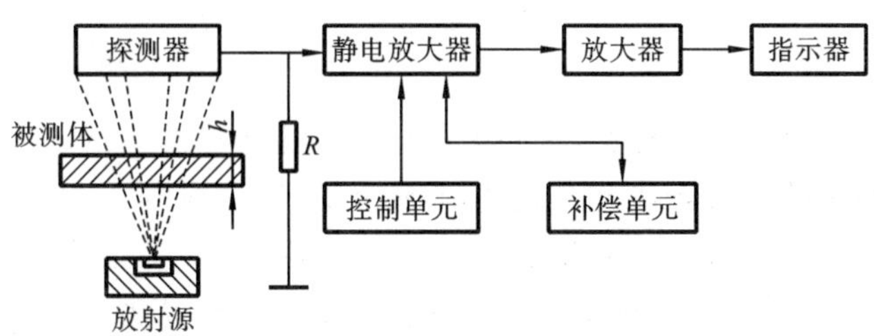

图 12-14　核辐射厚度计原理框图

2. 核辐射物位计

不同介质对γ射线的吸收能力是不同的,固体吸收能力最强,液体次之,气体最弱。若核辐射源和被测介质一定,则被测介质高度 H 与穿过被测介质后的射线强度 I 的关系为

$$H=\frac{1}{\mu}\ln I_0+\frac{1}{\mu}\ln I \tag{12-20}$$

式中:I_0 为穿过被测介质前的射线强度;I 为穿过被测介质后的射线强度;μ 为被测介质的吸收系数。

核辐射物位计的原理图如图 12-15 所示。探测器将穿过被测介质的 I 值检测出来,并通过仪表显示 H。目前用于测量物位的核辐射同位素有 ^{60}Co 及 ^{137}Cs,因为它们能发出很强的γ射线,而且半衰期较长。γ射线物位计一般用于冶金、化工和玻璃工业中的物位测量,有定点监视型、跟踪型、透过型、照射型和多线源型。

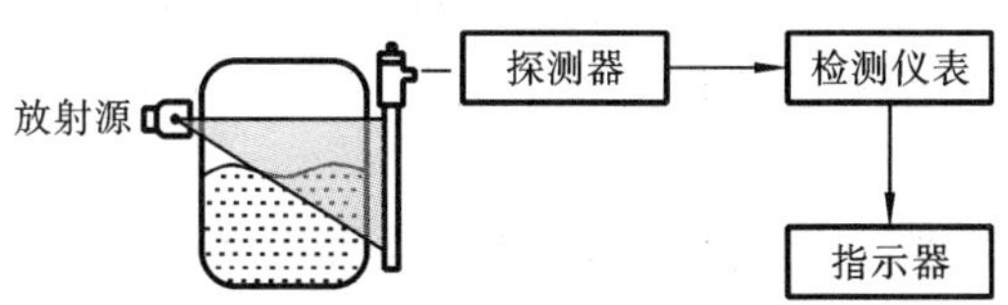

图 12-15　核辐射物位计原理示意图

γ射线物位计有如下特点:①可以实现非接触测量;②不受被测介质温度、压力、流速等的限制;③能测量比重差很小的两层介质的界面位置;④适宜测量液态、粉状和块状介质的位置。

思考题与习题

12-1　超声波探头的基本工作原理是什么?

12-2　微波式传感器的检测原理是什么?可分为哪两种?

12-3　是否可以用微波代替图 12-5 中的超声波来进行厚度测量?为什么?

12-4　测量大厚度工件和测量表面涂层时各应采取何种放射源?为什么?

12-5　试说明图 12-14 所示的核辐射厚度计的工作原理。

12-6　核辐射接收器有哪几种?各有何特点?

第13章　半导体传感器

传感器按照其敏感材料进行分类，有一类属于半导体传感器（semiconductor transducer）。半导体传感器在全球传感器市场占有率最高，集中在通信、消费电子、汽车电子、工业控制和医疗五大方面，涵盖生产生活、航空航天和军事国防等诸多领域。产品主要涵盖指纹识别、压力传感器、BAW滤波器、成像设备、加速度计、陀螺仪、麦克风等品类。随着新一轮工业革命的到来，物联网、人工智能、自动驾驶、5G等新技术，既会带来传感器需求数量的强劲增长，又强力推动传感器朝着小尺寸、低功耗、高易制性、集成化和智能化方向发展。半导体传感器被公认为最符合发展趋势并最具市场前景，同时电子技术的飞速发展为半导体传感器制造提供了坚实基础。

半导体传感器是利用半导体物理效应"感知"被测量并输出电量的一种半导体器件。其敏感机理是半导体中的载流子浓度或分布随被测量而变化，因此兼具半导体器件和物性型传感器两者的特点。半导体传感器主要优点包括灵敏度高，动态性能好，直接输出电量，易于集成化和智能化，小尺寸，低功耗，低成本，无相对运动部件，易制性高，安全可靠等。主要缺点是线性特性差，精度要求高时需要进行线性补偿，受温度影响大，往往需要采取温度补偿措施，性能参数一致性差，敏感元件良率受限等。

按照被测量进行分类，半导体传感器可分为物理量、化学量和生物量三大类半导体传感器。

（1）物理量半导体传感器：它是将物理量转换成电信号的半导体器件，又分为声敏、电敏、磁敏、机械敏、光敏、辐射敏、热敏等不同类型。这类器件主要基于电子作用过程，机理较为简单，应用比较普遍。

（2）化学量半导体传感器：它是将化学量转换成电信号的半导体器件，又分为对气体、湿度、离子等敏感的类型。这类器件主要基于离子作用过程，机理较为复杂，但有广阔的应用前景。通常利用的化学效应有氧化还原反应、光化学反应、离子交换反应、催化反应和电化学反应等。

（3）生物量半导体传感器：它是将生物量转换成电信号的半导体器件，往往利用膜的选择作用，酶的生化和免疫反应等，通过测量生成物或消耗物的数量达到检测的目的。这类器件需要增加蛋白质作为敏感材料来与特定物质起化学反应，常用的生物学效应有抗原抗体反应、酶作用下的氧化反应、微生物组织和细胞的呼吸功能等。

半导体传感器前面章节已经多有提及，包括压阻式、霍尔式、光电式传感器以及热敏电阻、半导体PN结和集成温度传感器等。本章介绍气敏、湿敏、离子敏、磁敏和色敏五种典型的半导体传感器。

13.1　气敏传感器

有毒有害和易燃易爆气体的检测技术对生命健康、生产安全和环境保护意义重大。气敏传感器就是测量气体种类或浓度的传感器，根据敏感机理不同可分为半导体式、光学式、接触燃烧式、电化学式、压电式等。其中，半导体气敏传感器具有灵敏度高、可测下限低、体积小、结构简单、使用方便、成本低等优点，成为产量最大、使用最广的气敏传感器，其缺点是需要加热及气体选择性差。半导体气敏传感器主要采用金属氧化物作为敏感材料，例如采用陶瓷工艺制成多晶陶瓷，具有比表面积大、工艺简单和价格低廉等优点，常见的有 MO 型、MO_2 型、M_2O_3 型、M_2O 型、ABO_3 型和 AB_2O_3 型等，其中 O 表示氧元素；M、A、B 表示三种不同的金属元素。目前对 SnO_2 的研究与应用最为成熟，其他金属氧化物材料如 ZnO、WO_3 等也在广泛研究与应用中，碳纳米管因灵敏度高和室温工作的优势而成为研究热点。半导体气敏传感器对环境气体中某些氧化性气体、还原性气体、有机容积蒸汽等十分敏感，被广泛应用于对可燃性气体和有毒性气体的检测、检漏、报警和监控等。主要产品包括可燃性气体传感器、毒性气体传感器、氧传感器、溶氧传感器等。

13.1.1　气体敏感机理

半导体气敏传感器是利用敏感元件与待测气体接触时，因发生化学反应使半导体载流子浓度或分布发生变化而导致其电导率等物理性质的变化来检测气体的，具体敏感机理因涉及被测气体、敏感元件、催化剂、黏合剂等诸多因素而非常复杂，只能针对具体传感器定性地给出理论解释。半导体气敏传感器的分类参见表 13-1，按照半导体敏感元件变化的物理特性可分为电阻式和非电阻式两种，电阻式的物理特性为电导率，按照气体与半导体发生相互作用的空间位置可分为表面控制型和体控制型两种，前者相互作用发生在晶粒表面处，后者发生在晶粒内部的晶格中。非电阻式的物理特性包括伏安特性、电容-电压特性和转移特性。

表 13-1　半导体气敏传感器的分类

类型	敏感元件	物理性质	典型传感器	代表性被测气体
电阻式	电阻	表面电导率	二氧化锡系、氧化锌系	可燃性气体
	电阻	体电导率	氧化铁系、氧化钛系	可燃性气体、氧气
非电阻式	肖特基二极管	伏安特性	钯-氧化钛系	氢气、酒精
	MOS 电容	电容-电压特性	钯-二氧化硅-硅	氢气、一氧化碳
	金属栅 MOSFET	转移特性	钯-MOSFET	氢气、硫化氢

13.1.2　电阻式半导体气敏传感器

电阻式半导体气敏传感器其敏感材料电阻值随环境气体种类和浓度的变化而变化，主要采用氧化锡、氧化铁等难还原氧化物制作，多用于检测可燃性气体。电阻式半导体气敏传感器灵敏度高、响应快，易制性好、成本低、技术成熟、商品化程度高，但稳定性差、老化快、识别能力低、一致性不好。

1. 工作原理

表面电阻控制型半导体气敏传感器与被测气体接触时引起敏感体表面电导率发生变化，其原理是敏感元件按照表面控制机理将气体浓度变化转换为晶粒表面电导率变化，进而转换为敏感元件的电阻变化。这种传感器产品主要是以二氧化锡为基体敏感材料，其针对几种常见气体的电阻-浓度特性曲线如图 13-1(a)所示。

体电阻控制型半导体气敏传感器与被测气体接触时引起敏感体体电阻发生变化，其原理是敏感元件按照体控制机理将气体浓度变化转换为晶粒体电导率变化，进而转换为敏感元件的电阻变化。氧化铁是制作该种传感器的代表性材料，其针对几种常见气体的电阻-浓度特性曲线如图 13-1(b)所示。

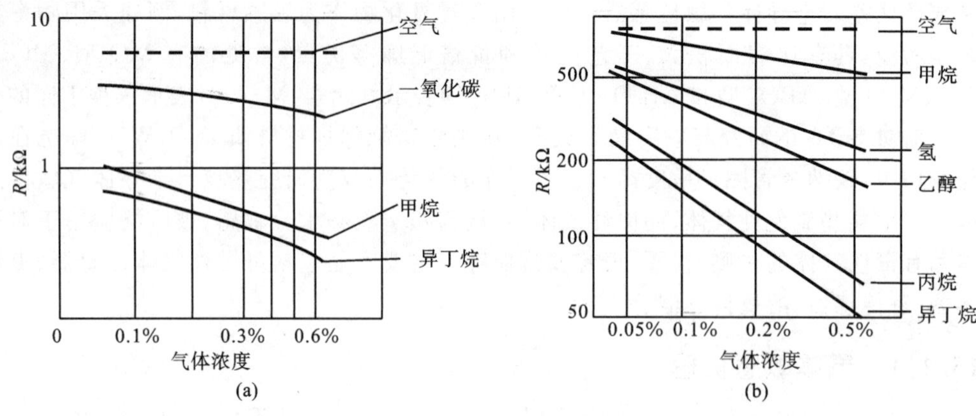

图 13-1 气敏特性曲线

(a) 氧化锡;(b) 氧化铁

2. 气敏器件

电阻式半导体气敏器件通常由气敏元件、加热器和外壳等组成,按其结构形态可分为烧结型、薄膜型和厚膜型三种基本形式。

烧结型气敏元件是将一定配比的气敏材料、掺杂剂和黏合剂混合研磨制成浆料并成型,然后在一定温度下烧结而成,其中埋入加热丝和测量电极,外加特制外壳。按加热方式一般分为直热式和旁热式两种,如图 13-2(a)和(b)所示。直热式的加热器在敏感体内并兼做一个测量板,该结构制造工艺简单、体积小、功耗低,但测量和加热电路互扰,易受环境影响,加热丝与敏感体容易接触不良。旁热式的加热器与敏感体分离,加热丝在陶瓷管内部,敏感体覆在安有测量电极的瓷管外表面,克服了直热式的缺点,稳定性明显提高。

薄膜型气敏元件是利用蒸发、溅射或等离子沉积等方法在安有测量电极的绝缘基片上沉积薄膜敏感材料制成的,基片底部安装有加热器及电极,如图 13-2(c)所示。其灵敏度、响应时间、成本和小型化等性能指标均有提升。

厚膜型气敏元件是将敏感材料的浆料印刷或涂敷在安装有测量电极的绝缘基片上烧制成的,其结构如图 13-2(d)所示。它的一致性较好,机械强度高,特别适合批量生产。

13.1.3 非电阻式半导体气敏传感器

非电阻式半导体气敏传感器其敏感元件特性随环境气体种类和浓度的变化而变化。这类传感器制造工艺成熟,便于集成化,性能稳定,价格便宜,而且对特定气体采用特定材料能获得非常高的灵敏度。

1. 肖特基二极管型气敏传感器

肖特基二极管型气敏传感器是利用金属和半导体界面处存在气体时,其伏安特性随气体的变化而变化的特性工作的。在 N 型半导体端面覆盖金属层,电子从 N 型半导体迁移至金属,金属和半导体就构成了肖特基二极管,其肖特基势垒的作用可等效成电阻。当气体与金属接触时,根据表面控制机理两者之间授受电子,气体成为离子吸附固定在金属一侧,使金属中载流子浓度发生变化,打破了载流子浓度之间的原有平衡,根据半导体理论,载流子通过扩散再次达到平衡状态,改变原有势垒而形成新的等效电阻;或者气体到达半导体表面解离进行电

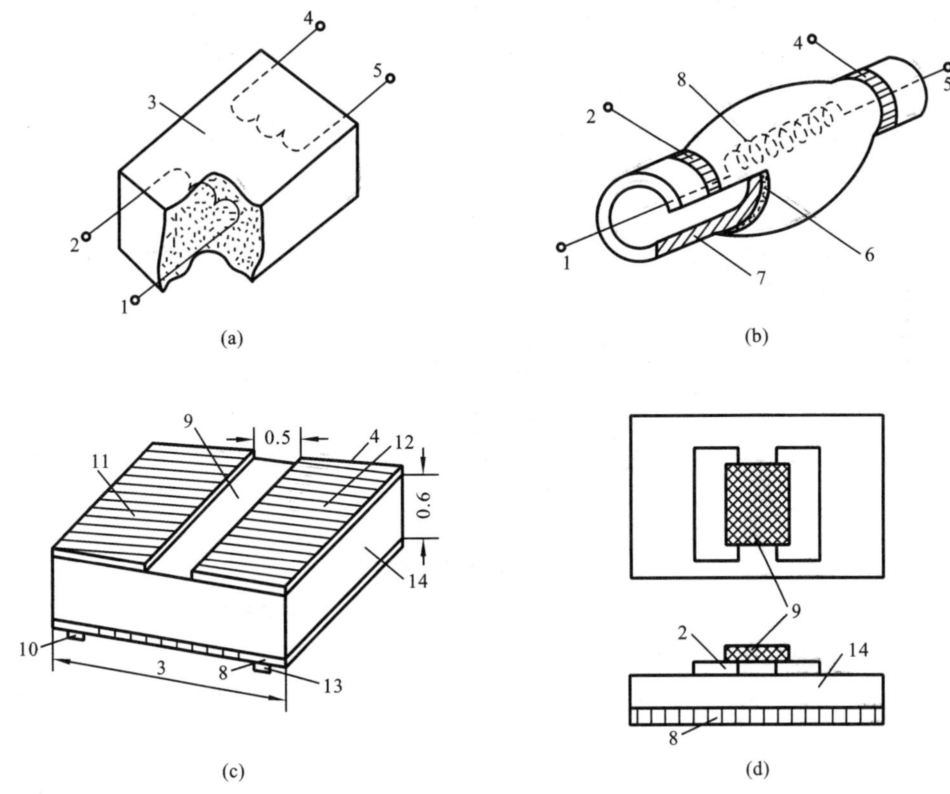

图 13-2 气敏元件结构

(a) 直热式；(b) 旁热式；(c) 薄膜型；(d) 厚膜型

1,2,4,5—电极；3—烧结体；6—SnO_2 烧结体；7—陶瓷绝缘管；

8—加热器；9—气敏电阻；10,11,12,13—引线；14—绝缘基片

子授受，根据表面控制机理改变原有势垒而形成新的等效电阻。可见，气体浓度的变化被转换为肖特基二极管正向电阻的变化。利用肖特基二极管伏安特性曲线可定量表达这种电阻变化，图 13-3 所示为不同浓度氢气(H_2)作用下 Pd-TiO_2 气敏二极管的伏安特性。随着氢气浓度的增加($a \to g$)，伏安特性曲线左移，同一正向偏置电压下电流急剧增大，等同于电阻急剧减小。

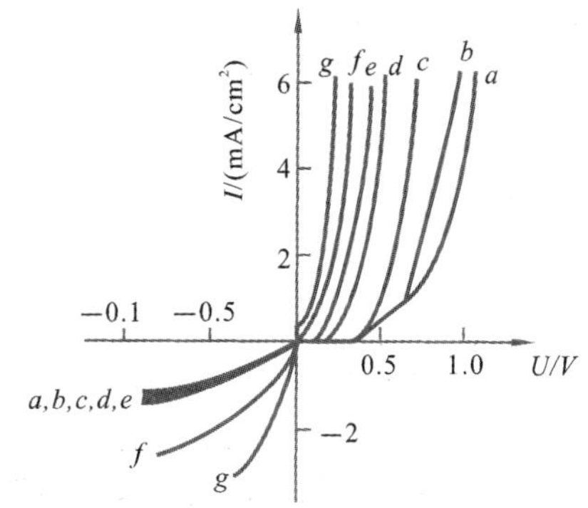

图 13-3 Pd-TiO_2 肖特基二极管的伏安特性

室温 H_2 浓度($\times 10^{-6}$)为 a—0；b—14；c—140；d—1400；e—7150；f—10000；g—15000

2. MOS 电容型气敏传感器

MOS 电容型气敏传感器是利用 MOS 电容其电容-电压特性随气体变化而变化的特性制成的。图 13-4(a)和(b)所示为 Pd-MOS 气敏电容器件的基本结构和工作原理。它是在半导体硅表面生成一薄层氧化物，再在其上蒸发一层金属薄膜作为栅电极，从而构成 MOS 结构。根据半导体表面电场效应理论，栅极偏置电压在半导体中形成电场，导致出现耗尽区。耗尽深度受偏置电压控制，耗尽区可等效为随耗尽深度而变化的表面电容，表面电容与氧化物的固定电容串联形成传感器电容。电容-电压特性曲线与偏置电压(也就是与耗尽深度)有关。当金属电极接触气

体时，气体解离与金属或氧化物薄层授受电子成为离子吸附固定在金属一侧，形成离子电场，使半导体中载流子耗尽深度变化而引起传感器电容变化，该变化反映了气体浓度变化。图13-4(c)所示为 Pd-MOS 气敏电容在空气中和加入氢气后的电容-电压归一化特性曲线。可见，特性曲线随氢气浓度增加而左移，相同偏置电压下的电容变化量就代表了氢气浓度变化，该传感器对 CO 及丁烷也敏感。

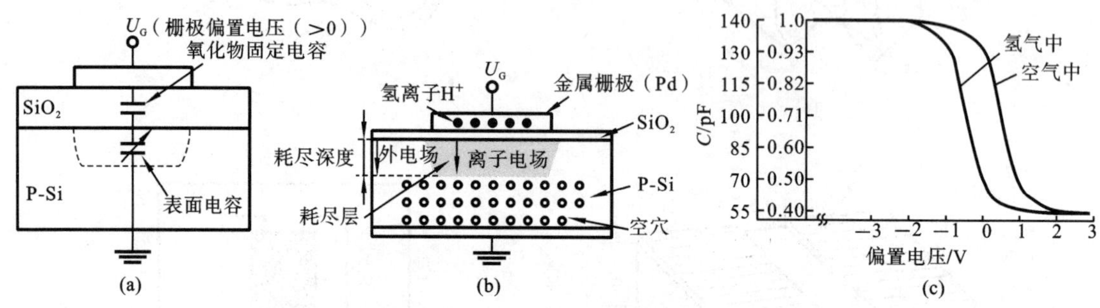

图 13-4　Pd-MOS 气敏电容器件

(a) MOS 结构；(b) 工作原理；(c) 电容-电压归一化特性曲线

3. MOSFET 型气敏传感器

MOSFET 型气敏传感器是利用栅极覆有对特定气体敏感的材料制成的场效应晶体管(FET)。它是一种典型的 MOS 场效应晶体管结构，其工作原理如图 13-5(a)所示。在 P-Si 衬底上扩散出两个 N 区即源极 S 和漏极 D，在源漏极之间衬底表面生成 SiO_2 薄层，其上再蒸镀金属层作为栅极 G。漏源极之间等效于正反向二极管串联，漏源极间空穴导电且电流 I_D 非常小。栅极与衬底下表面金属电极 B 构成 MOS 电容，则漏源极之间的半导体在栅极电压 U_G 形成的电场作用下产生耗尽层。加大 U_G 直至空穴全部消失，开始本征电子导电，至此期间 I_D 一直非常小。继续增加 U_G，本征载流子浓度迅速增加，I_D 也随之迅速增大，最后形成如图13-5(b)所示的转移特性曲线。当金属电极接触气体时，根据表面控制机理，气体解离与金属授受电子成为离子吸附固定在金属侧，离子产生的电场使本征载流子浓度和耗尽深度变化，结果 I_D 也随之改变，即气体浓度变化转换为 I_D 变化。图示传感器专门用来检测氢气，也可检测氨等容易分解氢气的气体。

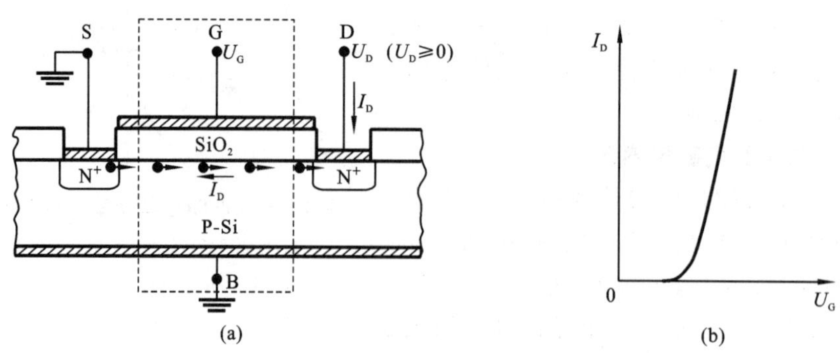

图 13-5　Pd-MOSFET 型气敏传感器

(a) 结构原理示意图；(b) I_D-U_G 特性曲线

13.1.4　气敏传感器的应用

室内煤气检测是气敏传感器最典型的应用之一。根据家庭室内煤气探测国家标准的相关要求可选用 SnO_2 电阻式传感器 TGS2442，它对 CO 高度敏感，测量范围为 30～1000 ppm，灵敏度为 0.13～0.31，而且功耗低、价格便宜、寿命长，特别适合用于室内气体报警器。图 13-6 所示为 TGS2442 的电阻比对乙醇、氢气和一氧化碳的响应曲线，电阻比是待测和标准（如含 100 ppm的 CO）两种状态下敏感元件电阻 R_s 和 R_o 之比。

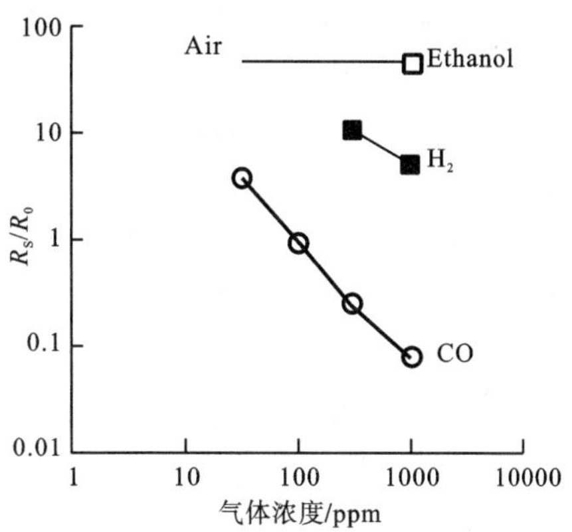

图 13-6　TGS2442 响应特性

传感器和单片机组成的检测单元电路如图 13-7(a)所示。单片机控制测量信号端 H、加热信号端 S、接地开关 RL_1 和 RL_2 和脉冲信号控制端 Pulse，测量采用 1000 ms 周期的循环信号，波形如图 13-7(b)所示。时刻 A 测量回路经 R_A 导通，采集测量信号 U_1；时刻 B 加热回路导通，采集加热信号 U_6 为高电平；时刻 C 测量回路经 R_B 导通，采集测量信号 U_2 大于某固定值；时刻 D 加热回路截止，采集加热信号 U_5 为低电平。

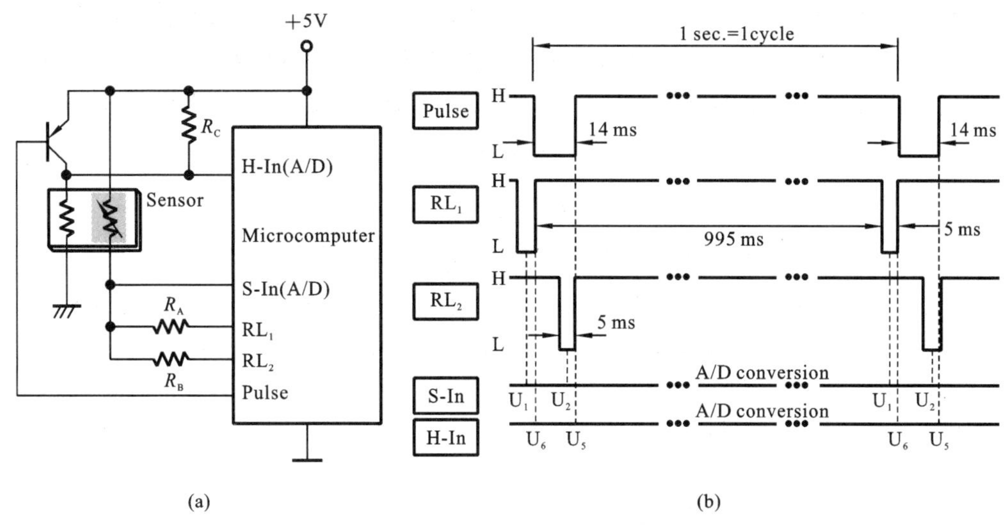

图 13-7　传感器和单片机组成的检测单元

（a）电路图；（b）控制信号波形图

该检测单元在脉冲信号控制下进行测量，每秒测量一次，其间仅加热 14 ms。加热能耗比全周期加热减少 98.6%，循环加热不仅实现了对敏感元件的清洁和保持环境干爽，而且避免了加热器材料向敏感体扩散以及电路间的干扰。特别是测量时敏感体温度已经下降至平稳状态，这更重要，因为温度对敏感体的选择性和灵敏度影响明显。例如 TGS2442 在 100 ℃以下特性非常好，但在 300 ℃以上性能严重下降。

检测单元根据加热信号 U_6、U_5 及测量信号 U_2 可判断加热器或测量回路是否正常。系统还包括测温单元及温度补偿，而且据此可再次诊断检测单元工作状况，当然还包括驱动与报警单元,不再赘述。

相比以物理量为待测对象利用物理现象进行测量的传感器,半导体气敏传感器是通过化学作用对气体这种化学量进行测量,因此在设计和使用中存在一些此前未涉及的问题,需加以考虑。

(1) 普遍需要加热。多数气敏传感器附有加热器,其作用是热清洗(烧去)敏感元件表面的油污和尘埃,以加速气体的吸附,从而提高敏感元件的灵敏度、响应速度和选择性。这带来器件耐热、耗能、老化、稳定性和可靠性等问题。

(2) 空气的影响始终存在。在制作过程中、保存状态下和测量中均存在空气,空气始终相当于被测量而存在。在设计、制造、标定和测量过程中都需考虑空气产生的影响。

(3) 往往需要催化。气体本身特性或含量低致使敏感元件选择性和灵敏度难以满足要求,而且测量中一般存在多种气体的影响,为此经常通过工艺控制、材料掺杂、材料复合和附加薄膜等加入催化元素,显著改变载流子浓度、穿透及吸附能力,提高对待测气体的选择性和灵敏度。

(4) 响应时间一般较长。气体敏感机理属于化学过程且在整个敏感元件中实现平衡才能达到理想测量状态,其响应时间一般远远大于物理量,因此应该关注传感器响应时间和恢复时间等性能。

13.2 湿敏传感器

湿度是表示空气中水分子含量的物理量,可用绝对湿度、相对湿度和露点等表示。

绝对湿度也称水汽浓度或水汽密度,是单位体积空气中所包含的水蒸气质量,用“kg/m^3”表示;绝对湿度也可以用水的蒸气压来表示。设空气的水汽密度为 ρ_v,与之相应的水蒸气分压为 p_v,根据理想气体状态方程,可得出如下关系式

$$\rho_v = \frac{p_v m}{RT} \tag{13-1}$$

式中:m 为水汽的摩尔质量;R 为摩尔气体常数;T 为绝对温度。

相对湿度是空气中实际水蒸气密度(蒸气压)和同温度下饱和水蒸气密度(蒸气压)的百分比,常用“%RH”表示。相对湿度是一个无量纲的值。绝对湿度给出了水分在空间的具体含量,相对湿度则给出了大气的潮湿程度,因而使用更加广泛。

露点也称露点温度,是指在固定气压之下,空气中所含的气态水达到饱和而凝结成液态水所需要降至的温度。

用于湿度测量的湿敏传感器,按电参量转换方式可分为电阻式、电容式、二极管式、晶体管式和频率式等;按其探测功能可分为相对湿度、绝对湿度、结露和多功能四种;按敏感材料可分为电解质型、高分子型、半导体型等。

作为湿度测量主体的半导体湿敏传感器按照器件类型可分为电阻式、电容式、二极管式、晶体管式四种,依次将湿度变化转换为电阻、电容、二极管伏安特性和场效应管转移特性的变化。相比之下,电阻式半导体湿敏传感器制作工艺简单,价格便宜,抗污染能力强,但高温时测量精度下降,需要定期加热清洗;非电阻式半导体湿敏传感器灵敏度高,稳定性好,便于小型化、集成化和智能化,但选择性差,温度影响大。

半导体湿敏传感器感受湿度时,水与半导体发生电子授受导致半导体电导率等物理性质变化,由此实现湿度测量。类似半导体气敏传感器,具体湿度敏感机理复杂,理论上难以给出

具有普遍性的具体描述或定量描述，只能针对具体传感器定性地给出理论解释。

半导体湿敏传感器大多采用半导体金属氧化物陶瓷作为敏感材料，主要包括 $ZnO\text{-}Cr_2O_3\text{-}Li_2O$、$MgCr_2O_4\text{-}TiO_2$、$ZrO_2\text{-}V_2O_3$、$TiO_2\text{-}V_2O_5$ 系湿敏传感器。具有可在高温下工作、测量范围宽、响应速度快、工艺简单、成本低等优点，可用于低温、高温、高湿环境中的湿度监测。

13.2.1　湿度敏感机理

水接触半导体金属氧化物晶粒表面时，解离成氢离子 H^+ 和氢氧基 OH^-，分别与半导体氧离子和金属离子键合形成单层化学吸附，再通过氢键合形成一层物理吸附水，进而形成多层物理吸附水，直至在晶粒间隙出现毛细管凝聚，最后形成液态水层。

湿度敏感机理包括电子导电和离子导电两种。前者是水化学吸附在晶粒表面授受电子致使晶粒表面势垒改变，表现为敏感元件电阻的变化；后者是水物理吸附到一定程度离解成离子在晶粒外面空间导电，表现为敏感元件电阻的减少。两者同时起作用，低湿度时以电子导电为主，高湿度时以离子导电为主。

在单层化学吸附情况下，金属氧化物半导体中的过渡金属离子因其原子结构决定可失去部分内层电子而表现出失去电子的倾向，而水具有氧化性，其中的氢离子表现出较强的俘获电子倾向。所以，晶界邻近金属氧化物失去电子呈现为固定不动的正离子，水分子俘获电子成为负离子固定吸附在晶界表面。湿度敏感机理就等同于氧化性气体化学吸附在晶粒表面的气体敏感机理，其中电流由电子或空穴移动所形成，称为湿敏电子导电机理。

根据表面控制机理，P 型半导体载流子（空穴）浓度随湿度增大而增加，势垒随之降低，电阻随之减小，呈现负特性。N 型半导体载流子（电子）浓度随湿度增大而降低，势垒随之增强，电阻随之增加，呈现正特性。即以空穴为载流子时湿敏特性呈现负特性；以电子为载流子时湿敏特性呈现正特性。图 13-8 所示为三种典型半导体陶瓷的负湿敏特性曲线表示传感器电阻随环境相对湿度的变化规律，两者近似呈指数规律，取对数后近似呈线性关系。

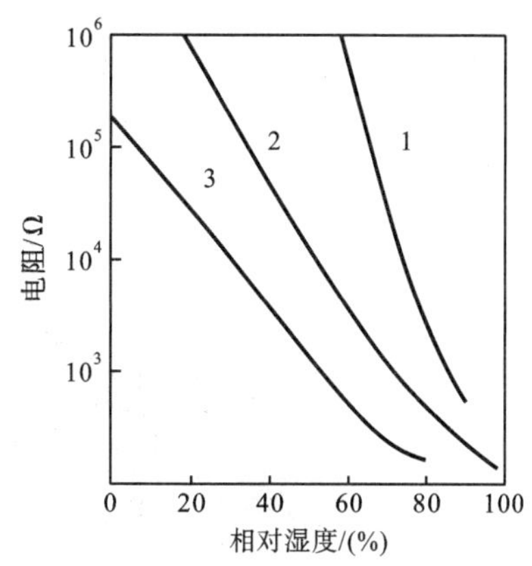

图 13-8　三种典型半导体陶瓷负湿敏特性曲线

1—$ZnO\text{-}LiO_2\text{-}V_2O_5$ 系；2—$Si\text{-}Na_2O\text{-}V_2O_5$ 系；3—$TiO_2\text{-}MgO\text{-}Cr_2O_3$ 系

存在物理吸附情况下，水中形成水合氢离子 H_3O^+，沿晶粒表面在物理吸附层中导电。该导电通路与晶粒表面电阻及体电阻导电通路并行，可等效成一个电阻与晶粒电阻相并联。显然，湿度增加，物理吸附水层增多聚集成水滴，使水合氢离子增多，离子导电更加强烈，电导率急剧增大，等效电阻迅速减小，则湿敏元件电阻也随之显著减小，呈现负特性。这种情况下，等效电阻中的电流是由离子移动所形成，称为湿敏离子导电机理。

另外，敏感材料空隙数量越多、尺寸越大，离子导电作用越强。因此，将半导体金属氧化物粉末或将金属氧化物烧结体研成粉末，通过一定方式的调和、喷洒或涂覆在义指电极的陶瓷基片上，可制成涂覆膜型湿敏元件。该元件中粒粒之间大多是很松散的“准自由”表面，相互接触不紧密形成粒粒堆积结构，不仅比表面积大，而且非常有利于水分子吸附和凝聚。因此，湿敏离子导电始终占据主导地位，其湿敏特性总为负特性。

13.2.2　湿敏器件

电子导电湿敏机理即气敏表面控制机理，湿敏元件和气敏元件两者采用类似的金属氧化物材料。湿敏器件同样可制成烧结型、薄膜型、厚膜型和涂覆膜型；也同样可制成肖特基二极管型、MOS 电容型和 MOSFET 型。湿敏器件的结构和工艺等与气敏器件或相同或类似，其中 50％以上为烧结型。下面仅以典型烧结型 $MgCr_2O_4$-TiO_2 系湿敏传感器为例，介绍陶瓷湿敏器件的结构、工艺和特性。

$MgCr_2O_4$-TiO_2 系湿敏器件是在 $MgCr_2O_4$ 中加入一定比例的 TiO_2，在 1300 ℃左右烧结而成的 P 型多晶多相多孔陶瓷，其中掺入晶体结构和化学特性差别很大的 TiO_2 是为了改善烧结特性及提高器件的机械强度和抗热聚变特性。如图 13-9(a)所示，将烧结成的 $MgCr_2O_4$-TiO_2 压制成 4 mm×5 mm×0.3 mm 湿敏陶瓷片，其气孔率达 30％～40％，在薄片两面印制并烧结多孔氧化钌(RuO_2)电极，并用掺金玻璃粉粘接在引线上并烧结在电极上。在湿敏陶瓷片的外面缠绕加热清洗线圈，用于对传感器的加热清洗，排除污染器件的有害物质。器件安装在高度致密的绝缘陶瓷基片上，并在两个电极的周围装上短路环以消除由于吸湿和污染引起的漏电影响。用这种传感器检测湿度时，传感器相当于一个阻值随周围环境湿度大小而变的电阻。该器件在高温、高湿环境(如 80 ℃，相对湿度 95％)下长期裸露放置其湿敏特性将失效，故须采用加热方法(大约 400 ℃以上)定期对传感器进行清洗，以恢复原有湿敏性能。

图 13-9(b)所示为 $MgCr_2O_4$-TiO_2 湿敏传感器在不同温度下的电阻-湿度特性曲线，特性曲线取对数后接近线性关系。这类传感器可以检测 1％～100％的相对湿度，但灵敏度随湿度增高而下降。特性曲线变化规律随温度变化很小，但感湿温度系数随相对湿度的增大而增大，在 60％湿度时超过 0.38％，如果要求精确的湿度测量，需要进行温度补偿。

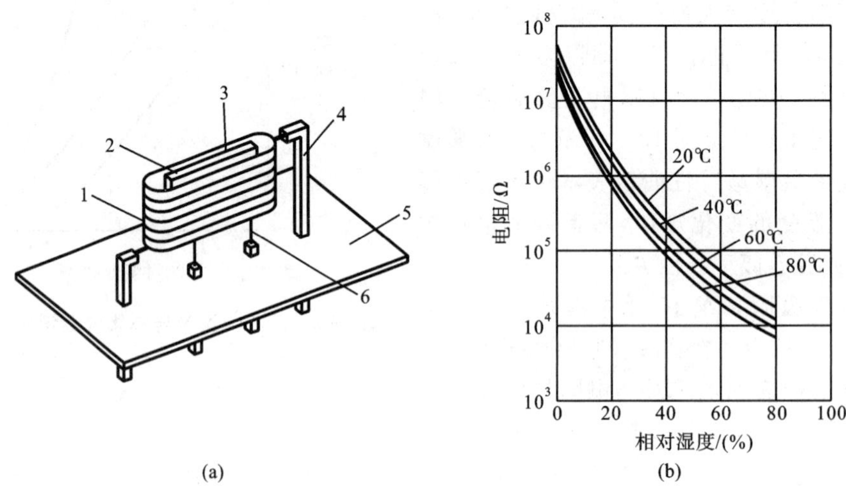

图 13-9　$MgCr_2O_4$-TiO_2 湿敏器件

(a) 结构示意图；(b) 湿敏特性曲线

1—加热线圈；2—湿敏陶瓷片；3—金属电极；4—固定端子；5—陶瓷基片；6—引线

13.2.3　湿敏传感器的应用

市售湿敏传感器中电容型的占主导，其中 HTU21D 湿温度传感器具有代表性，其外观如图 13-10(a)所示。外形尺寸 3 mm×3 mm×1.1 mm，质量 0.0025 g，DFN 封装，可回流焊，可电子识别追溯，可直接与微控制器通过 I^2C 接口连接。湿温度量程分别为 0%～100%RH 和 −40 ℃～125 ℃，精度为±2%RH 和±0.3 ℃，分辨率为 0.04%RH 和 0.01 ℃。功耗低，响应快，恢复迅速，互换性好，体现了湿温度传感器的发展趋势，显示出尺寸和智能方面的优势。

HTU21D 与 MCU 典型连线如图 13-10(b)所示，数据引脚 DATA 和时钟引脚 SCK 都加上上拉电阻，DATA 用于数据串行输入输出，SCK 用于同步通信。电源引脚 VDD 与地引脚 GND 之间加去耦电容，剩余 2 个为空引脚。MCU 控制 HTU21D 实现湿度、温度测量，分辨率选择，温度补偿和故障诊断等各种功能，可用于汽车、电器、医疗等测量湿温度的产品及场所。

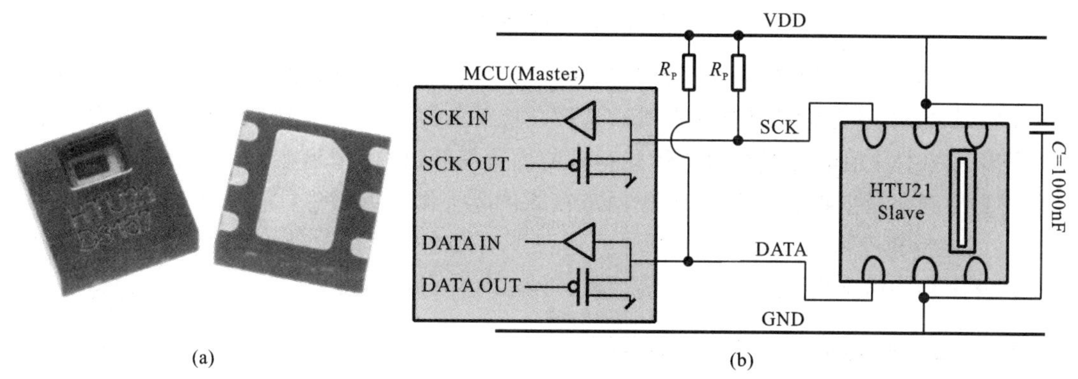

图 13-10 HTU21 及典型应用电路

(a) HTU21 外观；(b) 典型应用电路

HTU21D 与智能开关和通信模块集成，可实现手机 App 远程监控室内湿度和温度的功能，为人们营造舒适的体感环境。HTU21D 可直接用于露点温度测量，由环境温度测量值 T 计算出局部气压值，再结合环境湿度测量值 RH_T 便可计算出露点温度 T_d

$$T_d = -1762.39\left[\lg\left(0.01 \times RH_T \times 10^{\left(8.1332-\frac{1762.39}{T+235.66}\right)}\right) - 8.1332\right]^{-1} - 235.66 \quad (13\text{-}2)$$

13.3 离子敏传感器

离子敏传感器是对离子种类或浓度敏感的一种电化学传感器，在化学、环保、医药、食品和生物工程等领域得到广泛应用。按照信号转换方式可分为电化学式、光学式、质量式、热量式、场效应晶体管式等。其中，FET 作为半导体离子敏传感器，随着半导体、微电子和微机械加工等技术的发展得到了迅速发展，具有直接测定、选择性强、响应快、所需样品甚微等优点，特别是具有低输出阻抗的独有优势。

13.3.1 离子敏感机理

离子敏场效应晶体管(ISFET)利用 FET 栅极特性，感受溶液中给定的离子活度，从而测定离子浓度。早期经典的 ISFET 与图 13-5(a)中的气敏 MOSFET 结构完全一样，敏感机理也相同；用离子敏感膜替代原来的金属栅极形成了目前典型的 ISFET 结构，如图 13-11 所示。在本征载流子导电状态下，当栅极处于待测离子溶液中时，敏感膜选择、吸附待测离子，使漏极(D)电流随离子浓度的变化而变化。通过改变栅极电压来控制漏极电流直至其变化为零，则栅极电压变化即代表了离子浓度变化。其中，通过引入参比电极进行反馈式测量，使传感器的稳定性大为提高。

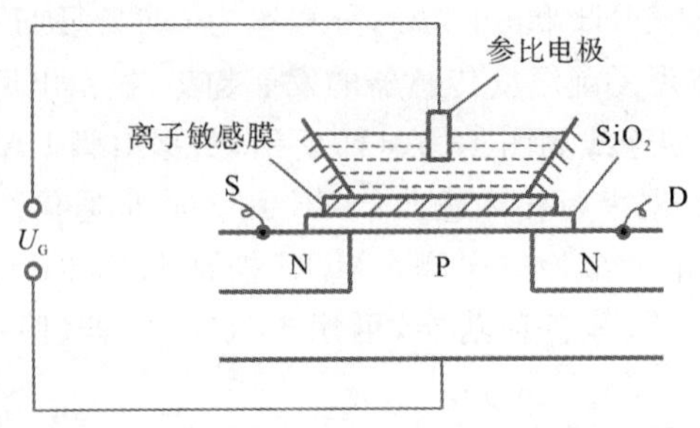

图 13-11 典型 ISFET 结构

离子敏感膜要对某种特定离子产生选择性响应,这是非常重要的。ISFET 中对敏感膜的导电性没有要求,这非常有利于选取既有选择功能又有增敏效果的材料。敏感膜主要包括水溶性酶附在载体上在保持其活性下固化得到的固化酶膜、微生物附在载体上保持菌体活性下固化得到的固化微生物膜、抗体或抗原固定在载体膜上制成的敏感体等。结合不同敏感膜的 ISFET 能进行相应物质及浓度的测量。而这又涉及敏感膜对待测物的敏感机理,每种敏感膜对不同待测物的敏感机理各不相同,需要具体问题具体分析。

13.3.2 酶场效应晶体管及应用

酶场效应晶体管(ENFET)是栅极覆有酶膜的场效应晶体管,图 13-12 所示为一种以 pH 为响应的 ISFET 结构原理图。利用酶固化技术和半导体工艺将酶固定在栅极绝缘膜(Si_3N_4-SiO_2)上并接触电解液,待测有机分子在酶的催化作用下发生反应并生成离子,绝缘膜界面离子浓度变化引起 pH 值改变,表面电场也随之改变,使 pH-ISFET 漏极电流发生变化,从而反映出待测物浓度的变化。

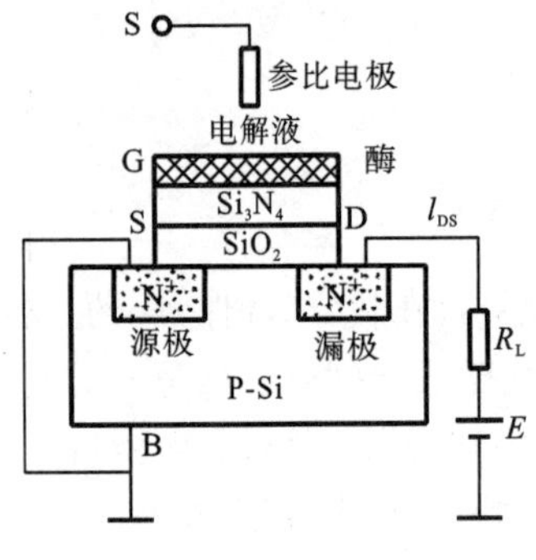

图 13-12 ENFET 结构原理图

该传感器用于测量葡萄糖 $C_6H_{12}O_6$ 时,在葡萄糖氧化酶(GOD)的催化作用下,其反应为

$$C_6H_{12}O_6+O_2 \xrightarrow{GOD} C_6H_{10}O_6+H_2O_2$$

反应生成的葡萄糖内酯 $C_6H_{10}O_6$,遇水后即分解为葡萄糖酸 $C_6H_{12}O_7$,释放出氢。氢被解离吸附在对 H^+ 敏感的 Si_3N_4 膜表面,改变了栅极表面电场,致使漏极电流变化,该电流变化即代表了葡萄糖浓度的变化。

葡萄糖作为一种重要的化工原料及中间体,其检测对于分析产品组成及监测反应进程十分重要。人体血糖检测则更为重要,除了众所周知的对糖尿病病人临床诊断和治疗评价之外,仅脑脊液葡萄糖含量测定就具有如下临床意义:其含量增多常见于尿毒症、脑肿瘤、病毒性脑炎、乙型脑炎、脊髓灰质炎和脑水肿等;减少多见于化脓性脑膜炎、结核性脑膜炎、流行性脑脊髓膜炎、脑脓肿和梅毒性脑膜炎等。

13.3.3 免疫场效应晶体管及应用

免疫场效应晶体管(IMFET)是栅极覆有抗体(抗原)膜的场效应晶体管,由场效应晶体管和识别免疫反应的分子敏感膜所构成,如图 13-13 所示。首先将抗体固定在有机膜上,再覆在场效应晶体管栅极上，制成 IMFET。抗体蛋白质为两性电解质，其正负电荷数随 pH 值变化，所以抗体固定膜表面电荷、栅极表面电场也随之而变，导致漏极电流变化。图中，基片与源极接地，漏极接电源 U_{DS}，参比电极为 Ag-AgCl。测量时 IMFET 工作在本征载流子导电状态下，将抗原放入缓冲液中，抗原与有机膜上抗体结合改变膜电荷分布，进而改变漏极电流，则将抗原结合量转换为电流变化。

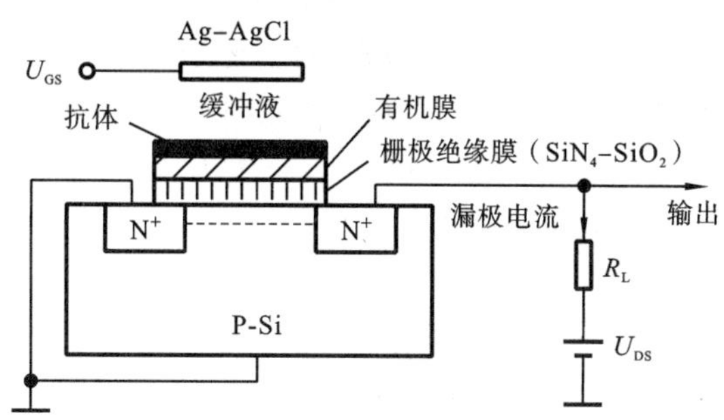

图 13-13　IMFET 结构原理图

该 IMFET 用来检测血清蛋白时，栅极有机膜上固定有抗血清蛋白抗体。在 pH=7 的磷酸缓冲液中，血清蛋白带负电，抗血清蛋白抗体带正电。血清蛋白一旦与抗体复合，栅极表面正电荷就减少，电场减弱，N 沟道电导率下降，漏极电流变小。血清蛋白测定是一种临床化验检查项目，临床意义包括其增高见于脱水、大面积烧伤、高热、急性大出血、慢性肾上腺皮质功能不全等；减低见于营养不良、消化吸收功能不良、慢性肝病、恶性贫血、糖尿病、甲状腺功能亢进症、严重结核病等。

13.4　磁敏传感器

半导体磁敏传感器是利用具有磁电特性的半导体材料制成的传感器，具有不耗损磁场能和无接触测量的特点，成功用于磁场、电流、流量、磁记录、磁开关和各种机械量等的检测，满足了汽车、家电、控制、电力、机器人、门禁、验钞等众多行业的需求。半导体磁敏器件种类可分为磁敏电阻器、霍尔元件、磁敏二极管和磁敏晶体管四种，本章介绍磁敏电阻器和磁敏二极管。

13.4.1　磁敏电阻器

磁敏电阻器是基于半导体磁阻效应，其电阻值随磁感应强度的变化而变化。

1. 磁阻效应

半导体在磁场中由于载流子偏转而引起电阻变大的现象称为半导体磁阻效应，分为物理磁阻效应和几何磁阻效应，前者与磁敏体几何形状无关；而后者与磁敏体的几何形状显著相关。

半导体置于外磁场中，载流子本应该因洛伦兹力和霍尔电场力达到平衡而无偏转漂移，然而载流子因迁移率具有一定分布而发生运动偏转，其漂移路径变长，致使电阻率增大，称之为物理磁阻效应。

半导体置于磁感应强度为 B 的外磁场前、后，其电阻率 ρ_0 和 ρ_B 的相对变化率为

$$\Delta\rho/\rho_0 = (\rho_B - \rho_0)/\rho_0 = K(\mu B)^2 \tag{13-3}$$

式中:K 为常数;μ 为载流子迁移率。

可见,磁场一定时,迁移率高的材料磁阻效应明显。InSb、InAs 等半导体的载流子迁移率都很高,更适合于制作磁敏电阻。

上述讨论未考虑电极极板的影响。电极极板本身属于短路使其邻近区域无法建立起霍尔电动势,载流子在且只在此区域受洛伦兹力作用但无霍尔电场力作用,即使不考虑迁移率分布问题载流子运动也发生偏转,漂移路径变长,致使电阻率增大,称之为几何磁阻效应。

几何磁阻效应仅发生在电极极板邻近区域,因此,磁敏电阻可通过形状和尺寸设计来提高灵敏度。为此,考虑磁敏电阻长度 L 和宽度 b,根据式(13-3)可推导出

$$\Delta\rho/\rho_0 = K(\mu B)^2[1-f(L/b)] \tag{13-4}$$

式中:$f(L/b)$ 为形状效应系数,取决于磁阻的具体形状和尺寸。

2. 磁阻器件及应用

根据式(13-4),磁阻的大小不仅与材料有关,还与磁敏电阻的几何形状有关。常见形状磁敏电阻的特性曲线如图 13-14(a)所示,图中 R_0 为 $B=0$ 时的电阻值。可见,相对电阻随磁感应强度单调增加,近似呈指数关系,相对电阻随磁感应强度变化的灵敏度也单调增加,圆盘形磁阻具有更高的灵敏度。因此,磁敏电阻更多做成圆盘形,称之为考比诺圆盘。这种圆盘形磁阻器有两个电极,一个电极在圆盘几何中心处的传导区,另一个电极为围绕着圆盘外部圆周的同心导电条。图 13-14(b)给出了其结构和有无外磁场时的载流子漂移路径,无磁场作用时,载流子从圆心处沿半径方向呈放射直线状漂移至圆盘边缘,其漂移路径长度最短;有磁场作用时,载流子从圆心处沿半径方向呈涡旋曲线状漂移至圆盘边缘,其漂移路径长度随磁场强度的增加而增加。虽然存在外磁场的作用,但圆盘没有任何位置能积累电荷,始终不存在霍尔电场,载流子路径始终增加,几何磁阻效应显著。长方体往往在表面蒸镀平行于电极的等间距金属细栅格,以短路霍尔电场,提升磁阻效应。

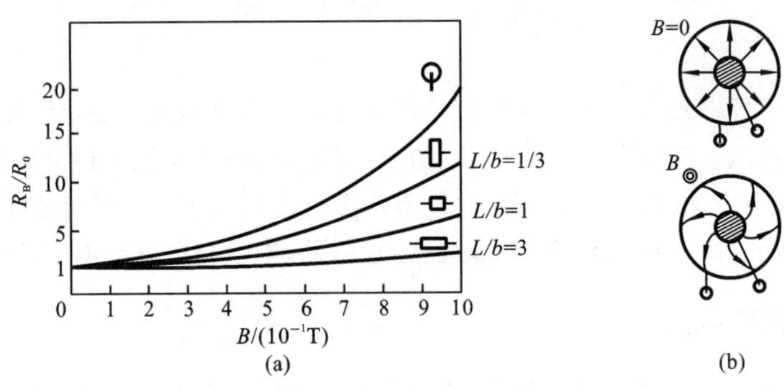

图 13-14 磁阻器件特性

(a) 相对磁阻与磁感应强度的关系;(b) 考比诺圆盘

磁敏电阻的应用非常广泛,除了做成探头,配上简单线路可以探测各种磁场外,还可制成位移检测器、角度检测器、功率计、安培计等。此外,交流放大器、振荡器中常用磁敏电阻。

13.4.2 磁敏二极管

磁敏二极管是利用半导体材料制成的具有 PIN 结(或 PN 结)结构,且伏安特性对磁场敏感,采用电子与空穴双重注入与复合效应工作。

1. 磁敏二极管结构和工作原理

磁敏二极管结构原理图如图 13-15(a)所示，在高阻半导体芯片(本征型 I)两端，分别制作 P、N 两个电极，形成 P-I-N 结。P 区和 N 区都为重掺杂，本征区 I 的长度较长。对 I 区的两侧端面进行不同的处理，一侧端面磨成光滑面，另一侧端面打毛。由于粗糙表面容易使电子-空穴对复合而消失，称为 r(recombination)面，这样就构成了磁敏二极管。

磁敏二极管外加正向偏压，即 P 区接正，N 区接负，则大量空穴从 P 区注入 I 区；同时大量电子从 N 区注入 I 区。再将磁敏二极管置于磁场中，则注入的载流子受到洛伦兹力作用而向同一方向偏转。当磁场使电子和空穴向 r 面偏转时，复合率增加，载流子减少，电阻增大，压降增大，电流变小，进而使 PI 结和 IN 结压降减小，载流子注入减少，从而使电流变得更小，形成正反馈。当磁场使电子和空穴向光滑面偏转时，复合率降低，同样的正反馈过程使电流增加。可见，高复合面与光滑面的复合率差别愈大，磁敏二极管的灵敏度愈高。

2. 磁敏二极管的特点

磁敏二极管在不同的磁场强度和方向下的伏安特性如图 13-15(b)所示。利用这些特性曲线就能根据同一偏压下的电流值来确定磁场的大小和方向。磁敏二极管与其他磁敏器件相比，具有以下特点。

(1) 灵敏度高，比霍尔元件高几百甚至上千倍，而且线路简单，成本低廉，更适合于测量弱磁场。

(2) 具有正反两个方向的磁灵敏度，既有别于磁阻器件也有别于其他二极管。

(3) 线性范围比较窄，温度特性较差。

磁敏二极管可用来检测交、直流磁场，特别适合于测量弱磁场；可制作钳位电流计，对高压线进行不断线、无接触电流测量；还可制作无接触电位计、无触点开关等。

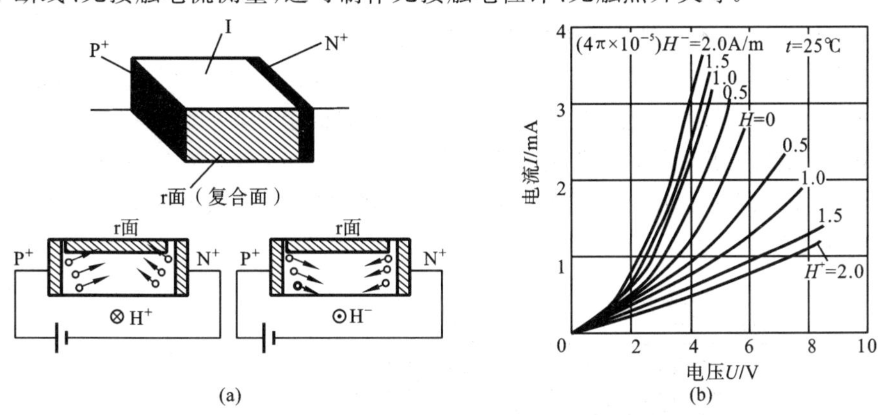

图 13-15　磁敏二极管

(a) 结构原理图；(b) 伏安特性曲线

13.5　色敏传感器

光的探测主要是针对光强和波长进行的，波长(颜色)探测以往大多借助光学仪器，但光学仪器价格高、体积大、操作复杂，不便于现场使用。半导体色敏传感器作为一种半导体光敏器件，主要采用非晶硅制造，因小型、价低、可靠、适合现场使用等优点得到广泛应用，特别是在纺织、印染、建材等重视颜色的行业更具价值。

13.5.1 光生伏特效应

半导体色敏传感器是利用敏感元件特性随光波长变化的现象来测量颜色的，其颜色敏感机理是基于半导体 PN 结的光生伏特效应。有关单结型器件(光电池、光敏二极管)的光生伏特效应详见 8.1.2 节。半导体色敏传感器大多采用如图 13-16(a)所示的双结型结构的色敏器件，由两个不同结深的二极管组成，两个结深度相差较大。

针对无光照系统热平衡的情况，在 P^+N 结交界面附近，P^+ 区的空穴因浓度高而扩散进入 N 区，则 P^+ 区剩有不可移动的负离子形成负空间电荷区；同理，N 区侧形成正空间电荷区，那么在整个空间电荷区形成一个由 N 区指向 P^+ 区的内建电场 U_D。随之，内建电场又使载流子反方向漂移，阻碍载流子扩散，直至扩散与漂移进入动态平衡，P^+N 结系统达到热平衡，内建电场处于稳定状态。

光照射 P^+N 结会引起其载流子浓度增加，例如入射光子能量大于材料禁带宽度时，价带电子接收光子能量被激发到导带，价带中则留下空穴。就多子而言，P^+ 区的光生空穴和 N 区的光生电子，完全与上面热平衡情况下的多子一样，形成一个同向的光生内建电场，结果加强了原有内建电场。就少子而言，P^+ 区的光生电子和 N 区的光生空穴，在空间电荷区内受内建电场作用，空穴迁入 P^+ 区，电子迁入 N 区；在空间电荷区邻近的先扩散进入空间电荷区内，然后进行同样的迁移，则光生少子形成光生电流 I_p。光生电子-空穴对被内建电场分离，分别积累到 P^+N 结界面两侧，使 P^+ 区侧呈正电、N 区侧呈负电，出现光生电动势 U_p，形成与内建电场反向的光生电场(即光生伏特效应)。随后，U_p 又作为正向偏置电压施加于 P^+N 结，产生与 I_p 反向的 P^+N 结正向电流 I_D，直至 I_D 与 I_p 进入动态平衡，P^+N 结系统达到电平衡，I_D 处于稳定状态。

图 13-16(b)所示为双结型色敏器件的等效电路图，电极 3(P 区)和电极 2(N 区)形成 PN 结(深结)组成二极管 D_2；电极 1(P^+ 区)和电极 2(N 区)形成 P^+N 结(浅结)组成二极管 D_1。P^+N 结与 PN 结相比，前者距光入射面很近，后者距上表面很远，两者结深度相差较大。入射光随穿透深度而衰减，结深度不同则光生载流子浓度不同；而入射光波长不同其衰减程度又不同，则波长不同光生载流子浓度也不同。对双结型色敏器件，这提供了基于结深度不同其敏感波长不同的颜色测量原理。

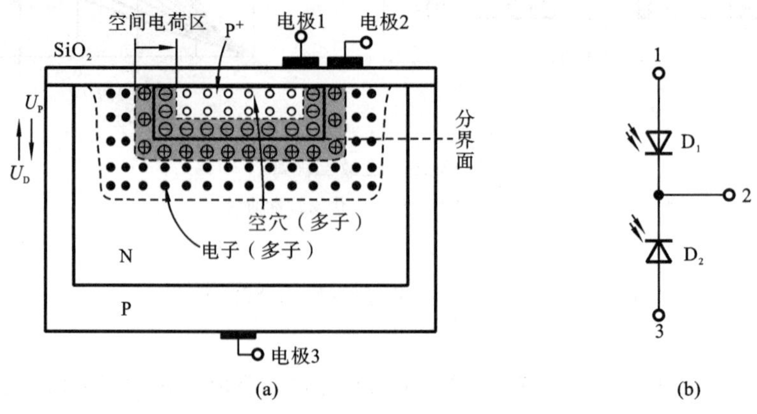

图 13-16 双结型色敏器件

(a) 结构原理图；(b) 等效电路

13.5.2　色敏器件及工作原理

如图 13-17(a)所示为一种光电池的光谱响应特性曲线。光谱特性对波长具有选择性，则光电池可作为一种色敏器件利用其选择性进行测量。在光入射之前增加滤光器，可提高光电池的波长选择能力。图 13-17(b)所示为 S2684 系列硅光敏二极管的光谱响应特性曲线，该系列产品以干涉滤光器为入射窗口，对特定波长单色光高度敏感，光谱响应宽度窄至 10 nm。这种单结型色敏器件能用于特定波长光的选择与测量。

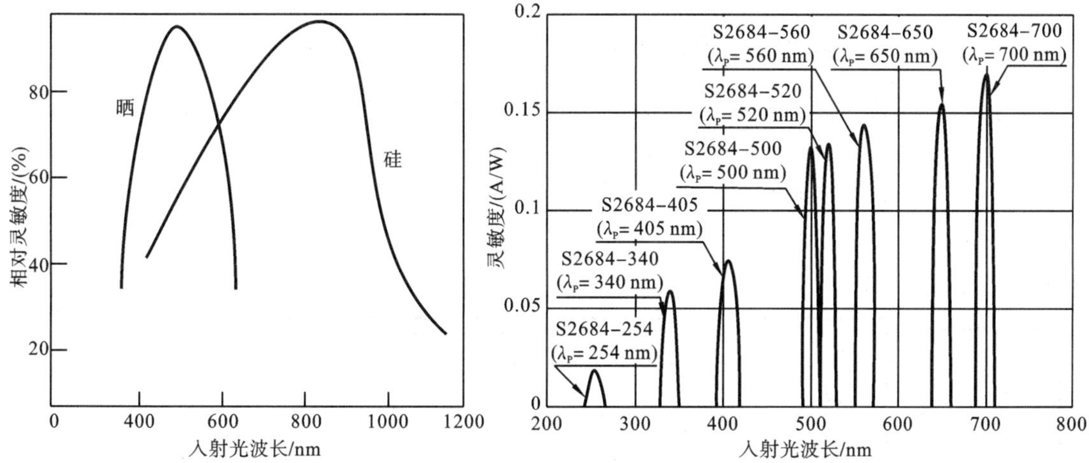

图 13-17　光谱响应特性曲线

(a) 光电池；(b) S2684 系列二极管

三种典型双结型色敏半导体材料的吸收系数-波长关系特性曲线如图 13-18(a)所示，可见，吸收系数随波长增加而迅速减小，穿透深度则迅速增加。波长越短，光衰减越快；波长越长，光衰减越慢。因此，浅结二极管(D_1)主要对短波长光敏感，深结二极管(D_2)主要对长波长光敏感，硅双结色敏管的光谱响应特性曲线如图 13-18(b)所示。D_2 和 D_1 短路电流比与波长的关系特性如图 13-18(c)所示，短路电流之比与光波长呈单调对应关系，即将光波长转换为短路电流比。显然，根据短路电流比与入射光波长的关系特性曲线即可实现颜色识别。这种双结二极管器件能用于直接测量从可见光到近红外波段的光波长。

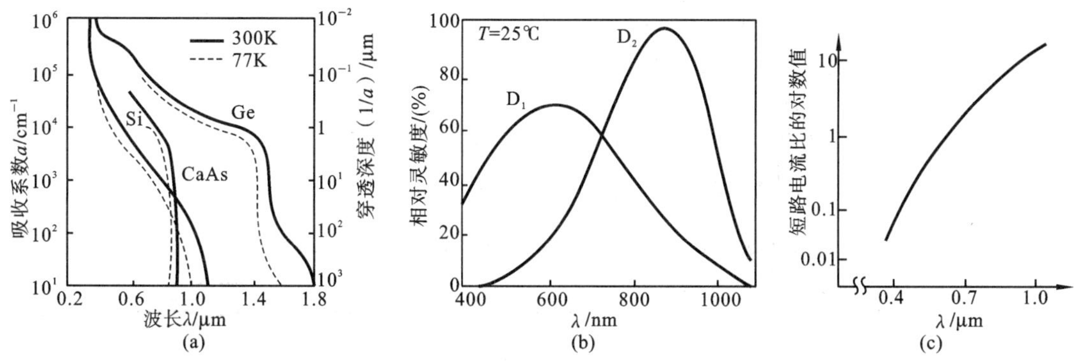

图 13-18　双结型色敏器件特性

(a) 吸收系数-波长关系特性；(b) 浅结和深结的光谱响应；(c) 短路电流比-波长关系特性

针对多种波长组成的混色光，根据三原色原理，任何一种颜色都可由该颜色的 R、G、B 值在国际 RGB 坐标制(CIE1931 标准色度观察者)中得到,这为 RGB 颜色传感器提供了理论基础。

RGB 颜色传感器基本结构是将三个光电二极管组合在一个芯片上,光电二极管表面分别放置红、绿、蓝滤色器,二极管接有光生电流测量单元。滤色器与光电二极管共同形成优化的光谱响应,以符合三原色原理中对 R、G、B 光谱响应的要求。二极管将入射光转换为光生电流输出(或再经过电压转换或模数转换输出),由此提供 R、G、B 三个测量值,由这三个测量值计算出它们之间的比值,再依据国际标准色谱获得颜色。这种三结二极管器件可实现高精度测量可见光颜色。

13.5.3　XYZ 色敏传感器及应用

鉴于 RGB 标准色度系统不便于计算和理解,国际照明委员会将其转化为 CIE1931-XYZ 标准色度观察者。因此,三结色敏器件更多将光生电流转换为 X、Y、Z 值输出,再依据 CIE1931-XYZ 标准色度系统找到颜色值,称之为 XYZ 色敏传感器。

近期上市的一款芯片级产品 AS7264 代表了色敏传感器发展的趋势和水平,其组成框图和典型应用电路如图 13-19(a)所示。传感器的 X、Y、Z 通道提供符合人眼颜色响应的颜色测

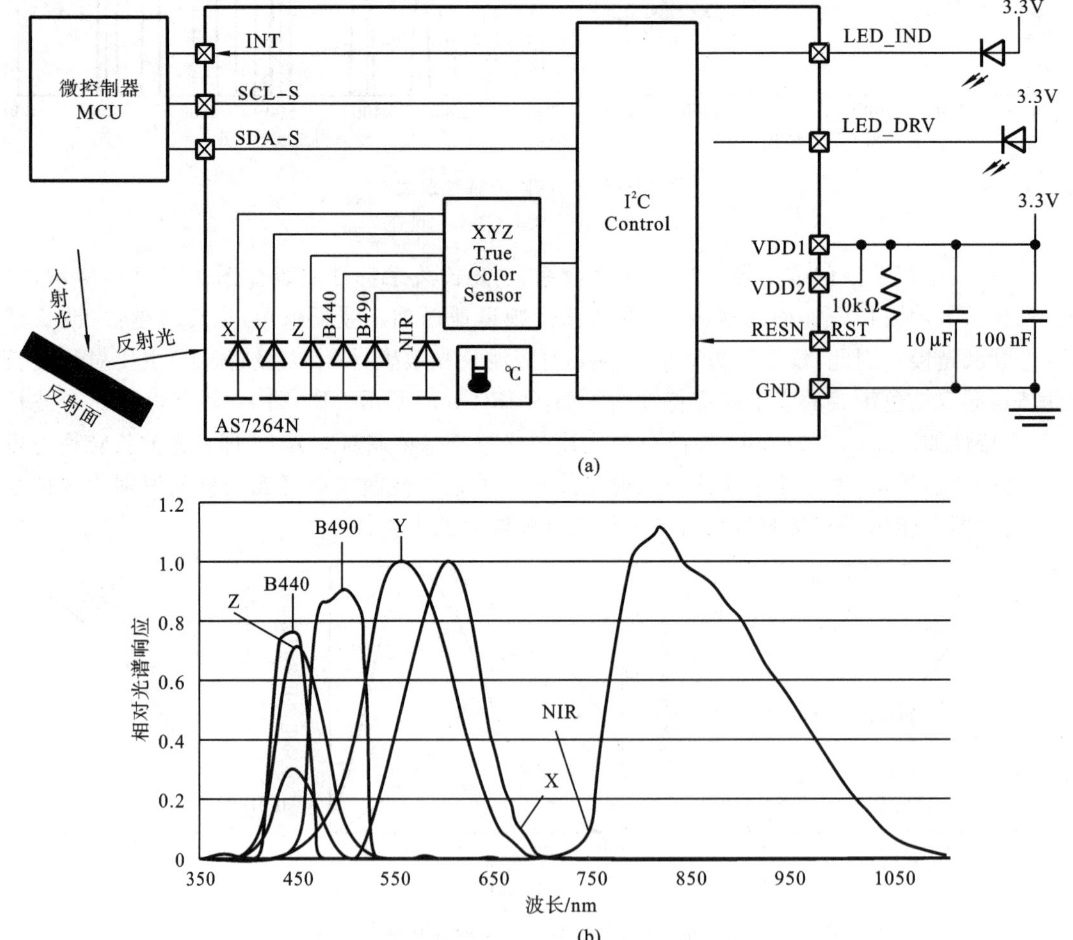

图 13-19　AS7264 XYZ 色敏传感器

(a) 原理电路;(b) 光谱特性曲线

量，440 nm 和 490 nm 通道测量蓝光，同步程控 LED 驱动提供电子快门功能，近红外 NIR 通道和温度传感器更灵活地拓展了应用，直接连接微控制器以中断方式工作，测量信号转换为 16 位数字信号输出。该电路可直接用于颜色精密调校和标定、颜色匹配和识别、颜色和吸光度测量、生物照明测量、环境光测量等。各传感通道的光谱响应特性曲线如图 13-19(b)所示。

AS7264 采用紧凑型 4.5 mm×4.7 mm×2.5 mm 的 LGA 封装，小尺寸使其适用于移动互联设备中照明和显示的智能检测管理，在以人为中心的照明和智能楼宇调控等新兴应用中前景广阔。针对智能移动设备，AS7264 的应用主要包括：①用于蓝光监控。研究认为蓝光可导致生活作息不规律，眼睛疲劳损伤以及某些光生物效应。蓝光传感通道信息支持蓝光管理，以保护人体健康。②用于呈现纸质显示效果。颜色信息使发射显示屏能够改变其白点，以匹配环境光色温，使显示屏达到打印纸的显示效果。③用于自动白平衡。提供环境光颜色信息，支持成像算法，使其能显著提高图像的白平衡性能。④用于光源检测。红外传感通道信息支持分析和识别环境光，可提升显示管理和自动白平衡等功能。⑤用于颜色匹配。直接为智能手机带来准确的颜色匹配，可改善零售和电子商务运营的消费者体验。⑥用于屏后配置。在屏后实现环境光和颜色的测量，支持屏尺寸最大化。

思考题与习题

13-1　什么是半导体传感器？其敏感机理是什么？

13-2　半导体传感器的主要特点是什么？

13-3　简述半导体气敏传感器的分类和特点。为什么多数气敏传感器附有加热器？

13-4　试述半导体湿敏传感器的湿度敏感机理。

13-5　给出电阻式湿敏传感器的电阻-相对湿度特性曲线示意图，说明其物理意义及作用。

13-6　什么是离子敏传感器？半导体离子敏传感器的主要优点是什么？FET 离子敏感机理是什么？

13-7　什么是半导体磁敏传感器？说明其特点和分类。什么是磁敏电阻器和磁敏二极管？

13-8　试说明图 13-14 所示的圆盘形磁阻器的工作原理，并解释相对电阻-磁感应强度特性曲线的意义。

13-9　简述双结色敏二极管的基本组成和工作原理。

13-10　简述 RGB 色敏传感器的基本组成和工作原理。

第 14 章　MEMS 传感器

微机电系统(Micro Electric Mechanical Systems,MEMS)或微光机电系统(Micro Optic-Electro Mechanical Systems,MOEMS)是建立在微米、纳米技术基础上的前沿系统,是指对微米或纳米材料进行设计、加工、封装、测量及控制的系统。它是微电子技术的延伸和拓展,是一种可完成特定功能的新型微机械(光)电子系统,是多学科交叉的研究领域,涉及电子工程、机械工程、材料工程、信息工程、物理学、化学、光学以及生物医学等学科与技术,与其相关的制造工艺称为 MEMS 制造工艺。

14.1　MEMS 传感器的特点及分类

MEMS 传感器是 MEMS 器件的一个重要分支,作为微机电系统的重要组成部分,MEMS 传感器是实现微机电系统感知和信号处理的功能器件。这种传感器采用 MEMS 制造技术,即微电子制造技术和微机械加工制造技术,其材料、工作原理、制作工艺等方面与传统传感器有相当大的区别。

MEMS 传感器是基于其敏感材料的特殊效应工作的,它的制作工艺结合当今先进的 IC 微电子加工工艺和 MEMS 微机械加工制造工艺来实现,通过对材料的微机械加工,制造出可感受压力、温度、磁场、加速度等各种参数的稳定的结构器件(如梁、膜、叉指等单一或复合的结构),从而实现对各种相关参数的感知、测试和转换。例如,基于半导体硅材料压阻效应的压力传感器、基于石英材料压电效应的微加速度传感器、基于磁致伸缩材料伸缩效应的微位移传感器等。

14.1.1　MEMS 传感器的特点

MEMS 传感器与传统传感器相比具有完全不同的特性和制造工艺技术,特别是特征尺寸在微米量级的,由于材料和空间尺寸的大幅改变,使其在材料、检测机理等诸多方面出现了完全不同于传统传感器的特征和功能,因而不能简单地将 MEMS 传感器理解为传统传感器在体积、质量和几何尺寸等方面的缩小。与传统传感器相比,MEMS 传感器主要具有以下特点。

(1) 微型化　体积微小是 MEMS 传感器最明显的特征,其尺寸通常在纳米级或微米级。

(2) 多样化　MEMS 的多样化主要表现在工艺、结构以及材料等方面,其材料的选择工艺和实施、结构设计,涉及机械、电子、物理、化学、材料、电子信息等多门类多学科的相关技术和手段。

(3) 集成化　通过 MEMS 加工工艺可以实现对功能、敏感参数不同的多个传感器的集成,形成多功能的微传感阵列或微系统;还可通过 IC 制造工艺将 MEMS 传感器的传感、控制、通信等功能电路集成制造为一体,形成复杂的 MEMS 传感器总成器件。

(4) 批量化　MEMS 传感器采用 IC 集成电路制造工艺并结合 MEMS 微机械加工技术进行制造,因此可在 IC 生产线上规模化生产,从而具有批量制造的成本和价格优势。

(5) 性能好　制备 MEMS 传感器敏感元件的材料大多为半导体材料,具有弹性好、强度高、环境适应性好等优良的机械性能。例如，硅的强度、硬度和杨氏模量与铁相当，但硅的密度类似铝，热传导率接近钼和钨，具有强的致密性和优良的弹性，环境适应条件宽泛。

14.1.2　MEMS 传感器的分类

MEMS 传感器也称微型传感器，是微型集成化器件，是应用最广泛的 MEMS 器件。MEMS 传感器通常将信号处理电路和敏感单元集成在同一芯片上，不仅能够感知被测参数并将其转换成方便度量的信号，而且能对所得到的信号进行分析、处理、识别、判断等，因此形象地被称为智能传感器。

MEMS 传感器种类繁多，分类方法也很多。根据工作机理，可将 MEMS 传感器分为物理型、化学型和生物型三大类。基于国标 GB/T 7666—2005 可对这三大类传感器进一步分类，如图 14-1 所示。

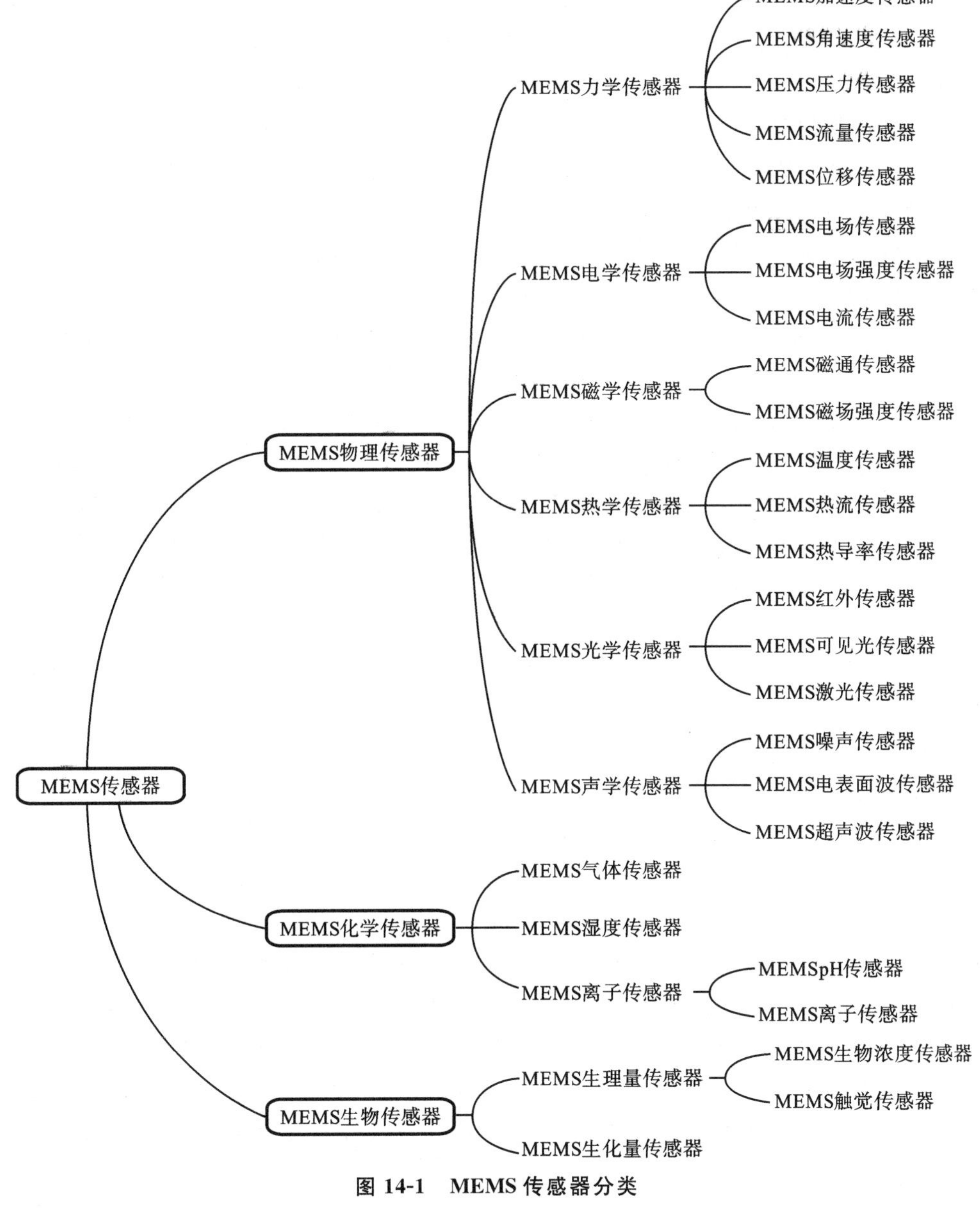

图 14-1　MEMS 传感器分类

在此基础上还有多种细分方法。以 MEMS 加速度传感器为例,MEMS 加速度传感器按照检测质量的运动方式可分为角振动式和线振动式加速度计;按照检测质量的支承方式可分为扭摆式、悬臂梁式和弹簧支承式加速度计;按照检测原理可分为电容式、电阻式和隧道电流式加速度计;按照控制方式可分为开环式和闭环式加速度计等。

14.2 MEMS 传感器的制备工艺

MEMS 传感器制造技术基于相当成熟的微电子技术、集成电路技术及其加工工艺,与传统的 IC 工艺有许多相似之处,如光刻、薄膜沉积、掺杂、刻蚀、化学机械抛光工艺等,但是有些复杂的微结构难以用 IC 工艺实现,必须采用微机械加工技术制造。微机械加工技术包括硅的体微机械加工技术(bulk micromachining)、表面微机械加工技术(surface micromachining)和特殊微机械加工技术。体微机械加工技术是指沿着硅衬底的厚度方向对硅衬底进行刻蚀的工艺,是实现三维结构的重要方法。表面微加工是采用薄膜沉积、光刻以及刻蚀工艺,通过在牺牲层薄膜上沉积结构层薄膜,然后去除牺牲层,释放结构层,从而实现可动结构。换言之,体微机械加工技术体现为对材料衬底进行选择性去除或消减的去除加工技术;而表面微机械加工技术是在材料表面生成或添加材料的添加加工技术。对于复杂 MEMS 微机械结构加工,体微机械加工和表面微机械加工可以相互交融实施。

体微机械加工技术一般采用化学刻蚀、机械加工或激光加工等工艺,按照要求选择性去除部分基底材料,形成所需结构。实现体微机械加工通常采用湿法刻蚀(腐蚀)和干法刻蚀(腐蚀)两种工艺。湿法刻蚀工艺是利用 MEMS 传感器衬底材料的各向同性或各向异性特性,通过材料与腐蚀液接触后发生化学反应,对衬底表面或对传感器结构实现刻蚀。采用这种化学方法去除基底材料时,通常采用 SiO_2 或 SiN_4 等材料对不需要刻蚀部位进行掩膜保护或采用硼掺杂工艺防止保护层下材料被化学腐蚀液刻蚀。湿法刻蚀可以实现 MEMS 传感器材料表面膜的剥离,对未实现掩蔽的暴露部分在腐蚀液中进行刻蚀,从而形成各向同性或各向异性的腐蚀结构。通过适当选取待腐蚀材料的衬底类型,制作不同的掩膜,可以实现不同的梁、膜、岛、槽、孔洞或平台等三维结构。干法刻蚀工艺是采用专用设备,利用设备物理或化学反应产生的气体或等离子体对待加工材料进行刻蚀,从而在材料上或材料衬底上制备出所需要的三维结构或功能结构。干法刻蚀可以分为利用化学反应实现的各向同性腐蚀(等离子体腐蚀)和利用物理反应实现的直接刻蚀。

表面微机械加工技术是在半导体材料(如硅)基底表面,通过逐层沉积不同材料并进行刻蚀的方法来形成微结构。通常体现为生成或添加所需要制备的 MEMS 薄膜,如 IC 平面工艺中的各种沉积绝缘层、溅射金属薄膜以及利用 LIGA(lithography electroforming micro molding)技术和牺牲层技术制备薄膜,并通过相关刻蚀设备完成膜结构的开窗(孔)等的微结构加工过程。

图 14-2 所示为形成悬臂梁的两种方法。一种是采用体微机械加工中的湿法刻蚀技术,通过腐蚀方法“去除”衬底上部分材料形成悬臂梁(见图(a));另一种是采用表面微机械加工技术,在衬底材料表面形成薄膜,并采用牺牲层工艺“添加”制备悬臂梁(见图(b))。

除了上述两种微机械加工技术以外,MEMS 制造还广泛地使用多种特殊加工方法,其中常见的方法包括键合、LIGA、电镀、软光刻、微模铸、微立体光刻与微电火花加工等。

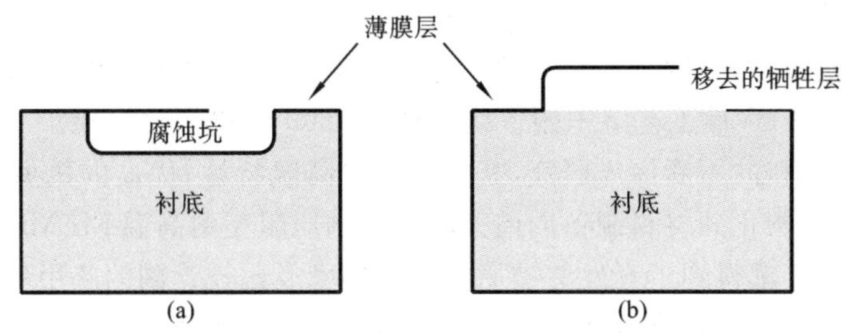

图 14-2　形成悬臂梁的工艺方法

(a) 体微机械加工;(b) 表面微机械加工

14.2.1　MEMS 传感器膜制备工艺

半导体表面膜制备工艺属于 IC 集成电路的基础工艺,也是 MEMS 传感器重要的关键制备工艺。正是由于两者之间工艺的相似性,常规 MEMS 传感器膜制备工艺兼容全部 IC 膜制备工艺技术。膜的种类基本等同于各种 IC 集成电路膜制备要求的材质膜,典型的传感器膜包括 SiO_2、Si_3N_4、SiC 和金属膜等。下面对 MEMS 传感器制备工艺中的几种典型膜制备工艺加以介绍。

1. 二氧化硅膜制备

SiO_2 是硅基 MEMS 传感器和硅基 IC 半导体工艺中最常用的介质材料,由于其良好的绝缘性,通常被用作器件之间或多层金属之间的绝缘层、腐蚀掩膜层、离子注入或扩散杂质的绝缘层、器件表面的保护层或钝化层。由于 SiO_2 在较宽波长范围内具有光的通透性,也使其在很多光学 MEMS 传感器中作为光学敏感器件的表面保护层而得以广泛使用。SiO_2 可以通过热氧化(干氧或湿氧)工艺进行制备,也可以通过工艺沉积来获得。热氧化制备 SiO_2 工艺是高温氧化工艺,采用高温氧化扩散炉来完成。沉积工艺包括化学气相沉积(CVD)、低压化学气相沉积(LPCVD)和等离子体增强化学气相沉积(PECVD)等。

制备 SiO_2 膜作为 MEMS 传感器敏感元器件保护膜或工艺膜时,需要考虑表面材料如铝布线或铝电极在高温时氧化引起的器件性能劣化,或 SiO_2 膜对 MEMS 传感器结构产生拉压应力直接导致的传感器检测精度降低。经验做法是采用低温氧化工艺或采用 PECVD 等设备进行膜层制备,并且通过 PECVD 工艺控制实现 SiO_2 膜层的应力调整,使生成的膜层产生近似拉、压应力或应力趋近于零。

2. 氮化硅膜制备

氮化硅由于其特有的对 H_2O 和碱性离子的不亲和性,常在 MEMS 传感器膜制备中作为常规的器件表面钝化(保护)材料使用,同时氮化硅作为一种非常有用的电介质材料,在多种采用电容原理工作的 MEMS 传感器中,被作为典型的电容介质材料广泛使用。常规的氮化硅采用 CVD、LPCVD 或 PECVD 工艺来制备。

SiO_2 可采用碱性溶液进行有效的湿法腐蚀,但是氮化硅由于对碱离子的不亲和性,因此只能采用煮沸的磷酸(H_3PO_4 混合物)进行湿法腐蚀或采用等离子设备完成腐蚀或剥离。经验表明,由 LPCVD 工艺技术制备的氮化硅膜最低应力可接近于零。另外,由于等离子体驱动频率对 PECVD 制备氮化硅膜的化学计量成分和应力有明显影响,通过控制等离子体驱动频率可实现生成氮化硅膜的应力控制。一些新的 PECVD 生产方法,如采用双频率快速转换技术,可获得应力接近于零的氮化硅膜。

3. 碳化硅膜制备

碳化硅硬度高,耐化学腐蚀性、导热性和电子稳定性均好,也是MEMS传感器常用的绝缘膜材料。通常采用PECVD工艺沉积制备或在高温1300 ℃以上自生长。

随着对碳化硅材料的不断深入研究,其良好的耐高温特性,优良的机械、电学和化学特性不断得到认识。采用碳化硅材料制备的谐振式热激励压阻型耐高温MEMS压力传感器、温度传感器、气敏传感器等都得到了开发并被用在高温环境或比较苛刻的应用环境中,在一定程度上弥补了硅MEMS传感器在高温或特殊环境下不适宜工作的缺陷。

4. 金属薄膜制备

MEMS传感器金属薄膜的制备(金属引线、电极制备)可采用电热蒸镀、电子束蒸镀、溅射淀积、CVD、选择性CVD及金属黏附层等制作方法。制作的金属薄膜要求与衬底必须形成良好的欧姆接触和低的结合应力。不同的制作方法和工艺适合不同的金属膜制备,对于有特定使用环境要求的,如使用温度在250 ℃以上的MEMS传感器,金属引线、电极制备等需要综合考虑,以免出现硅与金属互溶带来传感器器件的性能劣化。

1) 电热蒸镀

电热蒸镀也称电热蒸发,是一种采用电加热方法,将待制备的金属加热形成金属蒸气或金属升华后在衬底材料(如硅等)表面经过冷凝形成的金属薄膜。电热蒸镀需要加热衬底材料以降低薄膜形成后的结合应力,适合采用电热蒸镀的金属为Au、Ni、Mg、Ti等。电热蒸镀形成的薄膜应力较低,但薄膜附着能力也相对较低。

2) 电子束蒸镀

电子束蒸镀采用电子束轰击待制备金属,形成能够沉积的金属蒸气,金属蒸气在衬底上沉积形成需要制备的金属薄膜工艺,其特点是蒸镀速度快,可处理高温难熔金属。适合电子束蒸镀的金属有Ti、Pt、Pb及难熔的W、Mo、Ta等。形成薄膜的附着应力与附着强度比电热蒸镀大。由于可以利用电子束离子的轰击能量将沉积金属的排列密度控制得比常规不使用离子轰击时的排列更加紧密,因此在能量和流量精确控制下的多离子束共同轰击形成的金属蒸镀膜可以实现膜的拉应力接近于零。

3) 溅射淀积

溅射淀积通常分为直流驱动淀积或射频驱动淀积。其原理是在直流或射频驱动下,通过一个电位梯度的加速系统内的惰性离子,轰击待溅射金属材料靶标,在射入离子的动能作用下,靶标材料产生发射束流,束流淀积在衬底材料上完成金属膜制备。由于采用可控离子轰击来完成溅射过程,因此可溅射金属材料适应性广,具有比蒸镀更好的台阶覆盖能力和薄膜应力控制能力,溅射淀积可完成合金材料的淀积工作。

通过蒸镀与溅射的对比可知,蒸镀为定向沉积,因此台阶覆盖能力较弱,不易形成台阶(直角面)的全覆盖;溅射虽然存在方向性,但由于轰击产生的原子呈空间发散性分布,因此台阶(直角面)覆盖远远高于蒸镀的覆盖效果。另外,蒸镀为高温工艺,蒸镀材料在到达衬底并完成沉积成膜的过程中可能出现化学变化,如硅材料高温下氧化等;溅射则不会使衬底材料产生化学变化,更适合于化合物、合金金属或对金属成分有严格要求的金属膜制备。

4) 有机金属化学气相沉积

有机金属化学气相沉积(metal organic chemical vapor deposition,MOCVD)是在基板上生长半导体薄膜的一种方法。载流气体通过有机金属反应源的容器时,将反应源的饱和蒸气带至反应腔中与其他反应气体混合,然后在被加热的基板上完成化学反应,促成金属氧化物薄膜的成长。由于 MOCVD 是无方向性的，因此具有良好的台阶覆盖能力。MOCVD 通常需要热能来驱动化学反应，以制备所需金属镀层，对于采用激光辅助处理的 MOCVD 也称激光辅助 MOCVD。

5）选择性 CVD 及金属黏附层

选择性 CVD 制备工艺用于在硅衬底上定向设计并制备某些特殊金属膜层，其制备原理是通过用所需要制备的金属原子替换硅衬底上的硅原子，使衬底材料在形成功能器件时具有特殊设计的一些功能。金属黏附层也称金属黏附过渡层，是用来制备 Au、Pt 等相对惰性的低活性金属与硅材料衬底结合的过渡层的必需结构，通常会在相对惰性的金属上沉积一层薄的活性金属（如 Cr、Ti 等）作为黏附层。

14.2.2　MEMS 传感器的光刻技术

光刻是采用专用设备运用曝光方法将精细的图形转移到光刻胶上的工艺技术。光刻时使用有预定图形的石英玻璃板作为掩膜，掩膜放在涂有光刻胶的基底上，然后利用紫外线或可见光使光刻胶基底部分曝光。曝光会改变光刻胶在显影液中的溶解性，从而将掩膜上的图形通过显影工艺转移到光刻胶上。再经过后烘坚膜、刻蚀、去除光刻胶从而完成光刻工艺。在制作过程中，要注意正性光刻胶和负性光刻胶的区别。图 14-3 所示为光刻流程。

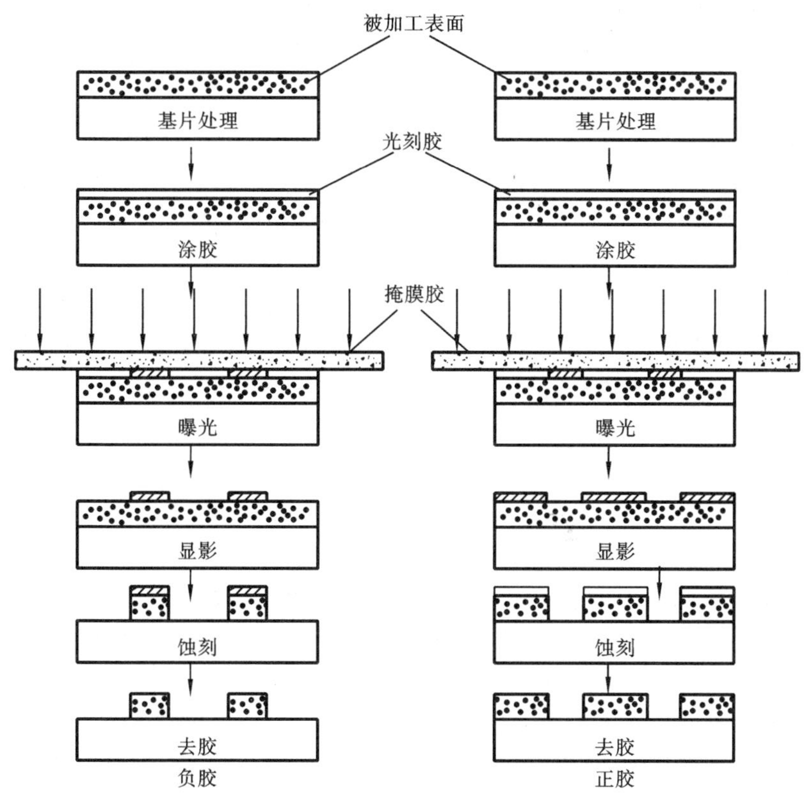

图 14-3　光刻流程

光刻工艺的主要步骤如下：①基片前处理。为确保光刻胶能和晶圆表面很好粘贴，形成平滑且结合得很好的膜，必须进行表面处理，保持表面干燥且干净。有时通过打底膜来提高光刻工艺质量。②涂光刻胶。采用旋涂工艺，在晶圆表面建立薄的均匀的没有缺陷的光刻胶膜。

③前烘(软烘焙)。去除胶层内的溶剂,提高光刻胶与衬底的黏附力及胶膜的防机械擦伤能力。④对准和曝光。保证器件和电路正常工作的决定性因素是图形的准确对准,以及光刻胶上精确的图形尺寸的形成。所以涂好光刻胶后,首先要将所需图形在晶圆表面上准确定位或对准,然后通过曝光将图形转移到光刻胶涂层上。⑤显影。将掩膜版图案复制到光刻胶上。⑥后烘(坚膜)。经显影以后的胶膜发生了软化膨胀,胶膜与硅片表面黏附力下降。为了保证下一道刻蚀工序能顺利进行,使光刻胶和晶圆表面更好地黏结,必须继续蒸发溶剂以固化光刻胶。⑦刻蚀。通过光刻胶暴露区域去掉晶圆最表层,将光刻掩膜版上的图案精确地转移到晶圆表面。⑧去除光刻胶。刻蚀之后,图案成为晶圆最表层永久的一部分。作为刻蚀阻挡层的光刻胶层必须从表面去掉。

14.2.3 MEMS 体微加工的表面牺牲层工艺和 LIGA 工艺

1. 表面牺牲层工艺

表面牺牲层工艺是在 MEMS 体微机械加工过程中,首先在下层薄膜上用结构材料淀积所需的各种特殊薄膜结构(或称为结构件);然后用刻蚀方法在不损伤所淀积的薄膜结构前提下,将覆盖在这层膜下的下层薄膜腐蚀掉;最后得到上层薄膜结构形成的空腔或微结构。由于在形成空腔或微结构过程中,刻蚀掉的下层薄膜只起分离层作用,类似于对上层薄膜做出了牺牲,故形象地称该工艺为表面牺牲层工艺。牺牲层厚度通常为 0.001～0.002 mm,常用材料主要有氧化硅、多晶硅和光刻胶。常用的结构材料有多晶硅、单晶硅、氮化硅、氧化硅和金属等。

牺牲层可制造出多种活动的微结构,如微型桥、悬臂梁及悬臂块等。这些牺牲层制作的薄膜结构件常被作为 MEMS 敏感元件的功能结构件或执行元件,如 MEMS 谐振式压力传感器的谐振子、谐振式微型陀螺的谐振陀螺、MEMS 加速度传感器的质量块结构件、MEMS 硅压阻式传感器的硅压力薄膜等。

牺牲层制作的工艺流程是:首先利用膜制造工艺在硅衬底上沉积一层最后要被腐蚀(牺牲)掉的膜(如 SiO_2 可用 HF 腐蚀),再在其上淀积(制作)需要实现的功能结构膜层,利用光刻技术完成图形转换并刻蚀下层膜窗口,最后用腐蚀液通过窗口进入到牺牲层膜层内进行腐蚀,待牺牲层腐蚀全部结束后形成预先设计好的结构件,包括可动的功能结构部件、镂空的功能结构部件等。

2. LIGA 工艺

LIGA 工艺可用于在不同材质(如硅、聚合物、陶瓷、金属或塑料)上实现大的深宽比三维微结构器件的制作,主要由深度同步辐射 X 射线光刻、电铸制模和注模复制三个工艺步骤完成,是利用 X 射线(同步辐射)和电铸成型(通过在模型或模具上电镀,模型或模具随后与淀积的物体分离,进行器件的生产或复制)的深层光刻获得微观三维结构的一种制造工艺。

硅体微机械加工和表面微加工都是从 IC 微电子制造技术演变而来的,因此大多数用于微电子产品和集成电路的理论、经验以及设备,经过细微调整后基本上都能适合 MEMS 传感器功能结构器件的加工。但常规的 MEMS 体微机械加工技术也存在某些局限,如几何深宽比相对较小,需要使用硅基底材料等。

由于 LIGA 工艺材料适用性广,能产生“厚”且极其“扁平”的或大高宽比的微型三维微结构,弥补了 MEMS 微机械制造工艺无法制造类似比例尺寸微结构件的不足。图 14-4 所示为 LIGA 工艺流程。

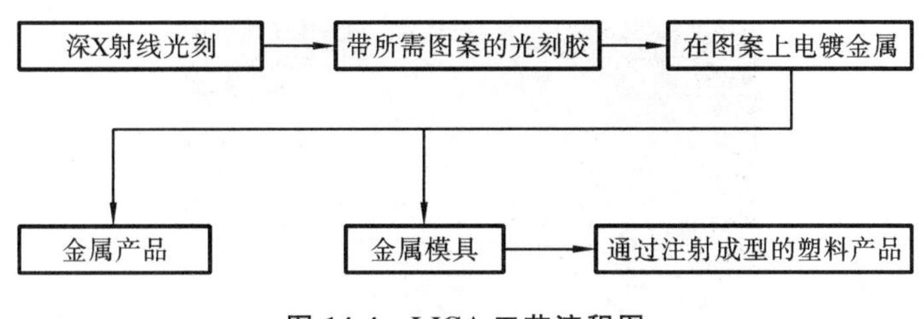

图 14-4　LIGA 工艺流程图

LIGA 工艺主要的制作步骤如下：①利用深层辐射 X 射线光刻在厚的光刻胶层上设定所要求的模型；②通过光刻掩膜版将图形刻印在衬底的光敏聚合物上，经处理在光敏聚合物上留下所需三维结构模型；③利用电镀技术，连接电场将金属迁移到制作成型的三维结构模型件上，形成金属结构；④以该金属结构为微型模型，将其他材料通过注塑或电铸等方式制成三维结构或模型。

LIGA 工艺对光刻胶材料的基本要求是：①必须对 X 射线辐射敏感；②必须有高的分辨率，而且对干法和湿法腐蚀有强抗腐蚀性；③在 140 ℃以上能保持热稳定；④未曝光的保护部分在整个过程中不会被溶解；⑤在电镀过程中镀层与基底必须保持良好的黏合性。

LIGA 工艺对设备要求比较高，制造成本相对较高。

14.2.4　MEMS 传感器的键合工艺

键合在 MEMS 传感器的敏感元件制造中应用极其广泛，目的是实现不同材质或相同材质在不填充有机介质作为黏合剂的前提下，通过外界条件作用实现永久的无应力黏合。键合工艺是两层或多层硅片(或其他材料，如硅与玻璃、硅与金属、金属与玻璃等)在外部条件作用下，使其接合面永久黏合为无应力的一体结构。

用于 MEMS 传感器制备的典型键合技术包括阳极键合、硅硅键合、倒装键合、金硅共融键合等，用于实现传感器敏感芯片的结构制备，实现应力隔离、温度隔离的功能结构腔体的制造，为达到防水、防尘、防静电等要求使用树脂、硅胶覆盖或填充。形成中间黏合层或过渡填充结构的工艺过程属于填充保护，不在键合工艺范畴之内。

14.2.5　MEMS 传感器晶圆的切割与封装

如图 14-5 所示，MEMS 硅传感器芯片通常是在整体晶圆上采用 MEMS 微机械技术完成，每片晶圆集成上百或上千支芯片已经成为常态。这些芯片可以是同类型或同尺寸，也可以是不同类型不同尺寸。制作完成的芯片通过芯片切割机(砂轮划片或激光切片机)切割成各自独立的 MEMS 传感器芯片，这种切割方式被称为晶圆切割。

多数 MEMS 传感器芯片中含有尺寸在微米级的精密结构部件，如膜片、叉指结构、谐振梁、岛膜等，这些精密部件在完成 MEMS 传感器最终产品时必须进行必要的结构封装。结构封装的好坏将最终决定传感器的综合性能，保证敏感芯片不会失效或测量失准或结构损坏。对系统和组件进行可靠封装是 MEMS 传感器技术发展面临的新问题。由于 MEMS 传感器存在可动功能结构件，并需依靠功能结构件感受所需检测的外界信号，因此虽然 MEMS 传感器系统封装与 IC 微电子技术封装相比有相似之处，但还是存在封装差异。MEMS 传感器封装不仅需要考虑电子元器件可以安全稳定地工作，还要考虑功能结构器件正常、稳定的功能性动作，同时封装要针对传感器工作环境状态加以保护。

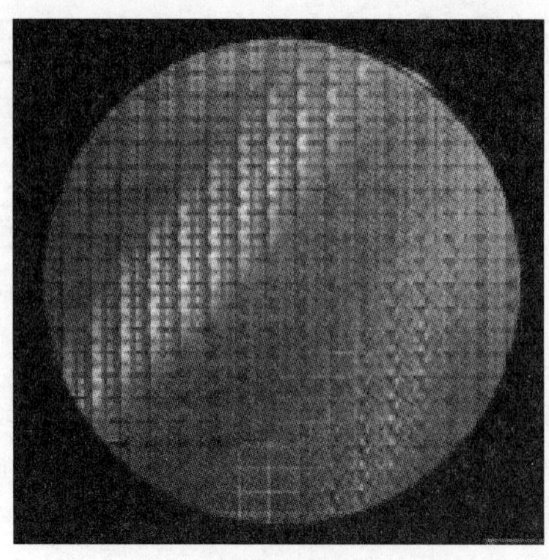

图 14-5 晶圆

MEMS 传感器封装通常分为三级:一级为芯片级封装;二级为器件级封装;三级为系统级封装。各级别封装在技术层面相互关联,如图 14-6 所示。

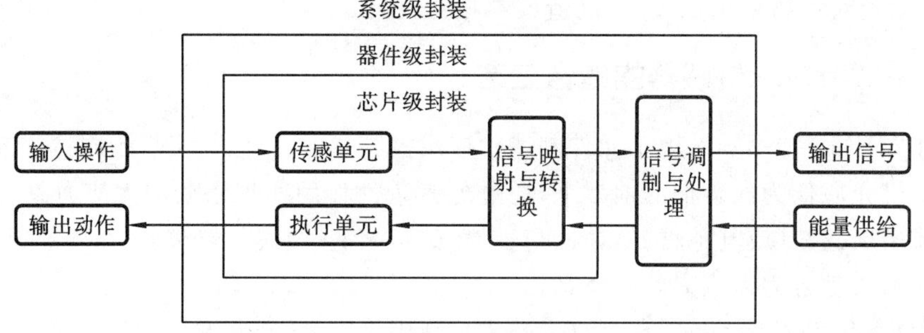

图 14-6 MEMS 传感器各级别封装

芯片级封装通常采用黏合剂封装,其主要作用是:①保护芯片或其他核心元件避免塑性变形或破裂;②保护信号转换电路;③为这些元件提供必要的电隔离和机械隔离;④确保系统在正常操作状态和超载状态下的功能实现。

器件级封装包含信号调制和处理,对于 MEMS 传感器来说大多数情况下需要包含电桥和信号调节电路的保护。对于设计人员来说,该级封装最大的挑战是如何完成信号电路接口的设计。

系统级封装主要是对芯片和核心元件以及主要的信号处理电路的封装。系统封装需要对电路进行电磁屏蔽、适当的力和热隔离等。金属外罩通常对避免机械和电磁影响起到出色的保护作用。

14.3 MEMS 传感器的应用

MEMS 传感器具有易集成、小型化、高精度、稳定性好、可靠性高、制作成本低和易于大批量生产等特点,成为当今替代传统传感器应用最多的微机电产品。MEMS 传感器作为新一代获取信息的关键器件,对各种装备的微型化、智能化发展起着巨大的推动作用,使其在石油、化工、电力、机械、航空航天、轨道交通、生物医学及国防等领域得到了广泛应用。

MEMS 传感器经历了三个阶段爆发式的应用高潮。第一阶段始于 20 世纪 70 年代末，MEMS 传感器技术快速发展以满足打印机、复印机等电子设备对小型化传感器的迫切需求；20 世纪后期，可满足汽车、电子产品等对小型化、可批量生产稳定可靠的温湿度传感器的需求，以及满足对汽车发动机用加速度、角度传感器和安全车用传感器的大量需求。第二阶段始于 21 世纪初，可满足汽车和电子产品智能控制所需的小型化、高集成度的 MEMS 传感器，以及工业过程控制用高端传感器、变送器的需求，催生了多轴 MEMS 惯性传感器(陀螺仪)、MEMS 加速度计、MEMS 温湿度传感器、MEMS 麦克风等众多用于汽车电子产品和消费电子产品的传感器，如：以日本横河公司 EJA 为代表的工业过程控制用高精度硅谐振 MEMS 传感器，其精度优于±0.045%FS，零点可实现 5 年免调校；日本 FU 的 FCX-A 系列高精度硅电容压力传感器等。第三阶段要满足人们日常生活中的“物联网”“互联网＋”对 MEMS 传感器的极大需求。如智能交通管理、智慧城市的信息采集与分析控制、智能生活、智能家居、环境检测、生物医疗、可穿戴设备等所需的，可以实现人机交流的高集成、高精度、低成本的 MEMS 传感器。

14.3.1　MEMS 压力传感器

MEMS 压力传感器是微机械技术中最成熟、最早开始产业化的 MEMS 传感器，可分为压阻式、压电式和电容式。这种传感器是以体微机械加工技术或牺牲层技术为基础进行制造的，具有圆形、方形、矩形、E 形等多种敏感膜结构。

例如，当压电元件上受到外力 F_x 时，其表面将感生出电荷

$$q = \varepsilon F_x \tag{14-1}$$

式中：ε 为压电系数(C/N)；材料晶格取向决定了电荷 q 值的大小。

这便是 MEMS 压电式压力传感器的基本工作原理。

MEMS 压力传感器可用于汽车工业、生物医学、航空航天及工业控制等领域。在汽车工业领域，各种 MEMS 压力传感器用于测量安全气囊压力、燃油压力、发动机机油压力、进气管道压力及轮胎压力等；在生物医学领域，用于颅内压力等检测系统；在航天领域，用于宇宙飞船和航天飞行器的姿态控制，高速飞行器、喷气式发动机、火箭、卫星等耐热腔体和表面各部分的压力测量。

14.3.2　MEMS 加速度传感器

MEMS 加速度传感器(加速度计)是继 MEMS 压力传感器之后第二个进入市场的微机械传感器，类型包括压阻式、电容式、力平衡式、隧道电流式、热电耦式和谐振式等。MEMS 加速度传感器一般用于测量加速度、振动及由脉冲载荷引起的机械冲击。对于平移系统来说，加速度为

$$a = \frac{\mathrm{d}v}{\mathrm{d}t} = \frac{\mathrm{d}^2 x}{\mathrm{d}t^2} = x'' \tag{14-2}$$

对于转动系统来说，加速度为

$$a_\theta = \frac{\mathrm{d}\omega}{\mathrm{d}t} = \frac{\mathrm{d}^2 \theta}{\mathrm{d}t^2} = \theta'' \tag{14-3}$$

式中：x 为位移；v 为速度；θ 为转角；ω 为转速。

虽然可以通过力或位移传感器结合式(14-2)和式(14-3)计算出物体的加速度，但通常情

况下采用质量-弹簧-阻尼的系统方法实现。如图 14-7(a)所示为谐振式 MEMS 加速度传感器机械结构的力学模型。

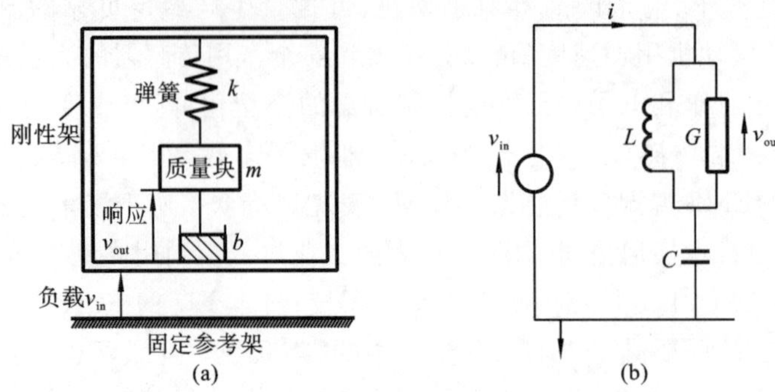

图 14-7 谐振式 MEMS 加速度传感器

(a) 力学模型;(b) 等效电路

该系统中,加载力 ma 的作用是驱动二阶阻尼谐波振荡器,根据牛顿第二定律有

$$m\frac{d^2x_{out}}{dt^2}+c\frac{dx_{out}}{dt}+kx_{out}=ma \tag{14-4}$$

$$\frac{d^2x_{out}}{dt^2}+2\xi\omega_n\frac{dx_{out}}{dt}+\omega_n^2x_{out}=a \tag{14-5}$$

式中:a 为输入加速度;m 为惯性质量块的质量;c 为阻尼系数;k 为弹簧系数;x_{out} 为惯性质量块相对于刚性框架的位移;ξ 为二阶系统的阻尼系数;ω_n 为固有频率。

由式(14-4)和式(14-5),则可得 $2\xi\omega_n=\frac{c}{m}$;$\omega_n^2=\frac{k}{m}$。

在常加速度条件下,位移 x_{out} 和输入加速度 a 成正比,即

$$x_{out}=\frac{m}{k}a=\frac{a}{\omega_n^2} \tag{14-6}$$

则传感器的灵敏度 s 为

$$s=\frac{x_{out}}{a}=\frac{m}{k} \tag{14-7}$$

可见,质量 m 越大、弹簧系数 k 越小,即系统固有频率越低,则响应灵敏度 s 越高。

在加速度经常改变的情况下,耗能器有十分重要的作用。图 14-11(b)所示为该机械系统的等效电路图。v_{in} 和 v_{out} 等效于速度载荷和响应。

$$\frac{v_{out}}{Z_{LG}}=\frac{v_{in}-v_{out}}{X_C} \tag{14-8}$$

式中:Z_{LG} 为并联电阻电感的阻抗;X_C 为容抗。

因此,速度传输函数为

$$\frac{v_{out}}{v_{in}}=\frac{Z_{LG}}{X_C+Z_{LG}} \tag{14-9}$$

MEMS 加速度传感器中,最具吸引力的是力平衡加速度计,典型产品是 Kuehnel 等人于 1994 年研制出的 AGXL50 型传感器。国内在微加速度传感器的研制方面也作了大量工作,如西安电子科技大学研制的压阻式微加速度传感器和清华大学微电子所开发的谐振式微加速度传感器。后者采用电阻热激励结合压阻电桥检测的方式,敏感结构为高度对称的四角支撑质量块形式,在质量块四边与支撑框架之间制作了四个谐振梁用于信号检测。

电容式 MEMS 加速度传感器具有灵敏度高，受温度影响极小等特点，主要用于汽车安全气囊系统、防滑系统、汽车导航系统和防盗系统等。在汽车安全气囊系统中，MEMS 加速度传感器可以安装在不同的地方，用来判断多方位信息以识别碰撞的方向、类型、重力影响等，并保证气囊系统做出快速反应。在汽车防盗系统中，MEMS 加速度计用来做倾斜计，感测汽车相对地面的倾斜度，当汽车被盗拖动时，加速度计将检测到倾斜度的变化从而发出报警。

MEMS 加速度传感器在医疗保健、航空航天等方面也有用武之地，如计步器利用三轴 MEMS 加速度传感器实现健身和健康监测功能。MEMS 加速度传感器还可用于消费电子产品，如 Thinkpad 笔记本电脑采用 MEMS 加速度计防止振动引起硬盘损坏导致信息丢失。

14.3.3　MEMS 陀螺仪

陀螺仪可以对加速度传感器和电子罗盘进行有益补充。当三轴陀螺仪加上三轴加速度传感器形成六轴的运动传感器之后，基本上可以检测到所有形式的运动，包括速度、方向、位移等参数。陀螺仪按其构成原理可分为光学式（如 9.3.5 节中介绍的光纤陀螺仪）、机械式、气动式和振动式等类型。其中，振动式因为结构相对简单，无旋转部件，因此最适合微型化。MEMS 陀螺仪已在航空航天、航海、汽车、生物医学和环境监控等领域得到了应用。MEMS 陀螺仪还可为各种消费类电子产品，如手机、照（或摄）相机增值，增加图像的稳定性，提供步行导航并改进用户界面等。

MEMS 陀螺仪的工作原理和传统陀螺仪有所不同，传统陀螺仪主要利用角动量守恒原理，其转轴指向不随承载支架的旋转而变化。MEMS 陀螺仪利用科里奥利力进行能量的传递，将谐振器的一种振动模式激励到另一种振动模式，后一种振动模式的振幅与输入角速度的大小成正比，通过测量振幅实现对角速度的测量。

科里奥利力加速度是动参系的转动与动点相对动参系运动相互耦合引起的加速度 a_c，它的方向垂直于角速度矢量 $\boldsymbol{\omega}$ 和相对速度矢量 $\boldsymbol{V}$，判断方法遵循右手螺旋准则。如图 14-8 所示，假如质点以非常快的速度 $\boldsymbol{V}$ 沿转盘 y 向做简谐振动，利用右手螺旋准则可判断出质点将在转盘上以加速度 $\boldsymbol{a}_c$ 做振动，利用这一原理就可制作出微机械陀螺。如果物体在圆盘上没有纵向运动，科里奥利力就不会产生。因此，在 MEMS 陀螺仪的设计上，这个物体被驱动不停地来回做纵向运动或者振荡，与此对应的科里奥利力就不停地在横向来回变化，并有可能使物体在横向做微小振荡，相位正好与驱动力相差 90°。MEMS 陀螺仪通常有两个方向的可移动电容板。纵向的电容板加振荡电压迫使物体做纵向运动，横向的电容板测量由于横向科里奥利力运动带来的电容变化。因为科里奥利力正比于角速度，所以由电容的变化可以计算出角速度。

MEMS 陀螺仪的传感电容变化量极其微小，比如典型的表面微加工工艺的加速度计，传感电容原始值仅为 50 fF～1 pF，极板间初始距离为 1 μm 左右，相应所产生的传感电容变化量只有 0.38×10^{-18} F。如此小的电容变化量经常会淹没在各种噪声中，电路测试精度还会受到各种寄生电容的影响，所以设计高精度的微弱电容读出电路是一个巨大的挑战。敏感元件将外部加速度转化为电容，电路则通过测试该电容值的变化来间接测试加速度。电容的计算公式为

$$C=\frac{\varepsilon_0\varepsilon_r S}{\delta} \tag{14-10}$$

式中：ε_0 为真空介电常数；ε_r 为电容极板间介质的相对介电常数；S 为两极板重叠面积；δ 为两

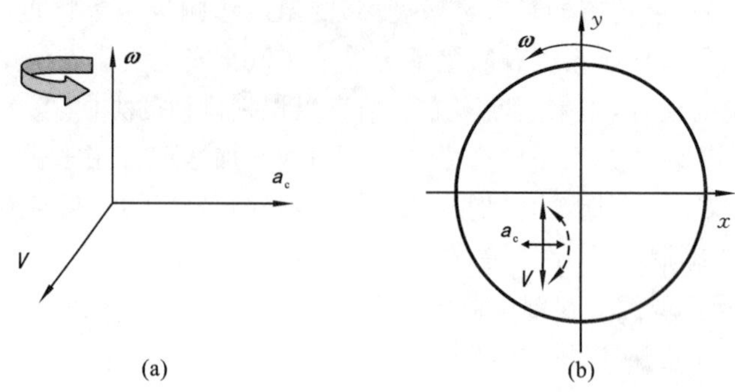

图 14-8 科里奥利力加速度

极板间距。

从式(14-10)可知,通过改变极板间距 δ 或改变两极板重叠面积 S 均可改变电容值。根据这两种方式,MEMS 陀螺仪可分为变间距式和变面积式两类。

MEMS 陀螺仪的研究主要集中于汽车应用和导航应用。在汽车工业中可用于 GPS 导航系统、汽车底盘控制系统和安全制动系统。此外,微型低功率导航集成微陀螺可满足小型平台,如微型无人机、水下无人潜航器、微型机器人等无 GPS 系统的导航技术要求。随着各国对汽车安全性能的要求越来越高,对汽车稳定性主控系统的监控要求不断提升,汽车 MEMS 陀螺仪的市场增长速度明显高于其他 MEMS 传感器。

MEMS 陀螺仪主要分为振动式和转子式。振动式 MEMS 陀螺仪利用单晶硅或晶硅制成的振动质量变化,通过旋转时产生的哥氏效应实现角速度测试;由多晶硅制成的转子式 MEMS 陀螺仪,采用静电悬浮,并通过力再平衡回路测出角速度。振动式 MEMS 陀螺仪在汽车上的应用较多,汽车上采用的传感器有 1/3 以上都将被 MEMS 传感器所取代。汽车越高级,采用的 MEMS 传感器越多。

14.3.4 MEMS 化学传感器

MEMS 化学传感器是指能将各种化学物质的特性变化定性或定量地转换成电信号的传感器,其检测对象通常是化学物质成分。目前,这类传感器主要是利用敏感材料与被测物质中的离子、分子或生物物质相互接触而引起的电极电位变化、表面化学反应或材料表面电势变化,并将这些反应或变化直接或间接地转换为电信号。

MEMS 化学传感器的机理通常比 MEMS 物理传感器复杂。目前,MEMS 化学传感器还存在选择性、稳定性、标准、质量控制等问题,特别是要求能够在众多化学物质中有选择性地检测出特定物质是比较困难的。从化学反应角度出发,MEMS 化学传感器分为可逆与不可逆两大类。不可逆传感器用于检测时其试剂相对消耗必须要小或可以被更新;可逆传感器则不受上述制约,故受到人们重视。

MEMS 化学传感器种类和数量很多,各种器件转换原理各不相同。在大部分生化过程中,离子起着极其重要的作用。测定人体内各种离子含量对疾病诊断、防治及发病机理的研究具有十分重要的意义。下面重点介绍在生物医学中应用较广泛的离子敏传感器。

离子选择性电极(ion selective electrodes,ISE)属于电化学传感器,其电位与溶液中给定离子活度的对数呈线性关系。作为指示电极的 ISE 与另一参照电极插入被测溶液构成一个化学电池,通过在零电流条件下测量两电极间的电势差求得被测物质的含量。ISE 基本结构由敏感膜、内参比溶液和内参比电极组成,其中敏感膜是决定 ISE 性质的关键部分,下面重点介绍晶体膜电极。

晶体膜电极的膜通常由难溶盐经加压线拉制成单晶、多晶或混晶的活性胶。其响应机制为晶格空穴引起的离子传导。一定膜的空穴只能容纳某种可移动的离子,其他离子则不能进入,而干扰则是由晶体表面的化学反应引起的。晶体膜电极包括均相膜电极和非均相膜电极,其中,均相膜电极的敏感膜由单晶或一种化合物或几种化合物均匀混合压片而成,如图 14-9 所示。

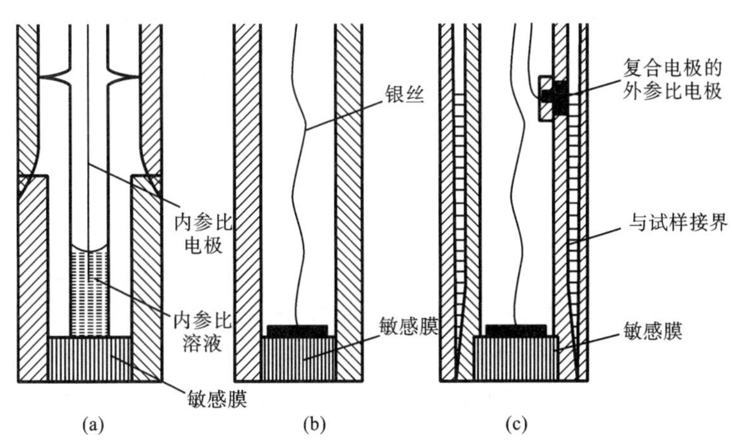

图 14-9　晶体膜电极结构

(a) 一般结构;(b) 全固态电极;(c) 复合电极

图 14-9(a)所示为一般结构,参比溶液由电极种类决定。图 14-9(b)所示为全固态电极,银丝直接焊接在膜片上,银盐体系如 AgCl-Ag2S、CaS-Ag2S 等 ISE 均采用这种形式(银盐体系的 ISE 不能在具有还原性的溶液中使用),此类电极常用于检测 Cl^-、Br^-、I^-、Ca^{2+} 等。图 14-9(c)所示为复合电极,它与外参比电极结合在一起构成一个测量电池,结构紧凑,可制成微型电极,适于少量试液和生物体内含量检测。

均相晶体膜电极的膜电势形成不需要水化层,故使用前不必浸泡,没有太大电势漂移,响应时间快,仅需几秒钟,敏感膜稍划伤不会致使整个电极失效,且可用细砂纸打磨出新表面而恢复电极性能。使用中,应将其安装在与垂直方向成 20°角的位置,以防止装晶体膜的凹槽内留有气泡。

非均相膜电极的敏感膜由各种电活性物质和惰性基质(如硅橡胶、聚氯乙烯或石蜡)混合组成,改善了晶体的导电性,赋予了电极很好的机械性能,使薄膜具有弹性,不易破裂或擦伤,可用于检测 Cl^-、Br^-、I^-、SO_4^{2-}、F^- 等离子。非均相晶体膜电极在第一次使用时需预先浸泡,以防止电势漂移,但浸泡过度也会出现电势漂移,此类电极响应较慢(响应时间为 15～60 s)。

MEMS 化学传感器目前已广泛用于汽车环境和运行安全参数检测上。常见的 MEMS 化学传感器主要指气体浓度传感器,用于测试汽车系统氧气、二氧化碳及氢气的浓度。其中,氧传感器通过检测汽车尾气中的氧含量,根据排气中的氧浓度可以测定汽车燃烧的空气与燃料比值(简称空燃比)。通过测试空燃比并将监测信息向车载微机控制装置发出反馈信号,从而控制汽车空燃比收敛于理论值,使汽车行驶在最佳燃烧控制状态。

14.3.5 MEMS 生物传感器

MEME 生物传感器是利用各种生物物质制成的用于检测与识别生物体内化学成分的传感器。生物或生物物质是指酶、微生物和抗体等，其高分子具有特殊性能，能够精确地识别特定的原子和分子。如酶是由蛋白质形成的并作为生物体的催化剂，在生物体内仅能对特定的反应进行催化，这就是酶的特殊性能。对免疫反应，抗体仅能识别抗原体，并且有与其形成复合体的特殊性能。

按照感受器中所采用的生命物质进行分类，MEME 生物传感器可分为酶传感器、微生物传感器、细胞传感器、免疫传感器等。

1. 酶传感器

酶传感器的基本原理是利用电化学装置检测酶在催化反应中生成或消耗的物质(电极活性物质)，并将其变换成电信号输出。常见的并达到实用化的一类酶传感器是酶电极。将酶膜设置在转换电极附近，被测物质在酶膜上发生催化反应后，生成电极活性物质，如 O_2、H_2O_2、NH_3 等，由电极测定反应中生成或消耗的电极活性物质，并将其转换为电信号。根据输出信号的方式，酶传感器分为电流型和电位型两类。电流型通过测量电极电流来确定与催化反应有关的反应物质浓度，一般采用氧电极、燃料电池型电极、H_2O_2 电极等；电位型通过测量敏感膜电位来确定与催化反应有关的各种离子浓度，一般采用 NH_3 电极、CO_2 电极、H_2 电极等。酶电极的特性除与基础电极特性有关外，还与酶的活性、底物浓度、酶膜厚度、pH 值和温度等有关。

以葡萄糖酶电极为例，该电极结构的敏感膜为葡萄糖氧化酶，固定在聚乙烯酰胺凝胶上。转换电极为极谱式氧电极(Clark 氧电极)，其 Pt 阴极上覆盖一层透氧聚四氟乙烯膜。当酶电极插入被测葡萄糖溶液中，溶液中的葡萄糖因 GOD 作用而被氧化，此过程中将消耗氧气生成 H_2O_2，反应式为

$$C_6H_{12}O_6 + O_2 \xrightarrow{\text{GOD}} C_6H_{10}O_6 + H_2O_2$$

此时在氧电极附近的氧气量由于酶促反应而减少，相应使氧电极的还原电流减小，通过测量电流值的变化即可确定葡萄糖浓度。

为适应传感器微型化的需要，可以采用如图 14-10 所示的离子敏场效应晶体管 ISFET。图中，白蛋白膜为对葡萄糖不敏感的参考膜，它同 ISFET 及参考电极一起构成差分测量系统，可解决参考电极微型化问题。ISFET 的一大优点是仅需微量试液，利用这种 ISFET 已开发出一种经皮血糖测定系统。通过一个吸引槽使皮肤表面保持微弱真空，抽吸得到微量的经皮浸出液，此浸出液中含有葡萄糖及尿素等物质，由 ISFET 测得其中葡萄糖含量。

2. 微生物传感器

微生物传感器与酶传感器相比，价格更便宜，使用时间更长，稳定性更好。酶主要是从微生物中提取精制而成，虽然有良好的催化作用，但不稳定，在提取阶段容易丧失活性，精制成本高。酶传感器和微生物传感器都利用了酶的基质选择性和催化性功能，但酶传感器是利用单一的酶，而微生物传感器是利用复合酶。也就是说，微生物的种类是非常多的，以菌体中的复合酶、能量再生系统、辅助酶再生系统、微生物的呼吸新陈代谢为代表的全部生理机能都可以加以利用。因此，用微生物代替酶有可能获得具有复杂及高功能的生物传感器。

微生物传感器是由固定微生物膜及电化学装置组成，如图 14-11 所示。微生物膜的固定

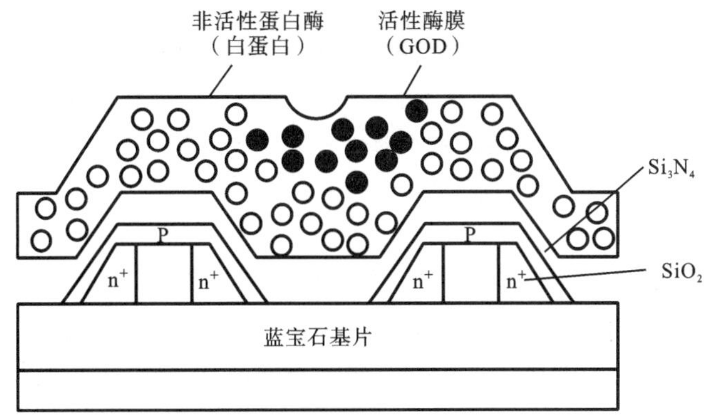

图 14-10 葡萄糖敏感 ISFET 结构

方法与酶的固定方式相同。典型的微生物传感器即微生物电极，是酶电极的衍生型电极，其结构和工作原理类似酶电极，主要差异由所采用的生物活性物质的性质决定。微生物电极按测量信号可分为电流型和电位型两类。一般来说，电流型较电位型的性能更为优良，其输出信号直接和被测物浓度呈线性关系，输出值的读数误差所对应的浓度相对误差较小，灵敏度较高。

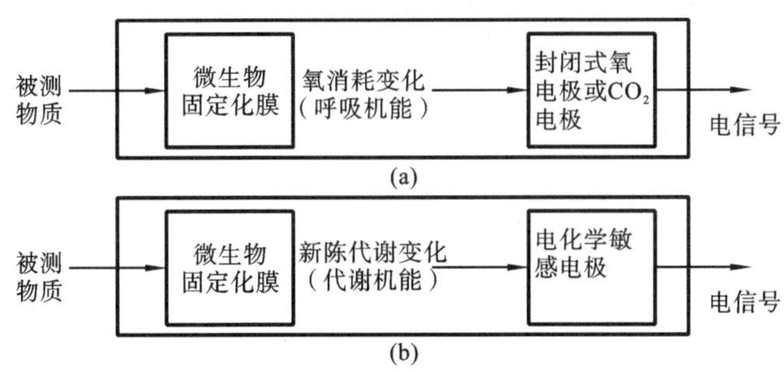

图 14-11 微生物传感器的基本结构

通常微生物对各种有机物都有同化作用，单一地利用这些微生物不可能构成选择性优良的传感器，应选择对被测物有特异性的微生物，或将微生物与酶结合起来构成复合膜，并改良电极，才能改善微生物传感器的选择性。

3. 细胞传感器

细胞传感器是功能高度集中的分子集合体，在其中能高效率地进行一系列代谢反应。不同的细胞传感器内含有一些独特的酶，且往往是多酶系统，故可用来测定由单一酶组成的传感器所不能测定的物质。此外有些酶很不稳定，难以提取和纯化，若用含这种酶的细胞器，酶在其中处于稳定状态，便于制成合适的传感器。

由细胞分离出来的细胞传感器是粒状的，通常利用固定化技术将其制成薄膜状，常用的固定化方法有载体吸附法和高分子凝胶包埋法，以避免细胞传感器膜的构造被破坏。和组织传感器相比，细胞传感器需要较复杂的制备提取和固定化过程，这是它的不便之处。

典型的细胞传感器有检测 NADH(还原型辅酶 I)的线粒体传感器，将除去外膜的线粒体经超声处理后，内膜便分散成粒子，这种粒子具有氧化磷酸化功能，称为电子传递粒子(ETP)。在 NADH 被氧化时，ETP 将电子传递给氧，氧被消耗同时生成水，通过测定氧耗量即可测定 NADH。这种传感器是将固定化 ETP 的凝胶膜附在氧电极的透气膜上构成的。此法比常用的荧光法、比色法操作简便且更为迅速。

4. 免疫传感器

酶和微生物传感器主要以低分子有机化合物作为测定对象,对高分子有机化合物识别能力不佳。利用抗体对抗原的识别和结合功能,可构成对蛋白质、多糖类等高分子有高选择性的免疫传感器。免疫传感器以免疫反应为基础,一般可分为非标记免疫传感器和标记免疫传感器。

1) 非标记免疫传感器

非标记免疫传感器(也称直接免疫电极)不用任何标记物,其原理为抗原(或抗体)携带有大量电荷,当抗原、抗体结合时会产生若干电化学或电学变化,涉及参数包括介电常数、电导率、膜电位、离子通透性、离子浓度等。检测其中一种参数的变化,便可测得免疫反应的发生。

非标记免疫传感器是使抗原、抗体复合体在受体表面形成,并将随之产生的物理变化转换为电信号。传感器按测定方法分两种:一种是将抗体(或抗原)固定在膜表面成为受体,测定免疫反应前后的膜电位变化,如图 14-12(a)所示;另一种是将抗体(或抗原)固定在金属电极表面成为受体,然后测定伴随免疫反应引起的电极电位变化,如图 14-12(b)所示。敏感膜一般用共价键法固定化。

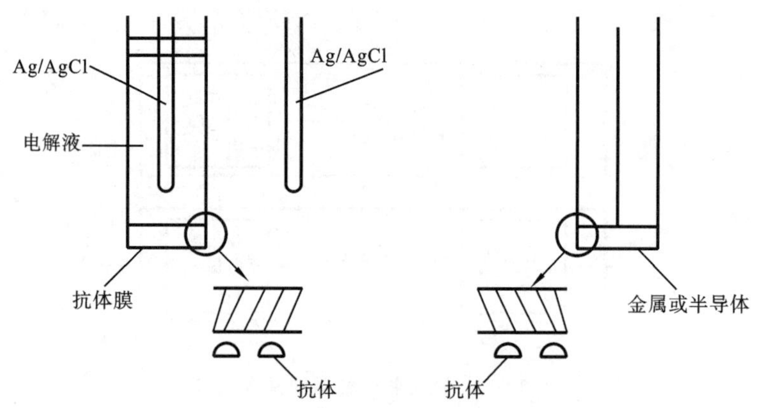

图 14-12 非标记免疫电极测定方法

(a) 抗体膜;(b) 金属膜

抗体膜或抗原膜与不同浓度的 1-1 价型电解质溶液(如 KCl)接触时,其膜电位 ΔU_1 近似为

$$\Delta U_1 = \frac{RT}{F}\left[-\ln r + \ln\frac{-\theta+\sqrt{\theta^2+4c_1^2}}{-\theta+\sqrt{\theta^2+4c_2^2}} + (2t-1)\ln\frac{(1-2t)\theta+\sqrt{\theta^2+4c_1^2}}{(1-2t)\theta+\sqrt{\theta^2+4c_2^2}}\right] \quad (14\text{-}11)$$

式中:θ 为膜电荷密度;t 为迁移率;c_1、c_2 为电解质浓度;r 为 c_1/c_2。

此时将在抗体膜表面形成抗原抗体复合体,通过洗涤除去未形成复合体的抗原和其他共存物质。在相同条件下测量抗原抗体反应后的膜电位 ΔU_2,则由 $\Delta U=\Delta U_2-\Delta U_1$ 可求出抗原浓度。注意应固定被测抗原浓度以外的各项因素不变,例如膜的抗体密度、抗原与抗体反应时间、膜电位测定条件等。

非标记免疫电极的特点是不需要额外试剂,仪器要求简单,操作容易,响应快;不足的是灵敏度较低,样品需要量较大,非特异性吸附会造成假阳性结果。

2) 标记免疫传感器

标记免疫传感器(也称间接免疫传感器)以酶、红细胞、放射性同位素、稳定的游离基、金属、脂质体及噬菌体等为标记物，使一定量的标记抗原和等当量的抗体发生反应，抗原全部与抗体结合而形成复合体。然后取与上述相同量的标记抗原和抗体，再加入被测非标记抗原，标记抗原和非标记抗原与抗体发生竞争反应以形成复合体，使复合体中标记抗原发生改变(减少或增加)，据此可推断出反应前存在的非标记抗原量(即被测对象)。

采用具有化学放大作用的酶作为标记物组成的标记酶免疫传感器具有较高灵敏度，由于是非放射性的，且部分产品已实用化，可望逐步代替放射免疫测定法。此类传感器的选择性依赖于抗体的识别功能，灵敏度依赖于酶的放大作用。通常一个酶分子每半分钟可使 $10^3 \sim 10^6$(有的可达 $10^6 \sim 10^7$)个底物分子转变为产物，这种标记酶免疫传感器的工作原理主要分为竞争法和夹心法。

目前，标记免疫传感器比非标记免疫传感器更具实用性，某些酶免疫传感器已经在临床分析上应用于 IgG、HCG 等测定，检测极限可达 $10^{-12} \sim 10^{-9}$ g/mL。这类传感器所需样品量少，一般只需数微升至数十微升，灵敏度高，选择性好，可作为常规方法使用，但需加标记物，操作过程也较复杂。

此外，还有一些其他类型的免疫传感器。例如，利用荧光全内反射的荧光免疫传感器，它是将抗体、抗原固定到光学器件表面，实现生化信号向光电信号的转换。利用某些化学发光现象，也可以构成光电式免疫传感器。例如，用嵌二萘标记的血清蛋白(human serum albumin，HSA)在电化学过程中发光，当标记 HSA 与抗体发生免疫络合时，使电化学发光减弱，其减弱程度与抗体浓度相关，由此可测定出游离 HSA 的量。用此法可测定 $10^{-7} \sim 10^{-5}$ mg/mL 的血清蛋白。

免疫传感器在实际应用中的一个重要问题是免疫电极的再生。免疫电极在进行一次测定后，需要使电极表面的络合物解离才能反复使用。一般说来，抗原、抗体反应的亲和常数大于解离常数，络合物的解离速度远小于络合物的形成速度，可以通过改变溶液的 pH 或离子强度来促进解离，还可以采用盐酸胍、尿素等蛋白质变性剂这一类强烈手段，但应注意不得使敏感膜失活。免疫电极敏感膜再生是难度较大的实用技术，且由于膜再生是免疫电极可重复使用的前提，故也在一定程度上限制了免疫传感器的应用。

总之，MEMS 生物传感器是利用生物分子、细胞微生物或组织等生物材料的特异性识别功能，通过各种物理、化学换能器将检测的信号进行转换，对待测物质进行定性或定量分析的一种传感器。其制作的方法是基于 MEMS 制作工艺，通过对微通道、微阀、微泵、微流量的制作进行分子级别的物理、化学分析进而对生物特性进行识别。

MEMS 生物传感器已被广泛应用于临床诊断、食物分析、环境检验、药物监控、军事与反恐等，是当前学科发展的前沿，具有重要的科学意义和医疗实用价值。MEMS 生物传感器特异性强，灵敏度高，响应时间快，样品量少，容易实现仪器的微型化和系统化，在医学中已经开始用于生物的体能细胞筛选、肿瘤分子诊断等多参数的检测和诊断。生物传感器技术与纳米技术相结合将是生物传感器领域新的生长点，其中以生物芯片为主的微阵列技术是当今研究的重点。

思考题与习题

14-1　什么叫 MEMS 传感器？

14-2　试描述 MEMS 传感器的特点。

14-3 MEMS传感器如何分类?

14-4 MEMS传感器的制备工艺有哪些?

14-5 试描述MEMS传感器制备工艺中的几种典型膜制备工艺。

14-6 试描述MEMS传感器加工过程中蒸镀与溅射的区别。

14-7 试描述MEMS传感器牺牲层的制作工艺流程。

14-8 什么是LIGA工艺?试说明LIGA工艺的主要步骤。

14-9 键合工艺在MEMS传感器制备中的主要作用是什么?用于MEMS传感器制备的典型键合技术有哪些?

14-10 MEMS传感器一般采用什么封装形式?不同封装形式的作用是什么?

第 15 章
拓展资源

第 15 章　智能传感器

随着测控系统自动化程度和复杂性的增加，对传感器的精度、稳定性、可靠性和动态响应等性能要求越来越高，传统传感器功能单一体积大，性能和工作容量已不能满足现代测控系统的需求。20 世纪 90 年代，随着智能化测量技术的提高，传感器实现了微型化、结构化、阵列化和数字化，具备了自诊断、记忆与信息处理等功能；2000 年开始，随着 MEMS 技术的大规模应用，进一步推动传感器向智能化、微型化和集成化方向发展；2010 年以后，随着物联网和智能制造的兴起，智能传感器得到广泛关注，向着集成化、系统化和网络化等方向发展。

智能传感器(intelligent sensor/smart sensor)是一种以微处理器为核心单元，兼有信息检测、信息处理、信息记忆、逻辑思维与判断等功能的传感器。它是随着 CMOS 技术、MEMS 技术的不断成熟而逐渐发展起来的新型传感器，可以利用软件技术实现高精度的信息采集、功能自动化及多样化等。采用新型材料、新的测量原理、微加工等新技术提升传感器的智能化并研制新型智能传感器，已经成为现代传感器技术的发展方向之一。

未来，具有学习能力的高度集成传感器将进一步得到发展和完善，智能传感器的适应性和传输特性、智能化和网络化也将进一步提升。

15.1　智能传感器的组成及分类

传感器与微处理器结合可以通过以下两种途径来实现：一是采用微处理器强化和提高传统传感器的功能，即传感器与微处理器为两个独立的功能单元。二是借助半导体技术将传感器与信号预处理电路、输入输出接口、微处理器等制作在同一芯片上，即形成大规模集成电路智能传感器。因而，传感器智能化经历了非集成化智能传感器和集成化智能传感器两个主要发展阶段。

非集成化智能传感器是将传统传感器(采用非集成化工艺制作的传感器，仅具有获取信号的功能)、信号调理电路、具有数字总线接口的微处理器组合一个整体而构成的智能传感器系统。这种传感器是在现场总线控制系统发展形势的推动下迅速发展起来的。

集成化智能传感器是采用微机械加工技术和大规模集成电路技术，将半导体硅作为基底材料来制作敏感元件、信号调理电路以及微处理器单元，并集成在一块芯片上构成的。这种传感器可以实现微型化，甚至可以小到将其放入注射针头内送进血管，以测量血液流动情况。另外，这种一体化结构提高了传感器的精度和稳定性。

15.1.1　智能传感器的组成

无论是非集成化智能传感器，还是集成化智能传感器，从组成上看，均为一个典型的以微处理器为核心的计算机检测系统。图 15-1 所示为智能传感器的基本组成框图。智能传感器按其功能可划分为两部分，即基本传感器部分和信号处理单元部分。基本传感器的主要功能是测量被测参数；信号处理单元的主要功能是由微处理器计算和处理被测量，包括将传感器的识别特性和计量特性进行存储以便校准计算，也包括滤除传感器感知的非被测量。传感器、信号调理电路、微处理器等可以整合在一个外壳内甚至一个芯片上,传感器(有时也包括信号调理电路)也可以位于远端,特别是在测量现场环境较差的情况下,有利于对电子元器件和微处理器的保护,也便于远程控制和操作。

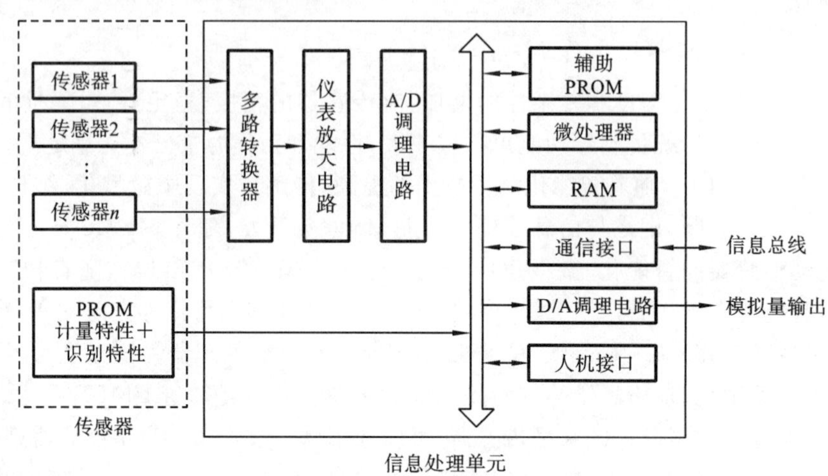

图 15-1　智能传感器基本组成框图

传感器将被测的物理量、化学量等转变成电信号(多传感器一般需要通过多路转换器分时选通),经放大、滤波、A/D 转换等信号调理和数字化后进入微处理器。

微处理器是传感器的智能核心,承担了数据采集、存储与处理,系统校准与补偿等大量硬件难以完成的工作,从而大大降低了传感器的制造难度,提高了传感器的性能和可靠性,降低了成本。另外,还可以为智能传感器配备一些其他功能,比如组态、调整和整定、自测试及自诊断、环境条件监测、外部过程控制、趋势记录等。

通信接口是连接智能传感器和外部系统的桥梁,是实现智能功能的必要条件。通过接口传递测量和控制数据、提供组态数据的存取等。

人机接口是直接与操作者交互和通信的重要工具,为可选单元。智能传感器不配备人机接口时,可通过通信接口、外部系统或手持终端访问内部数据。

智能传感器的输出接口包括 D/A 转换器、驱动电路等,为执行单元提供信号。

另外,还需要为智能传感器提供交流或直流电源。

总之,传感器的输出信号经过一定的硬件电路处理后,以数字信号的形式传送给微处理器;微处理器根据内存中的软件程序,实现对测量过程的各种控制、数据处理、逻辑判断以及信息传输等,从而使传感器获得智能化功能。

15.1.2　智能传感器的分类

智能传感器可以从硬件结构、智能化程度、被测量、数据处理技术、微处理器类型、物联网特性等方面进行分类。

1. 按照硬件结构分类

智能传感器按照硬件结构可分为混合智能传感器和集成智能传感器。混合智能传感器中,传感器和微机是两个独立的部分,之间通过接口连接,亦即上述的非集成智能传感器。集成智能传感器采用微机械加工技术和大规模集成电路工艺技术,将传感器若干个敏感元件、信号调理电路和微处理器等集成在同一块芯片上。

2. 按照智能化程度分类

按照智能化程度可将智能传感器分为初级智能传感器、中级（自立）智能传感器和高级智能传感器三种。初级智能传感器仅具有转换信号、改善非线性、消除噪声影响和提高精度等功能。中级智能传感器除具有初级智能化功能外，还具有自我诊断、自我校正等自我调节功能，并具有现场处理和适应环境的判断功能。高级智能传感器除具有中级智能化功能外，还具有多维检测、特征检测、图像显示、图像识别等功能，从而使传感器能代替人的部分认识行动，高效地从复杂对象中获取有效信息，成为名副其实的智能传感器。

3. 按照被测量分类

按照被测量可将智能传感器分为温度、湿度、位移、力、转速、角速度、液位、流量、气体成分等智能传感器，与传统传感器分类方法相同。

4. 按照数据处理技术分类

按照数据处理技术，智能传感器可分为采集存储型智能传感器、筛选型智能传感器和控制型智能传感器。采集存储型智能传感器用于数据自动采集与存储，以供操作者随时调用。筛选型智能传感器能根据特定要求，在采集到的数据中筛选出特定值并予以传输。控制型智能传感器能根据采集到的数据，按照给予的规则进行逻辑判断，并按照判断结果控制其他设备行为。

5. 按照微处理器类型分类

按照采用的微处理器类型，可将智能传感器分为基于单片机（MCU）、嵌入式系统（ARM）、数字信号处理器（DSP）、专用集成电路芯片（ASIC）、可编程逻辑阵列（FPGA）或片上系统（SoC）等的智能传感器。基于 MCU 的智能传感器采用 MCU 作为运算、处理和控制核心；基于 ARM 的智能传感器采用 ARM 作为运算、处理和控制核心……以此类推。

6. 按照物联网特性分类

智能传感器具有物联网特性，是物联网的重要基础，更是未来工业互联网的重要基石。从物联网角度可按通信接口类型、节点类型等对智能传感器进行分类。按照通信接口可以将智能传感器分为基于工业以太网、基于现场总线或基于无线网络的智能传感器。传感器网络一般按照平面结构或分簇结构来构建。平面结构的传感器网络中，节点监测到的数据通过其他传感器进行传输，将监测数据传输到汇聚节点再统一进行后续传输。分簇结构是将传感器网络划分为多个簇，每个簇由一个或多个簇头节点和多个簇成员节点组成，其中各个簇头又形成高一级网络。

平面结构下的智能传感器按照节点类型可分为普通节点型、转发节点型和汇聚节点型。普通节点型智能传感器具有传统网络节点终端功能，可以进行数据采集和处理，一般与其他传感器协作完成某些特定任务；转发节点型智能传感器具有传统网络路由器的功能，可对其他节点传来的数据进行存储、管理和融合等处理；汇聚节点型智能传感器的数据处理能力、储存能力和信息通信能力都相对较强，负责连接传感器网络与外部网络实现通信协议的转换。

分簇结构下的智能传感器按照节点类型可分为簇成员节点型和簇头节点型。前者服务于自身所在的簇，采集数据并传输给簇头进行后续操作；后者负责物联网中各个簇之间的数据转发，即各个簇头又形成一个信息传输网络，减少了网络中控制信息的数量。簇头可以预先设定，也可通过分簇算法选举产生。

15.2 智能传感器的主要功能及特点

15.2.1 智能传感器的主要功能

1. 控制功能

在智能传感器中,测量过程可以通过预先编写好的程序,在微处理器的控制下实现自动化测量。其控制功能一般包括键盘控制、量程自动切换、多路通道切换、极值判断与越界报警、自动校准、自动诊断、测量结果显示及打印方式选择等。智能传感器不仅能自动检测各种被测参数,还可以进行自动调零、自动调平衡、自动标定或校准。可以在接通电源时进行开机自检,也可以在工作中进行运行自检,通过自检软件实时测试,诊断出故障的原因和位置,提高工作点的可靠性。可以根据待测物理量的数值大小及变化情况自动选择检测量程和测量方式,提高检测的适应性。

2. 数据处理功能

智能传感器数据处理功能主要包括标度变换技术、数字调零技术、非线性补偿、温度补偿、数字滤波技术等。这些数据处理工作都是在软件(程序)支持下进行的,软件设计的质量直接影响着智能传感器的性能。尽可能多地采用软件设计提高传感器的精度、可靠性和性能价格比是设计智能传感器的原则。

智能传感器可随时存取检测数据,加快了信息处理速度。组态功能可实现多传感器、多参数的复合测量,扩大检测与适用范围。可以设置多种模块化的硬件和软件,通过指令组态,完成不同的测量功能。可以存储传感器的特征数据和组态信息,如装置历史信息、校正数据、状态参数等,在断电重连后能够自动恢复到原来的工作状态,也能够根据应用需要随时调整其工作状态。可以对检测数据进行分析、统计和修正,还可进行非线性、温度、噪声、响应时间、交叉感应及缓慢漂移等的误差补偿,提高测量准确度。具有逻辑判断与决策处理功能。具有自学习能力,能够通过对自身模型或参数的调节主动适应外部环境的变化。具有自推演功能,即根据数据处理得到的结果或其他途径得到的信息进行多级推理和预测。

3. 数据传输功能

智能传感器除了能够独立完成一定的功能外,还可以实现各传感器之间或与另外的微机系统之间进行信息交换和传输。具有标准化数字输出或者符号输出功能,可以相互交换信息,提高了信息处理的质量。智能传感器能够通过 RS-232、RS-485、USB、I^2C 等标准总线接口与外设进行双向通信,可向外设发送测量和状态信息等,也能接收和处理外设发出的指令。

15.2.2 智能传感器的主要特点

智能传感器将敏感元件的感测能力与微处理器的信息分析与处理能力融合在一起,与传统传感器相比,主要具有以下特点。

1. 高精度

智能传感器采用自动调零功能去除零点误差;与标准参考基准实时对比,自动进行整体系统标定;自动进行整体非线性系统误差的校正和补偿;通过大量数据统计消除偶然误差的影响等多项新技术,保证了测量精度的大幅提高。例如,美国霍尼韦尔(Honeywell)公司推出的 PPT、PPTR 系列智能精密压力传感器,气压或液压传感器的测量精度高达±0.05%;美国

BB公司(现已并入TI公司)的XTR系列精密电流变送器,转换精度为±0.05%,非线性误差为±0.003%,适配各种传感器,可以构成测试系统、工业过程控制系统和电子称重仪等。

2. 宽量程

智能传感器的测量范围较宽,并具有很强的过载能力。例如,美国霍尼韦尔公司的智能压力传感器,量程为1～500 PSI(即6.8946 kPa～3.4473 MPa),共有10种规格。美国ADI公司的ADXRS300型角速度陀螺仪,能精确测量转动物体的偏航角速度,测量范围−300°/s～+300°/s,只需要并联一只设定电阻,即可将测量范围扩展到1200°/s。

3. 多参数与多功能

智能传感器能进行多参数、多功能测量。例如,瑞士Sensirion公司研制的SHT11/15型高精度、自校准、多功能智能传感器,可以同时测量温度、相对湿度和露点等参数,兼有数字温度计、湿度计和露点计三种仪表的功能。霍尼韦尔公司推出的APMS-10G型智能传感器,包含浑浊度传感器、电导传感器、温度传感器、A/D转换器、微处理器和I/O接口等,能同时测量液体的浑浊度、电导、温度并转换为数字输出,是进行水质净化和设计清洗设备的优选传感器,广泛应用于化工、食品和医疗卫生等部门。

4. 高可靠性与高稳定性

智能传感器能自动补偿因工作条件或环境参数变化引起的系统特性漂移,比如温度变化引起的零点漂移和灵敏度漂移。当被测参数变化后能自动改换量程,能实时自动进行系统的自我检验,分析和判断所采集数据的合理性,并给出异常情况的应急处理方案,保证了智能传感器具有很高的可靠性与稳定性。

5. 高性价比

智能传感器具有较高的性价比。例如,美国Veridicom公司推出的第三代CMOS固态指纹传感器,增加了图像搜索、高速图像传输等多种新功能,但成本却低于第二代传感器。

6. 自适应能力强

智能传感器具有判断、分析与处理功能,可以根据系统的工作状况决策各部分的供电情况,优化与上位计算机的数据传送速率,并保证系统工作在最优低功耗状态和传送效率优化状态,表现出良好的自适应性。采用自适应技术可延长传感器的使用寿命,同时也扩大了其工作领域。

7. 小型化与微型化

随着微电子技术的迅速推广,智能传感器正朝着短、小、轻、薄的方向发展,以满足航空航天及国防尖端技术领域的急需,并且为开发便携式、袖珍式检测系统创造了有利条件。例如,瑞士Sensirion公司研制的SHT11/15型智能传感器,质量只有0.1 g,外形尺寸为7.62 mm×5.08 mm×2.5 mm,体积与一个火柴头相近。

8. 低功耗

降低功耗对智能传感器具有重要意义,可简化系统电源及散热电路的设计,延长传感器的使用寿命,为提高智能芯片的集成度创造条件。采用大规模或超大规模CMOS电路使传感器功耗大为降低,可采用叠层电池甚至纽扣电池供电。若暂不进行测量时,可采用待机模式进一步降低传感器功耗。

9. 高信噪比与高分辨率

智能传感器可通过软件进行数字滤波、数据分析等处理,去除信号中的噪声,将有用信号提取出来,从而得到很高的信噪比。还可通过数据融合、神经网络等算法消除多参数状态下交叉耦合灵敏度的影响,保证在多参数状态下对特定参数测量的分辨能力。

10. 物联网特性

智能传感器作为万物互联、智能融合的核心,是工业 4.0 的基础。智能传感器类别繁多,在物联网条件下具有即插即用的能力,广泛应用于物联网中。其物联网特性主要表现在以下几个方面:①自动描述。智能传感器在物联网中应能自动向外部设备发出信息,描述自身的位置、功能、状态等。②自动识别。智能传感器应能自动识别自身在网络中的位置、外部设备发出的指令和信号以及网络中的其他信息。③自动组织。网络的布设和展开无须依赖于任何预设的网络设备,智能传感器启动后通过协调各自的行为即可快速、自动地组成一个独立的网络,实现即联即用。④互操作性。智能传感器可与物联网内其他智能传感器或外部设备进行相互操控。⑤数据安全性。智能传感器具有数据传输安全和数据处理安全特性,确保数据的机密性、完整性和真实性。

15.3 智能传感器的应用

智能传感器技术是智能制造和物联网的先行技术,作为前端感知工具,具有非常重要的作用。随着物联网、智能制造、工业互联网、机器人的兴起,智能传感器的应用场景不断拓展。智能传感器作为广泛的系统前端的感知器件,既可以助力传统产业的升级,如传统工业升级的工业互联网、传统家电智能化升级的智能家居,又可以推动创新应用,如智能机器人、VR/AR/MR(虚拟现实/增强现实/混合现实)、无人机、智慧医疗和养老、智慧城市等。

智能传感器的应用越来越广泛,种类越来越多。例如,多参数、多功能的智能压力传感器;具有电脑功能的超微型的智能微尘传感器;基于软件开发的智能化虚拟传感器;包括数字传感器、网络接口和处理单元的新一代智能网络传感器等。

15.3.1 智能机器人

机器人中的传感器分为用于测量机器人自身状态的内传感器和测量与机器人作业环境有关的外传感器。内传感器包括测量机器人关节运动位置、速度、加速度等的传感器,测量机器人倾斜度的陀螺仪等传感器。外部传感器包括超声波测距传感器、视觉传感器、接近觉传感器、语音合成器、GPS、激光雷达等。智能机器人的传感系统由多个传感器集合而成,采集的信息需要计算机进行处理。使用智能传感器可将信息分散处理,从而降低成本。机器人采用的传感器,使机器人对外界环境有一定的感知能力,具有视觉、触觉、听觉等功能。另外,还有记忆、推理和决策能力,以及有与外部环境相适应、相协调的能力。

1. 机器人视觉传感器

研究表明:视觉获得的感知信息占人对外界感知信息的 80%。人类视觉细胞数量的量级大约为 10^8,是听觉细胞的 300 多倍,是皮肤感觉细胞的 100 多倍。视觉传感器一般由图像采集单元、图像处理单元、图像处理软件、通信装置和 I/O 接口等构成。例如 CCD 固体图像传感器、立体视觉传感器等。

固体图像传感器以面阵 CCD(在同一硅片上采用超大规模集成电路工艺制作的三维结构)为敏感元件,能实现信息的获取、转换和视觉功能的扩展。立体三维信息的获取可以大大提高机器人的智能性。

立体视觉传感器是一个更复杂的智能传感器，一般由图像采集单元、摄像机标定、特征提取、立体匹配、三维重建和机器人视觉伺服等部分构成。如图 15-2 所示，微软公司的 KINECT 是一种 3D 体感技术摄影机，具有即时动态捕捉、影像辨识、麦克风输入、语音辨识和社群互动等功能。KINECT 视觉硬件系统主要包括彩色摄像头、红外线投影机和深度(红外)摄像头。其中，彩色摄像头用于拍摄视角范围内的彩色视频图像；红外线投影机主动投射近红外光谱，当照射到粗糙物体后光谱发生扭曲，形成随机散斑，进而被深度摄像头读取；深度摄像头分析红外光谱，创建可视范围内的人体、物体的深度图像。另外，KINECT 还有四个麦克风，其内配置有 DSP 等芯片，可以同时过滤背景噪声来定位声源方向，模拟听觉。

图 15-2　KINECT 三维体感技术摄影机

图 15-3　双足机器人

2. 机器人姿态传感器

智能机器人常采用电子罗盘和陀螺仪来判断自己的方向和姿态，加上控制系统后可实现倾覆后自己再站立起来。机器人在移动时会遇到各种地形或障碍物，所以双足机器人(见图 15-3)需要利用陀螺仪、加速度传感器、力传感器和其他装置的信息来修正步行模式。轮式机器人的驱动装置即使是采用闭环控制，也会因轮子打滑等造成机器人偏离设定的运动轨迹，且这种偏移是光电编码器无法测量到的，这时就必须依靠电子罗盘或者角速率陀螺仪来测量这些偏移，并作必要的修正，以保证机器人不至偏离行走方向。

电子罗盘也称数字罗盘，是利用地磁场来定北极的一种传感器。地球的磁场强度为 0.5～0.6G，与地平面平行，永远指向磁北极。磁场大致为双极模式，即在北半球，磁场指向下；在赤道附近，磁场指向水平；在南半球，磁场指向上。无论何地，地球磁场方向的水平分量永远指向磁北极。电子罗盘的工作原理是利用磁传感器测量地磁场，由此来确定方向。

航天机器人中通常采用三轴磁传感器、双轴倾角传感器系统，三个磁传感器构成 X、Y、Z 轴磁系统，加上双轴倾角传感器进行倾斜补偿，除了可以测量航向外还可以测量系统的俯仰角和横滚角。方向和姿态显示精度都较高。

3. 激光雷达

图 15-4　激光雷达

图 15-4 所示为一种激光雷达的外观图。激光雷达是一种用于获取精确位置信息的传感器，犹如人类的眼睛，可以确定物体的位置、大小等。它由发射系统、接收系统及信息处理系统三部分组成。激光雷达集激光、全

球定位系统(GPS)和惯性导航系统(INS)三种技术于一身,可以高度准确地定位激光束打在物体上的光斑。其工作原理是向目标探测物发送探测信号(激光束),然后将目标发射回来的信号(目标回波)与发射信号进行比较,进行适当处理后,便可获取目标的相关信息,如目标距离、方位、高度、速度、姿态,甚至形状等参数,从而对目标进行探测、跟踪和识别。

激光雷达具有分辨率高,抗干扰能力强,不受光线影响,体积小、重量轻等特点。激光雷达在移动机器人、无人驾驶汽车中的应用最广泛。利用激光雷达还可以绘制地图、确定机器人自身定位及感知周围环境。

15.3.2 指纹传感器

指纹传感器是利用对人体指纹特征的识别进行身份认证的技术。指纹具有唯一性,是身份识别的重要特征之一。指纹识别已经广泛用于商业、金融、公安刑侦等。指纹传感器可以制成便携式指纹识别仪,用于网络、数据库及工作站等的保护;也可以用于手机、计算机、保险柜等智能终端的身份识别;还可以作为家庭智能锁、智能门禁的识别系统。

常见的指纹基本纹路图案有环形、弓形和螺旋形(见图 15-5),其他指纹图案可由这三种基本图案衍生而成。指纹识别基本原理是将识别对象的指纹进行分类比对从而进行判别。指纹识别过程如图 15-6 所示,包括指纹图像取样、指纹图像预处理、二值化处理、纹路提取、细节特征提取和指纹匹配等。

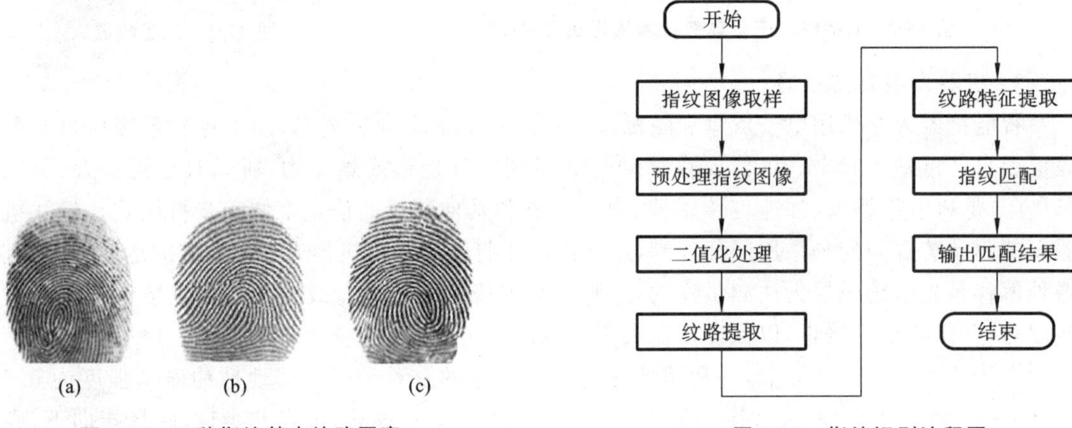

图 15-5 三种指纹基本纹路图案

(a) 环型;(b) 弓型;(c) 螺旋型

图 15-6 指纹识别流程图

以基于温度感应原理的温差感应式指纹传感器为例,每个像素都相当于一个微型化的电荷传感器,用来感应手指与芯片映像区域之间某点的温度差,产生一个代表图像信息的电信号。以美国 Atmel 公司的 FCD4B14 为代表,该传感器可在 0.1 s 内获取指纹图像(时间一长,手指和芯片就处于相同温度了),其内部电路框图如图 15-7 所示。电荷传感器共有 8 行 280 列,包含 8×280=2240 个像素。CCD 经过行、列扫描获取指纹图像,经过两个 ADC 转换成数字图像,通过 8 位锁存器输出到微处理器或计算机中,进而完成指纹识别。

15.3.3 智能压力传感器

1983 年,美国霍尼韦尔公司开发出世界第一个智能传感器——ST3000 系列智能压力传感器(见图 15-8)。它将集成传感器与信号处理电路集成在一个 0.147 cm^2 的硅片上,可以同

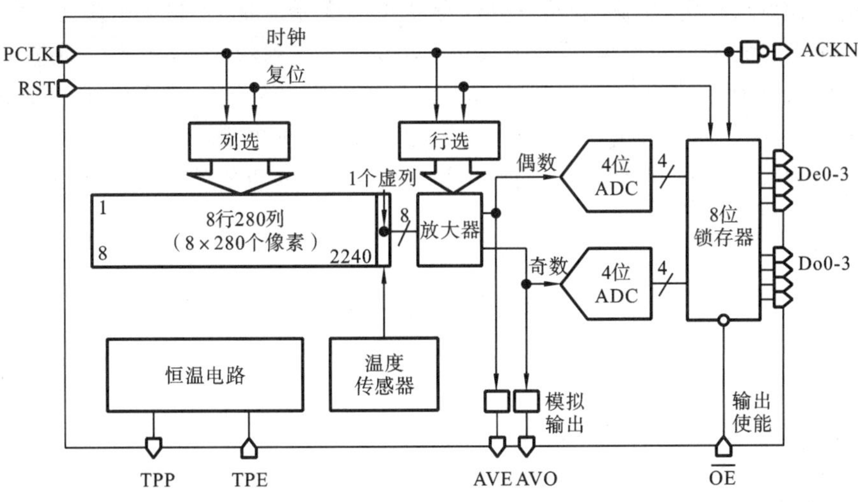

图 15-7 FCD4B14 内部电路框图

时测量差压(ΔP)、静压(P)和温度(T)三个参数，并具有压力校准和温度补偿功能。其硬件电路主要包括传感器和信号处理两个部分。被测压力通过膜片作用于硅压敏电阻引起阻值变化，压敏电阻接入惠斯通电桥中，电桥的输出代表被测压力的大小。芯片上的两个辅助传感器分别用于检测静压力和温度。在同一个芯片上检测出的差压、静差和温度信号，经多路开关分时送到 A/D 转换器，转化为数字量后送至信号处理部分。信号处理部分以微处理器为核心来处理这些数字信号，储存在 ROM 中的主程序控制传感器工作的全过程。PROM 中分别存储着三个传感器的静差与温度特性参数、压力与温度补偿曲线，负责进行温度补偿和静压校准。测量过程中的数据暂存 RAM 中并可随时转存 E^2PROM 中，保证突然断电时数据不会丢失。微处理器利用预存入 PROM 中的特性参数对 ΔP、P 和 T 信号进行运算，得到不受环境因素影响的高精度压力测量数据，再经 D/A 转换器转换为 4～20 mA 的标准信号输出，也可经过数字 I/O 口直接输出数字信号。

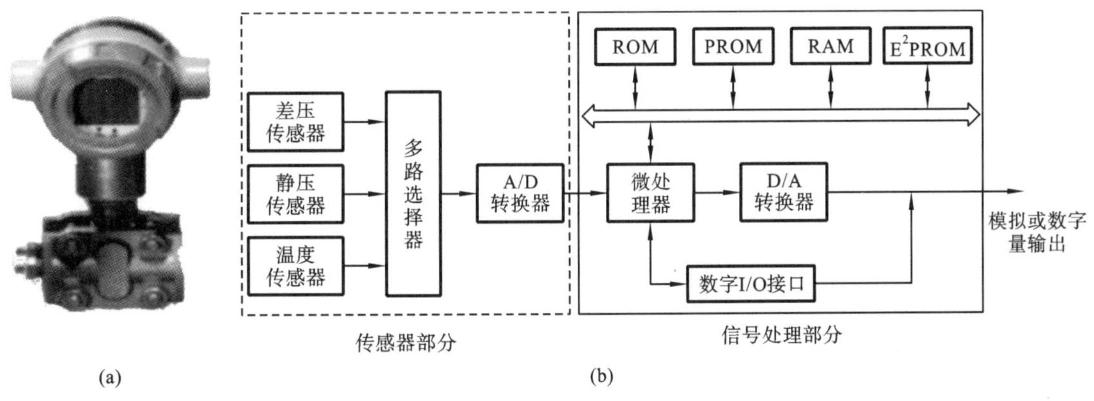

图 15-8 ST3000 系列智能压力传感器

(a) 外观图；(b) 原理框图

这种智能传感器采用了离子注入硅技术，在差压传感器上集成了静压和温度传感器，随时修正过程温度和静压引起的误差，因此具有高可靠性(平均无故障时间可达 470 年)、高稳定性(±0.015%/年)、高精度(±0.075%)、宽量程比(550：1)、宽测量范围(0～3.5 MPa)等优点，普遍用于电力、冶金、石化、建筑、制药、造纸、食品和烟草等行业。ST3000 系列智能压力传感器在全世界深受广大用户的青睐,后续开发的 ST2000 等系列新产品,功能得到进一步完善。

随着新传感原理、新技术和新材料的不断涌现以及对高性价比、更小尺寸、更低耗能、更好稳定性的需求,智能传感器层出不穷,极大地推动了信息产业的发展。智能传感器在智能机器人、智能家居、物联网、工业互联网、电子信息等领域具有特殊重要的意义,需要继续深入研究、开发和推广应用。

思考题与习题

15-1 简述智能传感器的组成。

15-2 简述智能传感器的分类。

15-3 智能传感器的主要智能化功能有哪些?

15-4 智能传感器有哪些特点?

15-5 简述智能传感器的发展方向。

第 16 章　物联网与传感器

随着信息技术的不断发展，物联网(internet of things)已成为社会和科技发展中一个重要热点，引领时代向前跨进。通过多个国家历经十几年的共同努力，物联网技术已逐步走进生活和生产中各行各业，如智能制造、智慧农业、智能交通、智能环保、智能医疗、智能安防、智能家居、智能物流等领域。物联网是信息领域的一次重大发展与变革，正以超级"爆炸"的速度迅猛发展，现在及未来将为解决现代社会问题作出极大贡献。

16.1　物联网概述

16.1.1　物联网概念

物联网的概念最早启蒙于比尔・盖茨(Bill Gates)1995 年所著《未来之路》一书，当时被称为物物互联，但因受网络技术和硬件设备的限制而未受重视。随着无线射频识别(RFID)技术、电子代码(EPC)技术的出现，麻省理工学院自动识别中心的 Ashton 教授于 1999 年提出了物联网概念，即在互联网技术基础上利用射频识别和电子代码技术，构建一个便于实现全球实时获取物品信息的互联网。网络技术经过近 20 年的发展才形成当今的物联网概念。物联网的定义是指按照约定的协议，将具有"感知、通信、计算"功能的智能物体、系统、信息资源互联起来，实现对物理世界"泛在感知、可靠传输、智慧处理"的智能服务系统。

物联网是在互联网基础上发展起来的物与物的网络，但也涉及移动网和无线通信网络，同时它又是以传感器技术为基础所构成的网络，重视实现"人-机-物"的融合，所以物联网又不同于互联网概念，彼此之间存在交集，又存在差异，却同属于泛在网络的一部分，图 16-1 描述了它们之间的关系。

理解物联网的概念，需要从特征、结构和关键技术三个方面入手。

物联网有以下三个主要特征：①物联网的智能物体具有感知、通信与计算能力；②物联网可以提供所有对象在任何时间、任何地点的互联；③物联网的目标是实现物理世界与信息世界的融合。

如图 16-2 所示，物联网结构由三个层次组成，分别为感知层、网络层和应用层。①感知层包括 RFID 感应器和标签、传感器网关和节点、接入网关和智能终端，用于实现各类物理量、标识、音频和视频等数据的采集与感知。②网络层包括核心交换层、汇聚层和接入层。结合了传感器网络、移动通信和互联网技术，实现无障碍、可靠和安全地传输所感知的信息。③应用层包括行业应用层和管理应用层，用于实现信息跨行业、跨应用、跨系统之间的信息获取。三个层次功能不同，却存在共性技术要点。

物联网涉及八大关键技术，每个关键技术又由不同的技术要点组成。①传感器技术，包括 RFID 标签与应用、传感器应用、感知数据融合、无线传感器网络、光纤传感器网络等。②计算技术，包括海量数据存储与搜索、中间件与应用软件编程、并行计算与高性能计算、大数据、云计算、可视化等。③通信网络技术，包括计算机网络、终端设备接入方法、移动通信网 4G/5G

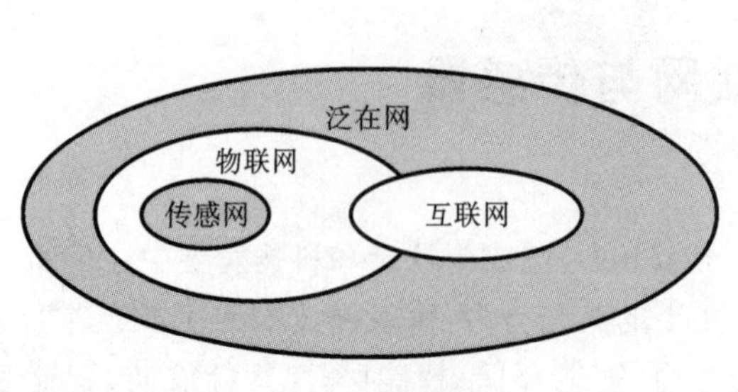

图 16-1　泛在网

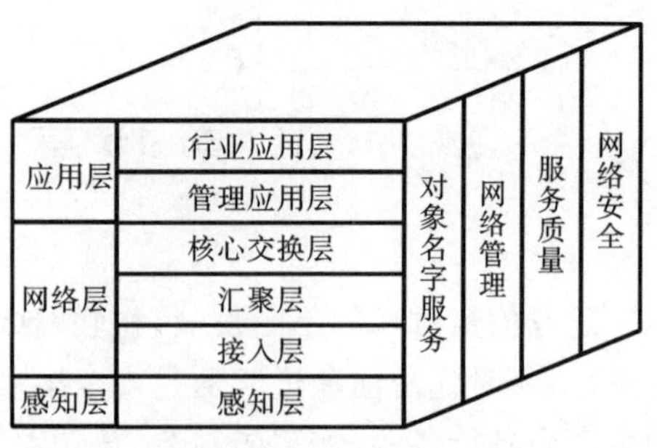

图 16-2　物联网结构模型

应用、M2M 与 WMMP 协议应用、网络管理方法与应用等。④嵌入式技术，包括嵌入式硬件结构设计与实现、嵌入式系统软件编程、智能硬件设计与实现、可穿戴计算设备设计与实现等。⑤智能技术，包括人机交互、机器智能与机器学习、虚拟现实与增强现实、智能机器人、规划与决策方法、智能控制等。⑥位置服务技术，包括定位方法、GPS 与 GIS 应用、基于位置服务关键技术的应用研究等。⑦网络安全技术，包括感知层安全、网络层安全、应用层安全、隐私保护技术与法律法规等。⑧物联网应用系统规划与设计技术，包括物联网应用系统规划与设计方法、物联网应用软件设计与开发、物联网应用系统集成方法、物联网应用系统的组建、运动与管理等。

16.1.2　物联网组网技术

1. Wi-Fi 技术

Wi-Fi 也称 IEEE802.11 标准，具有传输速度高、传输距离远、成本低和可靠性高的优点。在信号较弱或有干扰时带宽可调至 1 Mb/s、2 Mb/s 或 5.5 Mb/s，以保障网络稳定性和可靠性。Wi-Fi 网络结构分为特设型(ad hoc)和基础设施型(infrastructure)两种。特设型是一种对等的网络结构，用户终端(计算机或手机)只需装有无线收发装置(网卡或 Wi-Fi 模块)便可实现网络通信、资源共享等，省去了中间的接入点。基础设施型是一种整合有线和无线局域架构的应用模式，类似于以太网的星形结构，需要接入点来实现网络通信。目前在机场、车站、咖啡店、图书馆、医院、办公室等人员较密集的环境或家庭应用较多。Wi-Fi 网络存在诸如网络安全、数据业务模式单一等问题。

2. 蓝牙技术

蓝牙(blue tooth)技术也称 IEEE802.15.1 标准，是一种支持设备短距离通信的无线通信技术。其工作频段为 2.402～2.480 GHz，通信速率一般能达到 1 Mbps，最快达到 24 Mbps。传输距离一般在 10 m 左右，可用于语音、视频数据传输。蓝牙技术支持点对点、点对多点通信，装有蓝牙通信的设备可作为主设备或从设备，而且一台主设备可与多个从设备同时通信。目前市场上已有不同版本的蓝牙标准，如蓝牙 1.1、蓝牙 2.0、蓝牙 3.0、蓝牙 4.0 等。采用蓝牙技术的设备能够利用快调频、短分组方式减少同频干扰，通过采用前向纠错编码减少随机噪声干扰。目前，蓝牙主要应用于手机、耳机、电脑、数字相机、车载电话等电子产品，而且随着智能家居的发展，蓝牙也逐渐应用于家用电器。

3. ZigBee 技术

ZigBee 是一种基于 IEEE802.15.4 标准的无线通信技术，分为 868 MHz(欧洲)、915 MHz(美国)和 2.4 GHz(全球)三个工作频段，最高传输速率分别为 20 Kb/s、40 Kb/s 和

250 Kb/s，具有较远距离、低复杂度、低功耗、低数据速率、短时延、低成本、高容量、高安全的特点。ZigBee 的室内传输距离为 30～50 m，在无障碍条件下传输距离达到 100 m。ZigBee 物理层采用了扩频技术，数据链路层具有应答传输功能，网络层支持星形结构、簇状结构和网状结构，而且采用 ZigBee 设备能够具有自组网功能。目前，ZigBee 技术在工业生产、家庭生活、农业生产和医疗护理等领域均有应用，如监控照明、油气勘测、远程打印、健康监控等。

4. 60 GHz **毫米波通信**

由于频段资源应用紧张，大部分国家将目光投向免费的 60 GHz 频段。IEEE802.11ad 将 60 GHz 频段划分为四个信道，采用 OFDM 技术，可以使用不同调制技术支持高达 7 GHz 的数据传输速率，这比 802.11n 快十倍以上，可用于高速率视频的传输。随着半导体工业的发展，60 GHz 射频收发器的成本已大大降低。60 GHz 毫米波技术具有独特的优点，如丰富的频谱资源、高传输速率、高方向性、高安全性等，但也存在一些不足，如信号衰减快、通信距离短、穿透性差、覆盖范围小等。

16.2　传感器网络结构及设计要点

16.2.1　无线传感器网络

无线传感器网络（wireless sensor network，WSN）是物联网中传感器网络的主要表现形式，它是大量静止的或移动的传感器节点和汇聚节点，以自组织和多跳的方式构成的无线网络，目的是协作探测、处理和传输在网络覆盖区域内被感知对象的监测信息，并报告给用户。图 16-3 所示为典型的无线传感器网络系统结构。

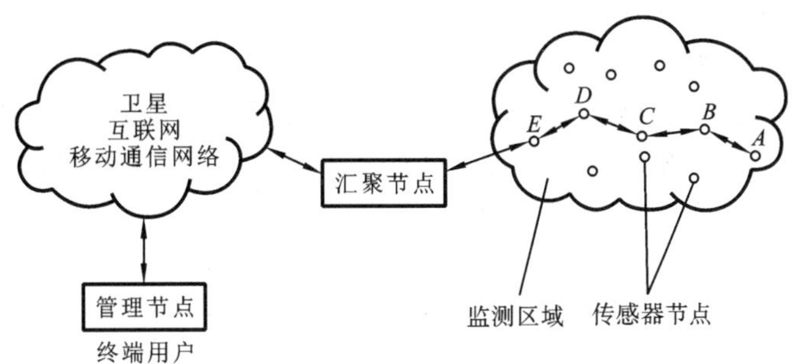

图 16-3　无线传感器网络系统结构

无线传感器网络的关键性能指标包括网络工作寿命、网络覆盖范围、网络响应时间、网络搭建成本及难易度。无线传感器网络作为物联网的重要组成之一，具有数据采集、处理和传输三种功能，其基本要素包括传感器、感知对象和用户，集成了监测、控制及无线通信的网络系统，节点分布依赖于节点之间的通信距离。由于受到电源能量、通信能力和计算存储能力的限制，需要部署大量传感器节点，增加节点密度以扩展监测区域范围。无线传感器网络具有如下特点。

(1) 强自组织性。利用拓扑控制机制和网络协议，传感器节点能够自动进行配置和管理，实现自组织网络和自动转发检测数据的多个无线网络系统，以解决节点位置和节点之间邻居关系未知的问题。并且，通过网络拓扑结构的动态变化，也能够实现失效节点的弥补和监测精度的提高。

(2) 强动态性。无线传感器网络面临的实际应用情况是极为复杂的,必须考虑网络中节点因外界环境或自身状态而导致网络中节点数量减少或增加的情况。具体因素包括:因环境因素或传感器节点能量耗尽而出现故障和失效情况;因环境变化而导致无线通信链路带宽变化或通信不连续情况;网络中的传感器、感知对象和观察者均存在不定期的移动情况;新节点加入无线传感器网络等情况。由于以上因素存在,要求无线传感器网络必须具有良好的环境适应性和动态可重构性。

(3) 大规模、高密度。面对数据准确获取和信息完整的需求,通常在 WSN 监测区域内部署大量传感器节点,因数量极大成为高密度的部署方式。该部署方式的优势在于,利用分布式冗余部署节点完成大量信息采集,降低了对单一节点测量精度的要求,保证了数据准确性和信息完整性,同时极大地减少了监测区域的盲区。

(4) 高可靠性。针对人员无法到达,难以监测或极具危险的地方(如暴晒的露天环境、靶场环境等)信息监测问题,必须考虑无线传感器网络对环境的适应性。由于检测区域环境的限制和庞大的节点数量,为保证网络健康运行,不但要提升网络通信的保密性和安全性,还要强化无线传感器网络软件和硬件的鲁棒性和容错性。

(5) 强针对性。尽管传感器技术在无线传感器网络中的作用是相同的,但不同应用领域的用户出发点不同,所以对无线传感器网络的需求和应用重点也不同,导致具体的硬件设计过程对硬件平台、软件系统和网络协议等也不尽相同。因此,在研究无线传感器网络时要有别于传统的互联网,必须根据实际情况进行设计。

(6) 以数据为中心。传感器网络通常更关注某个区域内某个观测指标的值,而对单个节点的观测数据并不关心,以数据为中心的特点要求 WSN 能够抛开传统网络的寻址过程,快速有效地获取各节点的信息,经融合后提取出有用信息,并传给用户。这种以数据本身作为查询或传输线索的思想,更接近自然语言交流的习惯。

无线传感器网络的网络通信协议结构模型类似于传统的 Internet 网络中的 TCP/IP 协议体系,由物理层、数据链路层、网络层、传输层和应用层组成。无线传感器网络的物理层负责信号的调制和数据的收发,所用的传输介质主要有声波、无线电波、微波、红外线、毫米波以及光波。图 16-4 所示为无线传感器网络节点的体系组成。

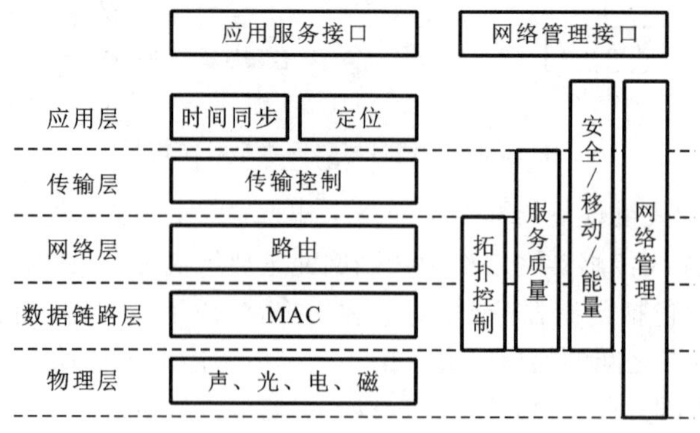

图 16-4　无线传感器网络节点的体系组成

16.2.2　传感器节点设计

传感器节点是无线传感器网络的重要组成单元,由传感器模块、数据处理模块、存储模块、通信模块和电源模块组成，如图 16-5 所示。传感器模块负责采集监控区域内的物理信息；数据处理模块用于完成数据处理、存储、执行通信协议和节点调度管理等工作；存储模块主要用于储存数据；通信模块负责信道上数据的接收和发送；电源模块负责整个节点的能源供给。

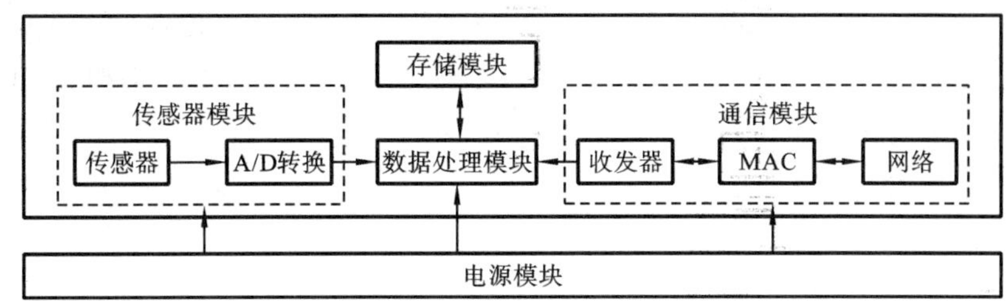

图 16-5　传感器节点结构

1. 节点设计要求

传感器节点的设计需要结合具体的应用要求，从精度、传输距离、频率、收发效率和功耗等方面分别考虑，完成硬件和软件系统的搭建，使节点能够持续、可靠和有效地工作。具体需要做到以下几点。

(1) 微型化。无线传感器网络的关键作用是对被监控区域状态信息的采集，为避免每个节点的部署对状态信息的影响，需要尽量将节点的尺寸规格最小化。另外，根据一些特殊应用要求，也可通过适当扩大空间结构来伪装和自我保护，如作战侦察，敌情监视等。

(2) 低功耗。部署后的节点多数为固定安装模式，其所处区域可能宽广且复杂，有时甚至是人员难以到达的环境，而节点的携带电量有限，必须具有低功耗性能，以保证节点寿命和网络完整性。因此节点设计需要根据应用要求，确定不同节点的功能后，尽量选择低功耗器件，同时还要具备切换不同工作模式的能力。

(3) 低成本。为了保证无线传感器网络的覆盖范围，通常采用大量的节点，每个节点的成本最终将决定整个网络的成本。所以，在节点设计过程中，各个模块的选型要规避高规格和高精度要求，以避免网络部署或延拓时成本出现“滚雪球”式增大。

(4) 功能简单，稳定可靠。节点的功能要进行明确的区分设计，尽量避免多功能节点的统一设计，尽量针对同类型的环境参数设计功能简单的节点模块。另外，节点需要具有对外界环境的抗干扰能力和适应能力，以确保感知数据的准确性和有效性。

(5) 良好的扩展性和灵活性。对每个节点进行模块化设计，采用统一的外部接口或多类型接口，并具有一定数量的预留接口，以便变换网络节点的功能和拓展网络的覆盖范围，同时节点可以按照功能拆分成多个组件，组件之间通过标准接口自由组合。

2. 节点模块设计

1) 传感器模块设计

传感器模块负责对所处区域的状态信息进行采集。在无线传感网络中，传感器模块的设计要综合考虑前面的设计要求和传感器的技术指标，保证节点数据采集、传输的可靠性和整体网络寿命。无线传感器网络与传统传感器相比有很多优点，采用分布式部署传感器节点，可以避免因单个传感器的异常或故障而引起较大的测量误差，而且后续的数据智能处理又可提高多传感器的测量精度，让获取的信息更加可靠，因此无须对单个传感器的性能指标提出过高要求。

2) 数据处理模块设计

数据处理模块是无线传感器节点的核心部件，负责整个节点的运行管理，不但要满足上述设计要求,还需要较高的集成度,带有足够的外部通用 I/O 接口和通信接口。数据处理芯片的选择通常有高端处理器、低端微控制器和数字信号处理器。高端处理器具有极高的集成度,数据处理能力强,适合图像采集和处理,且能运行较复杂的决策算法,常见的处理器有 ARM 系列、SecurCore 系列、XScale 系列和 Strong ARM 系列处理器等。低端微控制器数据处理能力较弱,但能量消耗较低,具有完整的外部接口,常见的处理器有 AVR 系列和 MSP430 系列单片机。数字信号处理器是一种独特的微处理器,具有普通处理器的运算和控制能力,适合大批量数字信号的实时处理。

3) 存储模块设计

存储器模块主要包括随机存储器(RAM)和只读存储器(ROM)。其中,RAM 分为 SRAM、DRAM、SDRAM 和 DDRAM 等;ROM 分为 NOR Flash、EPROM、EEPROM 和 PROM 等。RAM 存储速度较快,但断电后会丢失数据,用于即时数据的读取和节点数据的转发;ROM 可用于存储程序代码。由于 RAM 功耗较大,在设计存储模块时应尽量减少 RAM 的容量。

4) 通信模块设计

无线传感器网络的通信模块主要采用无线通信技术,负责数据的接收和发送,是传感器节点耗能最大的部分,因此也是最重要的设计部分。通信模块通常包括无线射频电路和天线两部分。

在设计无线射频电路时,首先需要确定所要选择的无线通信技术,常见的无线通信技术有 IEEE 802.11b、IEEE 802.15.4(ZigBee)、Bluetooth、UWB、RFID 和 IrDA 等。ZigBee 是传感器节点常用的射频技术,具有近距离、低复杂度、低功耗、低成本和数据双向无线传输特点,协议栈为 32KB,易于集成化,还可应用于位置定位,常见芯片有 CC2420 ZigBee、CC2530 ZigBee、MC13191、MC13192 和 MC13193 等。普通的射频芯片可自定义通信协议,如 MAC 协议中的 TMAC、SMA、BMAC 和 DMAC 等。射频电路设计的原则是要做到阻抗匹配和电磁兼容,避免因节点电路发射过大而出现探测异常问题。

天线分为内置和外置两种。内置天线便于携带,成本低,但性能较差;外置天线的尺寸限制较小,距离节点的噪声源较远,具有良好的远程通信能力。在性能指标方面,天线设计还要重点考虑天线增益、天线效率以及天线电压驻波比,以保证通信距离和传输效率,并使功耗最小。

5) 电源模块设计

电源模块是传感器节点的基础模块,直接决定每个节点的寿命、成本和体积。设计时需重点考虑能源供应、能源获取和能源转换问题。一般情况下,传感器节点电源采用电池供电方式,其重要的度量指标为能量密度(J/cm^3),性能指标还包括标称电压、内阻、容量、放电终止电压、自放电和使用温度等。充电电池应用较多,有很好的重复使用性,常见的有镍铬电池、镍氢电池和锂电池等,如表 16-1 所示。由于锂电池具有质量轻、容量大、放电平稳和无记忆效应等特点,在物联网中获得广泛应用,其标称电压一般为 4.2 V,放电终止电压为 3.7 V。高容量型锂电池适合小电流工况,但内阻较大;高功率型锂电池适合较大放电电流工况,但容量较低。

表 16-1　常用充电电池的性能参数

电池类型	镍　铬	镍　氢	锂离子
质量/能量(W·h·kg^{-1})	41	50～80	120～160
体积/能量(W·h·L^{-1})	120	100～200	200～280
循环寿命/次	500	800	1000
工作温度/℃	20～60	20～60	0～60
内阻/mΩ	7～19	18～35	80～100

为延长节点寿命，需要根据实际应用情况选择电源模块的能量获取方式，如太阳能方式、温度梯度方式和振动方式。太阳能充电方式可充分利用白天时间对能源进行存储，单块太阳能电池的稳定电压约为 0.6 V。温度梯度方式可以将温差转化为电能，5K 温差可以产生 80 $\mu W/cm^2$ 的输出功率和 1 V 的输出电压。另外，可以根据电磁学、静电学或压电学，将振动转化为电能，如面积为 1 cm^2、加速度为 2.25 m/s^2、频率为 120 Hz 的振动源，大约能产生 200 $\mu W/cm^2$ 的能量，足以为简易的收发机供电。

3. 常见的传感器节点

常见的传感器节点有 Mica 系列节点、Telos 系列节点、BT 节点、Sun Spot 节点和 Gain 系列节点。Mica 系列由美国加州大学伯克利分校研制，包括 Mica、Mica2、Mica2Dot 和 MicaZ，现已成为传感器网络的主要研究平台，其操作系统为 TinyOS，节点技术指标如表 16-2 所示。

表 16-2　Mica 节点性能指标

节点类型	Mica	Mica2	Mica2Dot	MicaZ
MCU 芯片类型	Atmega128			
RF 芯片	TR100	CC100	CC100	CC2420
Flash 芯片	AT45DB041B			
接口	DIO	DIO/I^2C	DIO	DIO/FC
通信距离/m	100～300	500～1000		60～150
电源	AA	AA	锂	AA

Telos 系列节点也是由伯克利分校研制，是一种低功耗、可编程、无线传输的传感器网络平台，采用 MSP430 处理器和 CC2420 通信芯片，传输距离 50～100 m，由两节 5 号电池供电，通过切换工作模式和待机模式，节点寿命可达 945 天。BT 节点是一种多功能自主网络平台，采用 Atmel 公司的 Atmega128L 处理器和支持蓝牙的 CC1000 通信芯片，带有随机存储器和 128 KB 闪存，可选择两节 AA 电池或 3.8～5 V 外部电源供电。Sun Spot 节点是 Sun 公司推出的新型无线传感器网络设备，采用 32 位高性能、低功耗的 ARM920T 处理器和支持 ZigBee 的 CC2420 通信芯片，可扩展多种传感器，由一个 3.7 V/750 mA 锂电池供电，最长工作时间为 909 天。Gain 节点是由中科院计算技术研究所研制的无线传感器网络节点，采用 JENNIC 公司 SoC 芯片 JN5121，支持 IEEE 802.15.4 协议，适合网络拓扑结构，通过 RS232 可与计算机连接，该节点可切换多种工作状态，如休眠、发送、接收等，功耗较低。

16.3 应用实例

1. 智能制造

全球工业正朝着工业 4.0 的方向发展,为传统工厂生产线的设备安装传感器,实时获取监测数据,汇集生产设备及外部数据,通过系统信息物理融合技术更新工厂中的生产设备,便可将传统的普通工厂从本质上升级为智能工厂。这样便具有了常规意义下的智能工厂所具有的智能互联、智能生产、指导生产及销售的功能。在设备故障监测系统的帮助下,还能够实现数据采集、结果和用户收益分析、分析模型汇总、故障预警、设备生命周期评估、并发故障识别、设备分群等,保证智能工厂在无人干预的条件下正常运行,突显出现代工业的互联、数据、集成、创新、转型的特点。智能工厂整体构架如图 16-6 所示。

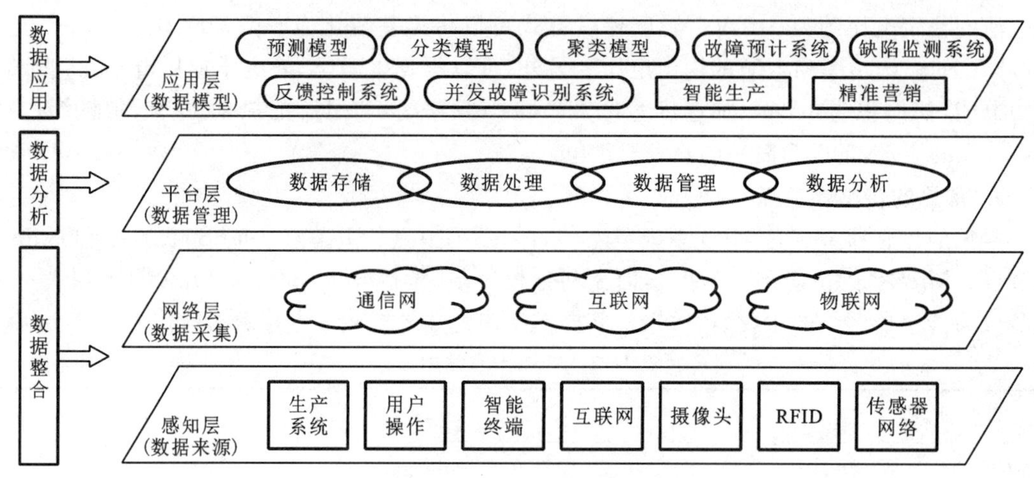

图 16-6 智能工厂整体构架

我国于 2015 年提出《中国制造 2025》的新要求,部署全面推进实施制造强国战略,将“智能制造”定位为中国制造的主攻方向,通过配套“互联网+”和“大数据”等多项措施,推动大数据广泛而深入的运用。但是,制造业的大数据不仅仅意味着企业简单的数字化,而是在数据获取的基础上,将数据作为智能制造的核心驱动力,利用大数据去整合产业链和价值链。

目前,全球制造业大数据基本分为两类,一类是人类轨迹产生的数据;另一类是机器自动产生的数据,共同构成当今大数据多结构化的数据源。随着时间的推移,开展制造业大数据分析的需求将越来越大。由于大数据的有效利用率低及分析能力的缺乏,需要通过与时序数据库的深度融合来提高时序数据处理能力,突出智能工厂的特征,即高度互联、实时系统、柔性化、敏捷化和智能化。

美国特斯拉(Tesla)公司可谓是最典型的智能工厂。为减少人员干预,利用 160 台机器人代替人工作业,配置在冲压生产线、车身中心、烤漆中心和组装中心等不同车间,负责冲压、焊接、铆接、胶合、喷漆、组装和运输等不同工种。通过更新生产设备和优化生产流程,从原材料的运输到成品完成,实现整个生产过程的无人化,已在一定程度上体现了“工业 4.0”理念。

2. 智慧农业

我国是农业大国。在传统农业中,对农作物浇水、施肥及喷洒农药等的农作要求与规律,完全取决于农民的经验。近年来,国家为了推进传统农业向现代农业转型,采取了物联网农业的方式，利用 GPS、GIS、卫星遥感技术、传感器技术、无线通信网络技术和计算机辅助决策支持技术等，对农作物生产过程中气候、土壤进行宏观和微观实时监测，获取农作物生长、发育、病虫害、水肥及环境的状况信息，通过分析和决策，制定农作计划，实施精细管理，提高经济和环境效益。随着物联网技术的发展，我国对大田种植、设施栽培、禽畜及水产养殖、农产品物流、农副产品食品安全质量监控与溯源进行了更高层次农业化改造，在原有基础上，开展全程监控、精细管理、优化调度，按照“高产、优质、高效、生态、安全”的要求发展现代农业。

智慧农业是基于物联网技术的信息化智能监控系统，针对特有的农业应用需求，利用不同类型的传感器组建农业监控网络节点，将采集的环境数据和作物数据传输给上层系统。通过汇集分析，帮助农业专家或农民及时发现问题。在节点密度较大的条件下，甚至能够准确地找到发生问题的位置，并为作业员的下一步农作提供可靠依据和辅助决策。这样的农业将逐渐从以人力为中心、依赖于孤立机械的生产模式，转向以信息和软件为中心的生产模式，推进农业向自动化、智能化发展。图 16-7 所示为智慧农业的基本框架。虽然智慧农业正处于研究和发展阶段，但应用前景和趋势已清晰地勾画出来。

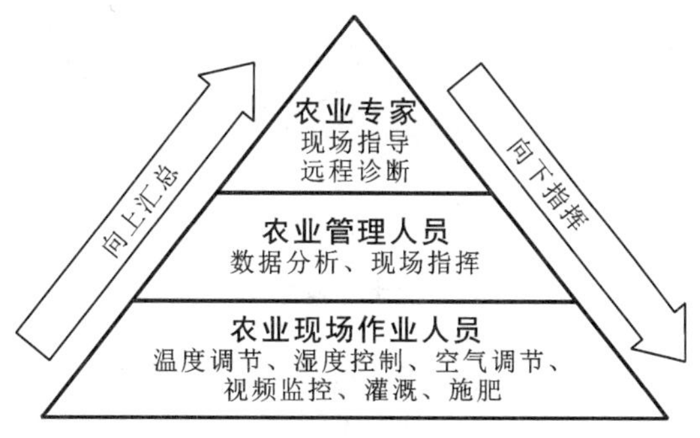

图 16-7 智慧农业的基本框架

在具体的农作物生产管理中，利用传感器准确实时地检测各种与农业生产相关的不同类型的信息，如空气温湿度、风向、风速、光照强度、CO_2 浓度等地面信息；土壤温度和湿度、pH 值、离子浓度等土壤信息；动物疾病、植物病虫等有害物信息；植物生理数据、动物健康监控等动植物生长信息。利用物联网节点将传感器采集到的各项数据，通过无线通信协议由物联网智能网关采集。除了获取上述环境数据，对于远程控制设备，也可以通过节点传输到网关，利用传输协议上传到云端，进行云端分析处理，然后再反馈到应用终端(如手机端、PC 端)。而且数据到达终端之后，还可以提供实时监测功能、曲线制图功能以及数据导出功能，使用户随时掌握作物的生长情况。

图 16-8 所示为农业大棚监控系统示意图。每个节点采集的数据传输到云服务端，经过处理后，下发到执行末端的喷淋设备、风机设备、加热设备和照明设备，从而监控大棚内农作物生长环境。以西红柿、黄瓜种植实验结果来看，相比传统种植方法，平均产量每平方米增长 5 倍以上。

3. 智能交通

随着生活水平的提高，大量汽车造成拥堵，引发环境噪声、大气污染、能源消耗等问题，这也是目前各工业发达国家和发展中国家面临的严峻问题。近十年来，为解决这一问题，围绕智能交通系统(intelligent transport system)的研究引起国内外专家学者的高度重视。它将先进的信息技术、传感器技术、自动控制理论、运筹学及人工智能等综合有效地运用于交通运输、服

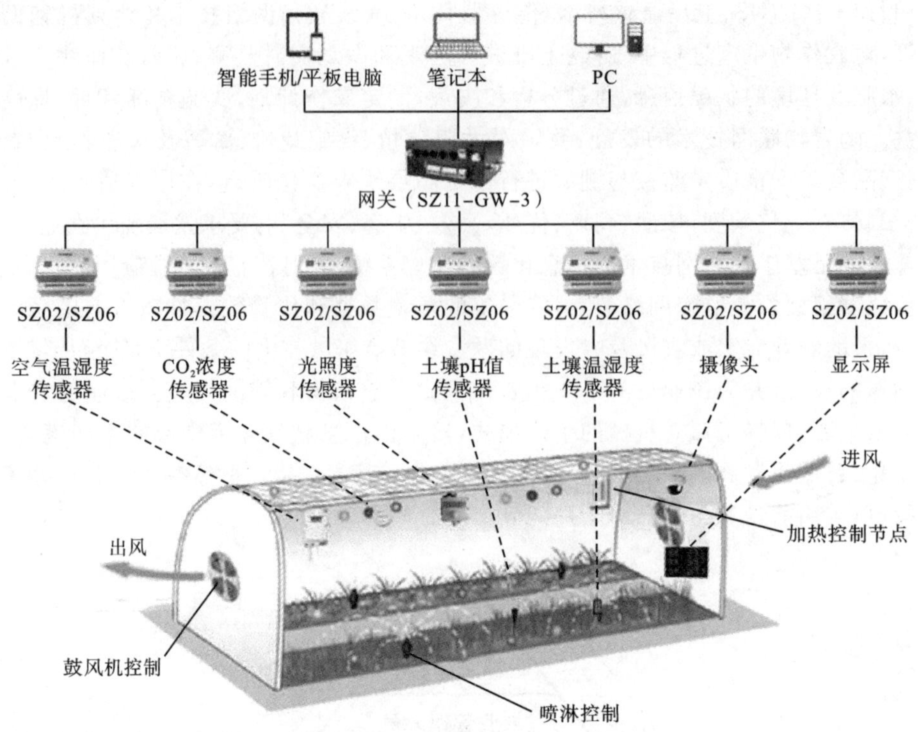

图 16-8　农业大棚监控系统示意图

务控制和车辆制造等方面,通过强化车辆、道路、管理者之间的联系,形成一种实时、准确、高效的综合运输系统,使得交通运输服务和管理趋于智能化。物联网将智能交通变为车联网,不但能够获取较为全面的交通数据,还能利用传感器系统采集汽车的状态参数,形成车与网互联、车与车互联,提供更为综合的信息便于数据分析和智能决策。

智能汽车将成为未来智能交通的主要载体,它由三大感知系统、两大身份识别和两大通信网络构成。其中,三大感知系统主要包括车辆自身状态(如胎压、温度、车速、尾气、油耗等)的感知系统;交通环境(如位置信息、道路信息、相邻汽车状态信息等)的感知系统;驾驶员状态(如疲劳状态、注意力预警)的感知系统。目前,一辆普通家用汽车安装的传感器近百个,豪华轿车则超过两百个。正是由于集成了如此众多的传感装置,才保证了汽车的安全性。图 16-9 所示为汽车所涉及的主要传感器。

无人驾驶是近几年智能交通领域的一个重要研究热点,旨在实现汽车等交通载体在无人干预的情况下自主行驶。无人驾驶概念最早起源于斯坦福大学的汽车驾驶机器人 Stanford Cart,经集成改进并安装了 GPS、激光传感器、雷达、相机和惯性传感器等,能够根据所处环境进行路径选择,在历经 6 小时 54 分,行驶 212 km 后成功穿越了内华达沙漠。目前,围绕无人驾驶展开的研究主要包括传感器数据处理、环境感知与建模、任务规划、行为生成、运动规划等。其中,涉及外部设备的关键技术是传感器技术,只有利用多种传感器获取环境和自身状态信息,才能完成后续工作。谷歌无人驾驶汽车,已进行了大量实验验证并向量产化迈进。我国多所大学和研究机构也在与汽车生产商共同研究无人驾驶汽车。仅 2010—2015 年间,与汽车无人驾驶技术相关的发明专利就超过 22000 件,可见世界范围的无人驾驶汽车技术竞争非常激烈。

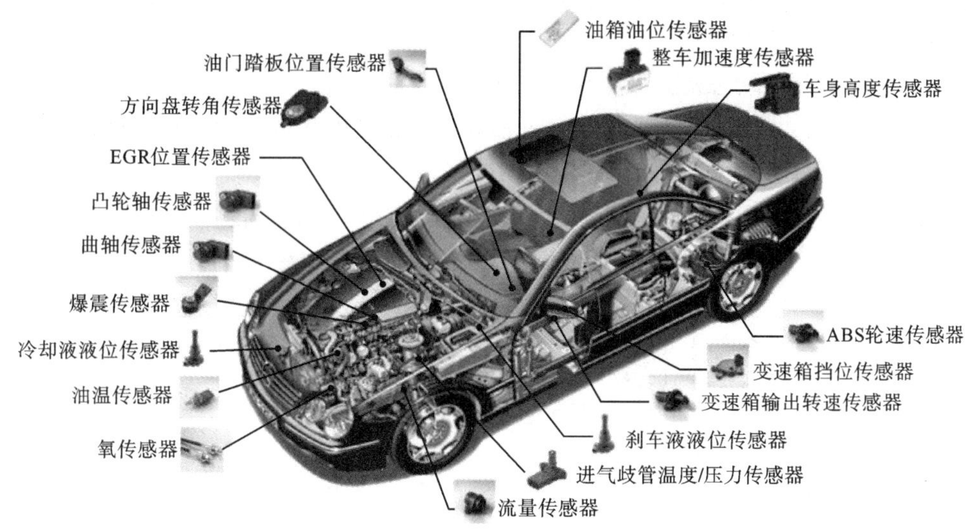

图 16-9 汽车所涉及的主要传感器

4. 智能电网

全球能源需求日益增大，生态资源环境压力日趋突显。随着节能减排的提倡，电力行业也开始面临前所未有的挑战。为了确保电力系统正常运行，通过建立分布在不同地理位置的发电厂构成电力网络，与用户建立连接关系，将电能传送到分散的工厂、公司、学校、家庭等。智能电网基于此，在发电、输电、变电、配电、用电等各个环节运用物联网技术，全方位地提高电网信息感知深度与广度，增强信息互联与智能控制的能力，实现电力系统的智能化管理。图 16-10 所示为智能电网的基本内容。

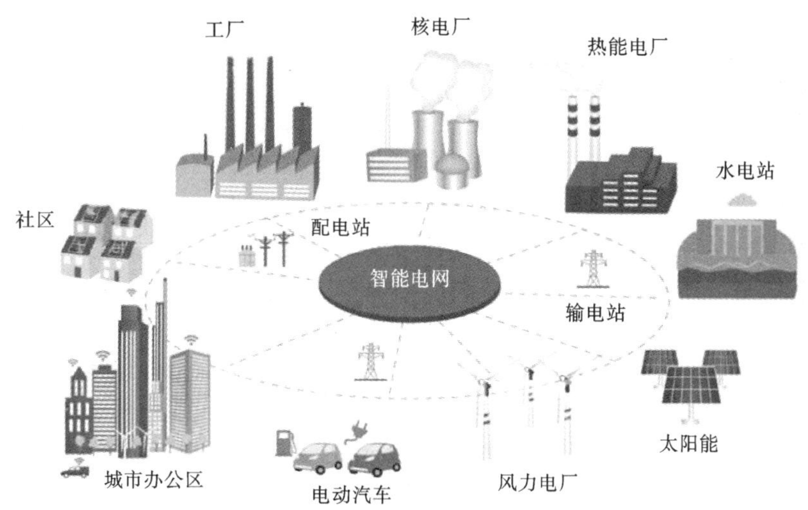

图 16-10 智能电网的基本内容

例如，智能变电站使用不同类型的传感装置，用于测量负荷电流、红外成像、局部放电、旋转设备振动、风速、温度、湿度、油中水含量、溶解气体分析、液体泄漏、低油位、架空电缆结冰、摇摆与倾斜等，管理人员实时对这些物理量进行采集和分析，掌握变电站的环境安全、设备和线路的运行状态，预测可能存在的安全隐患，及时采取预防措施。

图 16-11 所示为基于物联网技术的智能电网配变电设备检测系统的网络结构示意图。系统的网络实体含有传感器节点(固定汇聚节点和移动汇聚节点),部署在变电设备的安全部位,负责对电力设备的运动状态及其周围环境信息进行采样,如设备自身的温度、振动、泄漏电流和周围环境的湿度信息等。为保证网络良好的数据传输和健康状态,可根据具体要求和功能选择具有一定数据处理能力的模块化传感器。

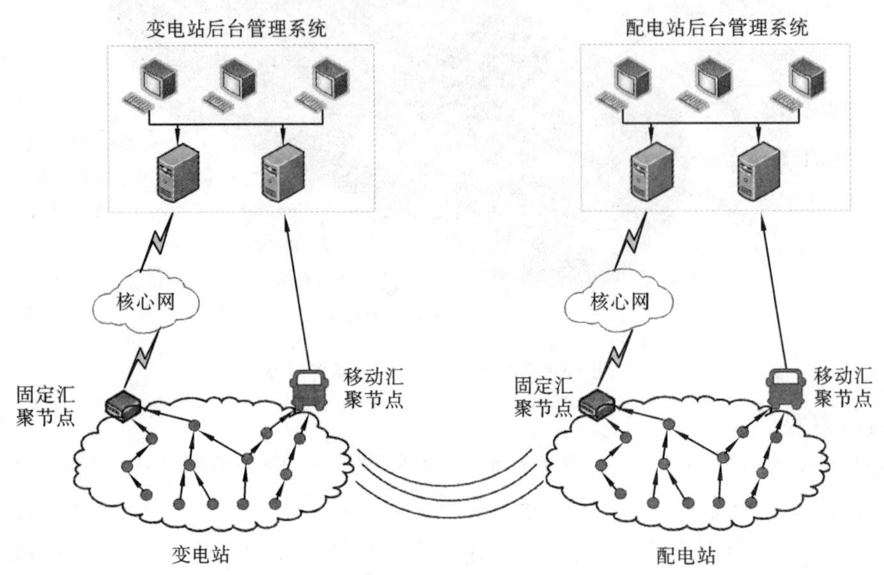

图 16-11 智能电网配变电设备检测系统网络结构示意图

5. 智能环保

人类的生活物质来源于大自然,人类的生活也影响着大自然。在追求提高物质水平的同时,生产、生活中产生的附带物质被有意或无意地排放到大自然中,严重影响了全球生态环境。物种灭绝、温室效应、大气污染、森林火灾、海洋生物的大规模死亡等,无时无刻不在唤醒人们对大自然的重视。传统的环境治理手段是在权衡经济发展、统筹经济形势的基础上进行的,放缓了发展脚步,对改善环境起到了一定的积极作用,但一些偏远地区仍然存在环境恶化无法监测的问题。智能环保是在利用传统手段掌握造成环境恶化的基本问题和因素的基础上,融合无线传感器网络的信息采集能力,集成高性能计算、云计算、数据挖掘与大数据技术,构成现代化的环境信息采集与处理平台,针对环境信息进行采集、监测、处理及分析,为环境保护决策提供判断依据,具有全面、客观、准确、可靠和高效的特点。

绿色制造是生态文明建设的重要内容。工业化为社会创造了巨大财富,提高了人民的物质生活水平,同时也消耗了大量资源,给生态环境带来了巨大压力,影响了国家整体产业的健康发展。我国作为制造大国,尚未摆脱高投入、高消耗、高排放的发展模式,水资源消耗和污水排放与国际先进水平仍存在较大差距。为此,众多企业应加快转变经济发展方式,推动工业信息化改造。

普通污水处理方式已经很难满足现阶段的环保要求,国内外学者在污水、废水的处理工艺方面做了大量的研究,一直在寻找效率高、成本低的处理工艺。传统沉淀技术简单易行,只适用于无特定水质要求的一般污水处理。随着人们对生活环境要求的提高,城市污水处理和工业污水处理领域的市场空间也逐步扩大。为此,许多企业污水处理厂在现有资源及工艺的情况下,引入工业物联网技术,提高水质监测能力,提升系统智能化,降低污水处理成本。图

16-12所示为污水智能处理系统组成框图，污水处理设备集成了水质监测的多种传感器，通过无线传感器网络实时传输测量数据至终端以记录和查询，同时也可将数据在云平台上进行异站备份，便于用户后期查询。

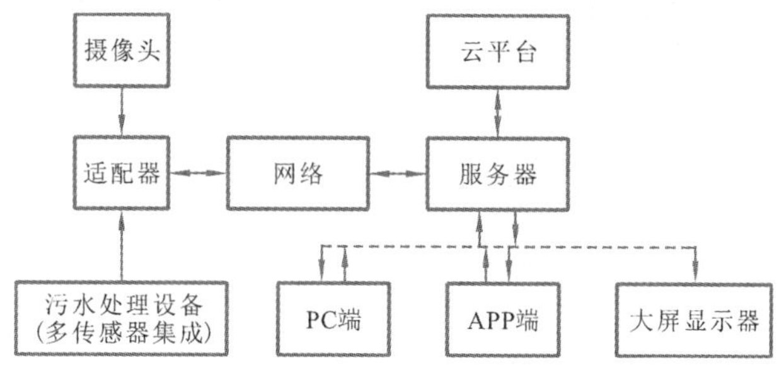

图 16-12　污水智能处理系统组成框图

美国加州大学伯克利分校研究人员为研究海鸟及其生活环境的状态，针对大鸭岛动植物保护区进行了长期监测。传统检测方法人工成本大、效率低，且极易引起海鸟的高度警惕，影响其日常习惯和海岛的生态环境，为此研究人员研制出智能环境监测系统，如图 16-13 所示。在海岛局部范围内安装 150 个无线传感器节点，用于测量光强、温度、湿度、气压等环境参数；利用基站计算机数据库存储传感器数据；通过卫星通信信道定时向中心平台发送测量数据。这不但为研究人员提供了便利有效的工作平台，还大大降低了研究工作对生态环境带来的附加影响。

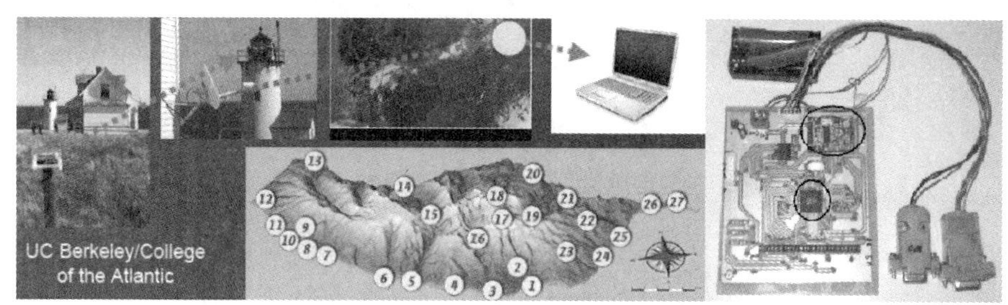

图 16-13　大鸭岛海鸟生活环境监测

同样，我国多所高校在森林生态监测方面开展了研究工作。“绿野千传”是由清华大学、香港科技大学、西安交通大学及浙江林学院合作研究的森林生态物联网项目，在浙江天目山脉部署了拥有 200 多个无线传感器节点的监测系统，实现对该地的温度、湿度、光照和二氧化碳浓度等多种生态环境数据进行全天候的监测，而且工作人员定期巡查时，可利用身上佩戴的接收器完成数据接收。该监测系统为森林生态环境监测、火灾风险评估、野外应急救援等提供平台基础和大量的研究数据。

6. 智能医疗

目前，欧美发达国家一直在致力于“数字健康计划”。这是先进的信息技术在健康及健康相关领域的一种有效应用，如医疗保健、医疗管理、健康监控、医疗教育与培训等。智能医疗是将物联网与上述这些领域相结合(见图 16-14)，利用 RFID、传感器与传感网、无线通信、嵌入式系统、智能技术等提高对医疗器械、医药生产的监控，实现医院数字化及医疗的远程监控，从而提升全民疾病防护、治疗、保健和监管水平，具有医疗信息感知、医疗信息互联和智能医疗控制的功能。

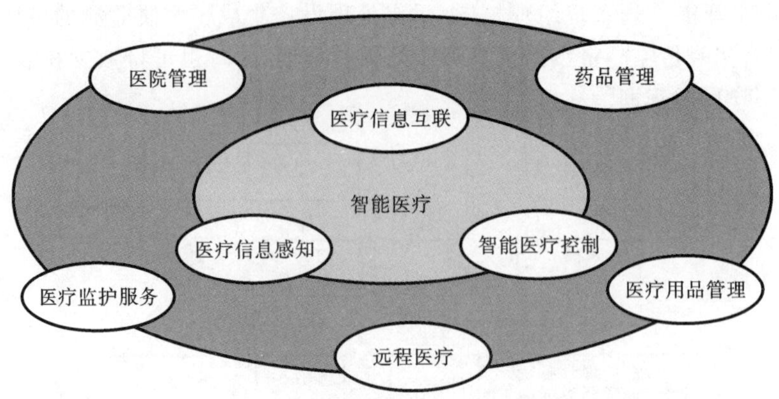

图 16-14　智能医疗基本内容

传感器作为智能医疗无线传感网的节点，用于对人体生理和疾病状态进行实时测量与监视，实现信息反馈。由于信息的准确性和安全性直接影响医生对患者病情和病理的诊断，因此要求在设计传感器节点时保证测量精度，且具有网络传输安全和抗干扰能力。图 16-15 所示为基于物联网的医疗监测系统示意图。该系统分为监护端和被监护端。被监护端通过集成脉搏、血压、血氧、计步、运动、位置等传感器(通常为可穿戴式)，掌握用户体征信息，利用无线传输将每个传感器节点实时获取的信息传输到系统的数据处理平台端，然后通过家庭网关上传至互联网，进而传输到数据中心服务器，经过数据挖掘智能算法，判断被监护人的健康状况，同时通过 4G/5G 技术向监护端发送，监护人利用手机和电脑平台可实时掌握被监护人状态、预警和措施等。

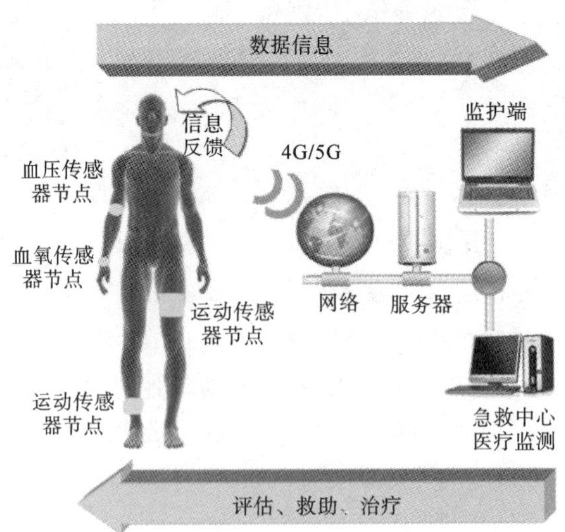

图 16-15　基于物联网的医疗监测系统示意图

国内外围绕人体特征监测系统的研究成果较多，如智能手环、智能手表等，这些设备集成程度极高，集成了加速度计、陀螺仪、脉搏传感器、温度传感器等，能够完成身体状态监测、摔倒监测等，兼具时间、定位功能，在测量出异常状态时可向用户或监护人发出报警信息。

医疗机器人在智能医疗中的应用主要是代替医生完成高难度、高精度的外科手术。机器人的每个关节和执行末端均集成了大量传感器，能对手术过程中采集到的数据进行存储和分析，用于实验教学、培训和技术改进，保证手术的操作精度。

7. 智能安防

近年来，国内外公共安全事件、恐怖活动等时有发生，智能安防越来越受到政府重视，吸引了众多科研企业对安防设备的研发热情。基于物联网的智能安防系统应用范围更广、更全面，能够实现更智慧的感知、传输与处理。我国在智能安防系统上主要以政府为主导，针对自然灾害、事故灾害、突发公共卫生事件（如 COVID-19 全球疫情）与突发社会事件等开展应用落实，包括城市公共安全防护、特定场所安全防护、生产安全防护、基础设施安全防护、金融安全防护、食品安全防护与城市突发事件应急处理等，如图 16-16 所示。

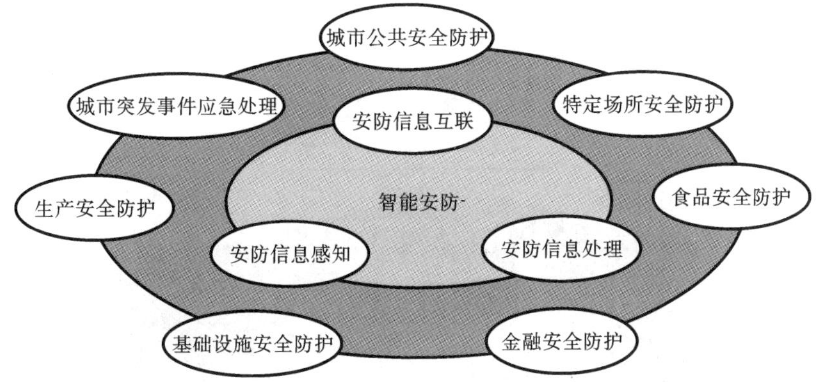

图 16-16　智能安防基本内容

美国研发的 SensorNet 是针对国家范围的突发事件与恐怖袭击事件的智能安防系统，集成了化学、物理、生物、辐射等多种传感器，拥有有线、无线和卫星通信技术，利用地理信息系统、卫星定位系统提供位置服务，并结合数据库和数据挖掘、大数据运算与分析建立全面、实时的公共安全监控与评估防护体系。为保证该系统具有良好的兼容性及升级能力，设计者对该系统预留了开放式接口，能够即时将最新技术集成到已有系统中，并且随着安全要求不断提高标准和类型。

图 16-17 所示为 SensorNet 系统的接口示意图，原有的有线通信、移动通信、卫星通信构成安全可扩展的通信网络，并为不同类型的传感器预留开放式传感器接口，为控制中心、行动支援、数据分析与建模的计算机系统预留开放式应用系统接口，从而形成一个综合系统。

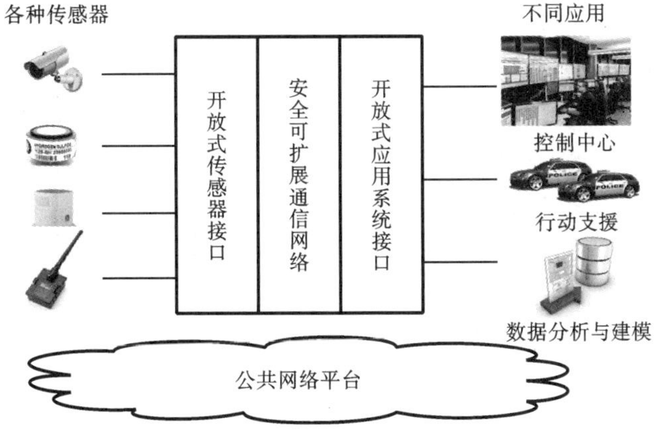

图 16-17　SensorNet 系统的接口示意图

机器人在智能安防应用上主要体现在反恐、排爆、救援和消防等方面,集成了多种传感器并拥有智能决策能力,可代替人员深入危险环境进行作业。通过无线通信手段,将前方感知的数据传输到后端,供专业人员做出评估和判断。

8. 智能家居

智能家居(smart home)是近几年发展最快的物联网技术应用。它以住宅为平台,综合应用 RFID、计算机、网络通信等技术,集服务与管理为一体,根据用户的个性需求,将物联网技术与家居生活有机结合,通过网络化智能实时管理,实现对照明、音视频、家电、安防、电表、水表、煤气表等设备的监控,具有使用方便、操控安全、舒适度高的特点。图 16-18 所示为智能家居的基本配置。

图 16-18 智能家居基本配置

智能家居的基本内容包括中央控制系统、家庭安防监控、家电控制、多媒体控制、环境监控、家庭供暖控制、家庭网络控制、自动远程抄表等。中央控制系统是整个智能家居的核心,根据客户的要求向各个控制单元下达控制指令。家庭安防监控系统承担防火(如烟雾监测)、防盗、防入侵(如门窗监测)、防煤气泄漏(如煤气监测),以及对老人和儿童的远程监护,并能及时发出事件报警。家电控制是对智能冰箱、智能微波炉、智能洗衣机和智能空调等电器的控制。多媒体控制包括对家庭影院中的电视机、音响、DVD、录像机、游戏机、照相机及笔记本电脑等设备的管理和控制。环境控制是对室内环境,包括灯光、温湿度、窗帘、电热水器等的控制。家庭供暖控制是对水暖系统或电暖系统进行控制。家庭网络控制是对用户家庭内的网关和网络的控制,包括每个智能设备的添加与删除。自动远程抄表包括电表、水表、煤气表的远程收费与缴费管理。

图 16-19 所示为基于物联网的智能家居安防系统示意图。室内可燃气体传感器、火焰传感器、烟雾传感器通过 ZigBee 组网构建无线传感器网络,并与中央控制系统建立数据通信。当火灾发生时,无线传感器网络发出报警信号。室外运动探测器、监控摄像头和门窗控制传感

器通过有线或无线方式连接到中央控制系统，结合室内人体感应传感器，当有陌生人试图进入室内时，系统会发出报警信号。

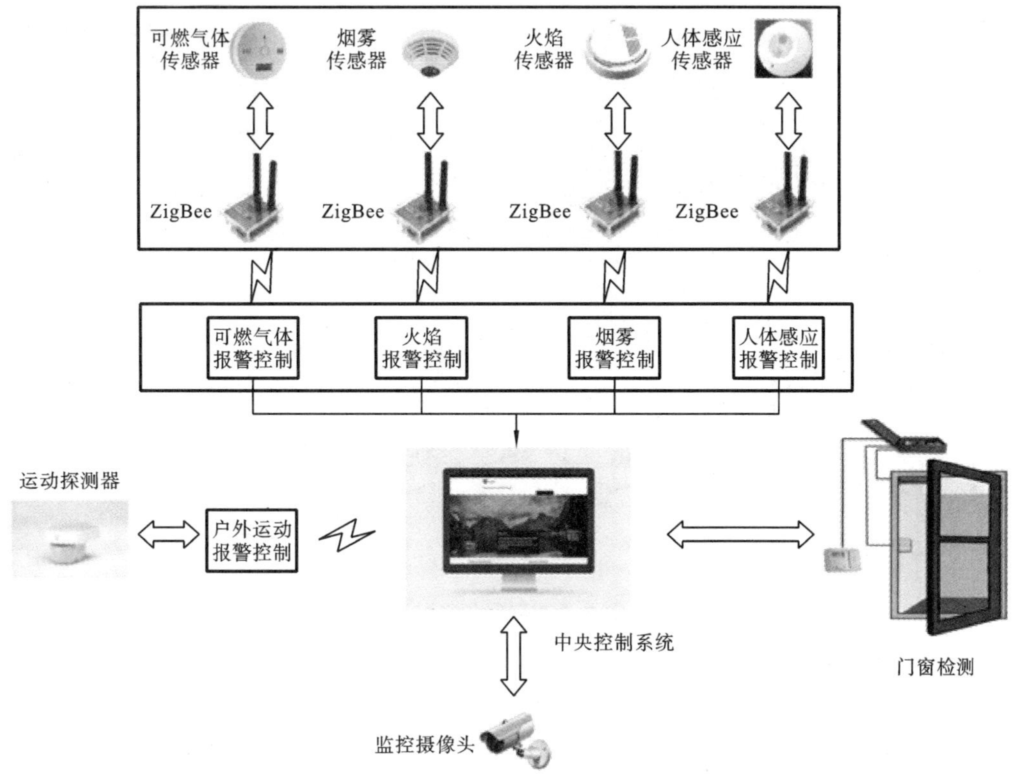

图 16-19　智能家居安防系统示意图

扫地机器人是智能家居中的一个典型应用，它利用雷达、地磁和惯性传感器实现室内的自我定位、避障以及路径规划，还能通过循迹完成自主充电。扫地机器人体积较小，可完成室内隐蔽狭小空间的清洁。烹饪机器人是另一种智能家居应用，由于人们生活节奏变快，很多家庭成员无暇烹饪，利用烹饪机器人可烹饪不同口味的菜肴。

9. 智能物流

物流作为供应链管理的重要环节，能够满足客户对商品、服务及相关信息从原产地到消费地的高效率、高效益的双向流动与存储。现代物流已经从传统的物流向智能物流发展，它以信息展现的电子商务为平台，利用 RFID 与传感器技术，实现物品从采购、入库、制造、调拨、配送、运输等环节全过程的信息采集、传输与处理，可以精确控制物流过程，将制造、库存、运输有机整合，提高物品周转效率，避免物品滞留造成的成本增加问题。现代物流借助超级计算机、数据挖掘、大数据等物联网相关技术，从企业级、行业级和供应链级优化资源配置，将物品从生产到销售的正向渠道与信息反馈形成良性运转体系，实现了信息化、网络化、智能化、柔性化、可视化和自动化。

传感器在智能物流中的应用主要体现在对物品及其所处环境的状态信息采集。图 16-20 所示为智能仓库存储货物和运输示意图。无线传感器构成网络节点，对仓库和运输车辆冷箱的温湿度进行监控，采集的信息通过无线传输方式向本地控制中心实时上传，以确保物品在存储和运输过程中品质不发生改变。

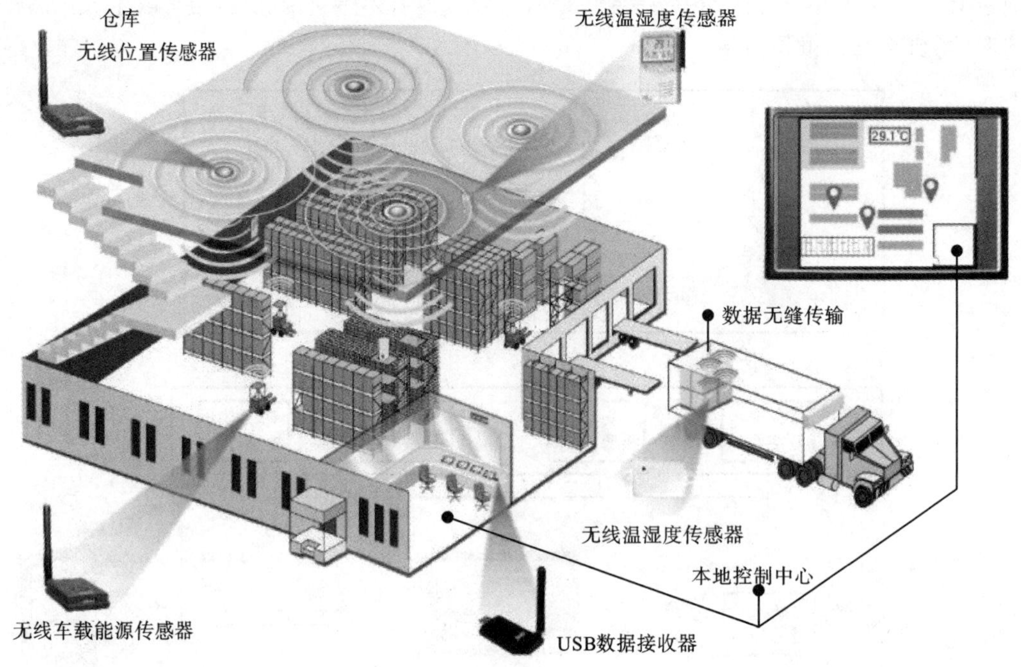

图 16-20 智能仓库存储货物和运输示意图

智能机器人在智能物流中担任着至关重要的角色,由于智能物流系统集成了大量的传感设备并具有良好的决策能力,而每个智能机器人构成通信网络进行协作,所以可代替常规人力,承担仓库内部物流人员和搬运工的工作。我国在智能仓库上的发展卓有成效,如阿里公司的无人仓库和京东的无人仓库等。随着人工智能研究成果日益丰硕,机器人智能化的水平会进一步提高,人类也会离智慧生活更进一步。

思考题与习题

16-1 什么是物联网?它有什么特征?

16-2 组网技术有哪些?

16-3 WSN 有哪些特点?

16-4 传感器网络节点的设计要点是什么?

16-5 物联网技术的智能应用领域有哪些?试举出一个典型应用实例。

第 17 章　人体生理参数传感与检测

17.1　生物医学传感器概述

17.1.1　生物医学传感器类型

生物医学信号测量技术是对生物体中包含的生命现象、状态、性质、变量和成分等进行检测和量化的技术，包括生物医学传感技术和生物医学检测技术。生物医学传感器是一门综合性非常强的科学和技术，可以按照不同方式进行分类。

1. 按照基本效应分类

按照基于的工作效应不同，生物医学传感器可分为物理传感器、化学传感器、生物传感器和生物电电极传感器四大类。

1）物理传感器

生物医学领域中的物理传感器主要有：测量血管尺寸、心房心室尺寸、肌肉收缩的位移传感器；测量血流速度、排尿速度、气流速度的速度传感器；测量心音、血管音、搏动的振动传感器；测量肌肉收缩力、咬合力、黏滞力的力传感器；测量血流量、尿流量、呼吸流量的流量传感器；测量血压、眼压、颅内压、膀胱内压、子宫内压的压力传感器；测量体温的温度传感器；测量各种射线的辐射传感器；测量各种生物发光、吸收光、散射光的光学传感器；测量心电、脑电、肌电、眼电、神经电的电学传感器等。

2）化学传感器

在生物医学领域中，化学传感器能够测量的化学物质主要有：pH 值、K^+、Na^+、Ca^{2+}、Cl^-、O_2、CO_2、NH_3、H^+、Li^+等。

3）生物传感器

酶电极是最早研制并应用最多的一种生物传感器，已成功用于血糖、乳酸、维生素 C、尿酸、尿素、谷氨酸、转氨酶等物质的检测；在临床中应用的微生物传感器有葡萄糖、乙酸、胆固醇等传感器；用猪肾、兔肝、牛肝、甜菜、南瓜和黄瓜叶制成的生物电极传感器，可分别用于检测谷酰胺、鸟嘌呤、过氧化氢、酪氨酸、维生素 C 和胱氨酸等；用于临床疾病诊断的 DNA 传感器可以帮助医生从 DNA、RNA、蛋白质及其相互作用层次上了解疾病的发生、发展过程，有助于对疾病的及时诊断和治疗。

4）生物电电极传感器

生物电电极传感器是一种电化学传感器，也可归为电学传感器，实现人体离子流-电子流的转换，也称为导引电极。心电、脑电、肌电、眼电、神经元放电等电活动都可以通过这种传感器来测量。

2. 按照检测信息的种类分类

生物医学传感器可按照其检测信息的种类进行分类，如表 17-1 所示。例如，测量结石位置、皮肤厚度、心脏位移等都可以采用位移传感器；测量心音、呼吸音等都要使用振动传感器。

表 17-1 生物医学传感器按照检测信息分类

传感器类别	可检测信息
位移传感器	结石的位置、皮肤厚度、皮下脂肪厚度、心脏位移等
振动传感器	心音、声音、呼吸音、血管音等
力传感器	血压、心肌力、眼球内压、胃内压等
流量传感器	血流量、呼吸气体流量、出血量、尿流量等
温度传感器	皮肤温度、直肠温度、呼吸温度、血液温度等
化学成分传感器	O_2、CO_2、CO、H_2O、NH_3、Na^+、K^+……
生物成分传感器	蛋白质、细菌、病毒等
放射线传感器	X射线、同位素剂量等
生物电传感器	心电、脑电、肌电、眼电、胃电等

3. 按照所能替代的人体感官分类

根据传感器所能替代的人体感官,生物医学传感器可分为视觉传感器(各种光学传感器以及其他能够替代视觉功能的传感器)、听觉传感器(各种拾音器、压电传感器、电容传感器以及其他能够替代听觉功能的传感器)、嗅觉传感器(各种气体敏感传感器以及能够替代嗅觉功能的传感器)等。

4. 按照应用位置分类

根据应用位置,生物医学传感器可分为植入式传感器、暂时植入体腔(或切口)式传感器、体外传感器、用于外部设备的传感器等。

5. 按照用途分类

根据传感器的主要用途,生物医学传感器可分为:检测生物体信息传感器,如心脏手术前检测心内压力、心血管疾病的基础研究中需要检测血液的黏度以及血脂含量等;临床监护用传感器,如病人手术前后需要连续检测体温、脉搏、血压、呼吸、心电等生理参数;控制用传感器,利用检测到的生理参数,控制人体的生理过程,如假肢,呼吸机等。

17.1.2 生物医学信号检测特点

1. 信号种类繁多、检测技术多样

任何从生物或医学来源获得的信号都可称为生物医学信号。信号来源可以是分子水平、细胞水平、器官或系统水平。例如,心脏电活动产生的心电图(ECG);大脑电活动产生的脑电图(EEG);来自单个神经元或心脏细胞的动作电位;来自肌肉的肌电图;眼睛的视网膜电图等。生物医学信号繁多,决定了检测技术多样性:无创检测、微创检测、有创检测;在体检测、离体检测;直接检测、间接检测;非接触检测、体表检测、体内检测;生物电检测、生物非电量检测;形态检测、功能检测;处于拘束状态下的生物体检测、处于自然状态下的生物体检测;透射法检测、反射法检测;一维信号检测、多维信号检测;分子级检测、细胞级检测、系统级检测等。

2. 信号微弱、信噪比低

生物医学信号一般都比较微弱,例如从母体腹部获取到的胎儿心电信号为 10~50 μV;脑干听觉诱发响应信号小于 1 μV。由于人体自身信号弱,而人体是一个复杂的、处于运动中的整体,周身又被各种工频干扰源所包围,因此信号易受噪声的干扰。如胎儿心电混有很强噪声,它一方面来自肌电、工频等干扰，另一方面，在胎儿心电中不可避免地含有母亲的心电干扰信号。

3. 信号频率范围较低

生物医学信号除心音信号和局部神经电位的频谱成分稍高外，其他电生理信号频率范围一般较低。信号频率范围较低引发的主要问题是需要解决直流漂移问题。

4. 信号随机性强

生物医学信号不但是随机的，而且是非平稳的，因此使得生物医学信号处理成为当代信号处理技术最可发挥其威力的一个重要领域，出现了大量标志性的信号分析和处理算法。例如：时域相干平均算法、相关技术、功率谱估计算法、短时傅里叶变换、时频分布、小波变换、混沌与分形、人工神经网络、深度学习算法等。

5. 安全性要求高

生物医学信号检测要求安全性高，特别是用于人体的传感器和换能器。安全性包括：物理安全性，即防止烧伤、电流刺激等危险；化学安全性，指无毒性、无致癌效应等；生物安全性，指无 DNA 和 RNA 突变等。

17.1.3　生物医学柔性传感器的发展

柔性传感器是指采用柔性材料制成的传感器，具有良好的柔韧性和延展性，甚至可以自由弯曲和折叠，可以根据测量要求任意布置，非常方便对复杂被测量进行检测。柔性传感器在电子皮肤、医疗保健方面得到广泛应用。

柔性传感器无论是可穿戴设备还是植入设备都有着非常好的适应性，已经出现有关柔性医学传感器的应用案例。例如，智能创可贴可以测量伤口 pH 值和温度、判断伤口伤情、自动控制抗生素的释放等；智能绷带能够为护理人员提供伤口情况的相关数据；利用交替印刷在柔性材料上的内嵌红光 OLED 和红外 OLED 的柔性传感器构成的柔性血氧计，能够检测大面积的皮肤、组织和器官的血氧水平；柔性可穿戴离子型湿度传感器可用于皮肤水分检测；可穿戴汗液传感器可同时检测表皮温度和汗液里的代谢物及电解质信息；柔性传感器包裹在血管或心脏周围，可在外围设备上清晰地记录心血管系统在血栓形成初期、中期和末期的全身血液压力的细微变化，通过监测心血管壁外微应力变化进行心血管疾病超前预测和术后实时追踪。

17.2　心电检测

17.2.1　心电图

心电是心脏无数心肌细胞电活动的综合反映，心电图（electrocardiogram，ECG）则从宏观上记录心脏细胞的电活动过程。典型心电波形及间期如图 17-1 所示，包括 P 波、QRS 波群、T 波、U 波，以及 PR 间期、ST 段、QT 间期等时长参数。

心脏跳动产生一系列的电活动，也伴随着心房和心室的收缩。当窦房结节点触发时，每个电脉冲通过右心房和左心房，从身体表面可以记录到心电图的 P 波。这种电活动使心脏的两个上腔收缩。然后，电脉冲移动到房室节。在房室节，电脉冲被暂停了一段短暂时间，这种延迟可以使右心房和左心房继续排空血液，使血液进入两个心室，此延迟被记录为心电图的 PR 间隔。延迟后，电脉冲通过右束和左束分支通路向两个心室传播。心室收缩，左心室血液被泵入主动脉，右心室血液被泵入肺动脉。这种电活动从身体表面记录为 QRS 波群。心室随后从这

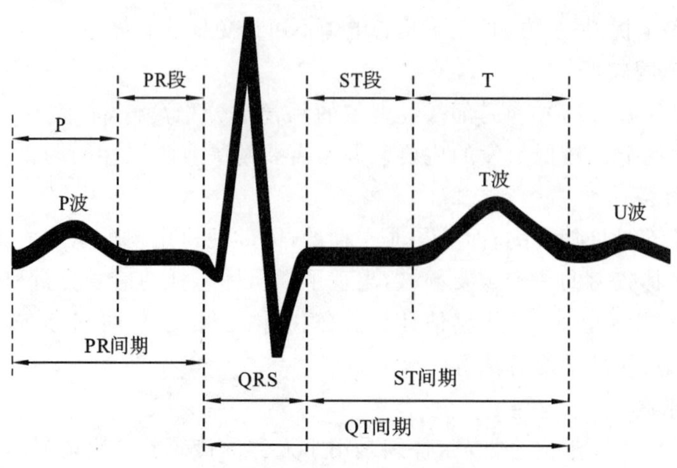

图 17-1 典型心电图波形及间期

种电刺激中恢复,并在心电图上产生一个“ST 段”和 T 波。U 波目前认为与心室的复极有关。

通过对心电波形的检测,便可以判定心血管情况。例如,PR 间期延长、P 波之后心室波消失,说明有房室传导障碍,常见于房室传导阻滞等;当出现心脏左右束枝的传导阻滞、心室扩大或肥厚等情况时,QRS 波群出现增宽、变形和时限延长;QT 间期的延长往往与恶性心律失常的发生相关。

17.2.2 心电电极和导联

心电电极是用来摄取人体内各种生物电信号的金属导体,心脏的电活动可以通过电极传感器来测量。心电图选用的电极是表皮电极,有金属平板电极、吸附电极、圆盘电极、悬浮电极、软电极和干电极。按照电极材料可分为铜合金镀银电极、镍银合金电极、锌银铜合金电极、不锈钢电极和银-氯化银电极等。

将两个电极置于人体表面上不同的两点,通过导线与心电图机相连,就可以描出心电图波形。描记心电图时,电极安放位置及导线与放大器的连接方式称为心电图机导联。目前广泛使用的是标准 12 导联,各个导联差动放大器正极和负极组成如表 17-2 所示。

表 17-2 心电图机各个导联差动放大器的正极和负极组成

导联名称	正　极	负　极
I	LA	RA
II	LL	RA
III	LL	LA
aVR	RA	1/2(LA+LL)
aVL	LA	1/2(RA+LL)
aVF	LL	1/2(LA+RA)
V1	V1	中央电势端
V2	V2	中央电势端
V3	V3	中央电势端
V4	V4	中央电势端
V5	V5	中央电势端
V6	V6	中央电势端

中央电势端为威尔逊中心端：将左上肢、右上肢和左下肢的三个电位通过电阻连在一点，其电位在整个心脏兴奋传导过程中，每一个瞬间始终稳定并接近于零。通过标准肢体导联Ⅰ、Ⅱ可以导出Ⅲ，以及 aVR、aVL、aVF。

1. 标准肢体导联Ⅰ、Ⅱ、Ⅲ

标准肢体导联又称双极导联，反映两肢体之间的电位差。临床上描记心电图时，肢体导联探查电极共有 4 个，一般采用夹子固定方式安放电极。标准肢体导联Ⅰ、Ⅱ、Ⅲ电极和差动放大器连接方式如图 17-2 所示。

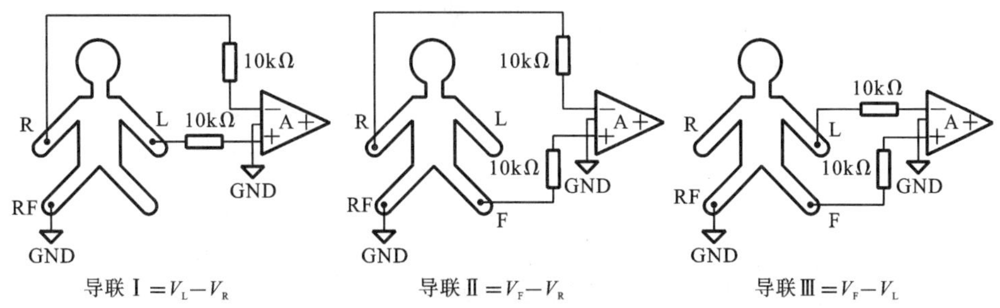

图 17-2　标准肢体导联电极和差动放大器连接方式

2. 加压单极肢体导联 aVR、aVL、aVF

单极肢体导联方式是在两个电极中，只使一个电极显示电位，另一电极的电位等于零(威尔逊中心端)，此时形成的波形振幅较小，故采用如图 17-3 所示加压单极肢体导联方式，使测得的电位升高，便于检测。

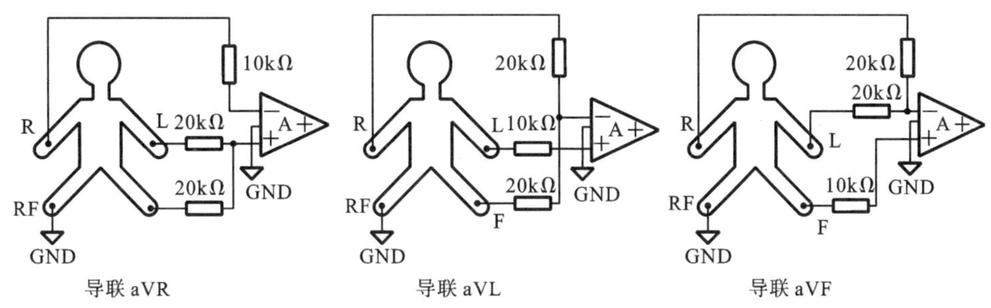

图 17-3　加压单极肢体导联电极和差动放大器连接方式

3. 单极胸导联 V1～V6

胸导联属单极导联，包括 V1～V6 导联。如图 17-4 所示，通过电阻与放大器同向输入端相连接的正电极应安放于胸壁规定的部位，另将肢体导联 3 个电极分别通过电阻与放大器反向输入端连接构成威尔逊中心端。

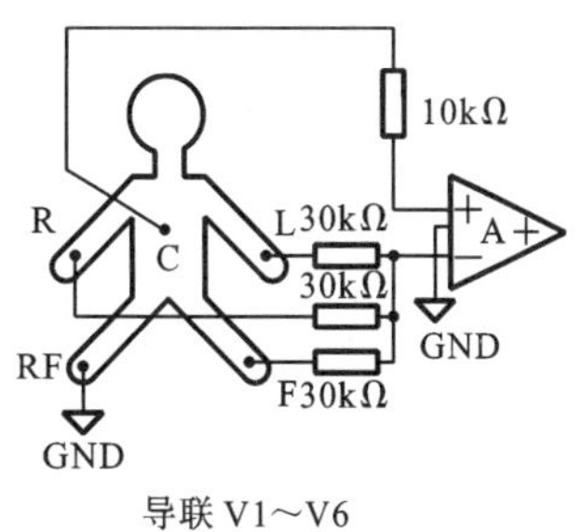

图 17-4　单极胸导联电极和差动放大器连接方式

常规 12 导联心电图用 10 个电极组合构成了 12 个导联，导联之间存在如下关系：lead Ⅰ + lead Ⅲ = lead Ⅱ，aVR＋aVL＋aVF＝0。常规心电图检查时，12 个导联即可满足需要。如怀疑有右位心、右心室肥大、心肌梗死时，需加做 V7、V8、V9 和 V3R 导联。

17.2.3　心电图机组成和原理

心电图机基本组成包括：输入电路(电极、保护电路、滤波电路和导联选择电路)、放大电路(前置差动放大、1 mV 定标、隔离放大)、A/D、微处理器、打印、控制、数据接口及电源，如图 17-5 所示。

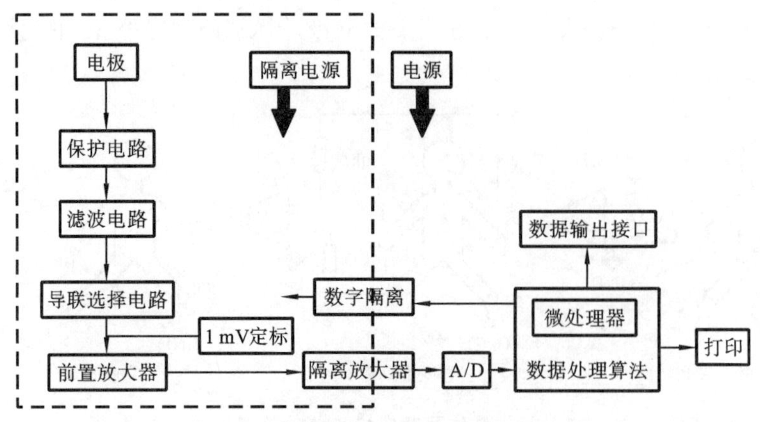

图 17-5　典型心电图机组成框图

1. 输入电路

人体体表的心电信号由电极引出，通过导联线、输入保护电路、高频滤波电路、缓冲放大器和导联选择电路等输入到心电前置放大电路。前置放大电路以前的部分称为心电输入电路。

1）导联线

12 导联心电图机有 4 个肢体电极导联线和 6 个胸部电极导联线，为了消除空间电磁波对 mV 级心电信号的影响，须采用带屏蔽层电缆，屏蔽层通常接地。为了减小导联线芯线和屏蔽层之间的分布电容对心电信号的影响，可以采用有源屏蔽驱动电路。

2）输入保护电路

当心电图机与高压脉冲设备(如高频电刀、心脏除颤器等)同时使用时，高电压有可能进入心电图机。在输入电路中加入辉光管、二极管等保护电路，避免输入放大电路因受高压冲击而损坏。

3）高频滤波电路

短波治疗机、高频电刀等大功率设备向空间辐射高频电磁波，干扰心电图机工作。因此采用低通滤波器消除高频信号影响，滤波器截止频率一般选择 10 kHz 左右。

4）缓冲放大器

心电信号由人体传递到心电前置放大电路需要经过人体内阻、电极与皮肤接触电阻、输入电路平衡电阻。缓冲放大器一般采用高输入阻抗的电压跟随器，以提高有效输入电压的大小和精度。

5）导联选择电路

检测 12 个不同导联心电信号，需要根据导联定义选择 10 个电极信号及威尔逊网络产生的参考电压或威尔逊中心端电压中的两个信号，将其输入到前置放大器的差动输入端。导联选择电路一般通过威尔逊网络和模拟开关切换电路来实现。

2. 放大电路

放大电路的作用是将 mV 级、频率为 0.05～100 Hz 的心电信号放大到可以观察和记录的水平。放大电路除了放大心电信号之外，还要滤除干扰信号。放大电路部分包括：前置差动放大电路、1 mV 定标电路、时间常数电路、主放大电路、功率放大器等。

1）前置差动放大电路

前置差动放大电路是心电图机的第一级放大器，对心电图机的性能影响很大。其主要作用是放大各个导联对应的差动输入信号，抑制各种共模干扰。要求其具有高输入阻抗、高共模抑制比、低噪声、低漂移等特点，通常采用典型的三运放仪表放大器。

2）1 mV 定标电路

为准确测量心电信号的幅值及校准心电图机的灵敏度，需在前置放大电路的输入端输入一个幅值为 1 mV 的矩形波标准电压，通常采用稳压管和电阻分压网络来产生。如果在心电图记录纸上显示的 1 mV 标准电压出现偏差时，需要对心电图机进行校准。

3）时间常数电路

前置放大电路的输出信号需要进一步放大才能满足心电图机的要求。由于心电电极存在一定的直流极化电压，放大后可能使放大器超出线性放大工作区域。因此，在对前置放大电路的输出信号进一步放大之前，需要利用高通滤波器电路的隔直特性消除直流极化电压的影响，一般采用 RC 高通滤波网络，其充放电时间常数与截止频率成反比，RC 充放电时间常数越大，截止频率越低。因此，该电路也称为时间常数电路。

4）主放大电路

主放大电路对时间常数电路的输出信号进一步放大，一般包括信号线性隔离放大电路、增益调节电路、50 Hz 滤波电路、肌电干扰抑制电路等。其中，线性隔离放大电路的作用一是放大心电信号，并将人体与 220 V 供电电压隔离，提高安全性；二是提高心电图机的抗干扰能力。常用的线性隔离放大电路有变压器耦合和光电耦合方式。有的心电图机并不采用线性隔离放大电路，而是将模拟信号变为脉冲信号，再利用数字光耦实现心电信号隔离。

3. 控制电路

数字式全自动心电图机中的微处理器负责导联自动切换、放大倍数、时间常数、50 Hz 滤波电路和肌电干扰抑制电路等的控制。

4. 电源电路

心电图机一般采用交流和直流两种供电方式。当采用交流供电时，输入的交流电通过变压器降压、整流和滤波电路转换为低压直流电源，并利用 DC-DC 变换器得到各部分电路需要的直流供电电压。需要注意的是，在心电图机中不仅需要通过隔离电路对心电信号进行隔离，而且需要对供电电源部分进行隔离。当没有交流电源时，心电图机可以自动切换到直流电源供电方式，保证心电图机的正常使用。电源部分还包括供电自动切换电路、充电及充电保护电路、蓄电池直流电源过放电保护电路、电压指示电路等。

17.3　脑电检测

17.3.1　脑电图

脑电波形相比心电波形较为杂乱无章，不像心电波形有比较固定的心率，但脑电波也有一定的节律，例如丘脑是全身刺激传入大脑皮层最重要的中继站，是低频脑电活动主要起始点，是脑电活动形成的基础。当大脑患有不同疾病时，如肿瘤、癫痫、出血或代谢性疾病，可出现神经元的异常放电。脑电图可以记录正常和异常状态下脑电波的幅值、频率、形态和放电形式,为疾病诊断提供科学依据。

脑电波分为自发脑电和诱发电位,自发脑电也就是常规脑电波(EEG),指在正常生理条件下和安静舒适状态下按规定统一方法和时间描记的头皮脑电图。诱发电位(EP)指自发脑电活动可以被直接的(或外界的)确定性刺激(电、光、声等刺激)所影响,产生另一种局部化的电位变化。

根据脑电波形的频率,常规脑电图分为五种类型,如表 17-3 所示。

表 17-3 常规脑电图不同节律频率范围和峰值范围

类　型	频率范围	峰　值
δ 波	0.5～4 Hz(慢波)	20～200 μV
θ 波	4～8 Hz(慢波)	100～150 μV
α 波	8～13 Hz	20～100 μV
β 波	13～30 Hz(快波)	5～20 μV
γ 波	30 Hz 以上(快波)	<2 μV

α 波是节律性脑电波中最明显的波,几乎在整个皮层都可以检测到,尤其在枕叶和顶叶明显,是成人在觉醒、安静同时闭目状态下的主要波形,睁眼或入睡时,α 波消失。β 波在额、颞、中央区活动明显,常见于紧张的精神活动期间,基本上不受睁眼、闭眼影响。θ 波主要见于成人浅睡和儿童,出现在脑顶部和颞部,是中枢神经系统抑制时记录的波形。δ 波主要见于成人深睡、早产婴儿和幼儿,在极度疲劳、麻醉、缺氧、有器质性病变时也可出现。γ 波是由注意或感觉刺激引起的一种低幅值、高频率波形。基本波频率和年龄有关:3 岁以下,以 δ 波为主;3～6 岁,以 θ 波为主;随年龄增长,以 α 波为主。这种常规脑电图记录的是人大脑自发的电活动,在临床诊断上具有重要的意义。

根据脑电与刺激之间的时间关系,诱发电位可分为特异性诱发电位和非特异性诱发电位。前者是指给予刺激后经过一定的潜伏期,在脑的特定区域出现的电位反应。其特点是:在特定的部位检测出来;有特定的波形和电位分布;诱发电位的潜伏期与刺激之间有较严格的锁时关系。后者是指给予不同刺激时产生相同的反应。非特异性诱发电位幅度较大,在脑电图记录中就可以发现,而特异性诱发电位较小,淹没在自发脑电信号中。由于特异性诱发电位的形成与刺激信号有严格的对应关系,通过诱发电位可以反映出神经系统的功能和病变,因此,特异性诱发电位检查在临床上具有诊断价值。目前临床上常用的诱发电位刺激通道种类有视觉诱发电位(VEP)、脑干听觉诱发电位(AEP)、体感诱发电位(SEP)和运动诱发电位(MEP)。

17.3.2 脑电极和导联

脑电极是指用于采集脑部电信号或进行脑部电刺激的电极的总称。其作用是将脑部电化学活动产生的离子电位转换成测量系统的电子电位。根据脑电电极监测部位和用途,脑电采集电极可分为:头皮脑电电极、颅内片状电极、深部电极、立体脑电图电极、微电极等。

脑电图导联是描述脑电电极在大脑表面的放置以及脑电极和脑电放大器输入端的连接方式。由于脑电信号没有非常统一的节律,信号随时间、位置复杂多变,因此没有公认的脑电图导联标准。但脑电极的放置有相对统一的方案,即目前广泛采用的国际 10-20 系统脑电极安放法,共 21 个电极,包括 19 个作用电极和 2 个参考电极(耳电极),如图 17-6 所示。

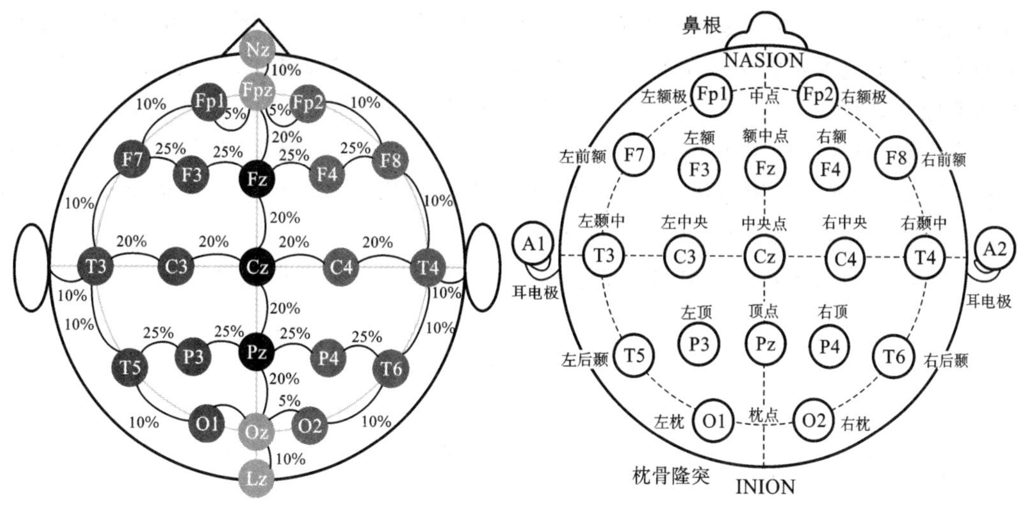

图 17-6　国际 10-20 系统脑电极安放法

17.3.3　脑电图机组成和原理

脑电图机的分类方法较多，可以根据导联数分为 4 导、8 导、32 导、64 导、128 导和 256 导脑电图机，常规脑电图机 8～16 导联；根据脑电图的功能和用途可以分为常规脑电图机、视频脑电图仪、脑电地形图仪、脑电监护仪、脑电 Holter 和脑电分析仪等。

脑电图机与心电图机原理基本相同，都是包括拾取、放大、滤波、模数转换、显示或绘制图形的过程。随着半导体技术及数字信号处理技术的快速发展，全数字化脑电图机成为首选，其组成框图如图 17-7 所示。在导联选择方式、差分前置放大器、模拟脑电信号调理电路(多级放

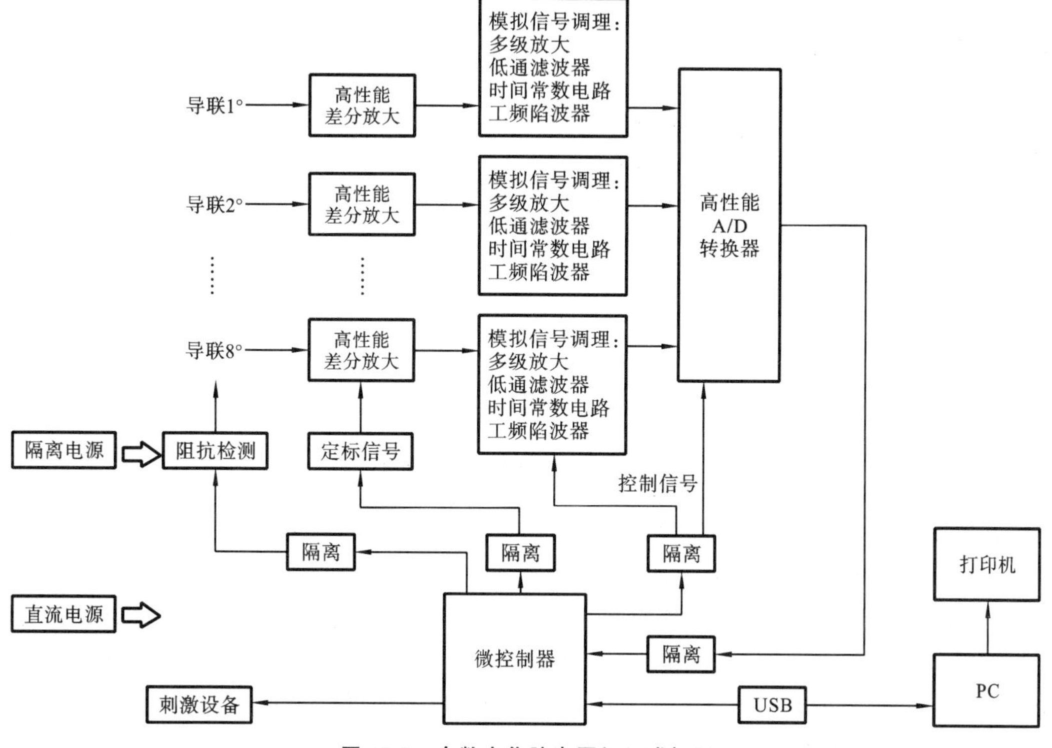

图 17-7　全数字化脑电图机组成框图

大、低通滤波器、时间常数电路、工频陷波器)、阻抗检测电路、定标信号发生电路等方面,它与经典的描记式脑电图机的实现功能和要求基本相同。在微控制器控制下,通过高性能模数转换电路实现多导脑电信号的高分辨率、高速及同步采样,完成阻抗检测、定标、增益自动调整、最高频率设定、时间常数选择等功能。还可通过 USB 接口与 PC 连接,在 PC 内完成脑电图和脑电地形图显示、脑电分析等功能,并通过打印机打印波形。在做脑电诱发实验时,微控制器可以控制刺激设备,并同步采集刺激时间及诱发脑电信号。为保证人身安全,在数据通道、控制通道和电源通道均采用隔离电路实现人体与 220 V 交流电源的电气隔离。

17.4 血压检测

17.4.1 血压参数

血压(blood pressure,BP)是血液在血管内流动时,在血管壁单位面积上垂直作用的力,是反映血流动力学状态的最主要的指标之一,也是反映人体心脏和血管功能状况的重要生理参数。影响血压的因素很多,如心率、每搏输出量、外周循环阻力、循环血量及动脉管壁的弹性等。若血压过高,则心室射血必然要对抗较大的血管阻力,使心脏负荷增大,心脏易于疲劳。同时,高血压也是脑中风、冠心病、肾功能衰竭等很多疾病的隐患;若血压过低,则心室射出的血流量不能满足组织的正常代谢需要。通过测量心脏的不同房室和外围血管系统的血压值,有助于医生判断心血管系统的整体功能。血压测量广泛应用于各级医院临床诊断和监护及普通家庭血压监测。

血压信号是随心动周期变化的动态时间函数,血液循环系统中各部位测量到的血压波形不同。临床上通常测量动脉血压和心脏各腔室的压力。“血压”通常指上臂肱动脉血压的间接测定,波形如图 17-8 所示。

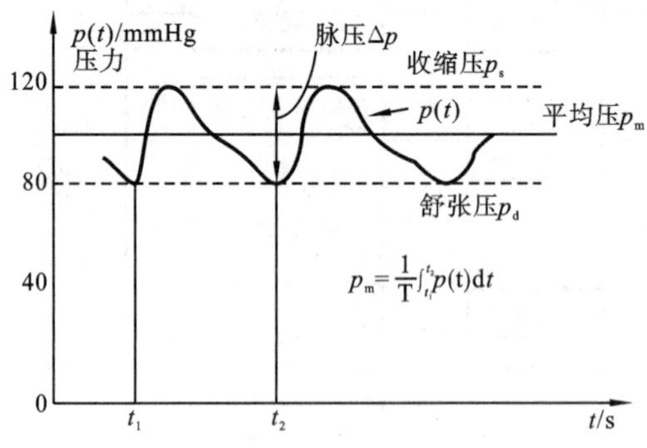

图 17-8 上臂肱动脉血压波形

血压参数主要有:①收缩压(systolic pressure,SP)。心室收缩时,主动脉压急剧升高,在收缩期的中期达到最高值,这时的动脉血压值称为收缩压(高压)。在心室收缩间期,心脏主动脉瓣开放,将血液推进主动脉,并维持全身循环。②舒张压(diastolic pressure,DP)。心室舒张时,主动脉压下降,在心舒末期动脉血压的最低值称为舒张压(低压)。在心室舒张间期,主动脉瓣关闭,此时动脉压反映的是血液从主动脉向外周血管系统的流动能力。③脉压差。即收缩压与舒张压的差值。一定程度上反映心脏的收缩能力,是反映动脉系统特性的重要指标。

④平均压(mean pressure,MP)。它是整个心动周期动脉血压的平均值,大约等于舒张压加1/3脉压差。

17.4.2　血压测量方法

临床上血压测量技术可以分为直接法(有创)和间接法(无创)两种。直接测量方法的优点是测量值准确,响应快,并能进行连续测量,但必须经皮层将导管放入血管内,所以是一种创伤性的测量方法。间接测量方法是利用血压与血液阻断开通时刻所出现的血流变化、脉搏波变化情况,在体外采用各种转换方法及信号处理技术测量血压的方法,如柯氏音听诊法、示波法、容积补偿法、扁平张力法、脉搏法和超声波法等,间接测量方法无创、简便易行、可反复测量,缺点是测量精度较低。

1. 有创血压检测方法

有创血压检测能够连续、准确地监测动脉、静脉、毛细血管、心房、颅内等的血压变化波形,主要用于术中及术后各种重症休克、低血压等病人循环系统功能监测,为手术、治疗和护理提供依据。有创血压检测传感器主要有:①应变式和压阻传感器;②膜片式(MEMS)传感器;③导管式压力传感器;④导管顶端光纤压力传感器。

MEMS 微型光纤传感器直径小于 0.2 mm,可以大大减小导管的尺寸,由于传感器在导管的顶端,靠近测量位置,可提供高的频率响应和准确的压力读数,不受电磁干扰、磁共振成像干扰、射频干扰及电外科环境干扰影响,适合远程监测和多路复用,能够在恶劣环境下提供现场压力测量,是适用于心血管血压导管的理想传感器。

2. 无创血压检测方法

无创血压检测方法一般包括无创间歇血压测量方法和无创连续血压测量方法。无创间歇血压测量方法常用的是袖带加压法,包括人工测量方法和自动测量方法。人工测量可以通过听诊柯氏音或触诊方法得到压力值,自动测量方法常用的是示波法,也是目前电子血压计采用的主要方法。无创连续血压测量方法可以测得人体每个心动周期的血压值,为心脑血管疾病的诊断与治疗提供更多的依据。无创连续血压测量方法又包括动脉张力测定法、容积补偿法、脉搏法和超声波方法等。

1) 柯氏音听诊法

柯氏音听诊法是广泛应用的无创检测手段,其工作原理如图 17-9 所示。动脉不受压或完全受压情况下并不产生任何声响,只有在不完全受阻时血液喷射产生涡流或湍流使血管振动产生声响,并传送到体表,用声音确定血压。

测量过程为:通过袖带加气压挤血管,阻断肱动脉血流,这时听诊器听血管没有波动声音;然后慢慢放出袖袋内空气,当袖袋压刚刚小于肱动脉血压,血流冲过被压扁动脉时产生湍流,听诊器可以听到湍流引起的脉搏声,此时测得的压力值被认为是高压即收缩压;继续放气,通过听诊器能听到强而有力的脉搏声,科氏音开始加大,然后慢慢变轻,当此声变得低沉而长时,所测得的血压为舒张压。当放气到袖袋内压低于舒张压时,血流平稳地流过无阻碍的血管,柯氏音消失。

柯氏音听诊法是无创血压测量的金标准,但也具有不确定性,与医生熟练程度和技术、放气的快慢、心脏跳动的不连续性、声音和血流的同步性等有关。柯氏音听诊法也可以实现自动测量,通过压力传感器自动测量袖带内压力,通过声音传感器检测脉搏声并分析声音的变化过程,自动寻找收缩压和舒张压对应的声音变化时刻,从而得到收缩压和舒张压。

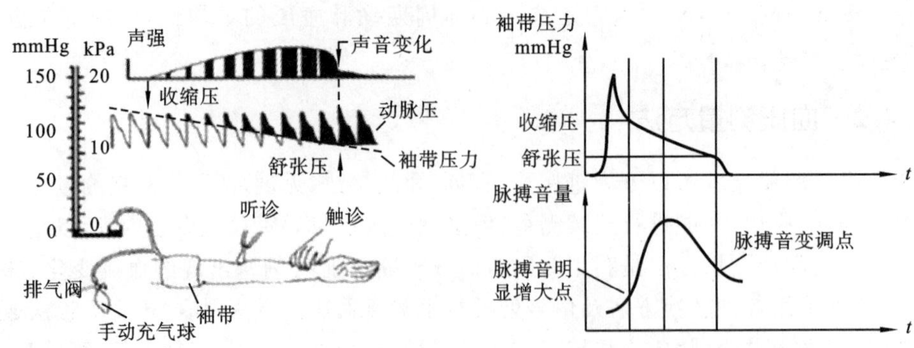

图 17-9　柯氏音听诊法原理

2）示波法(振荡法)

利用示波法测量的静压力和振荡波形如图 17-10 所示,对袖带自动充气到一定压力(一般比收缩压高出 30～50 mmHg)后停止加压,开始放气,当气压减到一定程度,血流就能通过血管并在血管内引起振荡波,压力传感能实时检测袖带压力及振荡波。振荡波一开始随着逐渐放气变得越来越大;继续放气使得袖带与手臂的接触越来越松,压力传感器检测的压力及波动变得越来越小。振荡的最大值对应的静压力为平均动脉压,收缩压和舒张压根据振荡波的变化来确定。各个血压计厂商确定收缩压和舒张压的算法不尽相同,都是以临床测试统计结果为依据而确定。常用的一种方法是固定比率计算法:选择波动最大的时刻为参考点,向前寻找振荡波幅值为其峰值 0.45 的波动点,该点所对应的静压力为收缩压;向后寻找振荡波幅值为其峰值 0.75 的波动点,该点所对应的静压力为舒张压。此外,对振荡波幅值进行微分求拐点的方法也是确定收缩压和舒张压常用的方法。

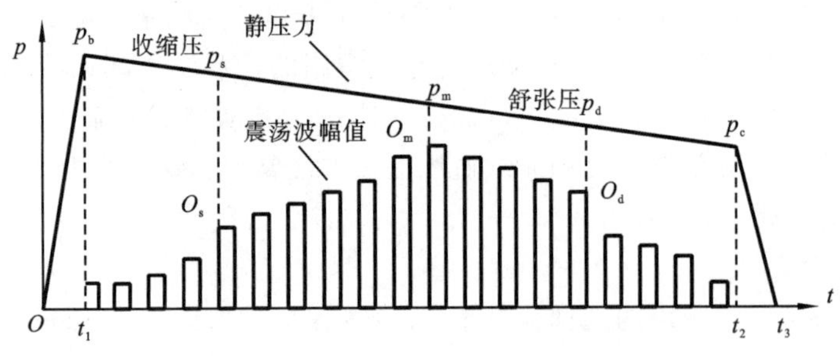

图 17-10　示波法测量静压力和振荡波形

示波法测量系统组成框图如图 17-11 所示。微处理器控制自动调零阀、袖带充气泵,放气阀分别完成压力传感器校零、自动充气和自动放气任务。压力传感器感受压力值,其输出信号经放大、低通滤波后形成静压力信号;放大后通过带通滤波器形成振荡波信号,这两路信号经过模数转换后送入微处理器。过压开关用于过压保护,系统还包括显示和键盘部分。其中,低通滤波器滤除振荡波,输出静压力信号,截止频率一般为 0.5 Hz 左右;带通滤波器滤除静压力信号和高频噪声,输出振荡波信号,通带频率范围一般为 0.5～6 Hz。

3）脉搏法

血压的无创连续监测在临床诊断、治疗等方面都具有很重要的指导意义。动脉张力法和容积补偿法是较早出现的无创连续血压测量方法,但设备复杂,由于加压原因影响被测者舒适度,因此不利于长时间的连续监测,测量精度也需要提高。脉搏法是基于脉搏波的无创连续血

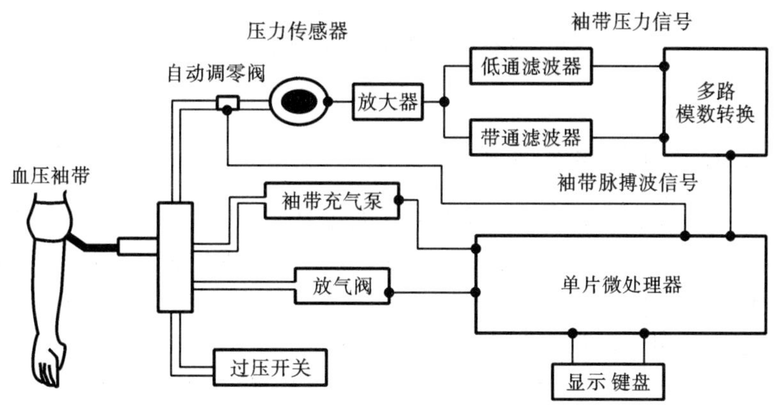

图 17-11　示波法测量系统组成框图

压测量方法，其测量设备及操作过程都比较简单，舒适度也较高，更重要的是测量部件可以非常方便地集成于现有的腕带、手表等可穿戴设备中。

脉搏法的基本原理是：首先测量得到脉搏波速（PWV），然后通过计算间接得到血压值。若已知体表两个测量点之间的距离，则通过测量脉搏波在两个测量点之间的脉搏传递时间（PTT）即可计算得到脉搏波速。1878 年，Moens 和 Korteweg 首先提出了血压与 PWV 之间的数学模型，即在血管弹性不变条件下，血压的变化和 PTT 的变化成正比。研究人员证实了 PWV 与平均压之间的相关性，PWV 与收缩压的变化具有较大的相关性，但与舒张压的相关性较低。

PTT 测量原理是通过识别光电容积脉搏波（PPG）波形的关键特征节点，计算当前 PPG 信号和其他参考信号（如 PPG、ECG 等）之间的时间延迟。因此，可采用 PPG＋ECG 和 PPG＋PPG 等组合方式来获得血压值。图 17-12 所示为基于 PPG＋ECG 的传感器融合无创血压测量设备。EEG 单元和 PPG 单元分别检测 EEG 和 PPG 信号；然后通过模数转换器送入微处理器；微处理器利用存储单元存放数据，通过无线接口和其他设备通信，通过人机接口进行人机交互。只要用另一个 PPG 单元更换 ECG 单元即可组成基于脉搏法的多 PPG 无创血压测量设备。

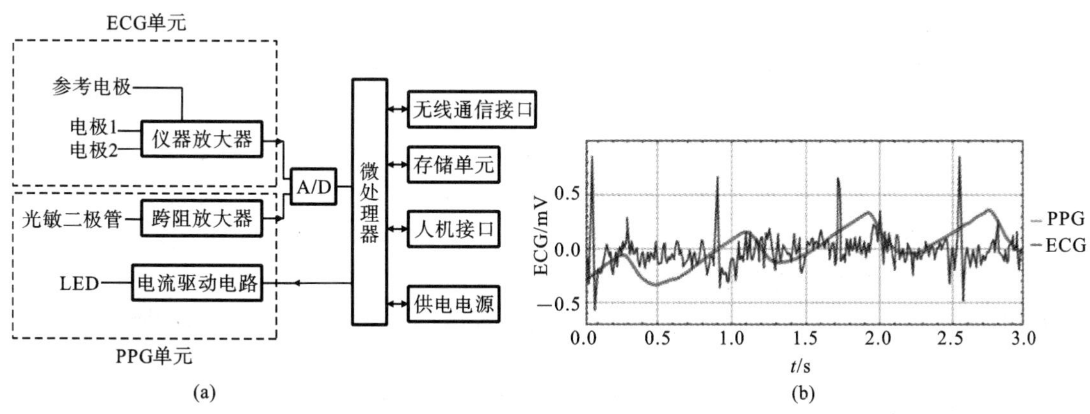

图 17-12　PPG＋ECG 传感器融合无创血压测量设备

(a) 组成框图；(b) PPG 和 ECG 波形

17.5　血氧饱和度检测

17.5.1　血氧饱和度基本概念

新陈代谢所需要的氧气,通过呼吸系统进入人体血液,与血液红细胞中的血红蛋白(Hb)结合成氧合血红蛋白(HbO_2),再输送到人体各部分组织细胞中去。血液携带输送氧气的能力用血氧饱和度来衡量。血氧饱和度是指血液中被氧结合的 HbO_2 容量占全部可结合的 Hb 容量的百分比,它是呼吸循环的重要生理参数。健康人血氧饱和度值在 95%～100%之间,但在红细胞增多和过度通气等情况下可能会增加;在贫血、低通气和支气管痉挛期间会降低。

动脉血氧饱和度(SaO_2)和脉搏血氧饱和度(SpO_2)的主要区别在于血氧饱和度的测量类型。SaO_2 通过动脉采血利用血气分析仪检验测定,直接测量与血液中血红蛋白结合的 O_2。SpO_2 一般可用无创脉搏血氧仪来间接测量功能性血氧饱和度。SaO_2 和 SpO_2 临床意义不同。SaO_2 反映的是呼吸器官将氧气传送到血液中的能力,监测 SaO_2 可以对肺的氧合和血红蛋白携氧能力进行估计。SpO_2 反映的是人体将氧气输送到全身的能力,一般在身体末梢进行测量,比如手指,耳垂等。所以,SpO_2 会受到一些环境因素的影响,比如手指温度、末梢毛细血管的完整度、测量位置的透光度等。SaO_2 受环境因素的影响较小,缺点是需要抽动脉血,且不是即时数值。

17.5.2　血氧饱和度测量方法

血氧饱和度的测量通常分为电化学方法和光电法两种。电化学方法就是利用血气分析仪对血样进行检测。目前临床上大多采用光电法,可以实现无创、长时间、连续测量血氧饱和度。主流的血氧饱和度测量方法基于双波长测量原理。

1. 双波长血氧饱和度测量原理

血液中的 HbO_2 和 Hb 对于不同波长光的吸收系数不同。在波长 600～700 nm 的红光范围内,Hb 的吸收系数比 HbO_2 大;而在波长 800～1000 nm 的红外光范围内,Hb 的吸收系数比 HbO_2 小;在 805nm 处两者相同。如图 17-13 所示,在红光 650 nm 和红外光 950 nm 处,Hb 和 HbO_2 的吸收系数差异较大,而且曲线比较平坦,受二极管发光波长误差影响较小。因此,目前的仪器均采用这两个波长附近的光进行双波长的定量分析检测。

血氧饱和度为 100%时(见图 17-13(a)),血液和 HbO_2 的吸光度曲线相同,红光附近吸收系数小,红外光附近吸收系数大;血氧饱和度为 0%时(见图 17-13(c)),血液和 Hb 的吸光度曲线相同,红光附近吸收系数非常大,红外光附近吸收系数非常小。当血液的血氧饱和度在 0%～100%之间改变时,血液的吸光度曲线在 Hb 吸光度曲线与 HbO_2 吸光度曲线之间变化,红光附近吸收系数与红外光附近吸收系数相对大小也随着发生改变。图 17-13(b)所示是血氧饱和度为 50%时的吸光度曲线。

双波长血氧饱和度仪是根据朗伯比尔定律、手指或耳垂吸光模型以及 HbO_2 和 Hb 光吸收的特性设计而成。根据朗伯比尔定律,当用波长为 λ_1、光强为 I_0 的单色光照射人体组织时,出射光强 I 为

$$I = I_0 e^{-\varepsilon_0^{\lambda_1} C_0 d_0} e^{(-\varepsilon_1^{\lambda_1} C_1 - \varepsilon_2^{\lambda_1} C_2) d} \tag{17-1}$$

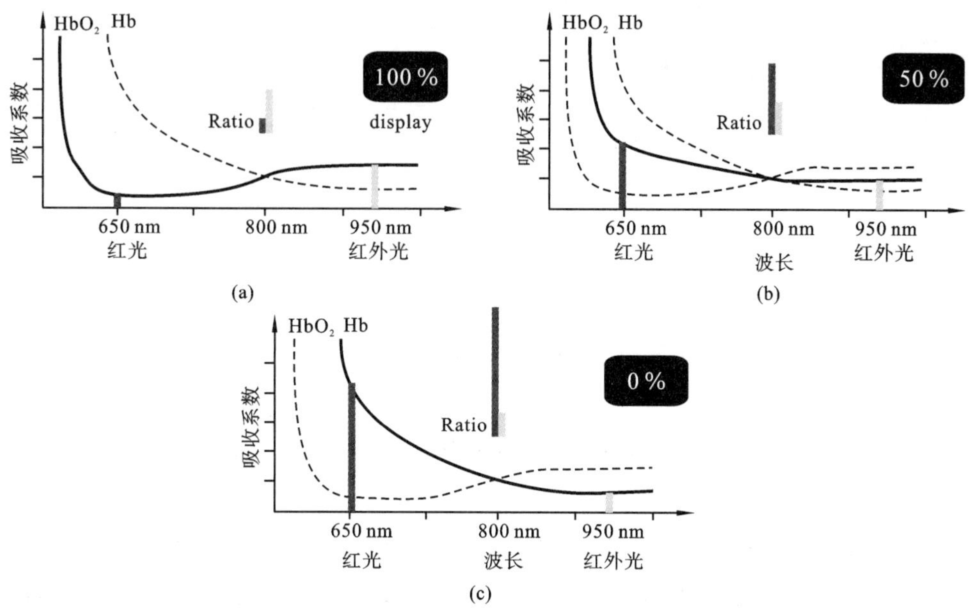

图 17-13　血氧饱和度吸光系数-波长特性曲线

式中：$\varepsilon_0^{\lambda_1}$、$\varepsilon_1^{\lambda_1}$、$\varepsilon_2^{\lambda_1}$ 分别表示组织中不跳变成分、HbO_2、Hb 对波长 λ_1 光的吸光系数；C_0、C_1、C_2 分别为组织中不跳变成分、HbO_2、Hb 的浓度；d_0、d 分别为光在不跳变组织中和动脉中传播的有效光程长。

当心室射血使血管扩张到最大时，有效光程长 d 达到最大 $d_{\max}$，这时光电探测器检测到的为最弱光强 $I_{\min}$；当血管收缩到最小时，有效光程长 d 降到最小 $d_{\min}$，光电探测器检测到最强光强 $I_{\max}$

$$I_{\min} = I_0 e^{-\varepsilon_0^{\lambda_1} C_0 d_0} e^{(-\varepsilon_1^{\lambda_1} C_1 - \varepsilon_2^{\lambda_1} C_2) d_{\max}} \tag{17-2}$$

$$I_{\max} = I_0 e^{-\varepsilon_0^{\lambda_1} C_0 d_0} e^{(-\varepsilon_1^{\lambda_1} C_1 - \varepsilon_2^{\lambda_1} C_2) d_{\min}} \tag{17-3}$$

以上两式相除得

$$\frac{I_{\min}}{I_{\max}} = e^{(-\varepsilon_1^{\lambda_1} C_1 - \varepsilon_2^{\lambda_1} C_2)(d_{\max} - d_{\min})} \tag{17-4}$$

定义 $\Delta d = d_{\max} - d_{\min}$，并将上式变为

$$\ln\left(\frac{I_{\min}}{I_{\max}}\right) = -(\varepsilon_1^{\lambda_1} C_1 + \varepsilon_2^{\lambda_1} C_2)\Delta d \tag{17-5}$$

对于同一受试者，λ_1、λ_2 两个波长在脉动周期内的变化量 ΔA_1、ΔA_2 分别为

$$\begin{cases} \Delta A_1 = \ln\left(\dfrac{I_{\min}^{\lambda_1}}{I_{\max}^{\lambda_1}}\right) = -(\varepsilon_1^{\lambda_1} C_1 + \varepsilon_2^{\lambda_1} C_2)\Delta d \\ \Delta A_2 = \ln\left(\dfrac{I_{\min}^{\lambda_2}}{I_{\max}^{\lambda_2}}\right) = -(\varepsilon_1^{\lambda_2} C_1 + \varepsilon_2^{\lambda_2} C_2)\Delta d \end{cases} \tag{17-6}$$

以上两式相除，消除 Δd，得到

$$\frac{\Delta A_1}{\Delta A_2} = \frac{\varepsilon_1^{\lambda_1} C_1 + \varepsilon_2^{\lambda_1} C_2}{\varepsilon_1^{\lambda_2} C_1 + \varepsilon_2^{\lambda_2} C_2} \tag{17-7}$$

根据血氧饱和度的定义

$$SpO_2 = \frac{C_1}{C_1 + C_2} \times 100\% \tag{17-8}$$

由式(17-7)和式(17-8)可得

$$\mathrm{SpO_2}=\frac{\dfrac{\Delta A_1}{\Delta A_2}\varepsilon_2^{\lambda_2}-\varepsilon_2^{\lambda_1}}{(\varepsilon_1^{\lambda_1}-\varepsilon_2^{\lambda_1})-(\varepsilon_1^{\lambda_2}-\varepsilon_2^{\lambda_2})\dfrac{\Delta A_1}{\Delta A_2}}=\frac{R\varepsilon_2^{\lambda_2}-\varepsilon_2^{\lambda_1}}{(\varepsilon_1^{\lambda_1}-\varepsilon_2^{\lambda_1})-(\varepsilon_1^{\lambda_2}-\varepsilon_2^{\lambda_2})R} \tag{17-9}$$

$$R=\frac{\Delta A_1}{\Delta A_2}=\frac{\ln\left(\dfrac{I_{\min}^{\lambda_1}}{I_{\max}^{\lambda_1}}\right)}{\ln\left(\dfrac{I_{\min}^{\lambda_2}}{I_{\max}^{\lambda_2}}\right)} \tag{17-10}$$

式中:$\varepsilon_1^{\lambda_1}$ 和 $\varepsilon_1^{\lambda_2}$ 分别为 $\mathrm{HbO_2}$ 对波长 λ_1、λ_2 光的吸收系数;$\varepsilon_2^{\lambda_1}$ 和 $\varepsilon_2^{\lambda_2}$ 分别为 Hb 对波长 λ_1、λ_2 光的吸收系数。

采用双波长方法可以消除人体组织中跳动成分光程长不同以及非跳动成分对测量结果的影响。

对于给定波长的光和待测物质,吸收系数为已知常数。因此,通过获取两种波长 λ_1、λ_2 情况下 $I_{\min}^{\lambda_1}$、$I_{\max}^{\lambda_1}$、$I_{\min}^{\lambda_2}$、$I_{\max}^{\lambda_2}$,可以根据式(17-10)得到 R 值,并进一步根据式(17-9)得到血氧饱和度。

由于光强的脉动成分相对于直流成分变化很小,可以进行以下简化

$$\ln\left(\frac{I_{\min}}{I_{\max}}\right)\approx\frac{I_{\mathrm{ac}}}{I_{\mathrm{dc}}} \tag{17-11}$$

式中:I_{ac}为光强的脉动成分;I_{dc}为光强的直流成分。

则有

$$R=\frac{\Delta A_1}{\Delta A_2}=\frac{\ln\left(\dfrac{I_{\min}^{\lambda_1}}{I_{\max}^{\lambda_1}}\right)}{\ln\left(\dfrac{I_{\min}^{\lambda_2}}{I_{\max}^{\lambda_2}}\right)}\approx\frac{\dfrac{I_{\mathrm{ac}}^{\lambda_1}}{I_{\mathrm{dc}}^{\lambda_1}}}{\dfrac{I_{\mathrm{ac}}^{\lambda_2}}{I_{\mathrm{dc}}^{\lambda_2}}} \tag{17-12}$$

当波长 $\lambda_2=805$ nm 时,$\varepsilon_1^{\lambda_2}=\varepsilon_2^{\lambda_2}$,式(17-9)可以简化为

$$\mathrm{SpO_2}=aR+b \tag{17-13}$$

其中

$$a=\frac{\varepsilon_2^{\lambda_2}}{(\varepsilon_1^{\lambda_1}-\varepsilon_2^{\lambda_1})},\quad b=-\frac{\varepsilon_2^{\lambda_1}}{(\varepsilon_1^{\lambda_1}-\varepsilon_2^{\lambda_1})} \tag{17-14}$$

2. 双波长血氧饱和度测量系统

双波长血氧饱和度测量系统组成如图 17-14 所示。微处理器通过 D/A 转换器输出模拟电压信号,经过 I/V 转换电路为红色和红外两个发光二极管提供工作电流,并利用 I/O 口控制两个发光二极管交替工作;光电二极管接收透过手指的光信号并转换为电流信号;微弱的电流信号通过 I/V 转换电路转换为电压,再通过 A/D 转换器转换为数字信号进入微处理器,微处理器利用数字算法求红色和红外信号直流分量;I/V 转换电路输出电压通过高通滤波器或带通滤波器提取红色和红外信号交流分量,并经过 A/D 转换器转换为数字信号;显示器用于显示脉搏波形和血氧饱和度值;通信接口用于和上位机通信或作为可穿戴设备的通信接口。

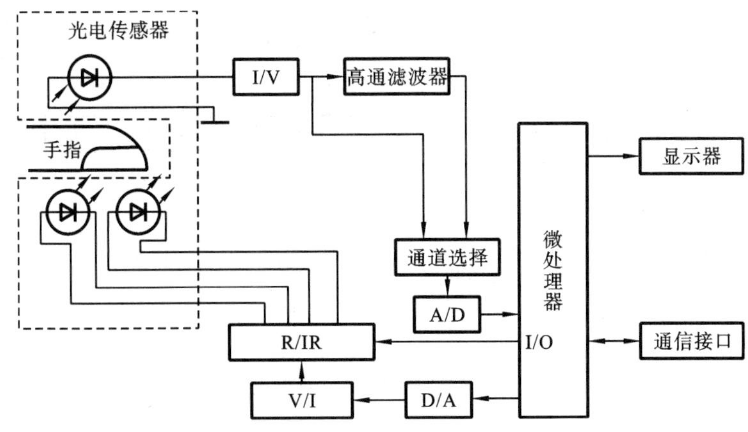

图 17-14 双波长血氧饱和度测量系统组成框图

17.6 体温检测

17.6.1 体温测量方法

体温是与人体新陈代谢和正常生命活动密切相关的基础生命体征，也是临床最常用的诊断指标。人体正常体温为 37 ℃±0.6 ℃。体温不仅随测量位置（直肠、耳朵鼓膜、口腔、腋窝）不同而不同，而且与年龄、测量时间、活动量、体内荷尔蒙激素分泌等因素有关；体温也会因为很多病症而发生变化。体温测量准确性和可靠性直接影响疾病的诊断、治疗和护理效果，并对判断疾病的预后具有重要意义。体温检测主要分为接触式和非接触式两种测量方式。

接触式测量体温使用最广泛的是水银体温计，测量精度高、价廉、性能稳定、使用比较方便，但存在易碎、测量时间长、不方便读数、不能自动记录、容易造成疾病的交叉感染等缺点。电子体温计是另一种接触式测温仪表，通常采用铂热电阻作为敏感元件，其优点是准确度高、安全、读数方便、测量时间短、具有记忆功能、适用人群广、长时间成本低。TI 公司 2018 年推出低功耗高分辨率的数字化集成温度传感器 TMP117，在－20 ℃～50 ℃范围内测量精度为±0.1 ℃，旨在满足医用电子体温计的要求。

非接触式测温的典型代表是红外测温仪，利用红外传感器吸收人体辐射的红外线来测量人体温度，具有非接触、读数方便、测量时间短等优点，非常适合急重病患者、老人、婴幼儿等使用，尤其是在 SARS-CoV、COVID-19 爆发期间广泛的体温筛查中发挥了无可替代的作用。

17.6.2 电子体温计工作原理

电子体温计典型原理框图如图 17-15 所示。固定阻值 R_0 通过多选一模拟开关与温敏电阻 R_T 或者参考电阻 R_1、R_2、R_3 串联；基准电压加在此串联电路中；对取出的电阻分压信号进行放大、低通滤波；经过 A/D 转换器变成数字信号送入微处理器；温度测量结果通过 LED 或 LCD 显示器进行显示。参考电阻阻值与一定温度下的 R_T 值相对应，如 R_1、R_2、R_3 分别对应温度 20 ℃、44 ℃及 37 ℃时的 R_T 值。可以利用 R_1、R_2 对系统输出(U)特性关系式(17-15)中的参数 k 和 b 进行标定，并通过 R_3 进行验证。

$$U = kR_T/(R_T + R_0) + b \tag{17-15}$$

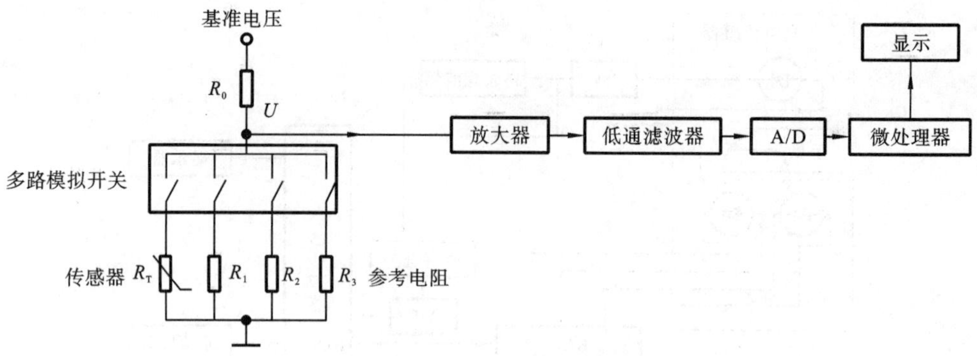

图 17-15 电子体温计原理框图

国标 GB/T 21416—2008 对医用电子体温计的性能指标提出要求:温度显示范围不小于 35 ℃～41 ℃;分辨力小于等于 0.1 ℃;最大允许误差如表 17-4 所示。

表 17-4 医用电子体温计的测量范围及误差

温度显示范围/℃	最大允许误差/℃
低于 35.3	±0.3
35.3～36.9	±0.2
37.0～39.0	±0.1
39.1～41.0	±0.2
高于 41.0	±0.3

17.6.3 红外测温仪工作原理

根据人体测量部位和用途的不同,红外测温仪可分为耳腔式测温仪、表皮式测温仪(如红外额式或腕式体温计)、红外热像仪和红外体温监测仪等。红外测温仪典型原理框图如图 17-16 所示,主要包括红外温度采集电路、环境温度采集电路、测距电路、激光 LED 单元、光学系统、供电电源,液晶显示以及蜂鸣器报警电路。

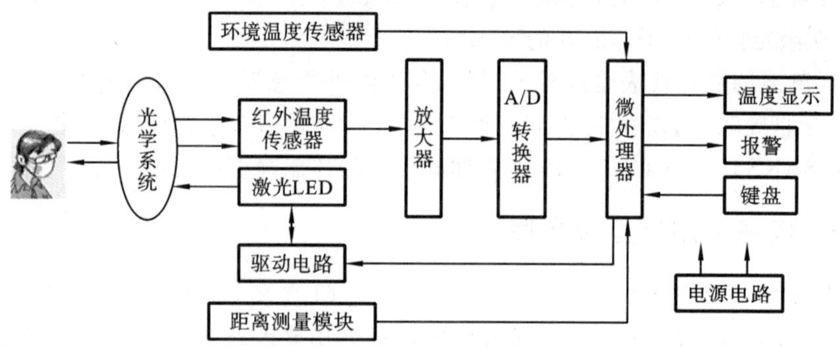

图 17-16 红外测温仪原理框图

红外温度传感器将检测到的人体红外辐射能量转换成电信号,经低噪声放大器和 A/D 转换器后变成数字信号送至微处理器;距离测量模块用来测量红外温度传感器到人体的距离,一般采用超声波测距模块来实现;环境温度传感器将环境温度测量结果用于超声波传播速度的精确计算以及对红外温度传感器进行补偿；在微处理器中，对红外温度、环境温度和距离进行计算，得到补偿后的人体体温；测量结果通过 LCD 屏幕显示；体温高时蜂鸣器报警。

激光 LED 在驱动电路的作用下发出红色（或绿色或蓝色）激光，并在光学系统作用下指向温度测量点。近距离测量体温可准确选择测量点；若测量距离较长，待测区域就不能完全落在传感器视场中，光学系统的作用就是对人体散发的红外线聚焦，使聚焦后的红外线落在传感器敏感元件上，完成温度感知与测量。通常在光学系统中增加滤波片，只选择特定频率红外线进行检测，例如，人体温度在 36 ℃～37 ℃时辐射的红外波长为 9～13 μm，体温计通常选择 5.5～14 μm 作为测波段，以减少环境光干扰。

非接触式测温方法会受到物体发射率、测温距离、烟尘、水蒸气、环境温度等各种外在条件的影响，所以测温精度不高。国标 GB/T 21416—2008 对医用红外测温仪规定的指标为：温度显示范围为 35 ℃～42 ℃；分辨力小于等于 0.1 ℃；35 ℃～42 ℃范围内的限定误差值为±0.2 ℃；35 ℃～42 ℃范围外，限定误差值为±0.3 ℃。

红外测温仪中，红外温度传感器的敏感元件可以选择光电池等光电式器件，也可以选择热电偶（热电堆）、热敏电阻等常规的热电式器件，还可以选择热释电器件。其中，采用热释电器件的红外测温仪，体温分辨率优于 0.1 ℃，测温误差为±0.1 ℃，体温测量距离可达 1～10 cm，远优于目前主流的热电堆红外体温计 1～3 cm 的测温距离。

17.7　血流检测

血液在心脏和血管系统中周而复始地流动，完成氧气、营养物质、二氧化碳与其他废物的运输，参与体液调节，保持体内水和电解质平衡等。血流速度、血流量、心搏出量等生理参数测量对于检测血液循环功能、诊断心血管疾病有十分重要的意义。血液瞬态流速测量常用设备有电磁流量计、超声多普勒血流仪和激光多普勒血流仪；血液平均流速测量方法有指示剂稀释法（染料稀释法、热稀释法）和生物阻抗法等。下面介绍常用的超声多普勒血流仪和激光多普勒血流仪的工作原理。

17.7.1　超声多普勒血流仪工作原理

超声多普勒血流仪包括连续波和脉冲波两种测量方法。

1. 连续波超声多普勒血流仪

如图 17-17 所示，当频率为 f_0 的超声波射入血流时，血液中的粒子对超声波有反射作用，超声波的频率发生改变，产生多普勒效应。血液中粒子接收到的频率 f_s 为

$$f_s = \left(\frac{c + v \cdot \cos\theta}{c}\right) \cdot f_0 \tag{17-16}$$

式中：c 为超声波在血液中的传播速度；v 为血液流速；θ 为血流方向和声束方向的夹角。

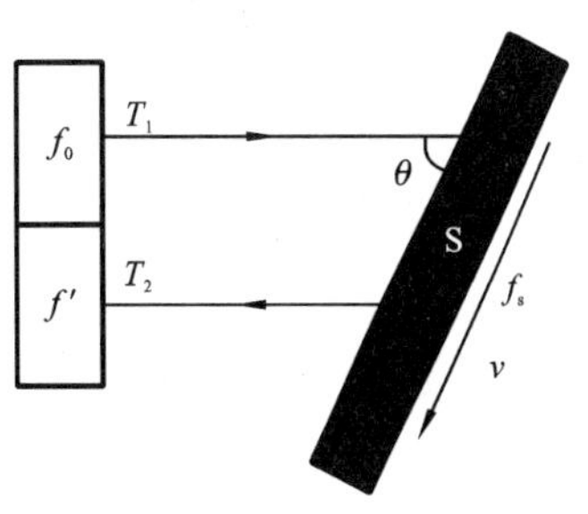

图 17-17　超声多普勒测速原理示意图

超声波传感器接收到的频率 f' 为

$$f' = \left(\frac{c}{c - v \cdot \cos\theta}\right) \cdot f_s \tag{17-17}$$

从而得到超声波频率差(频移)f_d 和血流速度 v

$$f_d = f' - f_0 = \frac{2v\cos\theta}{c - v\cos\theta} \cdot f_0 \approx \frac{2v\cos\theta}{c} \cdot f_0 \tag{17-18}$$

$$v \approx \frac{f_d \cdot c}{2f_0\cos\theta} \tag{17-19}$$

当血流方向朝向探头时,$f_d>0$,称为正向血流;当血流方向离开探头时,$f_d<0$,称为反向血流。当血流方向与声束方向垂直时,$f_d=0$。

连续波超声多普勒传感器接收信号功率谱如图 17-18 所示,包含固定静止目标和慢速目标(血管壁等)回波信号以及血流信号等。可以通过单边带直接分离法、外差式检测法和正交相位检测法等提取多普勒血流方向信息;通过过零检测、平均频率解调器、频谱分析法等提取多普勒血流速度信息。

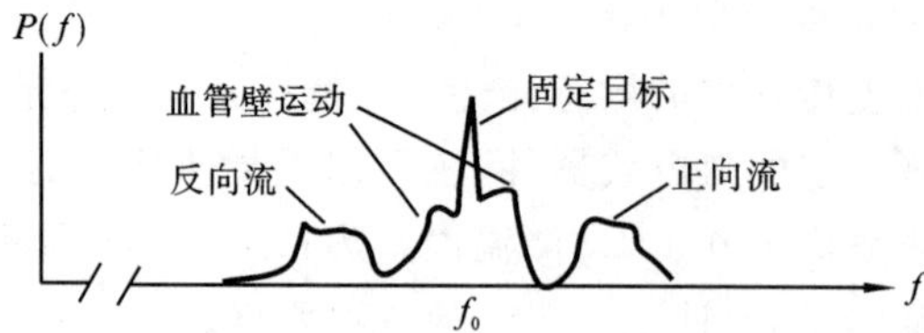

图 17-18　连续波超声多普勒传感器接收信号功率谱

2. 脉冲波超声多普勒血流仪

连续波超声多普勒方法没有距离分辨能力,为了检测不同深度处的血流,需要采用脉冲波超声多普勒方法。连续波超声多普勒方法发射和接收的是连续波形,而脉冲波超声多普勒方法发射和接收的是脉冲波形,其时域和频域波形如图 17-19 所示,典型波形表达式为

$$X(t) = \sum_{n=-\infty}^{\infty} \Pi\left[\frac{(t - nT_{\mathrm{PRF}})}{T_g}\right]\sin[\omega_0(t - nT_{\mathrm{PRF}})] \tag{17-20}$$

从时域来分析,脉冲波 $x(t)$ 相当于频率为 ω_0、宽度为 T_g 的正弦波与周期为 T_{PRF} 的单位冲击序列卷积而形成,即每间隔 T_{PRF} 发送一个宽度为 T_g 的正弦波。从频域来分析,脉冲波频谱 $X(f)$ 相当于宽度为 T_g 的正弦波频谱 $G(f)$ 与单位冲击序列频谱(频谱间隔为 f_{PRF} 的单位冲击序列,其中 $f_{\mathrm{PRF}}=1/T_{\mathrm{PRF}}$)的乘积。

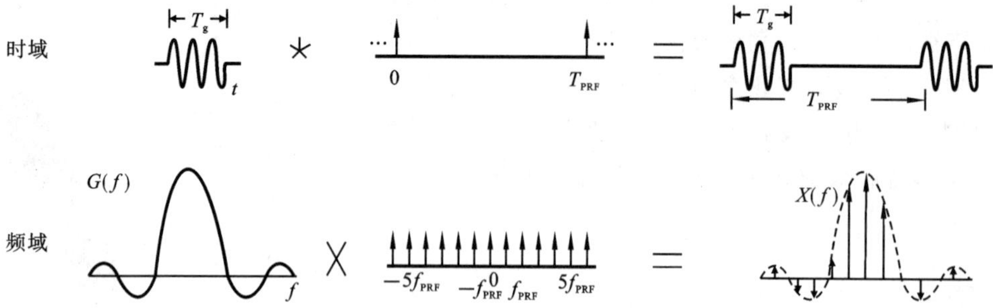

图 17-19　脉冲波超声多普勒发射信号时域和频域波形

脉冲波多普勒血流仪工作原理框图如图 17-20 所示。超声传感器(换能器)在收发开关的控制下分别进行发射和接收,选通和收发时序如图 17-21 所示。当超声传感器处于接收状态时,利用不同时刻选通脉冲通过门控电路选取不同深度的反射信号。发射频谱(采用高斯窗函

数）和接收频谱如图 17-22 所示，正向血流使中心频率 f_0 及 $f_0 \pm n f_{PRF}$（n 为非零整数）各个频率发生多普勒右移现象；反向血流使中心频率 f_0 及 $f_0 \pm n f_{PRF}$ 各个频率发生多普勒左移现象。

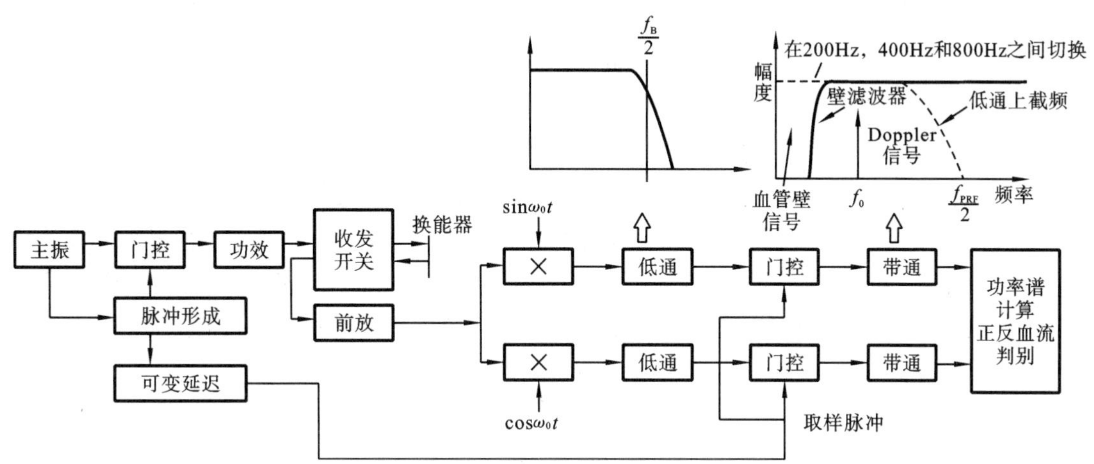

图 17-20　脉冲波多普勒血流仪工作原理框图

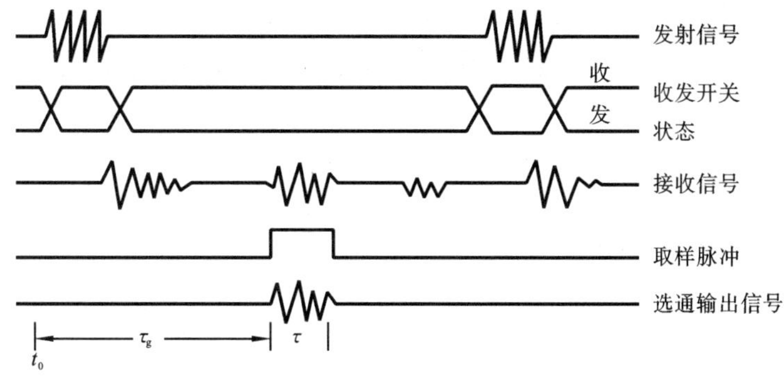

图 17-21　脉冲波多普勒距离选通和收发时序图

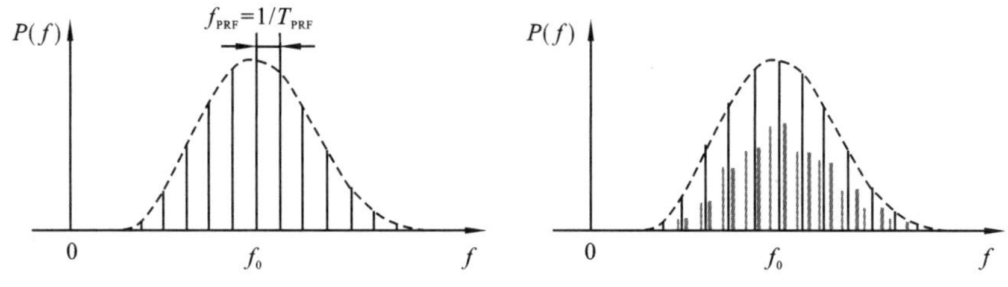

图 17-22　发射频谱和接收频谱

中心频率 f_0 及其由正向血流和反向血流形成的多普勒频移信号如下

$$s(t) = A_0 \sin(\omega_0 t + \varphi_0) + A_f \sin(\omega_0 t + \omega_f t + \varphi_f) + A_r \sin(\omega_0 t - \omega_r t + \varphi_r) \tag{17-21}$$

式中：$A_0 \sin(\omega_0 t + \varphi_0)$ 为中心频率 f_0 信号；$A_f \sin(\omega_0 t + \omega_f t + \varphi_f)$ 为正向血流形成的多普勒频移信号；$A_r \sin(\omega_0 t - \omega_r t + \varphi_r)$ 为反向血流形成的多普勒频移信号。

脉冲多普勒信号处理流程包括正交解调、血管壁滤波以及频谱分析与显示等步骤。正交解调原理是分别采用正弦信号 $\sin\omega_0 t$ 和余弦信号 $\cos\omega_0 t$ 与选通输出信号相乘，通过低通滤波器滤除直流信号和 $2\omega_0$ 信号；通过带通滤波器滤除在 $f_0 \pm n f_{PRF}(n\neq 0)$ 各个频率处发生的多普勒频移信号以及在 f_0 频率处由血管壁产生的低频多普勒频移信号，输出在 f_0 频率处由血流产生的较高频率的多普勒频移信号

$$A(t) = \frac{1}{2}A_f\cos(\omega_f t + \varphi_f) + \frac{1}{2}A_r\cos(\omega_r t - \varphi_r) \tag{17-22}$$

$$B(t) = -\frac{1}{2}A_f\sin(\omega_f t + \varphi_f) + \frac{1}{2}A_r\sin(\omega_r t - \varphi_r) \tag{17-23}$$

式中：$A(t)$和 $B(t)$分别为正弦和余弦两个通道的带通滤波器输出信号。

解调后的两路信号送入功率谱运算单元和血流方向判别单元，输出血流信号的功率谱大小和血流方向。通过连续采样得到动态功率谱，即血流声谱图，它反映了三维信息，横坐标为时间；纵坐标为频移或速度值；灰度值表示采样容积内速度相同的粒子数目的多少。典型血流声谱图如图 17-23 所示。

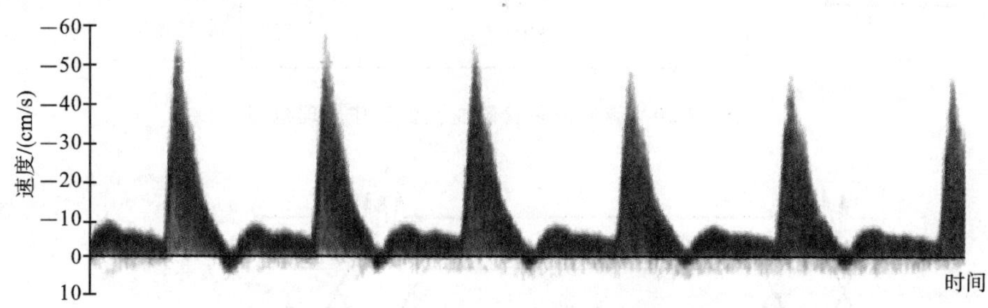

图 17-23 典型血流声谱图

17.7.2 激光多普勒血流仪

激光多普勒血流仪(laser doppler flowmeter，LDF)是一种能够实时无创或微创监测组织内微循环(毛细血管、微动脉、微静脉和吻合支等)血流灌注的仪器。其主要特点是能够连续监测，并能反映微循环的瞬间改变情况。LDF 目前已广泛应用于皮肤科，血管外科，牙科，心脏手术，移植手术，药理学，创伤骨科，中枢神经系统，肝、胃肠道，肾、眼、耳、鼻等微循环动力学研究，对疾病诊断、健康评价、药物评价等有重要意义。

激光束通过探头进入生物组织，在测量深度内被静态或动态微粒散射。静止组织散射的激光波长没有改变，而运动微粒(主要是毛细血管网内快速移动的红细胞)散射会产生多普勒频移。根据散射角度 α、波长 λ 和散射粒子速度 v 的不同，活动微粒对激光产生不同的多普勒频移 f_D

$$f_D = \frac{2v\cos\alpha}{\lambda} \tag{17-24}$$

从而得到粒子的运动速度 v

$$v = \frac{\Delta\omega}{2k_0\cos\alpha} \tag{17-25}$$

式中：k_0 为波数；$\Delta\omega = 2\pi f_D$。

激光多普勒血流仪原理框图如图 17-24 所示。低功率激光器在驱动电路作用下发出激光

束，并通过光纤探头射入人体组织；激光遇到组织和移动的血细胞产生散射现象；散射的光信号被光纤探头收集并送到光电检测和放大电路，将光信号转换为电流信号，光电流再经过电流-电压转换电路、放大电路后得到散射的电信号，包括组织散射产生的非频移信号以及血细胞产生的频移信号，其干涉会产生差频信号及和频信号，其中，差频信号为多普勒频移信号 v_{ac}；利用带通滤波器取出 v_{ac}，利用低通滤波器得到直流分量 v_{dc}，并通过 A/D 转换器转换为数字信号后送至微处理器；通过 FFT 或自相关方法得到 v_{ac} 的功率谱密度信号 $P(\omega)$；将带频率权重的功率谱进行积分，积分结果除以直流分量平方 v_{dc}^2 得到归一化的血流灌注；将功率谱 $P(\omega)$ 进行积分，积分结果除以 v_{dc}^2 得到归一化的血细胞浓度；平均多普勒频移量与血细胞的平均流速成比例关系；激光多普勒血流仪还包括显示、键盘以及通信单元。

此外，激光多普勒血流仪还可以包含一些附加功能，如加热与测温单元、二氧化碳分压测量以及袖带血压压力单元等。通过不同刺激方式，如压力袖带关闭血流、加热方式、血管活性药物离子电渗透等方法引起微循环的变化，根据微循环功能、状况等评估组织状态。

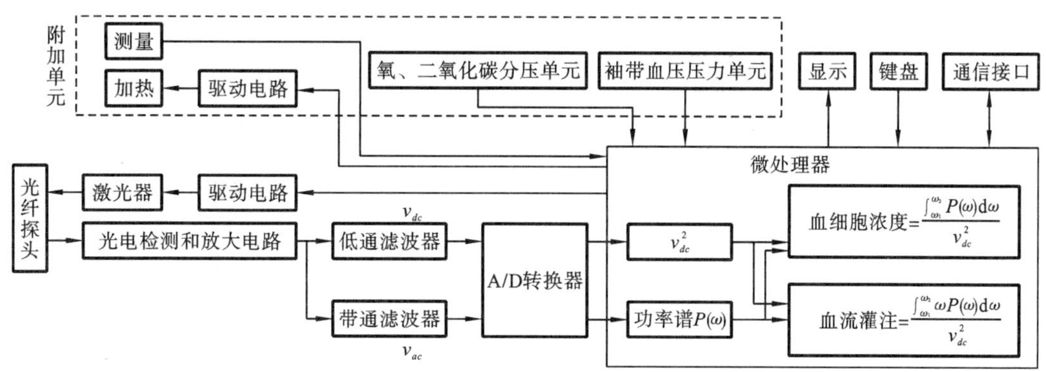

图 17-24 激光多普勒血流仪原理框图

思考题与习题

17-1 生物医学传感器按照工作效应不同可分为几种类型？每种类型举几个实例。

17-2 人体生物医学信号有哪些基本特征？

17-3 试回答下述问题：(1)解释心电图机标准 12 导联的定义；(2)12 导联中有几个独立导联？(3)画出标准肢体导联 I、加压单极肢体导联 aVR 和单极胸导联 V1 三种导联有关电极与差动放大器的电路连接图。

17-4 关于心电图机前置差动放大电路，试回答下述问题：(1)作用是什么？(2)基本要求有哪些？(3)采用三运放电路设计，放大倍数为 21，画出电路图。

17-5 试回答：(1)常规脑电图节律一般分为哪些类型，其频率范围是多少？(2)成年人(觉醒、安静并闭目)、儿童和幼儿的典型节律分别是哪种？

17-6 画出示波法无创血压测量系统组成框图并简述其工作原理。

17-7 双波长光电式血氧饱和度测量中一般采用哪两种波长？为什么？采用双波长方法可以消除哪些因素对测量的影响？

17-8 电子体温计和红外体温计一般采用什么温敏元件？国标对两者的测温指标是如何

规定的?

17-9　某脉冲多普勒血流仪,超声发射频率为 10 MHz,波束与流速夹角为 60°,超声波在组织中的传播速度 $c=1500$ m/s,最大探测深度为 5 cm,求可探测的最大流速。

17-10　试说明激光多普勒血流仪测量组织内微循环血流灌注的原理。

第 18 章　传感器检测系统

18.1　传感器检测系统概述

18.1.1　传感器检测系统的基本结构

检测是指在工农业生产、科学研究、国防建设以及医疗卫生等各个领域为及时获得生产过程中被测、被控对象的有关信息而实时或非实时地对一些参量进行定性检查和定量测量。因此，检测是意义更为广泛的测量。传感器检测系统由对被检测对象进行检出、转换、传输、分析、处理、判断和显示等不同功能的环节组成。传感器检测系统最基本的结构原理图如图18-1所示。

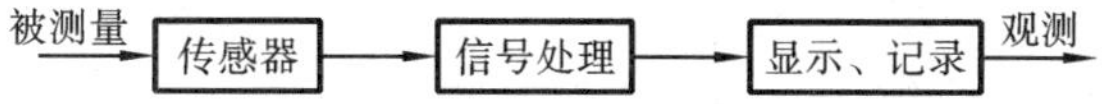

被测量 → 传感器 → 信号处理 → 显示、记录 → 观测

图 18-1　传感器检测系统的基本结构

传感器作为检测系统的第一环节，将检测系统或检测过程中需要检测的信息（被测量）转化为电信号；信号处理部分是对传感器所送出的信号进行加工，如信号的放大、滤波、补偿、校正、模数转换和数模转换等，经过处理使传感器输出的信号便于传输、显示或记录；显示与记录部分将所测信号变为便于人们理解的形式，以供人们观测和分析。

18.1.2　检测技术的发展

检测技术已得到广泛应用，但科技发展对它提出了越来越高的要求。目前，除不断提高精度、扩展功能、扩大应用范围外，总的趋势是一体化、小型化、智能化和网络化，主要表现在以下几个方面。

1. 提高系统性能，扩大应用范围

随着生产和科学技术的发展，对检测系统及仪器性能的要求越来越高，需要研制能检测生产和工艺过程中极端参数的检测系统和仪器。例如，纳米量级的长度和位移、液态金属温度的连续测量、固体物质表面高温测量、极低温度测量（超导）、混相流量测量、脉动流量测量、微差压测量、分子量测量、高精度质量称重、大吨位测量、超高压大电流测量等。因此，要求检测系统及仪器在原有基础上不断提高技术性能指标，扩大应用范围。

检测系统及仪器的可靠性是衡量其检测质量的一个重要指标。仪器仪表可靠性的研究包括仪器仪表可靠性和故障率的数学模型及计算方法的研究，仪器仪表可靠性设计、预测、检测和分析的实验研究，仪器仪表组件可靠性对整机性能的影响和确定整机可靠性的方法研究等。

2. 仪器仪表的一体化和小型化

传感器与测量电路分开时会受到电磁干扰，使用不方便，所以希望将传感器和测量电路结合在一起。近年来随着半导体集成技术的发展，实现了将材料、器件、电路、系统一体化，利用不同材料的物性或效应制成器件，并且将测量转换电路也集成在一起，直接测量被测量信息。

与一般传感器相比,具有构造简单、体积小、质量轻、反应快、灵敏度高、稳定性好、可靠性高等优点,能解决许多原先难以实现的参数测量、成分测量和非接触式测量等。

光机电一体化是仪器仪表发展的一个重要标志。在检测过程中,传感器作为被测对象的负载,或多或少会影响测量精度,而且有些被测对象和检测环境中根本不可能安装传感器。因此,基于光学测量原理的非接触式测量设备、光机电一体化的传感器和检测系统应运而生。例如,光栅式数字传感器、激光多普勒流量计、光纤传感器、固态图像传感器等。

从仪器仪表本身考虑,微型化也是长期追求的目标之一。例如,掌上频率计和频谱分析仪已面市;手提式血液分析系统已可取代大型生化仪器;手提式微金属探测仪可方便地检测水质;传统的用于元素分析的质谱仪是一台庞大的设备,具有真空、电离、探测等许多部分,目前的质谱仪已如台式计算机般大小,并已向手提式方向迈进。随着科技的发展,航天航空、医疗器械等领域对仪器仪表的大小、质量有了特殊要求,也促使仪器仪表进一步向小型化和微型化方向发展。

3. 检测仪器及系统的智能化

自 20 世纪 70 年代以来,以大规模集成电路为基础的微处理器已大量应用于检测技术中,使检测仪器及系统智能化走上了快速发展的道路。带微处理器的智能检测仪器与传统仪器相比,除精度提高外,还有以下特点:①具有自校准功能。可以通过功能键送入的指令,按预先编制并在机内存储的操作程序,完成自校准、自调零、自选量程、自动测试和自动分选。这样就能对传感器的非线性及仪器零点进行校准,能根据机内或机外基准定期作自校准,从而提高仪器的测量精度,而且可降低对元器件长期稳定性的要求。②具有信息交换功能。可以按参数之间的关系式,通过计算进行参数交换,因而可以通过对某些参数的检测而自动求出一系列其他有关的未知数,便于实现多功能、多参数检测,或者通过对最易测参数的测量,获得难以测量甚至无法测量的参数。③具有统计处理功能。可根据误差理论对测得的数据进行处理,求出误差,并将误差从测量结果中扣除,以此来提高仪器的测量精度。可以根据工作条件(例如环境温度、相对湿度、大气压力等)的变化,按照一定的公式计算修正值,并修正测量结果,使测量结果更为可靠。还可以采用多次测量的平均值或采取相关运算的方法来抑制噪声,以检测被噪声完全淹没的信号。④具有记录、存储功能。可根据需要将瞬时测量值、中间结果等按时间存储或记录,供事后分析改进。⑤具有远程输入、输出功能。可配置远程通信接口,传递检测数据和各种操作命令、控制信息、输入参数等,组建可方便自动检测控制的大型网络系统。⑥具有故障检测、诊断和自恢复功能。经过合理的设计,可使智能仪器、智能检测系统具有故障自诊断、自检测的能力。经冗余设计的智能仪器、智能检测系统,还能具有一定的故障自恢复能力。⑦集成度高、性价比高。由于包括微处理器在内的大规模集成电路成本和价格的不断降低,功能和集成度的不断提高,智能仪器、智能检测系统与传统仪表和相应的检测系统相比具有更高的性价比。

4. 虚拟仪器和检测系统网络化

基于虚拟仪器的计算机辅助检测技术是检测技术领域中具有极强生命力的新军。"软件就是仪器"成为现实。应用图形化编程语言 LabVIEW、LabWindows、CVI 和 VEE 等开发软件,用户可以自己定义仪器,方便地创建仪器的软面板,或通过 VXI、PXI 或 PCI 仪器总线自由地将各测试模块组成完整的检测系统,或者将具有 RS-232、GPIB 等接口的仪器自由组合起来,从而大大扩展了仪器的功能,节省了大量的硬件资源。

网络技术大大缩短了时间和空间领域,网络化仪器可以将远在千里之外的检测任务放在实验室进行。通过嵌入式 TCP/IP 协议软件，可使现场网络化、智能化仪器仪表与计算机一样成为网络中独立的节点，用户可以通过浏览器或符合规范的应用程序来实时浏览这些检测信息，以及实时监控检测系统。

18.2　常用的信号调理电路

信号调理就是对传感器的输出信号进行再加工，使其更适合后续的信号传输、采集、存储、处理和显示等环节。

18.2.1　信号调理电路的作用

传感器将被测量的变化转换为电信号，但是这种电信号在形式、幅值等方面常常受到敏感元件及其转换电路的特点所限制，无法直接用来实现对被测量的进一步分析、记录、控制及显示等。例如，传感器输出的电信号一般都非常弱，必须经过放大处理后才能利用电缆线传输到数据获取模块进行进一步处理。有些传感器的输出信号虽然强，但是许多数据获取模块电压输入范围固定（如 0～5 V 等），与传感器的输出范围往往不符，必须对传感器的输出范围进行再调整。此外，传感器信号中的无用噪声必须尽可能过滤掉或最小化以得到“干净”的信号。

信号调理通常包括电平调整、线性化、信号形式转换、滤波、阻抗匹配、调制和解调等。

最常见的电平调整是对电压信号进行放大（或衰减），此外还包括传感器零位电压的调整。

线性化是针对传感器非线性特性的信号调理。大部分传感器输入-输出特性呈非线性，这种非线性特性对于动态检测尤其不利，会使动态信号波形产生畸变。实际上，很难通过信号调理将非线性特性调整为理想的线性特性，线性化的作用在于尽可能扩大传感器响应特性的线性范围。

信号形式转换是将传感器输出信号从一种形式转换为另一种形式，如电压-频率转换、电流-电压转换等。

几乎所有的测控系统都必须重点考虑滤波及阻抗匹配问题。滤波器可以是电阻、电容和电感等元件组成的简单无源滤波电路，也可以是以运算放大器为中心的复杂的多级有源滤波电路。若传感器的内部阻抗或电缆的阻抗可能会给测量系统带来重大误差时，阻抗匹配必须予以认真考虑。

所谓调制，是通过控制或改变高频载波（即消息的载体信号）的幅度、相位或频率，使其随着某种基带信号幅度的变化而变化的过程，传感器的低频输出就是这种基带信号。当被控制的量是高频振荡信号的幅值、相位或频率时，则分别称为调幅、调相和调频。而解调，又称反调制，是从已调制信号中恢复出原来的低频调制信号的过程。调制与解调是一对信号转换过程。控制高频振荡的低频信号又称调制波，包括正余弦信号、一般周期信号、瞬态信号、随机信号等。载送低频信号的高频振荡信号称为载波，如正弦信号、方波信号等。经过调制过程所得的高频信号称为已调制波。

当传感器输出微弱的直流信号或缓变信号时，可能会受到低频干扰和放大器漂移的影响，将测量信号从含有噪声的信号中分离出来通常比较麻烦。因此，在实际测量中，往往将这一缓变信号调制成高频的交流信号，经放大处理后再通过解调电路从高频信号中将缓变信号提取出来。

18.2.2　测量电桥电路

由于测量电桥具有灵敏度高、测量范围宽、容易实现温度补偿等优点,因此测量电桥是测量电路中应用最广泛的电路。根据电桥电源的不同可分为直流电桥和交流电桥两种。

电桥用于传感器测量时,外界物理量引起电桥各桥臂上的电阻值发生变化,从而引起电桥输出发生变化。通过测量电桥输出的变化可以间接测量外界被测量的变化,达到检测的目的。

18.2.3　信号放大电路

传感器输出信号通常比较微弱,而且往往被深埋在噪声之中,一般需要先进行预处理,以将大部分噪声滤除掉,并将微弱信号放大到后续电路所要求的电压幅度。

1. 基本放大电路

图 18-2 所示为反相与同相放大电路,它们是集成运算放大器两种最基本的应用电路,许多集成运放的功能电路都是在此基础上组合和演变而来的。

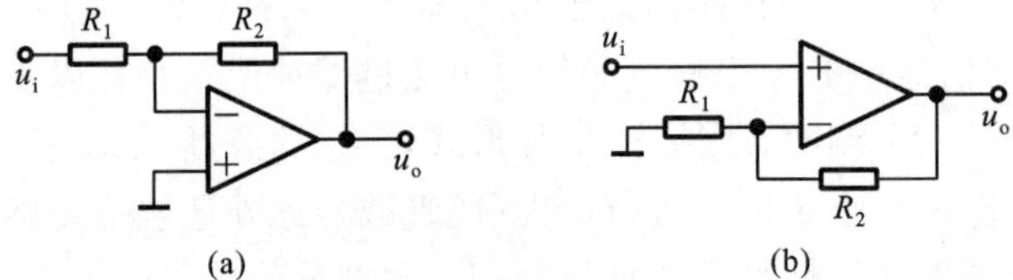

图 18-2　基本放大电路

(a) 反相;(b) 同相

反相放大器的特点是输入信号和反馈信号均加在运放的反相输入端,其电压增益为

$$A_{vf} = \frac{u_o}{u_i} = -\frac{R_2}{R_1} \tag{18-1}$$

同相放大器的特点是输入信号加在同相输入端,而反馈信号加在反相输入端。同样,由理想运放特性可知,同相放大器的电压增益为

$$A_{vf} = \frac{u_o}{u_i} = 1 + \frac{R_2}{R_1} \tag{18-2}$$

2. 差动放大电路

在许多测试场合,由于传感器的输出信号很微弱,而且伴有很大的共模电压(包括干扰电压),此时需要采用差动放大电路。图 18-3 所示为目前广泛应用的三运放差动放大电路,该电路还具有增益调节功能,调节 R_G 可以改变增益而不影响电路的对称性。

令 $R_2 = R_1$、$R_5 = R_3$、$R_6 = R_4$,由电路结构分析可知,三运放差动放大电路的电压增益为

$$A_v = \frac{u_o}{u_{i1} - u_{i2}} = -\frac{R_4}{R_3}\left(1 + \frac{2R_1}{R_G}\right) \tag{18-3}$$

3. 程控放大电路

随着数字化技术的不断发展,各类测量仪表越来越趋于数字化和智能化。这些设备一般由前端的传感器、放大电路和后端的数据处理电路组成。由于传感器输出信号的幅度和驱动能力均较弱,必须加接高精度的测量放大器以满足后端电路的要求。另外,传感器在不同测量中,其输出信号的幅度可能相差很大,为了保证测量精度,针对不同的测量常会采用改变量程

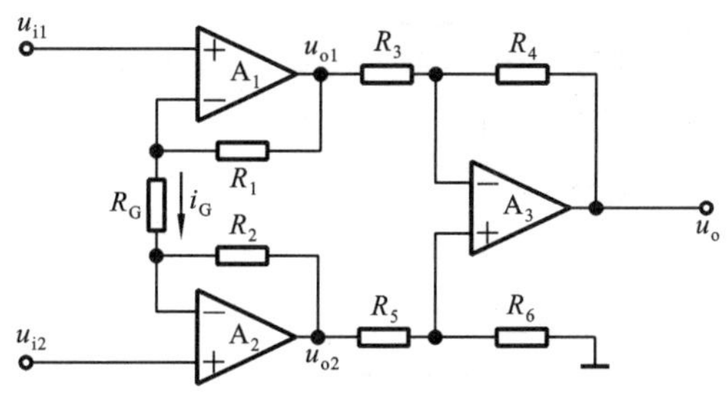

图 18-3　三运放差动放大电路

的办法。改变量程时，测量放大器的增益也应相应地加以改变。再者，在数据采集系统中，被测信号变化的幅度在不同的场合表现出不同的动态范围，信号电平可以从微伏级到伏级，模数转换器不可能在各种情况下都与之相匹配。如果采用单一的放大增益，往往使 A/D 转换器的精度不能被最大限度地利用，或致使被测信号削顶饱和，造成很大的测量误差，甚至损坏 A/D 转换器。因此，在传感器技术中，有必要采用一种放大倍数可调的程控增益放大器 PGA (programmable gain amplifier)。

1）基本工作原理

PGA 的基本工作原理如图 18-4 所示。放大器的增益 $G=-R_f/R_1$，其大小取决于反馈电阻 R_f 和输入电阻 R_1 的阻值。可见，只要合理选择 R_f 和 R_1 的阻值(通过软件程序控制来实现)，即可实现放大器增益可变。

2）程控放大电路的实现

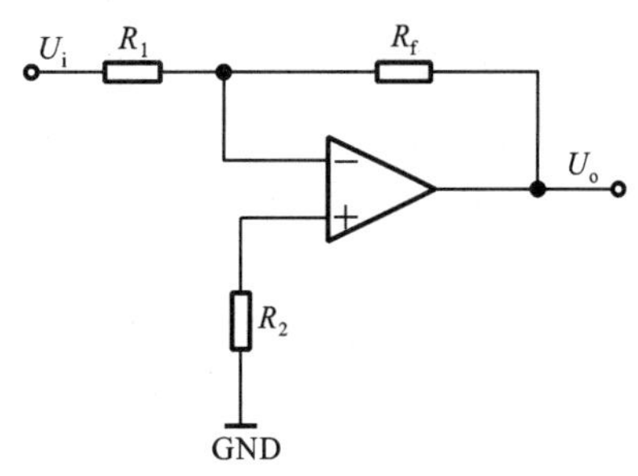

图 18-4　程控放大器的基本工作原理

在图 18-4 所示的程控放大电路中，改变 R_f 和 R_1 的阻值有不同的实现方法，如下所述。

(1) 利用模拟开关和电阻网络实现程控放大。

最基本的程控放大器是将图 18-4 所示电路中的输入电阻或反馈电阻用模拟开关和电阻网络来代替。图 18-5 给出利用模拟开关 CD4501 和一个电阻网络代替输入电阻组成的程控放大电路。利用通道选择开关(A、B、C)选通不同的 R_i 通道可以获得不同的电路增益，实现对输入信号的放大或衰减，因此电路的动态适应范围很大。该电路的增益档位有限，通过级联可以增加增益的级数，但电路因此变得复杂，影响其工作的稳定性。由于放大器的输入阻抗不固定，为了减少对前级信号源的影响，应加入阻抗匹配电路。另外，放大器的增益会受到模拟开关导通电阻的影响，所以采用大阻值的反馈电阻 R_f 和输入电阻 R_i 可以减少误差。

(2) 采用集成程控运算放大器。

随着半导体集成电路的发展，许多厂家推出了将模拟电路与数字电路集成在一起的单片集成数字程控增益放大器(如 PGA100P102、PGA202P203P204 和 AD526 等)，这种器件的优点是低漂移、低非线性、高共模抑制比和宽的通频带，使用时外电路简单、方便。缺点是其增益量程有限，只能实现特定的几种增益切换，用户无法随意改变。当需要较高的增益时，必须多级串联，增加了使用成本，因而影响了它的普及应用。

由美国 Linear Technology 公司出品的 LTC6915 精密数字可编程增益仪表放大器，它通

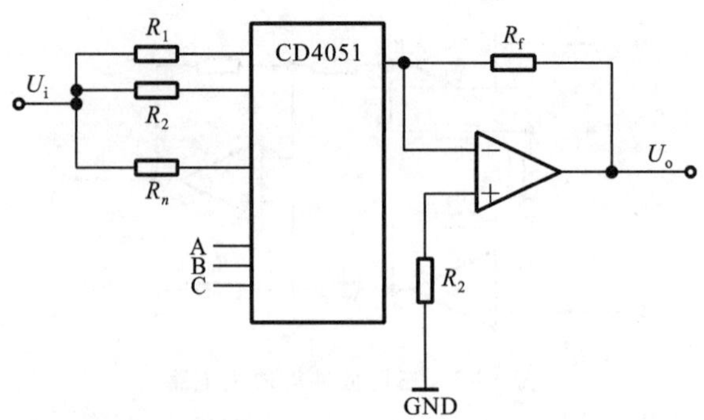

图 18-5　用模拟开关和电阻网络实现程控放大电路

过一个并行或串行接口，改变电阻器阵列接通的电阻数来控制增益大小，增益控制编码为 0、2^n(n=0～12)共 14 个等级。采用 5 V 单电源供电时，共模抑制比(CMRR)典型值为 125 dB(与增益无关)；失调电压低于 10 μV；电压温度漂移小于 50 nV/℃。从各种技术指标来看，它是目前较好的一种精密增益可编程仪表运算放大器。

(3) 采用数字电位器实现程控放大。

数字电位器是一种用数字信号控制其阻值改变的集成器件，其数据传输全部采用串行方式，有边沿触发型、I^2C 总线型和 SPI 接口型等几种控制类型，可以很方便地通过微控器接口来精确调整其阻值。

X9241 是美国 Xicor 公司推出的 X 系列中较为典型的非易失性数字电位器，由 64 抽头的四个数字电位器构成，采用标准的 I^2C 双向串行接口。图 18-6 所示为 X9241 的功能框图，每个电位器包含四个 8 位数据寄存器和一个控制滑臂的计数寄存器，可通过改变该电位器滑动端计数寄存器的数值来改变滑动端相对于固定端的电阻值，从而获得不同的电位器阻值。其中 V_{Hi}、V_{Wi}、V_{Li}(i=0,1,2,3)分别为各个电位器的高端、滑动端和低端(分别等效于机械电位器的固定端、中心抽头端和固定端)；A_0～A_3 为地址端，用来设置 8 位从属地址的低 4 位；SCL 和 SDA 分别为串行数据线和时钟线，用来完成对电位器的控制。

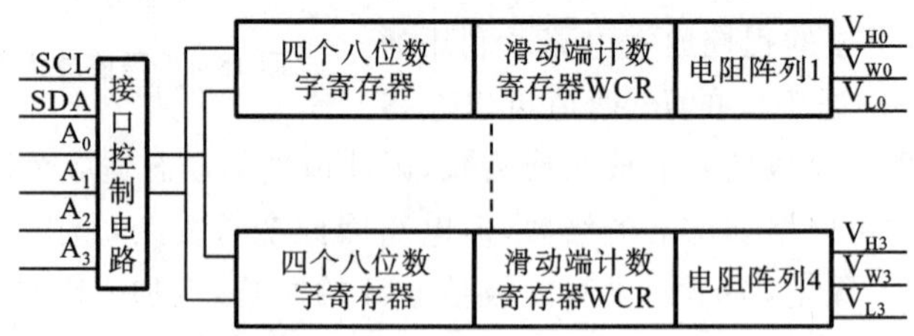

图 18-6　数字电位器 X9241 功能框图

图 18-7 所示是将数字电位器 X9241、单片机 AT89S52 与运放 741 配合使用构成的程控增益放大器。数字电位器的 SCL 和 SDA 两个控制信号由单片机的 P3.0 和 P3.1 端口提供，SDA 线的数据只有在 SCL 为低的期间才能改变状态；当 SCL 为高时，SDA 状态的改变被保留用作表示开始或终止的条件。在此电路中，数字电位器 X9241 充当了反馈电阻，可以通过单片机来控制滑臂位置以获得不同增益。在实际应用中，可以通过级联扩大增益控制级数达 256 级，若仍然不能满足大动态范围信号的要求，还可以采用多片 X9241 串联的方式加以解决，只是电路会变得复杂。

除了和普通运放配合使用外，数字电位器还可以和仪表放大器(如 AD623)配合使用，利

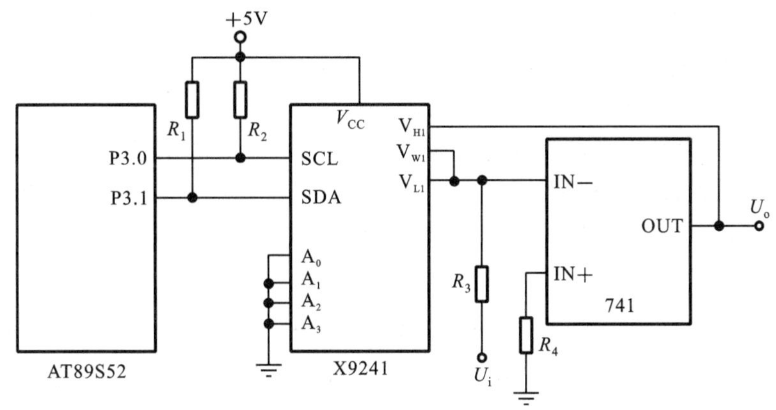

图 18-7　数字电位器 X9241 实现程控放大电路

用微处理器来调节数字电位器的阻值，以达到控制放大器增益的目的。利用数字电位器实现的可控增益放大器，具有增益调节范围宽、电路简单、控制方便、成本低廉等优点，而且还具有调节准确方便、使用寿命长、受物理环境影响小、性能稳定等特点，因此应用越来越广泛。但由于数字电位器受制造工艺等因素的制约，通频带受限，利用它实现的程控增益放大器高频频响特性不理想。

18.2.4　信号滤波电路

滤波器是一种交变信号处理器，它将信号中的一部分无用频率衰减掉，而让另一部分特定的频率分量通过。作为净化器，它将叠加在有用信号上的电源、导线传导耦合及检测系统自身产生的各种干扰滤除；作为筛选器，它将不同频率的有用信号进行分离，如频谱分析和检波；它还可以作为补偿器，对检测系统的频率特性进行校正或补偿。

滤波器按信号形式可分为模拟信号滤波器和数字信号滤波器；按采用元件可分为有源滤波器和无源滤器；按输出滤波形式可分为低通、高通、带通和带阻滤波器。

1. 信号滤波的基本原理

设传感器输出信号为周期性信号，将其展开成傅里叶级数的形式，表示为

$$U_o(t) = A_0 + A_1\sin(\omega_0 t + \varphi_1) + \cdots + A_n\sin(n\omega_0 t + \varphi_n) + \cdots \tag{18-4}$$

式中：A_0 为信号的直流分量；ω_0 为 $U_o(t)$的基波频率（或者称一次谐波频率）；n 为倍频数，$n=1,2,3,\cdots$；$A_n\sin(n\omega_0 t+\varphi_n)$为 n 次谐波分量，其中 φ_n 为 n 次谐波分量的初始相位，A_n 为 n 次谐波分量的幅值。

当含有不同谐波分量的信号经滤波器滤波后，理想情况下，滤波器允许范围内的谐波分量可以不失真地通过，而允许范围之外的谐波分量将衰减为零。也就是说，可以将理想滤波器看成是一个放大倍数为 k 的放大器，且

$$K = \begin{cases} 1 & (\omega_1 \leqslant \omega \leqslant \omega_2) \\ 0 & (\text{其他}) \end{cases} \tag{18-5}$$

式中：ω_1 和 ω_2 是滤波器通频范围的上、下限截止频率。

传感器输出信号 $U_o(t)$经过滤波器后，只保留其中 ω_1 到 ω_2 频率范围内的谐波分量。因此，ω_1 到 ω_2 为滤波器的通频带。

如果 $\omega_1=0$，则 $0\sim\omega_2$ 频率之间的信号可以不失真地通过滤波器，而高于 ω_2 的所有谐波分量被衰减为零，这样的滤波器称为低通滤波器。其幅频特性如图 18-8(a)所示。如果 $\omega_2=\infty$，

则 $\omega_1 \sim \infty$ 频率之间的信号可以不失真地通过滤波器，而低于 ω_2 的所有谐波分量被衰减为零，这样的滤波器称为高通滤波器，其幅频特性如图 18-8(b)所示。

如果在 $\omega_1 \sim \omega_2$ 之间的信号可以不失真地通过滤波器，在 $\omega_1 \sim \omega_2$ 频率范围之外的谐波分量被衰减为零，这样的滤波器称为带通滤波器，其幅频特性如图 18-8(c)所示。相反，如果在 $\omega_1 \sim \omega_2$ 之间的信号通过滤波器后被衰减为零，而在 $\omega_1 \sim \omega_2$ 频率范围之外的谐波分量可以不失真地通过滤波器，这样的滤波器称为带阻滤波器，其幅频特性如图 18-8(d)所示。

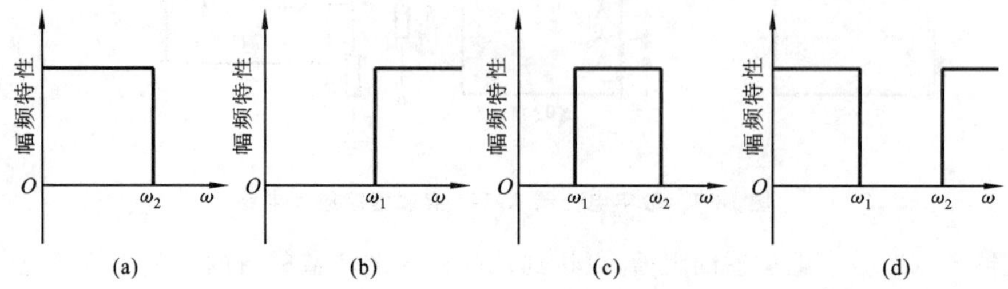

图 18-8　理想滤波器幅频特性

(a) 低通；(b) 高通；(c) 带通；(d) 带阻

2. 滤波器的基本性能参数

理想滤波器是不存在的。在实际滤波器的幅频特性图中，通带和阻带之间没有严格的界限，之间存在一个过渡带。过渡带内的频率成分不会被完全抑制，只会受到不同程度的衰减。当然，希望过渡带越窄越好，对通带外的频率成分衰减得越快、越多就越好。因此，在设计实际滤波器时，总是通过各种方法使其尽量逼近理想滤波器。与理想滤波器相比，实际滤波器需要用更多的概念和参数去描述它，主要参数如下。

1) 截止频率

设 K_0 为中频时的放大倍数，当幅频特性值等于 $0.707K_0$ 时所对应的频率称为滤波器的截止频率。以 K_0 为参考值，$0.707K_0$ 对应于 -3 dB 点，即相对于 K_0 衰减 3 dB。若以信号的幅值平方表示信号功率，则所对应的点正好是半功率点。如图 18-9 所示，ω_1、ω_2 是滤波器通频范围的上、下限截止频率。

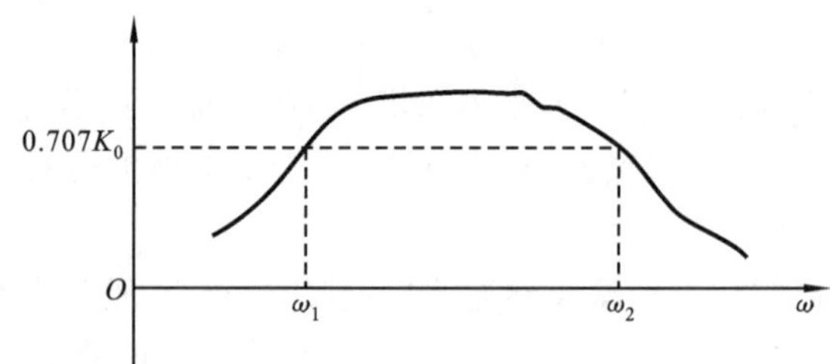

图 18-9　截止频率示意图

2) 带宽 B 和品质因数 Q

带通滤波器的幅频特性如图 18-9 所示，$\omega_1 \sim \omega_2$ 的通频带称为滤波器的带宽 B，$\omega_0 = \sqrt{\omega_1 \omega_2}$ 称为带通滤波器的中心频率，中心频率与带宽之比称为品质因数，即 $Q = \omega_0 / B$。这两个指标描述了滤波器“筛选信号”的分辨力和分辨率。

3) 纹波幅度

在一定频率范围内，实际滤波器的幅频特性可能呈波纹变化，用 $\delta\%$ 来表示，即

$$\delta\% = \frac{K_{\max} - K_0}{K_0} \times 100\% \tag{18-6}$$

纹波幅度应越小越好，一般应远小于 3 dB。$\delta\%$越大，说明滤波器抑制谐振的能力越差，通常应不超过 5%。

4）倍频程选择性

在两截止频率外侧，实际滤波器有一个过渡带。这个过渡带的幅频特性曲线倾斜程度表明了幅频特性衰减的快慢，决定着滤波器对带宽外频率成分的衰减能力，通常用倍频程选择性来表征。所谓倍频程选择性，是指在上限截止频率 ω_2 和 $2\omega_2$ 之间，或者在下限截止频率 ω_1 与 $\omega_1/2$ 之间幅频特性的衰减值，即频率变化一个倍频程时的衰减量。倍频程衰减量也可以用 dB/十倍频表示。显然，衰减越快，滤波器的选择性越好。

3. 无源滤波器

无源滤波器通常由电阻、电容和电感组成的电网络来实现，具有电路结构简单、元件易选、容易调试、抗干扰能力强、稳定可靠等优点。

1）低通滤波器

图 18-10(a)所示为最简单的一阶 RC 低通滤波器。输入信号为 $u_i(t)$，输出信号为 $u_o(t)$。根据电路理论可知，滤波器的传递函数为

$$K(s) = \frac{U_o(s)}{U_i(s)} = \frac{1}{RCs + 1} = \frac{1}{\tau s + 1} \tag{18-7}$$

式中：$\tau = RC$ 称为滤波器的时间常数。用 $s = j\omega$ 代入，可得

$$K(j\omega) = \frac{1}{j\tau\omega + 1} = A(\omega)e^{j\varphi(\omega)} \tag{18-8}$$

由式(18-8)可得幅频特性和相频特性分别为

$$A(\omega) = \frac{1}{\sqrt{1 + (\tau\omega)^2}} \tag{18-9}$$

$$\varphi(\omega) = -\arctan(\tau\omega) \tag{18-10}$$

该网络的频率特性如图 18-10(b)、(c)所示。

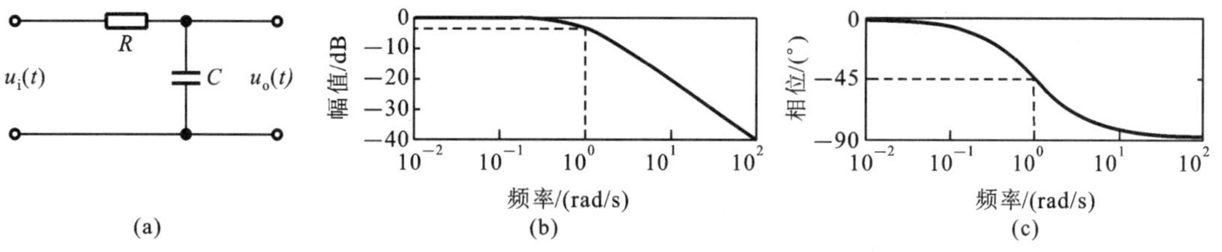

图 18-10　一阶低通滤波器电路及其频率特性

(a) RC 低通滤波器电路；(b) 幅频特性；(c) 相频特性

从频率特性看，当 $\omega \ll \frac{1}{RC}$时，$A(\omega) \approx 1$(即衰减为 0)，$\varphi(\omega) \approx 0$，输入信号经过滤波器后，可以不失真地输出；当 $\omega = \frac{1}{RC}$时，$A(\omega) = 0.707$(即衰减 3 dB)，$\varphi(\omega) = -45°$，根据截止频率的定义可知低通滤波器的上限截止频率 $\omega_c = \frac{1}{RC}$，所以调整 RC 的参数就可以改变低通滤波器的通频带。当 $\omega \gg \frac{1}{RC}$时，$A(\omega) \approx 0$，$\varphi(\omega) \approx -90°$，滤波器呈现高阻态，信号经过滤波器后，衰减

为零。

2) 高通滤波器

简单的一阶 RC 高通滤波器如图 18-11 所示。

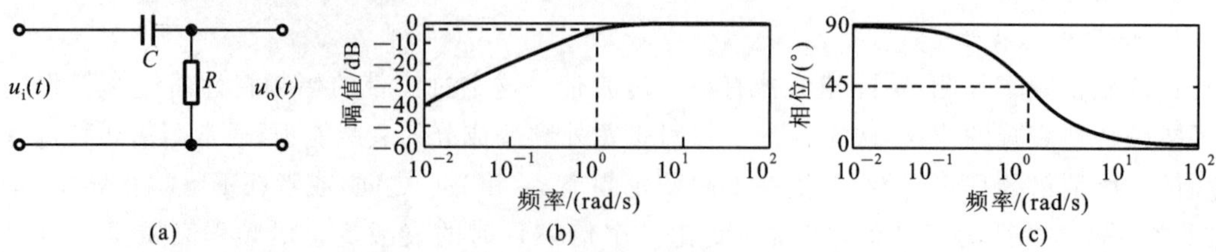

图 18-11　一阶高通滤波器电路及其频率特性

(a) RC 高通滤波器电路;(b) 幅频特性;(c) 相频特性

其传递函数为

$$K(s) = \frac{U_o(s)}{U_i(s)} = \frac{RCs}{RCs+1} = \frac{\tau s}{\tau s+1} \tag{18-11}$$

将 $s=j\omega$ 代入,可得到其幅频特性和相频特性分别为

$$A(\omega) = \frac{\tau\omega}{\sqrt{1+(\tau\omega)^2}} \tag{18-12}$$

$$\varphi(\omega) = 90° - \arctan(\tau\omega) \tag{18-13}$$

令 $A(\omega)=\frac{1}{\sqrt{2}}$,求出下限截止频率 $\omega_c=\frac{1}{RC}$,即 $f_c=\frac{1}{2\pi RC}$。所以当 $f \geqslant f_c$ 时,输入信号可以不失真地通过滤波器;而当 $f<f_c$ 时,信号被滤波器衰减。

4. 有源滤波器

有源滤波器通常由运算放大器和电阻、电容、电感元件组成。与无源器件相比有较高的增益,输出阻抗低,易于实现各种类型的高阶滤波器,在构成超低频滤波器时不需要大电容和大电感。但在参数调整和抑制自激等方面要复杂些。

1) 二阶有源低通滤波器

一种常用的具有正向增益的二阶有源低通滤波器电路如图 18-12 所示。

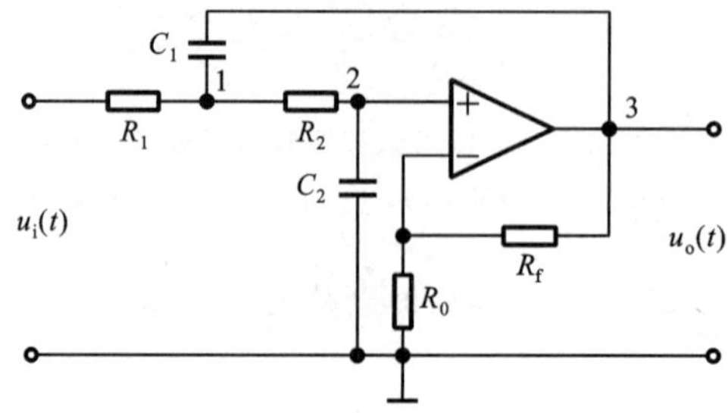

图 18-12　二阶有源低通滤波器电路

根据电路的节点方程

$$\begin{cases}\dfrac{u_i(s)-u_{n1}(s)}{R_1}=[u_{n1}(s)-u_{n3}(s)]sC_1+\dfrac{u_{n1}(s)-u_{n2}(s)}{R_2}\\ \qquad\qquad\qquad=[u_{n1}(s)-u_{n3}(s)]sC_1+u_{n2}(s)\cdot sC_2\\ u_{n2}(s)=\dfrac{R_0}{R_0+R_f}u_o(s)\\ u_{n3}(s)=u_o(s)\end{cases}\tag{18-14}$$

可推导其传递函数为

$$K_L(s)=\frac{u_o(s)}{u_i(s)}=\frac{k_f}{R_1R_2C_1C_2s^2+[(R_1+R_2)C_2+(1-R_f)R_1C_1]s+1}\tag{18-15}$$

式中：$k_f=1+\dfrac{R_f}{R_0}$是运放的放大倍数，为滤波器提供了增益。滤波器的截止频率为 $f_c=\dfrac{1}{2\pi\sqrt{R_1R_2C_1C_2}}$。

2）二阶有源高通滤波器

二阶有源高通滤波器电路如图 18-13 所示。与图 18-12 所示的二阶有源低通滤波器电路相比，R_1 和 C_1、R_2 和 C_2 互换了位置。

同样的方法可获得其传递函数为

$$K_H(s)=\frac{u_o(s)}{u_i(s)}=\frac{R_1R_2C_1C_2k_fs^2}{R_1R_2C_1C_2s^2+[(C_1+C_2)R_2+(1-R_f)R_2C_2]s+1}=\frac{Gs^2}{s^2+as+\omega_0^2}\tag{18-16}$$

运放增益和截止频率仍然为 $k_f=1+\dfrac{R_f}{R_0}$，$f_c=\dfrac{1}{2\pi\sqrt{R_1R_2C_1C_2}}$。

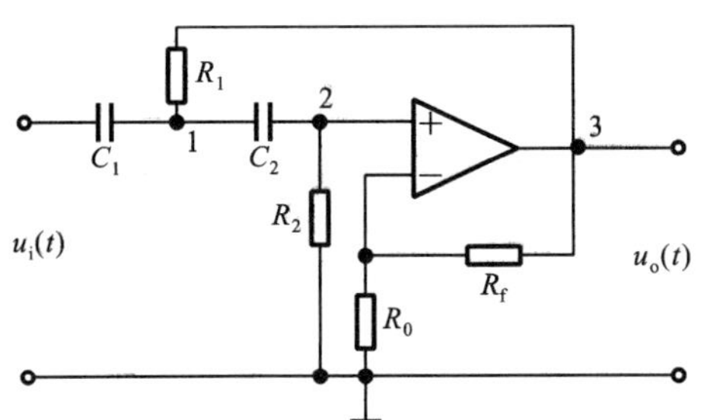

图 18-13　二阶有源高通滤波器电路

对于低通滤波器来说，$0\leqslant\omega\leqslant\omega_c$ 是通带区，$\omega>\omega_c$ 是阻带区；对于高通滤波器来说，$0\leqslant\omega<\omega_c$ 是阻带区，$\omega\geqslant\omega_c$ 是通带区。

18.2.5　信号转换电路

信号转换是指将信号从一种形式转换为另一种形式。信号转换主要有电压-电流转换、电流-电压转换、电压-频率转换、频率-电压转换，模拟-数字转换和数字-模拟转换等。

1. 电压-电流转换

输出负载中的电流正比于输入电压的电路，称为电压-电流转换。由于电路的传输系数是电导，所以又称其为转移电导放大器。当输入电压为恒定值时，负载中的电流也为恒定值，且与负载无关，构成恒流源电路。电压-电流转换电路有多种构成方法，图 18-14(a)所示为由运算放大器构成的基本电压-电流转换电路,流过负载的电流为 $I_L=\frac{U_i}{R_i}$。集成芯片有 AD693 等。

2. 电流-电压转换

将输入电流转换为输出电压称为电流-电压转换。由于转换电路的传递系数为电阻,所以又称其为转移电阻放大器。图 18-14(b)所示为由运算放大器构成的基本电流-电压转换电路,放大器的输出电压为 $U_o=-I_iR_f$。

电流-电压转换最典型的应用是用于光电检测。光敏二极管将光信号转换为二极管的反向电流 I_i,运放电路将该电流信号转换为电压 U_o 输出。

3. 电压-频率转换

电压-频率(V/F)转换是将电压信号转变为频率信号的电路,具有良好的线性度、精度和积分输入特性,应用电路简单,外围元器件性能要求不高,对环境适应能力强,转换速度不低于一般的双积分型 A/D 器件,且价格较低。V/F 转换器通常适用于一些非快速而需要进行远距离信号传输的模数转换过程;另外,某些场合虽然不需要远距离传输信号,但对电路成本要求比较苛刻,所以可以采用 V/F 转换达到简化电路、降低成本、提高性价比的目的。

图 18-14(c)所示为 V/F 转换电路示意图。实现 V/F 转换的方法很多,市场上也有集成化的芯片出售,通常既可作为 V/F 转换器,又可作为 F/V 转换器使用。典型的产品有美国 Telcom 公司的 TC9401,美国 ADI 公司的 AD650、LMx31 系列等。

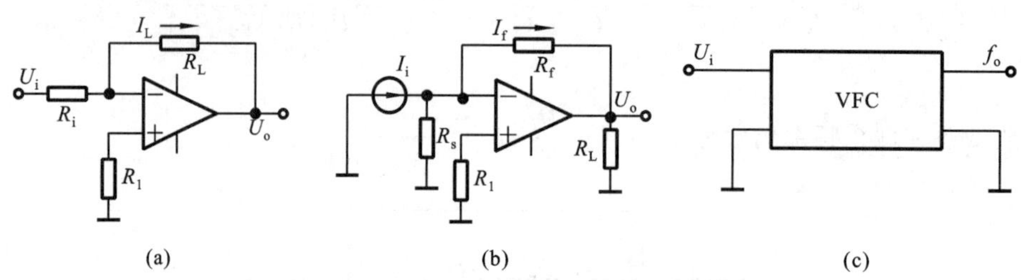

图 18-14 几种信号转换电路

(a) 电压-电流转换电路;(b) 电流-电压转换电路;(c) 电压-频率转换电路

4. A/D 转换和 D/A 转换

随着计算机技术的普及,以单片机、嵌入式系统乃至分布式计算机网络为主的信息获取与处理系统已经成为主流。在这类系统中,测量对象往往是一些连续变化的模拟量,如温度、压力、流量和速度等,传感器输出通常也为模拟量,必须经过模拟-数字转换后才能被计算机所接受。另一方面,如果需要进行计算机控制,则计算机输出的数字信号必须经过数字-模拟转换后才能驱动相应的执行机构。将模拟量转换为数字量的器件称为模拟-数字转换器(简称模数转换器、A/D 转换器或 ADC),将数字量转换为模拟量的器件称为数字-模拟转换器(简称数模转换器、D/A 转换器或 DAC)。

ADC 通常是将模拟输入电压转换为数字输出信号。由于数字信号本身不具有实际意义,仅仅表示一个相对大小,故任何一个 ADC 都需要一个参考模拟量作为转换的标准。比较常见的参考标准为最大的可转换模拟信号大小。而输出的数字量则表示输入信号相对于参考信号的大小。ADC 最重要的参数是转换精度,通常用输出的数字信号位数多少来表示。ADC 能够准确输出数字信号的位数越多,表示其能够分辨输入信号的能力越强,转换器的性能也越好。ADC 一般要经过采样、保持、量化及编码四个过程。在实际电路中,有些过程是合并进行的,如采样和保持、量化和编码在转换过程中是同时实现的。

对于一个 2 位的电压 A/D 转换器，如果将参考电压设为 1 V，那么输出的信号有 00、01、10、11 四种等级编码，分别对应于 0～0.25 V、0.26～0.5 V、0.51～0.75 V、0.76～1 V 的输入电压。当一个 0.8 V 的信号输入时，ADC 输出的数据为 11。

18.2.6　调制与解调

由于一些传感器是阻抗型的，必须使用高频交流电源作为激励，以便获得实时变化的测量信号；而另一些测量信号将被赋予某种交变特征，使之能够区别于其他信号。所以需要将测量信号搭载于一个特定的交变信号上，这一过程被称为调制。而将测量信号从载波中还原出来的过程，称为解调。

对应于信号的三要素：幅值、频率和相位，根据载波的幅值、频率和相位随调制信号而变化的过程，调制可以分为调幅、调频和调相三种。其波形分别称为调幅波、调频波和调相波。图 18-15 中的(a)、(b)、(c)、(d)分别表示载波、被调制波、调幅波及调频波。

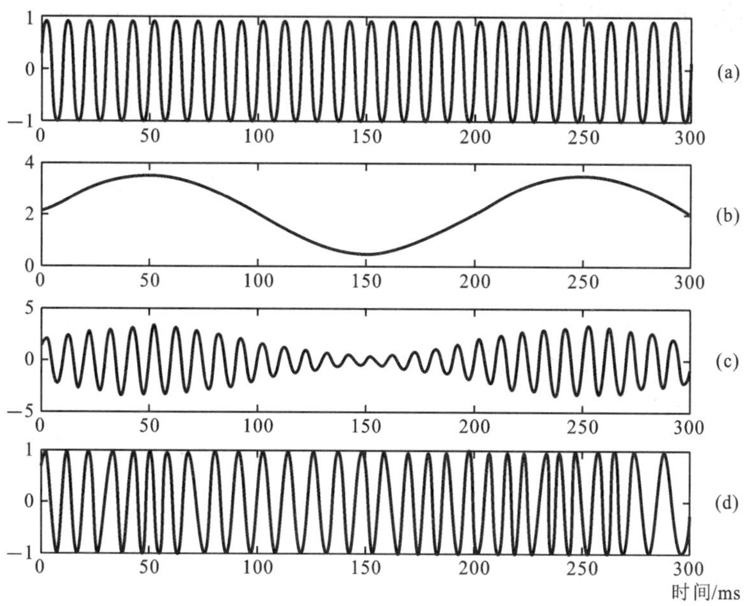

图 18-15　载波、被调制波和调幅波以及调频波

1. 幅值调制与解调

调幅是将一个高频简谐信号(载波信号)与被调制信号相乘，使载波信号随被调制信号的变化而变化。调幅是为了便于缓变信号的放大和传送，然后再通过解调从放大的调制波中取出有用的信号。

如图 18-16 所示，将调幅波 $x(t)$再次与原载波信号 $y(t)$相乘，则频域图形将再一次进行“搬移”。当用低通滤波器滤去频率大于 f_m 的成分时，则可以复现原信号的频谱。与原频谱的区别在于幅值为原来的一半，这可以通过放大来补偿。这一过程称为同步解调，即解调时所乘的信号与调制时的载波信号具有相同的频率和相位。用等式表示为

$$x(t)\cos 2\pi f_0 t\cos 2\pi f_0 t = \frac{x(t)}{2} + \frac{1}{2}x(t)\cos 4\pi f_0 t \tag{18-17}$$

所以，调幅使被测 $x(t)$的频谱从 $f=0$ 向左、右迁移了 $\pm\omega$，而幅值降低了一半。但 $x(t)$中所包含的全部信息都完整地保存在调幅波中。载波频率 f_0 称为调幅波的中心频率，f_0+f_m

称为上旁频带，f_0-f_m 称为下旁频带。调幅以后，原信号 $x(t)$ 中所包含的全部信息均转移到以 f_0 为中心，宽度为 $2f_m$ 的频带范围之内，即将有用信号从低频区推移到高频区。因为信号中不包含直流分量，可以用中心频率为 f_0、通频带宽为 $\pm f_m$ 的窄带交流放大器放大，然后再通过解调从放大的调制波中取出有用信号。所以，调幅过程相当于频谱“搬移”过程；而解调是为了恢复被调制的信号。如在电话电缆、有线电视电缆中，由于不同的信号被调制到不同的频段，因此在一根导线中可以传输多路信号。为了减小放大电路可能引起的失真，信号的频宽($2f_m$)相对中心频率(载波频率 f_0)来说应越小越好，实际载波频率通常是调制信号频率的数倍甚至数十倍。

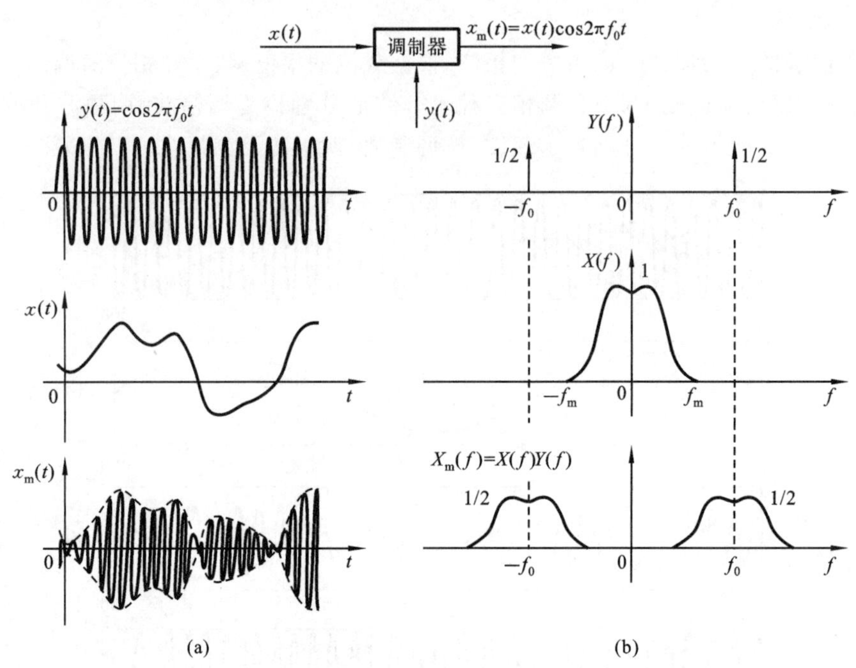

图 18-16　幅值调制

(a) 时域波形；(b) 频域谱图

低通滤波器是将频率高于 f_0 的高频信号滤去，即滤去式(18-17)中的 $2f_0$ 部分。

最常见的解调方法是整流检波和相敏检波。若将调制信号进行偏置，叠加一个直流分量，使偏置后的信号都具有正电压，那么调幅波的包络线将具有原调制信号的形状。将该调幅波进行简单的半波或全波整流、滤波，并减去所加的偏置电压就可以恢复原调制信号。这种方法又称为包络分析。

2. 频率调制与解调

频率调制是利用信号电压的幅值控制一个振荡器，振荡器输出的是等幅波，但其振荡频率偏移量和信号电压成正比。如图 18-17 所示，信号电压为正值时调频波的频率升高；为负值时频率降低；信号电压为零时，调频波的频率就等于中心频率。

调频波的瞬时频率 f 为

$$f = f_0 \pm \Delta f \tag{18-18}$$

式中：f_0 为载波频率；Δf 为频率偏移，与调制信号的幅值成正比。

设调制信号 $x(\mathrm{t})$ 是幅值为 X_0、频率为 f_m、初始相位为 0 的余弦波，可表示为

$$x(t) = X_0\cos 2\pi f_m t \tag{18-19}$$

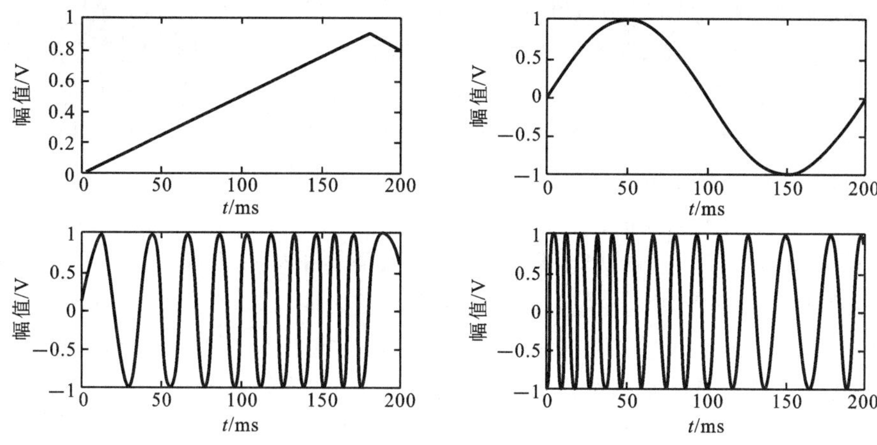

图 18-17　调频波与调制信号幅值的关系

载波信号为

$$y(t) = Y_0 \cos(2\pi f_0 t + \varphi_0), \quad f_0 \gg f_m \tag{18-20}$$

调频时，载波的幅度 Y_0 和初始相位角 φ_0 不变，瞬时频率 $f(t)$ 围绕着 f_0 随调制信号电压作线性变化，因此

$$f(t) = f_0 + k_f X_0 \cos 2\pi f_m t = f_0 + \Delta f_f \cos 2\pi f_m t \tag{18-21}$$

式中：$\Delta f_f = k_f X_0$，是由调制信号 X_0 决定的频率偏移；k_f 为比例常数，其大小由具体的调频电路决定。

可见，频率偏移与调制信号的幅值成正比，与调制信号频率无关，这是调频波的基本特征之一。调频波是以正弦波频率的变化来反映被测信号幅值的变化。因此，调频波的解调是先将调频波变换成调幅波，然后再进行幅值检波。

18.3　传感器接口技术

所谓接口是指实现两功能模块之间电气参数连接的部分。接口电路可以工作在同一电气参数范围，如将传感器输出的模拟信号调理成标准的输出信号；亦可以将信号从一个数域转换到另一个数域，如 A/D 转换和 D/A 转换。

传感器检测系统中，输入通道不仅包括信号放大、隔离和滤波等重要部分，还包括采样与保持、A/D 转换、多路转换等完成数据采集的计算机接口功能部分。相反，将计算机处理后的数字信号用于控制执行机构时，就必须考虑输出信号的形式。大多数执行装置为电动或气动等形式，只能接收模拟信号，所以同 A/D 转换一样，D/A 转换作为输出通道也是计算机检测系统的应用基础，在系统设计中占有重要的地位。A/D 转换和 D/A 转换是计算机系统中不可缺少的接口电路。

18.3.1　A/D、D/A 转换接口技术

1. A/D 接口技术

随着电子技术的迅速发展以及计算机在自动检测和自动控制系统中的广泛应用，利用数字系统处理模拟信号的情况越来越普遍。数字电子计算机所处理和传送的都是不连续的数字信号，而实际中遇到的大都是连续变化的模拟量，需经 ADC 转换成数字信号才可输入到数字

系统中进行处理和控制,ADC是实现模拟信号向数字信号转换的桥梁。

目前有多种类型的ADC,有传统的并行、逐次逼近型、积分型ADC,也有近年来新发展起来的Σ-Δ型和流水线型ADC。多种类型的ADC各有其优缺点并能满足不同的应用要求。为了适应计算机、通信和多媒体技术的飞速发展,适应高新技术领域数字化进程的不断加快,以及适应现代数字电子技术的发展,ADC在工艺、结构、性能上都有很大的变化,正在朝着低功耗、高速、高分辨率的方向发展。

任何ADC都包括三个基本功能:采样、量化和编码。采样过程将模拟信号在时间上离散化使之成为采样信号;量化将采样信号的幅度离散化使之成为数字信号;编码将数字信号表示成数字系统所能接受的形式。如何实现这三个功能就决定了ADC的形式和性能。ADC的分辨率和转换速率两者总是相互制约的,分辨率越高,需要的转换时间越长、转换速度越低。因而在发展高分辨率ADC的同时要兼顾高速;在发展高速ADC的同时要兼顾高分辨率。在此基础上还要考虑功耗、体积、便捷性、多功能、与计算机及通信网络的兼容性以及应用领域的特殊性要求,这样也使得ADC的结构和分类错综复杂。

2. D/A 接口技术

DAC是将二进制数字量形式的离散信号转换成以标准量(或参考量)为基准的模拟量(通常为直流电压或电流)的转换器。DAC作为过程控制计算机系统的输出通道,与执行器相连,实现对生产过程的自动控制。此外,DAC还可用在ADC的反馈电路中。

DAC有并行和串行两种转换方式。并行DAC通过一个模拟量参考电压和一个电阻梯形网络产生以参考量为基准分数值的权电流或权电压;用由数码输入量控制的一组开关决定哪些电流或电压相加起来形成输出量。所谓“权”就是二进制数的每一位所代表的值。例如,三位二进制数“111”右边第1位的“权”是$2^0/2^3=1/8$;右边第2位是$2^1/2^3=1/4$;右边第3位是$2^2/2^3=1/2$。串行DAC是将数字量转换成脉冲序列的数目,一个脉冲相当于数字量的一个单位,然后将每个脉冲变为单位模拟量,并将所有的单位模拟量相加,得到与数字量成正比的模拟量输出,从而实现了数模转换。

为了确保系统处理结果的精确度,ADC和DAC必须具有足够的转换精度;如果要实现快速变化信号的实时控制与检测,ADC和DAC还要求具有较高的转换速度。转换精度与转换速度是衡量ADC和DAC的重要技术指标。随着集成技术的发展,现已研制和生产出许多单片的和混合集成型的ADC和DAC,它们具有越来越先进的技术性能。

18.3.2　异步串行通信及接口技术

通信包括并行通信和串行通信。并行通信的主要优点是传送效率高但占用口线多;串行通信尽管传送效率低但是节省传输线,特别适合计算机与计算机、计算机与外设之间的远距离通信。串行通信又分为同步串行通信和异步串行通信两种基本类型,以其控制简单、经济实用等优点日益得到广泛的应用。下面重点介绍异步串行通信。

1. 异步串行通信

异步串行通信帧结构格式如图18-18所示。异步串行通信以一个字符序列为通信单位,数据位的位数可以是5、6、7或8位。一个通信单位除了包含表示字符信息的数据位外,还包括起始位,奇偶校验位和停止位。由起始位开始,到停止位结束,称为一帧。

异步串行通信传输一帧的过程如下:①无传输。此时发送方连续发送传号,通信线路处于“1”状态,表明通信双方无数据传输。②起始传输。发送方在任何时候将传号变成空号,即由

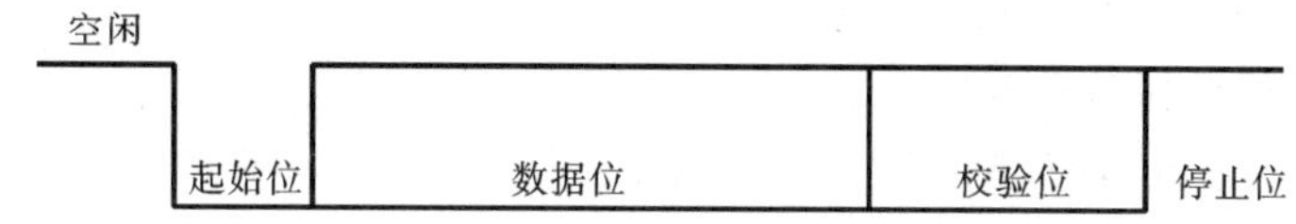

图 18-18　异步串行通信的帧结构格式

状态“1”变为“0”并持续 1 个单位时间，以表明发送方准备传输数据。与此同时，接收方接收到空号（状态“0”）后，开始与发送方同步，准备接收后续数据。③数据传输。在起始空号之后，连续发送和接收的序列称为数据传输。数据长度可以由双方事先约定是 5 位、6 位、7 位或 8 位。数据位数是根据实际需求并以获得最佳传输速度为目的来确定的，一旦确定并在修改之前，应确保每次发送时数据位数不变。数据传输规定传输时字符信息的低位在先、高位在后。⑤奇偶校验位传输。有效数据位传输之后是可以选择的奇偶校验位。奇偶校验位的状态取决于选择的奇偶校验类型（无校验位、奇校验或偶校验），一旦确定并在修改前，应确保每个字符的奇偶校验类型与选择的一致。⑤停止传输。数据位之后（无奇偶校验位）或奇偶校验位之后传输停止位（状态“1”），停止位的长度可选择为 1 位、1.5 位或 2 位。一旦确定并在修改前，应确保每个字符发送的停止位长度与选择的一致。

2. 异步串行通信的特点

通过上述异步串行通信的过程可以看出，异步串行通信具有以下几个特点：①字符帧的传输格式使发送方在字符之间可以按应用要求插入长度不同的时间间隔，即每个字符的发送是随机的。②每个字符传输开始总是以一个起始位为标志，然后接收方与发送方保持同步。由于一个字符帧的位数最多只有 12 位，因此双方之间的时钟频率即使稍有偏差，也不至于因累计误差造成错位。等到下一个字符的起始位到来，又可以使双方的同步得以校正，所以一般异步通信的误差是很小的。③通信双方可以按应用要求随时改变通信协议，即可以改变传输的数据位数、奇偶检验类型、停止位长度和数据传输速率。

异步串行通信设备简单，控制容易，对于近距离（几百米以内）的点-点数据通信，宜采用异步串行通信。

3. 异步串行通信协议 RS-232C

计算机之间进行通信需要遵守一定的协议。RS-232C 是计算机通讯的物理层通信协议。物理层通信协议是通信协议中的最低层协议，它规定了依据标准接口必须具有的有关机械连接、电信号特性和信号功能等几个规则，其最终目的是使不同设备生产厂家能根据所规定的标准来生产各自的设备，并能达到完全兼容，从而使这些设备能够有效地相互交换数据。在两个电子设备之间进行数据传输，需要经过一定类型的接口。这类接口是由电脉冲、传送脉冲的电缆和将电缆连接到设备上的连接器组成的。

数据通常是由变化的电压或电流来表示的。要正确地进行数据传输，所应用的这些设备必须遵守物理层通信协议。这个协议所设置的标准，必须解决下面几个方面的问题：①机械特性。连接器的尺寸、引脚的数目、引脚的排列、插座的直径、连接器的位置和电缆的特性，如导体的长度和数目均应有详细的规定和说明。②信号特性。数据交换信号和有关电路的电气特性必须明确规定，包括最大数据传输速率的说明、代表信号状态情况（逻辑电平、ON/OFF、符号/空白）的电压或电流的辨识、接收器与发送器电路特性的规定等。③信号的功能说明。接口所包含的信号通常是以其功能、来源、接收者以及与其他信号的关系作为其功能特征的。

RS-232C 是 1969 年由美国电子工业协会（EIA）公布的一个标准，用于数据终端设备

(DTE)和数据通信设备(DCE)间建立通信。

RS-232C 接口的机械特性规定采用 25 针 D 型连接器,但大多数计算机的串行口都采用 9 针 D 型连接器,这就是说,计算机的串行口只采用了 RS-232C 标准的一个子集。标准串行口引脚及其意义如表 18-1 所示。

表 18-1　标准串行口引脚及其意义

引　脚	意　义
1	保护地
2	接收数据
3	发送数据
4	数据终端就绪
5	信号地
6	数据设备就绪
7	请求发送
8	消除发送
9	振铃指示

RS-232C 要求发送设备和接收设备在进行数据传输中数据信号和控制信号的电压应满足一定的范围。在 RS-232C 标准中,用－(3～15)V 电压表示逻辑"1";用＋(3～15)V 电压表示逻辑"0"。－3 V 到＋3 V 这个范围内是过渡区,此间没有信号状态。在该标准的规定中有 2 V 的噪声区域,例如在发送方送出电压＋(5～15)V 表示逻辑"0"时,在接收方接收到＋(3～15)V 即确定接收信号为逻辑"0",结果使发送方与接收方之间有一个 2 V 的压降容限。此容限对于逻辑"1"的情况是类似的。

RS-232C 标准定义的逻辑电平(EIA 电平)不能直接用于计算机内部电路,因为计算机内部电路采用 TTL 电平,为此要进行电平转换,可以由 EIA 线路驱动器芯片和 EIA 线路接收器芯片来实现。发送方利用 EIA 线路驱动器将 TTL 电平转换为 EIA 电平,供 DTE 输出信号使用;接收方利用 EIA 线路接收器将 EIA 电平转换为 TTL 电平,供 DCE 输入信号使用。

4. 异步串行通信控制器

要实现异步串行通信,必须有一定的硬件电路来将并行表示的字符信息转换为串行位流,并将其转换为电信号发送出去;同时,能够将接收到的串行位流转换成并行的字符信息。完成这个功能的硬件电路被称为异步串行通信控制器(UART)。UART 有专门的芯片,计算机中采用的 UART 是 Intel 公司生产的 INS8250,它是一种可编程的异步串行通信接口芯片,具有 40 个引脚,为双列直插式封装,使用单一的＋5V 电源。芯片内设置有时钟电路,可以通过编程来方便地改变数据传输速率。它提供与调制解调器连接的有关控制信号,并且具有数据回送功能。

在进行异步串行通信之前,必须进行串行口的初始化。另外,在通信过程中,要了解串行口的各种状态,便于通信控制。进行异步串行通信,主要是对可编程的串行通信接口芯片进行控制操作。

18.3.3　总线技术

总线是传感器检测系统的重要组成部分,是实现芯片与芯片之间、模块与模块之间、系统与系统之间以及系统与控制对象之间进行信息传递的各种信号线的集合，并为它们提供标准信息通路。

1. ISA 总线

最早应用的总线是 ISA 总线，即工业标准结构总线。16 位 ISA 总线频率为 8 MHz 左右，由于总线速度较慢，已逐渐被新出现的总线所替代。

2. PCI 总线

PCI 是 Intel 公司开发的一套局部总线系统，它支持 32 位或 64 位的总线宽度，频率通常为 33 MHz，PCI2.0 总线速度可达 86 MHz。PCI 总线允许十个接插件，同时还支持即插即用。因为其 I/O 速度远比 ISA 总线快，所以这种总线技术出现后很快就替代了原来的 ISA 总线。

3. CAN 总线

CAN(controller area network)总线是 ISO 国际标准化的一种串行通信协议。在当前的汽车产业中，出于对安全性、舒适性、方便性、低公害和低成本的要求，各种各样的电子控制系统已被开发出来。由于这些系统之间通信所用的数据类型及对可靠性的要求不尽相同，由多条总线构成的情况很多，线束的数量也随之增加。为适应减少线束数量，通过多个局域网(LAN)进行大量数据的高速通信，1986 年德国电气商博世公司开发出面向汽车的 CAN 通信协议。此后，CAN 通过 ISO11898 及 ISO11519 进行了标准化，CAN 总线协议目前在欧洲已是汽车网络的标准协议。

CAN 总线具有高性能和可靠性，不仅是汽车网络的标准协议，而且被广泛用于工业自动化、船舶、医疗设备、工业设备等方面。现场总线是当今自动化领域技术发展的热点之一，被誉为自动化领域的计算机局域网。CAN 总线作为现场总线的一种，为分布式控制系统实现各节点之间实时、可靠的数据通信提供了强有力的技术支持。基于 CAN 总线的分布式控制系统在以下方面具有明显的优越性。

(1) CAN 控制器工作于多主方式，网络中的各节点都可根据总线访问优先权(取决于报文标识符)采用无损结构逐位仲裁的方式向总线发送数据，且 CAN 协议废除了站地址编码，而代之以对通信数据进行编码，这可使不同的节点同时接收到相同的数据。这些特点使得 CAN 总线构成的网络各节点之间的数据通信实时性强，并且容易构成冗余结构，提高系统的可靠性和灵活性。而如果利用 RS-485 协议，则只能构成主从式结构系统，通信方式也只能以主站轮询的方式进行，系统的实时性、可靠性较差。

(2) CAN 总线通过 CAN 收发器接口芯片 82C250 的两个输出端 CANH 和 CANL 与物理总线相连。CANH 端的状态只能是高电平或悬浮状态；CANL 端只能是低电平或悬浮状态。这就保证不会出现类似在 RS-485 网络中，当系统有错误，出现多节点同时向总线发送数据时，导致总线出现短路从而损坏某些节点的现象。而且 CAN 节点在错误严重的情况下具有自动关闭输出功能，以使总线上其他节点的操作不受影响，从而保证不会因为个别节点出现问题而使总线处于“死锁”状态。而且 CAN 具有的完善的通信协议可由 CAN 控制器芯片及其接口芯片来实现，从而大大降低了系统开发难度，缩短了开发周期。

另外，与其他现场总线相比，CAN 总线是一种已形成国际标准的现场总线，且具有通信速率高、容易实现、性价比高等特点。这也是目前 CAN 总线应用于众多领域，具有强劲市场竞争力的重要原因。

4. LIN 总线

LIN 总线最初也是应用于汽车领域。1998 年末,由五家汽车制造商、一家软件工具制造商和一家半导体厂商发起成立 LIN(Local Interconnect Networks)协会。该协会成立的主要目的是定义一套开放的标准,这个标准主要针对车辆中低成本的内部互联网络,这些网络无论是带宽还是复杂性都不需要用到 CAN 网络。也就是说,LIN 总线网络是一种低成本的串行通信网络,用于实现汽车中的分布式电子系统控制。它是一种辅助的总线网络,目标是为现有汽车网络(例如 CAN 总线)提供辅助功能。

LIN 标准包括传输协议的定义、传输媒质、开发工具间的接口,以及和软件应用程序间的接口。LIN 提升了系统结构的灵活性,并且无论从硬件还是软件角度而言,都为网络中的节点提供了相互操作性,可获得更好的电磁兼容(EMC)特性。LIN 价格低廉,因此它可将实现 LIN 协议的微处理器(MCU)嵌入车身零部件中,使其成为具备网络功能的智能零部件,从而进一步减少车身线束,降低成本。LIN 补充了当前车辆内部的多重网络,并且为实现车内网络的分级提供了条件,有助于车辆获得更好的性能并降低成本。LIN 协议致力于满足分布式系统中快速增长的对软件的复杂性、可实现性、可维护性所提出的要求,通过提供一系列高度自动化的工具链来满足这一要求。

LIN 总线基于通用 UART 接口,具有如下特点:①传输速率最高可达 20Kb/s;②单主控制器/多从设备模式,不需要仲裁机制;③从节点不需晶振或陶瓷振荡器就能实现自同步,节省了从设备的硬件成本;④保证信号传输的延迟时间;⑤不需要改变 LIN 从节点的硬件和软件就可以在网络上增加节点。通常一个 LIN 网络上节点数目小于 12 个,共有 64 个标志符。

通过 LIN 总线传输的实体为帧,LIN 协议的帧结构如图 18-19 所示。一个报文帧由一个间隔(break)字段后跟 4～11 个字节的字段构成。每一个字节字段都以串行字节方式发送,起始字节的第一位编码为“0”,而终止位编码为“1”的一个报文帧由帧头及回应(数据)部分组成。在一个激活的 LIN 网络中,通信通常由主节点启动,主节点任务发送包含有同步间隙的报文头、同步字节以及报文标志符(ID)。一个从节点的任务通过接收并过滤标志符被激活,并启动回应报文的传送。回应中包含 1～8 个字节的数据和一个字节的校验码。

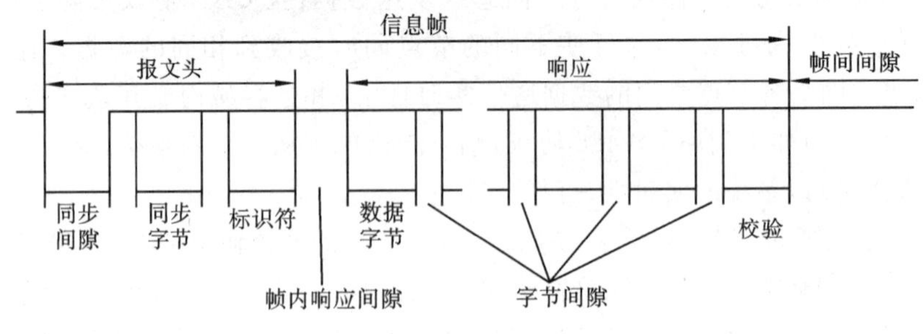

图 18-19　LIN 报文格式

18.4　传感器检测系统的设计

实际的计算机检测系统,其中的复杂程度和各环节的设计参数应根据检测任务和对系统性能指标等的要求具体确定。此外,还要充分运用实际工程知识和经验,使设计的系统性价比最佳。

18.4.1　传感器检测系统设计的基本步骤

尽管传感器检测系统种类繁多，检测对象所用的检测方法多种多样，系统的复杂程度、功能和技术指标也有很大差异，但是进行传感器检测系统设计的基本步骤基本相同，简述如下。

1. 调研

调研主要分为以下三个步骤：①通过专利检索、查阅专业杂志和有关国际国内会议论文集以及产品目录等，了解该检测系统目前在国内外的概况，特别是近几年的进展情况以及发展趋势等。②深入进行国内情况调研。了解国内哪些单位有这种检测项目，其检测原理是什么，采用什么测试设备，该设备有哪些缺陷，是属于专门为该检测项目设计研制的，还是由通用仪表构成的；这些单位对新的专用检测系统有哪些要求，国内有没有单位已经或即将研制结构合理、性能优良、价格适中、完全满足该检测课题的新的检测系统等。这也是最重要的一步。③对检测现场条件、被检设备、工作过程、工艺特点做深入的调查和分析研究，然后由课题提出方写成研制该检测系统的设计任务书，确定整个检测系统应具备的所有功能和技术指标以及双方的权利与义务等。

2. 方案论证

完成调研后，接下来是根据课题提出单位所确定的总体要求、主要技术指标以及综合调研所获得的信息资料进行原理性方案设计：①确定采用什么检测方法进行该项检测，以及选用什么传感器才能进行该项检测；②从系统应具备的功能、技术指标、可靠性、可维护性、I/O 要求、系统成本等方面设计检测系统的功能性原理框图；③为了能设计出性价比高、操作维护方便的检测系统，在方案论证时应多考虑几种可行性方案，经综合分析，互为补充，最后择优实施方案。

3. 系统总体设计

①确定所需的信息及需要测量的系统物理参数。在检测系统的设计中，应防止信息过多和信息不足两种情况的发生。前者是由于不断提高系统的测量水平和不断扩大测量范围所致，从而形成了一种以过高精度和过高分辨力采集所有可以得到的信息的趋势，其结果是有用的数据混在大量无关的信息中，给系统的数据处理带来了沉重负担。后者大多数是因为对测量在整个系统中的功能和目的考虑不周所致，不能提供所需要的全部信息，这将会导致系统整体功能的显著下降。②测试方法的选择。检测系统采用的测试方法取决于系统的性能指标，如精度、非线性度、分辨力、零漂、温漂和可靠性等。

4. 系统详细设计

总体设计完成后即可进行详细设计，宜采用模块化设计方法，需要考虑以下因素：①根据性能要求选择相应的测量方法；②选择适当的传感器和转换器；③考虑系统所处现场需要的处理功能；④与传感器、转换器相匹配的硬件和机电装置的规格，以及专用器材的制造；⑤有关应用软件的选择及软件的编制。

5. 系统实验与调试

在进行系统详细设计之后，需要进行实验系统的制备、实验平台的搭建等工作，并进行相关的实验与调试。这些工作包括信号调理、数据采集、微机及接口电路、微机外围设备以及机械固定装置等各部分的调试；并根据实验结果进行分析；同时对系统的设计进行相应的改进。

6. 系统试运行

在实验室完成装配、调试并试验运行一段时间后，接下来是送到检测现场进行安装，并与被测对象连接起来进行联机调试。在该检测系统能实现设计任务书规定的所有功能后，则对任务书中规定的各项工作指标逐项进行考核。若某一项或几项达不到规定的指标时，应首先设法改进软件。改进后如仍达不到要求，再对个别硬件做尽可能小的改动，这样不断改进、调试、测量、修改，直到全部指标达到设计要求为止。

7. 形成完整的技术文档

系统在现场试运行正常后，便可着手整理所有硬件和软件设计资料并加上必要的说明，汇编成册。同时，请试用该检测系统的操作人员及时记录各种检查结果，并请质检或计量部门复核。据此，整理出验收或鉴定所需文件。一般来说，若检测系统被技术鉴定委员会或双方认可的验收组验收通过，则可认为该检测系统的设计、研制工作全面完成。

18.4.2 计算机选型

适合检测系统使用的计算机类型很多，一般可考虑单片机、嵌入式系统等微型计算机。单片机因其性价比较高、开发方便、应用成熟等优点，在检测系统中被广泛使用。需要进行大量数字信号处理的，可以采用 DSP 芯片作为主处理器。

18.4.3 输入输出通道设计

输入通道数应根据需要检测参数的数目来确定，输入通道的结构可综合考虑采样频率及电路成本的要求。输出通道的结构主要决定于对检测数据输出形式的要求，如是否需要打印、显示，是否有其他控制、报警功能要求等。计算机检测系统输入通道中的采样/保持器电路有单片形式，也有和 A/D 转换器等集成在同一芯片上的形式。某些情况下可以简化电路降低成本，如在被测信号变化相当缓慢的情况下，可以用一个电容器并联于 A/D 转换器的输入端来代替采样/保持电路的功能，或者根据具体要求而省略采样/保持器。选择多路模拟开关电路主要根据信号源的疏密和采样频率的高低。当采样频率不高时，模拟开关的转换速度不必要求太高，以降低成本。

18.4.4 软件设计

计算机软件大体可分为系统软件、应用软件及文件三大类。系统软件是指计算机厂家提供的通用软件，这类软件可分为面向机器、面向系统和面向用户三种类型。系统软件是为了使计算机具有通用性而设置和配备的，其价值在于为各类软件的开发提供平台。应用软件是指那些针对某一特定目的而设计与编制的软件。显然，检测系统软件属于应用软件。

自动检测系统应用软件的设计与开发往往随应用环境、技术要求、所用的 CPU 不同而不同。应用软件应具有两项基本功能：其一是对输入输出通道的控制管理能力；其二是对数据的分析和处理功能。对高级系统而言，还应具有对系统进行自检和故障自诊断的功能及软件开发和调试功能等。

输入通道的数据采集和传送有程序控制和直接内存访问(DMA)两种方式。当不需要以高速进行数据传送时，多采用程序控制方式。其中，最常用的是查询方式和中断方式，对多路数据采集系统常用轮流查询方式。对于高速 I/O 设备以及批量交换数据的情况，需要采用 DMA 方式。

检测系统的采样工作模式主要有两种：一种是先采样后处理，即在一个工作周期内先对各采样点顺序采样，余下的时间做数据处理、分析或其他工作；另一种是边采样边处理，即将一个工作周期按采样点等分，在每个等分时间内完成对一个采样点的采样及数据处理工作。若在测试中既有要求采样快的参数，也有要求采样慢的参数，则可以采用长、短采样周期相结合的混合工作模式。

采样周期由被测参数变化的快慢程度和测量准确度的要求确定。采样周期若用程序定时，一种是用程序执行时间定时；另一种是 CTC 中断定时。由于程序指令的执行时间是固定不变的，因此也可以将程序中全部指令的执行时间加起来作为计时手段。这种方法简单易行，通常用于采样周期比较短的情况。

1. 软件开发的任务与步骤

1）检测系统软件设计的任务

①需求分析：确定有哪些业务处理内容。由于同类产品众多，可参考的信息充分，所以这项任务易于完成。②架构设计：确定在什么技术平台上及如何实现（包括数据库设计）。③功能实现：编写代码和设计界面。④产品文档：用户手册、实施方案等。

2）检测系统软件设计的基本步骤

①软件指标细化与任务分割。设计者根据用户对该自动检测系统所规定的功能、性能指标来确定和描述软件设计任务，并加以细化和具体化，按任务和功能将整个应用软件划分为若干模块。②程序框图设计。将软件任务用详细的程序框图方式进行描述。绘制流程图、确定程序结构、合理划分程序模块（包括子程序）等都是此阶段要解决的问题。③编程。采用计算机能够直接理解或能够进行翻译的形式来具体编写程序。一般用汇编语言或某种高级语言进行编写，然后进行编译转换成相应的机器语言供微处理器执行。④子程序调试。对各个子程序进行调试，以便发现编程中出现的错误。在此阶段，可利用逻辑分析仪、开发器等去寻找各种编程错误，并一一排除。⑤汇编与系统联调。将调试通过的子程序及各程序模块有机地连接起来，通过汇编或编译成为可执行代码，构成系统软件。在子程序调试阶段只能发现子程序、程序模块在编程过程中的错误，很难发现整个系统软件在总体结构方面、各任务之间的协调和配合方面的错误。这些错误要依靠系统联调来发现。在联调阶段，要注意选择正确的调试方法及合适的测试数据。这个阶段的联调通常在实验室中进行。⑥现场联调。在实验室模拟联调成功后，即可将自动检测系统安装到用户的工作现场投入实际试运行，进行现场联调。在这个阶段，设计者针对系统在现场运行中发现的问题，对系统的应用软件进行必要的修改和进一步的完善。⑦文件整理。对联调成功的整个系统应用软件要做全面的整理，对主要的和重要的程序段加流程图、注释、存储器分配等说明并形成文件，以便用户和维护人员理解和阅读。

2. 软件设计方法

软件设计方法一般分为模块化设计方法和面向对象的设计方法。

1）模块化设计方法

模块化设计方法根据软件实现的功能进行设计，将整个系统划分为各种功能模块，每个模块实现一个功能。模块化设计方法的设计原则是使每个模块执行一个功能；每个模块用过程语句（或函数方式等）调用其他模块；模块间传送的参数作数据用；模块间共用的信息（如参数等）尽量少。在设计过程中，从整个程序的结构出发，利用模块结构图表述程序模块之间的关系。

模块化程序设计方法有如下优点：①单个模块比一个完整程序易于编写、容易查错及易于测试。②一个子模块有可能被其他程序模块多次调用，因此也可成功地用于不同的智能仪器和系统。③模块化程序设计有利于程序员之间的任务划分,困难的模块让有经验的程序员来编写。此外,还可以利用以前已编好的程序模块。④对系列化的自动检测系统,其监控程序的差异往往是一两个模块,不同型号的系统仅需要调换这一两个模块即可,而无须修改整个程序。⑤模块化程序方便查错,容易测试、检查与修改,且相互不影响。⑥有利于掌握软件开发的进程,知晓模块的完成情况,有利于协调。

2)面向对象的设计方法

面向对象的设计方法是将程序设计的主要活动集中在建立对象和对象之间的联系上,从而完成所需要的计算。现实世界可以抽象为对象和对象的集合,所以面向对象的程序设计方法是一种更接近现实世界的、更自然的程序设计方法。在面向对象程序设计方法中可以认为:程序=(对象+对象+……)。

面向对象的设计方法,其基本思想是封装和可扩展性。面向对象设计就是将数据结构和数据结构上的操作算法封装在一个对象之中。对象是由以对象名封装的数据结构和可施加在这些数据上的私有操作组成的。对象的数据结构描述了对象的状态,对象的操作是对象的行为。例如,定义了一个日期时间类,其状态由“年、月、日、时、分、秒”等属性值组成,其行为由“设置事件”“显示时间”等操作组成。

模块化设计方法和面向对象设计方法的区别如下所述:①模块化方法首先关心的是功能,强调以模块(即过程)为中心,采用模块化、自顶向下、逐步求精的设计过程。系统是实现模块功能的函数和过程的集合。结构清晰、可读性好,是提高软件开发质量的一种有效手段。②模块化设计从系统的功能入手,按照工程标准和严格规范将系统分解为若干功能模块。然而,由于用户的需求和软、硬件技术的不断发展变化,作为系统基本成分的功能模块很容易受到影响,局部修改甚至会引起系统的根本性变化。开发过程前期入手快而后期频繁改动的现象比较常见。③面向对象设计方法从所处理的数据入手,以数据为中心来描述系统,数据相对于功能而言具有更强的稳定性,这样设计出来的系统模型往往能较好地映射问题域模型。对象、类、继承性、多态性、动态定连概念和设施的引入使用,令面向对象的设计方法具有一定的优势,能为生产可复用的软件构件和解决软件的复杂性问题提供一条有效的途径。④面向对象的设计过程就是指通过建立一些类以及它们之间的关系来解决实际问题。这就需要对问题域中的对象作整体分析,对类和类之间关系的设计要求较高,否则设计出来的并不是真正意义上的面向对象的软件系统,而只是一些类的堆砌而已,不能体现出面向对象设计方法的优势。

一般来说,检测系统的应用软件通常采用模块化程序设计方法。首先将任务按功能分成一系列子任务或模块,这些子任务又可进一步再分成若干个子任务,一直分到最下层,使每一个模块完成一个相对独立的小任务,具有编写容易、调试方便的特点。

18.5 抗干扰问题

在现场正常运行的检测系统的电信号上也会夹杂着一些无用而有害的、有序或无序的其他信号,称为噪声。通常所说的干扰就是指噪声造成的不良效应。由于检测系统通常在环境条件较差的工业现场在线运行,因此受干扰较严重。检测系统的抗干扰能力是关系到系统能否可靠工作和保证应有精度的重要技术指标。因此,如何统筹兼顾,设计出既能实现所有功能,达到规定的各项技术指标,又能有效地排除和抑制各种干扰,且性能价格比高的硬件和软件,已成为检测系统设计师必须仔细了解和认真解决的重要问题。

18.5.1　检测系统常见的干扰类型

检测系统干扰的分类方法较多，根据产生干扰因素的位置，可将其分为外部干扰和内部干扰两大类：①外部干扰是指与检测系统本身无关，由外部环境和使用条件所引起的干扰。主要包括闪电、雷击、宇宙辐射、太阳黑子等来自自然界的干扰；闸流晶体管、继电器、接触器、电磁阀等通断引起的干扰；电火花、电焊、高频加热及大功率电机、电气设备等强电设备的干扰；以及输电线路等产生的外部电磁干扰。②内部干扰是指检测系统自身各部分电路之间、各元件之间引起的干扰，包括固定干扰和电路动态运行时出现的过渡干扰。例如，来自传输线的反射干扰；不同线路和器件因相互感应造成的差模干扰；接地不妥造成的地电位差干扰；绝缘不良造成的漏电干扰；因寄生电容、电感及漏电阻造成寄生反馈干扰；功率大、发热多的器件所造成的热噪声干扰等。

18.5.2　检测系统常用的抗干扰措施

噪声对检测仪表及检测系统形成干扰，需要同时具备三个要素：①具有一定强度的噪声源；②存在着噪声源到检测系统的耦合通道；③检测系统本身存在着对噪声敏感的电路。

检测系统的抗干扰设计就是针对上述三项因素采取措施，内容包括：①尽可能抑制和消除各种噪声源；②阻截和消除噪声的耦合通道；③设计对噪声不敏感的电路。

一般情况下，自然界等外部噪声源难以消除，或者消除抑制这些噪声源的难度很大，实施成本过高。所以检测系统主要采用后两类抗干扰措施，具体措施主要有以下几种。

1. 检测系统的接地技术

接地技术起源于强电，是指将电网的零线及各种设备的外壳接大地，以保障人身和设备的安全。而在电子电路系统中，“地”一般是指输入信号与输出信号的公共零电位，它本身可能与大地相隔离。通过正确的接地，可以消除各电路电流流经公共地线阻抗时所产生的噪声电压，避免磁场和地电位差的影响，不使其形成地环路，避免噪声耦合的影响。

1）一点接地和多点接地

系统内部印刷电路板接地的基本原则是低频电路应一点接地，高频电路应就近多点接地。因为在低频电路中，布线和元件间的电感并不是大问题，而公共阻抗耦合干扰的影响较大，因此常以一点接地。高频电路中各地线电路形成环路会产生电感耦合，增加了地线阻抗，同时各地线之间也会产生电感耦合。在高频、甚高频时，尤其是当地线长度等于 1/4 波长的奇数倍时，地线阻抗会变得很高，这时地线就变成了天线，可以向外辐射噪声信号。此时地线长度应小于 1/2 信号波长，以防止辐射干扰并减低阻抗。

2）交流地与信号地

在一段电源地线的两点间可能会有数毫伏甚至几伏的电压差，这对低电平的信号电路来说是一个非常严重的干扰，必须加以隔离。因此，交流地和信号地不能共用。

3）浮地与接地

多数系统应接大地，但有些场合，如飞行器或舰船上使用的仪器仪表不可能接大地，这时，则应采用浮地方式。在浮地方式下，系统各个部分全部与大地浮置起来，即浮空，其目的是阻断干扰电流的通路。浮地后，检测电路的公共线与大地（或机壳）之间的阻抗很大。所以，浮地与接地相比，能更强地抑制共模干扰电流。浮地方法简单，但全系统与地的绝缘电阻不能小于 50 MΩ。

4) 数字地

数字地又称逻辑地,主要是逻辑开关网络,如 TTL 印刷电路板数字地的零电位。印刷电路板中的地线应呈网状,而且其他布线不要形成环路,特别是环绕外周的环路。印刷电路板中的条状线不要长距离平行,不得已时应加隔离电极和跨接线,或者做屏蔽处理。

5) 模拟地

进行数据采集时需利用 A/D 转换,其中模拟量接地问题必须重视。为了提高抗干扰能力,可采用三线采样双层屏蔽浮地技术。所谓三线采样,就是将地线和信号线一起采样,这样的双层屏蔽技术是抗共模干扰最有效的方法。

2. 抑制空间感应的屏蔽技术

自然界等外部噪声进入检测系统的主要途径有三个:空间电磁感应、系统本身的传输通道以及与系统电源相连的配电系统。通常,抑制空间电磁感应造成的干扰,最有效方法是利用铜、铝或镀银铜板等良导体及高磁导率铁磁材料制成屏蔽罩、屏蔽盒,将所要保护的电路置于其中。这样,外部噪声源产生的高频磁场将在屏蔽层中产生电涡流,并被涡流产生的反磁场相抵消;而对外部低频干扰磁场所产生的磁力线,因有磁阻很小的屏蔽盒引导构成闭合回路,不再进入被保护电路,从而有效地抑制了空间电磁感应干扰。

基于趋肤效应,高频电涡流仅流过屏蔽层最外面的一层,因此对高频磁场的屏蔽层仅考虑加工方便及具有所需机械强度即可。因电涡流是一圈圈的同心圆,所以应尽量避免在屏蔽层上开孔、开槽,以免切断电涡流路径影响屏蔽效果。对低频干扰磁场的屏蔽层,要保证一定厚度以减少磁阻。以上两种屏蔽罩若能良好接地,则能同时起到静电屏蔽的作用,防止电场耦合干扰。

3. 差、共模干扰及其抑制

一般情况下,空间电磁感应对检测系统造成影响的强度和概率都远远小于窜入传输通道和配电系统的干扰,所以必须着重研究和尽可能采取切断和抑制窜入传输通道和配电系统干扰的措施。根据噪声进入检测系统的方式及与被测信号的关系,可将噪声干扰分为差模干扰和共模干扰两大类。

1) 差模干扰

差模干扰是指与被测信号以串联形式叠加在一起的干扰。例如,作用于检测系统输入通道的干扰电压,往往和有用信号一起被放大和采样,所以对检测系统的精度有直接的严重影响。产生差模干扰的原因很多,通常有电磁耦合对输入信号线产生的感应电动势;因元器件及传输通道存在分布电容和互感造成的干扰电动势;由于稳压电路存在工频纹波及 A/D 的采样时间短而造成 50 Hz 工频干扰电压等。

2) 差模干扰的抑制

抑制差模干扰常采用滤波器和双积分型 A/D 转换器。

(1) 采用滤波器。

如果差模干扰频率高于被测信号,可采用低通滤波器来抑制、削弱高频率的差模干扰;如果差模干扰频率低于信号频率,可采用高通滤波器抑制低频差模干扰。若差模干扰频带较宽,被测信号落入干扰频带内,则应对被测信号进行锁相放大,以便大幅度地提高信噪比,从而抑制差模干扰的影响。滤波可采用 RC、LC、双 T 形及有源滤波器等硬件手段,也可采用各种软件数字滤波方法。

(2) 采用双积分型 A/D 转换器。

采用抗工频干扰性能优良的双积分型 A/D 转换器，并采用 50Hz 的倍频作为 A/D 转换器的时钟，以便有效地跟踪和克服工频造成的干扰。

尽可能缩短传感器与检测系统之间的距离，并采用带金属屏蔽层的屏蔽电缆或双绞线做传感器与前置放大器之间的连线。对于远距离测量，可在靠近传感器的地方进行 V/I 转换，将传感器输出的电压信号转换成不易受干扰的标准 4～20 mA 电流信号，再远距离传送到检测系统输入端。

3) 共模干扰

共模干扰是指相对于公共的电位基准地，在系统的两个输入端都同时出现的干扰，即在检测仪表、检测系统的两个输入端和地之间共同存在的一个干扰电压。这种干扰使两个输入端的电位同时相对于基准点电位涨落，通常不直接影响测量精度，但当输入电路参数不对称时，将会转化成差模干扰，从而引起测量误差。

形成共模干扰的原因很多，主要的一个方面是因检测系统从传感器到执行器整个信号通道比较长，系统所有电路和功率器件均需接地，往往为图方便而习惯采用就近接"地"(实际上是接到具有一定电阻率的基准地线)方式，没有真正实现"一点接地"。因地线具有一定的分布电阻，并有许多分支电流通过它流向电源，这样在这条作为基准地线的不同位置就会产生电位差。

共模干扰可以是直流，这时共模干扰电压的幅值一般较大，可达几伏、几十伏甚至高达 100 多伏。除接地不妥造成共模干扰外，漏电阻、寄生电容的存在是造成共模干扰的主要原因。例如，用热电偶测量高达 1000 ℃及以上的加热炉炉温时，由于炉内壁耐火材料的绝缘电阻在高温下迅速变低，使通有 220 V 或 380 V 交流电压的电炉丝，通过在高温下几乎成为导体的耐火材料(漏电阻)向热电偶两端漏电，造成热电偶两端相对交流地附加了一个共有干扰电压，从而使测温仪表输出产生幅度很大的共模干扰电压。

4) 共模干扰的抑制

共模干扰对检测仪表、检测系统的影响程度取决于该仪表系统对共模干扰的抑制(即抑制共模干扰电压转换为直接影响其测量精度的差模干扰电压)能力，称为共模抑制比 K_{cmr}，通常以对数的形式表示为

$$K_{cmr} = 20\lg(U_{cm}/U_{cd}) = 20\lg(K_d/K_c) \tag{18-22}$$

式中：U_{cm} 为作用于输入端的共模电压；U_{cd} 为输出端产生的差模电压；K_d 为系统的差模增益；K_c 为系统的共模增益。

常用的共模干扰抑制措施有：①对症下药，从根本上消除和抑制共模干扰源。例如，采取加粗地线，严格实现一点接地原则；设法阻断外部高压源与输入端的通路；对外部干扰源实行电磁屏蔽等措施。②采用高共模抑制比的双端输入形式的差动放大器或使用其作为前级放大器。③采用隔离放大器，使信号端与测量端没有"地"线联系，从而消除共模干扰影响。④采用浮地技术，检测系统的前置放大器不接机壳和大地(公共地线)，使其浮置(浮空)，这样共模电压不能经前置放大器与地构成回路。

4. 交流供电系统的干扰及其抑制

目前，绝大多数检测系统使用工业现场 220 V、50 Hz 市电供电。市电电网特别是工业现场的交流电网往往本身就是一个很大的噪声源，电网中大负荷设备的开与停，大功率移相式闸流晶体管的导通与截止，都将在电源线和地线上产生强烈的脉冲干扰，干扰的峰值有时可达上

百伏。

抑制交流电网干扰的主要方法有:①在交流电网输入线上采用LC低通滤波来抑制高频干扰,让50Hz基波顺利通过。②在电源变压器一次侧与二次侧之间加一绝缘隔离层,一、二次侧的零线经一个电容接地。这种隔离电源变压器对抑制电网瞬间强脉冲干扰很有效。③采用交流稳压器作为电网过滤器。这种商品化交流稳压器通常采取了一系列隔离、滤波和稳压等抗电网干扰措施,高性能交流稳压器对净化现场电网干扰的作用很大。④对现场电网干扰特别严重,系统测量精度要求非常高的应用场合,可考虑用蓄电池以直流方式供电,以便从根本上解决电网干扰问题。

另外,为避免检测系统内部模拟电路、数字电路以及输出(执行)电路三者互相干扰,数字信号线均通过光电耦合器与模拟电路和输出部分相联系,并为上述三个电路分别配置稳压电源,从而切断它们之间的电气联系,这对减少系统内部交叉干扰是十分有效的。

18.6 虚拟仪器

仪器技术在人类科技发展历史中扮演着重要角色,"没有测量就没有鉴别,科学技术就不能前进",可以说,一部人类科技发展史同时也是一部测量仪器技术发展史。现代科学仪器的出现可以追溯到20世纪初,由于电子技术的发展使得各类电子仪器不断产生,同时,随着互联网技术(IT)、工业化程度的不断提高,各行各业的电子测量仪器如雨后春笋般出现。

计算机技术的发展,尤其是20世纪80年代个人计算机出现以来,以及近年来的个人计算机和工作站的性能不断提高,价格不断降低,给各行各业带来了新的机遇和活力。在仪器仪表测试领域也一样,1986年国际上出现的虚拟仪器就是一个典型实例。虚拟仪器技术将计算机技术和仪器仪表技术完美结合起来,为现代仪器技术掀开了崭新的一页。

18.6.1 虚拟仪器的基本概念和特点

1. 电子测量仪器的发展阶段

电子测量仪器的发展大致可分成四代:①第一代模拟仪器也称为磁机械式仪器或常规仪器,这类仪器在某些实验室和教学课堂仍能看到,如指针式万用表、晶体管电压表等。它们的基本结构是电磁机械式的,借助指针来显示最终结果。②第二代数字仪器的核心部件是模数转换器,将模拟信号转化为数字信号进行测量,并以数字方式输出最终结果,适用于快速响应和较高准确度的测量。这类仪器目前仍广泛存在,如数字电压表、数字频率计等。③第三代智能仪器的核心部件是单片机,具有自动操作、自动检测、数据处理、人机对话、可程控操作等优点。但其功能模块全部依赖硬件而存在,因此无论开发还是应用,都缺乏灵活性。④第四代虚拟仪器的出现是仪器技术发展史上的革命,它融合了现代计算机技术、通信技术和测量技术,其核心部件是软件,利用高效灵活的软件控制高性能的模块化硬件来完成各种测试、测量和自动化应用。

2. 虚拟仪器的基本概念和特点

虚拟仪器VI(virtual instruments)最早于1986年由美国国家仪器公司NI(National Instruments Corporation)提出,是对传统仪器概念上的重大突破。其基本原理是以计算机为硬件平台,使原来需要硬件实现的各种仪器功能尽可能地软件化,以便最大限度降低系统成本,增强系统的功能与灵活性。

在实验室、工厂及野外作业，为完成某项测试和维修任务，通常需要许多仪器，如信号源、示波器、频率计、电压表、频谱分析仪，复杂的电路系统还需要逻辑分析仪、IC 测试仪等。这么多的仪器不但价格昂贵、占用空间，而且不易互联。虚拟仪器的产生，彻底改变了这种状况，只需 PC 或者工作站、仪器插件、计算机应用程序就可以完成上述功能。虚拟仪器在某种程度上能够替代现有的多数设备。一套虚拟仪器系统就是一台工业标准计算机或工作站配上功能强大的应用软件、低成本的硬件（如插入式板卡）及驱动软件，共同完成传统仪器的功能。虚拟仪器代表着从传统硬件为主的测量系统到以软件为中心的测量系统的根本性转变。

传统仪器是自包含的，内含的硬件电路是固定的，功能也是固定的；而虚拟仪器则是以计算机为核心，充分利用计算机强大的存储、处理、显示能力来模拟物理仪表的处理过程。传统仪器和虚拟仪器的性能比较见表 18-2。

表 18-2　传统仪器和虚拟仪器的性能比较

传统仪器	虚拟仪器
功能由仪表厂家定义	功能由用户自定义
功能确定，与其他设备的连接受到限制	面向应用，可以方便地连接其他设备
关键为硬件	关键为软件
价格高	价格低，可再利用
封闭，功能固定，不能更改	以计算机为支撑，开放性好，功能灵活
技术更新慢	技术更新快
开发和维护费用高	硬件大大减少，维修升级方便

与传统仪器相比，虚拟仪器具有明显的技术优势：①智能化程度高，处理能力强。虚拟仪器的处理能力和智能化程度主要取决于仪器软件水平。用户完全可以根据实际应用需求，将先进的信号处理算法、人工智能技术和专家系统应用于仪器设计与集成，从而将智能仪器水平提高到一个新的层次。②复用性强，系统费用低。应用虚拟仪器思想，用相同的基本硬件可构造多种不同功能的测试分析仪器，如一个高速数字采样器，可设计出数字示波器、逻辑分析仪、计数器等多种仪器。这样形成的测试仪器系统功能更灵活、系统费用更低。通过与计算机网络连接，还可实现虚拟仪器的分布式共享，更好地发挥仪器的使用价值。③可操作性强。虚拟仪器面板可由用户定义，针对不同应用可以设计不同的操作显示界面。使用计算机的多媒体处理能力可以使仪器操作变得更加直观、简便、易于理解，测量结果可以直接进入数据库系统或通过网络发送。测量完后还可打印、显示所需的报表或曲线，这些都使得仪器的可操作性大大提高。

18.6.2　虚拟仪器的构成形式

随着电子技术和计算机技术的迅猛发展，以计算机和信息处理为中心的自动测试系统在科学研究和实际工程领域都得到了广泛的应用。虚拟仪器就是自动测试系统的典型代表。

1. 自动测试系统简介

自动测试系统由硬件和软件两部分组成，其硬、软件模型如图 18-20 所示。计算机在测试过程中的控制、分析、显示、存储等方面的强大能力，使其成为测试仪器不可分割的重要组成部分，并将整个测试系统融为一体，从而形成了虚拟仪器的思想。

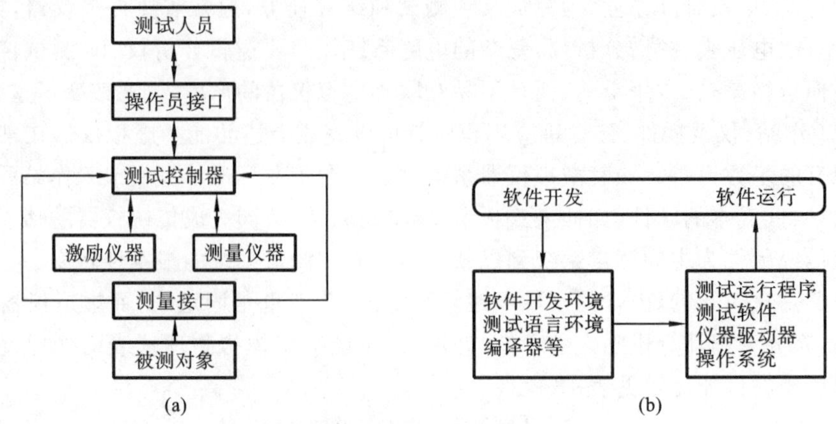

图 18-20　自动测试系统

(a) 硬件模型;(b) 软件模型

2. 虚拟仪器系统的构成

从 20 世纪 70 年代提出智能仪器的概念到目前最新发展的虚拟仪器思想,人们对测量仪器功能设计和应用的认识呈现出不断发展和深化的过程。从通用接口总线(GPIB)到个人仪器,再发展到图形化编程环境 LabVIEW、HP、WEE 等,使得虚拟仪器的思想为工业界所接受,促进了相关硬件和软件技术的发展。"软件就是仪器"能最本质地刻画出虚拟仪器的特征。

虚拟仪器的理念,就是在通用计算机平台上,用户根据需求来定义和设计仪器的测试功能,其实质是充分利用计算机的最新技术来实现和扩展传统仪器的功能。虚拟仪器系统的构成有多种方式,主要取决于系统所采用的硬件和接口方式,其基本构成如图 18-21 所示。

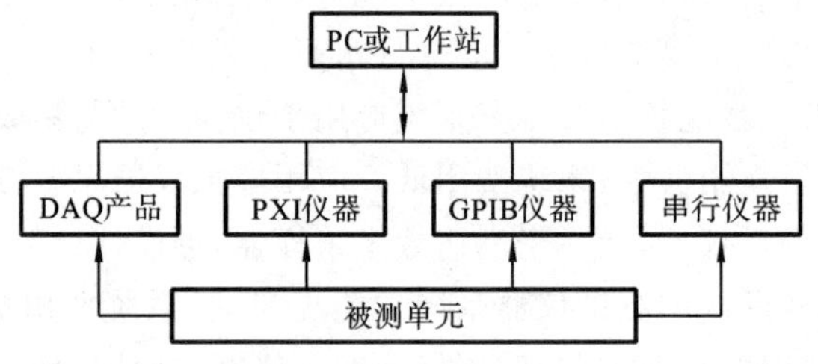

图 18-21　虚拟仪器系统基本构成

虚拟仪器包括硬件和软件两个基本要素。硬件的主要功能是获取真实世界中的被测信号,可分为两类:一类是满足一般科学研究与工程领域测试任务要求的虚拟仪器,最简单的是基于 PC 总线的插卡式仪器,也包括带 GPIB 接口和串行接口的仪器;另一类是用于高可靠性的关键任务的仪器,如航空、航天、国防等领域的高端 VXI 仪器。软件的功能定义了仪器的功能。虚拟仪器系统将不同功能、不同特点的硬件构成一个新的仪器系统,由计算机统一管理、统一操作。因此,虚拟仪器最重要、最核心的技术是虚拟仪器软件开发环境。作为面向仪器的软件环境应具备以下特点:①软件环境是针对测试工程师而非专业程序员,因此,编程必须简单,易于理解和修改;②具有强大的人机交互界面设计功能,容易实现模拟仪器面板;③具有强大的数据分析能力和数据可视化分析功能,提供丰富的仪器总线接口硬件驱动程序。

从虚拟仪器的定义来说,它更多地强调软件在仪器中的应用,但虚拟仪器仍离不开硬件技术的支持,信息的获取仍需要通过硬件(包括传感器)来实现。从计算机与其他硬件连接方式的不同，可将虚拟仪器分为内插卡式和外接机箱式两大类，这是最常用的分类方式。内插卡式就是将各种数据采集卡插入计算机扩展槽，再加上必要的连接电缆或探头，即可形成一个虚拟仪器。外接机箱式采用背板总线结构，所有仪器都连接在总线上或采用外总线方式，用外部主控计算机来实现控制，这种类型以 VXI 虚拟仪器为典型代表。无论哪种虚拟仪器，都离不开数据采集硬件的支持。图 18-22 描述了插入式 DAQ(data Acquisition，数据获取)卡的组成。通常一块 DAQ 卡可以完成多种功能，包括 A/D、D/A 转换，数字输入、输出以及计数器操作等。

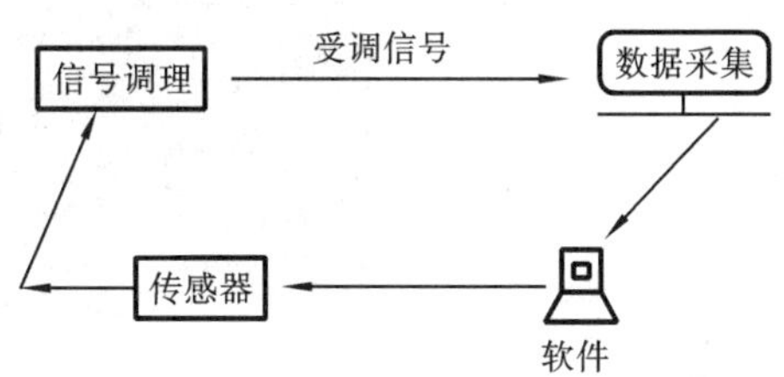

图 18-22　插入式 DAQ 卡的组成

数据采集系统的功能模块如图 18-23 所示。使用模块化的设计思想完成特定任务，会使用户程序的重新组织易于控制和实现，这正是虚拟仪器对传统仪器的革命性创新，使得仪器升级、系统功能重构和维修比较容易，大大提高了仪器设计的灵活性、使用的方便性和维护的快捷性。

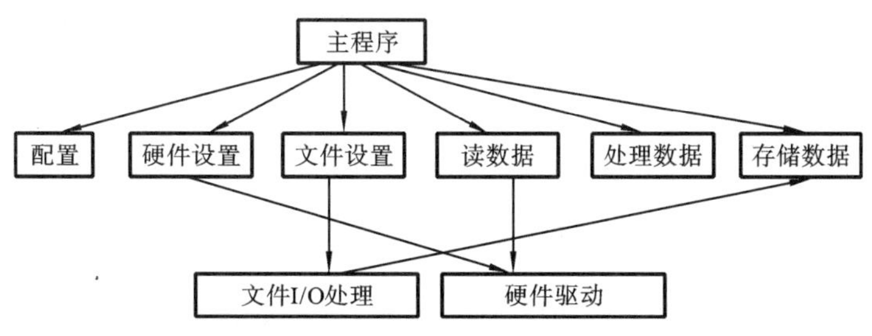

图 18-23　数据采集系统的功能模块

18.6.3　虚拟仪器的开发平台

虚拟仪器的关键是软件开发。通过应用软件，根据不同的需要，可以实现不同测量仪器的功能。通常，用户仅需要根据自己在仪器领域的专业知识，定义各种界面模式，设置测试方案和步骤，则该软件平台就可以迅速完成相应的测试任务，并给出非常直观的分析结果。目前，虚拟仪器软件以 NI 开发的软件产品 LabVIEW 图形编程环境和 LabWindows/CVI 面向仪表的交互式 C 语言最为著名。NI 自 1976 年创立以来，成为这个领域中领先的供货厂商。

LabVIEW 是虚拟仪器必不可缺的一部分，它为用户提供了一个简单易用的程序开发环境，特别考虑了工程师和科学家们的专门需要。LabVIEW 提供的强大特性让用户可以非常方便地连接各种各样的硬件产品和其他软件产品。

1. 图形化编程软件

LabVIEW 为用户提供的最有力的特性就是图形化的编程环境。用户可以使用 LabVIEW 在电脑屏幕上创建一个图形化的用户界面，即可设计出完全符合自己要求的虚拟仪器。图 18-24(a)所示为虚拟仪器“多通道函数信号发生器”的前面板，图 18-24(b)所示为实现该虚拟仪器的流程图（通常称为后面板），通过这个图形界面，可以实现以下功能：①操作仪器程序；②控制硬件；③分析采集到的数据；④显示结果。

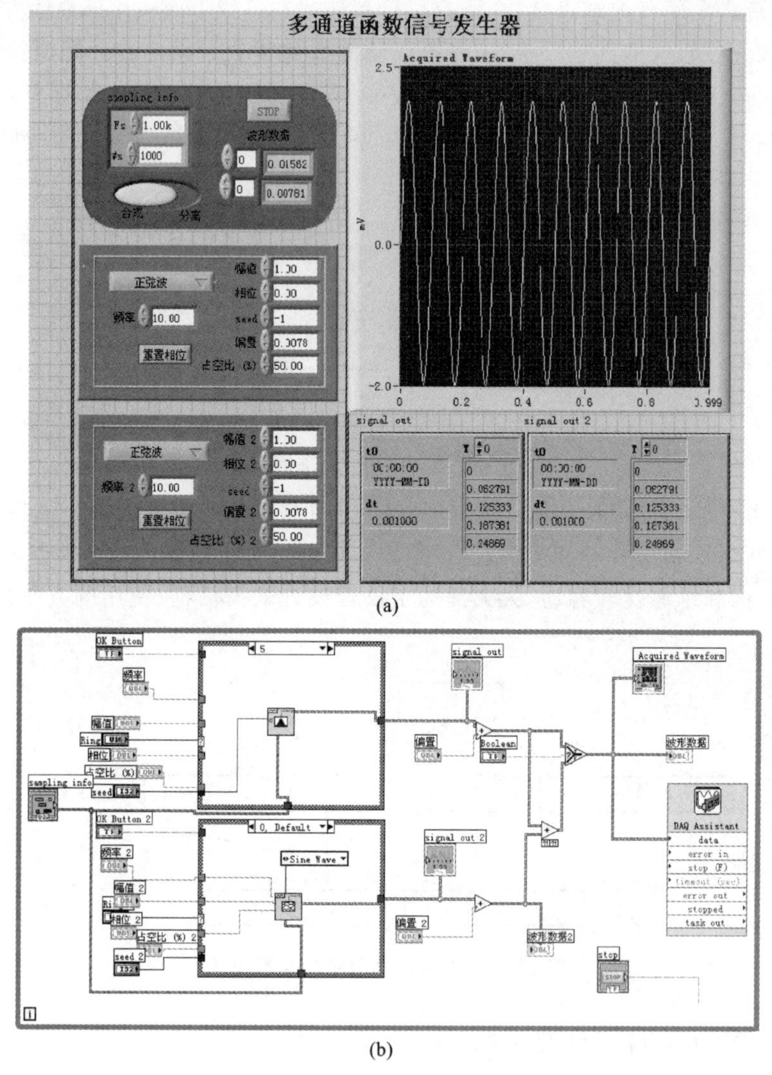

(a)

(b)

图 18-24　虚拟仪器“多通道函数信号发生器”

(a) 前面板；(b) 后面板

2. 连接功能和仪器控制

虚拟仪器软件编程的高效率来自内置的与硬件产品的完美集成性，旨在开发测试、测量和控制系统的虚拟仪器软件还包括各种广泛的输入/输出（I/O）功能。

LabVIEW 带有现成即用的函数库，用户可以用它集成各种独立台式仪器、数据采集设备、运动控制和机器视觉产品、GPIB/IEEE488 和串口/RS-232 设备、PLC 等，从而开发出一套完整的测量和自动化解决方案。LabVIEW 还包含了 VISA-GPIB、串口和 VXI 主要的仪器可共用标准；PXI 和基于 PXI 系统联盟 CompactPCI 标准的软硬件；IVI 可互换虚拟仪器驱动程序；VXI Plug&Play；VXI 仪器标准驱动程序等。

3. 开放式环境

虽然 LabVIEW 已经提供了诸多应用系统所需要的工具，但它还是一个开放式的开发环境。软件的标准化取决于它与其他软件、测量和控制硬件及一些开放式工业标准的兼容性，因为这些都决定了它与不同生产厂家产品的可共用性。如果选择的软件符合这些标准，用户就可保证自身的应用系统能充分利用来自不同厂家的最优秀的产品。此外，与开放式商业标准同步发展，能帮助用户降低整个系统成本。

目前，有许多第三方生产商在开发并维护成百上千个 LabVIEW 函数库及仪器驱动程序，以帮助用户能借助 LabVIEW 轻松地使用其产品。然而，这还不是与 LabVIEW 应用系统相连接的唯一办法。LabVIEW 还提供与 ActiveX 软件、动态链接库(DLLs)及其他开发工具的共享库之间的开放式连接。此外，用户还可以用 DLL、可执行文件的方式或使用 ActiveX 控件调用 LabVIEW 代码。

LabVIEW 同样提供了广泛的通信及数据存储方式，如 TCP/IP、OPC、SQL 数据库连接，以及 XML 数据存储格式。

4. 支持多平台且不断更新

很多计算机使用的都是微软公司的 Windows 系列操作系统。然而，也有其他的操作系统对某些特定应用来说有着显而易见的优势。随着计算机运算功能的增强和体积的缩小，实时和嵌入式开发应用在多数工业领域均有迅猛增长。这使得减少不断更换开发平台所带来的损失变得格外重要，而选择正确的软件则是解决这个问题的关键所在。

LabVIEW 从 1986 年发布至今不断更新版本，它可在 Windows 2000、2003、XP、Vista 和嵌入式 NT 环境下运行，同时还支持 Mac OS、Sun Solaris 与 Linux。通过实时(LabVIEW Real-Time)模块，LabVIEW 还能够编译代码，让程序在 VenturCom ETS 实时操作系统中运行。考虑到程序兼容性的重要意义，NI 公司的 LabVIEW 继续支持较早版本的 Windows、Mac OS 和 Sun 操作系统。LabVIEW 是独立于平台的，在一种环境下编写的虚拟仪器程序(简称 VI)，能够透明地转移到其他 LabVIEW 平台上，用户所需做的，只是在新环境下打开这个 VI 即可。因为 LabVIEW 应用程序能跨平台使用，所以它可以确定用户今天的工作在明天也同样适用。随着计算机技术日新月异的发展，用户还可以轻而易举地将用户的应用程序移植到新平台和操作系统中。另外，因为用户开发出的虚拟仪器程序能够在不同平台间移植且独立于操作系统，这既可帮助用户节省开发时间，又可消除平台转换带来的不便利。

5. 分布式开发环境

用户可利用 LabVIEW 轻松开发分布式应用程序，即便是进行跨平台开发。利用简单易用的服务器工具，用户可以将需要密集处理的程序下载到其他机器上进行更快速处理，也可以创建远程监控应用系统。强大的服务器技术简化了大型、多主机系统的开发过程。另外，LabVIEW 本身也包含了标准网络技术，如 TCP/IP，以及企业内部的发布与订阅协议等。

6. 分析功能

在虚拟仪器系统中，将信号采集到电脑中并不意味着任务的完成，通常还需要利用软件完成复杂的分析和信号处理工作。在机械状态监视和控制系统的高速测量应用中，经常需要对振动信号进行精确的阶次分析。闭环嵌入式系统一般要利用控制算法进行逐点运算，以便保证稳定性。除了在 LabVIEW 中已安装的高级分析功能库外，NI 公司还为不同要求的测量提供了相应的附加工具包，如：LabVIEW 信号处理工具套件、LabVIEW 声音与振动工具包和 LabVIEW 阶次分析工具包等。

7. 可视化功能

在虚拟仪器用户界面里，LabVIEW 提供了大量内置的可视化工具用于数据显示，从图表到图形、从 2D 到 3D 显示,应有尽有。同时,还可以随时修改界面特征,如颜色、字体尺寸、图表类型、动态旋转和缩放等。除了图形化编程和方便的定义界面属性外,用户只需利用拖放工具,就可将物体拖放到仪器的前面板上。

8. 灵活性与可调整性

工程师和科学家们需要系统不断变化,同时还需要可维护、可扩充的解决方案。通过建立开发软件(如 LabVIEW)功能强大的虚拟仪器系统,用户即可设计出软、硬件无缝集成的开放式架构。这一切确保了用户的系统不仅能在今天使用,在未来同样可以轻松集成新技术,或根据新要求在原有基础上扩展系统功能。此外,每个应用系统都有自己独特的要求,需要多种解决方案。这也是虚拟仪器的主要优势之一。

18.6.4 虚拟仪器实验的设计思路

一个传统的实验要使用多种仪器,而且不同实验所用的仪器也不尽相同,如果开设综合性实验所需仪器更多,这么多的仪器不仅价格昂贵,体积大,占用空间多,而且相互连接也十分麻烦。

虚拟仪器在实验中最简单的应用就是代替常规的仪器,如函数发生器、示波器、万用表等。比如,实验者在实验中采用虚拟仪器,实现信号发生及波形记录,能取得较好的效果。

用计算机虚拟出的函数发生器产生实验所需的激励信号,其波形、频率、占空比、幅值、偏置等或示波器的测量通道、标尺比例、时基、极性、触发信号(沿口、电平、类型)等都可用鼠标器或按键进行设置,如同常规仪器一样使用。不过,虚拟仪器具有更强的分析处理能力,而且,用户重新定义后,它又能变成数字万用表、温度计或频谱分析仪等不同的仪器仪表。仪器间可通过窗口进行切换。

为了确保实验的顺利进行,基于虚拟仪器的虚拟实验可分为四个阶段予以实施:①在充分利用现有计算机资源的基础上,购买所需仪器模块和软件(如 LabVIEW),编写程序以实现现有仪器设备的模拟。这样可以有效增加实验设备数量,从根本上改善实验者实验条件,保证实验质量。②实验者可以充分利用计算机软件的强大功能进行数据采集、存储、分析、处理、传输及控制,在同一台计算机上虚拟出数十台仪器,如智能信号发生器、数字存储示波器、频谱及信号分析仪、数字电压表和噪声测试仪等。将这些虚拟仪器应用到实验中去,以取代常规仪器。实验者还可以自行设计各种软面板,定义仪器的功能,并以各种形式表达输出检测结果,进行实时分析。③增加综合性实验项目,实验者可自己选题、拟订方案、编写程序、设计虚拟仪器检测系统。④在原有仪器模块上进行二次开发,拓宽其应用范围,将其用于设备监控、工业过程自动化或构建用户所需的测量系统等。

18.6.5 虚拟仪器的应用

随着虚拟仪器技术的不断发展,其应用越来越广泛,主要体现在测量、监控、工程处理、远程教育、报表生成、自动化生产、电力系统、石油化工、航空航天等方面。利用虚拟仪器技术,在提高工作效率的同时也减少了投资成本。

(1) 虚拟仪器在测量方面的应用。虚拟仪器系统的开放性和灵活性,以及可以与计算机技术发展保持同步,使得它在测量方面不仅能提高精确度、降低成本,还能节省用户的开发时间。

(2) 虚拟仪器在监控方面的应用。利用虚拟仪器可以随时采集和记录从传感器传来的数据，并进行统计、数字滤波、频域分析等处理，从而实现监控功能。这一应用已在氡室温度监测、水质监测及锅炉监控等系统中得到充分体现。

（3）虚拟仪器在工程处理中的应用。在工程处理的每个阶段，虚拟仪器均能提供出色的服务，包括研发、设计及生产测试。它集报警管理、历史数据追踪、安全、网络、工业 I/O、企业内部联网等功能于一身，在生产过程中，这些功能可以轻松地将多种工业设备集成在一起使用，减少了传统仪器设备的使用数量。

（4）虚拟仪器在远程教育方面的应用。越来越多的教学部门开始使用虚拟仪器建立教学系统，不仅节省开支，而且由于虚拟仪器具有灵活性和可重复利用性强等优点，使得教学方法更加灵活。

（5）虚拟仪器在报表生成方面的应用。LabVIEW 生成的计量检定报表及访问测试信息数据库，可以方便快捷地完成出具记录、鉴定报告这一任务。工程技术人员可以更为方便地以一定格式的报表形式输出测试信息和测试结果。

随着科技的快速发展，虚拟仪器的硬件技术会不断更新与发展，软件技术也会更加完善，虚拟仪器的智能性必将越来越高，其应用前景是广阔的。虚拟仪器是与计算机软硬件技术、通信技术及网络技术同步发展的，高效、高速、高精度和高可靠性以及自动化、智能化和网络化的虚拟仪器即将面世。虚拟仪器会因开放式数据采集走上标准化、通用化、系列化和模块化的道路。

思考题与习题

18-1　简述传感器检测系统的结构，并说明各组成部分的作用。

18-2　什么是信号调理？常用的信号调理包括哪些？

18-3　在题 18-3 图所示电路中，设 A_1、A_2、A_3 均为理想运算放大器，其最大输出电压幅值为±12 V。

（1）试说明 A_1、A_2、A_3 各组成什么电路？

（2）若输入 1 V 的直流电压，各输出端 u_{o1}、u_{o2}、u_{o3} 的电压为多少？

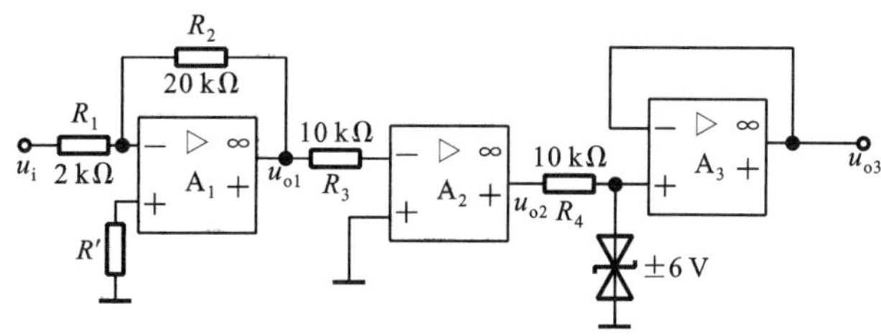

题 18-3 图

18-4　什么是程控放大器？有什么实现方式？

18-5　什么是滤波器？按输出滤波形式分为哪几种？滤波器的主要参数有哪些？

18-6　在传感器检测系统中有哪些接口？

18-7　一个 12 位 A/D 转换器输入电压的范围为 0～10 V，其输出电平值（数字量）为 2048，那么对应的实际电压值为多少？

18-8　传感器检测系统设计的主要步骤有哪些？

18-9　软件设计一般可分为哪两种方法？传感器检测系统中的软件设计一般采用哪种方法？

18-10　噪声对检测仪表及检测系统形成干扰应具备的三个要素是什么？检测系统的抗干扰措施是什么？

18-11　与传统仪器相比，虚拟仪器技术有何优势？

18-12　基于虚拟仪器的虚拟实验可分为几个阶段？

参 考 文 献

[1] 潘仲明.仪器科学与技术概论[M].北京:高等教育出版社,2010.

[2] 唐文彦.传感器[M].5版.北京:机械工业出版社,2016.

[3] 张玘,刘国福.仪器科学与技术概论[M].北京:清华大学出版社,2011.

[4] 梁福平.传感器原理与检测技术[M].2版.武汉:华中科技大学出版社,2018.

[5] 梁福平.传感器原理及检测技术学习与实践指导[M].武汉:华中科技大学出版社,2014.

[6] 2019年中国传感器行业研究报告,BGK17258682[R].北京:中经研究院,2019.

[7] 2019—2024年中国传感器制造行业发展前景与投资预测分析报告[R].北京:前瞻产业研究院,2019.

[8] 王昌明,孔德仁,何云峰.传感与测试技术[M].北京:北京航空航天大学出版社,2005.

[9] 王化祥,张淑英.传感器原理及应用[M].4版.天津:天津大学出版社,2014.

[10] 吴建平.传感器原理及应用[M].3版.北京:机械工业出版社,2016.

[11] 田裕鹏,姚恩涛,李开宇.传感器原理[M].3版.北京:科学出版社,2007.

[12] 贾海瀛.传感器技术与应用[M].北京:清华大学出版社,2011.

[13] 姜香菊.传感器原理及应用[M].北京:机械工业出版社,2015.

[14] 高艳.压阻式压力传感器温补模型的分析与标定[D].南京:东南大学,2016.

[15] 刘鹏.压阻式压力传感器温度补偿方法实现的研究[D].天津:天津大学,2012.

[16] 李俊.硅压阻式智能压力传感器的温度补偿研究与实现[D].广州:华南理工大学,2011.

[17] 贾石峰.传感器原理与传感器技术[M].北京:机械工业出版社,2009.

[18] 林德杰,林均淳,曾宪云.电气测试技术[M].北京:机械工业出版社,2008.

[19] 周胜海.电位器式位移传感器负载特性的自动补偿[J].传感器技术,2003(02):45-47.

[20] 吕泉.现代传感器原理及应用[M].北京:清华大学出版社,2006.

[21] 程德福,王君,凌振宝,等.传感器原理及应用[M].北京:机械工业出版社,2008.

[22] 刘君华,任振国.现代检测技术与测试系统设计[M].西安:西安交通大学出版社,2000.

[23] 樊尚春,周浩敏.信号与测试技术[M].2版.北京:北京航空航天大学出版社,2011.

[24] 何金田,张全法.传感检测技术例题习题及试题集[M].哈尔滨:哈尔滨工业大学出版社,2008.

[25] 张洪润.传感器技术大全[M].北京:北京航空航天大学出版社,2007.

[26] 彭军.传感器与检测技术[M].西安:西安电子科技大学出版社,2003.

[27] 杨栓科.模拟电子技术基础[M].2版.北京:高等教育出版社,2010.

[28] 中国科学技术协会.2006—2007仪器科学与技术学科发展报告[M].北京:中国科学技术出版社,2007.

[29] GB/T 7665—2005传感器通用术语[S].北京:标准出版社,2005.

[30] GB/T 7666—2005传感器命名法及代码[S].北京:标准出版社,2005.

[31] GB/T 14479—93传感器图用图形符号[S].北京:标准出版社,1993.

[32] 陈书旺,宋立军,许云峰. 传感器原理及应用电路设计[M]. 北京:北京邮电大学出版社,2015.

[33] 刘光. 传感器与检测技术[M]. 重庆:重庆大学出版社,2016.

[34] 宋宇,朱伟华. 传感器及自动检测技术[M]. 北京:北京邮电大学出版社,2013.

[35] 张启福. 传感器应用[M]. 重庆:重庆大学出版社,2015.

[36] 张玉安,乔玉丰. 传感器技术及应用[M]. 石家庄:河北科学技术出版社,2015.

[37] 宋强,张烨,王端. 传感器原理与应用技术[M]. 成都:西南交通大学出版社,2016.

[38] 黄松岭,王坤,赵伟. 虚拟仪器设计教程[M]. 北京:清华大学出版社,2015.

[39] 张重雄. 虚拟仪器技术分析与设计[M]. 北京:电子工业出版社,2017.

[40] 何勇,王生泽. 光电传感器机器应用[M]. 北京:化学工业出版社,2004.

[41] 施湧潮,梁福平,牛春晖. 传感器检测技术[M]. 北京:国防工业出版社,2007.

[42] 黄元庆. 现代传感技术[M]. 北京:机械工业出版社,2013.

[43] 王玉田. 光纤传感技术及应用[M]. 北京:北京航空航天大学出版社,2009.

[44] 苑会娟. 传感器原理及应用[M]. 北京:机械工业出版社,2017.

[45] 奚红娟. 变压器绕组温度分布光纤光栅在线监测及影响因素研究[D]. 重庆:重庆大学,2012.

[46] 李东明. 干涉型光纤光栅水听器关键技术研究[D]. 杭州:浙江大学,2013.

[47] 刘迎春,叶湘滨. 传感器原理设计与应用[M]. 4 版. 长沙:国防科技大学出版社,2004.

[48] 李瑜芳. 传感器原理及其应用[M]. 2 版. 成都:电子科技大学出版社,2008.

[49] 贺良华. 现代检测技术[M]. 武汉:华中科技大学出版社,2009.

[50] 黄鸿,吴石增,施大发,等. 传感器原理及其应用技术[M]. 北京:北京理工大学出版社,2008.

[51] 王煜. 传感应用 300 例[M]. 北京:中国电力出版社,2008.

[52] 贺桂芳,张佰力. 基于数字温度传感器的风速测量仪[J]. 传感器技术,2005(12):69-70,73.

[53] 陈建元. 传感器技术[M]. 北京:机械工业出版社,2008.

[54] 张洪润,张亚凡,邓洪敏. 传感器原理及应用[M]. 北京:清华大学出版社,2008.

[55] 胡向东,刘京诚. 传感技术[M]. 重庆:重庆大学出版社,2006.

[56] 郁有文,常健,程继红. 传感器原理及工程应用[M]. 西安:西安电子科技大学出版社,2007.

[57] 刘君华. 传感器技术及应用实例[M]. 北京:电子工业出版社,2008.

[58] 耿振亚,张连骥,陈丽洁. 光栅在角位移传感器中的应用[J]. 传感器技术,2001,20(5):44-45,52.

[59] 宋现春,张承瑞,李春阳,等. 基于感应同步器的传动链精密测量系统[J]. 工具技术,1999(04):31-33.

[60] 赵峰. EPC-755A 微型光电编码器及其应用[J]. 国外电子元器件,2000(01):11-12.

[61] 赵勇,王琦. 传感器敏感材料与器件[M]. 北京:机械工业出版社,2012.

[62] 俞阿龙. 传感器原理及其应用[M]. 南京:南京大学出版社,2010.

[63] 蒋庄德. MEMS 技术及应用[M]. 北京:高等教育出版社,2018.

[64] 李德胜. MEMS 技术及其应用[M]. 哈尔滨:哈尔滨工业大学出版社,2002.

[65] Mohamed GAD-EL-HAK. 微机电系统应用[M]. 张海霞,赵小林,金玉丰,等,译. 北京:机械工业出版社,2009.
[66] 张志英. MEMS 惯性传感器技术[M]. 西安:西安交通大学出版社,2017.
[67] VOLKER. 惯性 MEMS 器件原理与实践[M]. 张新国,译. 北京:国防工业出版社,2016.
[68] 朱勇,张海霞. 微纳传感器及其应用[M]. 北京:北京大学出版社,2010.
[69] [法]利维亚·尼库,蒂埃里·雷克列. 微纳机电生物传感器[M]. 曹峥,译. 北京:机械工业出版社,2015.
[70] 胡向东. 传感器与检测技术[M]. 2 版. 北京:机械工业出版社,2013.
[71] 陈杰,黄鸿. 传感器与检测技术[M]. 2 版. 北京:高等教育出版社,2010.
[72] KEVIN YALLUP,KRZYSZTOF INIEWSKI. 智能传感器及其融合技术[M]. 王卫兵,译. 北京:机械工业出版社,2019.
[73] GERARA MEIJER. 智能传感器系统新兴技术及其应用[M]. 靖向萌,译. 北京:机械工业出版社,2018.
[74] GB/T 34069—2017 物联网总体技术智能传感器特性与分类[S]. 北京:标准出版社,2017.
[75] GB/T 33905.3—2017 智能传感器第 3 部分:术语[S]. 北京:标准出版社,2017.
[76] 刘云浩. 物联网导论[M]. 北京:科学出版社,2017.
[77] 王志良,石志国. 物联网工程导论[M]. 西安:西安电子科技大学出版社,2014.
[78] 吴功宜,吴英. 物联网工程导论[M]. 2 版. 北京:机械工业出版社,2019.
[79] 许毅,陈立家,甘浪雄,等. 无线传感器网络技术原理及应用[M]. 2 版. 北京:清华大学出版社,2019.
[80] 彭力. 无线传感器网络原理与应用[M]. 西安:西安电子科技大学出版社,2014.
[81] 武奇生,惠萌,巨永锋,等. 物联网工程及应用[M]. 西安:西安电子科技大学出版社,2014.
[82] 张飞舟,杨东凯. 物联网应用与解决方案[M]. 2 版. 北京:电子工业出版社,2019.
[83] 加拉伦斯·W·德席尔瓦. 传感器系统基础及应用[M]. 詹惠琴,崔志斌,译. 北京:机械工业出版社,2019.
[84] 宫琴. 生物医学工程检测和基础实验[M]. 北京:清华大学出版社,2013.
[85] 邓玉林. 生物医学工程学[M]. 北京:科学出版社,2007.
[86] 莫国民. 医用电子仪器分析与维护[M]. 2 版. 北京:人民卫生出版社,2018.
[87] 余学飞. 现代医学电子仪器原理与设计[M]. 2 版. 广州:华南理工大学出版社,2007.
[88] 王桂英,王艳娟. 脑电采集用电极制造技术研究进展[J]. 科学技术与工程,2018,18(25):107-115.
[89] 李刚,林凌. 生物医学电子学[M]. 北京:北京航空航天大学出版社,2014.
[90] 迟建卫. 光纤法珀(F-P)腔传感器的解调方法研究[D]. 大连:大连理工大学,2006.
[91] JACOB FRADEN. 现代传感器手册:原理、设计及应用[M]. 宋萍,隋丽,译. 北京:机械工业出版社,2019.
[92] 樊尚春. 现代传感技术[M]. 北京:北京航空航天大学出版社,2011.
[93] 郭艳艳. 传感器与检测技术[M]. 北京:科学出版社,2019.

[94]　林玉池,曾周末.现代传感技术与系统[M].北京:机械工业出版社,2009.
[95]　戴蓉,刘波峰.传感器原理与工程应用[M].北京:电子工业出版社,2013.
[96]　贾伯年,俞朴,宋爱国.传感器技术[M].3版.南京:东南大学出版社,2007.
[97]　李邓化,彭书华,许晓飞.智能检测技术及仪表[M].2版.北京:科学出版社,2012.
[98]　陶红艳,于成波.传感器与现代检测技术[M].北京:清华大学出版社,2009.

二维码资源使用说明

本书部分课程资源以二维码的形式在书中呈现,读者第一次利用智能手机在微信端扫码成功后提示微信登录,授权后进入注册页面,填写注册信息。按照提示输入手机号后点击获取手机验证码,稍等片刻收到4位数的验证码短信,在提示位置输入验证码成功后,重复输入两遍设置密码,选择相应专业,点击"立即注册",注册成功(若手机已经注册,则在"注册"页面底部选择"已有账号?绑定账号",进入"账号绑定"页面,直接输入手机号和密码,提示登录成功)。接着提示输入学习码,需刮开教材封底防伪涂层,输入13位学习码(正版图书拥有的一次性使用学习码),输入正确后提示绑定成功,即可查看二维码数字资源。手机第一次登录查看资源成功,以后便可直接在微信端扫码登录,重复查看资源。